Fachtheorie nach Lernfeldern für Chemielaboranten

Teil 2 **3. und 4. Ausbildungsjahr**

Prof. Dr. Franz Katzer
Dr. Gisela Katzer
Dr. Uwe-Falko Kuhn
Dipl.Ing. ök. (FH) Jens Lamm

Holland + Josenhans • Stuttgart
Handwerk und Technik • Hamburg

Eine Auswahl der verwendeten Zeichen finden Sie am Schluss des Buches auf Seite 304

ISBN: 978-3-7782-1610 (H+J); 978-3-582-01610 (HT)

Computersatz: comSet Helmut Ploß, 21031 Hamburg
Druck: Boss-Druck, 47574 Goch

Inhaltsverzeichnis

LERNFELD: Durchführung spektroskopischer Analysen I

LERNFELD: Strukturaufklärung organischer Verbindungen

LERNFELD: Anwendung von Stoffsynthesen

LERNFELD: Überwachung von Produktionsprozessen

LERNFELD: Bestimmung von Werkstoffeigenschaften

Vorwort

Die Fachtheorie für Laboranten Teil 2 folgt auf das gleichnamige Lehrbuch Teil 1, das ebenfalls gemeinschaftlich in den Verlagen Handwerk und Technik und Holland + Josenhans erschienen ist. Grundlage ist der Rahmenlehrplan für den Ausbildungsberuf Chemielaborantinnen/Chemielaboranten. Beide Buchtitel sind als eine Einheit anzusehen. Die Autoren haben sich bezüglich Aufbau, Gliederung, Diktion und Gestaltung an Teil 1 orientiert. Das geht auch aus den Verweisen auf Kapitel und Abschnitte im ersten Buch hervor. Sie sollen auf Zusammenhänge aufmerksam machen sowie den Lernenden dazu anhalten, immer wieder im Verlauf der Behandlung neuer Sachgebiete Fakten, Zusammenhänge und Gesetzmäßigkeiten vorangegangener Ausbildungsabschnitte selbstständig zu wiederholen und Wissen zu festigen. Bewusstes und eigenverantwortliches Handeln, wie es im Rahmenlehrplan mehrfach gefordert wird, baut auf Wissen und Können, auf Fähigkeiten und Fertigkeiten auf. Sachverstand befähigt zum Planen, Auswählen, Entscheiden, Durchführen und Auswerten von Tätigkeiten, wie sie von Laborantinnen und Laboranten auszuführen sind. Die geistige Auseinandersetzung mit den im Lehrbuch behandelten Themen soll helfen – wie im Rahmenlehrplan ausdrücklich formuliert und in den Zielsetzungen der Qualifizierung gefordert wird –, bei den Auszubildenden für die Erfüllung künftiger beruflicher Aufgaben die notwendige fachtheoretische Kompetenz zu entwickeln. Darüber hinaus könnte das Buch auch für die schnelle Auffrischung von fachtheoretischen Zusammenhängen bei bereits im Beruf stehenden Laborantinnen und Laboranten dienlich sein. Auch an Fachhochschulen ist die Benutzung beider Bücher durch Hörer, die Chemie im Rahmen der Grundausbildung belegen müssen, denkbar.
In dem vorliegenden Band sind die Lernfelder der Wahlqualifikation, die chemische Themen beinhalten und nach dem 2. Ausbildungsjahr gelehrt werden, aufgenommen worden. Wie aus dem Inhaltsverzeichnis ersichtlich ist, wurde die Abfolge der Lernfelder, wie sie der Rahmenlehrplan vorsieht, eingehalten. Die einzelnen Kapitel sind in sich abgeschlossen, so dass sie je nach detailliertem Plan der jeweiligen Ausbildungseinrichtung auch ausgetauscht werden können.
Die biochemisch orientierten Lernfelder 14 und 17 bis 19 wurden nicht berücksichtigt. Ihre Aufnahme hätte zu einem unvertretbaren Umfang des Buches geführt. Mikrobiologische, immunologische und diagnostische Inhalte besitzen eigene fachtheoretische Grundlagen. Die Handlungen im biochemischen Labor sind durch spezifische Tätigkeiten geprägt, die zumindest zu einem größeren Teil von den Inhalten und Arbeiten im chemischen Labor abweichen.
Die Autoren danken beiden Verlagen für die Unterstützung und die vertrauensvolle Zusammenarbeit. Sie bitten die Benutzer beider Buchtitel um kritische Hinweise.

Die Verfasser

1 Atomabsorptionsspektroskopie (AAS)

1.1 Grundlagen

Nach DIN 51009 „Optische Atomspektralanalyse Allgemeine Grundlagen und Begriffe" ist die **Atomabsorptionsspektrometrie** (AAS – atomic absorption spectrometry) eine „optische Spektrometrie unter Ausnutzung der Schwächung (Absorption) einer Primärstrahlung durch Wechselwirkung mit freien Atomen".
Sie stellt also ein spektral-analytisches Verfahren zum qualitativen Nachweis und zur quantitativen Bestimmung von Elementen mithilfe der Absorption optischer Strahlung durch freie Atome im Gaszustand dar.

Die **Spektrometrie** dient zur Untersuchung von qualitativen und quantitativen Eigenschaften einer Probe, indem ein Spektrum mit einem **Spektrometer** vermessen wird. Im Gegensatz dazu ist ein **Spektroskop** ein Gerät, mit dem ein Spektrum erzeugt wird, ohne es vermessen zu können (z. B. Handspektroskop bei der Betrachtung von Flammenfärbungen). Mit der **Spektroskopie** kann das Absorptions- und Emissionsverhalten von Proben untersucht werden. Da bei der AAS ein **Absorptionsspektrum** vermessen wird und qualitativ und quantitativ ausgewertet wird, ist es richtiger, von einem spektrometrischen Verfahren zu sprechen. Im Alltag hat sich aber der Begriff **Atomabsorptionsspektroskopie** durchgesetzt und wird im Weiteren verwendet.

Ein Atom im Grundzustand kann durch Energiezufuhr in einen angeregten Zustand übergehen. Dies geschieht z. B. durch Wärmezufuhr, indem ein Valenzelektron auf ein höheres Energieniveau – eine weiter entfernte Schale – transferiert wird. Das Elektron nimmt dabei Energie auf, es absorbiert die Energie (vgl. Teil 1, Abschnitt 6.5 und 13.3). Dieser Zustand ist jedoch nur etwa 10^{-9} bis 10^{-8} Sekunden stabil. Danach geht das Elektron wieder in seinen Urzustand zurück, und die Energie wird durch die Emission eines Photons abgegeben (Abb. 1-1).

Schon um 1860 hat Gustav Robert KIRCHHOFF (1824 – 1887, dt. Physiker) erkannt, dass jedes Atom durch Anregung Licht derjenigen Wellenlänge absorbiert (Absorption vom Grundzustand aus), bei der es auch Strahlung emittiert (KIRCHHOFF'sches Prinzip der Resonanzstrahlung). Das heißt, die absorbierte und somit auch emittierte Energiemenge ist für das Element spezifisch. Jedes Element besitzt charakteristische Elektronenübergänge zwischen verschiedenen Energieniveaus. Dadurch ist es möglich, Elemente qualitativ zu bestimmen. Durch die unterschiedlichen Energieniveaus der Atome der verschiedenen Elemente entsteht Licht mit entsprechend unterschiedlichen Wellenlängen bzw. Frequenzen und somit mit verschiedenen Energiebeträgen. Diese Energie kann nach der Quantentheorie von Max PLANCK (1858–1947, dt. Physiker) als Energie eines Strahlungsquants berechnet werden:

$$E = h \cdot f = h \cdot \frac{c}{\lambda}$$

E = Energie eines Strahlungsquants in J,
h = PLANK'sches Wirkungsquantum
= $6{,}626176 \cdot 10^{-34}$ J · s (s. Teil 1, Abschnitt 6.5.2),
f = Frequenz des Strahlungsquants in Hz,
c = Lichtgeschwindigkeit im Vakuum
= $2{,}99792458 \cdot 10^{8}$ m · s^{-1},
λ = Wellenlänge des Strahlungsquants im Vakuum in m.

Mithilfe der AAS ist es möglich, die durch Atome im Grundzustand absorbierte Energiemenge zu messen und dadurch qualitative und quantitative Aussagen über eine Probe zu erhalten.

Aufgabe

Informieren Sie sich im Internet über weitere Grundlagen der Atomabsorptionsspektroskopie!

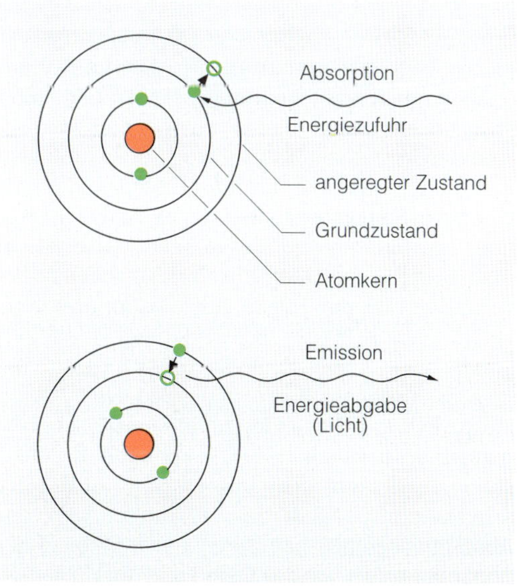

Abb. 1-1 Absorption und Emission von einem Atom

1.2 Probenvorbereitung

Entsprechend der verwendeten Atomisierungseinrichtung (siehe Abschnitt 1.3.4) sind Proben in unterschiedlicher Art verwendbar. Die Probe muss zunächst als Lösung aufgeschlossen werden oder als Flüssigkeit vorliegen. Bei der Verwendung eines Grafitrohrofens kann man auch Suspensionen, Emulsionen und Feststoffe mit sehr kleinen Korngrößen einsetzen. Nach der Entfernung des Lösungsmittels durch Eintrocknen wird die Probe in der Atomisierungseinrichtung bei sehr hoher Temperatur verdampft. Vorrangig sprüht man aber die Lösungen als sehr feines Aerosol in die heiße Flamme der Atomisierungseinrichtung ein (siehe Abschn. 1.4.1). Zur Überführung von Proben in Lösungen sind verschiedene Aufschlussmethoden möglich. Im einfachsten Fall genügt eine Lösung in destilliertem Wasser oder eine Extraktion mit einer Calciumchloridlösung. Sehr gebräuchlich sind aber auch Aufschlüsse mit Flusssäure oder Königswasser sowie mithilfe einer Mikrowelle oder nach der Wickbold-Methode (DIN EN 41).

Aufgabe

Informieren Sie sich mithilfe der DIN EN 41 oder im Internet über den Probenaufschluss nach der Wickbold-Methode!

In der Regel sind entsprechend den jeweiligen Anforderungen und Laborbedingungen Anweisungen zur Durchführung der Probenvorbereitung vorhanden. Als Beispiel wird hier eine Probenaufbereitung mittels Königswasseraufschluss beschrieben. Festlegungen hierzu gibt es in der DIN ISO 11466 und der DIN EN 13346.

In einen Aufschlusskolben sind 3 g Probensubstanz (in der Regel fein gemahlene Trockenmasse) auf 0,001 g genau bzw. die genaue Masse der Probe (z. B. bei einem Filter) einzuwiegen. Das Absorptionsröhrchen ist mit 7 ml 0,5 mol/l HNO_3 zu füllen und auf den Rückflusskühler aufzusetzen. Die Probe wird im Reaktionsgefäß mit 21 ml 12,0 mol/l HCl und 7 ml 15,8 mol/l HNO_3 versetzt, dabei ist ein Aufschäumen nach Möglichkeit zu vermeiden. Anschließend ist der Kühler auf die Apparatur zu setzen und die Probe 16 Stunden bei Raumtemperatur ruhen zu lassen. Dadurch sollen organische Inhaltsstoffe langsam oxidiert werden. Nach Ablauf dieser Zeit wird 2 Stunden unter Rückflussbedingungen erwärmt (ca. 130 °C), wobei die Kondensationszone nicht mehr als $^2/_3$ der Kühlerhöhe erreichen soll. Nach dem Abkühlen wird der Absorptionsgefäßinhalt durch den Kühler in die Apparatur gefüllt und das Gefäß und der Kühler mit 10 ml 0,5 mol/l HNO_3 gespült. Das Reaktionsgemisch soll nach dem Absetzen in einen 100 ml Maßkolben filtriert werden. Dabei ist mit 0,5 mol/l HNO_3 nachzuwaschen und dann bis zur Eichmarke aufzufüllen. Die Probe kann jetzt zur Messung verwendet werden.

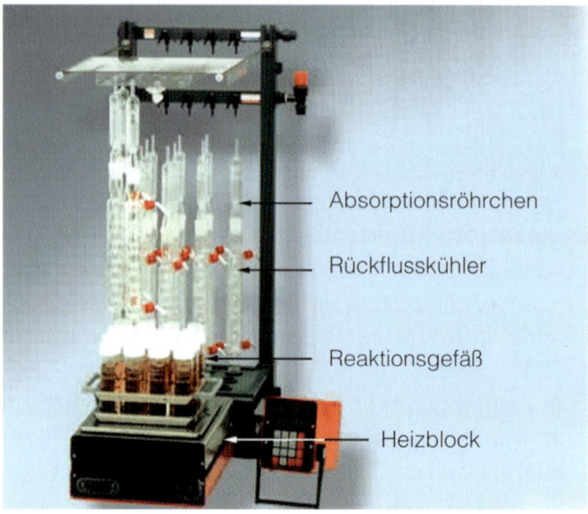

Abb. 1-2 **Apparatur für Königswasseraufschluss**

1.3 Geräteaufbau

1.3.1 Prinzip der AAS

Entsprechend der Anzahl der Hersteller gibt es eine große Vielfalt an Geräten (Abb. 1-3). Im nachfolgenden Abschnitt werden der allgemeine Aufbau eines Gerätes und die allgemeinen technischen Grundlagen behandelt. Die Besonderheiten der einzelnen Geräte in der Praxis können den Bedienungsanleitungen entnommen werden.

Ein Atomabsorptionsspektroskop besteht aus vier Grundbausteinen (Abb. 1-4):
1. einer **Primärstrahlungsquelle;**
2. einer **Atomisierungseinrichtung;**
3. einem **Monochromator;**
4. einem **Detektor.**

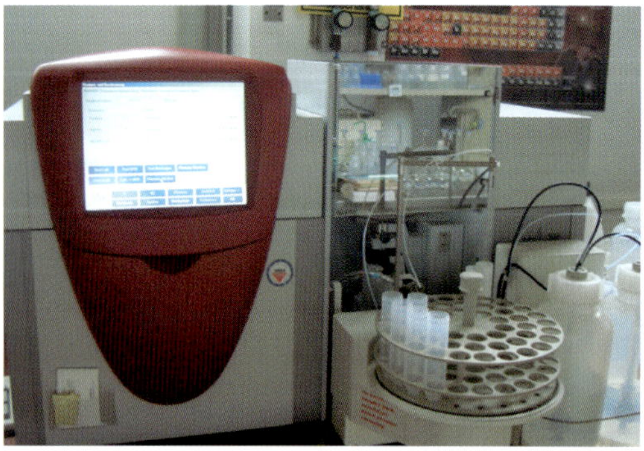
Abb. 1-3 **Gesamtansicht eines AAS-Gerätes mit Probengeber und Sampler**

Hinzu kommen bei modernen Geräten eine Auswerte- und Steuerelektronik sowie Untergrundkompensatoren.

Mit der AAS wird eine Probe vermessen, indem man das Licht der Primärstrahlungsquelle durch eine Atomisierungseinrichtung schickt, wobei es durch die in den Gaszustand überführte Probe teilweise absorbiert wird. Im Monochromator wird die für die Auswertung benötigte Resonanzstrahlung von der Störstrahlung getrennt. Über eine Eichkurve kann mit dem Detektor die Schwächung der Lichtintensität der Primärstrahlungsquelle durch die Resonanzstrahlung der Probe gemessen und ausgewertet werden.

Dieses Prinzip liegt allen AAS-Geräten zugrunde. Unterschiede können in den einzelnen Gerätekomponenten auftreten, da es verschiedene Möglichkeiten zur Atomisierung der Proben gibt, z. B. Erhitzen in der heißen H_2/O_2-Flamme, elektrisches Erhitzen im Grafitrohrofen, Erhitzen in der Lachgasflamme. Zur Kompensation von Störungen und zur Verbesserung der Auswertung gibt es auch Geräte, die nach dem Zweistrahlprinzip aufgebaut sind. Dazu wird mit einer Kombination von Spiegeln ein Referenzstrahl an der Atomisierungseinrichtung vorbeigeleitet und im Detektor mit dem eigentlichen Messstrahl vergleichend gemessen (Abb. 1-5).

Im Weiteren werden die einzelnen Bestandteile ausführlicher behandelt, wobei durch die ständige tech-

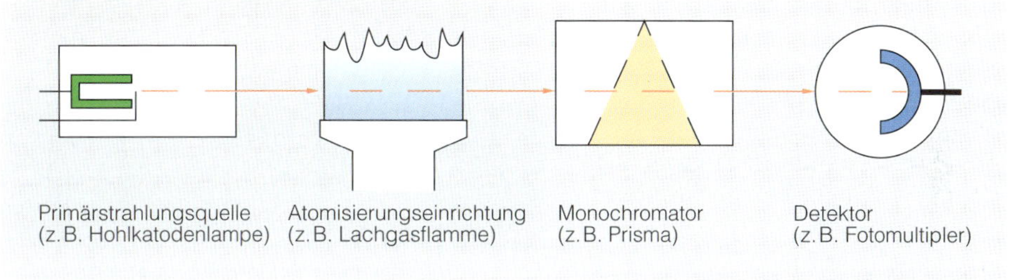

Abb. 1-4 Grundaufbau eines Atomabsorptionsspektroskops

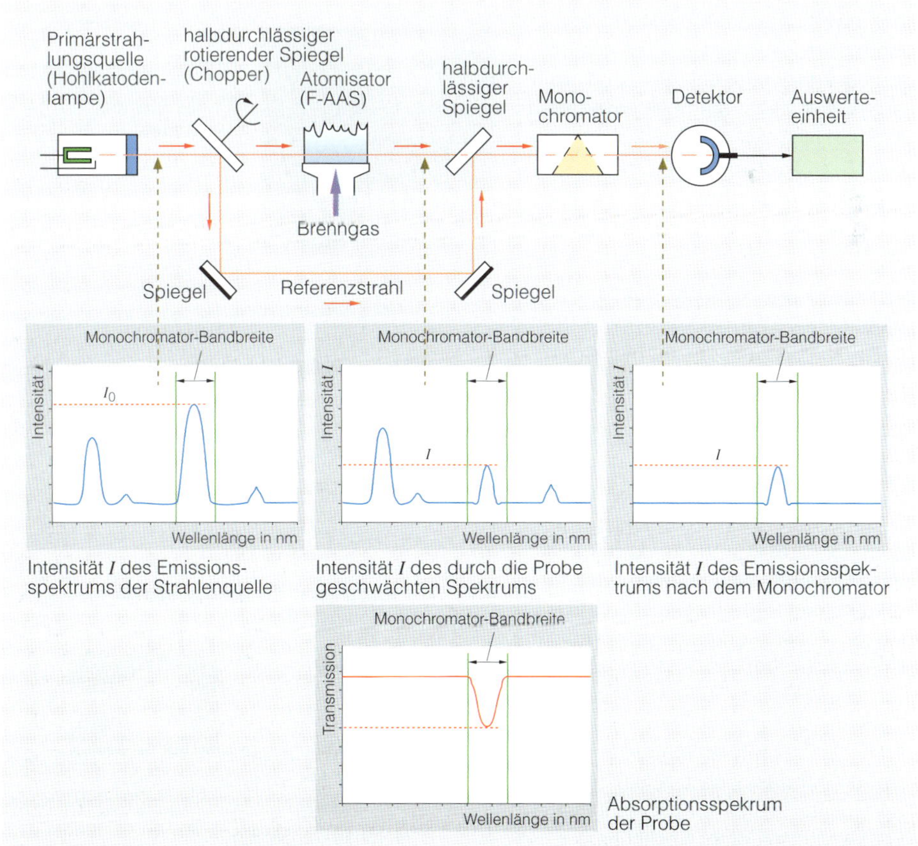

Abb. 1-5 Funktionsprinzip eines Atomabsorptionsspektrometers

nische Weiterentwicklung der Geräte kein Anspruch auf Vollständigkeit erhoben werden kann. Es sei darauf hingewiesen, dass bei einem praktischen Umgang mit AAS-Geräten, schon auf Grund der Komplexität und der Kosten, eine fachgerechte Einweisung und ein gründliches Studium der Betriebsanweisung unerlässlich sind.

1.3.2 Primärstrahlungsquellen

Als Primärstrahlungsquelle kommen **Hohlkatodenlampen** (**HKL** oder HCL – hollow cathode lamp) oder **elektrodenlose Entladungslampen** (**EDL** – electrodless discharge lamp) zum Einsatz.

Eine **Hohlkatodenlampe** besteht aus einem mit Schutzgas (Neon oder Argon) gefüllten Glaszylinder, in dem Anode und Katode eingeschmolzen sind. Die Gasfüllung hat einen Unterdruck von wenigen Hektopascal. Die Anode besteht aus Wolfram. Die Katode besteht aus dem Element, welches qualitativ und quantitativ nachgewiesen werden soll, d. h., es müssen zum Nachweis elementspezifische Lampen verwendet werden. Sie besitzen die Form eines Hohlzylinders (Abb. 1-6).

Durch das Anlegen einer Spannung von einigen hundert Volt kommt es zwischen den Elektroden zu einer Glimmentladung. Dies bewirkt einen Gasionenstrom (Ne^+ oder Ar^+). Dadurch werden aus der Hohlkatode Atome herausgeschlagen und zur Emission angeregt. Somit wird durch eine HKL die charakteristische Strahlung des jeweiligen Elements und des Füllgases ausgesandt (Abb. 1-7). Entsprechend der Wellenlänge des abgestrahlten Lichts besteht das Austrittsfenster der HKL aus Quarz oder Pyrexglas (Abb. 1-8).

Das Emissionsspektrum des zu bestimmenden Elements, das von der HKL ausgesendet wird – besonders die Hauptresonanzlinie –, kann durch das Spektrum des Füllgases gestört werden. Eine entsprechende Auswahl – z. B. Argon oder Neon – hilft, diese Störungen zu vermeiden. Durch Ablagerungen von Metallatomen der Katode am Glaszylinder und Absorption des Gases von Metall- und Glasteilen der HKL haben die Lampen nur eine begrenzte Lebensdauer. Da HKL nur für ca. 60 Elemente und durch Mischungen oder Legierungen für einige Elementkombinationen hergestellt werden können, ist dadurch der Anwendungsbereich eingeschränkt. Hier wird der Einfluss der Primärstrahlungsquelle auf das Verfahren deutlich. Dies ist auch daran zu erkennen, dass bei älteren Geräten nur ein Element bestimmt werden konnte, und danach musste die HKL für das nächste Element umgerüstet und neu justiert werden. Eine Verbesserung stellen hier Geräte mit einer Vorrichtung für mehrere Lampen dar. Diese können durch Drehung in die entsprechende Position gebracht werden. Es ist möglich, mit den vorhandenen Primärstrahlungsquellen einen Spektralbereich zwischen 193,7 nm (Arsen-Resonanzlinie) und 852,1 nm (Cäsium-Resonanzlinie) zu erfassen. Außerhalb dieses Bereichs treten Störungen durch die Atmosphäre oder heiße Flammengase auf. Die Katode einer HKL verändert bei längerem Betrieb ihre Form. Durch Ablagerungen von Metallteilchen entsteht eine Hohlkugel, ähnlich einem Rundkolben.

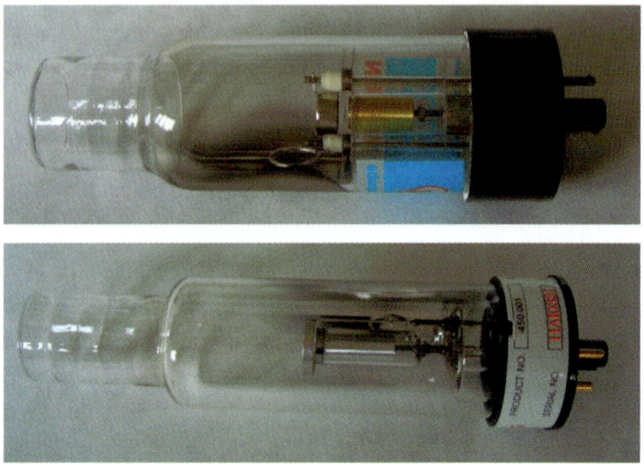

Abb. 1-6 Verschiedene Bauformen von Hohlkatodenlampen

Abb. 1-7 Beispiel für eine HKL für das Element Aluminium

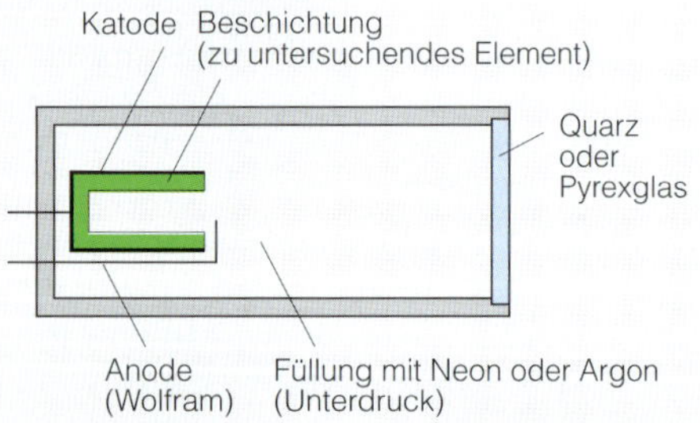

Abb. 1-8 Prinzip einer Hohlkatodenlampe

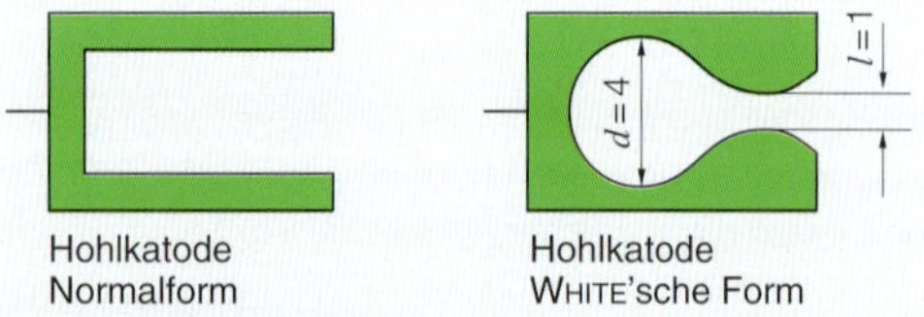

Abb. 1-9 Hohlkatodenformen

Neben der Normalform der HKL werden sogenannte WHITE'sche Hohlkatoden verwendet. Sie besitzen ein Durchmesser-Öffnungs-Verhältnis von 4:1. Dadurch kann aus der Katode kein weiteres Metall verdampfen (Abb. 1-9). Mit ihrer Hilfe kann die Glimmentladung auf das Katodeninnere beschränkt werden, und man erhält neben einer größeren Strahlungsdichte ein saubereres Spektrum, da weniger Störungen durch nicht gewünschte Emissionen auftreten. HKL können unterhalb 300 nm eine Verringerung der Intensität der Emission zeigen. Die Emissionsintensität einer HKL ist vom angelegten Betriebsstrom (wenige mA bei ca. 400 V) abhängig. Mit steigender Stromstärke nimmt die Emission zu. Es ist allerdings zu beachten, dass bei höherem Strom eine Selbstabsorption in der HKL auftritt.

Aufgabe

Informieren Sie sich im Zusammenhang mit Selbstabsorption in einer HKL zum Thema SMITH-HIEFTJE-Untergrundkorrektur (z. B. im Internet unter den Stichpunkten: „Untergrundkorrektur AAS Smith Hieftje")!

Durch spezielle Katodenbeschichtung können auch Lampen für die Mehrelementbestimmung hergestellt werden. Diese besitzen aber nicht die Leistung von Einelement-HKL.

Eine **elektrodenlose Entladungslampe** besteht aus einem, von einer Hochfrequenzgeneratorspule umgebenen, Quarzzylinder. Dieser ist bei Unterdruck mit Argon und einigen Milligramm des zu untersuchenden Elements gefüllt. Bei Anregung der Spule entsteht ein Hochfrequenzfeld, durch welches im Kolben das Gas ionisiert und die Metallatome angeregt werden. Diese Lampen sind stabiler und haben eine höhere Lebensdauer und Strahlungsdichte als HKL. Durch höhere Lichtintensität ist eine bessere Nachweisgrenze für Elemente, die im UV-Bereich absorbieren (Hg, Pb, Cd, Ag u. a.) möglich. Nachteilig ist, dass nur Lampen für wenige leichter verdampfbare Elemente oder Halogenide hergestellt werden können.

1.3.3 Atomisierungseinrichtungen

Durch die **Atomisierungseinrichtung** werden die in der Probe vorhanden Ionen (Me^{z+}) in Atome im Grundzustand (Me) überführt. Nur so ist es möglich, dass das von der Primärstrahlungsquelle ausgestrahlte Licht absorbiert werden kann.

$$Me^{z+} + z \cdot e^- \rightarrow Me$$

Atomisierung von Metallionen

Die Atomisierung ist mit verschiedenen Techniken (siehe Abschnitt 1.4) möglich:

- **Flammentechnik;** **F-AAS (flame atomic absorption spectrometry)**
- **Grafitrohrtechnik;** **GF-AAS (graphite furnace aas)**
- **Hydridtechnik;** **HG-AAS (hydride generation aas)**
- **Kaltdampftechnik;** **CV-AAS (cold vapour aas).**

Ziel jeder Technik ist es, zuerst die Probe vom evtl. vorhandenen Lösungsmittel zu trennen. Danach wird die Probe in den Gaszustand überführt und in den Strahlengang des Lichts der Primärstrahlungsquelle eingebracht.

Eine Atomisierungseinrichtung dient zur Erzeugung von gasförmigen Atomen im Grundzustand und besteht neben dem eigentlichen Atomisator aus Hilfs- und Versorgungseinrichtungen (z. B. Zerstäuber).

1.3.4 Monochromator

Die Atome werden in der Atomisierungseinrichtung durch das Licht bestimmter Wellenlängen kurzzeitig angeregt (vgl. Abschnitt 1.1). Diese Wellenlängen werden bei der Rückkehr in den Grundzustand wieder emittiert. Die Abstrahlung erfolgt aber in alle Raumrichtungen, so dass nur ein sehr geringer, sich nicht auswirkender Anteil in den Strahlengang fällt. Die Atomisierungseinrichtung sendet somit praktisch ein Licht, d. h. ein Spektrum, ohne die von der Probe absorbierten Wellenlänge aus.

Zum leichteren Verständnis der Lichtaufspaltung im Monochromator soll zunächst eine einfache, überschaubare Detektion des Spektrums, die aber zeitaufwendig und nicht mehr üblich ist, erwähnt werden: Das Licht der Atomisierungseinrichtung soll dazu in einem Prisma zerlegt und das Spektrum von einem lichtempfindlichen Film registriert werden. Die von der Probe nicht absorbierten Wellenlängen ergeben eine Schwärzung und die durch die Absorption fehlenden Wellenlängen weiße Linien auf dem Film.

Die Aufspaltung des Spektrums sowie der Nachweis der absorbierten Wellenlängen erfolgt in den modernen AAS-Spektrometern mithilfe von Monochromatoren und fotosensiblen Detektoren, wie nachfolgend beschrieben wird.

Der Monochromator dient der Zerlegung der polychromatischen, d. h. der vielfarbigen – also aus verschiedenen Wellenlängen bestehenden – Strahlung, welche sich aus der Lichtstrahlung der Strahlungsquelle und der Strahlung der in der Atomisierungseinrichtung angeregten Probe sowie dem Leuchten der Flamme des Brenners zusammensetzt. Ziel ist es, die für ein Element charakteristische und empfindlichste Spektrallinie zu isolieren.

Mit einem Monochromator wird aus einem Strahlungsspektrum der zur Analyse elementspezifische Wellenlängenbereich herausgefiltert.

Es können zwei Typen von Monochromatoren unterschieden werden – **Prismenmonochromatoren** und **Gittermonochromatoren.** Beide Typen bestehen aber aus sehr ähnlichen optischen Elementen. Das auftreffende Licht wird in einem Eingangsspalt fokusiert, der ein rechteckiges Bild des Strahles erzeugt. Dieser Strahl trifft auf den nachfolgenden Kollimator und wird dort parallelisiert (Prisma = Linse; Gitter = Spiegel). Der parallele Strahl kann jetzt mit einem Prisma oder einem Gitter in die einzelnen Wellenlängen zerlegt werden. Der Strahl wird dispergiert, deshalb werden Prisma oder Gitter auch dispergierendes Element genannt. Der Kollektor (Prisma = Linse; Gitter = Spiegel) stellt aus der zerlegten Strahlung wieder ein rechteckiges Bild her und bündelt es auf eine Brennebene mit Austrittsspalt. Dabei befindet sich aber jede Wellenlänge an einer anderen Stelle der Ebene. Durch den Austrittsspalt gelangt nur die zur Analyse wichtige Wellenlänge, welche von der Stellung des Prismas bzw. vom Drehwinkel des Gitters abhängig ist.

In moderneren Geräten werden in der Regel geritzte Gitter verwendet, wobei das Auflösungsvermögen der Spektrometeroptik mit der Zunahme der Gitterfurchen verbessert wird (siehe Abschnitt 2.2.4).

Aufgabe

Informieren Sie sich, welcher Monochromatortyp in Ihrem Lehrgerät eingebaut ist und über dessen Wirkungsweise!

1.3.5 Detektor

Die aus dem Monochromator in Form von Lichtenergie austretende Strahlung wird im Detektor in elektrische Energie umgewandelt und dann zur Auswerteeinrichtung weitergeleitet. Hierzu werden meist **Sekundärelektronenvervielfacher (SEV)** – auch als **Fotomultipler (FMT)** bezeichnet – verwendet. Der SEV bzw. FMT besitzt eine Fotokatode. Beim Auftreffen von Photonen setzt Letztere Elektronen frei (äußerer fotoelektrischer Effekt), die zur Anode hin beschleunigt werden. Dort erzeugen sie einen Fotostrom, der elektronisch weiterverarbeitet werden kann. Durch Verstärkung entstehen aus einem Photon ca. 10^6 bis 10^8 Elektronen. Die Empfindlichkeit eines FMT ist vom Material der Fotokatode abhängig, da verschiedene Wellenlängenbereiche abgedeckt werden müssen. Moderne FMT können durch eine Ga-As-Fotokatode einen Bereich zwischen 190 nm bis 900 nm erfassen.

Als Detektor können auch Halbleiter-Fotodioden eingesetzt werden. Diese bestehen aus einer Kombination von Überschuss-Halbleiter (Silizium mit Arsen dotiert) und einem Mangelhalbleiter (Silizium mit Aluminium dotiert; vgl. dazu Kapitel 14). Zwischen den beiden Halbleitergebieten bildet sich, durch einen Mangel an freien Ladungsträgern, eine Sperrschicht aus, die durch das Anlegen einer Spannung vergrößert werden kann. Durch auf die Sperrschicht auftreffende Photonen werden Elektronen freigesetzt, und es entsteht ein messbarer Photonenstrom.

Weiterhin können als Detektoren Fotodiodenarrays (PDA – Photodiode array), eine zweidimensionale Kombination von Fotodioden oder CCD-Detektoren (charge coupled device – ladungsgekoppeltes Halbleiterelement – siehe dazu auch Digitalkamera; Pixel pro cm^2) verwendet werden.

Aufgabe

Informieren Sie sich über Art und Wirkungsweise des Detektors in Ihrem Ausbildungsgerät!

1.4 Verfahren der AAS

1.4.1 Flammentechnik (F-AAS)

Wie unter 1.3.3 bereits erwähnt, gibt es zur Atomisierung der Proben verschiedene Möglichkeiten. Einerseits sind diese abhängig von den nachzuweisenden Elementen und andererseits von Nachweisgrenzen und der Beschaffenheit der Proben. Dazu können verschiedene Techniken angewandt werden.

Bei der **Flammentechnik** wird die flüssige Probe durch einen Zerstäuber (Abb. 1-10) in ein Aerosol überführt. In die Flamme gelangen nur die sehr fein zerstäubten Bestandteile. Der Rest scheidet sich an der Zerstäuberwandung ab.

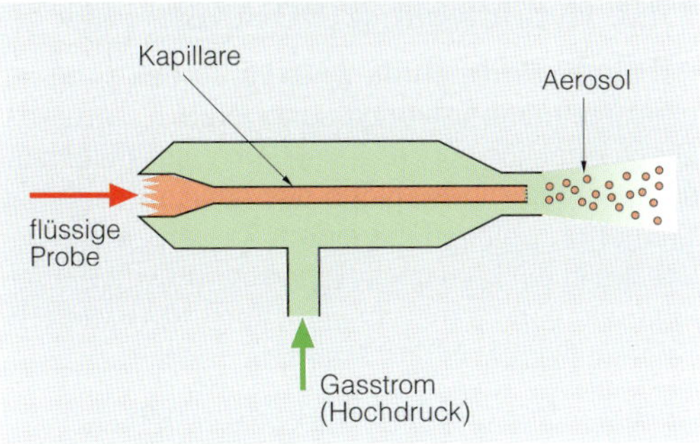

Abb. 1-10 Prinzip eines Zerstäubers

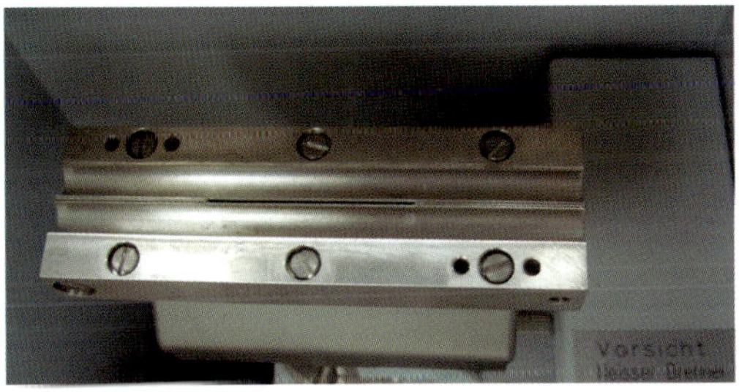

Abb. 1-11 a Schlitzbrenner

Abb. 1-11 b Schlitzbrenner mit Flamme

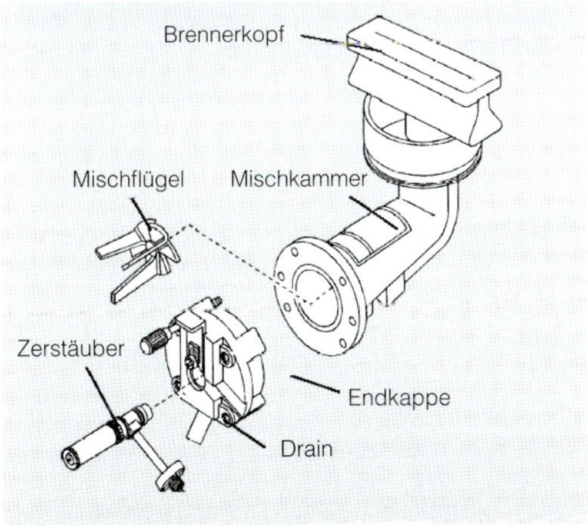

Abb. 1-11 c Brenner mit Zerstäubersystem

Im Zerstäuber wird das Aerosol mit dem Brenngas vermischt. Diese Mischung strömt zu einem Schlitzbrenner (ca. 5 bis 10 cm langer und 0,5 bis 1,5 mm breiter Schlitz; Abb. 1-11 a und 1-11 b).

Hier erfolgt die Verbrennung. Dabei verdampft zuerst das Lösungsmittel. Anschließend schmelzen und verdampfen die entstandenen Feststoffteilchen. Dabei zerfallen letztendlich durch die hohen Temperaturen die Verbindungen in Atome. Die angeregten, Licht absorbierenden Atome, die sich im Strahlengang des Spektrometers befinden, werden durch den Monochromator erfasst. Die Verweilzeit der Atome in der Flamme ist relativ gering, und somit wird die Empfindlichkeit der Flammentechnik eingeschränkt. Je nach Element liegt sie bei einigen mg/l bis zu einigen µg/l. In der Regel wird als Brenngas ein Acetylen/Luft-Gemisch verwendet, mit dem Temperaturen bis 2500 K erreicht werden. Für einige Elemente (Al, Si, Ti, Cr u. a.) muss ein Acetylen/Lachgas-Gemisch benutzt werden. Damit werden Temperaturen von 3000 bis 3500 K erreicht. An eine ideale Flamme für die AAS werden folgende Anforderungen gestellt:

- Es muss genügend thermische Energie zur Atomisierung vorhanden sein, ohne die Probe merklich zu ionisieren.
- Die Flamme muss für das Licht der Primärstrahlungsquelle transparent sein und selbst wenig Strahlung aussenden.
- Um eine längere Aufenthaltszeit der Probe zu erreichen, soll die Brenngeschwindigkeit möglichst niedrig sein.
- Für eine hohe Empfindlichkeit ist ein großes Absorptionsvolumen, also eine möglichst lange Flamme, Voraussetzung.
- Die Flamme soll sicher sein, um Explosionsgefahren zu minimieren.

> Bei der F-AAS wird die Probe kontinuierlich in gleicher Menge als sehr feines Aerosol über einen Zerstäuber dem Brenner zugeführt, um über die gesamte Zeit ein gleichmäßiges Signal zu erreichen.

1.4.2 Grafitrohrtechnik (GF-AAS)

Bei der **Grafitrohrtechnik** (Elektrothermische Atomisierung) erfolgt die Atomisierung der Probe in einem ca. 18 mm langen Grafitrohr mit ca. 6 mm Innendurchmesser. Dieses Grafitrohr befindet sich in einem Grafitrohrofen, der durch eine geringe Spannung (etwa 8 V) bei Stromstärken bis zu

500 A auf maximal 3000 °C aufgeheizt werden kann (Abb. 1-12).

Um eine Verbrennung des Rohres zu vermeiden, wird Argon als Schutzgas eingesetzt. Im Gegensatz zur Flammentechnik erfolgen die Schritte bei der Atomisierung der Probe nicht nahezu gleichzeitig, sondern in programmierbaren Einzelschritten. Das Verdampfen des Lösungsmittels, das Schmelzen und Verdampfen der Feststoffteilchen und deren Atomisierung umfasst Zeiträume von mehreren Sekunden (Abb. 1-13). In der Regel laufen in einem Programm folgende Einzelschritte ab:

- Erwärmung der Probe, um das Lösungsmittel zu entfernen.
- Weitere Temperaturerhöhung, um Matrix abzutrennen und zu veraschen.
- Sprunghafter Temperaturanstieg zur Atomisierung der Probe.
- Weitere Temperaturerhöhung, um Proben- und Matrixreste aus dem Grafitrohr zu entfernen.

Solche Programme sind als Standardbedingungen für jedes mögliche Element in der Gerätesoftware gespeichert. Sie können aber auch vom Anwender optimiert werden.

Bei der GF-AAS wird die Probe nicht kontinuierlich, sondern nur einmal zugeführt, und es wird das Maximum des Signals gemessen.

Das Einbringen der Probe in das Grafitrohr erfolgt durch automatische Probengeber in Dosen von 20 bis 100 µl. Neben Flüssigkeiten können mit dieser Methode auch Feststoffe, Emulsionen und Suspensionen untersucht werden. Allerdings müssen die Proben hierbei sehr kleine Korngrößen und eine sehr feine Verteilung aufweisen. Durch die höhere Verweilzeit der Atome im Strahlengang sind im Gegensatz zur Flammentechnik deutlich höhere Nachweisgrenzen möglich (einige µg//l bis einige ng/l).

1.4.3 Hydridtechnik (HG-AAS)

Bei der **Hydridtechnik** wird die Probelösung mit einer Natriumborhydridlösung ($NaBH_4$) versetzt. Durch Reaktion mit naszierendem Wasserstoff entsteht ein flüchtiges Hydrid des nachzuweisenden Elements, welches mit einem Trägergas aus der Lösung in ein beheiztes Quarzrohr (Küvette) überführt und dort atomisiert wird (Abb. 1-14), wie z. B. bei dem Nachweis von Arsen:

$$BH_4^- + 3\,H_2O + H^+ \rightarrow H_3BO_3 + 8\,H_{nasz.}$$

$$As(OH)_3 + 6\,H_{nasz.} \rightarrow AsH_3 + 3\,H_2O$$

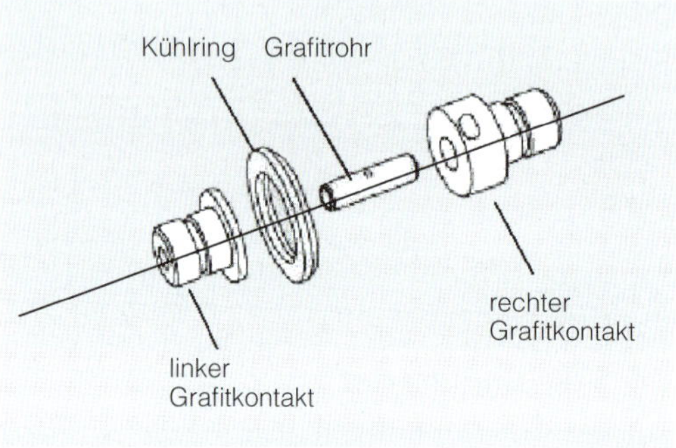

Abb. 1-12 Grafitrohr mit Kontakten

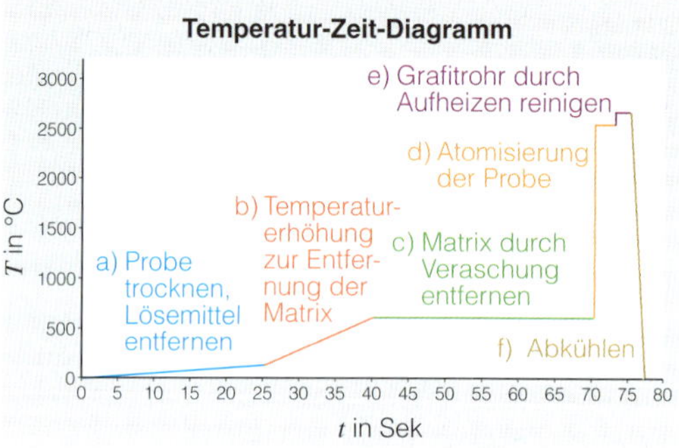

Abb. 1-13
Beispiel für ein Temperatur-Zeit-Programm zur Atomisierung einer Probe im Grafitrohr

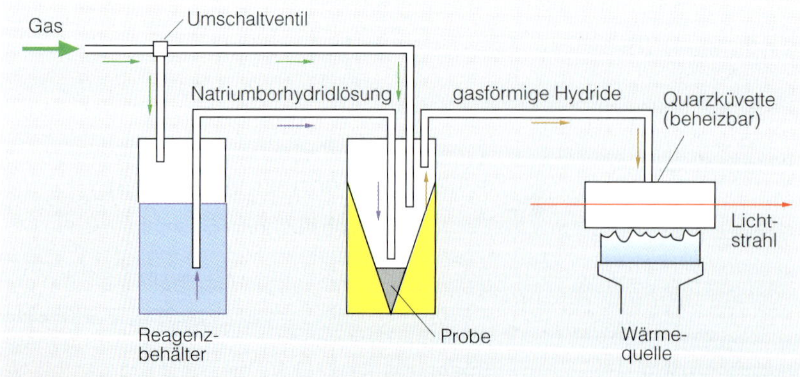

Abb. 1-14
Prinzipschema für Hydridverfahren

Die Hydride zerfallen in der Küvette bei ca. 1200 K wieder zu Wasserstoff und dem jeweiligen Element.

In Abhängigkeit der Größe des Quarzrohres sind relativ große Probemengen (bis 100 ml) analysierbar. Dadurch steigt die Nachweisbarkeit. Allerdings ist diese Methode nur für die Elemente Arsen, Antimon, Blei, Selen, Tellur, Zinn, Bismut und Germanium anwendbar.

Bei der HG-AAS wird die Probe in den gasförmigen Zustand überführt, und es wird das Maximum des Signals gemessen.

1.4.4 Kaltdampftechnik (CV-AAS)

Mit der **Kaltdampftechnik** kann Quecksilber nachgewiesen werden, welches als einziges Metall bei Standardbedingungen flüssig vorliegt und einen merklichen Dampfdruck besitzt. Ein Nachweis mit der Flammentechnik oder der Grafitrohrtechnik ist für Quecksilber bei niedrigen Nachweisgrenzen nicht möglich.

Quecksilber lässt sich aber, wie die mit der **Hydridtechnik** nachweisbaren Elemente, mit $NaBH_4$ und noch besser mit Zinn(II)-chlorid reduzieren und liegt zum Nachweis elementar und gasförmig vor. Für die Kaltdampftechnik wird die gleiche Apparatur wie bei der Hydridtechnik verwendet. Allerdings muss zur Hg-Messung die Wärmequelle nicht eingeschaltet werden, das heißt, die Messung erfolgt im kalten Quarzrohr. Um das Absetzen von Wasserdampf in der Küvette zu vermeiden, ist aber eine Erwärmung auf etwa 50 bis 100 °C ratsam. Die Kaltdampftechnik kann als Sonderform der Hydridtechnik aufgefasst werden.

Bei der CV-AAS wird das Maximum des Signals einer gasförmigen Quecksilberprobe gemessen.

1.4.5 Vergleich der Verfahren

In der Übersicht 1-1 sind die Methoden der AAS zusammengefasst und verglichen. Es wird deutlich, dass sich Unterschiede in der Nachweismöglichkeit und in den Nachweisgrenzen ergeben. Entsprechend der Aufgabenstellung bei der Bearbeitung einer Probe ist also das optimale Verfahren auszuwählen.

1.5 Durchführung der AAS

1.5.1 Allgemeine Arbeitsschritte

Für die Durchführung einer AAS-Messung ist es notwendig, die zu untersuchende Probe entsprechend aufzubereiten (siehe Abschnitt 1.2). Die Inbetriebnahme des Gerätes hat immer entsprechend der jeweiligen Betriebsanweisung zu erfolgen. Grundsätzlich sind dabei folgende Punkte zu beachten:

Vergleich der verschiedenen Atomisierungstechniken bei der AAS

	Art der Methode/Technik			
	Flamme	Grafitrohr	Hydrid	Kaltdampf
nachweisbare Elemente	z. B. Li, Na, K, Mg, Ca, Fe, Zn, Cu, Cr	z. B. As, Ag, Cd, Cu, Fe, V, Pb, Ni, Sn, Pt	As, Sb, Pb, Se, Te, Sn, Bi und Ge	Hg
Nachweisgrenzen	mg/l bis µg/l	µg/l bis ng/l	ähnlich wie Grafitrohr	< 1 µg/l
Vorteile	geringer Zeitaufwand, preisgünstig, Messungen gut reproduzierbar	bessere Nachweisgrenzen; keine Verdünnung durch Brenngas	große Probenmenge zu analysieren, deshalb nachweisstarke Methode	Nachweis von Hg auch bei geringen Mengen
Nachteile	Störungen durch Brennergas und Flamme	schlecht reproduzierbar; störungsanfälliger, schwieriger zu bedienen	nur für wenige Elemente	nur für Hg geeignet;
Anwendungsbeispiele	Untersuchung von Milch und Wasser auf Ca	Schwermetalle in Abwässern, Metalle im Trinkwasser	Arsenbestimmung	Urinuntersuchung auf Hg

Übersicht 1-1

- Überprüfung des Brennergasstromes (Vorratsmenge, Druck);
- Auswahl der HKL nach dem nachzuweisenden Element;
- rechtzeitiges Einschalten der HKL (Vorwärmzeit);
- Justierung des Lichtstrahls überprüfen (Abb. 1-15);
- Temperaturprogramm für Grafitrohr überprüfen bzw. einstellen;
- Einstellung von Wellenlänge und Spaltbreite am Monochromator;
- Kalibrierung des Gerätes mit Blind- und Standardlösung.

Aufgaben

1. Informieren Sie sich über die Vorschriften und Arbeitsschritte zur Inbetriebnahme des AAS-Gerätes in Ihrer Lehreinrichtung!
2. Was ist vor der Durchführung einer Messung mit dem AAS-Gerät zu beachten?

Die Registrierung der Messwerte wird vom Gerät automatisch ausgeführt. Dazu ist die Probe im Sampler – Aufbewahrungsgerät für die Probenröhrchen – entsprechend zu positionieren. Die Positionsnummer muss dabei mit der übereinstimmen, die im Messprogramm eingegeben wird. Nach dem Start des Messvorgangs wird die Probe automatisch vom Gerät angesaugt und in die Atomisierungseinrichtung als Aerosol eingebracht. Werden mehrere Proben gleichzeitig vermessen, ist es günstig, in regelmäßigen Abständen zwischen den Proben Messungen des Blindwertes und eine Spülung mit destilliertem Wasser durchzuführen. Damit kann die Kalibrierung des Gerätes kontrolliert werden. Die Auswertung erfolgt genauso automatisch wie die Messung. Die Ergebnisse lassen sich z. B. mit einem Nachweis der Kalibrierung als Konzentrationsangaben ausdrucken. Damit entfällt eine Auswertung von Kalibrierkurven oder Spektren. Allerdings sollte die Kalibrierung in regelmäßigen Abständen überprüft werden.

1.5.2 Kalibrierung

Die Erfassung von Messwerten erfolgt über die Ermittlung von Extinktionswerten. Dabei wird, ähnlich wie bei fotometrischen Messungen, ein Vergleich der Werte von Probelösungen mit dem Wert einer Standardlösung durchgeführt. Dies geschieht über die Aufnahme von **Kalibrierkurven.** Dazu werden Standardlösungen verschiedener Konzentrationen vom nachzuweisenden Element hergestellt und vermessen. Als Blind- oder Nullwert dient in der Regel destilliertes Wasser. Aus den Messergebnissen ergibt sich eine Kalibriergerade, mit der die Absorption A bzw. die Extinktion E (A bzw. $E = \lg I_0/I$; vgl. Teil 1, Abschnitt 13.4) in Abhängigkeit zur Konzentration einer Probe dargestellt wird (Abb. 1-16). Es ist darauf zu achten, dass die Kalibrierung für den zu erwartenden Messbereich durchzuführen ist, d. h., es sollten 3 bis 5 Standardlösungen in dem Bereich liegen, in dem dann auch die Probenkonzentration zu erwarten ist. Somit wird eine größere Genauigkeit der Kalibriergeraden und damit der Messung selbst erreicht.

Bei moderneren Geräten entfällt die Herstellung von mehreren Standardlösungen. Diese Geräte sind in der Lage, eine vorgegebene Standardlösung automatisch zu verdünnen und daraus eine Kalibriergerade zu erstellen.

Werden Standardlösungen mit einer höheren Konzentration zur Kalibrierung verwendet, treten häufig gekrümmte Kalibrierfunktionen auf. Dies resultiert daraus, dass Messwerte durch eine elementspezifische Strahlungsabsorption von der Linearität abweichen. Die Werte nähern sich allmählich einem

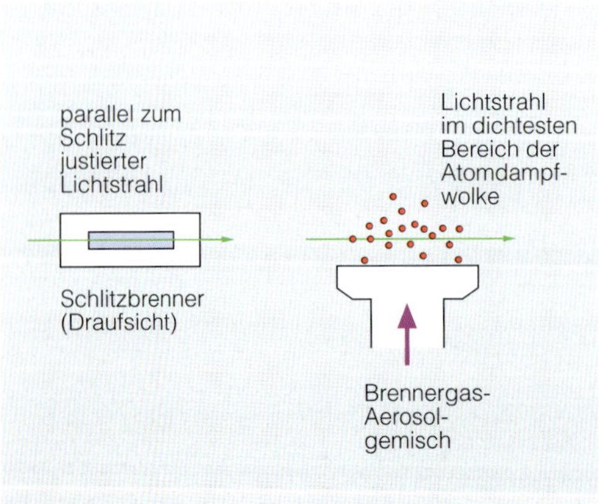

Abb. 1-15 **Justierung des Lichtstrahls bei der F-AAS**

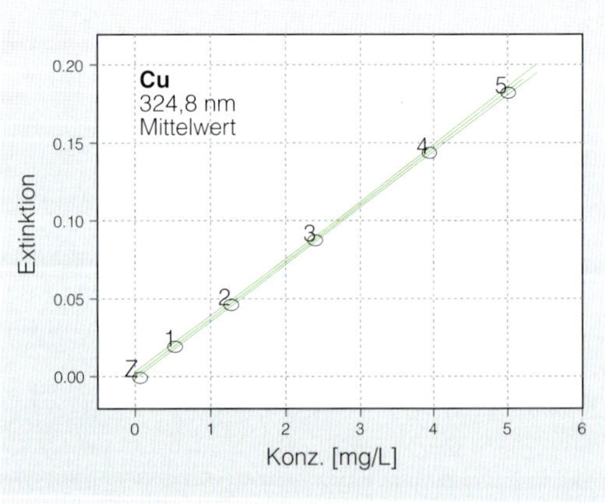

Abb. 1-16 **Beispiel für eine Kalibriergerade**

Höchstwert an. Moderne Geräte sind teilweise in der Lage, diese Funktionen zu korrigieren. Es ist allerdings bei zu hohen Konzentrationen der Probe sinnvoller, diese zu verdünnen.

Eine Besonderheit der Kalibrierung ist das **Standardadditionsverfahren,** welches dazu dient, Interferenzen durch verschiedene chemische Zusammensetzungen von Proben- und Standardlösung und daraus resultierende unterschiedliche physikalische Eigenschaften zu minimieren. Dazu werden einer gleichen Menge Probelösung unterschiedlich konzentrierte Standardlösungen zugegeben (oder man gibt verschiedene Volumina einer bestimmten Standardlösung zu). Dabei bleibt eine Probelösung ohne Zugabe von Standardlösung (zugesetzter Elementgehalt = 0). Die anderen Zusätze werden entsprechend abgestuft, sollten dabei aber im Bereich vom 0,5-Fachen bis 4-Fachen der zu erwartenden Probenkonzentration liegen. Eventuell müssen Vorversuche zum Probengehalt durchgeführt werden. Zur Durchführung der Messungen sind alle Proben gleichmäßig aufzufüllen. Die ermittelten Messwerte sind in einem Diagramm mit Regressionsgerade auszuwerten, wobei der durch Geradenverlängerung entstehende Schnittpunkt mit der x-Achse nach Vorzeichenumkehr die elementspezifische Probenkonzentration angibt (Abb. 1-17).

1.5.3 Störungen und Interferenzen

Wurde für eine Messung eine vorschriftsmäßige Kalibrierung durchgeführt, muss eine Probe mit der gleichen Konzentration wie die Standardlösung auch die gleiche Extinktion aufweisen. Wenn dabei Abweichungen auftreten, liegen Störungen vor. Dabei unterscheidet man grundsätzlich physikalische und chemische Störungen.

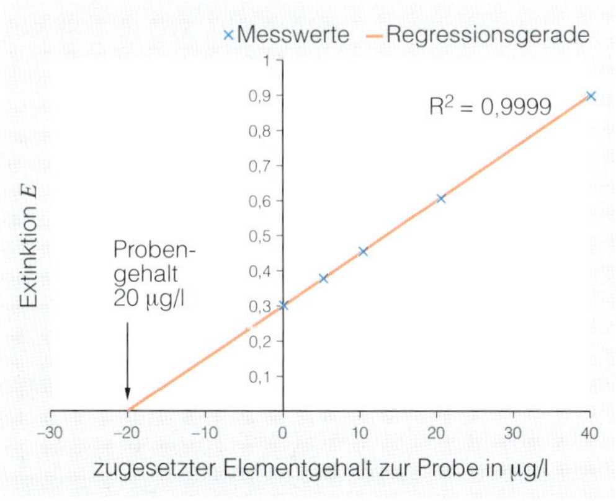

Abb. 1-17
Beispiel für eine Kalibrierung nach dem Standardadditionsverfahren

Physikalische Störungen können durch Stoffanteile in der Probe zustande kommen, die in der Standardlösung nicht enthalten sind. Dadurch ändert sich die Zusammensetzung der Atomdampfwolke, weil der Stofftransport durch eine andere Viskosität verändert wird. Letztlich entsteht so natürlich ein anderes Emissionsspektrum.

Chemische Störungen können durch Probenbestandteile verursacht werden, die mit dem zu untersuchenden Element Verbindungen bilden, durch welche die Atomisierung der Probe behindert wird. Ein Beispiel hierfür ist die Bildung von schwerschmelzbarem Calciumpyrophosphat, wenn eine auf Calcium zu untersuchende Probe Phosphat enthält. Es ist möglich, chemische Störungen durch heißere Flammen zu minimieren.
Auftretende Störungen beeinflussen das Messergebnis dadurch, dass zusätzliche Strahlungen neben der von der Probe teilweise absorbierten Strahlung der HKL vom Detektor erfasst werden. Man spricht hier von **spektralen** und **nicht spektralen Interferenzen.** Der Begriff **Interferenz** steht hier nicht für die Ausbildung von Wellentälern und -bergen (Auslöschungen und Verstärkungen) durch die Überlagerung von verschiedenen Wellen. Durch die auftretenden Störungen kommt es aber zu Beeinflussungen des in der Atomisierungseinrichtung entstehenden Absorptionsspektrums.

> Grundsätzlich unterscheidet man bei den Störungen der AAS in spektrale Interferenzen und nicht spektrale Interferenzen, wobei Letztere in chemische und physikalische Störungen unterteilt werden.

Ursachen für **spektrale Interferenzen** (Überlagerung von nahe beieinanderliegenden Wellenlängen) können Emissionen der Atomisierungseinrichtung selbst, Absorptionen durch Fremdstoffe in der Probe im gleichen Wellenlängenbereich oder die Streuung der Strahlung an Partikeln (Rauch oder Gas) in der Atomisierungseinrichtung sein.
Verschiedene Interferenzerscheinungen sind von bestimmten Bauteilen oder Methoden beeinflusst, z. B. Streuung an Partikeln bei sehr hohen Salzfrachten bei der F-AAS oder Emission von Grafitpartikeln bei sehr hohen Temperaturen bei der GF-AAS. Hohe Salzfrachten sind z. B. an einer Änderung der Flammenfarbe erkennbar – eine natriumhaltige Probe führt z. B. zu einer Gelbfärbung. Solche Erscheinungen sind bei der Auswertung und Beurteilung von Messergebnissen zu berücksichtigen. Für die Absorption im gleichen Wellenlängenbereich sind besonders zwei Fälle zu beachten:

1. Überlagerung von 403,29 nm Ga-Linie mit 403,30 nm Mn-Linie;
2. Überlagerung von 492,49 nm Pr-Linie mit 492,45 nm Nd-Linie.

Bei gleichzeitigem Vorhandensein dieser Elemente empfiehlt es sich, eine andere typische Absorptionslinie zum Nachweis auszuwählen.

Um auswertbare Messergebnisse zu erhalten, müssen nach Möglichkeit alle Interferenzen ausgeblendet oder minimiert werden. Da die gesamten störenden Einflüsse auch als Untergrundabsorption zusammengefasst werden, bezeichnet man die Möglichkeiten zur Unterscheidung und Abtrennung der Störungen als **Untergrundkorrektur** oder **Untergrundkompensation.** Hierfür können mit modernen AAS-Geräten verschiedene Verfahren angewandt werden. Nachfolgend werden einige Verfahren kurz vorgestellt.

Untergrundkorrektur durch eine Deuterium-(D_2)-Lampe

Zusätzlich zum Licht der Primärstrahlungsquelle wird das Licht einer D_2-Lampe (Sekundärstrahlungsquelle) durch die Atomisierungseinrichtung auf den Detektor geschickt. Während das elementspezifische Licht von der Probe absorbiert wird, geschieht dies bei der D_2-Lampe nicht. Damit sind Korrekturen möglich, weil beide Strahlungen vom Detektor erfasst und ausgewertet werden. Da neben der D_2-Lampe auch andere Strahler mit einem kontinuierlichen Spektrum eingesetzt werden können, spricht man auch von Kontinuumstrahler-Untergrundkorrektur.

SMITH-HIEFTJE-Untergrundkorrektur

Wie unter 1.3.2 bereits erwähnt, kann mit der Stärke des Betriebsstroms einer HKL deren Emission beeinflusst – moduliert – werden. Mit den bei höheren Strömen entstehenden beiden äußeren Peaks können Absorptionen neben der elementspezifischen Wellenlänge (Emissionsbereich bei normalem Strom) erfasst werden. Zur Untergrundkorrektur wird der Betriebsstrom so moduliert, dass ein ständiger Wechsel zwischen niedrigem und höherem Strom erfolgt. Es ist zu beachten, dass höherer Betriebsstrom die Lebensdauer einer HKL herabsetzt.

ZEEMAN-Untergrundkorrektur

Die Untergrundkorrektur nach Zeeman beruht darauf, dass durch ein Magnetfeld die Absorptionsstrahlung zusätzlich aufgespalten wird. Durch den Einfluss eines Magnetfeldes können die Anregungswellenlängen für Elektronenübergänge verändert werden. Zur Anwendung in der AAS gibt es verschiedene Möglichkeiten, die vom Einbauort und der Ausrichtung zum Strahlengang abhängig sind. Nach dem Einbauort unterscheidet man den direkten Effekt (Primärstrahlungsquelle) und dem inversen Effekt (Atomisierungseinrichtung). In Bezug auf die Ausrichtung zum Strahlengang unterscheidet man nach parallel (longitudinal) und rechtwinklig (transversal). Außerdem ist es möglich, das Magnetfeld konstant oder wechselnd zu betreiben. Diese Korrekturart wird meist bei der GF-AAS eingesetzt.

Aufgabe

Informieren Sie sich über die in Ihrem Lehrgerät vorhandenen Möglichkeiten zur Untergrundkorrektur und deren genaue Wirkungsweise!

Die bereits erwähnten chemischen und physikalischen Störungen werden auch als **nicht spektrale Interferenzen** bezeichnet. Diese sind stark abhängig von der verwendeten Atomisierungseinrichtung und werden meist danach gegliedert. Grundsätzlich sind aber **Transport-, Gas-** und **Verdampfungsinterferenzen** zu unterscheiden.

Transportinterferenzen sind auf die F-AAS beschränkt. Unterschiede in der Dichte und Viskosität von Probe und Standard führen zu verschiedenen Transportmengen und -geschwindigkeiten. Diese Erscheinungen können durch die Verwendung des gleichen Lösungsmittels für Probe und Standard und den Einsatz von wirkungsvollen Zerstäubern minimiert werden. Zur Korrektur kann ebenfalls das Standardadditionsverfahren angewandt werden.

Gas- oder Gasphaseninterferenzen treten bei der F-AAS auf, wenn schwer atomisierbare Verbindungen vorhanden sind, d. h. wenn eine Dissoziation einer Verbindung durch die Anwesenheit von bestimmten Elementen nicht vollständig abläuft (siehe chemische Störungen). Dies kann durch die Zugabe von Alkalimetallen oder die Auswahl von entsprechenden Lösungsmitteln oder Flammengasen beeinflusst werden. Bei der GF-AAS sind Gasphaseninterferenzen vom eingestellten Temperaturprogramm abhängig. In der HG-AAS kann es zur Dimerbildung (z. B. As_2 oder As_4) kommen, welche als thermisch stabile Verbindungen Interferenzen verursachen können. Durch höhere Temperaturen ist eine Beseitigung dieser Verbindungen möglich.

Verdampfungsinterferenzen kommen bei der F-AAS dadurch zustande, dass sich in der Flamme stabile Verbindungen mit vorhandenen Anionen oder Oxide bzw. Mischoxide bilden können. Es können aber auch die reinen Metalle oder Carbide entstehen. Diese Verbindungen beeinflussen die Entstehung der Atomisierungswolke durch unterschiedlich ablaufende Verdampfungsvorgänge. Es gibt hier z. B. die Möglichkeit des Zusatzes von Lanthan bei der Bestimmung von Erdalkalimetallen oder die Anwendung des Standardadditionsverfahrens, um diese Erscheinungen abzuschwächen. In der GF-AAS kann es durch das eingestellte Temperaturprogramm dazu kommen, dass Probenbestandteile schon beim Verdampfen des Lösungsmittels oder bei der Veraschung der Matrix mit ausgetrieben werden. Durch die auftretenden hohen Temperaturen können sich aber auch Legierungen, Oxide oder Mischoxide bilden, wodurch eine vollständige Erfassung der Probenmenge verhindert wird. Hier kann eine veränderte Atomisierungstemperatur helfen. Es gibt weiterhin die Möglichkeit einer Matrix-Veränderung durch Zugabe von z. B. einer Mischung von Palladium- und Magnesiumnitrat. Während die interessierende Probe als eine Palladiumlegierung oder als Magnesiumoxideinschlüsse gebunden wird, werden störende Begleitsubstanzen in leichterflüchtige Nitrate überführt.

Bei Anwendung der HG-AAS können weitere spezifische Interferenzen auftreten. So ist es wichtig, das Probenvolumen innerhalb einer Messreihe möglichst konstant zu halten und eine Schaumbildung zu vermeiden. Weiterhin ist die HG-AAS von der Wertigkeit der zu untersuchenden Elemente abhängig (Bildung von Hydriden). Deshalb müssen einige Elemente gegebenenfalls reduziert werden (z. B. Arsen und Antimon mit Kaliumiodid und Selen und Tellur mit heißer Salzsäure). Starke Störungen treten auch durch Platin und Palladium auf, die große Mengen Wasserstoff absorbieren können, der dann für die eigentliche Reaktion nicht zur Verfügung steht. Auch die anderen Elemente der Nebengruppen 8 und 1 wirken störend. Hier kann z. B. eine Maskierung mit EDTA-Salzen für Nickel und Cobalt oder mit Thioharnstoff für Kupfer helfen.

Bei der CV-AAS liegt die größte Störquelle im Element selbst. Quecksilber hat einen geringen Dampfdruck und wird von vielen Materialien gut absorbiert. Hier sind neben den Arbeitsvorschriften auch ganz besonders die Sicherheitsvorschriften beim Umgang mit Quecksilber zu beachten.

Aufgabe

Informieren Sie sich bei Bedarf zum Umgang mit Quecksilber, Quecksilberverbindungen und den dazu notwendigen Geräten sowie der fachgerechten Entsorgung von Quecksilberabfällen in Ihrer Lehreinrichtung!
Nutzen Sie die dazu vorhandenen Labor- oder Betriebsanweisungen!

1.6 Anwendung

Mit dem Verfahren der AAS werden hauptsächlich Schwermetalle quantitativ bestimmt. Der günstigste Messbereich liegt dabei bei ca. 1 µg/l bis 30 mg/l. Es können aber auch einige Halbmetalle (z. B. Bor, Silizium, und Tellur) und Nichtmetalle (z. B. Phosphor) erfasst werden. Nachweisgrenzen für bestimmte Elemente ergeben sich aus der benötigten Strahlungsquelle, mit der ein bestimmter, elementabhängiger Wellenlängenbereich erzeugt werden muss. Mit der AAS kann etwa der gleiche Aufgabenbereich wie mit der Fotometrie bearbeitet werden, wobei es stark vom Element, von der zu erfüllenden Aufgabe und von der Art der Probe abhängt, welche der beiden Methoden besser geeignet ist (z. B. für Chrom). Mit modernen AAS-Geräten können mehrere Elemente in einer Lösung gleichzeitig erfasst werden. Dies hat durch Zeiteinsparung einen ökonomischen Vorteil, der aber den hohen technischen Kosten bei der Gerätebeschaffung gegenübersteht.

Es ist auch zu beachten, dass die geringen Konzentrationen nur zu erfassen sind, wenn Störeinflüsse auf ein Minimum reduziert werden. So ist z. B. die Erfassung von 0,1 Pikogramm (10^{-13} g) Cadmium mithilfe der AAS nur sicher möglich, wenn das Labor nicht durch Spuren von Tabakrauch verunreinigt ist. Durch eine ständige technische Weiterentwicklung sollen Störungen möglichst eliminiert oder kompensiert werden.

Die AAS wird z. B. in umwelttechnischen (Wasser- und Bodenanalysen), medizinischen, lebensmittelchemischen oder baustofftechnischen Laboren genutzt.

1.7 Auswertung

Wie bereits erwähnt, ist bei modernen Geräten die Auswertung automatisiert, d. h., der in der Probe gemessene Wert kann sofort abgelesen werden.

Durch die Aufstellung von Kalibriergeraden kann der Konzentrationswert einer Probe über die gemessene Absorption (Extinktion) grafisch bzw. bei bekannter Geradengleichung auch rechnerisch ermittelt weden.

Eine weitere Möglichkeit der Auswertung bietet das vermessene Spektrum der Probe. Aus der Lage von Peaks oder Banden bei einer bestimmten Wellenlänge kann das entsprechende Element qualitativ ermittelt werden. Die Peakhöhe oder noch präziser die Peakfläche dient dann zu quantitativen Auswertung der Probe (Abb. 1-18).

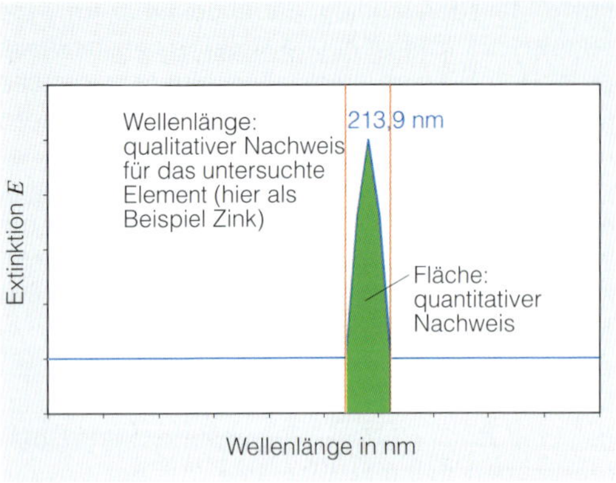

Abb. 1-18
Schema zur Auswertung des Messergebnisses

1.8 Aufgaben zur Wiederholung von Kapitel 1

Aufgaben

1. Wie ist AAS definiert?
2. Erläutern Sie den Unterschied zwischen Spektroskopie und Spektrometrie!
3. Welche Möglichkeiten zur Probenvorbereitung für die AAS gibt es?
4. Nennen Sie die Hauptbestandteile eines AAS-Gerätes!
5. Zeichnen Sie das Schema eines AAS-Gerätes mit Referenzstrahl!
6. Welche Primärstrahlungsquellen kennen Sie?
7. Nennen Sie mögliche Atomisierungseinrichtungen!
8. Erläutern Sie die Arbeitsweise eines Monochromators!
9. Welche Detektorenarten werden in der AAS verwendet?
10. Worin unterscheiden sich F-AAS und GF-AAS?
11. Welche Elemente können mit der Hydridtechnik nachgewiesen werden?
12. Erläutern Sie das Prinzip der CV-AAS!
13. Was ist bei der Inbetriebnahme eines AAS-Gerätes zu beachten?
14. Wozu werden Standardlösungen benötigt?
15. Was beinhaltet das Standardadditionsverfahren?
16. Nennen Sie mögliche Störungen bei AAS-Messungen!
17. Erläutern Sie den Begriff Untergrundkorrektur!
18. Wozu kann eine D_2-Lampe verwendet werden?
19. Worauf beruht die Untergrundkorrektur mittels ZEEMAN-Effekt?
20. Erläutern Sie die Begriffe Transport-, Gas- und Verdampfungsinterferenzen!
21. Nennen Sie Anwendungsmöglichkeiten für die AAS?

23. Wie kann eine AAS-Messung ausgewertet werden?

2 Atomemissionsspektroskopie (AES bzw. OES)

2.1 Grundlagen und Probenaufbereitung

Nach DIN 51009 „Optische Atomspektralanalyse Allgemeine Grundlagen und Begriffe“ ist die **Atomemissionsspektrometrie** (**AES** oder richtiger **Optische Emissionsspektroskopie OES** – optical emission spectrometry; siehe Abschn. 2.2.2) eine „optische Spektrometrie unter Ausnutzung der emittierten Strahlung, die als Folge der Wechselwirkung freier Atome mit Teilchen (z. B. Atome, Moleküle, Radikale) in einer Flamme oder in einem Entladungsplasma ... erzeugt wird“. Von der Benutzung des Kürzels AES wird auch wegen Verwechslungsmöglichkeiten mit der „Auger Electron Spectroscopy“ abgeraten. Im Weiteren wird deshalb die Bezeichnung OES verwendet.

Die OES stellt also ein spektral-analytisches Verfahren zum qualitativen Nachweis und zur quantitativen Bestimmung von Elementen mithilfe der von ihnen bei Anregung von Atomen oder Ionen emittierten optischen Strahlung dar.

Als Grundlage dienen für die OES die gleichen Gesetzmäßigkeiten wie für die im Kapitel 1 behandelte AAS (siehe Abschnitt 1.1). Der wesentliche Unterschied besteht darin, dass die Lichtemission, welche beim Übergang der angeregten Elektronen von einem höheren zu einem niederen Energieniveau freigesetzt wird, direkt gemessen wird. Es bedarf also keiner zusätzlichen Lichtquelle. Dadurch ist das Verfahren gegenüber der AAS technisch vereinfacht. Genau wie bei der AAS nutzt man dabei aus, dass die freiwerdende Energie elementspezifisch ist, d. h., es können einem Element bestimmte Wellenlängenbereiche zugeordnet werden (Abb. 2-1).

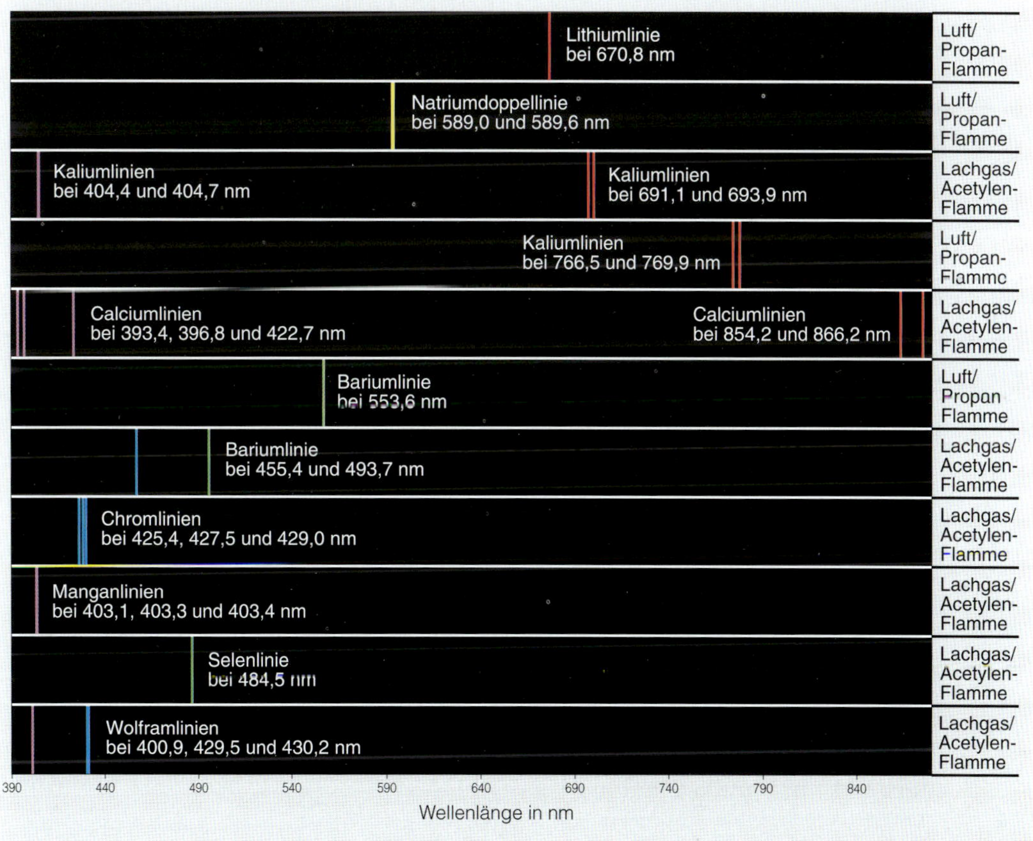

Abb. 2-1 **Charakteristische Spektrallinien einiger Elemente**
(vollständige Spektren für H, He, Na und K vgl. Teil 1, Abschnitt 6.5.1)

Wird die Wellenlänge und die Intensität der emitierten Strahlung gemessen, kann daraus der qualitative und quantitative Gehalt einer Probe bestimmt werden. Im Gegensatz zur AAS ist auch die Messung von verschiedenen Elementen nebeneinander möglich. Da die Emissionsanregung gleichzeitig erfolgt, wird die parallele Messung von Elementen von der Optik und Detektion des Gerätes bestimmt.

Bei der OES wird eine zerstäubte Probe in die Heizquelle eingesprüht. Dazu ist es notwendig, dass die Proben in der Regel in flüssiger Form vorliegen. Die Probenaufbereitung ist wie bei der AAS in Vorschriften geregelt und auch damit vergleichbar (siehe Abschnitt 1.2). Mit dem ICP (induktiv gekoppeltes Plasma; ICP – inductively coupled plasma; siehe Abschnitt 2.2.2) können auch gasförmige Proben analysiert werden, wobei die Proben ähnlich wie der HG-AAS und CV-AAS in den gasförmigen Zustand überführt werden. Dies ist auch für Chlor, Brom und Iod möglich, wenn sie nach Oxidation elementar vorliegen, sowie für Bor als Borsäuretrimethylester oder für Schwefel nach Wasserstoff-Strom-Pyrolyse. Vorteil der gasförmigen Probenzufuhr zum Plasma ist, dass die Verdampfungsenergie für das Lösungsmittel gespart wird und Interferenzen durch das Lösungsmittel entfallen. An der Entwicklung von Verfahren zur Analyse von Feststoffen mit dem ICP wird gearbeitet.

2.2 Geräteaufbau

2.2.1 Prinzip der OES

Wie im Abschnitt 2.1 bereits erwähnt, wird für ein OES-Gerät keine zusätzliche Lichtquelle, z. B. in Form einer HKL, benötigt. Genau wie bei der AAS gibt es auch hier eine Vielzahl verschiedener Geräte, und es können nur die allgemeinen Grundlagen und ein allgemeiner Aufbau behandelt werden. Es gilt auch hier, dass vor der Arbeit mit einem OES-Gerät eine gründliche Einweisung in das jeweilige Gerät und ein Studium der Betriebsanleitung notwendig ist.

Prinzipiell gilt es, bei der OES zwei Formen zu unterscheiden. Einerseits besteht die Möglichkeit, dass eine Flamme als Anregungsquelle genutzt wird, andererseits kann dazu auch ein Plasma verwendet werden. Der Geräteaufbau ist aber ähnlich. Ein Atomemissionsspektroskop besteht aus drei Grundbausteinen (Abb. 2-2):

- einer **Emissionssquelle;**
- einem **Monochromator;**
- einem **Detektor.**

Moderne Geräte verfügen zusätzlich über eine Auswerte- und Steuerelektronik sowie über Untergrundkompensatoren.

> Bei der OES wird eine Probe vermessen, indem sie durch Energiezufuhr in einer Emissionsquelle zur Emission von Licht veranlasst wird. Die Emissionsstrahlung wird nach der Aufspaltung im Monochromator durch einen Detektor registriert und kann dann ausgewertet werden.

2.2.2 Emissionsquellen eines OES-Gerätes

Die zur Anregung benötigte Energie ist elementspezifisch und auf Grund der Bindungskräfte für Alkalimetalle und wenige Erdalkalimetalle so gering, dass eine 1700 bis 2000 °C heiße Flamme ausreicht **(Flammenatomemissionsspektroskopie; F-AES).** Als Brenngase können Propan-, Butan- und Acetylen-Luft-Gemische oder Stadtgas eingesetzt wer-

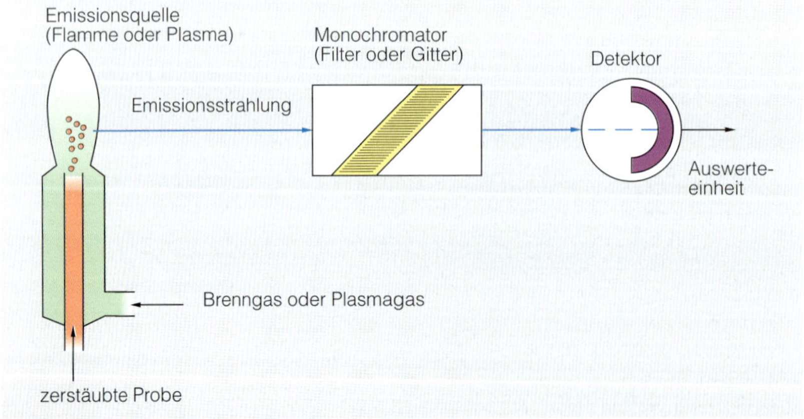

Abb. 2-2
Grundaufbau eines Atomemissionsspektroskops

den. Die so anregbaren Elemente zeigen bei der Flammenprobe in der analytischen Chemie eine typische Flammenfärbung, und bei Betrachtung durch ein Handspektroskop sind die typischen Spektrallinien dieser Elemente zu erkennen. Dazu sind diese Elemente in Form ihrer Chloride an einem mit Salzsäure befeuchteten Magnesiastäbchen in die entleuchtete Flamme eines Bunsenbrenners zu bringen.

Aufgabe Wiederholen Sie in diesem Zusammenhang Flammenfärbungen und typische Spektrallinien für Alkali- und Erdalkalimetalle (vgl. Teil 1, Abschnitt 6.4)!

Alle anderen Elemente benötigen eine zum Teil wesentlich höhere Anregungsenergie. Diese Möglichkeit bietet der Einsatz eines Plasmas. Hier können Temperaturen von 10 000 bis 12 000 K erreicht werden.

Als **Plasma** wird der Zustand gasförmiger Materie bezeichnet, wenn sich durch die Zufuhr einer hohen Energiemenge eine Zusammensetzung aus freibeweglichen Elektronen und freien Ionen ergibt. Dieser Zustand kommt auch in der Natur recht häufig vor. Fast die gesamte Masse des Universums – alle leuchtenden Sterne – befindet sich im Plasmazustand. Auf der Erde tritt diese Erscheinung z. B. bei der Entladung von elektrischer Energie in Form eines Blitzes auf. Durch die freien Ladungsträger (Ionen und Elektronen) ist Plasma elektrisch leitfähig. Ein Plasma kann künstlich hergestellt werden, indem einem Gas zur Anregung freie Elektronen zugeführt werden. In der Regel wird Argon als Gas für ein analytisches Plasma verwendet. Durch den Elektronenbeschuss bilden sich Argon-Ionen Ar^+ und weitere freie Elektronen e^-. Durch ein angelegtes elektromagnetisches Wechselfeld werden diese freien Ladungsträger beschleunigt und bewegen sich gegenläufig. Durch Zusammenstöße mit neutralen Teilchen werden diese beschleunigt und neue Ladungsträger gebildet. Gleichzeitig kommt es zur Rückbildung von Argonatomen. Insgesamt befindet sich dieser Prozess in einem dynamischen Gleichgewicht, und das Plasma erscheint nach außen elektrisch neutral.

Die Temperatur in einem Plasma ist nicht überall gleich, sondern kann in bestimmte Bereiche unterteilt werden. Die Temperaturunterschiede sind mit der unterschiedlichen Masse der freien Ladungsträger und der damit verbundenen unterschiedlichen Beweglichkeit (schwerere Ionen bewegen sich langsamer) zu erklären. Von besonderer Bedeutung ist der Bereich der Anregungstemperatur bei ca. 6000 bis 8000 K. Am heißesten ist ein Plasma in dem Gebiet, in dem die Induzierung des Plasmas erfolgt. Bei einem ICP ist das der Wirkungsbereich der Induktionsspule. Hier können Temperaturen von 10 000 bis 12 000 K auftreten (Abb. 2-3).

Es entsteht eine sogenannte Plasmafackel mit fast farblosem Licht. Die Probe wird als Aerosol axial in das Plasma eingesprüht. Bei einem sehr hohen Salzgehalt in der Probe können Verfärbungen des Plasmas auftreten, und in Extremfällen kann das Plasma erlöschen. In solchen Fällen ist eine Verdünnung der Probe ratsam.

Zur Erzeugung eines Plasmas gibt es verschiedene Möglichkeiten. Für die OES hat sich das induktiv gekoppelte Plasma (ICP – inductively coupled plasma) bewährt. Durch die hohen Temperaturen des Plasmas kommt es hier nicht nur zur Atomisierung der Probe, sondern es bilden sich Ionen, die angeregt werden. Für die Analyse sind dann die speziellen Ionenlinien bei Elektronenübergängen von größerer Bedeutung als die Atomlinien. Das Verfahren trägt deshalb die Bezeichnung **ICP-OES** (inductively coupled plasma optical emission spectrometry – optische Emissionsspektrometrie mittels induktiv gekoppelten Plasma).

Das kapazitiv gekoppelte Plasma (CMP – capacitvely coupled plasma) und das mikrowelleninduzierte Plasma (MIP – microwave induced plasma) werden weniger verwendet. Diese Verfahren kommen nur zum Einsatz, wenn Halogene bestimmt werden sollen. Dann reicht auch Argon als Plasmagas nicht mehr aus. Die notwendige Anregungsenergie muss mit Helium erzeugt werden.

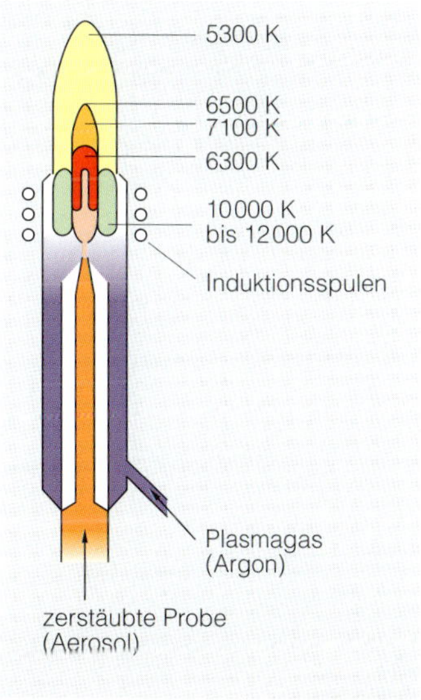

Abb. 2-3
Schema eines Plasmabrenners

Von der Emissionsquelle wird die Probe in jedem Fall zur Wärmequelle transportiert, dort verdampft, durch weitere Energiezufuhr atomisiert oder ionisiert und zur Emission von Licht angeregt.

2.2.3 Optik eines OES-Gerätes

Mit der F-AES können nur wenige Elemente angeregt werden. Es entstehen deshalb keine komplizierten und umfangreichen Spektren. Auf den Einsatz von Monochromatoren kann verzichtet werden. Stattdessen werden **Farb-** oder **Interferenzfilter** eingesetzt.

Farbfilter bestehen aus einer Farbschicht in einem Trägermaterial und lassen dadurch nur bestimmte Wellenlängenbereiche passieren. Interferenzfilter bestehen aus zwei dünnen, gegeneinandergerichteten, halbdurchlässigen Spiegeln. Zwischen diesen befindet sich eine transparente Schicht aus Magnesiumfluorid. Die Zwischenschichtdicke bestimmt, welche Wellenlänge den Filter passieren kann. Vereinfacht gilt, dass die Strahlung den Filter durchdringt, deren Wellenlänge der doppelten Zwischenschichtdicke entspricht.

Farb- oder Interferenzfilter lassen nur Strahlung eines ausgewählten, kleinen Wellenlängenbereiches passieren. Sie wirken nicht dispergierend.

Mit der ICP-OES können dagegen sehr viele Elemente parallel angeregt und nachgewiesen werden. Das entstehende Spektrum ist deshalb, entsprechend der vorhandenen Substanzen, sehr linienreich und noch umfangreicher als bei der AAS. Da hier auch nicht nur ein bestimmter Wellenlängenbereich untersucht werden soll (der des zu untersuchenden Elements), sondern in der Regel eine Mehrelementanalyse durchgeführt wird, werden an den **Monochromator** höhere Anforderungen als bei der AAS gestellt. In modernen OES-Geräten verwendet man z. B. Gitter-Monochromatoren mit einer CZERNY-TURNER- oder einer ECHELLE-Anordnung (Abb. 2-4 a und 2-4 b). Man unterscheidet bei den Gittern mechanisch (die Linien werden mit einem Diamanten eingeritzt) und holografisch hergestellte. Holografische Gitter erzeugt man, indem man mit einem von zwei Lasern erzeugten Interferenzmuster eine Fotoschicht belichtet und nach der Entwicklung die Furchen ausätzt. Abschließend erfolgt die Bedampfung mit einer reflektierenden Schutzschicht. Bei einem ECHELLE- oder BLAZE-Gitter wird die Oberfläche durch Ionenbeschuss unter einem bestimmten Winkel (BLAZE-Winkel) mit einer sägezahnähnlichen Oberfläche versehen. Dadurch können sehr gute Auflösungen erreicht werden.

Gitter und Prisma wirken dispergierend, d. h., die einfallende Strahlung wird in verschiedene Wellenlängen aufgespalten. Dadurch können kleinere Wellenlängenbereiche getrennt untersucht werden.

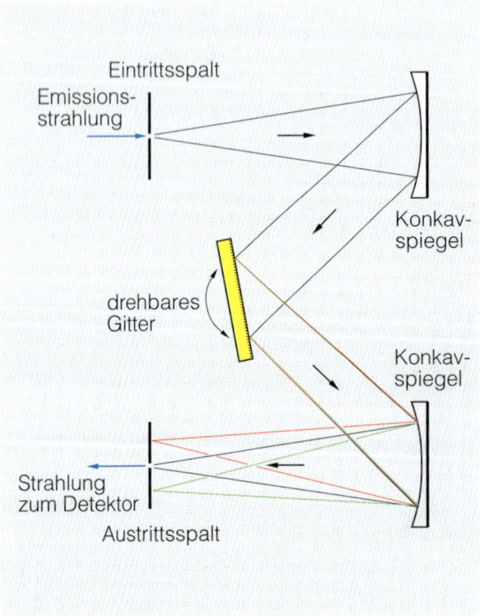

Abb. 2-4 a
Gitter-Monochromator mit CZERNY-Turner-Anordnung

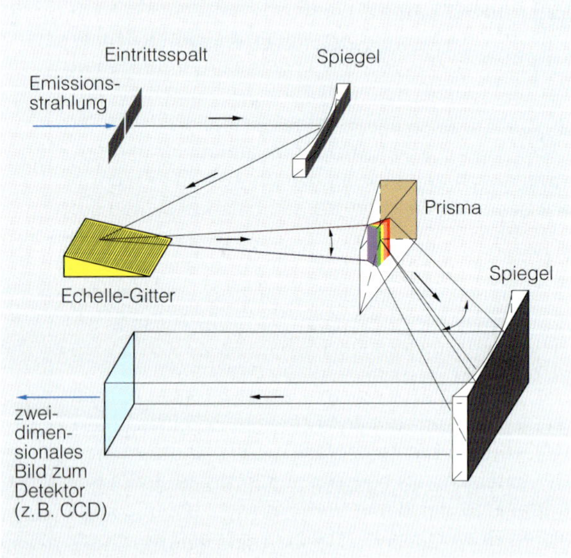

Abb. 2-4 b
Gitter-Monochromator mit ECHELLE- Anordnung

Die mit der F-AES erzeugte Emissionsstrahlung ist ausreichend groß, so dass als **Detektoren** Fotozellen eingesetzt werden können. In der ICP-OES können Fotomultipler und Fotodioden sowie CCD- oder CID-Detektoren (CID – charge injection device) verwendet werden (siehe Abschnitt 1.3.5). Ähnlich wie beim digitalen Fotografieren wird das, durch ein ECHELLE-Gitter erzeugte, zweidimensionale Spektrum mit einem Halbleiterdetektor erfasst und kann dann ausgewertet werden.

Aufgabe

Informieren Sie sich über den in Ihrem Lehrgerät verwendeten Monochromator sowie über den verwendeten Detektor!

2.3 Durchführung der OES

2.3.1 Allgemeine Arbeitsschritte

In der Regel ist vor Beginn einer Messung eine Probe aufzuschließen und in eine flüssige Form zu überführen (siehe Abschnitt 2.1). Wie bei der AAS ist eine gründliche und exakte Probenvorbereitung von großem Einfluss auf das Messergebnis.

Die Inbetriebnahme des OES-Gerätes hat entsprechend den Vorschriften (Betriebsanweisung und Bedienungsanleitung) zu erfolgen.

Aufgaben

1. Informieren Sie sich über die Vorschriften und Arbeitsschritte zur Inbetriebnahme des OES-Gerätes in Ihrer Lehreinrichtung!
2. Was ist vor der Durchführung einer Messung mit dem OES-Gerät zu beachten?
3. Welche Sicherheitsvorschriften beim Umgang mit Gasflaschen, speziell Argon, Sauerstoff, Stickstoff, Helium und Wasserstoff kennen Sie?

Besonders zu beachten bei der Inbetriebnahme ist die Überprüfung des Brenn- bzw. Plasmagases (Vorratsmenge, Druck). Bei Dauerbetrieb kann mit einem ICP eine 50-Liter-Flasche Argon täglich verbraucht werden. Die Zündung des Gerätes sowie die Messung laufen nach einem automatisch gesteuerten Programm. Wichtig ist, dass die Probe entsprechend der Probennummer im Sampler positioniert wird. Die Probe wird dann vom Gerät automatisch angesaugt und in die Emissionsquelle eingesprüht. Bei mehreren Proben sind eine Messung des Blindwertes und eine Spülung mit destilliertem Wasser in regelmäßigen Abständen vorteilhaft. Eine Kalibrierung oder mindestens eine Überprüfung mit einer Standardlösung sollte vor jeder Messreihe durchgeführt werden.

Bei der Arbeit mit einem Plasma ist es möglich, axiale Messungen (in Richtung der Plasmafackel), radiale Messungen (von der Seite) oder eine Kombination von axialen und radialen Messungen auszuführen. Bei manchen Geräten ist es durch Kapazitätsbeschränkungen des Detektors nicht möglich, den UV- und den VIS-Bereich gleichzeitig zu messen. Dann gibt es die Möglichkeit der Messbereichsumschaltung, was meist mit einem deutlich hörbaren Geräusch verbunden ist. Auch dieser Vorgang erfolgt in der Regel automatisch, genauso wie die Anzeige der Messwerte.

Die Nachweisgrenzen liegen für die F-AES im mg/l- bis µg/l-Bereich und mit der ICP-OES im µg/l-Bereich.

2.3.2 Kalibrierung

Da auch hier, wie bei der AAS, mit der Messung von Extinktionswerten gearbeitet wird, ist auch das Verfahren der Kalibrierung grundsätzlich das Gleiche (siehe Abschnitt 1.5.2). Da mit der OES eine Vielzahl von Elementen gleichzeitig bestimmt werden kann, gibt es die Möglichkeit, verschiedene Sequenzen (Kombinationen von verschiedenen Elementen, auf die eine Probe untersucht werden soll) zu speichern. Es ist jedem Benutzer möglich, seine für ihn typischen und wichtigen Sequenzen zusammenzustellen. Vorteilhaft sind solche Standardsequenzen, wenn mit sich ständig wiederholenden Untersuchungen von verschiedenen Proben zu rechnen ist (z. B. bei Wasseranalysen auf eine festgelegte Gruppe von Schwermetallen). Diese werden abgespeichert und können jederzeit wieder aufgerufen werden. Die einzelnen Sequenzen sollten aber in regelmäßigen Abständen überprüft werden.

2.3.3 Störungen und Interferenzen

Bei den linienarmen Spektren der F-AES sind die auftretenden Störungen durch den Untergrund vernachlässigbar, da auch die Intensität der emittierten Strahlung meist sehr hoch ist. Im Gegensatz dazu entsteht bei der Anregung mit einem Plasma eine Untergrundstrahlung, welche das Plasma selbst aussendet und die stark von der Plasmatemperatur abhängig ist. Dieser Untergrund kann sich mit der Einbringung der Probe in das Plasma verändern, da der Gleichgewichtszustand im Plasma verändert wird. Deshalb sind Untergrundkorrekturen bei einer Plasmaemissionsquelle notwendig. Dazu können z. B. Interferenzfilter oder verschiebbare Eintrittsspalte eingesetzt werden. Eine wichtige Rolle spielt hierbei auch die Qualität der Probenzerstäubung bzw. Probeneinbringung. Um hier Verbesserungen zu erzielen, werden spezielle Probeneinführungssysteme für feste, flüssige und gasförmige Proben entwickelt.

Aufgabe

Informieren Sie sich über das Probeneinführungssystem und Möglichkeiten zur Untergrundkorrektur an Ihrem Ausbildungsgerät!

Sollte sich die Untergrundstrahlung verändern oder sollten sich in der Probe Substanzen befinden, welche das Emissionsspektrum beeinflussen, treten **spektrale Interferenzen** auf.

Bei der F-AES ergeben sich spektrale Interferenzen dann, wenn zwei Elemente mit nahe beieinanderliegenden Emissionslinien in der Probe vorhanden sind, oder wenn ein Element in einem großen Überschuss vorliegt. In der Regel liegen aber die Emissionslinien der Elemente weit genug auseinander, und es genügt ein einfaches Filtersystem. Sollte eine gegenseitige Beeinflussung auftreten, kann diese nur mit hochauflösenden Monochromatoren kompensiert werden.

Bei einem Plasma treten Interferenzen oft allein durch die Vielzahl der in einer Probe vorhandenen Elemente auf, die teilweise sehr eng beieinanderliegende Emissionslinien besitzen. Hinzu kommen noch mögliche Strahlungen durch das Lösungsmittel, in der Regel Wasser, und den Stickstoff der Luft sowie durch die Emissionsquelle selbst, wenn sich das Plasmagleichgewicht bei einem Probeneintrag ändert. Zur Korrektur dieser Erscheinungen ist eine hochauflösende Optik notwendig, um eng nebeneinanderliegende Spektrallinien unterscheiden zu können. Weiterhin können Streulichteinflüsse z. B. durch Staubpartikel oder einen fehlerhaften Monochromator auftreten. Da alle Elemente über mehrere Emissionslinien verfügen, kann durch die gezielte Auswahl einer bestimmten Linie die spektrale Interferenz durch Fremdelemente, die im gleichen Bereich emittieren, verringert werden. Dadurch sind wirkungsvolle Analysen auch von Spurenelementen möglich. Mit modernen Geräten ist auch die Auswahl mehrerer Linien für ein Element möglich, um störende Einflüsse weiter zu verringern.

In der DIN EN ISO 11885 „Bestimmung von 33 Elementen durch induktiv gekoppelte Plasma-Atom-Emissionsspektrometrie“ sind z. B. zum Nachweis der einzelnen Elemente charakteristische Wellenlängen sowie deren Nachweisgrenzen aufgelistet. Weiterhin sind spektrale Störungen von Elementen bei bestimmten Wellenlängen tabellarisch erfasst und Störungen erläutert.

Wie bei der AAS treten auch bei der OES **nicht spektrale Interferenzen** auf. Diese sind für die F-AES und die ICP-OES im Wesentlichen identisch. Man unterscheidet dabei in chemische Interferenzen, Transport- und Ionisationsinterferenzen.

Befinden sich in der Probe Substanzen, die mit den nachzuweisenden Elementen schwer atomisierbare Verbindungen bilden – z. B. Phosphat oder Sulfat –, können diese Anteile nur schwer zur Emission angeregt werden. Einen weiteren negativen Einfluss können vorhandene organische Verbindungen bewirken. Diese können z. B. das Plasmagleichgewicht verändern. Diese Erscheinungen werden als **chemische Interferenzen** bezeichnet und spielen auf Grund der höheren Temperaturen im Plasma eine geringere Rolle als in der Flamme.

Die auftretenden **Transportinterferenzen** sind denen der F-AAS gleichzusetzen (siehe Abschnitt 1.5.3). Es wurde bereits erwähnt, dass im Extremfall das Plasma erlöschen kann (siehe Abschnitt 2.2.2).

Ionisationsinterferenzen treten dadurch auf, dass Elemente über eine unterschiedliche Ionisierungsenergie verfügen. Ein leichter zu ionisierendes Element kann dadurch mit seinen freiwerdenden Elektronen die Ionen eines anderen Elements wieder atomisieren. Das normalerweise vorhandene Gleichgewicht zwischen Atomen und Ionen wird also beeinflusst. Diese Erscheinung kann durch Zusatz der Störsubstanz zu den Probelösungen kompensiert werden.

2.4 Anwendung

Der Anwendungsbereich der F-AES liegt vor allem im pharmazeutischen und klinischen Bereich zur Bestimmung besonders von Alkalimetallen und Erdalkalimetallen (z. B. Lithium, Natrium, Kalium, Magnesium, Calcium bei der Blutelektrolytbestimmung), wobei die Bedeutung durch die AAS rückläufig ist. Eine weitere Anwendung liegt in der Analyse von Glas, Zement, Keramik und Mineralien.

Da mit der OES, insbesondere der ICP-OES, eine Vielzahl von Elementen qualitativ und quantitativ in sehr kurzer Zeit nachweisbar sind, ergibt sich eine Vielzahl an Anwendungsmöglichkeiten. Überwiegend wird die ICP-OES in der Umweltanalytik, besonders in der Spuren- und Wasseranalytik, angewandt. Es können aber auch in den Bereichen Metallurgie (z. B. Gehaltsbestimmung von Legierungen), Geologie (Gesteinsanalyse), Bodenanalysen (Schwermetallgehalt, Abfälle), Landwirtschaft (Düngemittel), Industrie (Schadstoffe, Filterrückstände), Biologie (Pflanzenuntersuchungen) usw. Messungen durchgeführt werden. Mit einer Multielementanalyse ist es möglich, bis zu 70 Elemente gleichzeitig zu analysieren.

Zur Analyse von Feststoffen (z. B. Metalllegierungen) werden auch elektrische Bögen und Funken als Anregungsquelle verwendet. Die Atomisierung der Stoffe erfolgt dabei durch eine elektrische Entladung zwischen zwei oder drei Kohleelektroden oder zwei Kohleelektroden und einer Wolframelektrode, die von Argon als Inertgas umspült werden. Dabei wird bei Bögen mit hohen Stromstärken bei geringer Spannung gearbeitet, und es entstehen durch die Anregung neutraler Atome sogenannte Bogenspektren. Für elektrische Funken benötigt man dagegen hohe Spannungen. Es entstehen hierbei Spektren von Ionen, sogenannte Funkenspektren.

2.5 Auswertung

Die Auswertung erfolgt prinzipiell genauso wie bei der AAS. Die gemessenen Emissionsspektren können über Kalibrierkurven ausgewertet werden. Bei modernen Geräten geschieht dies automatisch (Abb. 2-5). Die Ergebnisse sind als Konzentrationsangaben ausdruckbar. Wie bei der AAS dienen zur Auswertung die Wellenlänge eines Peaks zur qualitativen und dessen Höhe bzw. Fläche zur quantitativen Bestimmung (Abb. 2-6 und 2-7, S. 30/31). Bei Mehrelementanalysen müssen die verschiedenen Peaks des aufgenommenen Spektrums dabei den einzelnen Elementen zugeordnet werden. Dabei sind eventuelle Überlagerungen zu beachten, und eventuell muss bei manchen Elementen auf eine andere Wellenlänge ausgewichen werden. Hier kommt es auf die Erfahrung des Gerätebedieners an, der mit einer gewissen Routine Spektren auf ihre Güte und Aussagefähigkeit beurteilen kann. Bei Unstimmigkeiten empfiehlt sich immer eine Mehrfachmessung und/oder eine neue Kalibrierung.

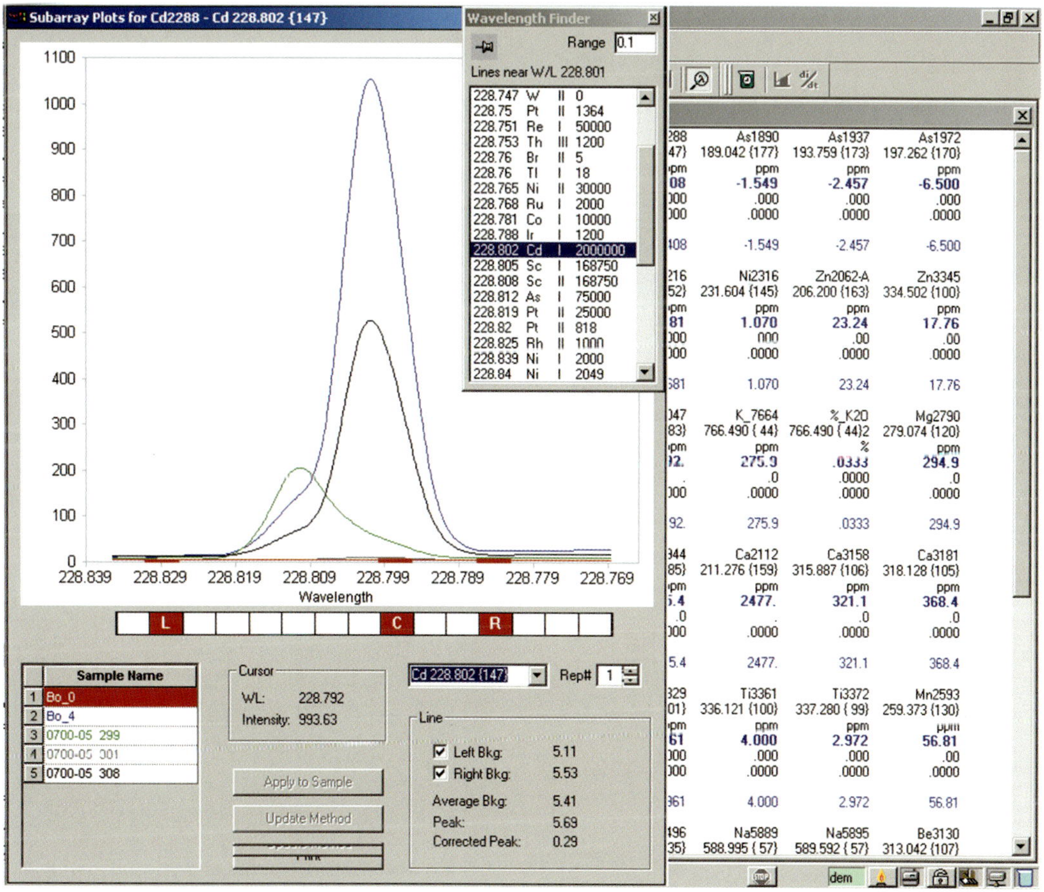

Abb. 2-5
Spektrum für Cadmium bei 228,802 nm (Störung) und einer Auflistung der untersuchten Elemente in der darunterliegenden Bildschirmebene

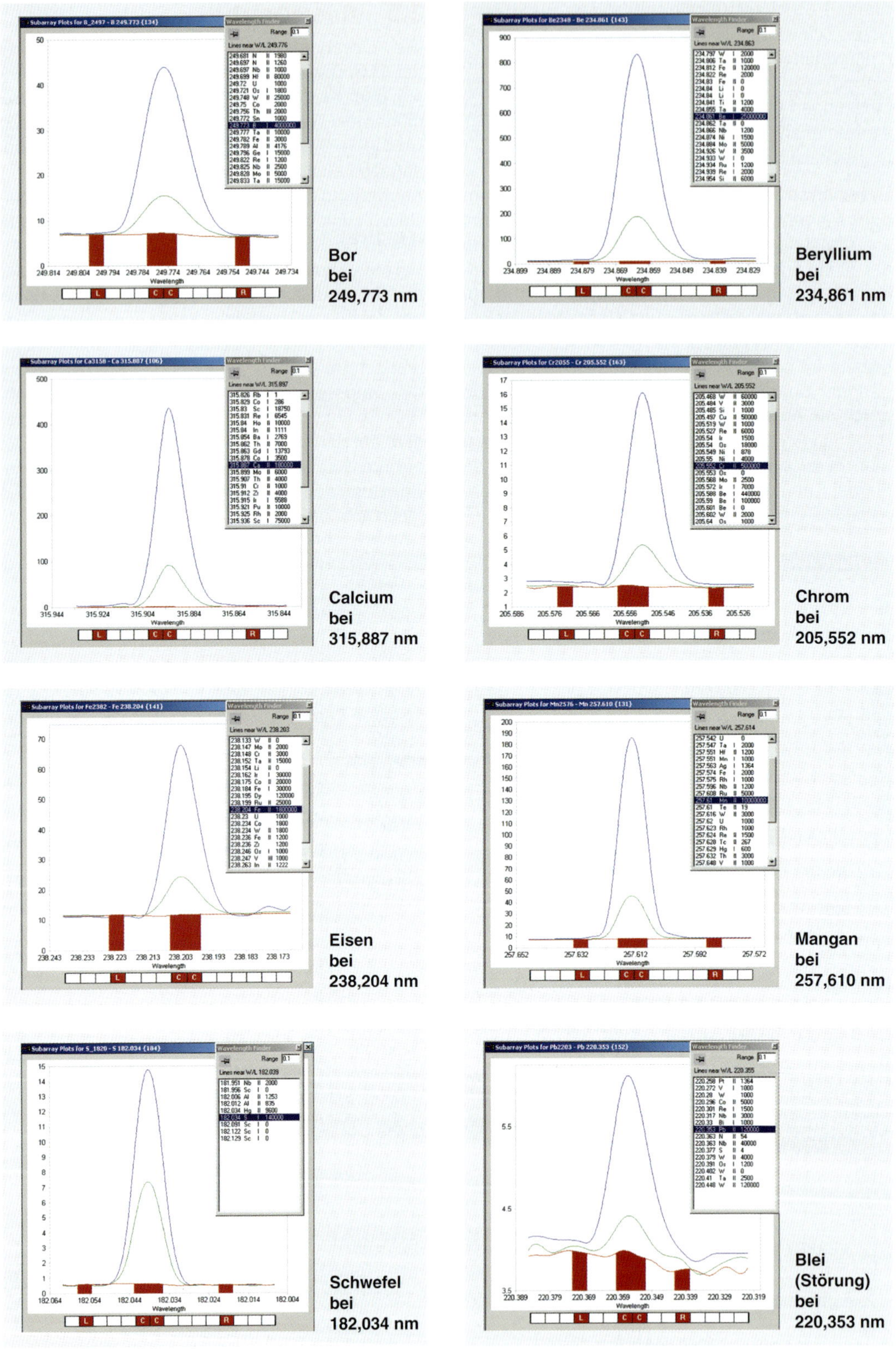

Abb. 2-6 Beispiele für Spektren mit ICP-OES

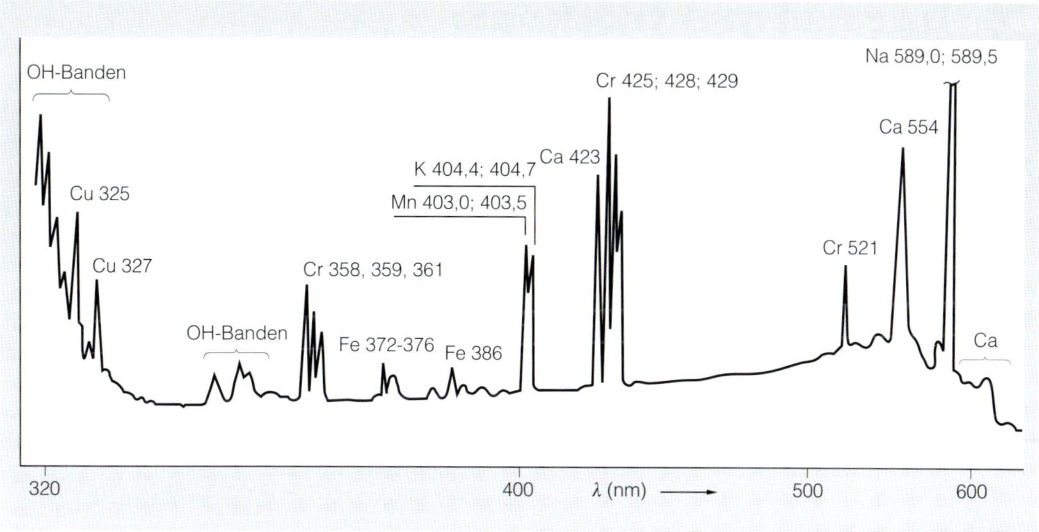

Abb. 2-7 **Multi-Element-Analyse: OES-Spektrum (Knallgasflamme)**

2.6 Aufgaben zur Wiederholung von Kapitel 2

Aufgaben

1. Wie ist AES bzw. OES definiert?
2. Warum spricht man besser von OES als von AES?
3. Worin unterscheiden sich AAS und OES?
4. Welche Arten von Proben können mit der OES vermessen werden?
5. Nennen Sie die Hauptbestandteile eines OES-Gerätes!
6. Was ist als Emissionsquelle nutzbar?
7. Welche verschiedenen Gitteranordnungen werden bei der OES verwendet? Zeichnen Sie das Prinzip einer dieser Anordnungen!
8. Was versteht man unter einem Plasma?
9. Wo ist das Plasma am heißesten?
10. Wie hoch ist die Temperatur im Anregungsbereich eines Plasmas?
11. Was ist bei der Inbetriebnahme eines OES-Gerätes zu beachten?
12. Welche spektralen und nicht spektralen Interferenzen treten bei der OES auf? Welche Unterschiede gibt es zwischen F-AES und ICP-OES?
13. Nennen Sie Anwendungsmöglichkeiten für die OES!
14. Wie kann eine OES-Messung ausgewertet werden?

3 Infrarotspektroskopie

3.1 Charakterisierung des Verfahrens

Die Infrarotspekroskopie ist ein optisches Verfahren der instrumentellen Analytik, das auf dem Absorptionsvermögen der Stoffe für das infrarote Licht beruht. Die Messmethode arbeitet in einem Wellenlängenbereich des elektromagnetischen Spektrums von 0,76 – 500 µm. Man unterteilt diesen Bereich in drei Untereinheiten, das nahe IR, das mittlere IR und das ferne IR. Zur Vereinfachung wird das mittlere IR häufig zu etwa gleichen Teilen zum nahen oder fernen IR gerechnet, so dass man in diesem Fall nur eine zweigliedrige Teilung verwendet.

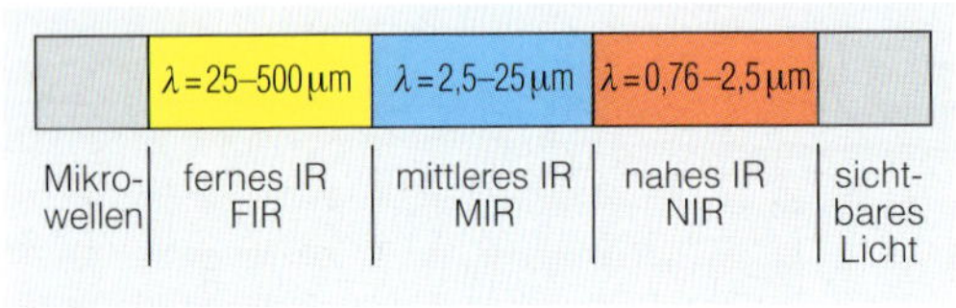

Abb. 3-1 **Einteilung des elektromagnetischen Spektrums im IR-Bereich mit angrenzenden Bereichen**

Aufgaben

1. Informieren Sie sich im Teil 1, Abschnitte 6.5.1 und 13.4, über den Begriff Absorption!
2. Wiederholen Sie in Teil 1, Abschnitt 13.1, die Einteilung des elektromagnetischen Spektrums und die Eigenschaften des Lichtes!
3. Reaktivieren Sie im Teil 1, Abschnitt 13.1, die Fachtermini Wellenlänge, Wellenzahl und Frequenz!

Zum besseren Verständnis der Wechselwirkungen von Infrarotstrahlung und Atomen sowie Molekülen ist die Kenntnis des Atombaus, insbesondere der Atomhülle, und der Bindungsverhältnisse der Stoffe erforderlich.

Aufgaben

1. Wiederholen Sie in Teil 1, Abschnitte 6.2, 6.3 und 6.5, den Aufbau der Atomhülle nach dem quantenmechanischen Atommodell, insbesondere die Vorgänge bei Einfluss von Energie unterschiedlicher Art!
2. Vertiefen und festigen Sie Ihre Kenntnisse über die chemische Bindung in Molekülen unter Verwendung der Begriffe Valenz, Bindungslänge, Bindungswinkel, freie Elektronenpaare und Dipol, Teil 1, Kap. 7!

Bei **Atomen** kann durch Auftreffen von Strahlung definierter Wellenlänge der Übergang eines Elektrons von einem niedrigen in ein nächsthöheres Energieniveau erfolgen. Betrachtet man diesen Umstand unter Verwendung des quantenmechanischen Atommodells, so erfolgen Übergänge auch innerhalb eines Energieniveaus von einem niedrigeren in ein höheres Unterniveau. Man spricht auch allgemein von Quantensprüngen (Teil 1, Abschnitt 6.5). Wechselt das Elektron aus dem angeregten wieder in den energetisch niedrigeren Zustand, so kommt es zur Entsendung von definierter Strahlung. Man kann diese Strahlung in Form eines **Atomemissionsspektrums** aufnehmen und zur Identifizierung nutzen (Atomemission, Kapitel 2).

Die Atome von **Molekülen** dagegegen sind infolge der bestehenden Bindungsverhältnisse energetisch stabilisiert. Energieeinflüsse wirken sich daher in anderer Weise aus. Dabei ist grundsätzlich vom räumlichen Bau der Moleküle und deren Eigenbewegungen auszugehen. Diesbezüglich unterscheidet man Schwingungsenergie und Rotationsenergie. Energieeinflüsse wirken sich deshalb auf diese Energieformen aus. Dabei entscheidet die Höhe des zugeführten Energiebetrages, ob verstärkt die Rotation oder die Schwingung beeinflusst wird. Niedrige Beträge lösen höhere Rotation aus, größere dagegen erzeugen eine erhöhte Schwingung. Die Zunahme der Moleküleigenbewegungen kann ebenfalls, wie bei Atomen, stufenweise erfolgen. Strahlung aus dem Bereich des fernen IR löst eine Zunahme der Rotation aus, im nahen IR ist die Schwingungszunahme bevorzugt. Im Grundzustand befinden sich die einzelnen Atome in den Molekülen in einem Gleichgewicht. Dieses wird durch die vorhandenen Bindungen bestimmt. Die Atome und Atomgruppen führen um diese Bindungen Schwingungen aus. Die einfallende Strahlung wird also durch den Stoff absorbiert. Man spricht deshalb auch von einem **Absorptionsspektrum.** Bedingung dafür, dass eine Verbindung überhaupt durch Infratrotstrahlung angeregt wird, ist das Vorhandensein eines **Dipolmoments** oder die Bildung eines solchen infolge der Strahlungswirkung. Bei Nichtvorhandensein ist der Stoff inert und kann mithilfe des Verfahrens nicht vermessen werden. Findet keinerlei Wechselwirkung mit Strahlungsenergie statt, spricht man von einer **Streuung.** Bei der IR-Spektroskopie wird also keine Bindung gespaten, sondern es erfolgt eine Anregung der Schwingungen von Bindungen.

Aufgabe

Erklären Sie die Begriffe Dipol und Ladungsschwerpunkt am Beispiel des Wasser- und Ethanolmoleküls! Vergleichen Sie dazu Teil 1, Abschnitt 8.2!

Bei der Betrachtung der Einflüsse von IR-Strahlung muss in zweiatomige und mehratomige Moleküle unterschieden werden. Zunächst soll das Verhalten von Ersteren beschrieben werden. Wir nutzen dazu als Beispiel das Bromwasserstoffmolekül. Dieses ist ein starker Dipol und linear gebaut. Die Atome führen in diesem Fall zum einen eine Rotation, zum andern eine Schwingung entlang der Achse der Valenz aus. Auftreffende energiereiche Strahlung des nahen IR führt zu einer Verstärkung der zuletzt genannten Schwingung. Man bezeichnet dies deshalb als **Valenzschwingung.** Am besten kann das unter Verwendung des Modells eines Federschwingers dargestellt werden (Abb. 3-2).

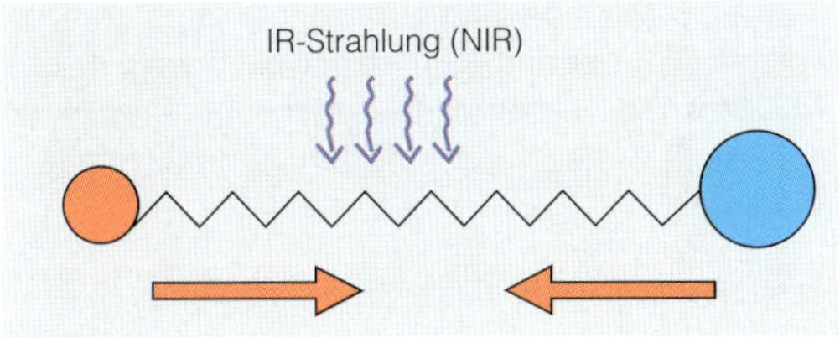

Abb. 3-2
Valenzschwingung am Beispiel des Federschwingers

Die Feder steht hier stellvertretend für die chemische Bindung zwischen den Atomen. Da die Valenzschwingung faktisch eine Dehnung entlang der Kernverbindungsachse ist, nennt man sie auch Streckschwingung. Als Folge beider Bewegungen, Rotation und Schwingung, entsteht bei der Aufnahme ein Rotationsschwingungsspektrum.

Moleküle aus mehreren verschiedenen Atomen können ebenso Valenzschwingungen ausführen. Diese können jedoch in unterschiedlicher Intensität erfolgen. Man differenziert daher nochmals in symmetrische und asymmetrische Schwingungen (Abb. 3-3).

Mehratomige Moleküle besitzen allerdings in der Regel einen gewinkelten Bau. Hierdurch wird eine zusätzliche Schwingungsrichtung möglich, die sich in einer Änderung des Winkels äußert. Die Änderung des Bindungswinkels tritt aber auch bei linearen Molekülen wie dem Kohlenstoffdioxid auf. Aus diesem Grund spricht man von einer **Deformationsschwingung** (Abb. 3-4).

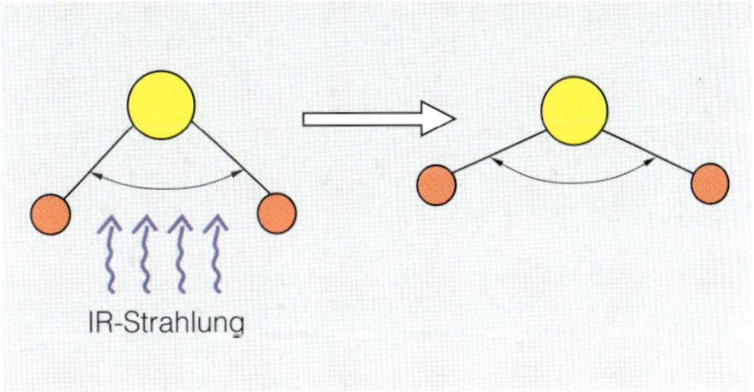

Abb. 3-4
Deformationsschwingung am Beispiel des Schwefelwasserstoffmoleküls

Die Zahl der möglichen Schwingungen eines Moleküls lässt sich logisch ableiten. Im Fall des Schwefelwasserstoffmoleküls treten drei Varianten auf, eine symmetrische und eine asymmetrische Valenzschwingung sowie eine Deformationsschwingung. Für gewinkelte wie auch lineare Moleküle kann die Anzahl durch eine einfache Beziehung ermittelt werden.

- Lineare Moleküle $Z = 3N - 5$
- Gewinkelte Moleküle $Z = 3N - 6$

Z = Anzahl der Schwingungen
N = Anzahl der Atome

Die Zahl drei ergibt sich aus den drei Achsen eines räumlichen Koordinatensystem x, y, z. Die ermittelte Anzahl Z möglicher Schwingungen wird als **Schwingungsfreiheitsgrade** bezeichnet. Bemerkenswert ist, dass zum Auslösen einer Valenzschwingung wesentlich mehr Energie benötigt wird als für eine Deformationsschwingung. Daher sind im Spektrum die Valenzschwingungen bei höheren Wellenzahlen zu finden.

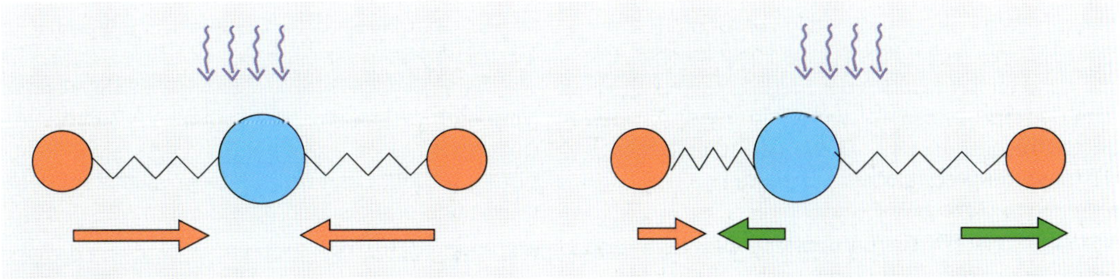

Abb. 3-3
Symmetrische und asymmetrische Valenzschwingung

Der besseren Übersicht wegen ist die Abb. 3-5 aufgenommen, in der am Beispiel eines linearen und eines gewinkelten dreiatomigen Moleküls die Freiheitsgrade dargestellt sind.

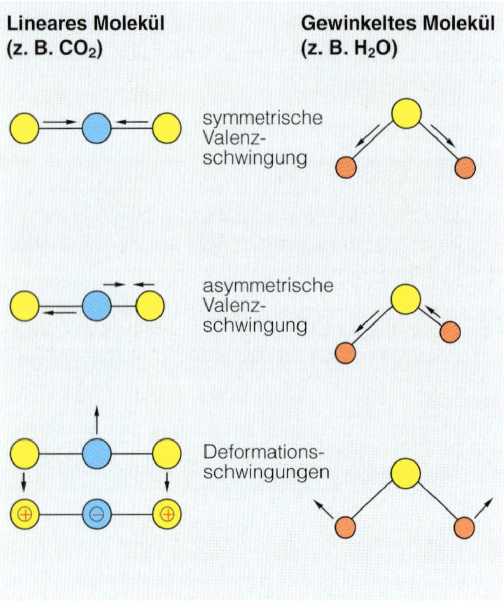

Abb. 3-5 **Schwingungsfreiheitsgrade am Beispiel eines linearen und gewinkelten Moleküls**

Bei einem Infrarotspektrum handelt es sich um ein Absorptionsspektrum. Durch die Strahlungsenergie werden Rotation und Schwingung der Atome angeregt. Die Schwingungsänderungen werden in Valenz- und Deformationsschwingungen unterschieden. Die Anzahl möglicher Schwingungen richtet sich nach dem Bau und der Zusammensetzung der Moleküle.

3.2 Probenvorbereitung

Die IR-Spektroskopie gehört zu den Messverfahren, die mit geringen Substanzmengen auskommen. Kleinere Verunreinigungen im Bereich $\leqq 1\,\%$ verursachen keine wesentlichen Beeinträchtigungen oder sie ergeben eindeutig zuordenbare Banden. Gleiches gilt für notwendige Lösungsmittel. Bei der weiteren Betrachtung der Präparation muss zwischen festen, flüssigen und gasförmigen Proben unterschieden werden. Es werden hauptsächlich die folgende Technologien verwendet:

- Herstellung von KBr-Presslingen
- Nutzung von Küvetten mit geeigneten IR-durchlässigen Fenstermaterialien
- Einsatz von Gasküvetten
- ATR-Technik

KBr-Presslinge

Zur Untersuchung fester Proben werden diese mit Salzen, die als sogenannte Fenstermaterialien verwendet werden, homogen gemischt. Kaliumbromid eignet sich deshalb besonders gut, da es unter Druck ein transparentes Material bildet. Die Anwendung hängt jedoch vom erforderlichen Wellenzahlbereich ab. Kaliumbromid als Fenstermaterial muss in getrockneter Form eingesetzt werden. Der Handel bietet speziell für die Infrarotspektroskopie hergestellte Chargen des Salzes an. Allerdings ist nach einiger Zeit die Nachtrocknung erforderlich, da durch Öffnen und Schließen des Gefäßes infolge Austausch mit der Umgebungsluft die Feuchtigkeit zunimmt. Weitere Salze, wie zum Beispiel Natriumchlorid oder auch Kaliumiodid, sind möglich. Die Anwendung hängt jedoch von dem erforderlichen Wellenzahlbereich ab. Kaliumbromid eignet sich zur qualitativen Analytik von Feststoffen. Die Herstellung des Presslings erfolgt mit Presswerkzeugen, die von der Industrie serienmäßig gefertigt werden. Es handelt sich dabei um hydraulische Pressen. Die Verfahrensweise ist sehr einfach und lässt sich in die nachfolgenden Schritte gliedern (Übersicht 3-1).

Herstellungsschritte eines KBr-Presslings

1. Pulverisieren des Gemisches aus der Probe und KBr im Achatmörser
2. Einbringen des Gemisches in das Presswerkzeug
3. Positionieren des Presswerkzeugs in der Presse, Anlegen des Vakuums
4. Tablettierung unter geeignetem Anpressdruck
5. Entnahme des Presslings und Einsatz in den Presslinghalter
6. Reinigung des Presswerkzeuges

Übersicht 3-1

Küvettentechnik

Die Messung mithilfe von Küvetten wird immer dann angewandt, wenn die Proben in flüssiger Form vorliegen. Charakteristische Beispiele sind organische Lösungsmittel oder ölige Substanzen. Wichtig ist die Wahl der Küvette immer dann, wenn es sich um Verbindungen handelt, die aggressive Dämpfe abgeben könnten, die zu einer Schädigung der Messgeräte führen. Ein klassisches Beispiel sind halogenhaltige organische Verbindungen. Bei den Küvetten unterscheidet man zwischen Festküvetten und zerlegbaren Formen. Die Schichtdicke ist variabel und abhängig von der zu bestimmenden Probe. Zerlegbare Küvetten bestehen aus dem

Rahmen der Küvette, den Küvettenfenstern, Distanzstücken und der Verschraubung. Die Fenster werden in der Regel fertig geliefert und sind mehrfach verwendbar. Das erfordert jedoch eine entsprechende Pflege. Fenster, deren Oberfläche im Laufe der Zeit undurchlässiger wird, können mit einem Polierkit wieder poliert werden. Die Wahl des Fenstermaterials richtet sich nach dem Probenmaterial. In der Hauptsache müssen sie gegenüber dem Probenmaterial inert und im entsprechenden Wellenzahlbereich durchlässig sein. Als preisgünstig ist Natriumchlorid anzusehen. Andere Materialien sind Kaliumbromid oder auch Calciumfluorid. In Übersicht 3-2 sind einige Materialien und ihre typischen Eigenschaften aufgeführt.

Beim Zusammenlegen der beiden Fenster ist darauf zu achten, dass keine Luftblasen mit eingeschlossen werden. Danach werden die Fenster in die Rahmen gesetzt und verschraubt. Dies hat gleichmäßig zu erfolgen, da ansonsten das Fenstermaterial leicht brechen kann. Festküvetten können ebenfalls mehrfach verwendet werden. Da diese über eine exakte Schichtdicke verfügen, können mit ihr auch reproduzierbare quantitative Messungen vorgenommen werden.
Das Aufbringen der Probe erfolgt tropfenweise.

Gasküvetten

Wie der Name bereits erkennen lässt, ist dieser Probenraum der Untersuchung von gasförmigen Stoffen vorbehalten. Gasküvetten besitzen im Vergleich zu Normalküvetten eine höhere Schichtdicke.

Fenstermaterialien für Messungen mit Küvetten

Material	Anwendungsgrenze	Eigenschaften
Natriumchlorid	625 cm^{-1}	stark hygroskopisch, beständig gegen organische Lösungsmittel außer Alkohole
Kaliumbromid	400 cm^{-1}	hygroskopisch, wenig beständig gegen Ethanol
Cäsiumiodid	165 cm^{-1}	hygroskopisch, löslich in Ethanol, sehr weiches Material
Calciumfluorid	1110 cm^{-1}	sehr beständig bei eingeschränktem Wellenzahlbereich
Aluminiumoxid	1800 cm^{-1}	sehr hohe Härte und Beständigkeit

Übersicht 3-2

Als Schichtdicke wird der Innendurchmesser der Küvette bezeichnet. Wegen der geringeren Dichte von Gasen ist das notwendig. Der Verschluss der Küvette erfolgt über Glashähne. Die Befüllung wird unter Verwendung eines Vakuums vorgenommen. Um das Fenstermaterial vor besonders aggressiven Gasen zu schützen, nutzt man Teflon als Dichtungsmaterial.

ATR-Technik

Unter der Abkürzung ATR versteht man eine abgeschwächte Totalreflexion (**A**ttenuated **T**otal **R**eflection). Dieses Verfahren beruht auf den Gesetzen der Lichtbrechung und Reflexion.

Aufgabe

Informieren Sie sich in Teil 1, Kapitel 13, über die Gesetze der Lichtbrechung und Reflexion, insbesondere der Begriffe Einfallswinkel, Reflexionswinkel, Grenzwinkel der Totalreflexion sowie optisch dünneres und dichteres Medium.

Beim Übergang eines Lichtstrahles vom optisch dichteren zum dünneren Medium treten an der Grenzfläche sowohl Reflexion als auch Brechung auf. Unter der Bedingung, dass der Einfallswinkel den Grenzwinkel der Totalreflexion übersteigt, erfolgt eine totale Rückreflexion in das dichtere Medium. Bei Absorption eines Teiles der Strahlung erfolgt also keine totale, sondern eine abgeschwächte Reflexion. Die Anteile der nicht reflektierten elektromagnetischen Strahlung können bestimmt werden und liefern charakteristische Spektren.

In der Praxis werden zur Messung der abgeschwächten Totalreflexion veschiedene Materialien verwendet. Bewährt haben sich Zinkselenid, KRS-5 und Silikate. Hinter der Bezeichnung KRS-5 verbirgt sich ein Gemisch aus 58 % Thalliumiodid und 42 % Thalliumbromid. Die Kristalle sind trapezförmig und werden in entsprechende Halterungen eingebaut. Der Durchmesser einer solchen Scheibe beträgt etwa 3 mm. Die **ATR-Einheit** wird bei Bedarf in das Infrarotspektroskop eingesetzt. Das Gerät erkennt die Einheit. Mit dem ATR können feste und flüssige Proben bestimmt werden. Im Fall von Feststoffen müssen diese sehr fein pulverisiert sein. Dadurch wird eine mechanische Beschädigung des Kristalls vermieden, da die Probe über ein Presswerkzeug auf den Kristall gedrückt wird. Besonders gut lassen sich Polymere in Form von Folien vermessen. Flüssigkeiten können ebenfalls direkt bestimmt werden, dürfen aber keine agressiven Dämpfe abgeben. Die ATR-Technik ist im Vergleich zu den anderen Methoden sehr anwenderfreundlich und einfach zu handhaben.

Die zu analysierenden Proben werden in Form von KBr-Presslingen, in Küvetten oder durch die ATR-Technik dem Gerät zugeführt. Bei der Auswahl des Verfahrens sind die Eigenschaften der Substanz zu beachten. Gleiches gilt für das einzusetzende Fenstermaterial bzw. den ATR-Kristall.

3.3 Aufbau des Spektroskops

Die Komponenten eines Spektroskops lassen sich in einem Blockschaltbild vereinfacht darstellen.

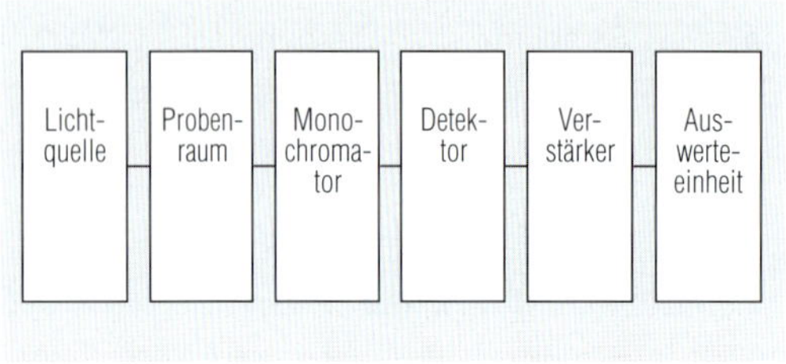

Abb. 3-6 **Blockschaltbild eines IR-Spektroskops**

Lichtquelle
Infrarotquellen liefern das erforderliche Licht, welches für die Anregung der Schwingungen in der Messprobe erforderlich ist. Gegenwärtig sind drei Varianten am häufigsten anzutreffen. Der **NERNST-Stift** besteht aus einer Art keramischen Materials, das ein Gemisch von Zirkoniumoxid und weiteren Oxiden der Seltenen Erden ist. Der **Globar** dagegen wird aus Siliciumcarbid hergestellt. Beide Materialien werden zu Zylindern mit einer Länge von maximal zwei Zentimetern und Durchmessern kleiner als ein Zentimeter verarbeitet. Über metallische Endkappen werden sie mit einer Spannungsquelle leitend verbunden, die die keramischen Materialien auf 1200 – 2200 °C aufheizt. Im aufgeheizten Zustand emittieren diese dann IR-Strahlung. Die neuen Gerätegenerationen, besonders FT-IR-Spektroskope, nutzen Laser als Lichtquellen. Am geeignetsten sind Gaslaser wie zum Beispiel CO_2-Laser oder zunehmend Helium-Neon-Laser.

Probenraum
Der Probenraum enthält die Aufnahmen für KBr-Presslinghalter oder Küvetten. Die Gerätehersteller liefern heute meist kombinierte Aufnahmeeinheiten. Bei Anwendung der ATR-Technik wird eine zusätzliche Messeinheit benötigt. Diese wird bei Bedarf eingesetzt. Über entsprechende Kontakte wird die Einheit aktiviert und vom Gerät erkannt. Eine zusätzliche Justierung ist nicht erforderlich.

Monochromator
Nachdem das von der Strahlungsquelle erzeugte polychromatische Licht die Probe durchdrungen hat, wird es in monochromatisches Licht umgewandelt. Dies erfolgt über ein System aus Gittern oder Prismen. Ziel ist es, möglichst kleine Wellenlängenbereiche zu erhalten. FT-IR-Geräten verwenden ein sogenanntes MICHELSON-Prisma. Weiterhin existiert ein Spiegelsystem, das periodisch Vergleichs- und Messstrahl auf den Monochromator lenkt.

Aufgabe
Informieren Sie sich über die Begriffe poly- und monochromatisches Licht!

Detektor
Aufgabe des Detektors ist das Empfangen der vom Monochromator ausgehenden Strahlung. Man unterscheidet bezüglich ihrer Funktionsweise drei verschieden Formen:
- Thermodetektoren
- Fotodetektoren
- Pyroelektrische Detektoren

Thermische Detektoren arbeiten nach dem Prinzip der Wechselwirkung zwischen Akzeptormaterial und Temperatur. Zum Einsatz kommen Thermoelemente, die außerdem zusätzlich mit einer Schutzhülle umgeben sind. Die Strahlung fällt durch ein Fenster zum Beispiel aus Cäsiumiodid.

Die Funktionsweise der Fotodetektoren basiert auf der Änderung der elektrischen Leitfähigkeit von Halbleitern. Verwendet werden können sowohl Fotowiderstände wie auch Fotodioden und weitere geeignete Halbleiterbauelemente. (Kap. 14.4.3)

Aufgabe
Erläutern Sie Aufbau und Funktionsweise von Fotowiderständen und Fotodioden! (vgl. Kap. 14.4.3)

Pyroelektrische Detektoren gehören der neueren Generation von Empfängern an. Das Basismaterial besitzt ferroelektrische Eigenschaften. Das Messprinzip besteht in der Registrierung von Spannungen infolge kurzfristiger Polarisationsänderungen (Spannungsstöße).

Verstärker
Der Verstärker ist eine elektronische Baugruppe (vgl. Kap. 14.5.2), die das Messsignal für nachgeschaltete Registriereinrichtungen stark verstärkt.

Auswerteeinheit
Ältere Geräte verfügen über einen direkt eingebauten oder über entsprechende Kabel angeschlossenen Schreiber. Dieser zeichnet das Spektrum auf Papier auf. In diesem Fall ist besonders darauf zu achten, dass das Papier straff eingespannt ist und eventuelle Einstellpunkte an Transportwalze und Papier übereinstimmen. Die modernen Geräteausführungen arbeiten mit Rechnern. Mithilfe der entsprechenden Software wird bei FT-IR-Spektrometern mit ATR-Einheit zunächst ein sogenannter Background aufgezeichnet. Darunter versteht man die Registrierung der Umgebungsbedingungen, wie zum Beispiel Kohlenstoffdioxid- und Wassergehalt der Umgebungsluft. Das Spektrum dient Vergleichszwecken. Danach wird die Probe vermessen und als Spektrum auf dem Bildschirm dargestellt. Je nach Anforderung kann jedem Peak eine Wellenzahl zugeordnet und das Spektrum mit oder ohne diese Angaben ausgedruckt werden. In Abb. 3-7 ist ein Arbeitsplatz für die Infrarotspektroskopie abgebildet. In der Mitte des Gerätes ist eine ATR-Einheit erkennbar.

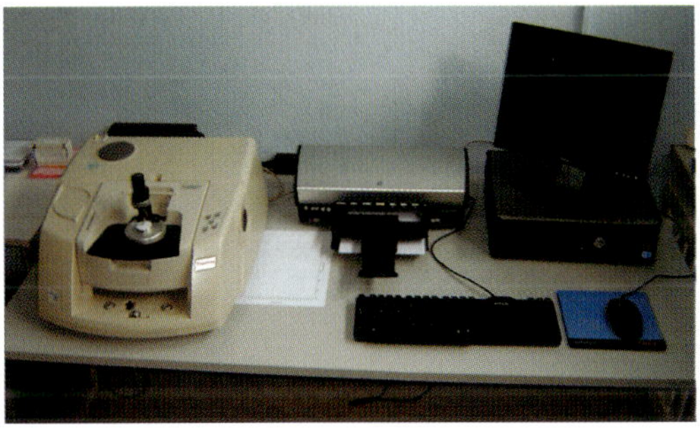

Abb. 3-7 Arbeitsplatz IR-Spektroskopie mit ATR und Auswerteeinrichtung

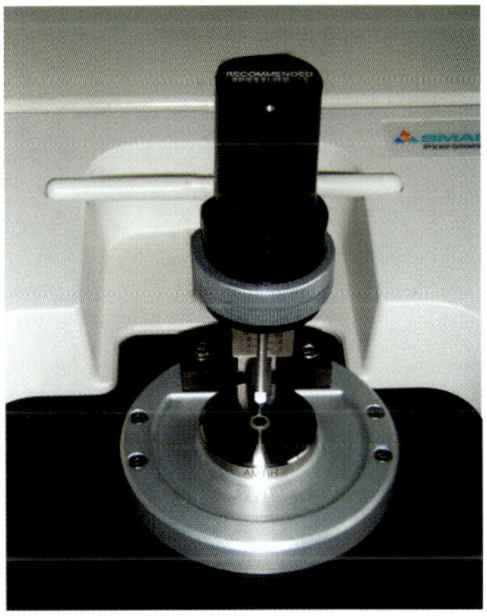

Abb. 3-8 ATR-Einheit mit Silikatkristall und Anpresswerkzeug

In der jüngsten Zeit wird zunehmend die **FT-IR-Spektroskopie** eingesetzt. Die Abkürzung steht für Fourier-Transformation und hat zunächst nichts mit dem eigentlichen Messvorgang zu tun. Gerätetechnisch wird als optisches Bauteil ein MICHELSON-Prisma verwendet. Hintergrund der Spektrendarstellung ist die Auswertung von Interferenzen über den gesamten Messbereich mit anschließender Berechnung des Spektrums.

3.4 IR-Spektrum und Interpretation

Wie bereits im Abschnitt 3.1 besprochen, verursacht infrarote Strahlung eine Anregung der Moleküle in charakteristischer Weise. Werden diese Veränderungen des Schwingungsverhaltens aufgezeichnet, ergibt sich daraus ein charakteristisches Spektrum. Dieses ist substanzspezifisch und kann sowohl qualitativ wie auch quantitativ ausgewertet werden. Eine genaue Auswertung erfordert jedoch einen immens hohen Aufwand, so dass häufig Teilinterpretationen vorgenommen werden. Die folgenden Ausführungen sollen einen Überblick der Grundregeln zur Spektreninterpretation geben. Bevor das Spektrum einer Substanz selbst aufgenommen wird, ist ein Untergrundspektrum oder Background zu schreiben. Man könnte es auch als eine Art „Eichkurve" bezeichnen. Mithilfe des Backgrounds werden Parameter wie zum Beispiel der Wasser- und Kohlenstoffdioxidgehalt der Umgebung ermittelt, die störende Einflussfaktoren sein können. Moderne Geräte setzen den Background mit dem dann aufgezeichneten Spektrum ins Verhältnis. In Abb. 3-9 ist ein solcher Background mit ATR-Einheit aufgenommen. Im Anschluss wird dann das Spektrum der Substanz selbst aufgenommen.

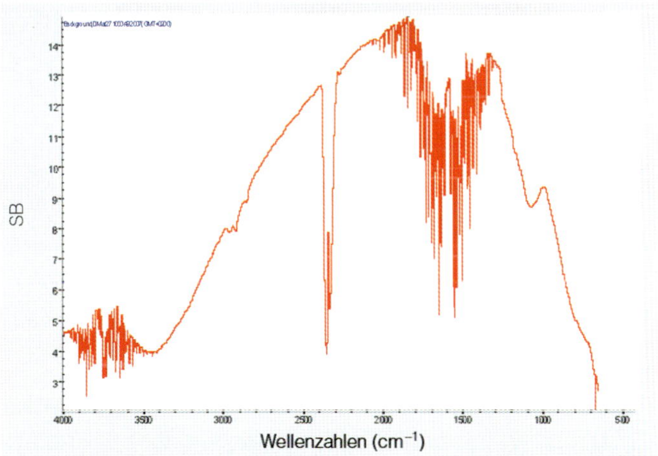

Abb. 3-9 Backgroundspektrum

Das eigentliche Spektrum wird in Form eines Koordinatensystems aufgezeichnet. Auf der Abszisse wurde ursprünglich die **Wellenlänge** in µm aufgetragen. Infolge besserer Auswertbarkeit ist diese Darstellung jedoch von der Angabe der **Wellenzahl** in cm^{-1} abgelöst worden (vgl. Teil 1, Abschnitt 13.1). Der Wellenzahlenbereich kann sich von etwa 400 – 4000 cm^{-1} erstrecken. Üblicherweise erfolgt die Aufnahme von 600 – 3500 cm^{-1} in Abhängigkeit des verwendeten Fenstermaterials. Auf der Ordinate kann sowohl die Durchlässigkeit oder Absorption als Maß angegeben sein als auch die Extinktion (vgl. Teil 1, Abschnitt 13.4). Eine Spektrendarstellung ist somit als Extinktions- wie auch Transmissionsspektrum möglich. Die Abb. 3-10 und 3-11 zeigen das IR-Spektrum des Butyraldehyds einmal als Extinktions- und zum anderen als Transmissionsspektrum. Die grafische Spektrendarstellung ist praktisch eine Funktion der Extinktion oder Absorptionsitensität als Funktion der Wellenzahl. Die in den Abb. 3-10 und farbig unterlegten Bereiche stellen also die von der Substanz absorbierte, die weißen Flächen die durchgelassene Energie dar. Anhand des Transmissionsspektrums, der üblicherweise genutzten Darstellungsform, sollen zwei weitere Grundbegriffe erläutert werden. Jede Schwingung wird als eine typische **Bande (1)** bei einer bestimmten Wellenzahl dargestellt. Manche Banden liegen sehr eng beeinander und werden daher nicht vollständig aufgetrennt. Man spricht dann von einer **Schulter (2).**

Aufgabe

Definieren Sie die Begriffe Extinktion und Transmission!

Jeder Bande ist eine bestimmte Wellenzahl zugeordnet. Außerdem besitzen die Banden unterschiedliche Intensitäten. Anhand dieser Angaben kann eine Zuordnung von Elementen des Grundgerüstes wie auch funktioneller Gruppen vorgenommen werden. Besonders spezifisch für organische Verbindungen ist der Wellenzahlbereich zwi-

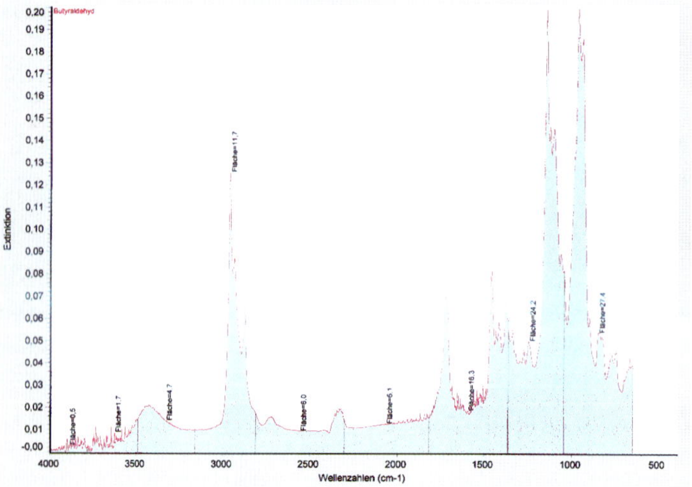

Abb. 3-10
Extinktionsspektrum des Butyraldehyds

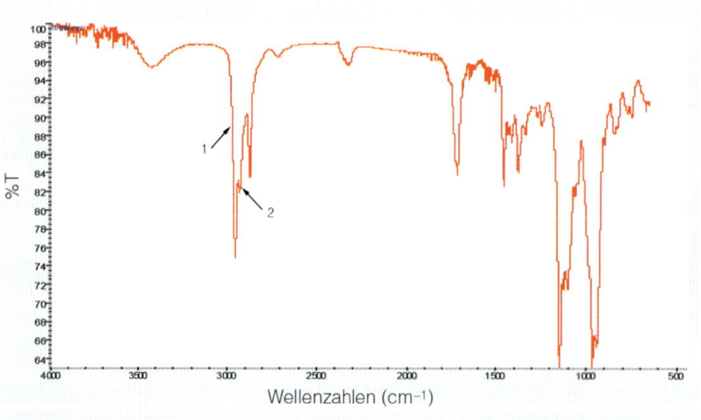

Abb. 3-11
Transmissionsspektrum des Butyraldehyds

schen 650–1200 cm^{-1}, da hier eine Vielzahl verschiedenartiger Banden auftritt. Bei Vorhandensein entsprechender Referenzsubstanzen oder Vergleichsspektren kann meist eine eindeutige Identifizierung erreicht werden. Auf Grund dieser hohen Spezifik bezeichnet man diesen Bereich als **Fingerprintgebiet** (Fingerabdruckgebiet). Mit neuzeitlichen Geräten können Spektrenbibliotheken angelegt werden, die dieses Fingerprintgebiet und weitere Banden mit dem Referenzspektrum vergleichen und ein Analyseergebnis liefern. Abb. 3-12 zeigt eine derartige Auswerteform. Aber auch ohne Spektrenbibliothek kann das Spektrum ausgewertet werden. Dazu ist es notwendig, die Bandenlagen zu ermitteln und mit entsprechenden Tabellenwerten zu vergleichen. In diesem Zusammenhang greift man zunächst auf sogenannte **Gruppenfrequenzen** zurück. Darunter versteht man typische Schwingungen einer Kombination von Atomen wie zum Beispiel C=C- oder C–H-Gruppen. In der Übersicht 3-3 sind einige dieser Atomgruppen und deren Wellenzahlbereich zusammengefasst.

Charakteristische Gruppenfrequenzen

Stoffgruppe	Gruppenfrequenz	Wellenzahlbereich cm^{-1}
Alkane	C–H	2850–2980 1300–1500
Alkene	C–H C–C	3000–3100 670–1000 1600–1700
Alkine	C–H C≡C	3300 2100–2300
Aromaten	C–H C=C	3000–3100 700–900 1500–1600
Hydroxylverbindungen	O–H	3200–3650
Aminoverbindungen	N–H C–N	3300–3500 1500–1650 1150–1400
Nitrile	C≡N	2200–2300
Nitroverbindungen	N=O	1300–1600
Hydroxylverbindungen, Carbonsäure, Ether, Ester, Carbonyle	C–O C=O	1000–1300 1650–1800
Mercaptane	S=H	2500–2600

Übersicht 3-3

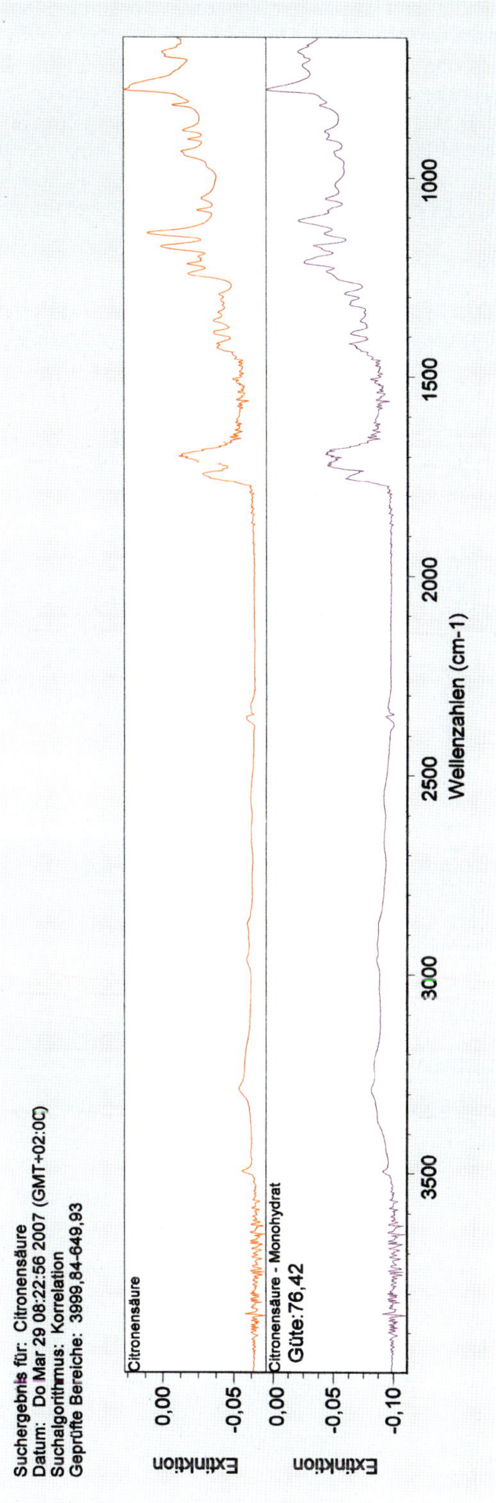

Abb. 3-12
Spektrum einer Probe Citronensäure mit Referenzspektrum aus einer Spektrenbibliothek

Neben den Zweierkombinationen gibt es eine Vielzahl weiterer Möglichkeiten bis hin zu charakteristischen funktionellen Gruppen. Eine umfassende Darstellung findet man in Korrelationsdiagrammen, z. B. der COLTHUP-Tabelle, der am meisten verwendeten Tabelle. Übersicht 3-4 stellt einen Auszug mit charakteristischen Wellenzahlen und Stoffgruppen vor. Diese Tabelle nimmt neben den Wellenzahlen auch eine Klassifizierung nach Intensität der Banden in schwach, mittel und stark vor.

In der Regel wird die Infrarotspektroskopie anhand organischer Stoffe beschrieben. Aber auch Spektren von anorganischen Verbindungen sind möglich. Deshalb ist die Übersicht 3-5 aufgenommen worden.

Das IR-Spektrum wird in Form eines Koordinatensystems aufgezeichnet. Auf der Abszisse wird die Wellenzahl, auf der Ordinate die Extinktion angegeben. Die Auswertung erfolgt anhand charakteristischer Bandenlagen, die typischen Gruppenfrequenzen zugeordnet werden können. Anhand dieser Angaben ist eine Ermittlung des Gerüstes sowie funktioneller Gruppen möglich. Besonders spezifisch ist der Fingerprintbereich.

Zur näheren Verdeutlichung wird das folgende Spektrum von Toluol betrachtet. Danach sind noch einige andere Beispielspektren charakteristischer Verbindungen der genannten Gruppen abgebildet.

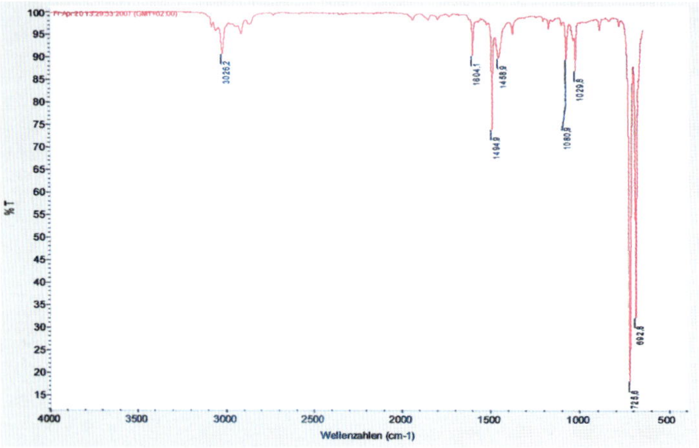

Abb. 3-13
IR-Spektrum des Toluols mit Wellenzahlen und Zuordnung der charakteristischen Banden aufgenommen mit ATR-Technik

3026,2 cm^{-1}
aromatische C–H-Valenzschwingung

2900 cm^{-1}
aliphatische C–H-Valenzschwingung

1700–1900 cm^{-1}
Ober- und Kombinationsschwingungen bei Aromaten

1458,9–1604,1 cm^{-1}
C=C-Valenzschwingungen

725,6 cm^{-1}
monosubstituierter Aromat

692,8 cm^{-1}
Ringdeformationsschwingung

Charakteristische Bandenlagen einiger Stoffgruppen

Stoffgruppe	Charakteristische Absorptionsbanden in cm^{-1}
Alkane	1300, 1500, 2900, 2950
Alkene	1500, 2950, 3150
Alkine	600, 2100, 3250
Aromaten	500, 700, 750, 950–1150, 1500, 1600, 1650, 3100–3200
Alkohole	1100, 1300,1400, 3200 (breite Bande)
Aldehyde	1100, 1400, 1700, 2750
Ketone	1150, 1660
Carbonsäuren	1200, 1750, 2950 (breite Bande)
Ether	900, 1200
Amine	810, 1100, 1600
Nitrile	2200

Übersicht 3-4

Charakteristische Bandenlagen anorganischer Ionen

Stoffgruppe	Charakteristische Absorptionsbanden in cm^{-1}
Carbonation	650–750, 800–900, 1450
Nitrition	800–850, 1200–1250, 1300–1360
Nitration	700–750, 800–900
Sulfition	450–520, 600–650, 880–960, 980–1200
Sulfation	680–780, 1060–1210
Phosphation	500–610, 990–1090

Übersicht 3-5

Aliphatische Verbindungen

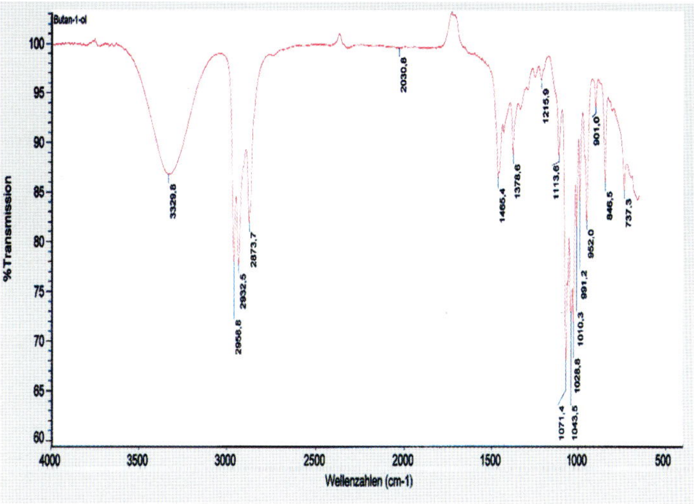

Abb. 3-14
IR-Spektrum von Butan-1-ol mit Wellenzahlen

Alicyclische Verbindungen

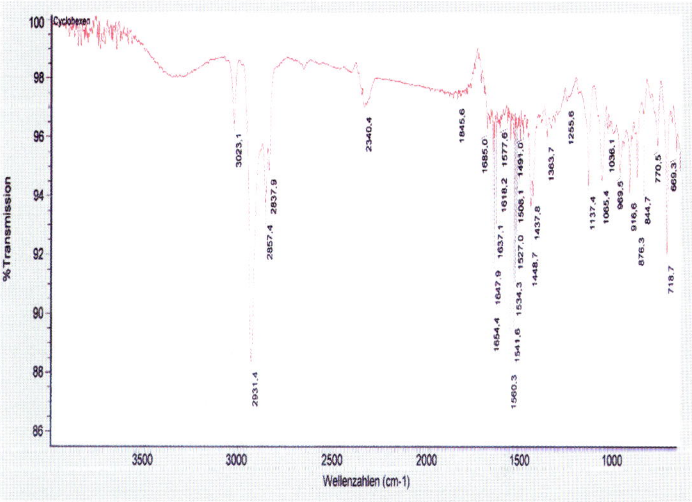

Abb. 3-15
IR-Spektrum von Cyclohexen mit Wellenzahlen

Aromatische Verbindungen

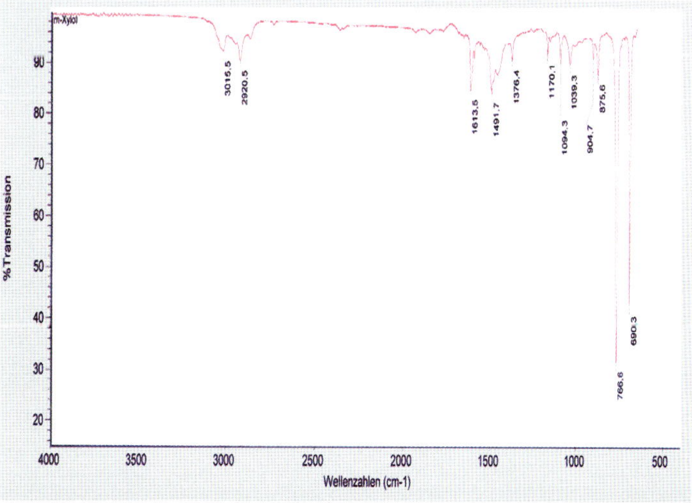

Abb. 3-16
IR-Spektrum von m-Xylol mit Wellenzahlen

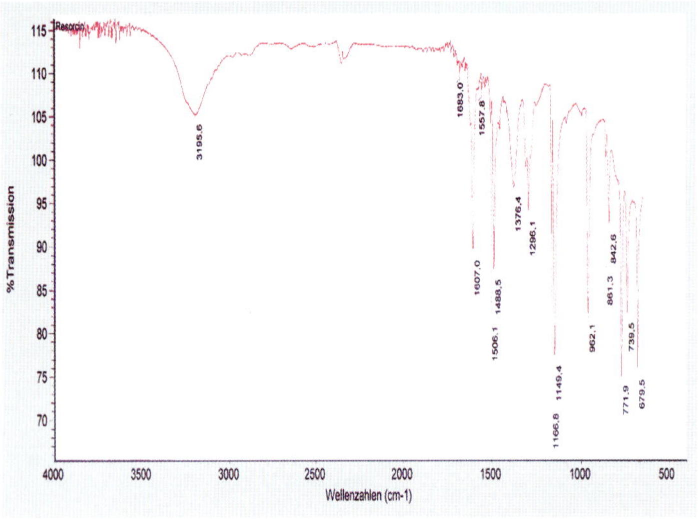

Abb. 3-17
IR-Spektrum von 1,3-Dihydroxybenzol (Resorcin) mit Wellenzahlen

3.5 Anwendung und Bedeutung

Infrarotspektren ermöglichen in relativ kurzer Zeit qualitative wie auch quantitative Aussagen über eine chemische Verbindung. Mit zunehmender Entwicklung der Gerätetechnik ist die Zuverlässigkeit dieses Verfahrens enorm gestiegen. Die IR-Spektroskopie besitzt heute eine hohe Praxisrelevanz. So wird sie sehr häufig bei der Prüfung von Arzneistoffen eingesetzt, wie sie in den Monografien des Europäischen Arzneibuches beschrieben wird. Dort werden derartige Untersuchungen im Bereich der Identitätsprüfungen aufgeführt. Infolge der Zuverlässigkeit dieser Messmethode können meist andere vorgeschriebene weitere Untersuchungen entfallen. In der Routineanalytik der chemischen Industrie wird sie mit anderen Verfahren der Strukturaufklärung gemeinsam angewandt. Durch derartige Kombinationen physikalisch-chemischer Messmethoden können auch neuartige Stoffe sicher in ihrer Struktur erkannt werden. Bei Strukturanalyse von organischen und anorganischen Verbindungen mit der IR-Spektroskopie ist die Vorgehensweise in der nachfolgend aufgeführten Reihenfolge sinnvoll:

- Bestimmung des organischen Grundgerüstes
- Identifizierung funktioneller Gruppen, wobei man nach steigenden Wellenzahlen vorgeht
- Besonderheiten im Spektrum

Schwierig wird allerdings der eindeutige Nachweis von Verbindungen in Gemischen. Bezüglich der Anwendung bei quantitativen Bestimmungen sind der IR-Spektroskopie Grenzen gesetzt. Beispielsweise können mit ihrer Hilfe keine Isomerengemische bestimmt werden.

3.6 Aufgaben zur Wiederholung von Kapitel 3

Aufgaben

1. Was versteht man unter den Kürzeln NIR, MIR und FIR?
2. Erklären Sie an einem selbstgewählten Beispiel die Begriffe Valenz- und Deformationsschwingung!
3. Welche Möglichkeiten der Probenvorbereitung gibt es in der IR-Spektroskopie?
4. Beschreiben Sie die Herstellung eines KBr-Presslings!
5. Worauf ist beim Zusammenbau von zerlegbaren Küvetten besonders zu achten?
6. Erläutern Sie den Begriff ATR-Technik!
7. Nennen Sie zwei mögliche Varianten von Lichtquellen in der IR-Spektroskopie!
8. Aus welchen wesentlichen Baugruppen ist ein IR-Spektroskop aufgebaut?
9. Wozu ist es notwendig, ein Backgroundspektrum aufzunehmen?
10. Erklären Sie die Begriffe Fingerprintbereich und Gruppenfrequenz!

11. Ermitteln Sie mithilfe der charakteristischen Bandenlagen, ob es sich im nebenstehenden Spektrum (Abb. 3-18) um eine aliphatische oder aromatische Hydroxylverbindung handelt!

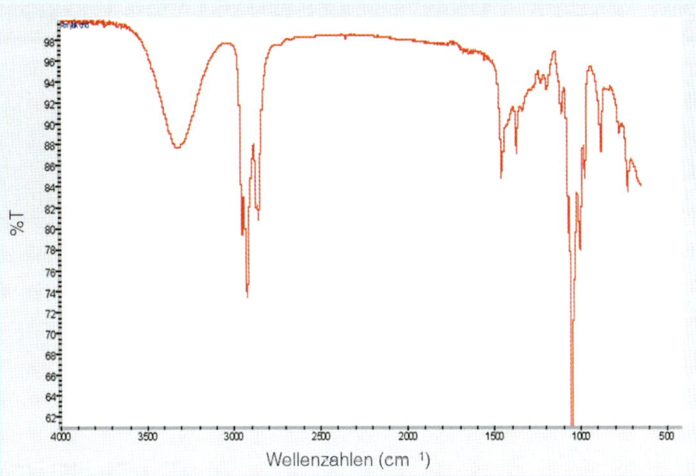

Abb. 3-18

12. Identifizieren Sie die Grundgerüste in den nebenstehenden Spektren (Abb. 3-19) und (Abb. 3-20)! (Grundgerüst = Anordnung der C-Atome wie z. B. aromatisch, aliphatisch usw.)

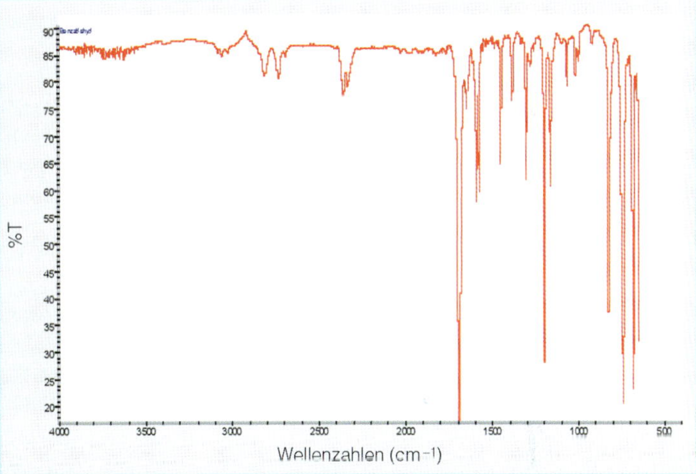

Abb. 3-19

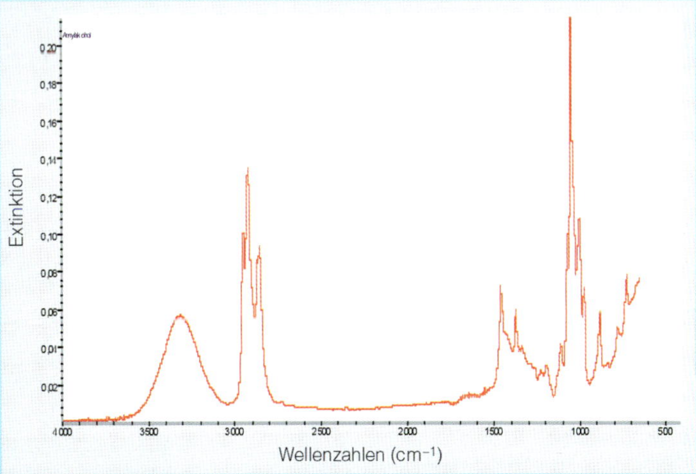

Abb. 3-20

4 Kernresonanzspektroskopie

4.1 Charakterisierung des Verfahrens

Jeder bewegte Ladungsträger baut ein eigenes Magnetfeld auf. So haben alle Elektronen infolge ihres **Elektronenspins** ein solches Magnetfeld. Bei Auftreffen von elektromagnetischer Strahlung kommt es zu Wechselwirkungen zwischen den atomaren Magnetfeldern und der Strahlung. Diese Erkenntnisse führten zur Entwicklung der **Elektronenspinresonanzspektroskopie ESR.** Auch Atomkerne absorbieren Energie in Form von elektromagnetischer Strahlung, wenn sie eine ungerade Anzahl von Nucleonen und damit ein magnetisches Moment besitzen. Das Auftreten der Magnetfelder wird durch die Nukleonen hervorgerufen. Dabei sind das Verhältnis von Protonen und Neutronen sowie die Massenzahl auslösende Faktoren für die magnetischen Eigenschaften der Kerne. Solche Kerne verhalten sich wie kleine Magnete. Wenn sie einem äußeren homogenen Magnetfeld ausgesetzt werden, führen sie Rotationsbewegungen mit bestimmter Frequenz aus. Die Einstellung der Kerne ist nur in bestimmten Richtungen möglich. Dies wird durch die sogenannte **Kernspinquantenzahl** ausgedrückt. Ursache dafür ist der mit dem Elektronenspin vergleichbare **Kernspin *I*.** Infolgedessen wurde ein Verfahren zur Bestimmung der kernmagnetischen Eigenschaften, die **Kernresonanzspektroskopie,** kurz **NMR-Spektroskopie (nuclear magnetic resonance)** genannt, entwickelt.

Aufgaben

1. Wiederholen Sie im Teil 1, Kap. 5, den Aufbau der Atomhülle und des Atomkerns!
2. Definieren Sie die Begriffe Massenzahl, Quantenzahlen, Nukleonen und Kernladungszahl!

Prinzipiell ist eine schematische Einteilung der Kerne nach ihrer Anzahl von Protonen und Neutronen möglich. Übersicht 4-1 beinhaltet diese Einteilung.

Bei allen Kernen, die eine gerade Anzahl von Protonen und Neutronen, somit auch eine gerade Massenzahl aufweisen, treten keine magnetischen Eigenschaften auf. Sie besitzen also auch keinen Kernspin und sind somit für die NMR-Spektroskopie irrelevant. Ein typisches Beispiel dafür sind die Sauerstoffatome ^{16}O.

Die **Kernspinzahl** kann unterschiedliche Werte annehmen, die entweder halbzahlig oder ganzzahlig einschließlich der Null sind. Die Bestimmung des Kernspins erfolgt experimentell. Übersicht 4-2 beinhaltet einige ausgewählte Atomkerne (Isotope) chemischer Elemente und deren Kernspin. Aus der Übersicht geht beispielsweise hervor, dass Isotope mit ungerader Kernladung und ungerader Massenzahl einen halbzahligen Kernspin aufweisen.

Aufgaben

1. Wiederholen Sie den Begriff Isotop!
2. Ermitteln Sie, welche Kernspinzahl Isotope mit gerader Massenzahl und ungerader Ladungszahl besitzen!

In einem magnetischen Feld können die Atomkerne verschiedene Orientierungen annehmen. Hierbei unterscheidet man zwischen dem energetisch günstigsten, **parallelen** und ungünstigsten, **antiparallen** Zustand. Dazwischen gibt es, in Abhängigkeit vom Kern, weitere Energiezustände. Gemäß der Kernspinzahl ist eine unterschiedliche Zahl von Orientierungen bzw. Energiezuständen möglich. Die Anzahl lässt sich rechnerisch ermitteln. Es gilt folgende Beziehung:

$$m_K = 2I + 1$$

(m_K = magnetische Quantenzahl des Kerns (Anzahl der Orientierungsmöglichkeiten; I = Kernspinzahl)

Schematische Einteilung der Kerne nach der Protonen- und Neutronenzahl

Anzahl der Protonen	Anzahl der Neutronen
gerade	ungerade
ungerade	gerade
ungerade	ungerade
gerade	gerade

Übersicht 4-1

Ausgewählte Atomkerne und deren Kernspinzahl

Atomkerne	Kernspinzahl *I*
^{1}H	1/2
^{2}H	1
^{16}O	0
^{14}N	1
^{31}P	1/2
^{35}Cl	3/2
^{37}Cl	3/2

Übersicht 4-2

Am Beispiel des Borisotops ^{11}B soll dies näher beschrieben werden. Dieses Isotop hat einen Kernspin von 3/2. Nach Einsetzen in die oben aufgeführte Gleichung ergibt sich:

$$m_K = 2 \cdot \frac{3}{2} + 1 = 3 + 1 = 4$$

Es sind demzufolge für das Borsiotop ^{11}B vier Orientierungsmöglichkeiten im Magnetfeld vorhanden. Ähnlich wie der Elektronenspin im quantenmechanischen Atommodell werden die Energiezustände mit +1/2, –1/2 bei halbzahligen bzw. –1, 0, +1 bei ganzzahligen Werten der Kernspinzahl beschrieben. Für das Bor mit vier Zuständen und halbzahligem Kernspin sind folglich die Werte +3/2, +1/2, –1/2 und –3/2 existent. Abb. 4-1 zeigt dies schematisch.

Für das Wasserstoffisotop ^{2}H dagegen mit Kernspinzahl 1 errechnet sich ein m_K-Wert von 3, das bedeutet, es ergeben sich die Orientierungsmöglichkeiten von –1, 0, +1 (Abb. 4-2).

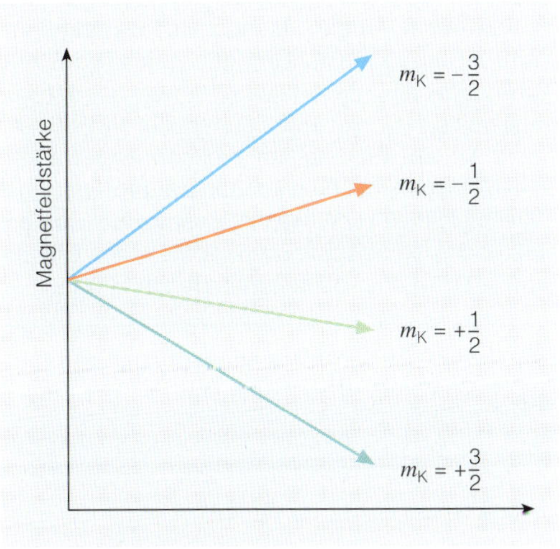

Abb. 4-1 Orientierungsmöglichkeiten im Magnetfeld für das Isotop ^{11}B

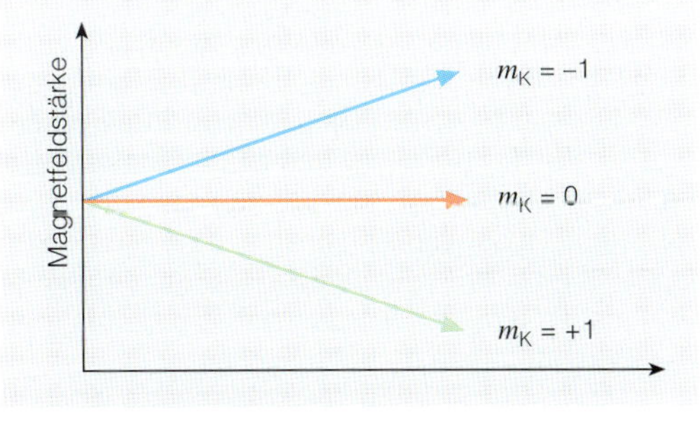

Abb. 4-2 Orientierungsmöglichkeiten des Wasserstoffisotops ^{2}H

Zwischen diesen Energiezuständen sind Übergänge möglich. Hierbei gilt die Beziehung:

$$\Delta E = h \cdot v$$

Allerdings sind die Übergänge durch eine sogenannte **Auswahlregel** beschränkt. Diese lautet:

$$\Delta m_K = \pm 1$$

Als Schlussfolgerung daraus ergibt sich, dass nur Übergänge zwischen benachbarten Zuständen möglich sind.

Im normalen Grundzustand liegt die Mehrzahl der Atomkerne im energetisch günstigsten Zustand vor. Bei Einwirkung eines äußeren Magnetfeldes erfolgt eine Umorientierung der Kerne infolge Aufnahme von Energie. Das bedeutet beispielsweise eine Umkehr des Zustandes von +1/2 nach –1/2. Man kann den Zustand +1/2 auch als Grundzustand, den Zustand –1/2 auch als angeregten Zustand bezeichnen. Die elektromagnetische Strahlung wird absorbiert. Der Energieunterschied zwischen den Zuständen ist sehr gering. Daher wird mit langwelliger Radiostrahlung gearbeitet. Für die Vorgänge bei der Anregung gelten folgende Beziehungen:

$$\Delta E = \frac{h}{2 \cdot \pi} \cdot \gamma \cdot B_0$$

(h = PLANCK'sches Wirkungsquantum; γ = magnetogyrische Konstante (gyromagnetisches Verhältnis); B_0 = magnetische Flussdichte)

$$v = \frac{\gamma \cdot B_0}{2 \cdot \pi}$$

Die genannte Beziehung wird auch als **Resonanzbedingung** bezeichnet. Sie gibt an, welche Frequenz zur Kernspinanregung bei einer bestimmten Stärke des äußeren Magnetfeldes notwendig ist. Die magnetogyrische Konstante ist eine für das jeweilige Isotop charakteristische Größe. Sie ist direkt proportional dem Quotienten aus magnetischem Moment und Kernspin. Die Einheit der magnetogyrischen Konstante ist rad · T^{-1} · s^{-1}. Am Beispiel des Wasserstoffkerns wird diese Beziehung näher verdeutlicht. Die neuzeitliche Gerätetechnik arbeitet meist mit einer Feldstärke von 4,69 Tesla. Die magnetogyrische Konstante für den Wasserstoffkern ^{1}H beträgt 2,68 · 10^{8} rad · T^{-1} · s^{-1}. Nach Einsetzen der Werte in die obige Beziehung ergibt sich eine Frequenz der Radiostrahlung von 200 MHz, die für die Umkehr des Kernspins von +1/2 zu –1/2 notwendig ist.

Nachdem die Strahlung nicht mehr einwirkt, nehmen die Kerne wieder ihren ursprünglichen Zustand ein. Dieser Vorgang verläuft unter Emission von Energie, deren Betrag in ein Messsignal umgewandelt wird.

Das Verfahren der NMR-Spektroskopie basiert auf dem Vorhandensein von magnetischen Eigenschaften der Kerne. Bei Einwirkung eines äußeren Magnetfeldes werden diese beeinflusst. Es wird ein bestimmter Energiebetrag absorbiert, der nach Abschalten des Magnetfeldes wieder abgegeben wird. Dieser wird als Messsignal registriert.

4.2 Aufbau des Spektroskops und Messprinzip

Wie aus dem vorangegangenen Kapitel hervorgeht, sind für die Anregung der Kerne zum einen ein sehr starkes Magnetfeld, zum anderen die Einwirkung von Radiostrahlung notwendig. Daraus ergibt sich der Aufbau eines **NMR-Spektroskops** (Abb. 4-3).

Für die Durchführung des Messprozesses existieren zwei Varianten. Bei Variante I wird die Stärke des magnetischen Feldes bei konstanter Frequenz der Radiostrahlung so lange verändert, bis der Resonanzpunkt erreicht ist und Absorption einsetzt. Der umgekehrte Weg, Variante II, ist ebenfalls möglich und bei den neuen Geräteentwicklungen der FT-Geräte (Fourier-Transformation) dominierend.

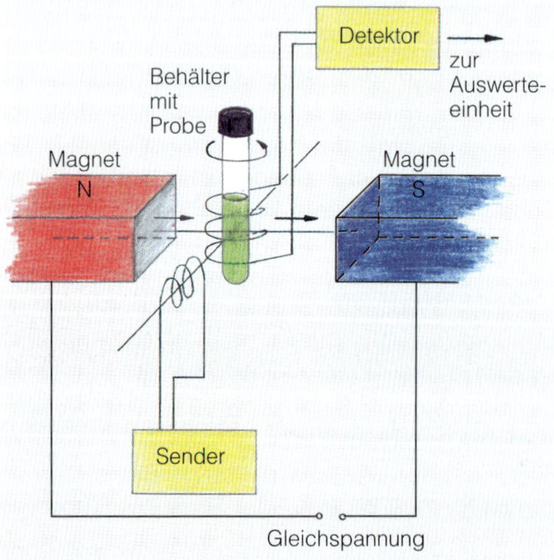

Abb. 4-3
Schematischer Aufbau eines NMR-Spektroskops

Im **FT-NMR-Spektrometer** werden durch einen Oszillator Anregungsimpulse erzeugt und durch eine Verstärkereinheit verstärkt. Die Probe selbst ist von einer Spule umgeben, die eine Doppelfunktion besitzt. Bei Eintreffen des Impulses dient sie als Senderspule. Entsteht ein Messignal durch die Probe, wird sie zur Empfängerspule und überträgt das Signal weiter zum Detektor und der Auswerteeinheit.

Auf Grund der sehr geringen Energieunterschiede zwischen Grund- und angeregtem Zustand ist die Verwendung äußerst starker Magnete erforderlich. Je stärker der Magnet ist, umso empfindlicher und hochauflösender sind die Geräte. Gegenwärtig werden die permanenten und Elektromagnete von supraleitenden Magneten abgelöst, wobei die Spule in flüssiges Helium eintaucht. Der Magnet ist das Kernstück des NMR-Spektroskops. Daher ergeben sich diesbezüglich immer höhere Anforderungen an die Leistungsfähigkeit der Gerätetechnik.

Die Probe selbst befindet sich in einem Probenröhrchen, das aus Quarzglas besteht. Sie kann sowohl in fester wie auch flüssiger Form, seltener als Gas, vorliegen. Häufig werden Lösungen der Probe verwendet. An die Lösungsmittel werden hohe Anforderungen hinsichtlich der Qualität gestellt. Außerdem hängt die Art des zu verwendenden Lösungsmittels von der jeweiligen Art der NMR-Spektroskopie ab. Für die am meisten angewandte ^{1}H-NMR-Spektroskopie können nur protonenfreie (wasserstofffreie) Lösungsmittel verwendet werden. Dazu gehören beispielsweise deuteriertes Chloroform ($CDCl_3$) oder deuteriertes Benzen (C_6D_6).

Aufgabe

Informieren Sie sich mithilfe chemischer Tabellen über weitere protonenfreie Lösungsmittel!

4.3 Kernresonanzspektrum und Interpretation

Auch in der heutigen Zeit ist die verbreitetste Form der NMR-Spektroskopie die ^{1}H-NMR-Spektroskopie. Mithilfe dieses speziellen Messverfahrens können nur Wasserstoffkerne und deren Bindungsverhältnisse erfasst werden. Zudem sind die Auswertemodalitäten am einfachsten, da dieses Isotop lediglich zwei Energiezustände einnehmen kann. Aus diesen Gründen werden sich die nachfolgenden Betrachtungen darauf beziehen.

An der Absorptionsstelle nimmt das System Energie auf. Daher entsteht im Hinblick auf die grafische

Darstellung ein Minimum. In der Praxis werden die Spektrogramme allerdings so dargestellt, dass Maxima aufgezeichnet werden.

Betrachtet man das ^{1}H-NMR-Spektrum einer organischen Verbindung, kann man meist verschiedene Signalgruppen erkennen, die aus einem oder auch mehreren Peaks bestehen können (Abb. 4-4).

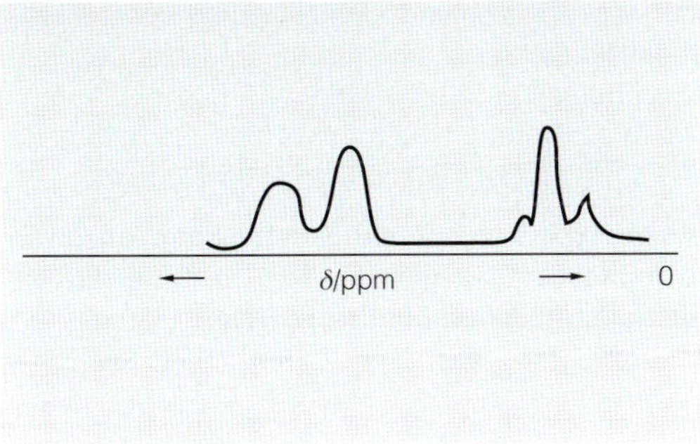

Abb. 4-4 Signalgruppen in einem ^{1}H-NMR-Spektrum

Die Anzahl der Signalgruppen entspricht den Resonanzstellen und damit den unterschiedlich gebundenen Wasserstoffatomen in der Verbindung. Dieser Umstand lässt zunächst Schlussfolgerungen zur Anzahl und Art der gebundenen Atome zu. In der obigen Darstellung wären somit zwei unterschiedlich gebundene Wasserstoffatome vorhanden. Häufig besteht ein Signal aus einer Gruppe von Peaks. In der Fachterminologie spricht man bei der Auswertung von der **Feinstruktur** des Signals oder von einer **Signalaufspaltung.** Die Analyse dieser Strukturen ermöglicht weitere Rückschlüsse auf die Zusammensetzung der Verbindung. Die Zahl der Teilsignale in einer solchen Gruppe bezeichnet man als **Multiplizität** M. Ursachen für die Signalaufspaltung ist die Wirkung der Magnetfelder von Wasserstoffkernen benachbarter Atomgruppen. Man bezeichnet diesen Effekt als **Spin-Spin-Kopplung.** Die Multiplizität lässt sich nach einer einfachen Beziehung bestimmen:

$$M = \mathrm{N} + 1$$

(M = Multiplizität; N = Zahl der benachbarten Protonen)

Als Beispiel soll die Verbindung Chlorethan verwendet werden. Diese hat die vereinfachte Strukturformel CH_3-CH_2-Cl. Aus der obigen Formel ergeben sich daher folgende Signalgruppen:

CH_3-Gruppe = 2 benachbarte Protonen aus der CH_2-Gruppe
$M = 2 + 1 = 3$

CH_2-Gruppe = 3 benachbarte Protonen aus der CH_3-Gruppe
$M = 3 + 1 = 4$

Das Spektrum enthält also folgende Signalgruppen (Abb. 4-5):

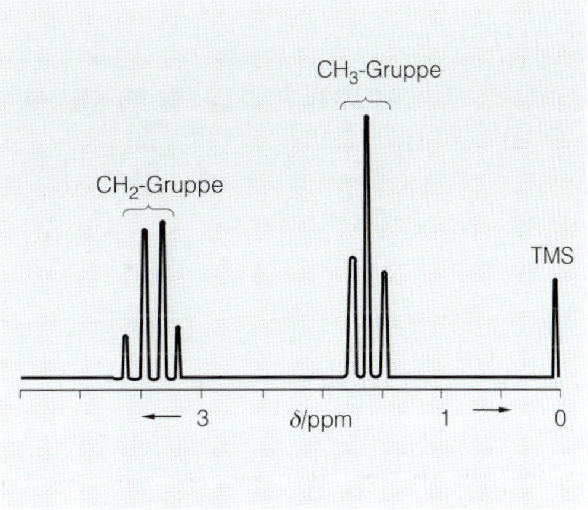

Abb. 4-5 Signalaufspaltung im Chlorethanspektrum durch Kopplung (TMS Tetramethylsilan als Standard)

Zusätzlichen Einfluss auf die Signallage haben die Magnetfelder der Bindungselektronen und freien Elektronenpaare. Sie wirken dem äußeren Magnetfeld entgegen. So wird infolgedessen eine gewisse Abschirmung des äußeren Magnetfeldes hervorgerufen. Das hat zur Folge, dass nicht die gesamte Feldstärke auf die entsprechenden Wasserstoffkerne wirkt. Zur Charakterisierung definiert man eine neue Größe, die magnetische **Abschirmkonstante** σ. Sie ist einheitslos und drückt die Intensität der Abschwächung des äußeren Magnetfeldes aus. Die Abschirmkonstante ist umso größer, je höher die Elektronendichte in der Umgebung ist. Zwischen der Abschirmung und der Feldstärke besteht eine direkte Proportionalität.

$$B_{kern} = B_0 - \sigma \cdot B_0 = B_0 \cdot (1 - \sigma)$$

Chemische Verschiebung

Betrachtet man die Unterschiede in den Zahlenwerten der Resonanzfeldstärken unterschiedlich gebundener Kerne, so sind diese außerordentlich gering. Praktisch liegen diese im Millionstel-Bereich, ppm (parts per million). Aus diesem Grund arbeitet man üblicherweise mit einer Standardsubstanz als Vergleichssubstanz und setzt die Messwerte der Probensignale mit dieser in Relation. Diese Verfahrensweise bezeichnet man als **chemische Verschiebung** δ.

$$\delta = \frac{v_R - v_S}{v_R}$$

R = Standardsubstanz (reference); S = Probensubstanz (sample)

Diese Größe ist ebenfalls einheitslos und unabhängig von der magnetischen Flussdichte. Im Allgemeinen sind die Signale in einem Bereich von 0–13 ppm zu finden. Dies drückt sich auch in der Skalierung der Abszisse im NMR-Spektrum aus. Es gilt die Festlegung, dass die ppm-Werte von rechts nach links steigend angeordnet werden (Abb. 4-6).

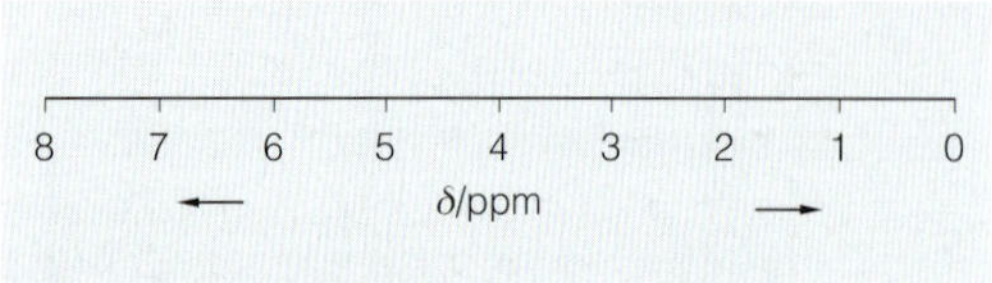

Abb. 4-6 Anordnung der ppm-Werte

Die verwendeten Standards richten sich nach der Art der NMR-spektroskopischen Untersuchungen. In der ^{1}H-NMR-Spekroskopie wird Tetramethylsilan benutzt. Das Signal des Standards befindet sich am rechten Rand des Spektrums und wird als Nullpunkt festgelegt. Bezogen auf diesen Standard ergeben sich typische chemische Verschiebungen einzelner Protonengruppen. Übersicht 4-3 enthält dazu einige Beispiele. Die chemischen Verschiebungen lässt eine Vielzahl zusätzlicher Schlussfolgerungen über Strukturbesonderheiten zu, so zum Beispiel über den Bindungszustand. Unter Nutzung weiterer Hilfsmittel können auch chemische Verschiebungen für zum Beispiel Methylprotonen in Kombination mit weiteren Atomen bestimmt werden. So beträgt der Wert für die Kombination CH_3-I $\delta = 2{,}2$ ppm.

Andere Formen der NMR-Spektroskopie nutzen andere Standards. In der ^{31}P-NMR-Spektroskopie wird 85%ige Phosphorsäure eingesetzt.

Chemische Verschiebung von Atomgruppen bezogen auf Tetramethylsilan als Standard

Atomgruppe	Chemische Verschiebung in ppm
C–H aliphatisch (paraffinisch)	1,0–2,1
C–H aliphatisch (olefinisch)	4,5–6,0
C–H aromatisch	6,5–8,0
C–OH aliphatisch	0,5–4,5
C–OH aromatisch	0,5–6,5
C–NH aliphatisch	1,1–4,0
C–NH aromatisch	3,3–5,5
CH_3–F	4,3
CH_3–Br	2,6
CH_3–Cl	3
CH_3–O	3,5
CH_3–S	2,1
CH_3–CN	2
CH_3–NO_2	4,3
COOH	9,5–13,0
C–CH_2–C	1,4
C–CH_2–C=C	2,3
C–CH_2–C_6H_5	2,7
C–CH_2–O	3,5
C–CH_2–N	2,5

Übersicht 4-3

4.4 Anwendung des Verfahrens

Die Anwendung der NMR-Spektroskopie ist nur bei Kernen mit magnetischem Moment möglich. In diesem Fall ist sie ein ausgezeichnetes Verfahren zur Strukturaufklärung chemischer Verbindungen. Am häufigsten werden die ^{1}H-NMR-, ^{13}C-NMR-, ^{19}F-NMR- und ^{31}P-NMR-Spektroskopie eingesetzt. Das Verfahren ist jedoch immer in Kombination mit anderen Methoden der Strukturaufklärung anzuwenden. Auch in der quantitativen Analyse kommt die NMR-Spektroskopie immer häufiger zum Einsatz. Dies ergibt sich aus der Tatsache, dass die Peakfläche direkt proportional der Anzahl der entsprechenden Kerne ist. Unmittelbare Beispiele für Anwendungen des Verfahrens sind:

- Strukturaufklärung
- Analyse von Gemischen
- Altersbestimmungen mit der ^{13}C-NMR-Spektroskopie
- Biochemische Analytik mit 31P-NMR

4.5 Aufgaben zur Wiederholung von Kapitel 4

Aufgaben

1. Welche Atomkerne sind grundsätzlich nicht für die NMR-Spektroskopie geeignet?
2. Entscheiden und begründen Sie, ob das Kohlenstoffisotop ^{12}C vermessen werden kann!
3. Berechnen Sie für das Isotop ^{31}P die Zahl der möglichen Energiezustände und stellen Sie diese zeichnerisch dar!
4. Was besagt die Auswahlregel?
5. Was versteht man unter der Resonanzbedingung?
6. Woraus ergibt sich das gyromagnetische Verhältnis?
7. Wovon hängt die Auflösung eines NMR-Spektrums ganz wesentlich ab?
8. Welche Anforderung wird an Lösemittel in der ^{1}H-NMR-Spektroskopie gestellt?
9. Erklären Sie den Begriff Spin-Spin-Kopplung!
10. Definieren Sie die Bezeichnung Multiplizität!
11. Gegeben ist die Verbindung Propanal.
    a) Schreiben Sie die vereinfachte Strukturformel für diese Verbindung auf!
    b) Berechnen Sie die Multiplizität der einzelnen Protonengruppen!
    c) Skizzieren Sie das entsprechende NMR-Spektrum als Strichspektrum!
12. Wodurch ergibt sich die magnetische Abschirmkonstante?
13. Erklären Sie das Zustandekommen des Phänomens der chemischen Verschiebung!
14. Welcher Standard wird in der ^{1}H-NMR-Spektroskopie verwendet?
15. Informieren Sie sich im Internet oder der Fachliteratur, welcher Standard in der ^{19}F-NMR-Spektroskopie genutzt wird!
16. Nennen Sie drei typische Anwendungsbereiche der NMR-Spektroskopie!
17. Ermitteln Sie die Signalaufspaltung für die Verbindung CH_3-CHO!
18. Welches Symbol hat die magnetische Flussdichte?
19. Welche Einheit trägt die magnetogyrische Konstante?
20. Weshalb wird die chemische Verschiebung üblicherweise in ppm angegeben?

5 Massenspektrometrie

5.1 Charakterisierung des Verfahrens

Bei der Massenspektrometrie werden die Moleküle der Probe durch die Aufnahme von Energie aus einer Ionisationsquelle ionisiert, d. h. in Ionen und Elektronen gespalten. Dadurch unterscheidet sich das Verfahren von der Infrarot- und UV-Spektroskopie. Die Elektronen werden in einem elektrischen Feld beschleunigt und ionisieren die Moleküle. Es handelt sich also um eine Elektronenstrahlung, die zur Stoßionisation führt. Häufig sind die dabei entstehenden Molekülionen nicht stabil. Daher entstehen in der Regel durch Zerfall dieser Molekülionen weitere spezifische energieärmere Bruchstücke, sogenannte **Fragmente.** Der Vorgang selbst wird daher auch als **Fragmentierung** bezeichnet. Zur Verdeutlichung dient Abb. 5-1.

Aufgabe

Wiederholen Sie die Prinzipien der AAS, AES sowie der Infrarot- und UV-Spektroskopie!

Die verwendete Symbolik in der Darstellung ist folgendermaßen zu interpretieren:

- Ein einzelner Punkt bedeutet das Auftreten eines einzelnen Elektrons.
- Radikalische Ionen erhalten sowohl die Ionenladung als auch den Punkt für das Elektron.

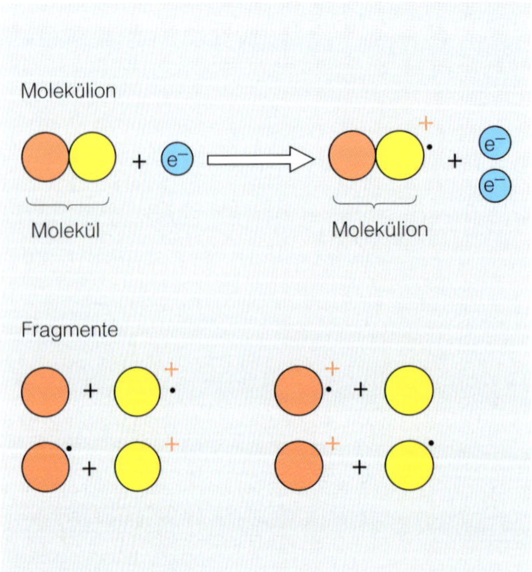

Abb. 5-1
Stoßionisation und Fragmentierung durch Elektronenbeschuss am Beispiel eines zweiatomigen Moleküls

Bei der Ionisation erfolgt meist die Bildung einfach geladener Ionen. Teilchen mit größerer Ladung sind seltener und werden daher in die Auswertung nicht mit einbezogen. Voraussetzung für die Ionisation überhaupt ist ein definierter Energiebetrag der Stoßelektronen. Die Höhe der eingesetzten Stoßspannung bestimmt das Aussehen des Massenspektrums.

Die Bildung einzelner Fragmente folgt bestimmten Gesetzmäßigkeiten, den **Fragmentierungsregeln** die im Folgenden auszugsweise aufgeführt sind:

- Der Energiebetrag, der die Ionisierung auslöst, spaltet nur eine Bindung.
- Die Stärke der Bindung zwischen den Atomen bestimmt die Wahrscheinlichkeit der Spaltung. Zur Verdeutlichung dient Übersicht 5-1.

Aufgabe

Reaktivieren und vertiefen Sie Ihre Kenntnisse zur chemischen Bindung mithilfe des Lehrbuches Teil 1, Kap. 7 und 8.

Demzufolge wird eine C–C-Bindung deutlich leichter gespalten als eine C=C-Bindung. Bemerkenswert ist außerdem, dass C–C-Bindungen in einer Seitenverzweigung vorrangig vor C–C-Bindungen in der Hauptkette gespalten werden. Ursache dafür ist die geringere Stabilität primärer Carboniumionen gegenüber sekundären (Abb. 5-2).

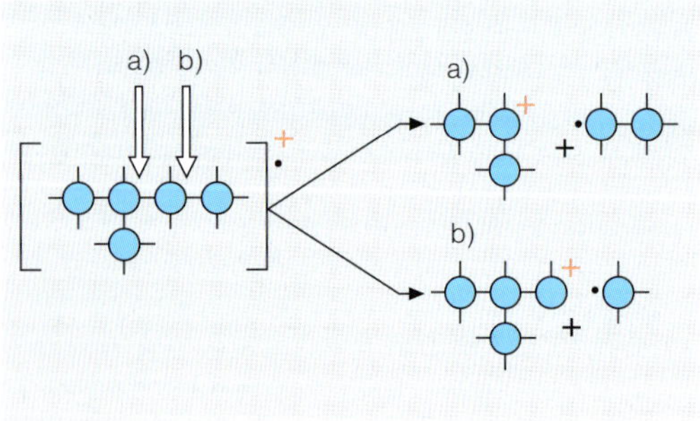

Abb. 5-2
Bildung von primären und sekundären Carboniumionen

Bindungsstärken einzelner Bindungen

Art der Bindung	Energiebetrag
C–C	$350\ kJ \cdot mol^{-1}$
C=C	$620\ kJ \cdot mol^{-1}$
C–H	$413\ kJ \cdot mol^{-1}$

Übersicht 5-1

• Bei Vorliegen einer Doppelbindung in der Kohlenstoffkette ist die Spaltung der darauffolgenden zweiten C–C-Bindung bevorzugt (Allylregel) (Abb. 5-3).

Aufgabe

Definieren Sie den Begriff Allyl!

• Die Stabilität der entstandenen Molekül- und Fragmentionen bestimmt deren Häufigkeit im Massenspektrum.
• Vorhandene Heteroatome lösen eine Spaltung der Bindung an dem sie tragenden Kohlenstoffatom aus (Abb. 5-4).
• Stereochemische Faktoren lösen intramolekulare Umlagerungen aus.

Während der Spaltung der Moleküle entsteht insbesondere dann eine Reihe charakteristischer Schlüsselbruchstücke, wenn funktionelle Gruppen auftreten. Übersicht 5-2 enthält dazu einige Beispiele. Die Massenzahldifferenzen ergeben sich aus der Differenz von Molekülpeak und Fragmentpeak.

Aufgabe

Vergleichen Sie mithilfe der Literatur oder des Internets den Begriff der Massenzahl aus der Atomtheorie mit der Bedeutung bei der Massenspektrometrie!

Des Weiteren werden weiterhin charakteristische Schlüsselionen gebildet, von denen in Übersicht 5-3 eine Auswahl aufgenommen worden ist.

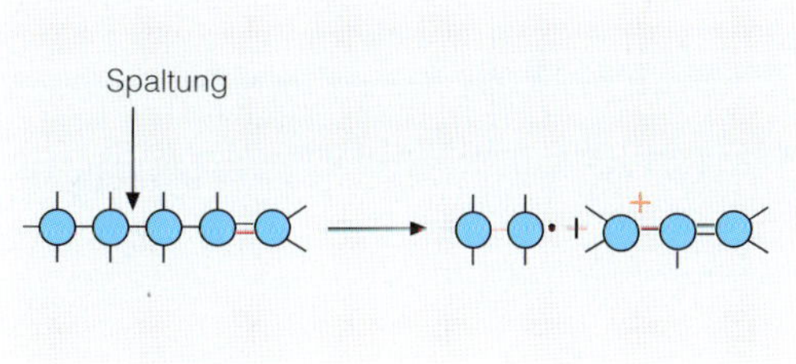

Abb. 5-3 **Allylregel**

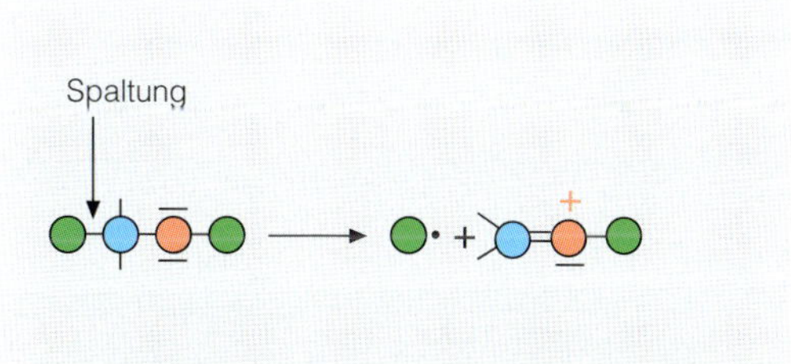

Abb. 5-4 **Spaltung der Bindung bei Heteroatomen**

Nach der Bildung von Molekülionen und möglichen Fragmenten unterliegen die Teilchen der Einwirkung eines elektromagnetischen Feldes. Hierdurch wird eine spezifische Ablenkung der geladenen Teilchen erreicht. Ungeladene Molekülfragmente sind für den Messprozess nicht von Bedeutung.

Die Analysensubstanz wird auf Grund der oben dargestellten Vorgänge folglich während des Prozesses verbraucht. Die einzusetzende Probenmenge ist allerdings außerordentlich gering. Sie liegt im Milli- bzw. Mikrogramm-Bereich.

Charakteristische Schlüsselbruchstücke

Massenzahldifferenz	Strukturelement	Formel
15	Methylgruppe	CH_3
17	Aminogruppe, Hydroxylgruppe	NH_3 (NH_2) OH
18	Alkohole, Phenole	H_2O
19	fluorhaltige Moleküle	F
28	Phenole, Chinone	CO
30	Ester	CH_2O
34	Thioverbindungen	HS
43	Acetrest	CH_3-CO
44	aliphatische Aldehyde	CH_3CHO
46	Nitroverbindungen	NO_2
64	Sulfonamide	SO_2
80	Brom	HBr

Übersicht 5-2

Charakteristische Schlüsselionen

Massenzahl	Strukturelement	Formel
31	Alkohle, Ether	$CH_2=OH^+$
39	Aromaten	$C_3H_3^+$
43	Acetylrest	CH_3-CO^+
58	Amine	$C_3H_8N^+$
60	Carbonsäuren	$CH_2=C(OH)_2^+$
73	Ether, Alkohole, Carbonsäure	$C_4H_9O^+$
78	Aromaten	$C_6H_6^+$
135	Bromverbindungen	$C_4H_8Br^+$

Übersicht 5-3

Messprinzip der Massenspektrometrie sind keine Absorptionserscheinungen wie z. B. bei der IR-Spektroskopie, sondern die Ablenkung und Auftrennung von Ionenstrahlen entsprechend dem Masse-Ladungsverhältnis (m/e) zuvor gebildeter Molekül- und Fragmentionen mit definierter Massenzahl. Die Fragmentierung erfolgt nach bestimmten Regeln. Fragmente ohne Ladung sind für die Messung nicht von Bedeutung.

5.2 Aufbau des Massenspektrometers

Der prinzipielle Aufbau eines Messsystems zur Massenspektrometrie wird in der Abb. 5-5 dargestellt.

Bevor die Substanz dem eigentlichen Messvorgang unterzogen wird, muss sie verdampft werden. Danach wird sie dem Gerätesystem zugeführt. Im System herrscht ein Hochvakuum. Dies ist unbedingt notwendig, da ansonsten durch die hohe Beschleunigung der Teilchen eine Wechselwirkung mit den Luftbestandteilen einsetzen würde. Nun durchläuft die Probe die Ionenquelle. Dort werden die Moleküle wie oben dargestellt ionisiert. Auslösender Faktor der Ionisierung ist ein Elektronenstrom, der durch eine Glühkatode erzeugt wird. Durch wirksame Zusammenstöße der beschleunigten Elektronen mit den Probemolekülen werden positiv geladene Teilchen erzeugt. Neben der Katode existiert natürlich auch eine Anode. Je nach Größe der zwischen den Elektroden anliegenden Spannung wird eine Beschleunigung der Molekül- und Fragmentionen erreicht. Teilchen ohne Ladung werden aus dem System entfernt.

Neben der am häufigsten eingesetzten Methode der Stoßionisation gibt es weitere Möglichkeiten der Erzeugung geladener Teilchen. Dazu gehören beispielsweise die Ionisation durch UV-Strahlung und Laserstrahlung oder auch die chemische Ionisation. Bei Letzteren setzt eine Art Kettenreaktion ein, die von einem ionisierten Teilchen ausgehend weitere Ionisationen auslösen kann.

Über einen Eintrittsspalt gelangen die geladenen Teilchen in das Trennsystem. Dort werden sie spezifisch nach ihrer Masse und Ladung durch die Wirkung eines elektromagnetischen Feldes selektiert. Die Selektion unterliegt einem einfachen Prinzip. Zugrunde liegt der Quotient aus der relativen Masse und der Elementarladung m/e.

$$\mathrm{MZ} = \frac{m}{\mathrm{e}}$$

(MZ = Massenzahl; m = Teilchenmasse; e = Elementarladungen)

Die Teilchen gelangen im Trennsystem auf eine bestimmte Kreisbahn, deren Radius sich aus folgender Beziehung ergibt:

$$r = \frac{1}{B}\sqrt{2U\frac{m}{\mathrm{e}}}$$

(e = Ladung des Teilchens; B = magnetische Induktion; U= Beschschleunigungsspannung)

Bei konstanter magnetischer Induktion und Beschleunigungsspannung werden Teilchen, die ein übereinstimmendes m/e-Verhältnis besitzen, im

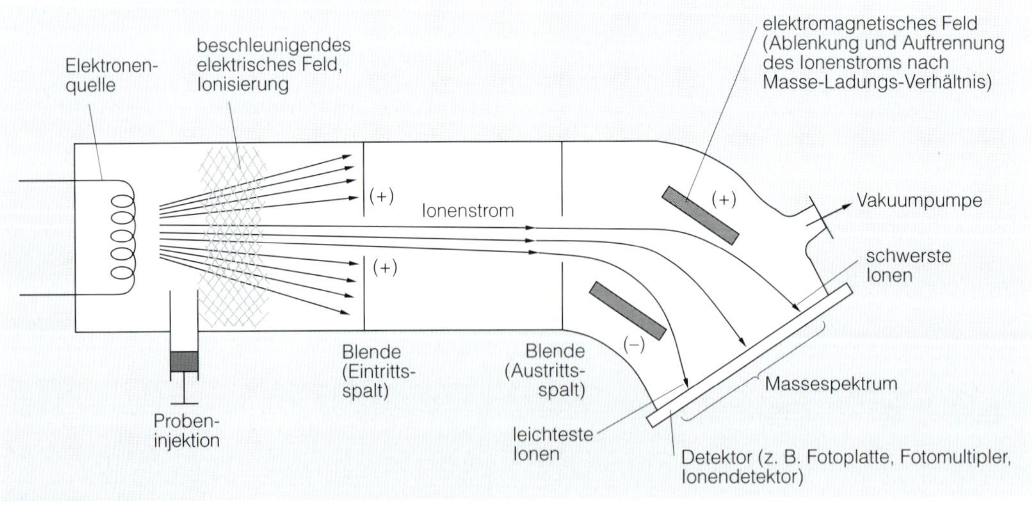

Abb. 5-5 Prinzipieller Aufbau eines MS-Messsystems

elektromagnetischen Feld (Trennsystem) gleichartig abgelenkt. Sie treffen somit in einem Punkt am Detektor auf, werden registriert und ausgewertet.

5.3 Massenspektrum und Interpretation

Das Massenspektrum ist die grafische Darstellung der relativen Häufigkeit der geladenen Teilchen im Ionenstrom. Es stellt die Funktion des Quotienten m/e dar (Abschnitt 5.1). Das Massenspektrum selbst wird als Strichspektrum dargestellt. Die einzelnen Striche unterliegen einem bestimmten Zuordnungsprinzip und tragen die Bezeichnung Peaks (engl. Spitze, Gipfel). Ihre Höhe gibt die Konzentration des betreffenden Strukturelements an, und ihre Lage im Spektrum das Strukturelement selbst wie nachfolgend näher beschrieben wird. Differenziert werden die Peaks in Basispeak, Molekülpeak, Fragmentpeaks und Isotopenpeaks (Abb. 5-6).

Die komplexe Auswertung eines Massenspektrums ist sehr aufwendig und verlangt ein hohes Maß an Erfahrung. Deshalb wird in den folgenden Ausführungen nur auf die wichtigsten Aspekte eingegangen. Der erste Schritt besteht in der Aufnahme eines **Untergrundspektrums.** Dieses ist infolge möglicher Fremdsubstanzen nötig. Es wird sozusagen eine Art Blindprobe vermessen. Normales Spektrum und Untergrundspektrum werden ins Verhältnis gesetzt, mathematisch betrachtet voneinander subtrahiert. Nach Aufnahme ergeben sich probenabhängig eine mehr oder weniger große Anzahl von Peaks mit unterschiedlicher Intensität. Für die weitere Auswertung wird der Peak mit der höchsten Intensität als Basispeak festgelegt, entspricht der 100-%-Linie. Alle anderen Peaks werden darauf bezogen.

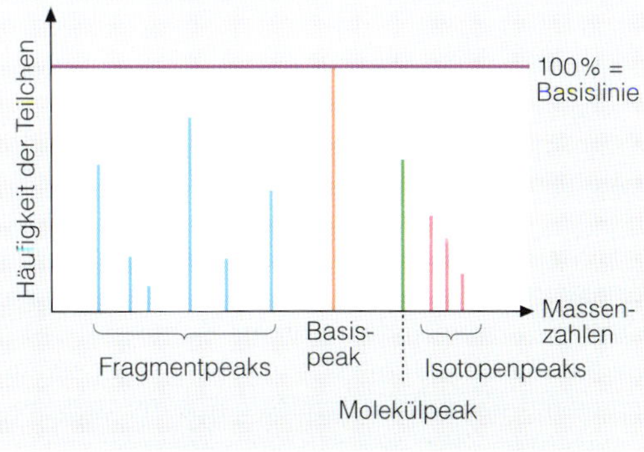

Abb. 5-6 Peakmuster eines Massenspektrums

Als nächster Schritt wird die Bestimmung des **Molekülpeaks M⁺** und der **Molaren Masse** vorgenommen. Die Intensität des Molekülpeaks ist hauptsächlich von der Substanzgruppe und der Stoßspannung abhängig. Aromaten ergeben beispielsweise einen sehr intensiven Molekülpeak, der auch gleichzeitig der Basispeak sein kann. Sekundäre Alkohole dagegen verursachen einen sehr kleinen Molekükpeak. Je größer die Stoßspannung ist, umso niedriger ist der Molekülpeak. Prinzipiell kann man davon ausgehen, dass der Molekülpeak sich als Summe der Massen der leichtesten Nuklide aller am Aufbau der Substanz beteiligten Atome ergibt. Zusätzliche Grundlage für die Identifizierung des Molekülpeaks sind logische Massenzahldifferenzen zwischen Molekül- und Fragmentpeaks (Übersicht 5-2). Von zusätzlicher Bedeutung ist die Gerad- oder Ungeradzahligkeit der Molekülmasse. Aus dieser Tatsache lassen sich Schlussfolgerungen über die Anzahl möglicher Stickstoffatome im Molekül treffen. Basis dieser Betrachtungsweise ist die Ausbildung von drei Bindungen am Stickstoffatom, wie sie im Ammoniak oder bei den Aminen vorkommen. Hierbei gilt die **Stickstoffregel.**

> Eine geradzahlige Molekülmasse lässt auf eine gerade Anzahl (2, 4) Stickstoffatome, eine ungeradzahlige Molekülmasse auf eine ungerade Zahl (1, 3, 5) Stickstoffatome schließen.

Alle auf den Molekülpeak folgenden Peaks werden von $M^+ + 1$ beginnend durchnummeriert. Insbesondere die geradzahligen, $M^+ + 2$ und $M^+ + 4$-Peaks beispielsweise, ergeben zusammen mit dem Molekülpeak charakteristische Strichspektren. Man bezeichnet dies auch als **Isotopenmuster.** Anhand ihres Erscheinungsbildes können Rückschlüsse auf das Vorhandensein von Halogenatomen, wie Chlor und Brom, gezogen werden. Abb. 5-7 beinhaltet zwei solcher Muster.

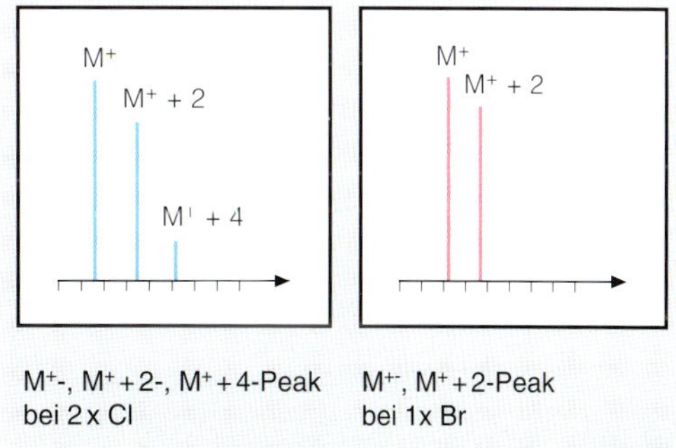

Abb. 5-7 Isotopenmuster

Daneben besteht die Möglichkeit aus dem Verhältnis der Intensitäten von Molekülpeak und $M^+ + 1$-Peak die Anzahl der Kohlenstoffatome zu bestimmen. Grundlage für die Berechnung ist das Isotopenverhältnis der Kohlenstoffatome ^{12}C und ^{13}C von ca. 100 : 1,1. Daraus ergibt sich folgende Beziehung:

$$\text{Anzahl der C-Atome} = \frac{\text{Intensität } M^+ + 1\text{-Peak}}{\text{Intensität } M^+\text{-Peak} \cdot 0{,}011}$$

Die vor dem Molekülpeak auftretenden Fragmentpeaks entsprechen Schlüsselionen oder Schlüsselbruchstücken (Übersichten 5-2 und 5-3).

An einem einfachen Beispielspektrum sollen die vorangegangenen Ausführungen zu den Auswertemodi symbolhaft dargestellt werden. In der Abb. 5-8 wird das idealisierte Strichspektrum der Verbindung 2,4-Dichloramino-benzol wiedergegeben.

Der Peak höchster Intensität besitzt eine MZ von 161. Damit stellt er den Basispeak dar. Da es sich um eine aromatische Verbindung handelt, ist er gleichzeitig der Molekülpeak M^+ infolge leichter Ionisierung des Aromatenringes. Der Zahlenwert ergibt sich aus der Summe der relativen Atommassen der an der Verbindung beteiligten Atome der Elemente. Im Einzelnen bedeutet das:

Summe der relativen Atommassen		
6 Kohlenstoffatome	=	72
5 Wasserstoffatome	=	5
1 Stickstoffatom	=	14
2 Chloratome	=	70
Summe	=	161

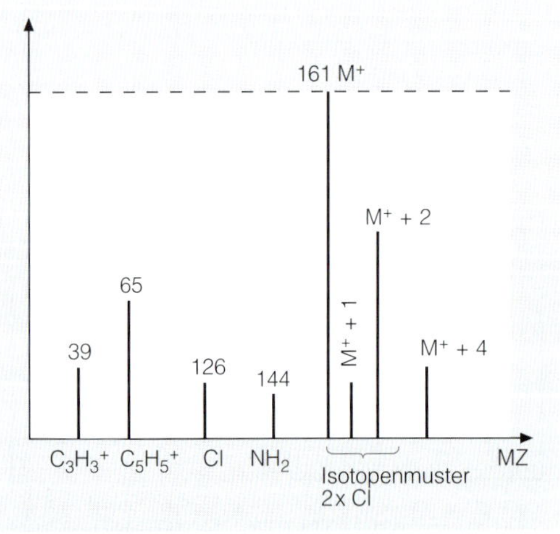

Abb. 5-8
Idealisierte Darstellung des Spektrums von 2,4-Dichloraminobenzol

Die nachfolgenden Isotopenpeaks $M^+ + 2$ und $M^+ + 4$ weisen das charakteristische Isotopenmuster einer Verbindung mit zwei Chloratomen auf. Die ungeradzahlige Molekülmasse gibt Hinweise auf das Vorhandensein von einer ungeraden Anzahl von Stickstoffatomen (Stickstoffregel). Die vor dem Molekülpeak auftretenden Fragmentpeaks entsprechen den gekennzeichneten typischen Schlüsselionen. Die Massenzahlen bzw. Massenzahldifferenzen ergeben sich wie folgt:

Schlüsselionen:
$C_3H_3^+$ MZ = 39 (Übersicht 5-3)
$C_5H_5^+$ MZ = 65

MZ-Differenzen = $M^+ - \Delta MZ$
Chlor Cl = 161 – 35 = 126 ($M_{Cl} = 35$)
Aminogruppe = 161 – 17 = 144 ($\Delta M_{NH_3} = 17$) (Übersicht 5-2)

Bei modernen Gerätesystemen werden von den Herstellern, ähnlich der Verfahrensweise bei der IR- oder UV-Spektroskopie, eine Auswertesoftware und Spektrenbibliothek zur Verfügung gestellt, die das Auswerteverfahren deutlich vereinfacht.

5.4 Anwendung

Bei der Massenspektrometrie handelt es sich um eine Spurenanalytik. Diese Einordnung ergibt sich nicht nur im Hinblick auf die notwendigen Substanzmengen, Mikrogramm bis 1 Miligramm, sondern auch im Besonderen auf die Erfassungsgrenzen. Die neuesten Gerätegenerationen sind in der Lage, Konzentrationen im Nanogramm-Bereich zu registrieren.

Das Verfahren eignet sich zur qualitativen und quantitativen Analytik gleichermaßen. Als Beispiele für unmittelbare Anwendungsgebiete sollen genannt werden:
- Strukturanalyse organischer Verbindungen
- Spurenanalytik von Luftschadstoffen
- Isotopenanalyse
- Analytik von Pflanzenschutzmittelrückständen im Wasser
- Ermittlung der Zusammensetzung von Gesteinen
- Arzneimittelforschung

Als unmittelbare praxisrelevante Beispiele sind die in den Abb. 5-9 und 5-10 dargestellten Massespektren aufgenommen worden. Es handelt sich in beiden Fällen um routineanalytische Bestimmungen von Pflanzenschutzmitteln aus der täglichen Laborpraxis. Zum einen ist Terbuthylazin, zum anderen Parathion-ethyl aufgenommen worden.

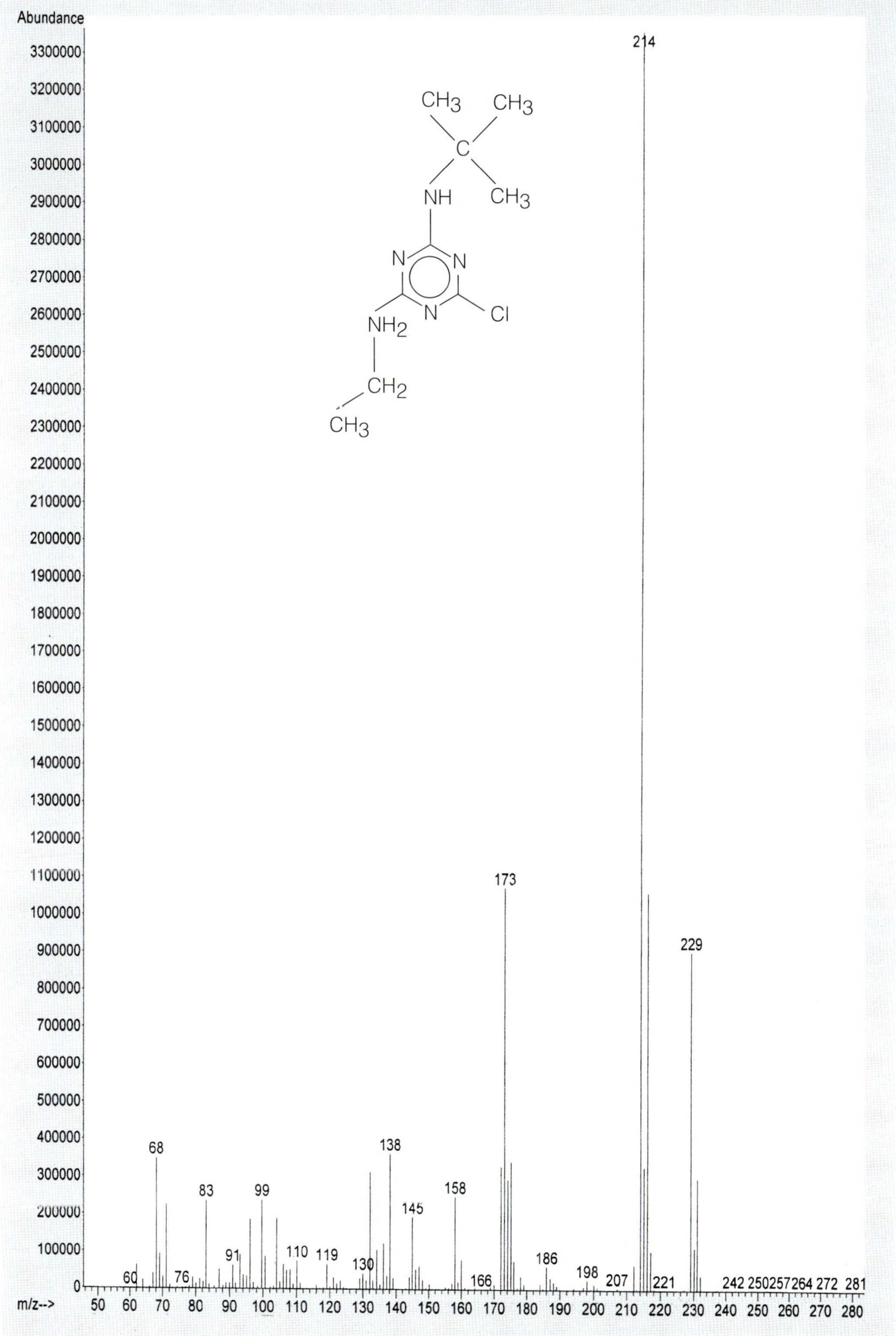

Abb. 5-9
Massenspektrum von Terbuthylazin mit Strukturformel

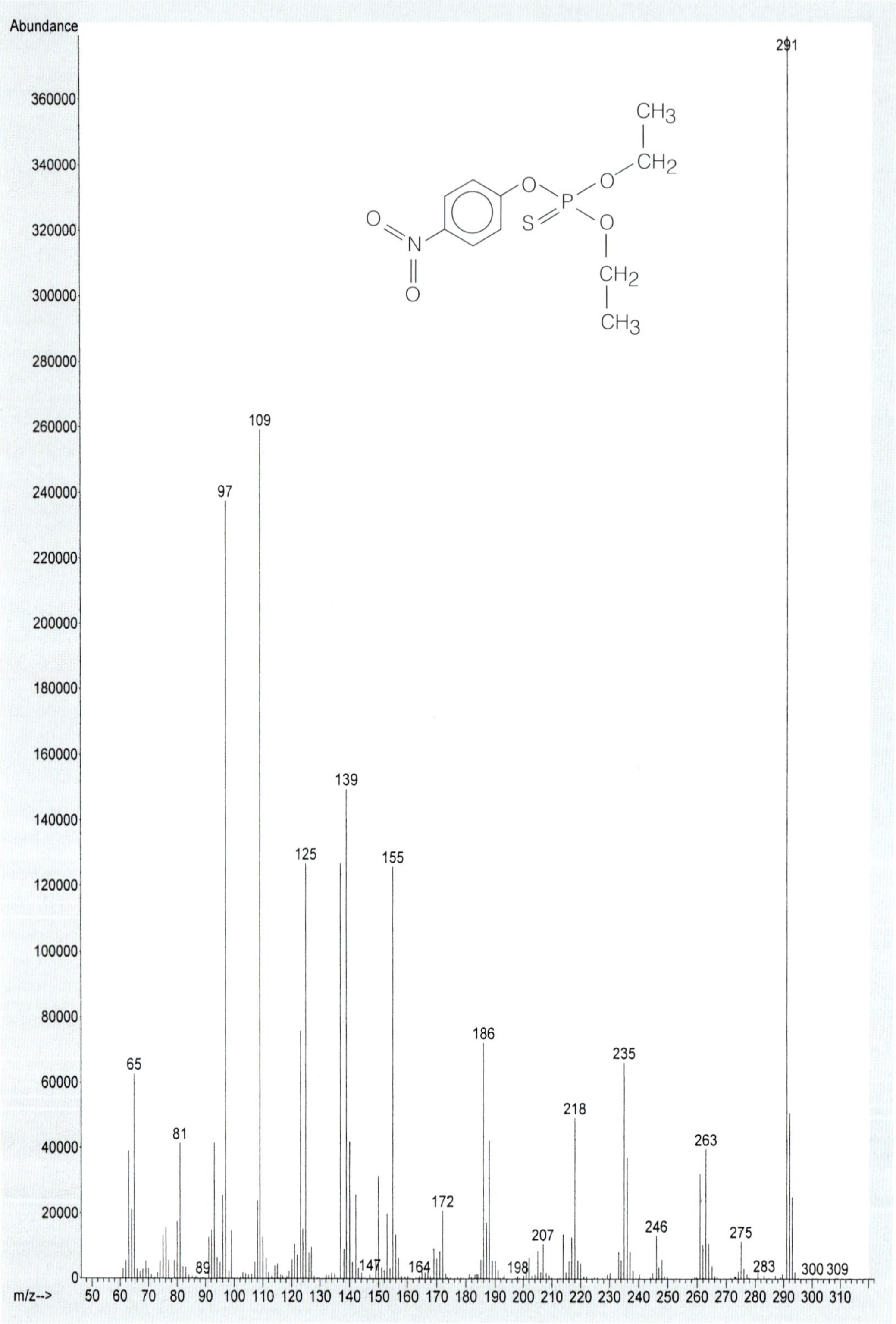

Abb. 5-10
Massenspektrum von Parathion-ethyl mit Strukturformel

5.5 Aufgaben zur Wiederholung von Kapitel 5

Aufgaben

1. Wodurch unterscheidet sich das Messprinzip der Infrarotspektroskopie von dem der Massenspektrometrie?
2. Definieren Sie die Begriffe Molekülion und Fragmention!
3. Ermitteln Sie, auf welche Strukturelemente die Massenzahlen folgender Schlüsselbruchstücke hindeuten:
   MZ = 15, MZ = 30, MZ = 80
4. Beschreiben Sie die Vorgänge im Massenspektrometer!
5. Weshalb herrscht im Massenspektrometer ein Hochvakuum?
6. Definieren Sie den Begriff Massenzahl!
7. Was besagt die Allylregel?
8. Wovon hängt die bevorzugte Spaltung einer Bindung ab?
9. Welche Möglichkeiten der Bildung von Ladungsträgern gibt es außer der Stoßionisation?
10. Entscheiden und begründen Sie, welche der nachfolgenden Bindungen bei der Ionisation leichter gespalten wird!
    a) $C{=}C$
    b) $C{\equiv}C$
11. Erklären Sie die Bezeichnungen Reinelemente, Mischelemente und Isotope!
12. Ordnen Sie folgende chemische Elemente nach Reinelementen und Mischelementen!
    Al, Fe, K, Co, Si, Au
13. Welche Besonderheit kann der Molekülpeak bei Aromaten aufweisen?
14. Was besagt die Stickstoffregel?
15. Welche Bedeutung besitzen die Isotopenmuster?
16. Ermitteln Sie mithilfe der Übersichten 5-2 und 5-3 sowie weiterer Tabellenbücher einen Strukturvorschlag für das nachfolgende Massenspektrum!

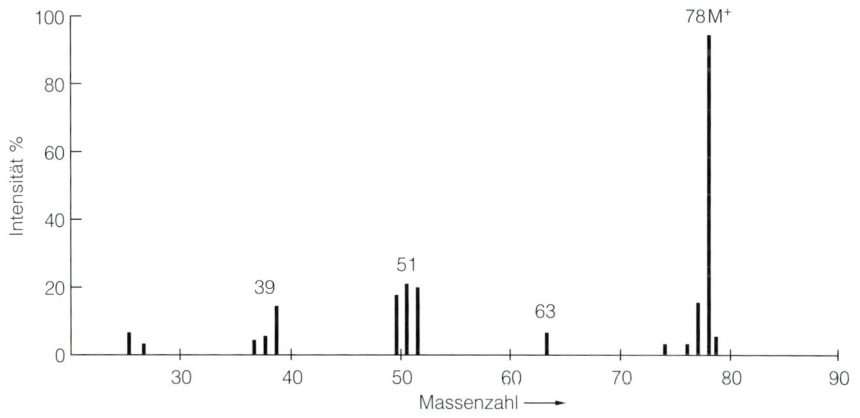

6 Laborsynthesen

6.1 Syntheseprozesse – Überblick

Im Teil 1 wurden bereits in den Kapiteln 10 und 16 spezielle Synthesemöglichkeiten mithilfe chemischer Gleichungen und unter kurzer Angabe von Reaktionsbedingungen beschrieben. In den nachfolgenden Abschnitten soll darauf Bezug genommen und ausgeführt werden, auf welche Weise ausgewählte Stoffe im Labor oder in der chemischen Industrie erzeugbar sind.

Die **Synthese** (griech. Zusammenstellung) ist das Erzeugen einer Verbindung. Sie kann durch Aufbau aus einfachen Stoffen, aber auch durch Abbau oder Umbau eines komplizierter zusammengesetzten Stoffes zu dem gewünschten Produkt führen.
Die Einteilung der Synthesen erfolgt nach verschiedenen Gesichtspunkten:

- **Laborsynthesen** werden in kleineren Chargen zur Gewinnung von Präparaten durchgeführt (Aufgabe der präparativen Chemie);
- **großtechnische Synthesen** dienen der Erzeugung von Chemieprodukten in großen Mengen mithilfe chemisch-technologischer Verfahren;
- **Totalsynthesen** werden aus sehr einfachen Stoffen schrittweise durchgeführt, bei **Teilsynthesen** geht man von bereits kompliziert zusammengesetzten Verbindungen aus (z. B. Synthesen von Naturstoffen, Penicillinen oder Steroiden); bei der **konvergierenden Synthese** werden parallel Teile der Zielsubstanz erzeugt und erst in letzten Syntheseschritten endgültig miteinander verbunden;
- Nach der Anzahl der Syntheseschritte unterscheidet man **Einstufen-** und **Mehrstufensynthesen** mit isolierbaren Zwischenverbindungen (nicht zu verwechseln mit nicht isolierbaren Übergangszuständen!).
- Viele Synthesen sind nach Wissenschaftlern benannt, die sie entdeckt haben z. B. KOLBE-, KOCH-, WURTZ-, REPPE-, FRIEDEL-CRAFTS-, GATTERMANN-KOCH-Synthese.

Direkt aus Elementen sind nur einfache anorganische Verbindungen erzeugbar wie Metall- oder Nichtmetalloxide, Metallhalogenide, manche Nichtmetallhalogenide oder Metallsulfide. Organische Verbindungen lassen sich bis auf wenige Stoffe, z. B. Methan aus Kohlenstoff und Wasserstoff, nicht *direkt* aus Elementen aufbauen.
Für die erfolgreiche Planung und Gewinnung von Verbindungen ist die Kenntnis der Reaktionsarten und Reaktionsabläufe, d. h. der Reaktionsmechanismen sowie der Entkopplung und Bildung von chemischen Bindungen eine wichtige Voraussetzung. Deshalb ist es notwendig, systematisierend auf die **Molekularität einer Reaktion,** die **Reaktionstypen** und die **Reaktionsmechanismen** einzugehen, die in Teil 1 enthaltenen Ausführungen zu ergänzen und die Geschwindigkeit chemischer Reaktionen zu betrachten.

6.2 Reaktionstypen – Reaktionsmechanismen

Reaktionstypen (-arten) beschreiben welche Veränderungen sich bei einem chemischen Vorgang in der Zusammensetzung und Struktur der Edukte bei der Umsetzung zu Produkten ergeben z. B. durch Zufügen oder Addition, durch Ersetzen oder Abspalten. Der Reaktionsverlauf wird nicht beachtet.

Aus Teil 1 sind einige **Reaktionstypen** oder -arten bekannt (vgl. Kapitel 10, 15 und 16). Wie bei jeder Systematisierung so kann man auch die chemischen Reaktionen nach unterschiedlichen Gesichtspunkten in Reaktionstypen ordnen.

a) anorganische Reaktionstypen:
Die anorganischen Vorgänge teilt man nach der Summengleichung in **Additions-, Austausch-** (doppelte Umsetzung, Verdrängung) und **Dissoziationsreaktionen** (Zersetzung) oder in **Säure-Base-** und **Redoxreaktionen** (Elektronenaustausch, Wechsel des Oxidationszahl) ein. Vorgänge wie Komplexbildung, Hydrolyse, Neutralisation, Protolyse lassen sich ein- und unterordnen z. B. die Komplexbildung in die Addition, die Protolyse in die Säure-Base-Reaktion usw.

b) organische Reaktionstypen:
Für die Beschreibung organischer Reaktionen haben sich vor allem die Reaktionstypen **Substitution** (Symbol S), **Addition** (Symbol A), **Eliminierung** (Symbol E) und **Umlagerung** (Isomerisierung, Cyclysierung, Tautomerie) bewährt.

Aufgabe
Überprüfen Sie, ob Sie die genannten Typen definieren können!

Ein einheitliches Einteilungskonzept für alle chemischen Reaktionen existiert noch nicht. Es gibt auch bei anorganischen Prozessen solche, die z. B. als Eliminierung oder Substitution bezeichnet werden können, und bei organischen Umsetzungen z. B. auch Redox-, Dissoziations- oder Säure-Base-Reaktionen.

Außerdem können viele Reaktionen auch unterschiedlich beurteilt werden. So kann die radikalisch verlaufende Chlorierung z. B. von Methan als Substitution, aber auch – da C und Cl ihre Oxidationszahlen ändern – als Redoxreaktion charakterisiert werden:

$$\overset{IV-}{C}H_4 + Cl_2 \rightarrow \overset{II-}{C}H_3Cl + HCl$$

Nach anderen Gesichtspunkten unterscheidet man u. a. Elementarreaktionen, zusammengesetzte Reaktionen (Gleichgewichts-, Folge-, Parallelreaktionen) und Kettenreaktionen.

Die Summengleichung gibt nur die Edukte und Produkte, also die „Ausgangs- und Endsituation" eines chemischen Vorgangs an. Sie sagt nichts über das Geschehen dazwischen aus, also über die Art und Weise, wie sich der Vorgang im Einzelnen vollzieht. Den genauen Ablauf eines chemischen Vorgangs beschreibt der **Reaktionsmechanismus.** Er gibt an, über welche Übergangszustände und Zwischenstufen oder auch Zwischenverbindungen, die in der Brutto- oder Summengleichung nicht erscheinen, die Endstoffe entstehen.

Der Mechanismus vermittelt somit, wie sich der Reaktionstyp im Einzelnen realisiert, d. h. den tatsächlichen Ablauf der Reaktion auf molekularer Ebene. Es wird darauf Antwort gegeben, welche Struktur, Bindungs- und Ladungsverteilung in den Übergangsmolekülen vorliegt, wie viele Teilchen an einem Reaktionsschritt beteiligt sind, in welchen Zwischenstufen die Umbildung zu den Produktmolekülen erfolgt, welche Hin- und Rückreaktionen ablaufen und wie es zu Nebenreaktionen und Nebenprodukten kommt. Der Mechanismus kann **radikalisch** (Symbol R), **elektrophil** (Symbol E) und **nucleophil** (Symbol N) ablaufen.

Zwischenstufen- bzw. Übergangsverbindungen treten bei manchen anorganischen, vor allem jedoch bei organischen Reaktionen auf. Die Teilreaktionen können langsamer oder schnell ablaufen. Geschwindigkeitsbestimmend für den Gesamtprozess ist immer die langsamste Teilreaktion.

Die vollständige Beschreibung, wie im Einzelnen eine Reaktion zwischen Atomen/Radikalen/Ionen/Molekülen über Zwischen- und Übergangsverbindungen abläuft, ist der Reaktionsmechanismus. Es handelt sich um die Folge der einzelnen Reaktionsschritte oder Elementarreaktionen.

Aufgabe

Informieren Sie sich in Teil 1, Abschnitt 10.1, über die dort bereits enthaltenen Ausführungen zu Zwischenverbindungen!

Beispiele anorganischer Reaktionen

Die Oxidation von Iodid-Ionen zu Iod durch Wasserstoffperoxid verläuft im sauren Medium wahrscheinlich wie folgt ab:

1. Teilreaktion: (schnell, elektrophil)
$$H^+ + H_2O_2 \rightleftharpoons H_3O_2^+$$
2. Teilreaktion: (langsam, nucleophil)
$$H_3O_2^+ + I^- \rightleftharpoons HOI^- + H_2O$$
3. Teilreaktion: (schnell, elektrophil)
$$HOI + H^+ + I^- \rightleftharpoons I_2 + H_2O$$

Gesamtreaktion:
$$2\,I^- + 2\,H^+ + H_2O_2 \rightleftharpoons I_2 + 2\,H_2O$$

Der Zerfall von Distickstoffmonoxid N_2O erfolgt in zwei Schritten:

1. Teilreaktion: (langsam)
$$N_2O \rightarrow N_2 + \cdot O \cdot$$
2. Teilreaktion: (schnell, radikalisch)
$$N_2O + \cdot O \cdot \rightarrow N_2 + O_2$$

Gesamtreaktion:
$$2\,N_2O \rightarrow 2\,N_2 + O_2$$

Die Knallgasreaktion $2\,H_2 + O_2 \rightarrow 2\,H_2O$ läuft über mehrere Stufen, bei denen die Radikale $H\cdot$, $\cdot O \cdot$, $\cdot OH$, $HO_2\cdot$ $(H{-}O{-}O\cdot)$ sowie H_2O_2 intermediär (zwischenzeitlich) auftreten (vgl. auch Chlorknallgas-Reaktion, Teil 1, Abschnitt 7.7 sowie Abschnitt 14.5).

Beispiele organischer Reaktionen

Übergangszustände, die nicht isoliert werden können, und Zwischenverbindungen treten vor allem bei organischen Reaktionen auf. Deren Reaktionsmechanismen realisieren sich ebenfalls **radikalisch** über **homolytische** Spaltung von Bindungen bzw. **nucleophil** oder **elektrophil** mit Übergangsverbindungen. Erfolgt dabei eine **heterolytische** Spaltung von Bindungen oder Anlagerung von Ionen, entstehen vorübergehend ionische Zustände (vgl. Teil 1, Abschnitt 15.5 und weiter unten Carbenium- und Carbeniat-Ion).

> Reaktionstypen und -mechanismen werden zur näheren Charakterisierung eines Vorgangs begrifflich miteinander verknüpft.

Danach unterscheidet man u. a. (vgl. auch Teil 1, Kapitel 16):

- radikalische Substitution S_R, elektrophile Substitution S_E, nucleophile Substitution S_N;
- radikalische Addition A_R, elektrophile Addition A_E, nucleophile Addition A_N;
- elektrophile Eliminierung E_E und nucleophile Eliminierung E_N.

Besonders häufig findet man bei organischen Reaktionen folgende Typen und Mechanismen:

S_E: Elektrophile Substitutionsreaktionen am Aromaten-Ring mit π-Komplex und Carbenium-Ion (vgl. Teil 1, Abschnitt 16.3.4),

S_R: Radikalische Substitution von Wasserstoff der Alkane durch Halogene (vgl. Teil 1, Abschnitt 16.1.1, chem. Eigenschaften der Alkane),

S_N: Nucleophile Reaktion von Alkalihydroxid mit Halogenalkan zu Alkohol (alkalische Hydrolyse):

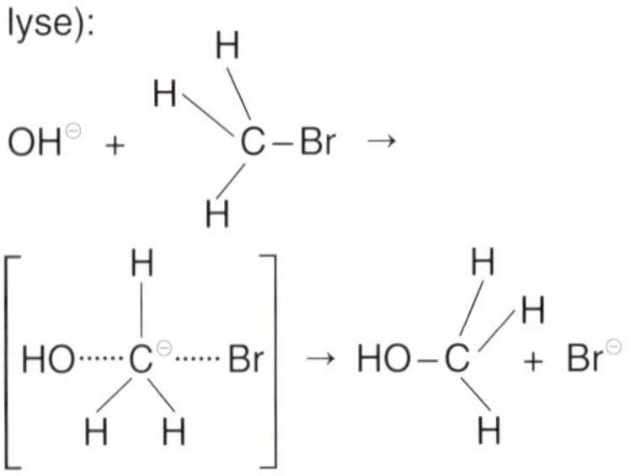

A_E: Elektrophile Addition (in der 1. Stufe) von Halogenwasserstoff z. B. HBr an Alken (Hydrohalogenierung):

$$CH_2{=}CH_2 + H^{\oplus} \rightarrow H_3C{-}\overset{\oplus}{C}H_2 + Br^{\ominus} \rightarrow H_3C{-}CH_2{-}Br$$

A_N: Nucleophile Addition von Alkohol an Alkine im basischen Medium zu Vinylether, wobei als Nucleophil Alkoholat-Anionen wirken:

$$HC{\equiv}CH + R{-}\overline{O}H \xrightarrow{(R-\overline{O}^{\ominus}Na^{\oplus})} RO{-}CH{=}CH_2$$

A_R: Radikalische Addition von Halogen an die Doppelbindung von Alken:

$$R{-}CH{=}CH_2 + Br_2 \rightarrow$$
$$R{-}\dot{C}H{-}CH_2Br + Br\cdot \rightarrow R{-}CHBr{-}CH_2Br$$

E_N: Eliminierung von Halogen aus Halogenalkan zu Alken mittels der nucleophilen Base $OH^{\ominus}$:

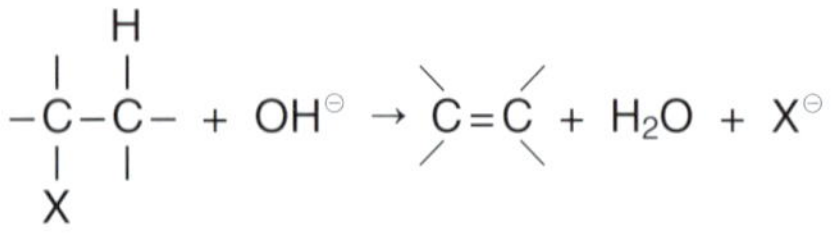

Ob eine organische Reaktion über radikalische oder über ionische Zwischenzustände verläuft, hängt von dem Stoff selbst, von dem Reagenz und von verschiedenen Einflüssen ab wie z. B. von der Temperatur, dem Druck, der Art des Lösungsmittels, den elektrischen Feldern der Moleküle/Teilchen und den verwendeten Katalysatoren.

6.3 Molekularität der Reaktionen

6.3.1 Monomolekulare Reaktionen

> Die **Molekularität** eines Vorgangs beschreibt, wie viele Teilchen an der Bildung eines neuen Teilchens beteiligt sind.

Eine Reaktion, die von einer Teilchenart bestimmt wird, heißt **monomolekular.** Sie tritt z. B bei einer thermischen oder durch Licht bewirkten Spaltung eines Moleküls durch **Homolyse** auf, bei der Bindungen symmetrisch gelöst werden. Dadurch entstehen aus einem Teilchen zwei kurzlebige Radikale (vgl. Teil 1, z. B. Abschnitt 15.5, 16.1.1 und 16.1.3):

$$Br_2 \rightleftharpoons 2\,Br\cdot$$

Radikalbildung durch Homolyse erfolgt vor allem in der Gasphase als erster Schritt bei einer **radikalischen Substitution.** Monomolekular erfolgt auch der radioaktive Zerfall von Teilchen.

> Geht die Reaktion von nur *einer* Teilchenart aus, so verläuft sie **monomolekular** (auch unimolekular genannt).

Bei monomolekular verlaufenden **nucleophilen** und **elektrophilen** Substitutionen organischer Substanzen spalten sich Bindungen des Substrats unsymmetrisch. **Heterolyse** erfolgt vor allem unter Einfluss von Lösungsmitteln und/oder Katalysatoren. Dadurch werden zwischenzeitlich Ionenzustände als Übergang erzeugt. Zwei Fälle sind zu unterscheiden z. B.

- Wird das Elektronenpaar vom C-Atom abgespalten, entsteht ein **Carbenium-Ion** $R^{\oplus}$

- Wenn das Elektronenpaar beim C-Atom verbleibt, entsteht ein **Carbeniat-** oder **Carb-Anion** $R^{\ominus}$:

$$R{-}X \rightarrow R^{\oplus} + X^{\ominus} \quad \textbf{oder:} \quad R{-}X \rightarrow R^{\ominus} + X^{\oplus}$$

Carbenium-Ion — Carb-Anion, Carbeniat-Ion

Am **Carbenium-Ion** $R^{\oplus}$ finden nucleophile **Substitutionen S_N** durch Anionen oder LEWIS-Basen statt.

Z. B. reagiert *tert.* Butylbromid im alkalischen Medium mit Wasser in zwei Schritten zu *tertiärem* Butylalkohol und HBr:

$$(H_3C)_3C{-}Br \rightarrow (H_3C)C^{\oplus} + Br^{\ominus}$$
(1. Reaktionsschritt; Heterolyse)

$$(H_3C)_3C^{\oplus} + H_2O \rightarrow (H_3C)_3C{-}OH + H^{\oplus}$$
(2. Reaktionsschritt; nucleophil)

$$(H_3C)_3C{-}Br + H_2O \rightarrow (H_3C)_3C{-}OH + HBr$$
(Bruttogleichung)

Der geschwindigkeitsbestimmende Schritt der Gesamtreaktion hängt von der Bildung des *tert.* Butyl-Ions ab (1. Reaktionsschritt), also von ***einem*** Teilchen. Ein solche Reaktion nennt man **monomolekulare nucleophile Substitution S_N1.**

Im allgemeinen vereinfachten Schema lässt sich die **S_N1-Reaktion** in folgender Weise an einem C-Tetraeder darstellen:

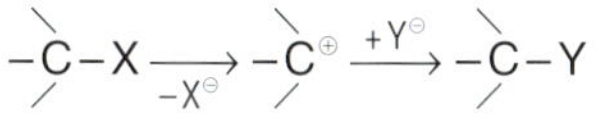

Zunächst spaltet sich die Bindung zwischen Kohlenstoff und dem Substituenten X heterolytisch (z. B. unterstützt durch ein Lösungsmittel). An das Carbenium-Ion lagert sich zur Neubildung einer Bindung ein negativ geladenes Teilchen $Y^{\ominus}$, ein Anion oder eine LEWIS-Base an.

Am **Carb-Anion** $R^{\ominus}$ können **monomolekulare elektrophile Substitutionen S_E1** ablaufen, indem Kationen oder LEWIS-Säuren angreifen. Eine typische Reaktion ist der Ersatz von Wasserstoff am Benzen durch ein positives Chlor-Ion $Cl^{\oplus}$ (genauer Reaktionsmechanismus Teil 1, vgl. Abschnitt 16.3.4):

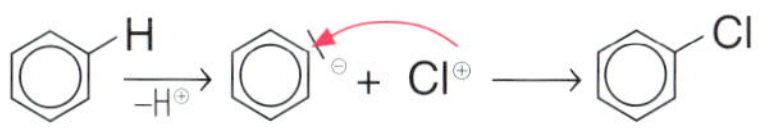

Carb-Anion — Chlorbenzen, Chlorbenzol

Vereinfacht läuft die **S_E1-Reaktion** analog zur S_N1-Reaktion ab, nur dass ein Teilchen ohne Elektronenpaar abgelöst und ein kationisches Teilchen gebunden wird

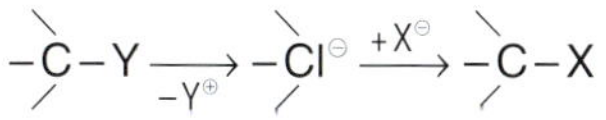

6.3.2 Bimolekulare Reaktionen

> Reaktionen sind **bimolekular,** wenn *zwei* Teilchenarten in einem Schritt miteinander reagieren.

Reaktionen, die bimolekular ablaufen, sind am häufigsten. Beispiele für anorganische Vorgänge sind

$$H\cdot + Cl\cdot \rightleftharpoons HCl$$
$$\overline{O}H^{\ominus} + H_3O^{\oplus} \rightleftharpoons 2\,H_2O$$
$$H\cdot + Br_2 \rightleftharpoons HBr + Br\cdot$$

Eine polare Verbindung kann aber auch eine Zwischenverbindung bilden, bei der kein Ionenzustand, sondern zwischen Substrat und Reagenz vorübergehend ein Anlagerungskomplex als Übergangszustand entsteht. Ein solcher Fall tritt häufig bei organischen Reaktionen auf. Wenn sie nucleophil verlaufen, heißen sie **bimolekulare nucleophile Substitution S_N2.** Im allgemeinen vereinfachten Schema kann man eine solche Reaktion in folgender Weise formulieren:

Übergangskomplex

Wie das allgemeine Schema zeigt, tritt hierbei eine **Umkehr (Inversion)** der Substituenten ein (Umklappen wie bei einem Regenschirm im Wind).

6.4 Reaktionsgeschwindigkeit – Reaktionsordnung

Bei der Angabe des Bruttoumsatzes werden keine Aussagen zu den Reaktionsgeschwindigkeiten gemacht. Das Teilgebiet der Chemie, das sich u. a. damit befasst, ist die **chemische Kinetik.** Mit deren Methoden werden die **Reaktionsgeschwindigkeit** und die **Reaktionsordnung** chemischer Vorgänge ermittelt.

Unter kinetischen Gesichtspunkten unterscheidet man folgende Vorgänge:

- **Elementarreaktionen** sind einfache, direkte Reaktionen zwischen zwei Teilchen ohne Übergangsverbindungen, z. B. von Atomen zweier Elemente ($Fe + S \rightarrow FeS$)
  oder von Ionen ($Ba^{2+} + SO_4^{2-} \rightarrow BaSO_4$)
- **Zusammengesetzte Reaktionen** sind Vorgänge, die aus mehreren aufeinanderfolgenden Elementarreaktionen bestehen. Man unterscheidet dabei

Gleichgewichtsreaktionen (z. B. Veresterung), Folgereaktionen (über Zwischenverbindung zum Endprodukt), Parallel- oder Simultanreaktionen (z. B. Entstehung von *o*- sowie *p*-Chlortoluen in Konkurrenz; vgl. Teil 1, Abschnitt 16.3.4) und Kettenreaktionen (z. B. Chlorknallgas-Reaktion).

Eine Verbindung kann entstehen, wenn die Teilchen der Edukte in einem Vorgang zusammenstoßen und/bzw. die Aktivierungsenergie zur Verfügung steht. Deshalb sind die Konzentration und die Temperatur von Einfluss auf die Reaktionsgeschwindigkeit.
Bei einer Temperaturerhöhung um etwa 10 Grad steigt die Geschwindigkeit auf das Doppelte (Reaktionsgeschwindigkeit-Temperatur- oder RGT-Regel; Faustregel).

Die Reaktionsgeschwindigkeit RG ist ein Maß für die Zeit, die eine Reaktion für ihren Ablauf benötigt. Sie ist definiert als Änderung der Konzentration Δc in einer bestimmten Zeitspanne Δt: RG = $\Delta c / \Delta t$ (d. h. zeitliche Änderung der Stoffmenge).

Die Reaktionsgeschwindigkeit kann durch Experimente (vor allem in homogenen Systemen) bestimmt und in **Zeitgesetzen** mathematisch beschrieben werden. Findet man z. B. für einen Vorgang A + B → AB, dass die Reaktionsgeschwindigkeit *nur von einer Teilchenart* entscheidend bestimmt wird, z. B. von A, so lautet das Zeitgesetz dieses Vorgangs

$$-\frac{\Delta c_{\text{A}}}{\Delta t} = k \cdot c_{\text{A}}$$

k ist die von der Temperatur abhängige **Geschwindigkeitskonstante** der ablaufenden Reaktion, d. h., sie ist auch abhängig von den reagierenden Stoffen. Da A in erster Potenz eingeht, heißt der Vorgang **Reaktion 1. Ordnung.** Das Minus-Zeichen zeigt die Abnahme der Geschwindigkeit bei Abnahme der Konzentration an.

Beispiele: $N_2O_4 \rightleftharpoons 2\,NO_2$
$N_2O_5 \rightleftharpoons N_2O_3 + O_2$

Der Zusammenhang zwischen Temperatur und Reaktionsgeschwindigkeit wird durch die **ARRHENIUS-Gleichung** ausgedrückt:

$$k = A \cdot e^{-\frac{E_{\text{A}}}{R \cdot T}} \quad \text{bzw.} \quad \ln k = \ln A - \frac{E_{\text{A}}}{R \cdot T}$$

E_{A} molare Aktivierungsenergie des Vorgangs, A Frequenzfaktor des betr. Vorgangs (max. mögliche Geschwindigkeitskonstante, wenn jeder Zusammenstoß zur Bindung/Reaktion führen würde), R allgemeine Gaskonstante.

Wird die Reaktionsgeschwindigkeit für einen Prozess C + D → CD von beiden Ausgangsstoffen, d. h. *von zwei Teilchenarten* bestimmt, so liegt eine **Reaktion 2. Ordnung** vor und das Zeitgesetz lautet z. B. für den Stoff C:

$$-\frac{\Delta c_{\text{C}}}{\Delta t} = k \cdot c_{\text{C}} \cdot c_{\text{D}}$$

Beispiele: $H_2 + I_2 \rightleftharpoons 2\,HI$
$Fe^{2+} + Mn^{3+} \rightleftharpoons Fe^{3+} + Mn^{2+}$
$2\,N_2O \rightleftharpoons 2\,N_2 + O_2$
$2\,NO_2 \rightleftharpoons 2\,NO + O_2$

Reaktionen 1. Ordnung laufen schneller ab als Reaktionen 2. Ordnung.

Eine **Reaktion 3. Ordnung** ist sehr selten, weil ein gleichzeitiger Zusammenstoß von drei Teilchen sehr unwahrscheinlich ist. Meist „verstecken“ sich in solchen Reaktionen Übergangs- bzw. Zwischenverbindungen, so dass es sich eigentlich um eine Folge von mono- und bimolekularen Reaktionen handelt.

Es gibt auch **Reaktionen 0. Ordnung** bei denen die Konzentration keine Rolle spielt, z. B. bei Reaktionen an der Oberfläche fester Katalysatoren, bei von Lichtquanten ausgelösten fotochemischen Vorgängen, die von der Anzahl der absorbierten Lichtquanten abhängen. Bei Elektrolysen ist die Reaktion abhängig von der (konstanten) Stromstärke.

Nicht zu verwechseln mit der **Reaktionsordnung** ist die **Molekularität** eines Vorgangs. So ist die bereits genannte monomolekular verlaufende Radikalbildung $Br_2 \rightarrow 2\,Br\cdot$ gleichzeitig eine Reaktion 1. Ordnung. Die bimolekularen Prozesse $H^+ + Cl^- \rightarrow HCl$ oder $H^+ + OH^- \rightarrow H_2O$ sind auch Reaktionen 2. Ordnung.

Eine solche Übereinstimmung gibt es nur bei solchen Vorgängen, die direkt verlaufen (Elementarreaktionen), d. h. ohne Zwischenverbindungen.

6.5 Synthese von Verbindungen

6.5.1 Syntheseverfahren

Durch vorangegangene Abschnitte wurde geklärt, dass Reaktionstypen angeben, wodurch sich Änderungen im Verlauf der Stoffumwandlung einstellen und wie sich die Änderungen durch Reaktionsmechanismen im Einzelnen vollziehen. Damit ist aber nichts darüber ausgesagt, welcher Art die Veränderung ist, ob beispielsweise ein Ausgangsmolekül durch Chlorierung oder Alkylierung umgewandelt wird.

Die Synthese einer Verbindung wird zusätzlich durch **Synthese-Verfahren** (oder Synthese-Prinzipien, -Reaktionen) beschrieben, bei denen die Reaktionstypen und -mechanismen ausgenutzt werden.

Die **Syntheseverfahren** beinhalten chemische Prozesse, mit deren Hilfe Substanzen umgewandelt werden. In Anlehnung an die chemische Verfahrenstechnik soll dafür auch der Begriff **Grundverfahren** benutzt werden. Hierzu sind zu zählen Oxidation, Reduktion, Neutralisation, Solvolyse (Hydrolyse, Aminolyse, Alkoholyse u. a.), Hydrierung, Halogenierung, Nitrierung, Sulfonierung, Vinylierung, Kondensation, Polymerisation, Pyrolyse, Diazotierung u. a. In der Verfahrenstechnik werden sie als **Unit Processes** bezeichnet.

Synthese-Verfahren geben die chemischen Prozesse an, die zu den Stoffwandlungen führen.

Grundverfahren dürfen nicht mit den **Grundoperationen** – in der chemischen Technologie als **Unit Operations** benannt – verwechselt werden. Es handelt sich hierbei um Verfahrensstufen, die als physikalische Prozesse zur Ausführung von Synthesen (oder Verfahren) durchzuführen sind wie z. B. die **mechanischen Operationen** Mahlen, Sieben, Mischen, Trennen (Filtrieren, Zentrifugieren, Adsorbieren, Absorbieren usw.), Fördern, Vereinigen, Lösen, Verflüssigen u. a. sowie die **thermischen Operationen** Erwärmen, Kühlen, Schmelzen, Erstarrren, Kristallisieren, Verdampfen, Rektifizieren, Kondensieren, Sublimieren, Trocknen u. a.

Man kann nun die verschiedenen Begriffe, die zur allgemeinen Charakteristik einer Synthese – oder allgemein einer Stoffumwandlung – dienen, wie folgt zusammenführen:

Wodurch (R.-Typ) entsteht woraus (Edukte) auf welche Weise (R-Mechanismus) nach welchem Synthese-Verfahren (-Prinzip) ein gewünschtes Produkt?

Beispiele:

1. Durch Additionen (Typ) entsteht aus Ethylen über Radikale oder ionische Zustände (Mechanismus) durch Polymerisation (Syntheseprinzip / Grundverfahren) Polyethylen.
2. Über eine elektrophile Substitution (Typ) entsteht aus Benzen über π-und σ-Übergänge (Mechanismus) durch Chlorierung (Syntheseprinzip/ Grundverfahren) Chlorbenzen.

Aufgaben

1. Formulieren Sie die Reaktion von Aldehyd mit einer GRIGNARD-Verbindung (Teil 1, Abschnitt 16.2.7) in analoger Weise!
2. Wie lautet die entsprechende Formulierung der Umsetzung von *tert.* Butylalkohol zu 2-Methylpropan (Teil 1, Abschnitt 16.2.4)?
3. Formulieren Sie die Nitrierung sowie die Alkylierung von Benzen!

6.5.2 Anorganische Synthesen

Viele Synthesen anorganischer Verbindungen werden in wässrigen Lösungen durch Vereinigen gelöster oder flüssiger Komponenten sowie durch Einleiten von Gasen (Halogen, Kohlenstoffdioxid, Ammoniak, Schwefelwasserstoff, Salzsäure-Gas, Schwefeldioxid), seltener in alkoholischen Lösungen oder flüssigem Ammoniak durchgeführt.

In Schmelzen lässt man feste Edukte miteinander reagieren und verarbeitet den Schmelzkuchen nach mechanischem Zerkleinern durch Auslaugen und Kristallisieren, Umkristallisieren und Reinigen (Abspülen mit Eiswasser, Ether, Alkohol, Aceton) der gewünschten Substanz.

Anorganische Reaktionen können in Lösung wegen der Ionenreaktionen oder unter polarisierendem Einfluss von Wasser im Vergleich zu organischen Vorgängen rascher verlaufen, obwohl auch bei einzelnen Synthesen mehrstündiges Erhitzen notwendig ist (z. B. bei Feststoff-Reaktionen).

Arbeiten unter Rückfluss, unter vermindertem oder erhöhtem Druck, bei tiefer Temperatur sind bei anorganischen Präparationen seltener. Bei hygroskopischen oder zersetzlichen Substanzen wird unter Schutzgas bzw. Ausschluss von Feuchtigkeit oder Luft gearbeitet (z. B. bei manchen Halogenierungen oder Hydrierungen).

Mittels Elektrolyse können in wässrigen Lösungen edlere Metalle durch Reduktion gewonnen werden. Durch anodische Oxidation werden an Platinelektroden Salze oxidiert (Erhöhung der positiven Ladung von Kationen, z. B. Co^{2+} zu Co^{3+}, oder von Zentralatomen komplexer Anionen z. B. $KHSO_4$ zu $K_2S_2O_8$). Manche Präparate gewinnt man durch Schmelzflusselektrolyse (z. B. Gewinnung von Magnesium, Lithium).

Eine Einteilung anorganischer Syntheseverfahren kann nach chemischen Grundverfahren (Grundvorgängen) bzw. nach Reaktionstypen vorgenommen werden.

So unterscheidet man danach Synthesen mittels der

- **Oxidation** (Umwandlung von Metallen in Metalloxide, Nichtmetallen in Nichtmetalloxide, von Metallen oder Nichtmetallen z. B. in Halogen-Verbindungen, Erhöhung der Oxidationsstufe eines Elements in einer Verbindung),
- **Reduktion** (Umwandlung von Metalloxid in Metall durch Wasserstoff, Kohlenstoffmonoxid, unedle Metalle, durch Elektrolyse, durch Zerfallsreaktionen sowie durch Erniedrigung der Oxidationsstufe von Metallen oder Nichtmetallen in Verbindungen),
- **Pyrolyse** (Zerfall oder thermische Zersetzung, trockene Destillation durch Erhitzen von Verbindungen, z. B. Zerfall von Salzen wie Carbonaten, Chloraten, Sulfaten u. a., von Carbonylen in Metall und Kohlenstoffmonoxid),
- **Säure-Base-Reaktionen** als spezifische Additionsvorgänge sowie weitere
- **Additionsreaktionen** in Lösungen bei der Bildung von Säuren, Basen, Salzen,
- **Additive Reaktionen** zwischen Metallen und Gasen (Bildung von Oxiden, Sulfiden, Halogeniden, Nitriden) oder von anderen Feststoffen und Gasen (z. B. Calciumoxid und Kohlenstoffdioxid zu Calciumcarbonat) bzw. **Additive Feststoffreaktionen** zwischen Metalloxiden zu Spinell (z. B. MgO und Al_2O_3 zu $MgAl_2O_4$) oder von Metalloxid und Siliciumdioxid zu Silikaten,
- **Doppelte Umsetzungen** (Austauschreaktion) von zwei Feststoffen (z. B. Fe_2O_3 + C zu Fe und CO im Hochofen, von PbO + PbS zu Pb und SO_2, von $CaSO_4$ + C zu CaO, CO_2 und SO_2),
- **Dissoziationsreaktionen,** z. B. Säuredissoziation
- **Zersetzungsreaktion,** z. B. Zerlegung von Kalk in CaO und CO_2.

Nach Stoffklassen kann man auch in Erzeugung von Elementen, Oxiden, Säuren, Basen, Hydriden, Sulfiden, Nitriden, Boriden, Halogeniden, Salzen der Sauerstoffsäuren, Kooordinationsverbindungen u. a. ordnen. Da jedoch die chemischen Vorgänge für diese Verbindungen recht unterschiedlich sind, eignen sich Stoffklassen nicht gut für eine Klassifizierung von Synthesen.

6.5.3 Organische Synthesen

Organische Vorgänge verlaufen häufig wesentlich langsamer als anorganische, weil Bindungen meist heterolytisch gelöst werden und sich dazwischen Übergangszustände einstellen, die energetisch aktiviert werden müssen, um in Produkte überzugehen. Oft entstehen auch Zwischenverbindungen, die erneut Energie für eine Neugruppierung von Bindungen aufnehmen und die weitergehende Reaktion verzögern (Abb. 6-1). Viele der Reaktionen verlaufen wegen Unlöslichkeit in Wasser mit wenig polaren oder unpolaren Lösungsmitteln, so dass der polarisierende Einfluss auf zu spaltende Bindungen gering ist oder nicht wirkt. Somit verschieben sich die Konzentrationsgleichgewichte trotz der häufig angewendeten Katalysatoren langsamer in Richtung der Produkte. Die Synthesen benötigen deshalb i. d. R. mehr Zeit. Sie werden oft unter Rühren bei Siedetemperatur der Lösungs-

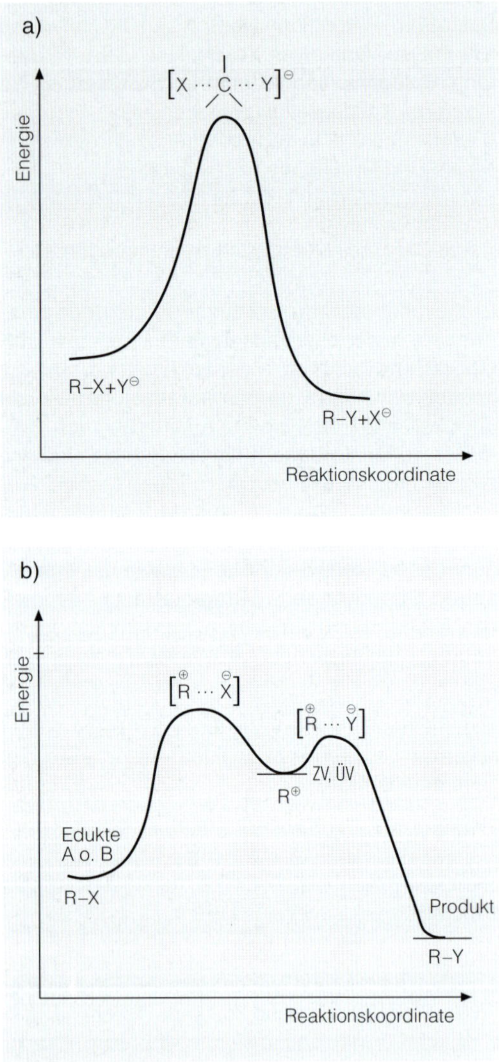

Abb. 6-1
Schematische Darstellung von Aktivierungszuständen
a) bei S_N2-Reaktionen
b) bei S_N1- Reaktionen mit Carbenium-Ion
ÜV = Übergangs-, ZV = Zwischenverbindung

mittel mit Rückflusskühlung oder unter Druck durchgeführt. Radikalisch verlaufende Umsetzungen benötigen die energetische Anregung mit UV-Licht.

Die Einteilung **organischer Synthesen** kann ebenfalls nach verschiedenen Gesichtspunkten erfolgen, z. B. nach dem Synthese-Verfahren, nach den Stoffklassen oder nach Reaktionstyp und Mechanismus.

Nach **Synthese-Verfahren** unterscheidet man für organische Verbindungen beispielsweise:

- **Oxidation,** Epoxidation
  Beispiele:
  a) Oxidation von primärem Alkohol mit Chrom-(VI)-oxid in schwefelsaurem Medium über nucleophile Anlagerung des Oxids
  $$3\,H_3C-CH_2-OH + 2\,CrO_3 \rightarrow 3\,H_3C-CHO + Cr_2O_3 + 3\,H_2O$$
  b) Epoxidation von Ethylen zu Ethylenoxid (einfachstes Oxiran) mithilfe von Luft bzw. Sauerstoff und Silberkatalysator
  $$2\,H_2C{=}CH_2 + O_2 \rightarrow 2\,H_2C-CH_2$$
  (Brücke über O: $\diagdown O \diagup$)

- **Reduktion**
  Beispiel:
  Reduktion von Nitrobenzen durch Eisen zu Aminobenzol (Anilin) in salzsaurem Medium
  $$2\,C_6H_5-NO_2 + 4\,Fe + 2\,H_2O \xrightarrow{(HCl)} 2\,C_6H_5-NH_2 + 2\,Fe_2O_3$$

- **Hydrierung**
  Beispiel:
  Hydrierung von Ketonen zu sekundärem Alkohol mithilfe von Katalysatoren
  $$R-CO-R' + H_2 \xrightarrow{Kat} R-CH(OH)-R'$$

- **Dehydrierung, Hydratation, Dehydratation, Halogenierung** (Chlorierung, Bromierung usw.)

> **Aufgabe**
> Definieren Sie diese Syntheseverfahren. Geben Sie für die angegebenen Beispiele in analoger Weise Gleichungen, Reaktionstypen und Reaktionsmechanismen an. Informieren Sie sich in Teil 1, Kapitel 15 und 16, und zusätzlich im Internet bei Wikipedia und ergänzen Sie die Aufstellung durch weitere Beispiele und Erläuterungen!

- **Alkylierung** (Methylierung, Ethylierung)
  Beispiel:
  Übertragung einer Alkylgruppe auf den Benzenring durch elektrophile Substitution von Wasserstoff mittels Alkanhalogenid in Gegenwart einer Lewis-Säure:
  $$C_6H_6 + R-X \xrightarrow{(AlCl_3)} C_6H_5-R + HX$$

- **Hydroxylierung**
  Beispiel:
  Überführung von Epoxiden (Oxiranen) im sauren Medium in Glykole (1,2-Diole)
  $$R-CH-CH-R' + H_2O \xrightarrow{H^{\oplus}} R-CH(OH)-CH(OH)-R'$$
  (Brücke über O: $\diagdown O \diagup$)

- **Hydrolyse** (Verseifung)
  Beispiel:
  Hydrolyse von Carbonsäureestern bzw. Fetten durch Wasser im sauren Medium (oder schneller alkalisch; Esterspaltung/-hydrolyse)
  $$R-CO-O-R' + H_2O \xrightarrow{(H^{\oplus})} R-COOH + R'-OH$$

- **Vinylierung, Carbonylierung, Carboxylierung, Acylierung** (Formylierung, Acetylierung), **Nitrierung, Sulfonierung, Sulfochlorierung**

> **Aufgabe**
> Definieren Sie diese Synthese-Verfahren. Geben Sie für die angegebenen Beispiele in analoger Weise Gleichungen, Reaktionstypen und Reaktionsmechanismen an. Informieren Sie sich dazu in Teil 1, Kapitel 16, und zusätzlich im Internet bei Wikipedia und ergänzen Sie die Aufstellung!

Bei der Synthese von Verbindungen werden in den Edukten Bindungen gelöst und neue Bindungen gebildet. Die Kenntnis der Möglichkeiten, die dafür bestehen, ist wesentlich für die Planung von Synthesen. Bei der Herstellung organischer Präparate betrifft das Atombindungen zwischen Kohlenstoffatomen untereinander, zwischen Kohlenstoff und Wasserstoff bzw. Heteroatomen, die durch Orbital-Überlappungen entstehen z. B.:

Spaltung und Bildung von sp^3/sp^3-Bindungen, Spaltung und Bildung von sp^2/sp^3-Bindungen,

Spaltung und Bildung von sp^2/sp^2-Bindungen bzw. Spaltung und Bildung von sp^3/sp-Bindungen.

> **Aufgaben**
> 1. Wiederholen Sie in Teil 1, Abschnitte 6.5.5, 7.4.10 und 15.3 die Darstellungen zu den Orbitalen, die Bindungsbildung durch Orbitalüberlappung und die Hybridisationszustände des Kohlenstoffs in seinen Verbindungen!
> 2. Erläutern Sie an Beispielen, welche Orbitalverknüpfungen bei den voranstehenden Reaktionen gelöst sowie neu gebildet werden.

Eine Orientierung über die Möglichkeiten, wie man von einer Verbindungsgruppe zu anderen gelangt, ist durch das Aufzeichnen von Synthesewegen möglich, wie das folgende Beispiel (Übersicht 6-1) allgemein zeigt:

Einige Synthesewege von den Kohlenwasserstoffen zu Derivaten

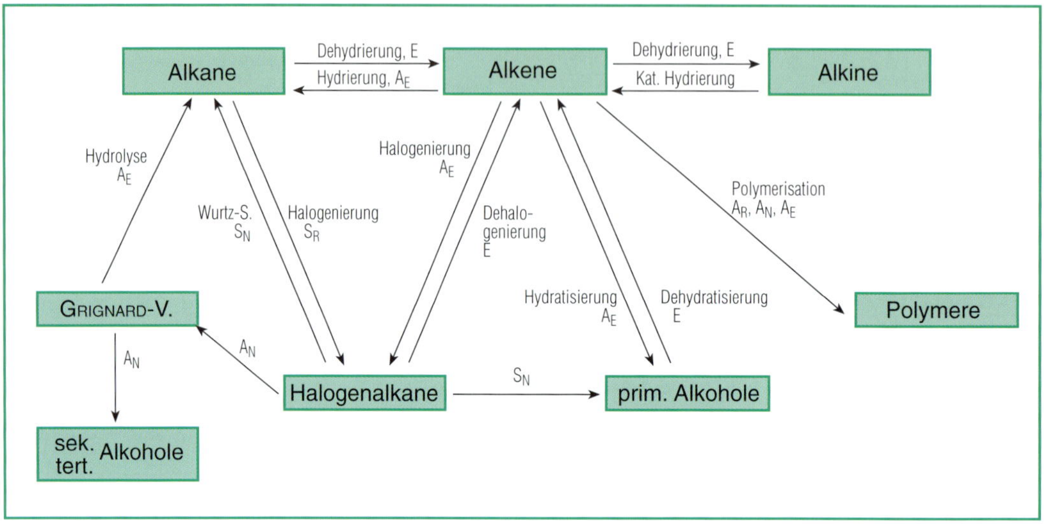

Übersicht 6-1

Organische Synthesen werden aber häufig auch nach Reaktionstyp und Mechanismus eingeteilt. Hierbei hat sich die bereits in Abschnitt 6.5.1 erwähnte Begriffskombination bewährt, zumal sie durch die Reaktionsordnung (S_N1, S_N2, E_1, E_2 usw.) näher beschrieben werden können.

Danach unterscheidet man bei der Erzeugung von organischen Präparaten u. a. folgende ausgewählte Reaktionen nach Typ und Mechanismus, die im Teil 1, Kapitel 16 z.T. genauer ausgeführt sind:

- **Synthesen durch radikalische Substitution S_R** (Ersetzen von Wasserstoff), z. B.

  Chlorierung, Bromierung:
  $R-H + X_2 \rightarrow R-X + HX$

  Sulfoxidation:
  $2\,R-H + 2\,SO_2 + O_2 \rightarrow 2\,R-SO_3H$

  Sulfochlorierung:
  $R-H + SO_2 + Cl_2 \rightarrow R-SO_2-Cl + HCl$

- **Synthesen durch nucleophile Substitution S_N an der C-Einfachbindung** (Übersicht 6-2), z. B.

  Veresterung von Alkohol mit HX
  $R-OH + HBr \rightarrow R-Br + H_2O$

  Veresterung von Alkohol mit Säure:
  $R^1-COOH + R^2-OH \rightarrow R^1-COOR^2 + H_2O$

  Ether-Bildung aus Alkoholat oder Phenolat:
  $R-Br + RO^{\ominus}Na^{\oplus} \rightarrow R-O-R + NaBr$

  Alkylierung von Ammoniak:
  $R-X + NH_3 \rightarrow R-NH_2 + HX$

  Nitrierung von Alkylhalogenid:
  $R-X + NaNO_2 \rightarrow R-NO_2 + NaX$

- **Synthesen durch elektrophile Addition A_E an Doppelbindungen** (Übersicht 6-3), z. B.

  Hydrohalogenierung von Alkenen:
  $H_2C{=}CH_2 + HX \rightarrow H_3C-CH_2X$

  Hydratisierung von Alkenen:
  $H_2C{=}CH_2 + H_3O^{\oplus} \rightarrow H_3C-CH_2OH + H^{\oplus}$

  Bromierung von Alkenen:
  $H_2C{=}CH_2 + Br_2 \rightarrow Br-CH_2-CH_2-Br$

  Anionische Polymerisation
  (s. Abschnitt 7.11.1)

- **Synthesen durch radikalische Addition A_R an Doppelbindungen,** z. B.

  Hydrobromierung:
  $R-CH{=}CH_2 + HBr \rightarrow R-CH_2-CH_2-Br$

  Chlorierung, Bromierung, radikalische Polymerisation
  (vgl. Abschnitt 7.11.1)

- **Synthesen durch nucleophile Addition an Doppelbindungen**
  (vgl. kationische Polymerisation in Abschnitt 7.11.1)

- **Synthesen durch elektrophile Addition an Dreifachbindungen,**
  (durch Katalysatoren wird die geringe Elektrophilie der Acetylene verstärkt)
  Hydratisierung von Ethin (über Enol und sofortige Umlagerung zu Acetaldehyd): z. B.
  $HC{\equiv}CH + H_2O \rightarrow H_3C{-}CHO$

- **Synthesen durch nucleophile Addition an Dreifachbindungen,** z. B. REPPE-Synthesen
  Bildung von Vinylether aus Alkoholat oder Phenolat mit Alkin (Vinylierung; unter Druck)
  $-C{\equiv}C{-}X + RO^{\ominus} \rightarrow -CH{=}CH{-}OR + X^{\ominus}$
  Erzeugung von ungesättigten Carbonsäuren und Carbonsäureestern aus Alkin, Kohlenstoffmonoxid und Waser oder Alkohol (Katalysator), z. B.
  $HC \equiv CH + CO + H_2O \rightarrow H_2C = CH{-}COOH$
  $HC \equiv CH + CO + ROH \rightarrow H_2C = CH{-}COOR$

Synthesewege: Nucleophile Substitution von Halogenalkanen (Beispiele)

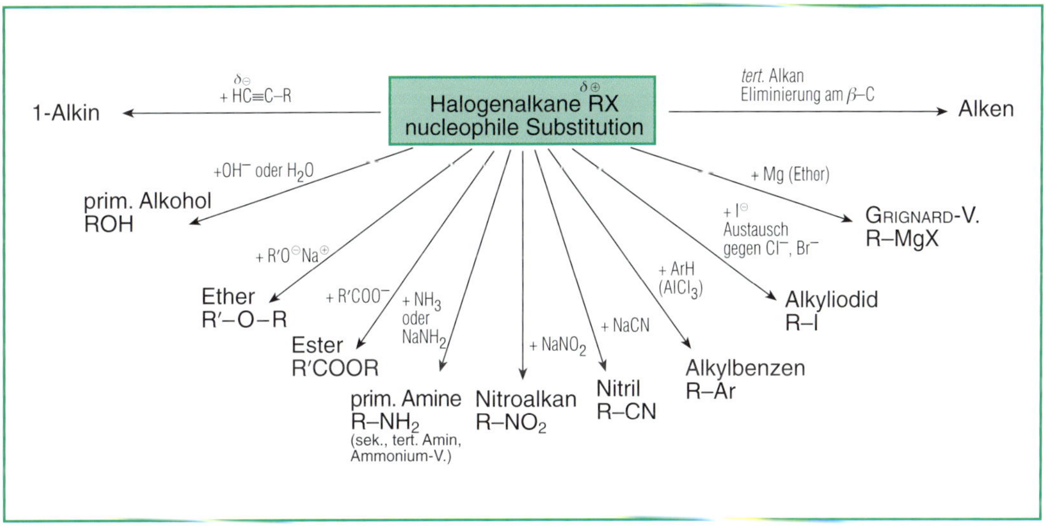

Übersicht 6-2

Synthesewege: Elektrophile Addition an Alkene (Beispiele)

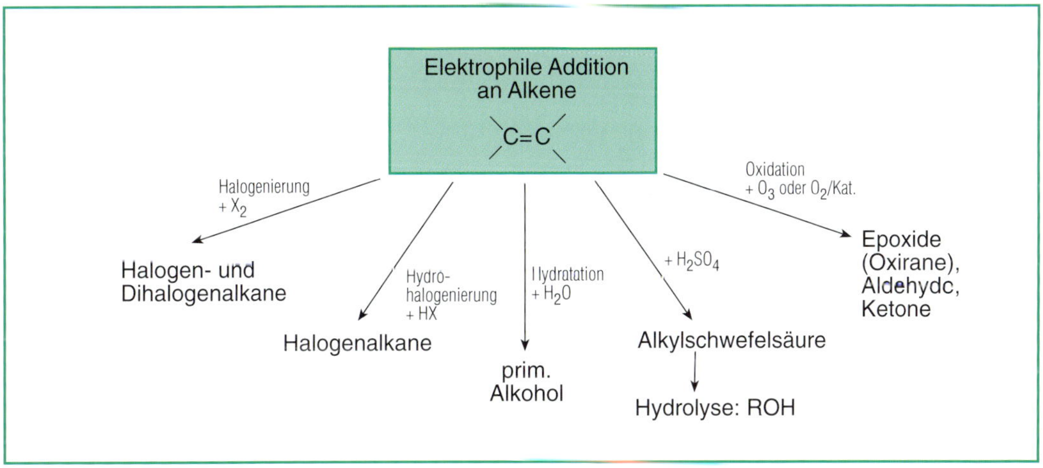

Übersicht 6-3

- **Synthese von primären Alkoholen und Substitutions-, Eliminierungs-, Redox und Additionsreaktionen** (Übersicht 6-4)

- **Synthesen durch elektrophile Substitution an Aromaten** (Übersicht 6-5), z. B.

Nitrierung:

$C_6H_6 + HNO_3 \rightarrow C_6H_5-NO_2 + H_2O$

Sulfonierung:

$C_6H_6 + H_2SO_4 \rightarrow C_6H_5-SO_3H + H_2O$

Halogenierung, Alkylierung, Acylierung vgl. Teil 1, Abschnitt 16.3.4 ff.

Carboxylierung von Phenolat:

$C_6H_5O^{\ominus}Na^{\oplus} + CO_2 \rightarrow HO-C_6H_4-COONa$

Synthesewege zu primärem Alkohol und Reaktionen an der Hydroxy-Gruppe (Beispiele)

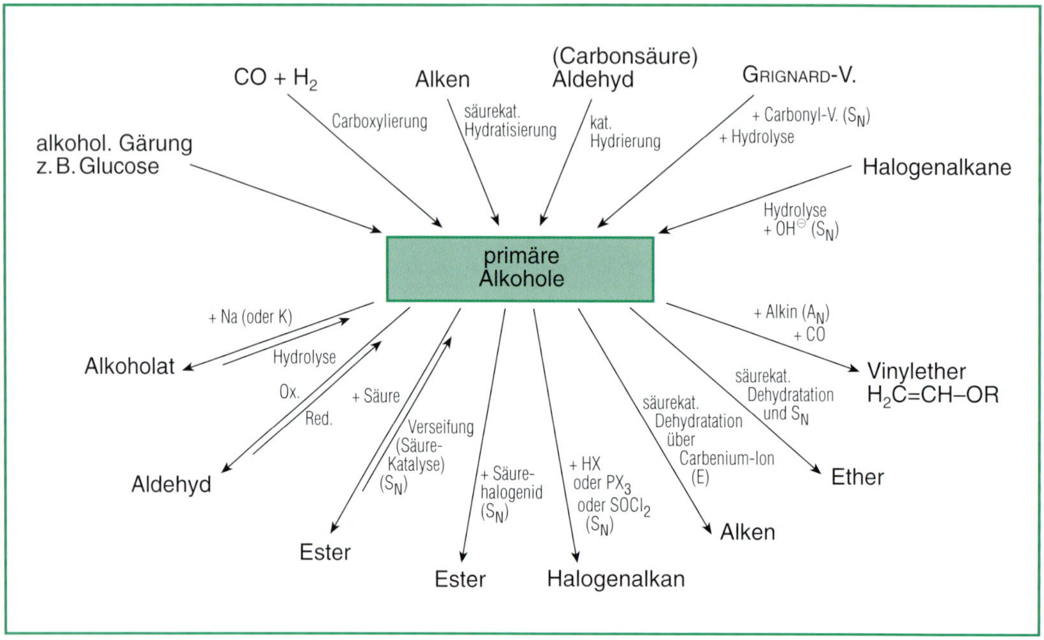

Übersicht 6-4

Synthesewege: Elektrophile Substitution an Benzen und Benzenderivaten (Beispiele)

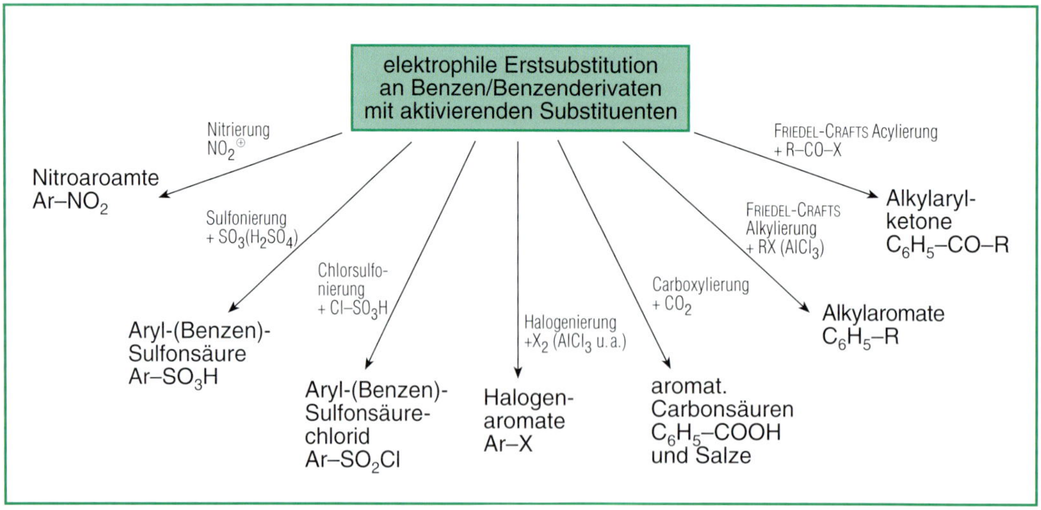

Übersicht 6-5

- **Synthesen durch nucleophile Substitution an substituierten Aromaten**

nucleophiler Austausch eines Substituenten, der durch –I und –M-Effekt eines zweiten Substituenten (z. B. durch die Nitro-Gruppe) schwach gebunden ist, z. B. Ersatz von Halogen oder Sulfongruppe gegen stark nucleophile Gruppen (OH^- oder NH_2), z. B.

Synthese von Phenol:

$$C_6H_5-Cl + NaOH \rightarrow C_6H_5-OH + NaCl$$

Bildung von 2- bzw. 4-Nitrophenol:

$$Cl-C_6H_4-NO_2 + OH^{\ominus} \rightarrow HO-C_6H_4-NO_2 + Cl^{\ominus}$$

Katalytische Reduktion von Nitrobenzen:

$$C_6H_5-NO_2 + 3\,H_2 \rightarrow C_6H_5-NH_2 + 2\,H_2O$$

Bildung von Kresolen:

$$H_3C-C_6H_4-Cl + NaOH \rightarrow H_3C-C_6H_4-OH + NaCl$$

Synthese von *o*- und *m*-Toluidin:

$$H_3C-C_6H_4-Cl + K^{\oplus}NH_2^{\ominus} \rightarrow H_3C-C_6H_4-NH_2 + KCl$$

sowie Synthese von 2,4-Dinitrophenol aus 2,4-Dinitrochlorbenzen, Aminophenol aus Nitrophenol, 2-Aminobenzoesäure (Anthranilsäure) aus 2-Nitrobenzoesäure u. a.

- **Synthesen mithilfe von Grignard-Verbindungen,** Addition der nucleophilen $R^{\ominus}$-Gruppe an elektrophile Verbindungen (Übersicht 6-6).

- **Synthesen durch Oxidation oder Dehydrierung,** z. B.

Oxidation von Alkylaromaten zu Carbonsäuren, zu Aldehyden oder Ketonen:

$$2\,C_6H_5-CH_3 + 3\,O_2 \rightarrow 2\,C_6H_5-COOH + 2\,H_2O$$

$$H_3C-C_6H_4-CH_3 + 4\,Ce^{4+} + H_2O \rightarrow H_3C-C_6H_4-CHO + 4\,Ce^{3+} + 4\,H^{\oplus}$$

Katalytische Oxidation (Co-, Mn-Salze) von primärem Alkohol zu Aldehyd und weiter zu Carbonsäure, von sekundären Alkoholen (mit Dichromat/Schwefelsäure) zu Ketonen, z. B.

$$2\,R-CH_2-OH + O_2 \rightarrow 2\,R-CHO + H_2O$$

$$R^1-CH(OH)-R^2 + OM \rightarrow R^1-CO-R^2 + H_2O$$

Katalytische Dehydrierung von Alkan:

$$H_3C-CH_2-CH_3 \rightarrow H_3C-CH=CH_2 + H_2$$

Synthesewege: Nucleophile Addition von Grignard-Verbindungen (Beispiele)

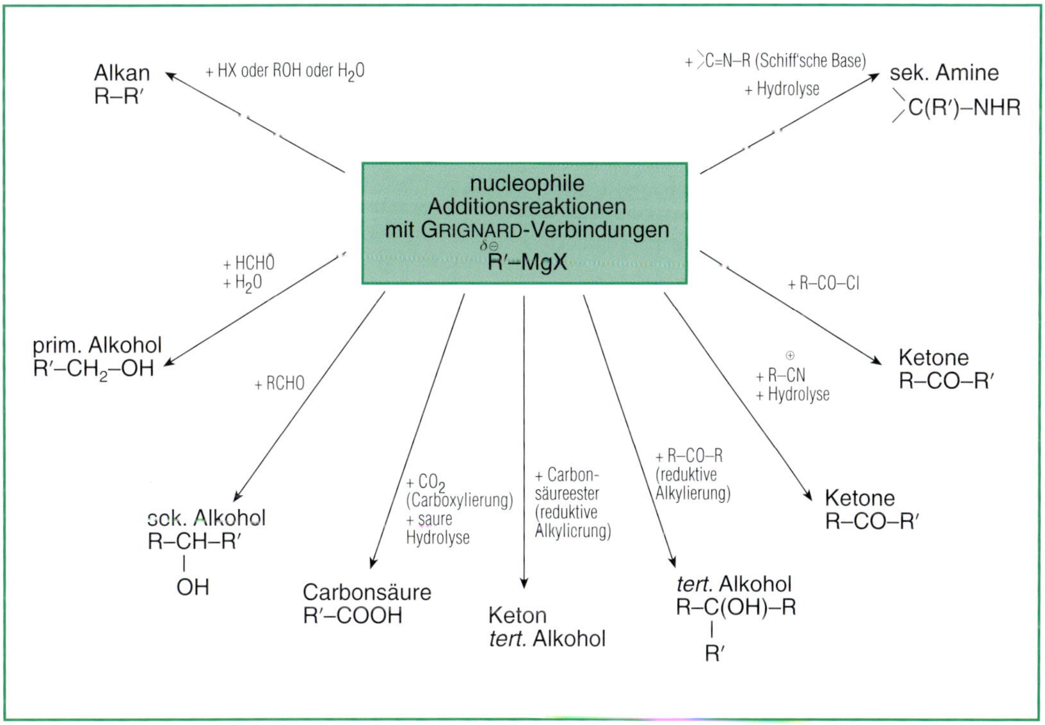

Übersicht 6-6

Synthesewege zu Carbonsäuren und Reaktionen an der Carboxy-Gruppe von Carbonsäuren (Beispiele)

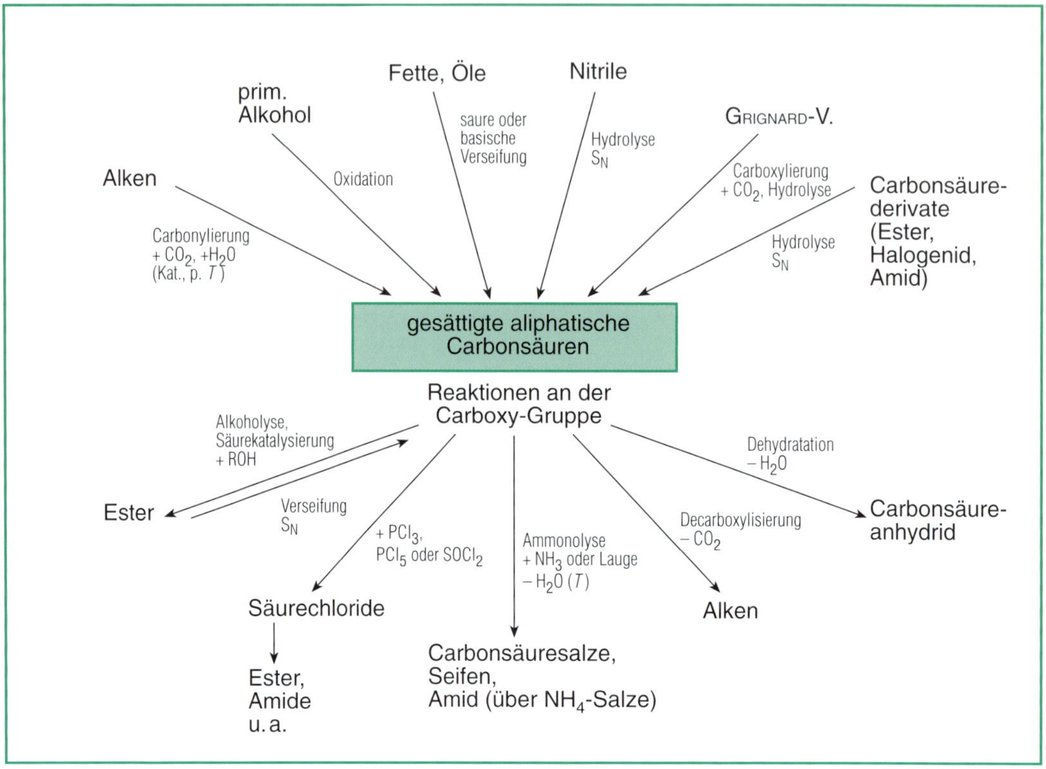

Übersicht 6-7

- **Synthesen durch Reaktion von Carbonylverbindungen mit nucleophilen Verbindungen, die Heteroatome besitzen** (Übersicht 6-7),

  Wegen hoher Reaktivität sind die Reaktionen der Carbonyl-Gruppe sehr vielfältig, so dass mit den Verbindungen die wohl umfangreichsten Synthesemöglichkeiten in der präparativen organischen Chemie bestehen. Einige wichtige Reaktionen sind die Folgenden:

  – Umsetzung von Carbonsäurechloriden mit Wasser zu Carbonsäuren (Hydrolyse), mit Alkohol zu Estern (Alkoholyse), mit Ammoniak oder Aminen zu Carbonsäureamiden (Ammonolyse), mit Carbonsäure zu Carbonsäureanhydriden (Dehydratation).

  – Nucleophile Umwandlung der Estergruppe mit Alkohol (Umesterung oder Alkoholyse der Säuregruppe), mit Carbonsäure (Umesterung), mit Ammoniak zu Amiden (Aminolyse).

  – Nucleophile Substitution der OH-Gruppe von Carbonsäuren mit Alkohol, Ammoniak.

  – nucleophile Umsetzungen der Carbonyl-Gruppe mit einem freien Elektronenpaar eines Heteroatoms (O, N, S), z. B. Bildung von Halbacetalen und Acetalen aus Aldehyd oder Keton mit Alkoholen (säurekatalysiert):

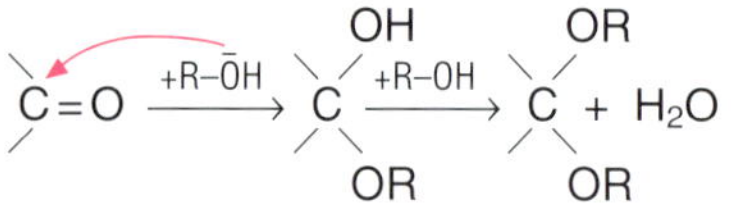

  – Weitere wichtige nucleophile Reaktionsprodukte der Carbonyl-Gruppe von Aldehyden oder Ketonen, mit deren Hilfe viele weitere Synthesen durchgeführt werden können, sind u. a:

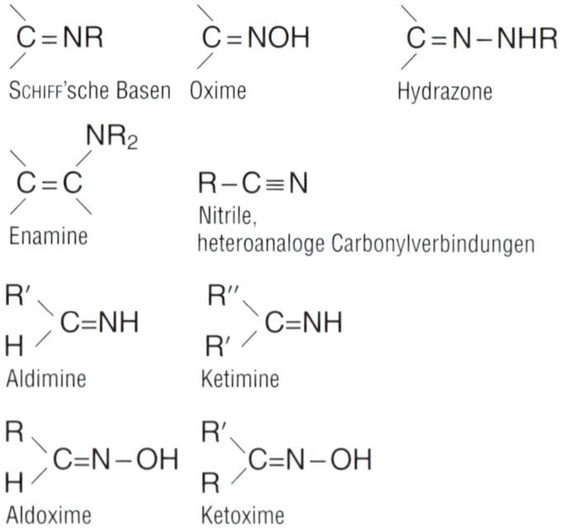

– Umsetzungen von Carbonylverbindungen mit nucleophilem Kohlenstoff (z. B. Cyanid-Ion, Ethin, GRIGNARD-Verbindung) mit Verlängerung der Kohlenstoffkette, z. B.

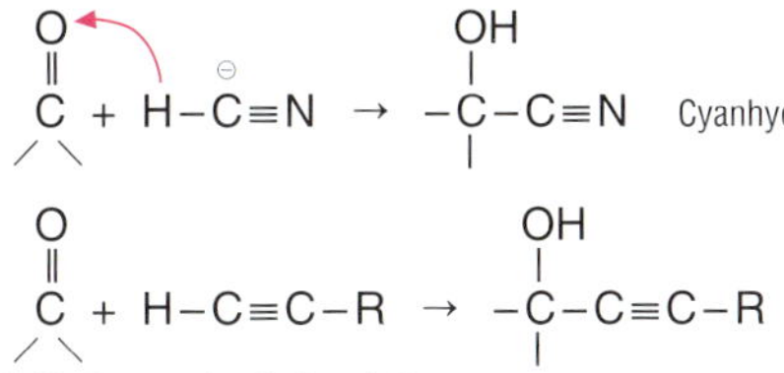

Cyanhydrin

Ethinylierung der Carbonyl-Gruppe

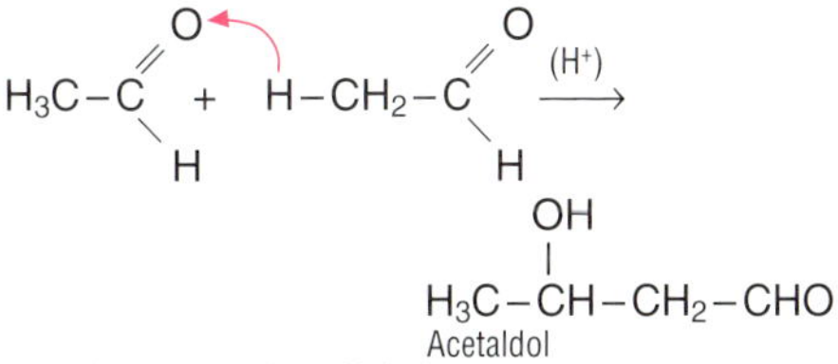

Aldol-Addition von Acetaldehyd

– Addition von GRIGNARD-Verbindungen an die Carbonylgruppe (vgl. Übersicht 6-6)

– Addition von Wasserstoff an die Carbonyl-Gruppe zu primärem oder sekundärem Alkohol, von Nitril zu Amin

$R{-}CHO + H_2 \rightarrow R{-}CH_2OH$

$R{-}CO{-}R + H_2 \rightarrow R{-}CH(OH){-}R$

$R{-}CN + 2\,H_2 \rightarrow R{-}CH_2{-}NH_2$

• Umlagerung von Gruppen oder Substituenten von einem C-Atom an ein anderes Atom z. B. Keto-Enol-Umlagerung

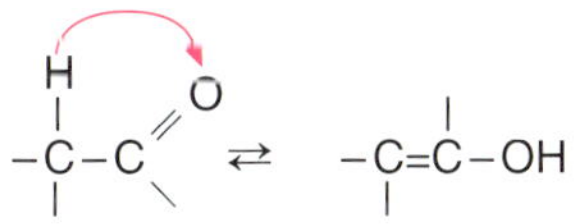

Die genannten Reaktionen stellen eine Auswahl von Synthesen dar, die sowohl bei Umsetzungen der Carbonylverbindungen als auch bei anderen Verbindungsklassen durchgeführt werden können.

6.6 Schutz funktioneller Gruppen bei Synthesen

Im Teil 1, Kapitel 16 ist eine Vielzahl von Verbindungen aufgeführt, die mehrere und auch verschiedenartige funktionelle Gruppen besitzen, z. B. Aminosäuren. Wenn bei einer Synthese die Gefahr besteht, dass eine ungewollte Reaktion an einer Gruppe eintritt, muss diese geschützt oder blockiert werden. Dazu wird sie vorübergehend mit einer **Schutzgruppe** in eine andere Gruppe umgewandelt, die an den folgenden Reaktionen nicht teilnimmt. Sind diese abgeschlossen, wird die geschützte Gruppe wieder durch Spaltung in die alte Form zurück verwandelt (desaktiviert).

Die vorübergehend inaktiven Gruppen müssen bei nachfolgenden Reaktionen und Reinigungsprozessen stabil bleiben und sich nach erfolgter Reaktion anderer funktioneller Gruppen wieder leicht in die ursprüngliche Struktur umwandeln lassen.

So kann man Carbonyl-Gruppen der Aldehyde und Ketone mit Alkohol über ein Halbacetal in ein Acetal umwandeln, das gegenüber Alkali sehr beständig ist, aber durch verdünnte Säuren leicht gespalten und wieder in die Carbonyl-Gruppe zurückverwandelt werden kann:

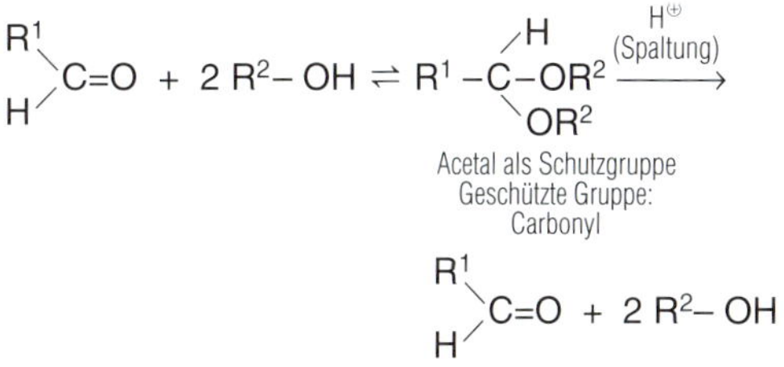

Wenn eine Verbindung, die eine OH-Gruppe besitzt, oxidiert wird, jedoch die OH-Gruppe erhalten bleiben soll, wird sie vor der Oxidation z. B. mit Triphenylmethylchlorid $(C_6H_5)_3C{-}Cl$ geschützt. Die Bindung wird leicht durch Säure wieder gespalten:

$$R^1{-}OH + (R^2)_3C{-}Cl \xrightarrow[-\,HCl]{\text{(Pyridin-Lösung)}} R^1{-}O{-}C(R^2)_3$$

$$\xrightarrow{(+\,H_2O/H^{\oplus})} R^1{-}OH + (R^2)_3C{-}OH$$

Ein Diol kann durch Aceton geschützt werden. Es bildet sich ein heterocyclischer Ring mit Sauerstoff in 1,3-Stellung aus (1,3-Dioxolan), der durch wässrige Essigsäure wieder leicht gespalten werden kann:

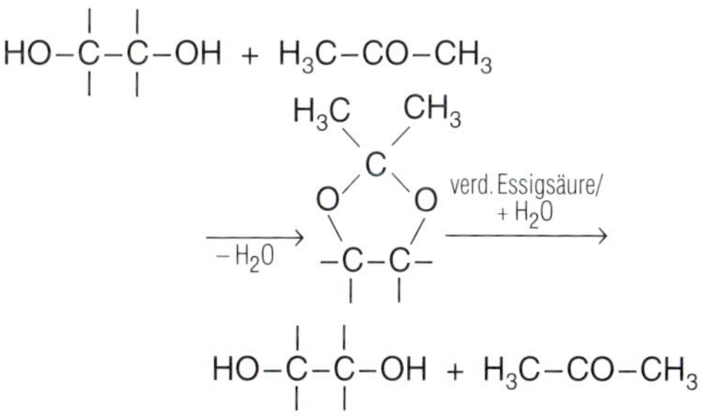

Auf gleiche Weise können Carbonyl-Gruppen der Aldehyde, Ketone mit Diolen, Diaminen $H_2N{-}(CH_2)_x{-}NH_2$, Dithiolen $HS{-}(CH_2)_x{-}SH$ oder Aminoalkoholen $H_2N{-}(CH_2)_x{-}OH$ reagieren und sich gegenseitig reversibel schützen.

Die OH-Gruppen der Zucker werden mit Essigsäureanhydrid $(H_3C-CO)_2O$ zu acetylierten Zuckern umgewandelt und geschützt (Bindung von CH_3CO- an die OH-Gruppen). Mit Na-Methanolat $H_3C-O^{\ominus}Na^{\oplus}$ in Methanol erfolgt die Rückverwandlung der OH-Gruppen.

Carboxylgruppen werden durch Veresterung und nachfolgende basische Hydrolyse geschützt.

Die Anwendung von Schutzgruppen ist insbesondere für die Peptid-Synthese (Blockierung der Amino- sowie der Carboxyl-Gruppe) und die Totalsynthese von Naturstoffen entwickelt worden.

Aufgabe

Informieren Sie sich in Teil 1, Abschnitt 16.4.9 über den Schutz von Amino-Gruppen durch Acetylierung

Im folgenden Abschnitt wird ein weiteres Beispiel für einen funktionellen Schutz vorgestellt.

6.7 Syntheseplanung

Der Aufbau von Verbindungen aus einfacheren Stoffen ist insbesondere in der organisch-präparativen Chemie von großer Bedeutung. Er erfolgt oft langwierig und über mehrere Stufen. Insbesondere bei der Herstellung von synthetischen Naturstoffen sind viele Syntheseschritte durchzuführen.

Nachfolgend wird an zwei Beispielen die Planung von präparativen Arbeiten im Labor demonstriert. Es handelt sich um bekannte Substanzen. In der Forschung und Entwicklung neuer Stoffe ist die **Syntheseplanung** wesentlich komplizierter.

Es werden verschiedene Anforderungen an die Aufstellung eines Plans für die Synthese einer organischen Verbindung gestellt:

- Vorauszusetzen ist die Kenntnis der Möglichkeiten, wie die verschiedenen C – C-Bindungen (oder Bindungen zwischen C und Heteroatomen) gelöst und zu neuen Substituenten wieder verknüpft werden können.
- Weiterhin ist Wissen über die Stoffklassen und Reaktionsmechanismen notwendig. Meist erfolgt die Bindungstrennung durch Heterolyse unter Einfluss der Polaritäten im Molekül.
- Der Syntheseplan soll ökonomisch gestaltet werden und nach Möglichkeit von preisgünstigen Edukten ausgehen.
- Die Edukte sollten möglichst durch Kauf zu erhalten sein.
- Es ist für die Durchführung der Synthese immer günstig, wenn der apparative Aufwand unkompliziert ist und nicht unter hohem Druck und unter inerten Bedingungen gearbeitet werden muss (lat. träge; Schutzgas, Geräte aus Edelmetall, Phlegmatisierung durch Zusätze).
- Die Anzahl der Synthesestufen hat Einfluss auf die Ausbeute. Eine geringe Anzahl ist meist günstiger, weil von Stufe zu Stufe die Endausbeute sinkt. Wenn die Ausgangsstoffe billiger sind, kann auch ein längerer Weg ökonomischer sein.
  Enthält z. B. die Synthese 8 Stufen und die Ausbeute beträgt von Stufe zu Stufe 75 % (sehr günstig!), so liegt die Endausbeute zwischen 9 und 10 %.
- Eine bessere Ausbeute kann auch erreicht werden, wenn man bei der **konvergierenden Synthese** parallel Teilpräparate herstellt und erst in letzten Syntheseschritten die Zielsubstanz erzeugt, wie das allgemeine Beispiel für eine fünfstufige Synthese mit 75 % Ausbeute je Stufe zeigt:

$$A \xrightarrow[75\,\%]{1.\ \text{Stufe}} B \xrightarrow[56\,\%]{2.\ \text{Stufe}} C \xrightarrow[42\,\%]{3.\ \text{Stufe}} D \xrightarrow[32\,\%]{4.\ \text{Stufe}} E \xrightarrow[24\,\%]{5.\ \text{Stufe}} \text{Präparat}$$

$$A \xrightarrow[75\,\%]{} B \xrightarrow[56\,\%]{} C \searrow$$
$$\xrightarrow[42\,\%]{} \text{Präparat}$$
$$D \xrightarrow[75\,\%]{} E \xrightarrow[56\,\%]{} F \nearrow$$

- Auch die Reihenfolge der Syntheseschritte ist für die eventuelle Unterdrückung von Nebenreaktionen von Bedeutung, um das Präparat nicht zusätzlichen Reinigungsverfahren unterziehen zu müssen, bei denen Substanz verloren geht.

Die Aufstellung des Syntheseplans wird **Retrosynthese** (lat. zurück) genannt, obwohl es von der Vorgehensweise eigentlich eine Analyse ist. Dabei geht man von dem „Zielmolekül“, von der Molekülstruktur der gewünschten Verbindung aus. Dieses wird gedanklich schrittweise in Verbindungen zerlegt, die Vorstufen der Teilreaktionen sind. Die Kenntnis der Möglichkeiten für die Bindungsspaltung und der Reaktionsmechanismen ist dabei Bedingung.

Die Retrosynthese ist die Analyse einer Zielverbindung über Zwischenverbindungen bis zu geeigneten Ausgangsstoffen.

1. Beispiel:

Syntheseplanung von cis-3-Hexen-1-ol (Duftstoff frischer Gräser)

Die Methode der schrittweisen Zerlegung soll an dem Zielmolekül cis-3-Hexen-1-ol $H_3C-CH_2-CH{=}CH-CH_2-CH_2OH$ demonstriert werden:

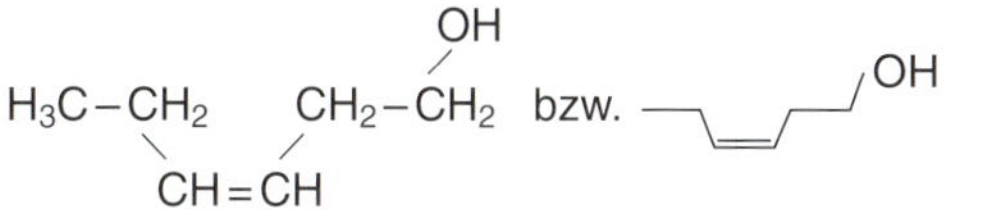

1. Schritt: Hydrierung der Doppel- zur Dreifachbindung:
2. Schritt: Abspaltung der Ethoxyethan-Gruppe $-CH_2-CH_2-OH$ als Oxiran (Ethylenoxid):
3. Schritt: Abspaltung der Ethyl-Gruppe CH_3-CH_2- mit HI als Ethyliodid:

Edukt: Ethin $HC\equiv CH$:

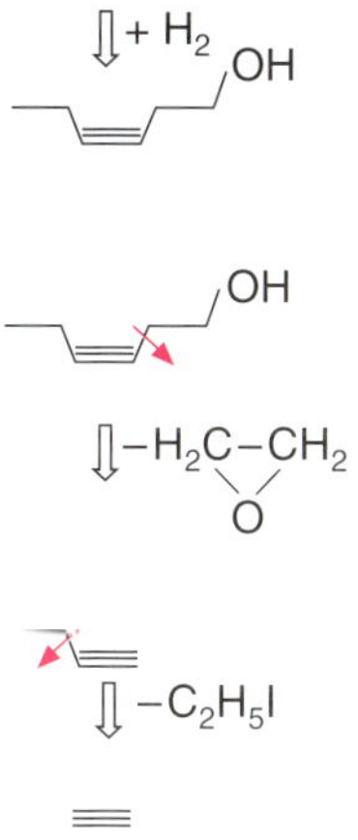

Daraus ergibt sich in der Umkehrung die Synthese des cis-3-Hexen-1-ol (Duftstoff frischer Gräser):

1. Schritt: Nucleophile Addition A_N der Ethylgruppe aus Ethyliodid an Ethin zu 1-Butin (in Lösung von Natrium in flüssigem Ammoniak als Lösungsmittel):

$$HC\equiv CH + \overset{\delta+}{C_2H_5}-\overset{\delta-}{I} \xrightarrow{(Na/NH_3)} CH_3-CH_2-C\equiv CH + HI$$ bzw. 

2. Schritt: nucleophile Reaktion von 1-Butin mit Oxiran (Ethylenoxid) zu trans-3-Hexin-1-ol:

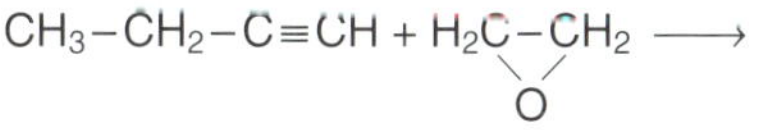

$$H_3C-CH_2-C\equiv C-CH_2-CH_2-OH$$ bzw. 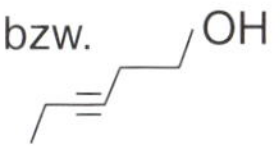

3. Schritt: Dehydrierung der Dreifach- zur Doppelbindung und cis-Umlagerung der Ethylgruppe mit Palladium/Calciumcarbonat-Katalysator:

$$H_3C-CH_2-C\equiv C-CH_2-CH_2-OH + H_2 \xrightarrow{(Kat)}$$

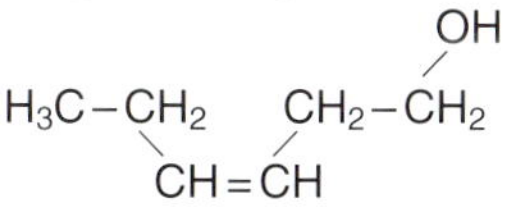

cis-3-Hexen-1-ol

2. Beispiel:

Syntheseplanung von *tert.* Butyl-isopropylketon

Es soll *tert.* Butyl-isopropylketon $(CH_3)_3C-CO-CH(CH_3)_2$, allgemein R^1-CO-R^2, erzeugt werden. Die direkte Umwandlung eines Aldehyds über ein durch Heterolyse gewonnenes Acyl-Anion $R-CO|^{\ominus}$ mit einem Carbenium-Ion $R^{\oplus}$ ist nicht möglich. Es muss somit ein anderer Syntheseweg beschritten werden, der zu der gewünschten Verbindung führt. Für das Acyl-Anion muss eine Verbindung gesucht werden, die wie das Acyl-Anion reagiert. Man bezeichnet eine solche „Ersatzverbindung" als **Syntheseäquivalent.**

Die Retrosynthese besteht ausgehend vom Zielmolekül aus folgenden Teilschritten:

1. Schritt:
Umwandlung des Ketons mit Propan-1,3-dithiol in ein Dithioacetal. Dadurch wird die Carbonyl-Gruppe bei nachfolgenden Reaktionen geschützt.

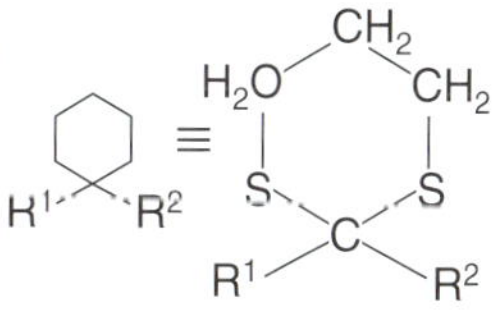

2. Schritt:
Abspaltung einer Alkyl-Gruppe mittels Lithiumhalogenid als Alkylhalogenid R^2X und Entstehung eines nucleophilen Anions, das durch das Lithium-Ion stabilisiert ist. In der rot hervorgehobenen Gruppierung „versteckt" sich das Acyl-Anion. Gegenüber der positiven Ladung des Kohlenstoffs, wie sie im Aldehyd besteht, ist hier der Kohlenstoff „umgepolt", negativ geladen **(Umpolung)**. Diese Verbindung ist das gesuchte **Syntheseäquivalent.**

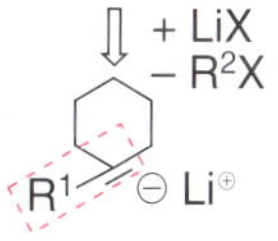

3. Schritt:
Abspaltung des Lithium-Ions und Anlagerung eines Protons zu einem Alkylderivat des Dithians

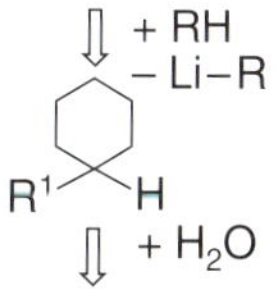

4. Schritt:
Hydrolyse oder Verseifung des Alkyldithianderivats zu Propan-1,3-dithiol und Aldehyd

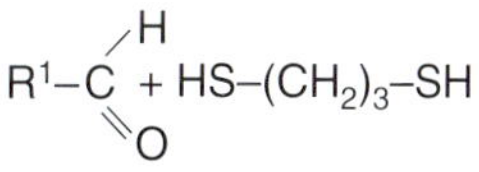

Aus dem Ergebnis der Retro-Synthese/-Analyse ergibt sich folgendes Vorgehen bei der Darstellung von *tert.* Butyl-isopropylketon ausgehend von *tert.* Butylaldehyd $(CH_3)_3C-CHO$ und Propan-1,3-dithiol $HS-CH_2-CH_2-CH_2-HS$:

1. Synthesestufe:
Reaktion des durch Mesomerie stabilisierten *tert.* Butylaldehyds ($R^1 \equiv$ *tert.* Butyl-Gruppe) mit dem Propan-1,3,-dithiol. Unter Wasserabspaltung und Ringschluss bildet sich aus Molekülen der beiden Verbindungen ein Alkylderivat des Dithians:

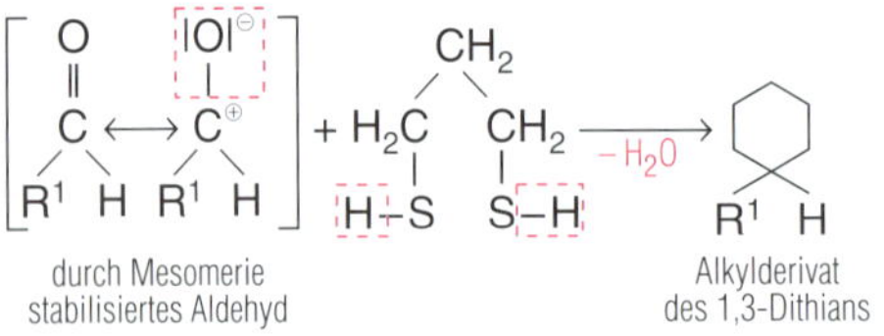

2. Synthesestufe:
Aus dem Dithian-Derivat kann mittels einer organischen Lithium-Verbindung der Aldehyd-Wasserstoff als Proton abgespalten werden. Der Aldehyd-Kohlenstoff erfährt dadurch eine negative **Umpolung,** und ein Lithium-Ion wird angelagert. Dabei wird die Eigenschaft des Schwefels ausgenutzt, die anionische Struktur durch Mesomerie zu stabilisieren. Das ist möglich, weil die Schwefelatome in der Verbindung unbesetzte d-Orbitale besitzen. In der negativen $R-C^{\ominus}$ Gruppe verbirgt sich (ohne Sauerstoff) ein Acyl-Anion $R-CO^{\ominus}$. Man bezeichnet sie als „geschützte“ bzw. „verborgene“ Carbonyl-Gruppe, weil sie durch eine folgende Reaktion erzeugt werden kann. Sie ist das bereits genannte Syntheseäquivalent für das Acyl-Anion.

3. Synthesestufe:
Das **Syntheseäquivalent** kann nucleophil mit einem Alkylhalogen R^2-X, d. h. für die gewünschte Verbindung mit Isopropyliodid $(CH_3)_2CH-I$ unter Abspaltung von Lithiumiodid LiI zu Dithioacetal reagieren. Dieses stellt die Vorstufe des Zielmoleküls/der Zielverbindung dar:

2. Stufe **3. Stufe**

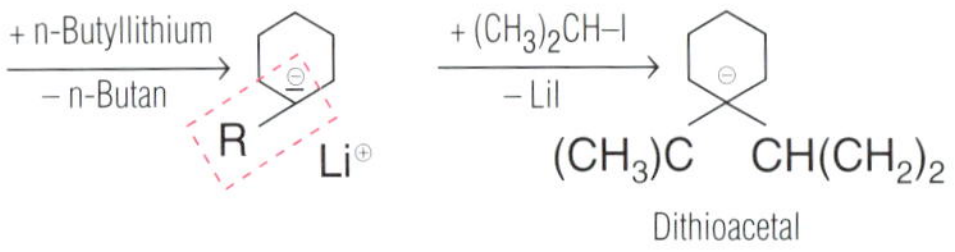

4. Synthesestufe:
Wasser hydrolysiert (verseift) das Dithioacetal, und es wird das gewünschte Keton freigesetzt. Quecksilber-II-Chlorid/Quecksilberoxid überführt die Propan-1,3,-dithiol-Gruppierung in eine schwer lösliche Hg-Verbindung (Quecksilbermercaptid).

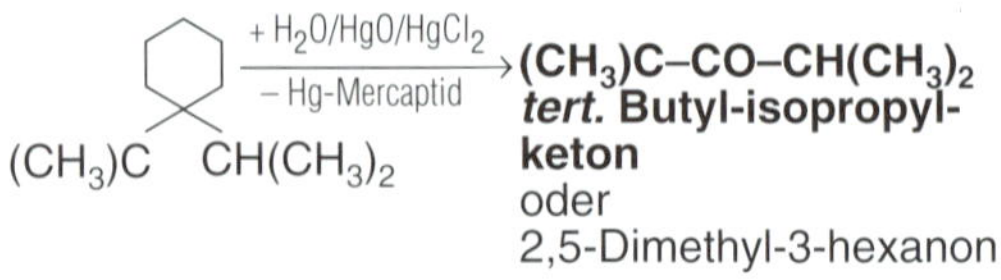

Der amerikanische Chemiker E. J. COREY entwickelte die Methode der Retro-Synthese und erhielt 1990 den Nobelpreis für Chemie.

Bei der Synthese von kompliziert zusammengesetzten Stoffen wie Naturstoffen und Arzneimitteln sind mehrere Wege möglich und viele Reaktionsstufen zu planen. Dazu sind in Forschungs- und Entwicklungsabteilungen Recherchen z. B. in BEILSTEIN, Handbuch der organischen Chemie, GMELIN, Handbuch der anorganischen Chemie 1990 Handbook of Inorganic and Organometallic Chemistry, 1997 Herausgabe eingestellt; 760 Bände), Fachzeitschriften, Patentschriften und Referatesammlungen sog. Referateorganen wie den *Chemical Abstracts* (CA) anzufertigen, um die günstigste Synthesemöglichkeit zu finden. In der BEILSTEIN-, der GMELIN- und der CA-Datenbank ist die chemische Fachliteratur ausgewertet. Sie werden durch neue Veröffentlichungen fortlaufend ergänzt. Inzwischen bestehen durch die Rechentechnik Möglichkeiten der computergestützten Recherche. Dazu muss der Personalcomputer mit einem Datenbanksystem verbunden sein.

6.8 Synthesevorschriften

Im Labor werden anorganische und organische Präparate meist in geringen Mengen im Gramm- bis Kilogrammbereich hergestellt. Für die Durchführung der Synthesen stehen Vorschriften zur Verfügung, die für einfache Substanzen in Lehrbüchern der präparativen Chemie und in schwierigeren Fällen z. B. im schon genannten BEILSTEIN oder GMELIN zu finden sind. Sie enthalten die Ausgangsstoffe, die Syntheseschritte, die notwendigen Geräte und die einzuhaltenden Reaktionsbedingungen wie Konzentrationen, Temperatur, Lösungsmittel, Katalysatoren sowie Vorschläge für die Reinigung der Produkte.

Das Ziel der präparativen Arbeit besteht darin, für die weitere Verarbeitung Edukte zu gewinnen oder Substanzen für den Nachweis von Stoffen oder funktionellen Gruppen (Nachweis von Stoffklassen) in hoher Reinheit zu erhalten.

In der beruflichen Ausbildung werden gerade durch die synthetischen Arbeiten die Experimentierregeln und Arbeitstechniken erlernt, die von Laborantinnen und Laboranten zu beherrschen sind.

Es handelt sich bei den Synthesevorschriften um vielfach erprobte Anweisungen, die bei exakter Einhaltung der Vorgehensweise erfolgreich und ökonomisch zum Präparat führen. Die Durchführungsvorschriften werden oft etwas geringschätzig als „Kochrezepte" und die Lehrbücher als „Kochbücher" bezeichnet. Die präparativen Arbeiten sollten aber aufmerksam, mit Geduld, Genauigkeit im Detail ausgeführt und die einzelnen Tätigkeitsschritte stets durchdacht werden. Dadurch gewinnt man die Gewissenhaftigkeit und das chemische Denken, ohne die sich kein beruflicher Erfolg einstellt.

6.9 Präparations-/Arbeitstechniken

Für die chemisch-präparative Arbeit ist zu unterscheiden zwischen Präparationstechnik und Präparations- oder Syntheseverfahren.

Die **Präparationstechnik** beinhaltet die Arbeitstechniken [Übersicht 6-8 a), b) und c)] oder Operationen, die durchzuführen sind, und die dafür notwenigen apparativen Bedingungen (vgl. die in Teil 1, Kapitel 2 und 3 behandelten Arbeitstechniken).

a) Herstellen von Stoffmischungen, Trennen von Stoffmischungen

Arbeitstechniken	Einige wichtige Geräte und Hilfsstoffe
Zerkleinern, Vermengen, Verreiben von festen Stoffen	Reibschale, Pistill, Labormühle
Lösen von Substanzen, Handhabung von Lösungsmitteln	Bechergläser, Spatel, Glasrührstab, Erlenmeyerkolben, Rühr-, Schüttelgerät, Magnetrührer
chemische Umsetzung von Lösungen, (Neutralisieren, Ausfällen u. a.)	Bechergläser, Erlenmeyerkolben, Rührgeräte, Pipetten, Büretten
Dekantieren, Filtrieren, Zentrifugieren Auswaschen	Bechergläser, Trichter, Saugflasche, Büchner-Trichter, Filtertiegel, Laborzentrifuge
Einengen, Abdampfen	Abdampfschale, Uhrglas, Heizgerät, Infrarotstrahler, Rotationsverdampfer
Trocknen	Trockenschrank, Exsikkator, Tonteller, Molekularsiebe, Trockenrohre, Trocknungsmittel (Kieselgel, $CaCl_2$, Al_2O_3, KOH, H_2SO_4, P_4O_{10}, einige wasserfreie Salze, die Salzhydrate bilden)
Kristallisieren, Umkristallisieren	Kristallisierschalen, Wärmequelle
Extrahieren, Trennen durch Ausschütteln	Schüttelgerät, Schüttel-, Scheidetrichter; SOXHLET-Apparat, Rückflusskühler, Heizgerät
Chromatografisches Trennen	Säulenchromatografen für die Gas-Chromatografie, Hochdruckflüssigkeitschromatograf, Geräte für die Papier-, Gel-, Ionen-, Dünnschichtchromatografie u. a.

b) Durchführung von Arbeiten bei höherer und niedriger Temperatur

Arbeitstechniken	Einige wichtige Geräte und Hilfsstoffe
Erzeugung höherer Temperaturen, Temperaturmessung und -regelung	Bunsen-, Teclu-, Gebläsebrenner; Wasser-, Öl-, Sandbad, Heizplatten, Heizhaube, Thermostate, Wärmeschränke, Muffelöfen; Thermometer, Thermoelemente, Kontaktthermometer
Erhitzen und Schmelzen	Brenner, Öfen, Schmelztiegel (Grafit-, Edelstahl-, Nickel-, Porzellantiegel), Schmelzlöffel
Destillieren (fraktionierend, rektifizierend, mit Wasserdampf, im Vakuum)	Rundkolben, Zweihals-, Dreihalsrundkolben, Kühler, Destillier- und Fraktionieraufsätze, Rückflusskühler, Vorstoß mit Vorlage, Thermometer, Siedekapillare, Vakuumpumpe, Vakuummessgerät, Vakuumschlauch, WOULFF'sche Flasche, Heizhaube u. a.
Sublimieren	Heizgerät, Becherglas oder Porzellanschale, Gefäß für die Kühlung z. B. Rundkolben mit Wasser
Erzeugung von tiefen Temperaturen	DEWAR Gefäße mit Kältemischung, Kryostate, Tiefkühlschränke, Flüssigstickstoff-Behälter

c) Durchführung von Arbeiten mit Gasen

Arbeittechniken	Einige wichtige Geräte und Hilfsstoffe
Erzeugen von Gasen, Entnahme von Gasen aus Gasflaschen	KIPP'scher Apparat, Gummischlauch, Gasflaschen, Druckminderer, Strömungsanzeiger
Messen von Gasvolumina und Gasdruck	Gaszähler, Druckminderer, Strömungsanzeiger
Reinigen und Trocknen von Gasen	Gaswaschflaschen, Trockentürme, Trockenröhrchen, Hähne, Ventile, Molekularsiebe, Trockenmittel, BTS-Katalysator
Anwendung von hohen Drücken	Hochdruck-Laborautoklaven mit Zubehör, Druckaufschlussgerät, Druckgasflaschen, Druckschlauch, Druckmessgerät, Druckminder- und Regulierventile
Anwenden von Vakuum	Wasserstrahl-, Vakuumpumpe, Vakuumschlauch, WOULFF'sche Flasche, Vakuumregler, -messgerät
Adsorbieren, Desorption, Absorbieren	Molekularsiebe, Gaswaschflaschen, Gasfilter, Adsorbentien, Wärmegeräte
Arbeiten unter Schutzgas	Ventile (Überdruck, Rückschlag), Verteilerrechen, Hähne, Reaktionsgefäße, Schläuche, spez. Geräte für das Entnehmen und Umfüllen von Flüssigkeiten oder Feststoffen unter Schutzgas (Nadelspritzen, Schlenkkolben, Schlenkrohr, u.a.)

Übersicht 6-8

6.10 Syntheseapparaturen

Glas ist wegen seiner Beständigkeit der am häufigsten im Labor für Bauteile und Hilfsmittel verwendete Werkstoff. Die wichtigsten Geräte aus Glas sind in den voranstehenden Übersichten aufgeführt. Sie müssen in vielen Fällen zu Apparaturen zusammengestellt werden. Für die Kombination besitzen die Einzelteile mit genormten Schliffen versehene Stutzen und Verschlüsse, so dass die Geräte und Verbindungsstücke als Bauelemente problemlos miteinander zu größeren Einheiten verbunden werden können.

Es gibt eine sehr große Vielfalt an Bau- und Zubehörteilen. Sieht man von sehr speziellen Zwecken dienenden Komponenten ab, so ist die Anzahl der sehr häufig zu verschiedensten Synthesen und anderen chemischen Arbeiten verwendeten Bauelemente relativ klein.

Das Zusammenfügen von Bauteilen mit wieder lösbaren Verbindungen ist billiger als zu größeren komplexen Einheiten verschmolzene Apparaturen, die nur für spezielle Verfahren eingesetzt werden können z. B. für Arbeiten unter Vakuum. Ein weiterer Vorteil lösbar zusammengefügter Apparaturen besteht auch darin, dass sie nach Abschluss der Synthese wieder auseinandergenommen und die Einzelteile erneut für andere Zwecke verwendet werden können.

Die Auswahl der Materialien wird nach Aggressivität der eingesetzten Edukte oder entstehenden Produkte sowie nach anzuwendenden Bedingungen wie erhöhtem Druck, Unterdruck und Temperatur vorgenommen. Am gebräuchlichsten sind Geräte und Verbindungselemente aus Glasarten, die gegenüber den meisten Stoffen chemisch beständig sind (Natron-Kalk-Glas). Der Nachteil ist die Bruchanfälligkeit, der bei Gefäßen aus Kunststoffen wie Polypropylen PP oder Poly-4-methylpenten-1 PMP nicht besteht, dafür ist aber die Beständigkeit bei höheren Temperaturen gegenüber oxidierenden Säuren und manchen organischen Stoffen geringer. Lediglich Polytetrafluorethylen PTFE und einige PTFE-Copolymere sind chemisch sehr widerstandsfähig und können von −200 °C bis +270 °C verwendet werden.

Für hohe Temperaturen benutzt man die teureren Gefäße und Bauteile aus Quarz, thermisch beständigem Bor-Silikat-Glas (z. B. Duran®, Suprax®) mit niedrigem Ausdehnungskoeffizient oder auch Keramik. Sie sind auch gegenüber aggressiven Substanzen beständiger. Schläuche für Verbindungen bestehen aus Naturkautschuk, Polyethylen, Polyvinylchlorid, Silikon, Teflon (für hochaggressive Gase, Dämpfe und Flüssigkeiten) oder biegbarem Edelstahlrohr. (weitere Eigenschaften der Materialien vgl. Abschnitt 9.5 und 9.6).

6.11 Protokollierung

Die Gute Laborpraxis GLP (Good Laboratory Practice; vgl. Teil 1, Abschnitt 4.4) legt fest, welche Daten sofort und fortlaufend zu protokollieren sind. Die Durchführung der Synthese wird in allen Einzelheiten während der Arbeit als *Rohdaten* dokumentiert (Laborjournal, Protokollbuch, PC). Die Aufzeichnungen enthalten

- Datum, Name des/der Ausführenden
- Bezeichnung des Präparats nach der IUPAC-Nomenklatur, Trivialname
- Edukte und Ansatzmengen, Geräte
- Präparationsanweisung, Reaktionsbedingungen, eventuell vorgenommene Veränderungen an der Anweisung
- Beobachtungen bei der Durchführung
- Reinigung des Präparats
- Charakterisierung des Präparats durch Bestimmung der Stoffkonstanten und Vergleich mit Tabellenwerten, Angabe der Messunsicherheit
- Ausbeuteberechnung und Vergleich mit theoretischer Ausbeute (Angabe in Prozent der theoretischen Ausbeute)
- Unterschrift des/der Ausführenden

Alle Eintragungen im Laborjournal müssen gut lesbar sein, auch Änderungen müssen lesbar bleiben. Sie dürfen höchstens durchgestrichen, jedoch nicht ausgelöscht werden. Es muss auch ersichtlich sein, wer die Änderung vorgenommen hat, wann und warum sie erfolgte (Datum und Unterschrift).

Bei Präparaten, deren Darstellung aus Literaturrecherchen entnommen wurden, ist der Quellennachweis zu führen. Wenn mehrere Verfahren in der Literatur angegeben sind, werden diese mit aufgeführt, und es wird das gewählte Verfahren begründet.

Bei bestehender Forderung z. B. von Nutzern des Präparats, wird aus den Aufzeichnungen ein Protokoll angefertigt.

6.12 Qualitätssicherung im Labor

Qualität ist der Wert, die Güte, die Beschaffenheit eines Produkts, die einen Nutzer zufriedenstellt. Die Qualität ist definiert als „die Gesamtheit von Eigenschaften und Merkmalen eines Produktes oder einer Tätigkeit, festgelegte Erfordernisse zu erfüllen" (DIN 55350). Eine gute Qualität bedeutet gute Verwertbarkeit, schlechte Qualität Mangel, die Vergeudung von Rohstoffen, Materialien, Geld und Zeit. In der Chemie wird man immer mit dem Begriff die Zusicherung des Herstellers gegenüber dem Kunden oder Nutzer verbinden, dass für die Substanz die Zusammensetzung und die auf der Verpackung angegebene Reinheit garantiert ist.

Die geforderte Beschaffenheit eines chemischen Produkts setzt brauchbare Ausgangsstoffe und im funktionstüchtigen Zustand befindliche geeignete Geräte voraus.

Qualität wird jedoch vor allem auch von demjenigen Mitarbeiter erzeugt, der die Verbindung synthetisiert, analysiert oder prüft. Sie steht damit in engstem Zusammenhang zu seiner Motivation, Qualifizierung und seiner gründlichen, umfassenden Einweisung in die Aufgabe durch den Leiter des Labors. Das Wissen und Können der Laboranten befähigt, den Inhalt der Arbeitsaufgabe zu verstehen, den „fachlichen Hintergrund" der Handlungen zu erkennen, und die Tätigkeit bewusst ausführen zu können. Im Labor wird Qualität erreicht, wenn jeder Beteiligte seine Arbeit ehrlich verrichtet, selbstkritisch ist und Fehler, die immer einmal vorkommen können, nicht vertuscht. Das setzt aber auch seitens des Vorgesetzten voraus, dass eingetretene Mängel nicht mit vernichtender Kritik, die Unsicherheit und Mutlosigkeit erzeugt, beanstandet wird. Es wirken sich aber auch die zwischenmenschlichen Beziehungen der Beschäftigten und das Zusammenwirken des Teams im Labor (Betriebsklima, Arbeitsatmosphäre, zwischenmenschliche Beziehungen) sowie die fachliche Kompetenz des Anleitenden auf die Qualität aus. Das sind die *menschlich-subjektiven* Voraussetzungen der Erzeugung von Qualität.

Die **Qualitätssicherung** erfolgt *stoffseitig* durch Stoffprüfungen und Einhaltung allgemeiner und spezifischer Regeln wie

- die Feststellung der Identität und Reinheit der Edukte, wenn diese nicht bekannt oder erwiesen ist (Bestimmung der Schmelz- oder Siedetemperatur, des Brechungsindex, evtl. des spezifischen Drehwerts, Aufnahme des IR-Spektrums, Anfertigung eines Chromatogramms)
- die gründliche Reinigung der verwendeten Geräte
- die Verwendung der für die Herstellung des Produkts geeigneten und funktionstüchtigen Geräte, ggf. mit Nachweis der gültigen Kalibrierung
- die Einhaltung der Syntheseanweisungen
- die Reinigung der Produkte von anhaftenden Eduktresten, Nebenprodukten, Lösungsmitteln u. a.
- die Feststellung und kritische Bewertung der Produkt-Eigenschaften in der Endkontrolle durch Bestimmung der Stoffkonstanten, evtl. Vergleich mit Standard- oder Referenzproben

Die **Qualitätskontrolle** soll die Qualität sichern, um Risiko, fehlerhafte Produktion zu vermeiden, die Leistungsfähigkeit des Unternehmens oder Labors zu garantieren und zu erhöhen sowie Vertrauen des Kunden gegenüber dem Unternehmen zu schaffen. Die Kontrollen in den Laboren belegen, ob das Produkt die Reinheit unterhalb der für dieses Produkt festgelegten Grenzwerte und die geforderten chemischen und evtl. auch physikalischen und sonstigen Eigenschaften besitzt.

Der **Qualitätssicherung** der Produkte dient eine Reihe von steuernden Maßnahmen und Festlegungen, die als **Qualitätssicherungssysteme** bezeichnet werden. Dazu gehören

- die **Grundsätze der Guten Laborarbeit GLP** (Good Laboratory Practice), die in den USA aufgestellt und von dort übernommen wurden. Die GLP ist eine international vereinbarte Festlegung zur Durchführung von Tests und Analysen von Chemikalien, um die Gefährdung von Mensch und Umwelt beurteilen zu können. Sie sind im Chemikaliengesetz von 1990 enthalten. Die Forderungen der GLP zielen vor allem auf die Dokumentation der Erzeugung von chemischen Substanzen, damit auf die Nachvollziehbarkeit von Herstellung und Untersuchung sowie auf die dadurch positiv beeinflusste Qualität. Durch eine zusätzliche Qualitätssicherungseinheit (QSE) werden wiederkehrende Inspektionen verlangt, die die Einhaltung der GLP und GSP (Good Storage Practices, sachgerechte Lagerung) kontrollieren. (Weitere Inhalte der GLP vgl. Teil 1, Abschnitt 4.4.)
  Die GSP ist in einzelnen Bestandteilen deckungsgleich mit europäischen und deutschen Festlegungen, die ebenfalls die Qualitätssicherung zum Ziel haben, und zwar handelt es sich um die
- **Akkreditierung** nach der **Norm EN 45001** bzw. nach der **ISO 17025.** Ihre Forderungen sind strenger formuliert als die GLP-Grundsätze, vor allem was die Geräteprüfung und Kalibrierung betrifft. Hierbei ist auch festlegt, dass Geräte, die sich als fehlerhaft erwiesen haben, zu kennzeichnen und sofort aus dem Labor zu entfernen sind, bis nach der Reparatur durch Prüfung und erneute Kalibrierung ihre Funktionstüchtigkeit nachgewiesen ist. Außerdem beinhalten die Normen die Inhalte der Synthese- und Prüfberichte, durch die auch die Nachvollziehbarkeit der Herstellung und Prüfung ermöglicht wird.
  Durch die Einhaltung der Akkreditierungsvorschriften sollen beim Kunden oder Nachnutzer Vertrauen in die Qualität des Produkts geschaffen und Handelshemmnisse beseitigt werden. Die Akkreditierung (Beglaubigung, Bevollmächtigung) drückt die Anerkennung der Kompetenz aus, dass bestimmte Verfahren, Analysen und Prüfungen fachgerecht ausgeführt werden. Das Zertifikat wird nicht pauschal einem ganzen Labor, sondern nur überprüften Verfahren und Prüfarten erteilt.
  Die Akkreditierung erfolgt nach Überprüfung der beantragten Verfahren und Prüfungen durch Mitarbeiter einer Akkreditierungsstelle, die DACH Deutsche Akkreditierungsstelle Chemie oder die DAP Deutsches Akkreditierungssystem Prüfwesen.
  Außerdem gehört zu den Qualitätssicherungssystemen die auf die Qualität in chemischen Betrieben gerichteten
- **Grundsätze der Guten Herstellungspraxis GMP** (Good Manufacturing Pratice). Labore, die als Teil in einen Produktionsbereich integriert sind, führen evtl. nicht nach der GLP, sondern nach der GMP ihre analytische und prüfende Arbeit durch.

Die Gesamtheit aller Maßnahmen, die auf die Sicherung der Qualität zielen – die Planung, die Lenkung, die Prüfung der Qualität – werden im **Qualitätsmanagement** zusammengefasst.

6.13 Aufgaben zur Wiederholung von Kapitel 6

Aufgaben

Studieren Sie die Grundsätze der Guten Laborpraxis GLP, die im Bundesgesetzblatt Jahrgang 2002, Teil I Nr. 40, ausgegeben am 27. Juni 2002, enthalten sind und berichten Sie im Unterricht über

- Anwendungsbereich und Begriffsinhalt (-bestimmungen),
- die Aufgaben der Leitung des Labors und derjenigen des prüfenden Personals sowie des Qualitätssicherungspersonals,
- Forderungen an Räumlichkeiten, Geräte, Materialien und Reagenzien,
- Prüfsysteme, Prüf und Referenzgegenstände,
- Standardarbeitsanweisungen (SOPs), den Prüfungsablauf, den Prüfbericht sowie die Aufbewahrung der Aufzeichnungen und Materialien.

(Jeder der einzelnen Punkte kann von einem Auszubildenden übernommen werden.)

Informieren Sie sich im Internet über weitere Inhalte der GLP!

7 Chemisch-technische Prozesse – Erzeugung von Grundchemikalien und Metallen

7.1 Erzeugung von Schwefelsäure nach dem Kontaktverfahren

Ausgangsstoff für die Erzeugung von Schwefelsäure ist Schwefel(IV)-oxid (Schwefeldioxid) SO_2. Es kann auf unterschiedliche Weise gewonnen werden, z. B.

1. durch Verbrennen von Schwefel
   $S + O_2 \rightarrow SO_2$
2. durch thermische Zersetzung von Sulfaten, z. B. Anhydrit $CaSO_4$, mithilfe von Kohle
   $2\,CaSO_4 + C \rightarrow 2\,CaO + 2\,SO_2 + CO_2$
3. aus schwefelhaltigen Erzen, z. B. Pyrit oder Schwefelkies FeS_2, Kupferkies $CuFeS_2$, Bleiglanz PbS, Zinkblende ZnS, durch Erhitzen der Erze in Gegenwart von Luftsauerstoff („Rösten" der Erze)
   $2\,ZnS + 3\,O_2 \rightarrow 2\,ZnO + 2\,SO_2$
   $4\,FeS_2 + 11\,O_2 \rightarrow 2\,Fe_2O_3 + 8\,SO_2$

Über 80 % der Weltproduktion von Schwefelsäure werden durch Verbrennen von Schwefel nach dem **Doppelkontakt-Verfahren** erzeugt (Abb. 7-1): Ein SO_2-Luft-Gemisch reagiert bei Berührung (Kontakt) mit einem festen Katalysator aus Vanadium(V)-oxid V_2O_5 bzw. Platin zu Schwefeltrioxid SO_3. Das Reaktionsgemisch muss frei von Staub, Arsen-, Selen- u. a. Verbindungen sein, um den Katalysator nicht zu vergiften. Der Katalysator bedarf zur Aktivierung einer Mindesttemperatur. Andererseits führen zu hohe Temperaturen zum Zerfall bzw. zu ungenügender Bildung des Schwefeltrioxids. Der 1. Kontaktofen arbeitet bei 600 °C.

Es reagieren 2 Mol Schwefeldioxid und 1 Mol Sauerstoff im chemischen Gleichgewicht zu 1,52 Mol Schwefeltrioxid.

$$2\,SO_2 + O_2 \xrightarrow{(Kat)} 2\,SO_3 \qquad \Delta H = -98\ \text{kJ} \cdot \text{mol}^{-1}$$

Somit haben sich 0,48 Mol SO_2 und 0,24 Mol O_2 nicht umgesetzt. Daraus folgt für das Massenwirkungsgesetz und die Gleichgewichtskonstante:

$$K_c = \frac{c_{SO_3}{}^2}{c_{SO_2}{}^2 \cdot c_{O_2}}$$

$$K_c = \frac{(1{,}52)^2\ \text{mol}^2}{(0{,}48)^2\ \text{mol}^2 \cdot 0{,}24\ \text{mol}}$$

$$K_c = 41{,}78\ \text{mol}^{-1} \qquad (\text{bei } T = 600\ °\text{C})$$

Da die Reaktion exotherm verläuft, muss das Gasgemisch gekühlt werden, bevor das gebildete SO_3 in einem Absorber zu H_2SO_4 gebunden und das Restgas bei 450 °C einem 2. Kontaktofen zugeführt wird. Die Ausbeute erhöht sich auf 99,8 %. Nach weiterer Abkühlung wird das Schwefeltrioxid im zweiten Absorber mit Schwefelsäure zu konzentrierter Schwefelsäure umgesetzt oder zu **Oleum,** das zusätzlich bis zu 80 % SO_3 in gelöster Form enthält.

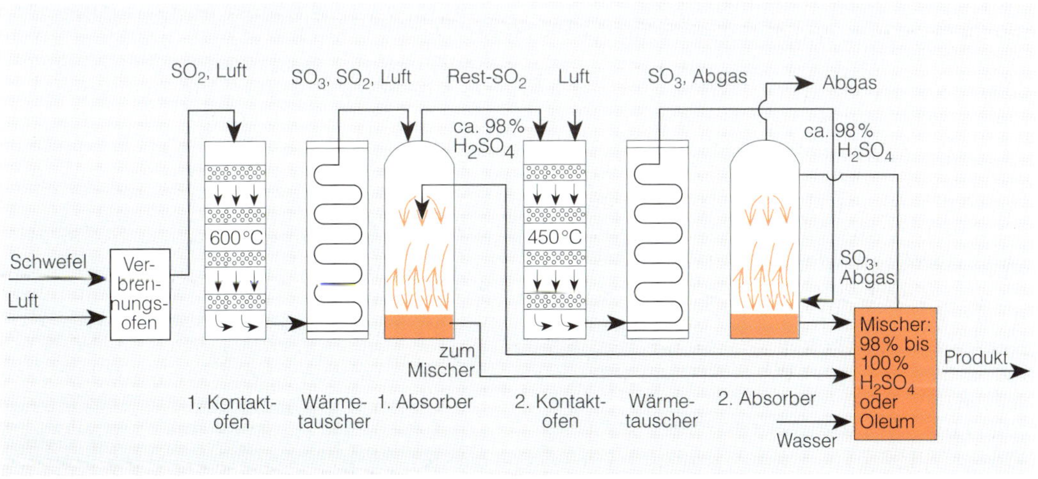

Abb. 7-1 Schema der Schwefelsäure-Gewinnung

Da 3 Mol der Ausgangsstoffe zu 2 Mol Schwefeltrioxid reagieren, könnte die Ausbeute auch durch Druckerhöhung gesteigert werden. Ökonomischer ist die Anwendung des Doppelkontakts oder von Sauerstoff-Überschuss, um das Reaktionsgleichgewicht nahezu vollständig auf die Seite des Schwefeltrioxids zu verschieben. Gleichzeitig wird ein Umweltschutzeffekt erreicht (vgl. Kap. 13).

7.2 Erzeugung von Ammoniak aus Luftstickstoff nach dem Haber-Bosch-Verfahren

Ausgangsstoffe für die Erzeugung von Ammoniak nach dem **Haber-Bosch-Verfahren** sind Wasserstoff und Stickstoff.

Das **Synthesegas** wird in der BRD aus Erdgas, aus Benzin-Kohlenwasserstoffen oder Schweröl und Luft in mehreren Stufen erzeugt:

$$CH_4 + H_2O \xrightarrow{\text{Ni-Kat, 38 bar, 850 °C}} CO + 3\,H_2$$

$$2\,CH_4 + O_2 + 4\,N_2 \xrightarrow{\text{Ni-Kat, 28 bar, 1000 °C}} 2\,CO + 4\,H_2 + 4\,N_2$$

$$CO + H_2O \xrightarrow{\text{ca. 400 °C}} CO_2 + H_2$$

Das Gasgemisch enthält neben Stickstoff und Wasserstoff auch Kohlenstoffdioxid und Schwefelverbindungen, die als Katalysatorgifte wirken, sowie Rest-Methan, Rest-Kohlenstoffmonoxid (und Argon). Sie werden ausgewaschen. Beispielsweise kann CO_2 durch Ammoniak-Wasser zu Ammoniumcarbonat $(NH_4)_2CO_3$ gebunden werden, das als Düngemittel Verwendung findet.

Das Synthesegas besteht nun aus Stickstoff und Wasserstoff. Es wird dem Kontaktofen (Abb. 7-2) zugeführt. Der darin befindliche Katalysator ist ein Gemisch von Eisen(II,III)-oxid Fe_3O_4 mit Zusätzen an Al_2O_3, CaO u. a.

Die technische Synthese von Ammoniakgas erfolgt in einer Gleichgewichtsreaktion:

$$N_2 + 3\,H_2 \rightleftharpoons 2\,NH_3 \qquad \Delta H = -45{,}9\ \text{kJ} \cdot \text{mol}^{-1}$$

Die Gleichgewichtskonstante errechnet sich wie folgt (bezogen auf die Konzentration c oder den Druck p):

$$K_c = \frac{c^2_{NH_3}}{c_{N_2} \cdot c^3_{H_2}} \quad \text{bzw.} \quad K_p = \frac{p^2_{NH_3}}{p_{N_2} \cdot p^3_{H_2}}$$

Infolge der Temperaturabhängigkeit von K_c bzw. K_p sinkt deren Wert mit steigender Temperatur. Das steht im Einklang mit dem exothermen Verlauf der Reaktion. Bei höherer Temperatur ist die energiereichere Seite begünstigt. Es bildet sich folglich weniger Ammoniakgas und K_c verringert sich (Abb. 7-3). Eine günstige Ausbeute an Ammoniak wäre bei etwa 400 °C zu realisieren. Das Gleichgewicht stellt sich jedoch bei höherer Temperatur in kürzerer Zeit ein. Der Katalysator besitzt um 500 °C die größte Wirksamkeit. Die Wahl der Reaktionstemperatur erfordert deshalb einen Kompromiss.

Um die festgelegte Temperatur konstant zu halten, muss der Kontakt- oder Syntheseofen wegen des exothermen Verlaufs der Reaktion gekühlt werden. Neben der Temperatur nimmt der Druck Einfluss auf die Reaktion: Die Bildung von Ammoniak ist eine Gasreaktion mit Volumenminderung. Bei konstanter Temperatur wird ein erhöhter Druck das Gleichgewicht in die Richtung des geringeren Volumens,

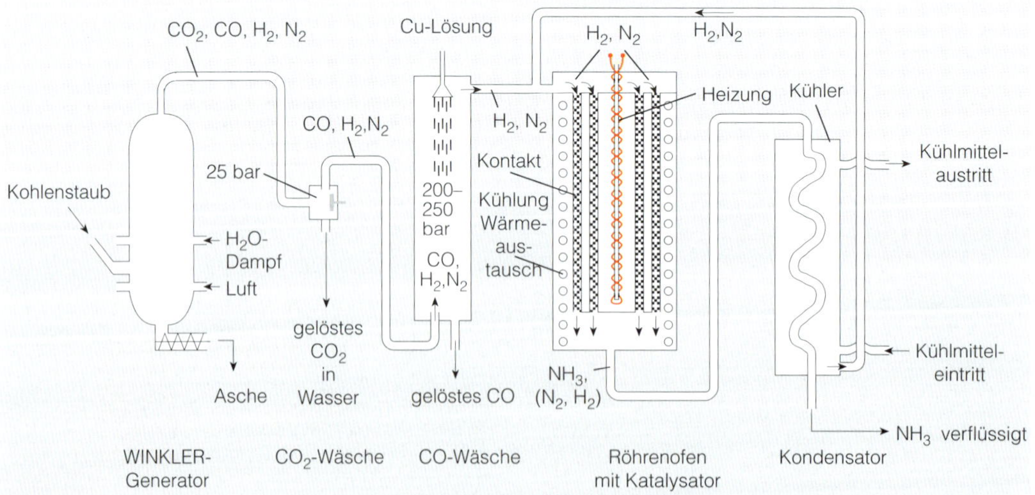

Abb. 7-2 Schema der Ammoniak-Synthese nach dem Haber-Bosch-Verfahren

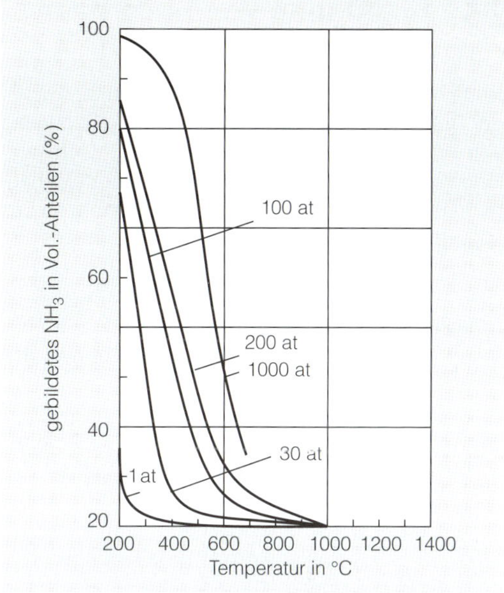

Abb. 7-3 Ammoniak-Ausbeute in Abhängigkeit von Temperatur und Druck

also zum Ammoniak, verschieben. Die Gleichgewichtskonstante K_p nimmt deshalb mit steigendem Druck zu.

Das Gleichgewicht der Reaktion liegt trotz hoher Drücke auf der Seite der Ausgangsstoffe. So führt die Synthese bei 400 °C und 200 bar bei einem einmaligen Durchströmen des Synthesegases durch den Kontaktofen nur zu einer Ammoniakausbeute von 17 % des Volumens.

Das Reaktionsgleichgewicht wird auch in die Richtung der Endprodukte verschoben, wenn der entstehende Ammoniak ständig aus dem Syntheseofen abgepumpt wird. Stickstoff und Wasserstoff verbinden sich erneut zu Ammoniak, um das gestörte Gleichgewicht wiederherzustellen.

Für eine wirtschaftliche Synthese von Ammoniak sind somit folgende Bedingungen einzuhalten:

- Temperatur: um 500 °C
- Druck: 200 ... 250 bar (2 ... 2,5 · 10^4 kPa)
- Abführung der Reaktionswärme durch Kühlung
- Anwendung geeigneter Katalysatoren
- Abführen des gebildeten Ammoniaks

Die nicht umgesetzten Anteile an Stickstoff und Wasserstoff werden nach der Abscheidung des Ammoniaks (Verflüssigung durch Kühlung oder Lösen in Wasser o. a.) wieder zum Kontaktofen geführt, so dass schließlich eine Ausbeute von 98 % des Synthesegases entsteht.

7.3 Erzeugung von Salpetersäure nach dem OSTWALD-Verfahren

Bedeutsam für die Bildung von Salpetersäure sind Stickstoff(II)-oxid oder Stickstoffmonoxid NO und Stickstoff(IV)-oxid oder Stickstoffdioxid NO_2.

Die Bildung von NO aus den Elementen ist stark endotherm. Sie kann nur bei hohen Verbrennungstemperaturen ablaufen (Verbrennungsmotoren von Kraftfahrzeugen, Kraftwerke):

$$N_2 + O_2 \rightarrow 2\,NO \qquad \Delta H = +90{,}3\ \text{kJ} \cdot \text{mol}^{-1}$$

Im **OSTWALD-Verfahren** (Abb. 7-4) geht man von flüssigem Ammoniak aus, der verdampft, mit Luft gemischt und vorgewärmt über einen Platin- oder

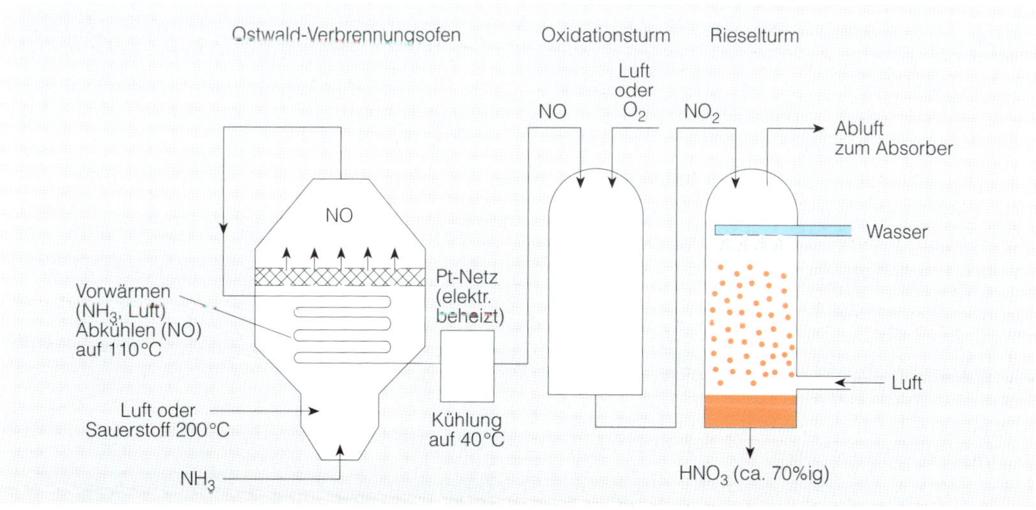

Abb. 7-4 Schema der Salpetersäure-Gewinnung im OSTWALD-Verfahren

Platin-Rhodium-Katalysator geführt wird. Es bildet sich vor allem Stickstoffmonoxid neben Stickstoffdioxid:

$$4\,NH_3 + 5\,O_2 \xrightarrow{Pt;\ 800-950\,°C} 4\,NO + 6\,H_2O$$

Die Kontaktzeit des Gasgemisches mit dem Katalysator beträgt ca. 10^{-3} Sekunden, um zu verhindern, dass Ammoniak und auch das gebildete Stickstoffmonoxid in die Elemente zerfallen. Das instabile Stickstoffmonoxid muss sehr schnell in Stufen auf 40 °C abgekühlt werden. Im Oxidationsturm kommt es erneut mit Luft in Berührung und reagiert spontan zu NO_2:

$$2\,NO + O_2 \rightleftharpoons 2\,NO_2$$

Im Rieselturm setzt sich NO_2 mit Luft und Wasser zu (max. 70%iger) Salpetersäure um:

$$4\,NO_2 + O_2 + 2\,H_2O \rightarrow 4\,HNO_3$$

Dabei entsteht z. T. salpetrige Säure HNO_2:

$$2\,NO_2 + H_2O \rightarrow HNO_3 + HNO_2$$

Sie zersetzt sich jedoch durch Übergang des Stickstoffs von der Oxidationsstufe III+ in die Oxidationsstufen II+ und V+:

$$3\,HNO_2 \rightarrow H\overset{V+}{N}O_3 + 2\,\overset{II+}{N}O + H_2O$$

Der Zerfall einer Verbindung mittlerer Oxidationsstufe in je eine Verbindung mit niedriger und höherer Oxidationszahl wird **Disproportionierung** genannt.

Das NO wird mit der Luft wieder zu NO_2 und mit Wasser zu HNO_3 gebunden. Der Umsatz beträgt bis zu 97 %. Stickstoffdioxid-Reste in der Abluft werden nahezu vollständig im Absorber mithilfe von Kalkwasser $Ca(OH)_2$ zu Calciumnitrat gebunden.

Konzentrierte Salpetersäure kann mithilfe konzentrierter Schwefelsäure (96 %) als Wasser entziehendes Mittel gewonnen werden. Danach destilliert man eine bis 99,8 % Masseanteil enthaltende Salpetersäure ab. Zurück bleibt eine ca. 60%ige Schwefelsäure, die erneut aufgearbeitet wird.

Salpetersäure wird vor allem für die Herstellung von Nitratdünger und die Nitrierung organischer Verbindungen benötigt.

Die **Stickoxide** NO_x (NO und NO_2) sind giftig und umweltschädlich: Sie wirken als „Ozonkiller“, sind mitverantwortlich am sauren Regen, führen zu Nitrat/Nitrit-Anreicherung in Pflanzenzellen, zur Schädigung der Zellmembranen und der Atmungsorgane u. a. (vgl. Kap. 13).

7.4 Erzeugung von Soda nach dem Solvay-Verfahren

Soda oder Natriumcarbonat Na_2CO_3 ist ein wichtiger Rohstoff für die Glasherstellung, die Erzeugung von Waschmitteln und Cellulose, die Entschwefelung von Roheisen u. a. Die Herstellung erfolgt heute ausschließlich nach dem **Solvay-Verfahren** aus folgenden Rohstoffen:

1. Kochsalz, Natriumchlorid NaCl für Na^+
2. Kalkstein, Calciumcarbonat $CaCO_3$
   a) für das Anhydrid CO_2 durch Brennen des Kalksteins
   $CaCO_3 \rightarrow CaO + CO_2$
   $\Delta H = +177\ kJ \cdot mol^{-1}$
   b) für Kalkmilch $Ca(OH)_2$ durch Löschen des Calciumoxids
   $CaO + H_2O \rightarrow Ca(OH)_2$
   c) für das Ausfällen von Verunreinigungen
   d) für das Binden von Chlorid-Ionen zu $CaCl_2$
3. Ammoniak für die Zwischenprodukte Ammoniumhydrogencarbonat NH_4HCO_3 und Ammoniumchlorid NH_4Cl
4. Koks für das Brennen des Kalksteins und die zusätzliche Bereitstellung von CO_2.

Die Erzeugung von Na_2CO_3 nach der Summengleichung

$$2\,NaCl + CaCO_3 \rightarrow Na_2CO_3 + CaCl_2$$

ist auf direktem Wege nicht möglich, denn $CaCO_3$ ist unlöslich, beide Produkte sind dagegen löslich.

Überhaupt ist (abgesehen vom Kalkstein) die relativ gute Löslichkeit der Ausgangs-, Zwischen- und Endprodukte problematisch.

Das Solvay-Verfahren (Abb. 7-5) verläuft in Stufen: Es wird so gestaltet, dass als Zwischenprodukt Natriumhydrogencarbonat entsteht, das eine etwas geringere Löslichkeit besitzt als die anderen Salz-Verbindungen des Prozesses (Übersicht 7-1; Abb. 7-6).

Wasserlöslichkeit der Salze [in Masseanteilen (%)]

Salz	Löslichkeit bei der Temperatur ϑ in °C		
	10	30	50
NaCl	26,3	26,5	26,9
NH_4Cl	25,0	29,3	33,4
NH_4HCO_3	13,7	21,3	27,2
$NaHCO_3$	7,5	9,9	12,7

Übersicht 7-1

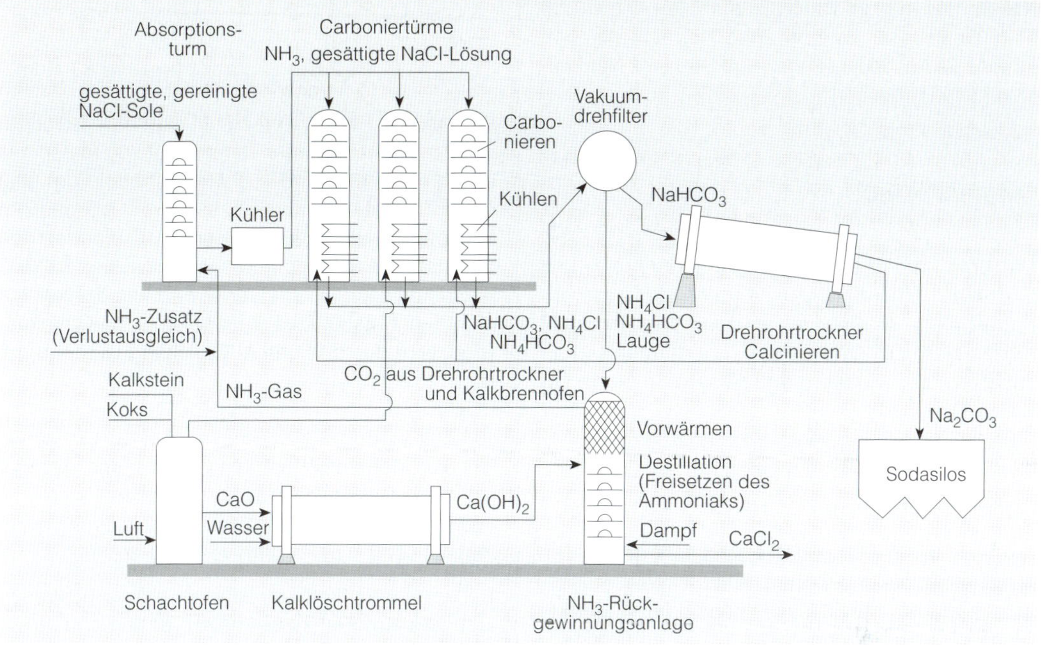

Abb. 7-5 Schema der Soda-Gewinnung nach dem Solvay-Verfahren

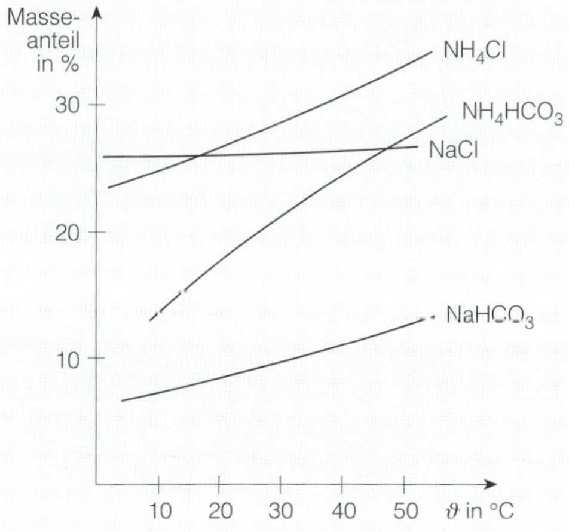

Abb. 7-6 Löslichkeit der Prozess-Salze in Wasser

Aufgrund der geringen Löslichkeitsunterschiede wird der Prozess mit gesättigten/übersättigten Lösungen gefahren.

Zunächst stellt man aus Steinsalz eine gesättigte Lösung her. Ca^{2+}- und Mg^{2+}-Ionen, die als Verunreinigungen enthalten sind, werden als schwer lösliche Verbindungen ausgefällt (↓) und durch Absetzen abgetrennt:

$$Mg^{2+} + Ca(OH)_2 \rightarrow Mg(OH)_2\downarrow + Ca^{2+}$$
$$Ca^{2+} + Na_2CO_3 \rightarrow CaCO_3\downarrow + 2\,Na^+$$

Im Absorptionsturm führt man NH_3-Gas bis zur Sättigung zu und in Carboniertürmen Kohlenstoffdioxid. In einer Gleichgewichtsreaktion entsteht Ammoniumhydrogencarbonat, das zu weniger löslichem Natriumhydrogencarbonat weiterreagiert:

$$NH_3 + H_2O + CO_2 \rightleftharpoons NH_4HCO_3$$
$$NH_4HCO_3 + NaCl \rightleftharpoons NaHCO_3 + NH_4Cl$$

Die Reaktionswärme wird im Kühler abgeführt. Die Temperatur muss unter 30 °C liegen, damit die Sättigung von $NaHCO_3$ in der Lösung unterschritten wird und das Salz in größerer Menge ausfällt. Sie darf jedoch nicht unter 25 °C absinken, um die anderen Salze, besonders nicht umgesetztes NaCl und NH_4HCO_3 in Lösung zu halten.

Im Carbonierturm setzt sich ein Teil des $NaHCO_3$ ab. Es muss durch Sole und geringen CO_2-Zusatz gelöst werden. Für einen kontinuierlichen Betrieb sind somit mehrere Türme notwendig.

Das auskristallisierte Natriumhydrogencarbonat wird im Vakuumdrehfilter (oder in Zentrifugen) abgefiltert und mit wenig kaltem Wasser von anhaftender Sole befreit (vor allem NH_4Cl).

Im Drehrohrtrockner erfolgt bei 170 °C die Umwandlung in Soda mit einer Reinheit von über 99 %. Der Prozess wird als **Calcinieren,** das Produkt als **calcinierte Soda** bezeichnet:

$$2\,NaHCO_3 \rightarrow Na_2CO_3 + H_2O + CO_2$$

Das hier anfallende Kohlenstoffdioxid sowie CO_2 aus dem Kalkbrennofen werden den Carboniertürmen zugeleitet.

NH_4Cl, das evtl. im $NaHCO_3$ enthalten ist, würde beim Calcinieren zu störenden Nebenreaktionen führen, die Ausbeute senken und Soda mit Natriumchlorid verunreinigen:

$$2\,NH_4Cl + Na_2CO_3 \rightarrow 2\,NaCl + 2\,NH_3 + CO_2 + H_2O$$

$$NH_4Cl + NaHCO_3 \rightarrow NaCl + NH_3 + CO_2 + H_2O$$

Die Sole enthält NH_4Cl, restliches NH_4CO_3 und Rest-NaCl. Sie wird zur Ammoniakrückgewinnungsanlage geleitet und dort mit Wasserdampf erhitzt. Man gibt Kalkmilch zu, um Ammoniak freizusetzen, der wieder in den Absorptionsturm zurückgeführt wird:

$$2\,NH_4HCO_3 + Ca(OH)_2 \rightarrow 2\,NH_3 + CaCO_3 + 3\,H_2O + CO_2$$

$$2\,NH_4Cl + Ca(OH)_2 \rightarrow 2\,NH_3 + 2\,H_2O + CaCl_2$$

Die Verluste an CO_2 und NH_3 sind sehr gering. Die Restlösung, die in der Ammoniakrückgewinnungsanlage anfällt, enthält Calciumchlorid und geringe Mengen des nicht umgesetzten Natriumchlorids.

Es entsteht mehr $CaCl_2$, als benötigt wird (Kältemischungen, Kühlsole, Auftausalz, Calcium-Erzeugung, Imprägniermittel für Holz, Zementzusatz, Trocknungsmittel). Die Restlösung gelangt über Klärbecken und Vorfluter in die Gewässer. Sie belastet vor allem durch die Chlorid-Ionen die Wasserqualität. Calcium-Ionen führen zu verstärkter Wasserhärte. Eine befriedigende Lösung für die Entfernung der Ionen wurde für großtechnische Prozesse noch nicht gefunden.

7.5 BOUDOUARD'sches Gleichgewicht

Unter dem Begriff **BOUDOUARDsches Gleichgewicht** versteht man CO_2/CO-Gleichgewichte, die bei Verbrennungsprozessen von kohlenstoffhaltigen Stoffen, insbesondere von Benzin (Abgase von Kraftfahrzeugen) und Kohle auftreten.
Wie in anderen Gleichgewichtsreaktionen sind auch in diesem Fall die Anteile an Kohlenstoffdioxid und -monoxid stark von der Temperatur abhängig.

Kohlenstoffdioxid entsteht bei relativ niedriger Temperatur, wenn bei der Verbrennung genügend Sauerstoff/Luft zur Verfügung steht:

$$C + O_2 \rightarrow CO_2 \qquad \Delta H = -394\ \text{kJ} \cdot \text{mol}^{-1}$$

Bei Temperaturen über 400 °C oder bei unvollkommener Verbrennung durch Sauerstoffmangel entsteht das Kohlenstoffmonoxid:

$$2\,C + O_2 \rightarrow 2\,CO \qquad \Delta H = -111\ \text{kJ} \cdot \text{mol}^{-1}$$

bzw.

$$CO_2 + C \rightarrow 2\,CO \qquad \Delta H = +178\ \text{kJ} \cdot \text{mol}^{-1}$$

Wie Abb. 7-7 zeigt, verschiebt sich das Gleichgewicht mit zunehmender Temperatur zugunsten des energiereicheren CO. So wird bereits in der Glut einer Zigarette merklich das äußerst giftige Kohlenstoffmonoxid gebildet (Blutgift; CO blockiert den Sauerstofftransport durch das Blut). Über 1000 °C ist Kohlenstoffdioxid in Gegenwart von Kohlenstoff nicht mehr stabil. Das BOUDOUARD'sche Gleichgewicht wird durch folgende Gleichung wiedergegeben:

$$CO_2 + C \underset{\text{niedrige Temperatur}}{\overset{\text{hohe Temperatur}}{\rightleftharpoons}} 2\,CO$$

Entsteht Kohlenstoffmonoxid bei niedriger Temperatur bzw. kühlt es ab, so verschiebt sich das Gleichgewicht zur linken Seite der Gleichung, Kohlenstoff setzt sich in Form von Ruß ab.

Bei der Berechnung der Gleichgewichtskonstanten ist in diesem Fall zu beachten, dass sich Gleichgewichte nur in homogenen Gemischen einstellen und das Massenwirkungsgesetz nur auf homogene Phasen anzuwenden ist. Somit vereinfacht sich der mathematische Ansatz, weil der feste Kohlenstoff aus dem Gleichgewicht ausscheidet:

$$K_c = \frac{c^2_{CO}}{c_{CO_2}}$$

Aus Abb. 7-7 ist ablesbar, dass bei 700 °C etwa 60 Volumenanteile bzw. mol · l^{-1} CO und 40 Volumenanteile bzw. mol · l^{-1} CO_2 im Gleichgewicht vorliegen (bei p = 101,325 kPa):

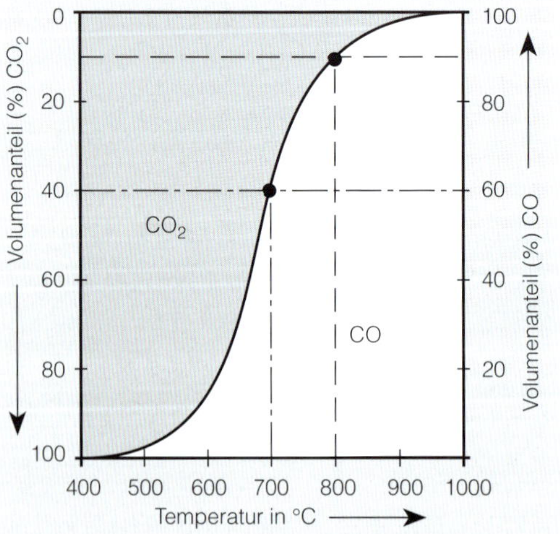

Abb. 7-7
CO – CO_2-Gleichgewicht bei 101,325 kPa Druck: Z. B. entstehen bei der Verbrennung von Kohlenstoff bei 700 °C etwa 60 % CO und 40 % CO_2.

$$K_c^{700\,°C} = \frac{(0{,}6)^2\ mol^2 \cdot l^{-2}}{0{,}4\ mol \cdot l^{-1}}$$

$$K_c^{700\,°C} = 0{,}9\ mol \cdot l^{-1}$$

Bei 800 °C sind es 90 Volumenanteile CO und 10 Volumenanteile CO_2. K_c nimmt einen höheren Wert an:

$$K_c^{800\,°C} = \frac{(0{,}9)^2\ mol^2 \cdot l^{-2}}{0{,}1\ mol \cdot {}^{-1}}$$

$$K_c^{800\,°C} = 8{,}1\ mol \cdot l^{-1}$$

Aufgabe

Errechnen Sie den Wert von $K_c^{600\,°C}$ für das BOUDOUARD'sche Gleichgewicht mithilfe von Werten, die Sie aus der Abb. 7-7 entnehmen.

Kohlenstoffmonoxid besitzt eine hohe Affinität zu Sauerstoff. Durch weitere Oxidation geht es in das energieärmere Kohlenstoffdioxid über. Bei hohen Temperaturen wirkt Kohlenstoffmonoxid reduzierend auf Metall-Sauerstoffverbindungen und wird deshalb bei vielen metallurgischen Prozessen als Reduktionsmittel eingesetzt.

7.6 Gewinnung von Roheisen im Hochofenprozess

7.6.1 Vorbehandlung der Eisenerze

Die Roheisengewinnung im Hochofen geht von oxidischen Eisenerzen, z. B. von Magneteisenstein (Magnetit) Fe_3O_4, Roteisenstein (Fe_2O_3) bzw. von abgeröstetem Pyrit FeS_2, aus.

Erze mit einem hohen Eisengehalt werden durch Zerkleinern in eine günstige Stückgröße gebracht, damit im Hochofen einerseits das Gas die Füllung gut durchströmen kann, andererseits dürfen die Erzstücke nicht zu groß sein, denn sie müssen geschmolzen werden.

Aufgabe

Berechnen und vergleichen Sie den prozentualen Eisengehalt in Magneteisenstein und Roteisenstein ohne Gesteinsbeimengungen!

Eisenärmere Erze befreit man weitgehend von Gesteinsbeimengungen (Gangart), um die Eisenausbeute zu erhöhen und den Koksbedarf zu senken.

Koks hat im **Hochofenprozess** verschiedene Aufgaben. Er dient als Energielieferant für die endotherme Reduktion der Eisenoxide zu Eisen und für das Ausschmelzen des reduzierten Eisens sowie der Gangart. Koks bzw. Kohlenstoffmonoxid wirkt als Reduktionsmittel (indirekte Reduktion durch Kohlenstoffmonoxid, direkte Reduktion durch Kohlenstoff). Reduziertes Eisen nimmt außerdem Kohlenstoff auf (Aufkohlung). Dadurch sinkt der Schmelzpunkt des Eisens und die Schmelze wird dünnflüssig.

Aufgabe

Wie groß ist die Bildungsenthalpie bei der Reduktion von Roteisenstein bzw. Magneteisenstein mit Koks?

Bei der Aufbereitung der Erze für den Verhüttungsprozess erfolgt die Abtrennung der Gangart durch Magnetscheiden oder durch Flotation.

Beim **Magnetscheiden** (Abb. 7-8) werden die magnetischen Eigenschaften einiger Eisenerze ausgenutzt. Große Elektromagnete trennen die Erzanteile vom unmagnetischen Gestein.

Bei der **Flotation** wird gemahlenes Erz in Wasser mit Flotationsmitteln versetzt. Das sind Stoffe, die sich nur an den Erzteilchen anlagern und Schaum bilden (Abb. 7-9). In dieses Gemenge wird Luft

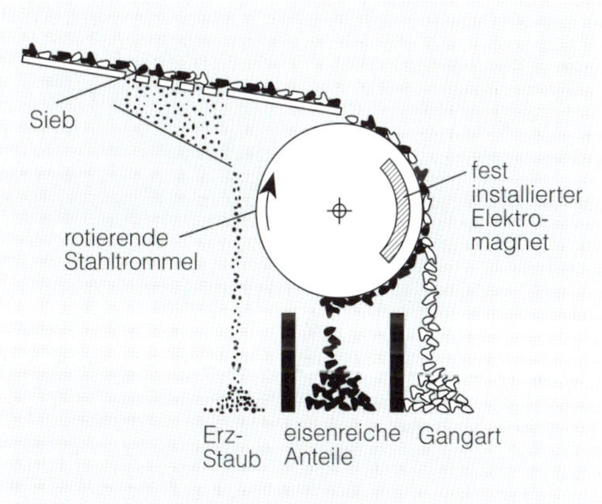

Abb. 7-8 Prinzip der magnetischen Sortierung von Eisenerz (Magnetscheider)

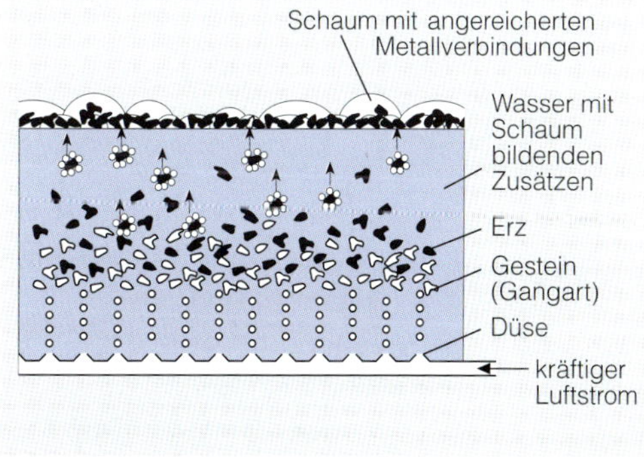

Abb. 7-9 Flotation von Erzen

geblasen. Die in Schaum gehüllten Erzanteile sammeln sich an der Oberfläche und können abgestrichen werden. Die Gesteinsanteile sinken zu Boden. Nachteilig ist bei dieser Technologie, dass die Erzteilchen wieder zu größeren Stücken zusammengesintert werden müssen, bevor sie in den Hochofen eingebracht werden.

7.6.2 Beschickung des Hochofens

Die Beschickung (Füllung) des Hochofens geschieht von oben, an der Gicht, die durch die Gichtglocke verschlossen wird: Druck- und abriebfester Koks und die Möllerung aus Erzen und Zuschlägen werden schichtweise in den Ofen gebracht (Abb. 7-10). Die Zuschläge (Kalkstein, Dolomit,

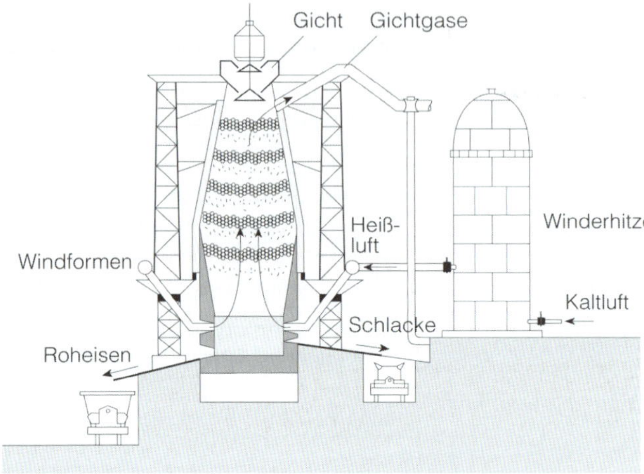

Abb. 7-10
Schema einer Hochofenanlage

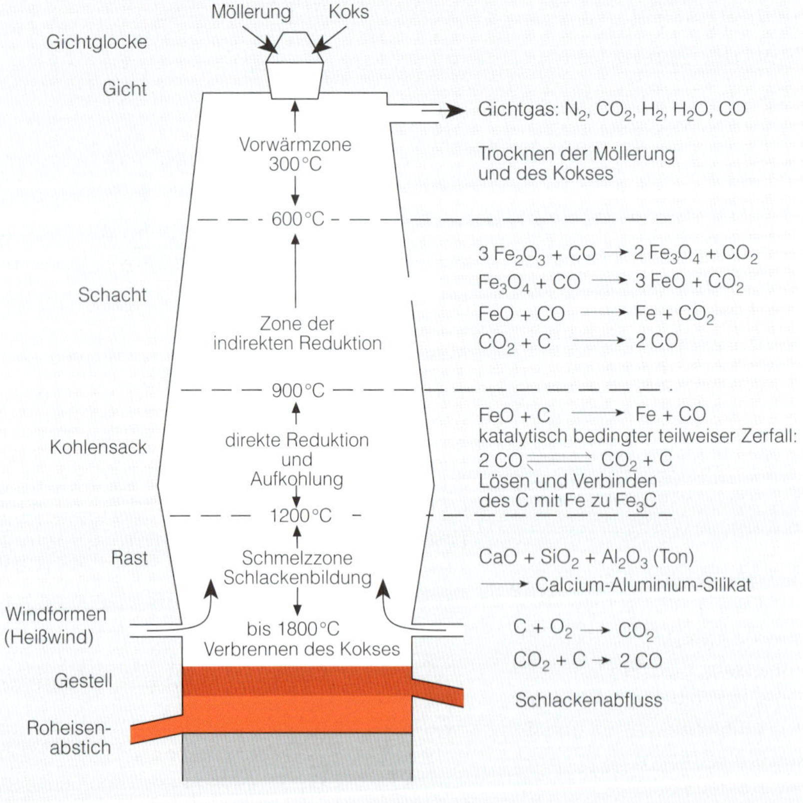

Abb. 7-11
Reaktionszonen im Hochofen

Flussspat, Tonschiefer, Quarz) sollen mit den Gesteinsresten chemisch reagieren und eine leicht schmelzende dünnflüssige Schlacke bilden. Sie werden deshalb auch **Flussmittel** genannt. Die Zusammensetzung muss auf die chemischen Eigenschaften der Gangart abgestimmt sein:
Siliciumdioxidhaltige Erze reagieren sauer. In diesem Fall wird basisch reagierender Kalkstein $CaCO_3$ zugesetzt. Eine basische Gangart erhält dagegen saure Zuschläge von Sand SiO_2 oder Tonschiefer.

7.6.3 Chemische Vorgänge im Hochofen

In den Hochofen wird an den Windformen auf 800 °C vorgewärmte Luft bzw. mit Sauerstoff angereicherte Luft unter Druck eingeblasen. Der Koks verbrennt im unteren Ofenbereich. Das entstehende Kohlenstoffmonoxid strömt nach oben. Im Temperaturbereich von 600 bis 900 °C reduziert es das Eisenerz zunächst zu schwammigem Eisen. Dieser Vorgang wird **indirekte Reduktion** genannt. Er verläuft in folgenden Stufen (Abb. 7-11):

$$3\,Fe_2O_3 + CO \rightarrow 2\,Fe_3O_4 + CO_2$$
$$Fe_3O_4 + CO \rightarrow 3\,FeO + CO_2$$
$$FeO + CO \rightarrow Fe + CO_2$$

Das Kohlenstoffdioxid wird durch Koks wieder zu Kohlenstoffmonoxid reduziert:

$$CO_2 + C \rightleftharpoons 2\,CO$$

Eisen wirkt katalytisch auf den Vorgang. Im Temperaturbereich von 900 bis 1200 °C nimmt das Eisen Kohlenstoff auf, es wird aufgekohlt. Ein Teil des Kohlenstoffs löst sich im Eisen, ein anderer Teil verbindet sich mit Eisen zu Eisencarbid Fe_3C (in der Stahlkunde Zementit genannt). Durch die Aufnahme von Kohlenstoff (Kohlung) und den Gehalt von Zementit sinkt der Schmelzpunkt des Roheisens bis auf 1152 °C, während reines Eisen erst bei 1536 °C schmilzt. Das führt zu geringerem Koksverbrauch. Im Bereich der Kohlungszone werden noch nicht umgesetzte Anteile des Eisen(II)-oxids, FeO, durch Kohlenstoff direkt reduziert **(direkte Reduktion):**

$$FeO + C \rightarrow Fe + CO$$

Im heißesten Bereich des Hochofens (dem „Kohlensack" und der „Rast") schmelzen Eisen, die Beimengungen und Zuschläge. Es entsteht eine Schlacke aus Calcium-Magnesium-Aluminium-Silikaten, die meist kontinuierlich abfließt. Mit dem Ausschmelzen des Roheisens und dem Abfluss der Schlacke im Hochofengestell rutschen Koks und Möllerung aus oberen Ofenbereichen nach. Das geschmolzene Roheisen wird von Zeit zu Zeit abgestochen.

Etwa 93 – 95 % der Welt-Roheisenproduktion werden im Hochofenprozess gewonnen. Die restliche Menge wird als fester Eisenschwamm aus hoch eisenhaltigen Erzen erzeugt. Die Reduktion erfolgt durch CO/H_2-Gemische oder Kohle (anstelle des teuren Kokses). Der Eisenschwamm enthält noch die Gangart. Sie wird beim Umschmelzen im Elektrolichtbogenofen ausgeschmolzen.

7.6.4 Produkte des Hochofenprozesses

Im Hochofenprozess entstehen Roheisen, Hochofenschlacke und Gichtgas als Produkte.

Roheisen enthält bis zu 4 bis 5 % Kohlenstoff. Aus Kohle und Gangart sind außerdem bis 3 % Silicium, bis 6 % Mangan, bis ca. 2 % Phosphor und bis 0,15 % Schwefel in die Schmelze übergetreten. In dieser Zusammensetzung ist Roheisen nicht als Werkstoff verwendbar. Es ist spröde, sehr hart, nicht schmiedbar und kaum spanend zu bearbeiten. Teile aus Roheisen könnten nicht durch Schweißen gefügt werden. Das Roheisen wird deshalb nicht ohne eine Behandlung der Schmelze verwendet.

Nach dem Mangan- und Siliciumgehalt nimmt man eine Einteilung vor in

- **weißes Roheisen** (manganreich, siliciumarm) und in
- **graues Roheisen** (siliciumreich, manganarm).

Die **Hochofenschlacke** wird entweder in kaltem Wasser abgeschreckt und zu Zement vermahlen oder zu Mineralwolle verdüst (Wärmeisolation), zu Hüttenbims verschäumt oder zu Hüttensteinen vergossen.

Die Abgase, die neben Stickstoff und Kohlenstoffdioxid das brennbare Kohlenstoffmonoxid enthalten (etwa 30 %), entweichen am Kopf des Ofens als sogenanntes **Gichtgas.** Es wird zum Vorwärmen der Verbrennungsluft genutzt.

Ein Hochofen hat täglich einen Durchsatz von etwa 10 000 t Erz. Er verbraucht in 24 Stunden ca. 5 000 t Koks, 1 500 t Zuschläge, über 30 000 m^3 Wasser zum Kühlen des Hochofenmantels und über 15 Mio. m^3 erhitzte Luft. Daraus entstehen in 3 bis 4 Abstichen ca. 5 000 t Roheisen, 2 000 t Schlacke und über 15 Mio. m^3 Gichtgas. Die Lebensdauer eines Hochofens beträgt etwa 10 Jahre.

7.6.5 Weiterverarbeitung des Roheisens zu Stahl

Die Hauptmenge des Roheisens wird zu Stahl verarbeitet. Durch moderne Verfahren können nicht nur aus manganreichen, sondern auch aus siliciumreichen Sorten beanspruchbare Stähle hergestellt werden. Ziel der Stahlherstellung ist es, durch chemische Vorgänge den Gehalt an solchen Begleitstoffen, die eigenschaftsmindernd wirken, zu reduzieren sowie durch Legieren Eigenschaftsverbesserungen zu erzeugen. (Wirkung von Eisenbegleitern auf die Stahleigenschaften vgl. Abschnitt 9.4.10.)

Stähle sind Eisenwerkstoffe mit einem Kohlenstoffgehalt unter 2,1 %.

Die wesentlichen chemischen Vorgänge bei der Stahlerzeugung sind Oxidationsprozesse, die mittels Sauerstoff ausgelöst werden. Man nutzt aus, dass die Eisenbegleiter eine höhere Affinität zu Sauerstoff besitzen als Eisen. Sie oxidieren vorrangig. Es findet eine „Entkohlung“ der Schmelze statt und gleichzeitig werden störende Begleitelemente weitgehend in Oxide überführt. Der Oxidationsprozess wird als **Frischen** bezeichnet.

Der schmelzflüssige Zustand wird durch die Verbrennungswärme von Kohlenstoff, Phosphor, Schwefel und Silicium sowie durch Zusatzheizungen aufrechterhalten.

$$C + O_2 \rightarrow CO_2 \quad \Delta H = -394\ kJ \cdot mol^{-1}$$
$$S + O_2 \rightarrow SO_2 \quad \Delta H = -297\ kJ \cdot mol^{-1}$$
$$4\,P + 5\,O_2 \rightarrow 2\,P_2O_5 \quad \Delta H = -1507\ kJ \cdot mol^{-1}$$
$$Si + O_2 \rightarrow SiO_2 \quad \Delta H = -911\ kJ \cdot mol^{-1}$$

Die Oxide von Kohlenstoff und Schwefel entweichen gasförmig. Die sauren Oxide SiO_2 und P_2O_5 werden durch Zuschläge von gebranntem Kalk gebunden:

$$3\,CaO + P_2O \rightarrow Ca_3(PO_4)_2$$
$$2\,CaO + SiO_2 \rightarrow Ca_2SiO_4$$

Nach der Sättigung des Branntkalks wird das Produkt gemahlen und unter der Bezeichnung **Thomasmehl** als Phosphordüngemittel in den Handel gebracht.

Die im vorigen Jahrhundert entwickelten „Thomas-Verfahren“ (1854) und „Siemens-Martin-Verfahren“ (1864) sind inzwischen bedeutungslos geworden. Das wichtigste Verfahren der Stahlerzeugung aus Roheisen ist heute das **LD-Verfahren** oder Blasstahl-Verfahren (Sauerstoff-Blasstahl-Verfahren), benannt nach Linz-Donawitz in Österreich, wo es entwickelt wurde:
Das Roheisen wird in einen kippbaren Konverter gefüllt. Auf die Oberfläche der Schmelze wird durch ein wassergekühltes Rohr gasförmiger Sauerstoff aufgeblasen (Abb. 7-12). Es entsteht eine lebhafte Badbewegung. Die Oxidation der Begleitstoffe verläuft sehr intensiv, und die Temperatur steigt auf 2500 ... 3000 °C, so dass man gleichzeitig bis zu 35 % Stahlschrott mit einschmelzen kann. Zugesetzter Kalk bindet die Phosphoroxide. Das Verfahren ist von hoher Wirtschaftlichkeit, es ermöglicht die Herstellung von **Grundstählen.** Für die Produktion von Baustählen steht das LD-Verfahren an erster Stelle (ca. 70 % der Stahlproduktion), weil der Reinigungseffekt von unerwünschten Begleitstoffen groß ist, die Prozesse in kurzer Zeit ablaufen und weil Eisenschrott recycelt werden kann. Der Verfahrensablauf wird durch Rechner überwacht und gesteuert, so dass der Blasprozess bei richtiger Temperatur und dem gewünschten Kohlenstoffgehalt beendet werden kann.

Das LD-Verfahren wird heute durch einige daraus entwickelte Varianten ergänzt, z. B. durch das Bodenblasverfahren oder gleichzeitiges Auf- und Durchblasen der Schmelze mit Sauerstoff. Das führt u. a. zu noch kürzeren Frischzeiten, höherer Reinheit, rascher Schrotteinschmelzung, geringen Erzeugungskosten und genauer Einstellung der gewünschten Stahlzusammensetzung. **Qualitäts-** und **Edelstähle** werden u. a. nach dem Elektrostahlverfahren hergestellt (vgl. Abschnitt 9.4.10).

Graues Roheisen wird zusammen mit Gussschrott und Stahlschrott auch zu Eisengusswerkstoffen verarbeitet.

7.7 Gewinnung von Kupfer

Die Gewinnung von **Kupfer** erfolgt zumeist noch in einem diskontinuierlichen Prozess, um die vielfältig zusammengesetzten Erze stufenweise aufzuarbeiten. Kupfer kommt in den Lagerstätten z. B. als

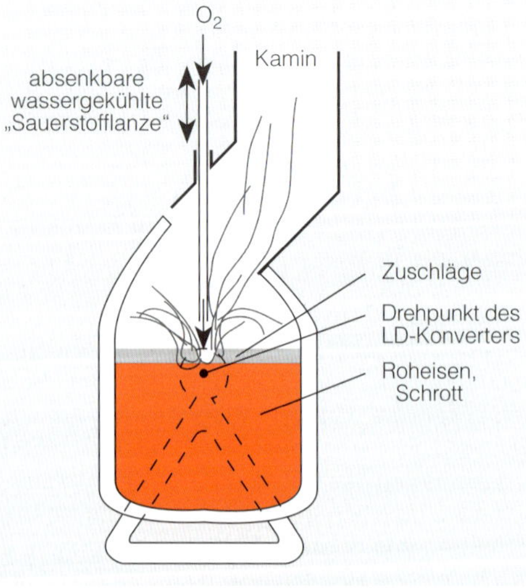

Abb. 7-12 Blasfrischen im LD-Konverter

Kupferkies oder Chalkopyrit $CuFeS_2$, **Rotkupfererz** oder Cuprit Cu_2O, **Kupferglanz** Cu_2S, **Kupfercarbonat** oder Malachit $CuCO_3 \cdot Cu(OH)_2$ vor. Die Erze enthalten neben Kupfer eine Vielzahl anderer Elemente in geringer Menge wie Zn, Ni, Au, Ag, Pt, As u. a. Der Kupfergehalt ist oft gering, z. T. nur 1,5 bis 2 %; der höhere Anteil entfällt auf Siliciumdioxid SiO_2, Eisen u. a. Begleitelemente. Durch Flotation von staubfein vermahlenen Erzen gelingt eine Anreicherung auf 25 bis 30 % Kupfer. Zur Trocknung durchlaufen die Konzentrate Trockentrommeln. In Sinter-Röstöfen oder bei moderneren Anlagen in Wirbelschichtöfen werden sie mit Luft geröstet (Abb. 7-13). In letzteren Anlagen verbleiben die feinkörnigen Erze nur wenige Sekunden bei 500 bis 900 °C. Sie werden z. T. in Oxide und einfachere Sulfide überführt (Teilabröstung). Nach Zündung reicht die Reaktionswärme der exothermen Vorgänge für den Ablauf der Prozesse aus:

$$
\begin{array}{llllll}
CuFeS_2 & + 3\,O_2 & \rightarrow & CuO & + FeO & + 2\,SO_2 \\
2\,CuFeS_2 & + O_2 & \rightarrow & Cu_2S & + 2\,FeS & + SO_2 \\
FeS_2 & + O_2 & \rightarrow & FeS & + SO_2 & \\
2\,FeS_2 & + 5\,O_2 & \rightarrow & 2\,FeO & + 4\,SO_2 & \\
4\,FeO & + O_2 & \rightarrow & 2\,Fe_2O_3 & & \\
2\,Cu_2S & + 3\,O_2 & \rightarrow & 2\,Cu_2O & + 2\,SO_2 & \\
2\,FeS & + 3\,O_2 & \rightarrow & 2\,FeO & + 2\,SO_2 &
\end{array}
$$

Dabei entstehen aus Begleitelementen der Erze Oxide von Arsen, Antimon, Blei, Zink u. a., die im Abgas enthalten sind und bei der Gasreinigung in fester Form anfallen (As_2O_3, Sb_2O_3, PbO, ZnO u. a.).

Das Schwefeldioxid wird nach dem Doppelkontakt-Verfahren zu Schwefelsäure umgesetzt. Im nächsten Verfahrensschritt schmilzt man das Gemisch aus Oxid-Sulfid-Gangart. Dafür stehen Schacht-, Flamm-, Elektro- und in modernen Anlagen Schwebeschmelzöfen zur Verfügung.

Es findet eine Trennung in eine leichte oxidische Schlacke (Dichte 3 … 4 $g \cdot cm^{-3}$) und eine schwerere Kupferstein-Schmelze (Dichte 4 … 6 $g \cdot cm^{-3}$) statt. Hierbei wird die hohe Affinität des Kupfers zum Schwefel ausgenutzt. Dadurch gelingt es, das Eisen z. T. zu verschlacken und abzutrennen. Das notwendige Siliciumdioxid wird als Sand zugeschlagen, wenn nicht genügend Gangart vorhanden ist:

$$
\begin{array}{llll}
Cu_2O + FeS & \rightarrow & Cu_2S + FeO \\
2\,FeO + SiO_2 & \rightarrow & Fe_2SiO_4
\end{array}
$$

Die Schlacke fließt kontinuierlich ab und wird zu Pflastersteinen und Schotter vergossen. Der **Kupferstein** enthält ca. 60 % Cu als Cu_2O, Cu_2S neben noch vorhandenem FeS und FeO. Er wird nun in einem Konverter mit Luft, die am Boden in die Schmelze hineingepresst wird, zusammen mit Sand (SiO_2) und Kalk als Verschlackungsmittel zu **Rohkupfer** verblasen. Dabei laufen z. B. folgende Reaktionen in Stufen ab:

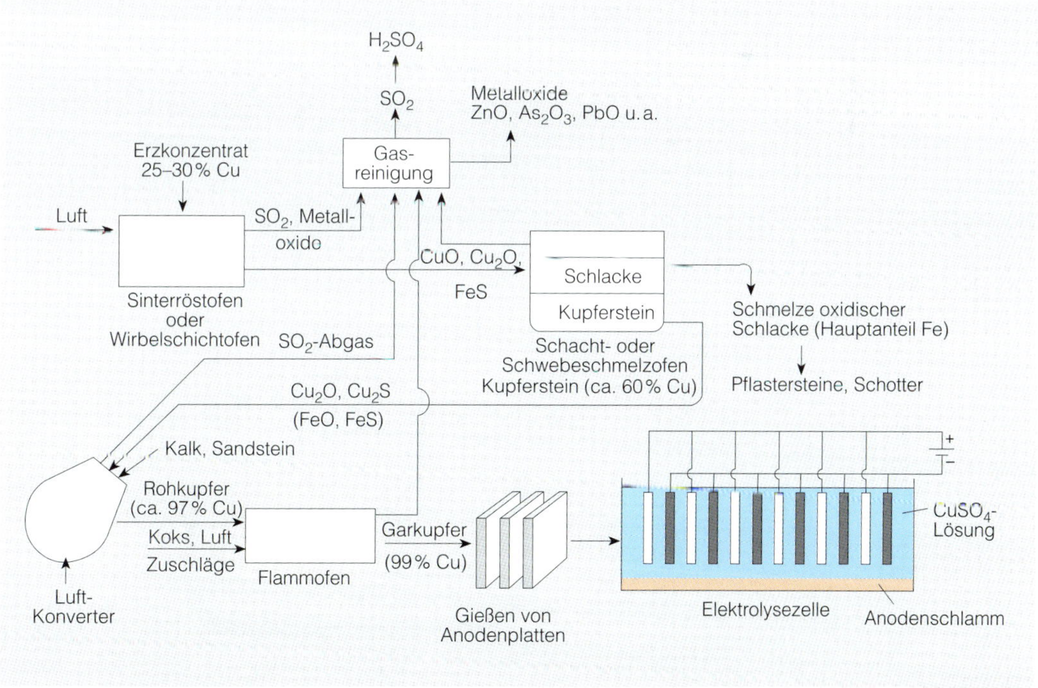

Abb. 7-13 **Schema der Erzeugung von Kupfer**

1. Stufe: $2\,FeS + 3\,O_2 \rightarrow 2\,FeO + 2\,SO_2$
$2\,FeO + SiO_2 \rightarrow Fe_2SiO_4$

Die Schlacke enthält Kupfer und wird zur Erschmelzung von Kupferstein zurückgeführt.

2. Stufe: $Cu_2S + 2\,CuO \rightarrow 4\,Cu + SO_2$
$Cu_2S + 2\,Cu_2O \rightarrow 6\,Cu + SO_2$

Rohkupfer (Schwarzkupfer) enthält ca. 97 % Kupfer. Für elektrotechnische Verwendungen muss es zu einer Reinheit von mindestens 99,5 % raffiniert werden, weil die Beimengungen die elektrische Leitfähigkeit erheblich senken.

Die **Raffination** zu **Garkupfer** mit 99 % Kupfergehalt erfolgt im Flammofen. Man gibt der Schmelze Schlacke bildende Zuschläge zur Bindung weiterer Beimengungen (Fe, Ni) zu. Evtl. noch vorhandene Anteile von Zink, Arsen, Antimon, Blei, Selen, Tellur, Phosphor entweichen als Oxide. Letzte Anteile von Cu_2O, die das Kupfer verspröden bzw. die Plastizität herabsetzen, werden mit Koks reduziert.

Eine Reinheit von 99,99 % Kupfer wird durch elektrolytische Raffination von Garkupfer bei 50 °C erreicht. Man vergießt es zu Anodenplatten, die in schwefelsaurer Kupfersulfat-Lösung anodisch oxidiert werden:

$$Cu^{\pm O} \rightarrow Cu^{2+} + 2\,e^-$$

An der Katode erfolgt die Reduktion zu Kupfer (Elektrolytkupfer):

$$Cu^{2+} + 2\,e^- \rightarrow Cu^{\pm O}$$

Die elektrischen Werte für die Elektrolyse sind so gewählt, dass alle noch vorhandenen unedlen Metalle an der Anode mit dem Kupfer in Lösung gehen, jedoch an der Katode nicht reduziert werden. Edle Metalle oxidieren nicht. Sie gehen in den sogenannten Anodenschlamm über, aus dem man sie gewinnen kann (Ag, Au, Pt, Se, Te u. a.). Die Badspannung beträgt 0,3 V, die Stromdichte $3\,A \cdot dm^{-2}$, der Energieaufwand nur 0,2 kWh je kg Kupfer.

Aus kupferärmeren Erzen (< 1,5 % Cu) kann mit verdünnter Schwefelsäure unter Belüftung Kupfersulfatlösung „ausgelaugt“ werden. Mit Eisenschrott reduziert man die Kupfer-Ionen („Zementieren“):

$$Cu^{2+} + Fe \rightarrow Cu^{\pm O} + Fe^{2+}$$

Das Produkt kann zu Rohkupfer für die Elektrolyse ausgeschmolzen werden.

7.8 Gewinnung von Aluminium durch Schmelzfluss-Elektrolyse

Die Erzeugung von Aluminium, Magnesium u. a. unedlen Metallen unterscheidet sich sehr stark von der Gewinnung des Eisens und Stahls. Die Ausgangsverbindungen sind chemisch sehr stabil, so dass die Reduktion mit Kohlenstoff oder Kohlenstoffmonoxid nicht möglich ist. Beispielsweise würde sich bei der Reaktion von Aluminiumoxid mit Kohlenstoff die noch energieärmere Verbindung Aluminiumcarbid bilden.

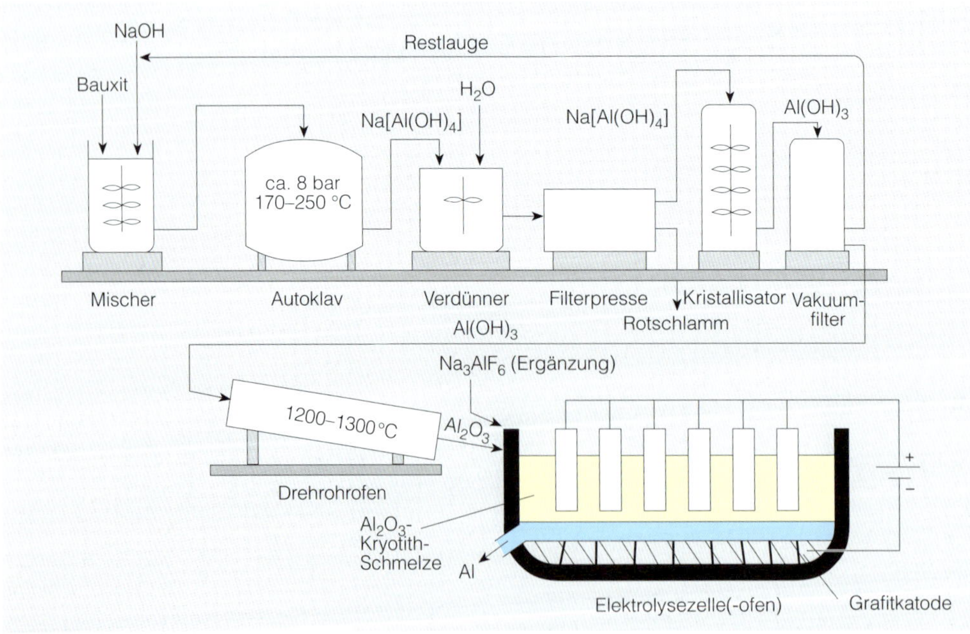

Abb. 7-14 Schema der Erzeugung von Aluminium in der Schmelzfluss-Elektrolyse (Bayer-Verfahren)

Sehr unedle Metalle (Li, Na, K, Be) werden ausschließlich oder bevorzugt (Ca, Mg) durch Schmelzfluss-Elektrolyse aus ihren Chloriden und Aluminium aus Aluminiumoxid gewonnen.

Aufgabe
Begründen Sie, weshalb die genannten Metalle nicht durch Elektrolyse wässriger Chlorid-Lösungen erzeugt werden können!

Obwohl Aluminium das dritthäufigste Element der Erdrinde ist, kommen nur wenige reichhaltige Lagerstätten vor. Diese bestehen aus einem Verwitterungsprodukt aluminiumhaltiger Silikate (Eruptivgesteine), vor allem des Feldspates. Das Erz wird **Bauxit** genannt. Es enthält 55 bis 65 Masse-% $Al_2O_3/Al(OH)_3$, daneben Eisen(III)-oxid Fe_2O_3, Titandioxid TiO_2, Siliziumdioxid SiO_2, Natrium-Aluminium-Silikate u. a. Beimengungen, die abgetrennt werden müssen.

Die Erzeugung von Aluminium gliedert sich in die Gewinnung von reinem Aluminiumoxid Al_2O_3 (Tonerde) und die Zerlegung der Schmelze durch Elektrolyse (Abb. 7-14).

Zunächst wird gemahlener, getrockneter Bauxit mit wässriger Natronlauge (ca. 8 mol · l^{-1}) im Autoklaven bei 170 bis 230 °C und etwa 8 bar einige Stunden behandelt. Dabei löst sich Aluminiumoxid/-hydroxid zu Natriumtetrahydroxoaluminat $Na[Al(OH)_4]$. Die Lauge wird gefiltert. Als unlöslicher Schlamm („Rotschlamm") fallen an: $Fe(OH)_3$ (bis 50 % Fe_2O_3, z. T. im Hochofen eingesetzt), SiO_2, TiO_2 u. a.

Nach Abkühlen, Verdünnen und Impfen mit $Al(OH)_3$-Kristallen (sogenannten „Kristallkeimen") kristallisiert das gelöste Aluminium als $Al(OH)_3$ aus. Es wird abgefiltert und anschließend im Drehrohrofen bei 1200 bis 1300 °C zu Al_2O_3 calciniert.

In der zweiten Stufe wird das Aluminiumoxid, das eine Schmelztemperatur von 2045 °C besitzt, mit **Trinatriumhexafluoroaluminat** oder **Kryolith** Na_3AlF_6 gemischt und gemeinsam eingeschmolzen. Dadurch kann der Schmelzpunkt abgesenkt werden, für ein Gemisch aus 15 bis 20 % Al_2O_3 und 85 bis 80 % Na_3AlF_6 auf 940 ... 960 °C. Erst durch die Schmelzmischung entsteht Leitfähigkeit für den elektrischen Strom (spezifische elektrische Leitfähigkeit ca. 400 $\Omega^{-1} \cdot m^{-1}$).

Die Zersetzungsspannung beträgt theoretisch 2,2 V, sie muss aber zur Überwindung des Ohm'schen Badwiderstandes auf 5 bis 7 V heraufgesetzt werden. Die Stromstärke kann bei großen Öfen bis 100 000 A betragen.

Aufgrund dieser elektrischen Parameter schmilzt die Mischung ohne Zusatzheizung. Der Energieaufwand ist beträchtlich. Von allen Gebrauchsmetallen ist die Erzeugung von Aluminiumwerkstoffen am energieintensivsten (neben Magnesium). Gebrauchtes Aluminium muss unbedingt recycelt werden! Für die Erzeugung sind ca. 15 kWh pro kg Aluminium notwendig ($^2/_3$ für die Heizung, $^1/_3$ für die Elektrolyse).

Aufgabe
Wie viel Kilojoule je Tonne Aluminium sind aufzubringen? Wie viele Haushalte (Verbrauch ??00 kWh/a) können damit versorgt werden?

Der Elektrolyse-Ofen besteht aus einer Eisenwanne, die mit Grafitblöcken als Katode belegt ist. In die Schmelze tauchen Kohleanoden ein. An den Anoden entwickelt sich Sauerstoff.

anodische Oxidation:

$$2\,O^- \rightarrow O_2 + 2e^-$$

Bei der herrschenden Temperatur brennen die Elektroden ab. Durch Absenken hält man sie auf einen Abstand von ca. 5 bis 6 cm zur entstehenden Aluminiumschmelze.

Für einen kontinuierlichen Betrieb wurde eine besondere Elektrode entwickelt: In ein Stahlrohr wird von oben eine Paste aus Grafit, Ruß, Anthrazit und Teer ständig nachgefüllt. Bei der Ofentemperatur sintert diese Masse zu fester Elektrodenkohle.

Das Abgas besteht aus Kohlenstoffmonoxid, -dioxid, HF-Gas und mitgerissenen Fluorid-Stäuben. Es muss sehr sorgfältig gereinigt werden, bevor es in die Atmosphäre gelangt (HF ist sehr umweltschädlich: Waldzerstörung, giftig für Mensch und Tiere; vgl. Kap. 13).

Die Vorgänge insbesondere an der Katode sind sehr verwickelt. Wahrscheinlich bildet sich zunächst Natrium und Aluminiumfluorid, die das Aluminium reduzieren und Natriumaluminiumfluorid zurückbilden.

katodische Reduktion:

$$Na^+ + e^- \rightarrow Na^{\pm O}$$

$$3\,Na^{\pm O} + 2\,AlF_3 \rightarrow Al + Na_3AlF_6$$

Damit vermitteln die Natrium-Ionen die Leitfähigkeit der Schmelze. Die Summengleichung für die Schmelzfluss-Elektrolyse lautet formal:

$$2\,Al_2O_3 \rightarrow 4\,Al + 3\,O_2$$

Die Dichte des Kryoliths beträgt bei der vorliegenden Temperatur 2,21 g · cm^{-3}, die des Aluminiums 2,41 g · cm^{-3}. Somit schwimmt das geschmolzene Kryolith auf der Aluminiumschmelze und bildet einen Oxidationsschutz. Das Aluminium wird mit Vakuumpumpen in Abständen abgesaugt. Die Reinheit beträgt 99,5 bis 99,9 %. Höhere Reinheit lässt sich durch weitere, speziell gestaltete Elektrolyse erreichen.

Verbrauchtes Aluminiumoxid wird ergänzt. 5 Tonnen Bauxit liefern 2 Tonnen Aluminiumoxid bzw. 1 Tonne Aluminium. Für diese Masse sind zusätzlich ca. 75 kg Kryolith, 500 bis 600 kg Elektroden-Grafit und 15 000 kWh notwendig.

An einem fluoridfreien Verfahren wird noch Entwicklungsarbeit geleistet. Es basiert auf oxid- und vollständig wasserfreiem Aluminiumchlorid, dessen Erzeugung noch Probleme bereitet. In Pilotanlagen gelingt die Schmelzfluss-Elektrolyse mit folgenden Masseanteilen: 5 % $AlCl_3$, 53 % NaCl und 42 % LiCl bei ca. 700 °C.

7.9 Überblick über die Gewinnung weiterer Metalle durch Redoxvorgänge

Das wichtigste und billigste Reduktionsmittel, das in großer Menge zur Verfügung steht, ist Kohlenstoff in Form von Koks und Kohlenstoffmonoxid. Es eignet sich jedoch nicht für alle Prozesse der Metallgewinnung.

Die Reduktion hängt von verschiedenen Bedingungen ab, erstens von der Stabilität der Edukte und zweitens von den Reduktionsmitteln. Die reduzierende Wirkung des Reduktionsmittels muss ausreichend groß sein. In wässriger Lösung sind dafür die Redoxpotenziale entscheidend (vgl. Abschnitt 11.9). Elementares Zink besitzt ein negativeres Potenzial als beispielsweise Eisen oder Kupfer. Es kann somit Eisen- oder Kupfer-Ionen reduzieren:

$$Zn + Fe^{2+} \rightarrow Zn^{2+} + Fe$$
$$Zn + Cu^{2+} \rightarrow Zn^{2+} + Cu$$

Eine Reduktion von Natrium-Ionen durch Zink ist dagegen nicht möglich, weil Natrium ein negativeres Redoxpotential im Vergleich zu Zink hat.

Ein Element kann in wässriger Lösung Ionen von solchen Redoxpaaren reduzieren, die ein positiveres Potenzial besitzen.

Zweitens ist bei der Reduktion der Metallverbindungen auch der Aggregatzustand von Bedeutung. Wenn z. B. ein gasförmiges Reduktionsmittel (CO, H_2) auf ein Metalloxid einwirken soll, ist nicht das Redoxpotenzial gültig, es ist die thermische Stabilität des Oxids entscheidend. Der Druck des Sauerstoffs p_{O_2}, den ein Oxid bei einer bestimmten Temperatur besitzt, bestimmt die Gleichgewichtslage der Reaktion:

$$2\,MeO \rightleftharpoons 2\,Me + O_2$$

Mit zunehmender Temperatur ändert sich das Gleichgewicht zugunsten der Produkte. Der thermisch abgespaltene Sauerstoff kann von einem Reduktionsmittel abgebunden werden. Das führt zu einer weiteren Gleichgewichtsverlagerung.

Auch Wasserstoff ist ein bedeutendes Reduktionsmittel. Bei höheren Temperaturen wirkt er stark reduzierend auf weniger stabile Metalloxide. Wasserstoff gibt Elektronen an das Metall ab und wird selbst zu Wasser oxidiert:

$$CuO + H_2 \rightarrow Cu + H_2O$$

Oxidation: $H_2 \rightarrow 2\,H^+ + 2e^-$
(Elektronendonator, Reduktionsmittel)

Reduktion: $Cu^{2+} + 2\,e^- \rightarrow Cu$
(Elektonenakzeptor, Oxidationsmittel)

Silicium wird als Reinststoff für die Mikroelektronik durch Reduktion von Trichlorsilan HSiCl3 (Oxidationszahl II+) mithilfe von Wasserstoff gewonnen:

$$HSiCl_3 + H_2 \rightarrow Si + 3\,HCl$$

Oxidation: $H_2 \rightarrow 2\,H^+ + 2e^-$

Reduktion: $Si^{II+} + 2\,e^- \rightarrow Si$

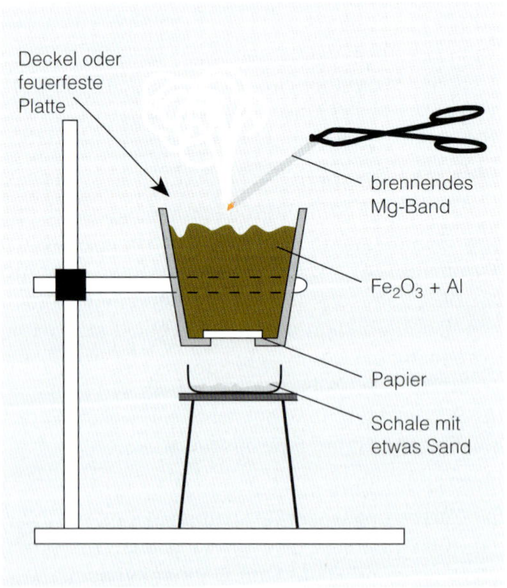

Abb. 7-15 Versuchsanordnung für die Gewinung durch aluminothermische Prozesse

Auch unedle Metalle können als Reduktionsmittel angewendet werden. Sie entziehen Oxiden edlerer Metalle Sauerstoff.

In sogenannten **aluminothermischen Prozessen** gewinnt man auf diese Weise Metalle wie Mangan Mn, Chrom Cr und Vanadium V mithilfe von Aluminium (vgl. Übersicht 7-2).

$$Fe_2O_3 + 2\,Al \rightarrow 2\,Fe + Al_2O_3$$

Oxidation: $2\,Al \rightarrow 2\,Al^{3+} + 6\,e^-$

Reduktion: $2\,Fe_{3+} + 6\,e^- \rightarrow 2\,Fe$

Aufgaben

Wie lauten die Redoxgleichungen für die Reduktion
a) von Germanium(IV)-oxid und Molybdän(VI)-oxid durch Wasserstoff?
b) von Bismut(III)-oxid und Zinn(IV)-oxid durch Kohlenstoffmonoxid?
c) von Titantetrachlorid und Berylliumchlorid durch Magnesium?
d) von Vanadium(V)-oxid durch Calcium?
e) von Chrom(III)-oxid, Mangan(III)-oxid, Mangan(IV)-oxid und Calciumoxid durch Aluminium?

7.10 Weiterverarbeitung der Erdölfraktionen – Gewinnung von Verbindungen

7.10.1 Raffination

Aufgabe

Informieren Sie sich in Teil 1, Abschnitt 3.6.6 über die fraktionierende Destillation von Erdöl!

Die Destillation von Erdöl in Glockenbodenkolonnen bei Atmosphärendruck ergibt in verschiedenen Siedebereichen aufgetrennte Fraktionen, die aus Kohlenwasserstoff-Gemischen bestehen (vgl. Teil 1, Übersicht 3-6). Je nach Herkunft des Öls enthalten die Fraktionen wechselnde Anteile an Alkanen, Cycloalkanen, Aromaten und atmosphärische Rückstände mit Bitumen. Außerdem können unterschiedliche Mengen an Wasser, gelösten Salzen sowie Sauerstoff-, Schwefel-, Stickstoff-, Schwermetallverbindungen enthalten sein, die bei der Verwendung oder bei der weiteren Verarbeitung stören. Beispielsweise gehen Schwefelverbindungen beim Verbrennen des Benzins im Motor in Schwe-

Gewinnung einiger Metalle durch Reduktionsmittel

Reduktionsmittel und Verfahren	Metallverbindungen (Ausgangsstoffe)	Metalle (Produkte)
thermische Reduktion durch Kohlenstoff/ Kohlenstoffmonoxid	meist Oxide	Sn, As, Sb, Bi, Pb, Cd, Zn Fe (Metalle, die kein Carbid bilden, sowie Fe); Si (Elektroofen)
thermische Reduktion durch Wasserstoff	Oxide NH_4ReO_4 $HSiCl_3$	Mo, W, Ge, Ni Re Reinst-Si
thermische Zersetzung	Iodide HgS (einschl. Abrösten) $Ni(CO)_4$	Ti, Hf, Zr, V Hg Ni
Schmelzflusselektrolyse	Chloride, Fluoride Fluorkomplexe	Li, Na, K, Be, Mg, Ca, Sr, Sc, Y, La, Ac, Th Al, Ta
Elektrolyse wässriger Lösungen	Chloride, Sulfate	Co, Ni, Zn, Cd, Ga, In, Tl (Mn, Re unter bestimmten Bedingungen)
thermische Reduktion mit unedleren Metallen	Chloride, z. T. Fluoride	mit Ca als Reduktionsmittel: V, Ce, Pr, Gd, Sm mit Na als Reduktionsmittel: Ti, Ta mit Mg als Reduktionsmittel: Ti, Be
	Oxide	mit Al als Reduktionsmittel (Aluminothermie, aluminothermische Verfahren): Mn, Si, Cr, Ni, Ca, Co, Ba, Sr, Th, Fe

Übersicht 7-2

feldioxid über oder sie vergiften bei der Weiterverarbeitung von Fraktionen die Katalysatoren. Diese Stoffe müssen durch **Raffination** abgetrennt werden. Des Weiteren sind wertvolle Substanzen wie Aromaten enthalten, die als wichtige Grundstoffe für weitere Synthesen abgetrennt werden müssen.

Die Raffinationsprozesse beruhen darauf, dass die genannten Verbindungen reaktionsfähiger sind als die Kohlenwasserstoffe.

Die **Entschwefelung** verschiedener Fraktionen erfolgt u. a. durch Druckraffination bei etwa 370 °C. Die Dämpfe werden zusammen mit Wasserstoff über Cobalt-Molybdän-Katalysatoren geleitet. Die Schwefelverbindungen spalten dabei Schwefel als Schwefelwasserstoff ab. Dieser wird an einem weiteren Katalysator zu Schwefel umgesetzt.

In hochsiedenden Anteilen wie z. B. Schweröl sind feste Paraffine (Hartparaffin C_{20} bis C_{40}) gelöst. Bei tiefen Temperaturen führen sie zum Erstarren der Mischung. Bei der **Entparaffinierung** bringt man diese Verbindungen durch Abkühlung zur Kristallisation und filtriert sie ab.

Gelöstes Bitumen und verharzend wirkende Produkte werden durch Behandlung mit Schwefelsäure abgeschieden. Filtern mit Aktivkohle führt zur **Farbaufhellung** von Ölen.

Aufgabe

Informieren Sie sich in Teil 1, Abschnitt 3.6.6 über die Hauptfraktionen der Rohöltrennung!

7.10.2 Erhöhung der Benzinausbeute durch Cracken („Molekülverkleinerung“)

Die Zusammensetzung der Benzinanteile des Erdöls entspricht nicht dem Bedarf an Vergaserkraftstoff. Außerdem genügt das Rohbenzin (Straight-run-Benzin) meist nicht den Qualitätsanforderungen, weil es zu große Anteile an n-Alkanen enthält. Dadurch ist seine Klopffestigkeit infolge niedriger Zündtemperatur zu gering.

Um den Benzinanteil zu erhöhen, werden Moleküle mit längeren Ketten, wie sie in Petroleum, Gasöl und Schweröl enthalten sind, durch endothermes **Cracken** (engl. brechen) in kurzkettige Moleküle mit 5 bis 9 Kohlenstoffatomen überführt. Es entstehen Crackbenzin aus Alkanen und Alkenen sowie niedermolekulare Alkene, Wasserstoff und Ruß. Aufgrund des Alkenanteils ist das Benzin von besserer Qualität als reines n-Alkan-Benzin.

Das Cracken führt je nach den Reaktionsbedingungen zu unterschiedlicher Zusammensetzung der Produkte:

a) **Thermisches Cracken** (thermische Spaltung) mit rascher Abkühlung der Crackprodukte oder **katalytisches Cracken** mit Alumosilikat-Katalysatoren bei Normaldruck in Wirbelschichtreaktoren:

$$\text{Petroleum, Gasöl} \xrightarrow{500\,°C \text{ oder Kat./}500\,°C} \text{Benzin} + H_2 + \text{Ruß}$$

z. B. $C_{10}H_{22} \rightarrow C_8H_{18} + C_2H_4$

$C_{10}H_{22} \rightarrow C_7H_{14} + C_2H_4 + 2\,H_2 + C$

b) **Hydrocracken,** hydrierende Spaltung bei 350 bis 450 °C und 3 bis 40 MPa mit Alumosilikat-NiS/WS_2 oder CoS/MoS_2-Katalysator (sog. bifunktioneller Katalysator für die Spaltung und Hydrierung)

Schweröl + H_2 → Benzin (kurzkettige Alkane, Alkene)

c) **Hochtemperaturcracken** oder **Kohlenwasserstoffpyrolyse**

$$\text{Benzine} \xrightarrow{850\,°C} \text{Ethen, Propen, Buten, Butadien} \rightarrow$$

Synthese von organischen Verbindungen, Kunststoffen, Kautschuk

7.10.3 Qualitätsverbesserung der Benzine durch Reforming-Prozesse („Molekülumbau“)

Durch Umwandlung der n-Alkane in Isoalkane, cyclische Alkane, Alkene und Aromate kann man Benzin verdichtbarer machen („klopffester“). Es gibt verschiedene Verfahrensvarianten, z. B. das Platformen (**Plat**in-Re**formen**) am Platinkontakt:

$$\text{n-Alkan-Benzin} + H_2 \xrightarrow[15\,\ldots\,17\text{ bar}]{Pt\text{-}Al_2O_3/500\,°C} \text{Isoalkane, Naphthene, Aromate, Alkene}$$

Durch Isomerisierung entstehen verzweigte Kohlenwasserstoffe, z. B.

$CH_3-CH_2-CH_2-CH_2-CH_2-CH_2-CH_2-CH_3$ →

n-Octan

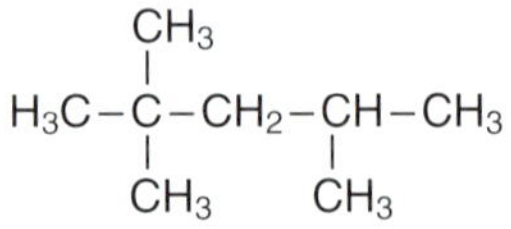

Isooctan, 2,2,4-Trimethylpentan

Bei Verwendung von Katalysatoren auf stark sauren Trägern (Aluminiumsilikate) entstehen bei Reforming-Prozessen ringförmige Verbindungen in sehr hohem Anteil (bis 90 %), vor allem Aromaten.

Sie werden aus Alkanen und Alkenen über Isomerisierung, Dehydrierung und Dehydrocyclisierung gebildet, z. B.:

$H_2C=CH-CH(CH_3)-CH_2-CH_3 \longrightarrow$

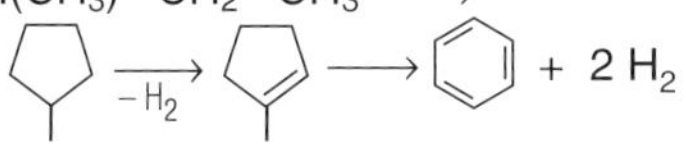

Schwerbenzin enthält Naphthene wie Cyclopentan, Cyclohexan, Methylcyclohexan u. a. Sie werden bei Reformingprozessen ebenfalls zu Aromaten, z. B. zu **B**enzen, **T**oluen und **X**ylenen (BTX-Aromaten) dehydriert bzw. zu C_6-Naphthenen isomerisiert:

$C_6H_{12} \rightarrow C_6H_6 + 3\,H_2$

$C_6H_{11}-CH_3 \rightarrow C_6H_5-CH_3 + 3\,H_2$

$C_5H_9-CH_3 \rightarrow C_6H_{12}$

Die anfallenden Mischungen sind wichtiger Ausgangsstoff für die Gewinnung der BTX-Aromaten.

7.10.4 Aufarbeitung der atmosphärischen Rückstände

Die bei der Destillation von Rohöl anfallenden atmosphärischen Rückstände, oft als Bitumen bezeichnet ($T > 360\,°C$), enthalten noch wertvolle Inhaltsstoffe. Sie werden nach Entwässerung und Entsalzung durch Vakuumdestillation in Vakuumdestillate ($T < 550\,°C$) und Vakuumrückstand zerlegt.

Die Vakuumdestillate enthalten höhere Alkane, die zu Schmierstoffen aufgearbeitet werden. Aus festen Paraffinen gewinnt man Pflegemittel (Möbel-, Autopolituren, Holzwachse, Fußbodenpflegemittel u. a.), Kerzen, Obst- und Käsewachse, Hahnfette u. a. Sie dienen auch für die Herstellung von Paraffinölen und wegen ihrer chemisch-physiologischen Neutralität von Grundsubstanzen für kosmetische Cremes, Salben sowie Lippenstifte. In Anteilen werden die höheren Paraffine zu Synthesegas zerlegt. Die Vakuumrückstände werden mit Luft bei 180 bis 360 °C zu Bitumen verblasen. Dabei werden durch den Sauerstoff Moleküle vernetzt. Sie sind wichtige Stoffe für den Straßenbau, die Herstellung wasserdichter Beschichtungen im Bauwesen, die Beschichtung von Pappen, Geweben (Dachpappe) und für sonstige Dichtzwecke (Kaltanstriche, Dachlack). Außerdem entstehen beim Verblasen durch Cracken flüssige Anteile an Crackbenzin, Heiz- und Mittelöl.

7.10.5 Gewinnung einiger Olefine und ihre weitere Verwendung

Die Nachfrage nach Ethen ist sehr groß. In Ländern mit Erdölgewinnung wird das Gas aus Sondengasen, die Ethan, Propan und Butan enthalten, durch Druckverflüssigung gewonnen. Der Bedarf kann dadurch nicht gedeckt werden. Ethen muss in großem Umfang industriell erzeugt werden.

Die Gewinnung niederer Olefine erfolgt aus Straight-run-Benzinen, die Siedetemperaturen > 200 °C besitzen. Die Benzine leitet man sehr schnell durch Rohrreaktoren aus Chrom-Nickel-Stahl bei Temperaturen um 850 °C. Wasserdampf wird als Verdünnungsmedium beigemischt. Bei niedrigerer Temperatur ist die Ausbeute gering, bei höherer Temperaturen ist die Bildung von Ethin bevorzugt. Die Zerlegung erfolgt bei geringem Überdruck durch Kohlenwasserstoff-Pyrolyse (Crackung). Es entsteht ein sehr vielfältiges Gemisch von verschiedenen, vor allem ungesättigten und aromatischen Kohlenwasserstoffen. Das Reaktionsgemisch wird in Stufen in Wärmetauschern (Spaltgaskühler) schnell abgekühlt, damit die ungesättigten Verbindungen erhalten bleiben. Die Abwärme nutzt man zur Bereitung von Wasserdampf.

Die flüssigen Bestandteile kondensieren (BTX-Aromate, Butene, Naphthalen, Pyrolyse-Benzin, Pyrolyseöl u. a.) und die gasförmigen Anteile (Ethen, Propen, Propan, Buta-1,3-dien, Butane, Butene, Methan und Wasserstoff) werden mit Druck verflüssigt.

Durch Tieftemperatur-Druckdestillation erfolgt die Abtrennung von Ethylen und Propylen (Reinheit > 99,9 %). Die Ausbeute an Ethylen beträgt 25 bis 33 %. Methan und Wasserstoff werden als Heizgas verwendet.

Der Einsatz von Gasöl erbringt nur ca. 25 % Ethen und hohen Aromatengehalt > 25 %. In den Rohrreaktoren kommt es dabei zu Ablagerungen von Ruß und Teeren.

Ethen ist eine der wichtigsten Ausgangsverbindungen für eine große Anzahl weiterer Stoffe wie Polyethylen, Ethylen-Copolymere, PVC, Polyvinylalkohol, Ethylendiamin, Ethylchlorid, Ethanol, 1,2-Dichlorethan, Ethylenoxid und viele Folgeprodukte wie Acetaldehyd, Essigsäure, n-Butanol, Vinylacetat, Styren.

Propen wird u. a. zur Synthese von Polypropylen und Copolymeren, Cumol für die Phenol-Synthese, Isopropanol, Propylenoxid, Glycerin, Acrylsäure, Acrylnitril u. a. sowie in größeren Mengen als Flüssiggas verwendet.

Die flüssigen Pyrolyseverbindungen enthalten als Hauptprodukt **Buta-1,3-dien** (30 – 60 %). Es kann nicht quantitativ von den anderen C_4-Kohlenwasserstoffen (n-Butan, Isobutan, Isobuten 20 – 30 %, Buten-1 bis 20 %) durch einfache Destillation abgetrennt werden. Das gelingt aber mit Zusatz z. B. von Dimethylformamid DMF (Extraktivdestillation), wodurch das Verhältnis der Dampfdrücke zugunsten des Butadien (Reinheit 99 %) verändert wird. Bei der Erzeugung von Ethen durch Kohlenwasserstoffpyrolyse entsteht mehr Butadien als für die Erzeugung von Synthesekautschuk, Chloropren, ABS-Copolymeren, Hexandiamin für Polyamide und Weichmacher auf der Basis von Phthalsäure benötigt wird.

Nach der Abtrennung von Butadien wird **Isobuten** von den weiteren C_4-Verbindungen mit kalter Schwefelsäure oder mit Methanol als *tert.* Butylhydrogensulfat bzw. Methyl-*tert*-Butylether isoliert. Beim Erhitzen wird das Isobuten wieder freigesetzt (Herstellung von 2-Butanol, 2-Butanon, Butylkautschuk, Polyisobuten, C_5-Alkohole und -aldehyde durch Oxo-Synthese, Treibstoffzusatz für die Erhöhung der Octanzahl).

Das Pyrolysebenzin enthält u. a. C_5-Kohlenwasserstoffe und BTX-Aromate, die daraus destilliert werden.

7.10.6 Gewinnung von BTX-Aromaten

Benzen, Toluen und die **Xylene** sind wichtige Rohstoffe. Benzen befindet sich mit Anthracen und weiteren höheren polycyclischen Aromaten im „Anthracenöl“, das beim Waschen von Kokereigas anfällt.

Weitere Quellen sind die Produkte des Reformings und der Kohlenwasserstoff-Pyrolyse (vgl. voranstehende Abschnitte).

An die Aromaten werden hohe Reinheitsanforderungen gestellt. Das Rohbenzol aus der Kokerei enthält viele weitere Verbindungen. Sie werden durch katalytische Hydroraffination bei 300 bis 400 °C mit Druck (2 bis 4 MPa) beseitigt, vor allem die Schwefelverbindungen. Auf gleiche Weise werden aus dem Pyrolyse-Benzin die Olefine entfernt.

Die BTX-Aromaten gewinnt man durch Extraktivdestillation sowie durch Flüssig-flüssig-Extraktion (Aromatenextraktion) mit Diethylenglycol/Triethylenglycol (UDEX-Verfahren), Tetramethylensulfon (SULFOLAN-Verfahren) u. a.

Für die Farbstoff-Gewinnung werden Anthracen aus Steinkohlenteer und Naphthalen aus hochsiedenden Fraktionen des Erdöls und des Steinkohlenteers isoliert.

Benzen ist der wichtigste Ausgangsstoff für die industrielle Herstellung von aromatischen Verbindungen wie Alkylbenzole, Cyclohexan, Styren, Cumol, Phenol, Nitrobenzol, Chlorbenzol, Benzolsulfonsäure, Benzaldehyd, aliphatisch-aromatische Ketone, ε-Caprolactam u. a. sowie für viele Folgeprodukte aus diesen Verbindungen wie Anilin, Anilinfarbstoffe, Polystyrol, Phenol-Formaldehyd-Harze, Polycarbonat, Tenside. Damit nimmt Benzen eine Schlüsselrolle für die Synthese aromatischer Verbindungen ein.

7.10.7 Synthese von Methanol

Methylalkohol nimmt als Syntheserohstoff eine ähnlich wichtige Schlüsselstellung in der chemischen

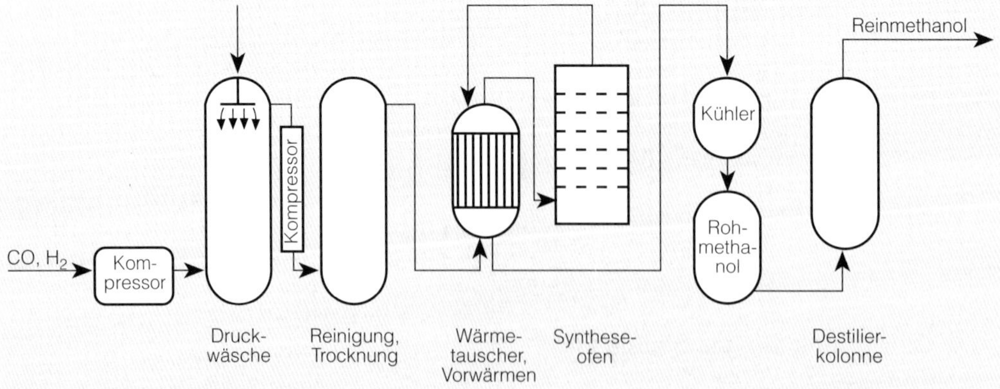

Abb. 7-16 Schema der Methanolsynthese

Industrie ein wie Benzen. Methanol wird aus Synthesegas mithilfe von CuO/Cr_2O_3- oder CuO/ZnO-Hydrier-Katalysatoren, einem Druck von 6 bis 10 MPa und einer Temperatur von 250 bis 300 °C in Etagen- oder Rohrbündelreaktoren erzeugt:

$$CO + 3\,H_2 \rightleftarrows CH_3OH \qquad \Delta H = -92\ kJ \cdot mol^{-1}$$

Als Nebenprodukt entsteht Dimethylether, der leicht abdestilliert werden kann. Ein geringer Wasserstoffüberschuss begünstigt die Reaktionsgeschwindigkeit und drängt die Bildung von Olefinen zurück. Die Synthesegase müssen vor der Reaktion vor allem von Schwefelverbindungen gereinigt sein, um die Katalysatoren nicht zu vergiften. Dazu dienen Druckwäsche sowie Trocknung und Absorption in einem Absorber. Zur Vermeidung einer zu starken Erwärmung des Reaktors durch die Reaktionswärme wird kaltes Synthesegas zugemischt oder mit Wasser gekühlt.

Das Gasgemisch wird außerhalb des Reaktors zur Kondensation des Methanols in einem Wärmeaustauscher gekühlt und entspannt. Mit der Abwärme wird Hochdruckdampf erzeugt. Nach weiterer Kühlung kondensiert Rohmethanol, das einer Reinigungskolonne zugeführt wird. Nicht umgesetztes Gas führt man in den Kreislauf zurück (vgl. Abb. 7-16).

Methylalkohol ist ein wichtiges Lösungsmittel (ca. 8 % des Weltverbrauchs). Folgeprodukte des Methanols sind Formaldehyd (ca. 37 %), Methyl-*tert*-Butylether (ca. 15 %; Kraftstoffzusatz für die Erhöhung der Octanzahl), Essigsäure (durch Carbonylierung), Methylchlorid und weitere Methylchloride, Methylamine, Dimethylformamid DMF (selektives Lösungsmittel für die Gaswäsche- und Extraktivdestillation), Dimethylterephthalat, Methylmethacrylat.

7.11 Kunststoffsynthesen

7.11.1 Polymerisation

> Bei der Polymerisation verbinden sich ungesättigte Monomere (Mikromoleküle) zu Makromolekülen, ohne ein Nebenprodukt zu erzeugen. Die Doppelbindungen spalten sich auf, und es bilden sich Einfachbindungen zwischen den Monomereinheiten aus.

Bei der **Radikalpolymerisation** wird der **Start** durch sogenannte Startersubstanzen ausgelöst. Geeignet sind dafür Verbindungen, die beim Erwärmen in **Radikale** zerfallen.

Die ungepaarten Elektronen der Starterradikale (Symbol St·) entziehen der Doppelbindung eines Monomermoleküls $CH_2{=}CH(R)$ ein Elektron und bilden eine Atombindung. Die Folge davon ist ein ungepaartes Elektron am Monomer:

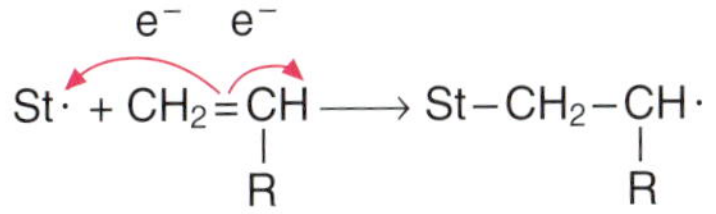

Das ungepaarte Elektron „sucht" bei einem nächsten Monomer wiederum ein Elektron. Das führt zu einem neuen Radikal. Dieser Vorgang wiederholt sich n-mal, wobei n die Anzahl der Monomere im Makromolekül oder der **Polymerisationsgrad** ist. Es erfolgt das **Kettenwachstum:**

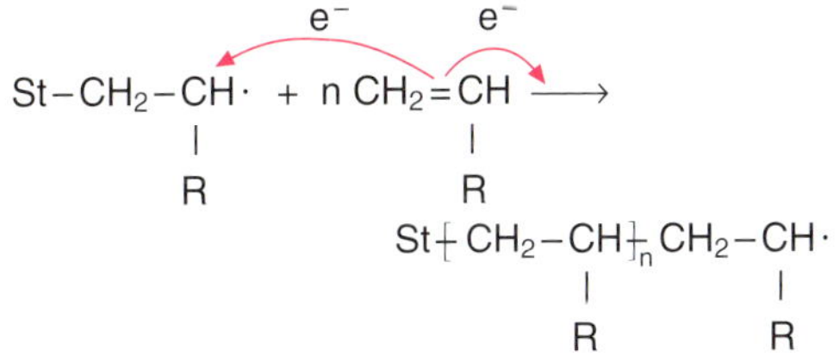

Ein Abbruch des Kettenwachstums erfolgt z. B. durch Reaktion von zwei Radikalen:

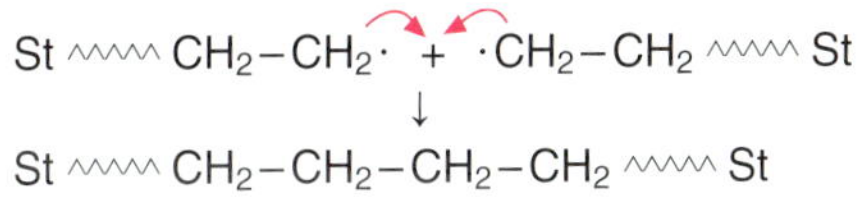

Die Polymerisation kann auch über eine Elektronenverschiebung im Monomer (Polarisation) und Ionenbildung erfolgen.

Bei der **kationischen Polymerisation** bindet z. B. das Proton einer Säure HX die π-Elektronen. Das Anion lagert sich locker an das positivierte C-Atom an, das weitere Monomere bindet. Das wachsende Molekül ist am Kettenende positiv geladen:

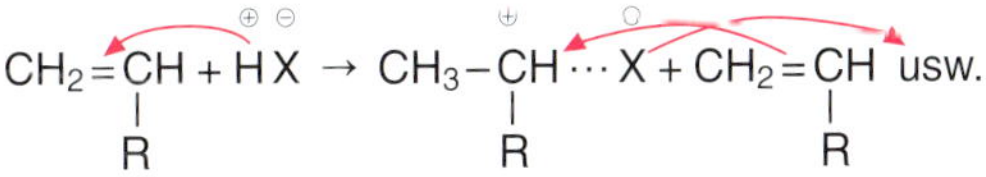

Bei der **anionischen Polymerisation** reagiert das Monomer mit einem stark basischen Anion (nucleophiles Reagenz). Es wird durch Elektronenschub negativ und verdrängt im nächsten sich anlagernden Monomer die π-Elektronen, wodurch eine Bindung erfolgt usw.

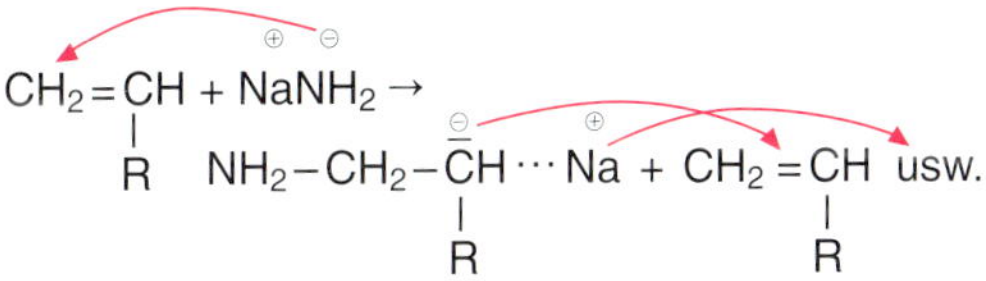

Das wachsende Molekül ist am Kettenende negativ geladen.

7.11.2 Synthese von Polyethylen

Polyethylen wird nach verschiedenen Verfahren hergestellt, vor allem in Hochdruck- und Niederdruck-Verfahren. In den chemischen Eigenschaften gleichen sich die Produkte. **Hochdruck-Polyethylen** ist wegen Bildung von Molekülverzweigungen aber härter und fester als **Niederdruck-Polyethylen.**

Im **Hochdruckverfahren** reagiert Ethylen mit einem Radikalbildner (z. B. Sauerstoff) in einer Kettenreaktion bei 150 bis 300 °C und einem Druck von 150 bis 350 MPa im Rühr- oder Rohrreaktor. Mit Letzterem erreicht man eine höhere Ausbeute (bis 35 %). Die über 100 m langen Rohrreaktoren werden anfangs zur Einleitung der Polymerisation erwärmt und in späteren Abschnitten gekühlt, um die Reaktionswärme abzuführen.

Bei den herrschenden Bedingungen befindet sich Ethylen im überkritischen Zustand und löst das sich radikalisch bildende Polyethylen sowie niedermolekulare Polyethylenwachse.

Die Trennung des nicht umgesetzten Gases erfolgt in Abscheidern nach Entspannung des Gemischs auf 15 bis 30 MPa. Nach weiterer Drucksenkung werden die Polyethylenwachse abgetrennt. Das Polyethylen fällt als Schmelze an und wird nach Zusatz von Stabilisatoren, evtl. von Farbstoffen im Schneckenextruder gekühlt und granuliert.

Niederdruckverfahren werden in unterschiedlicher Weise als Lösungsverfahren (mit Hexan und Cyclohexan als Lösungsmittel bei 130 bis 175 °C und einem Druck bis 8 MPa), als Gasphasenverfahren (bei 80 bis 100 °C und 2 MPa) oder als Fällungsverfahren durchgeführt.

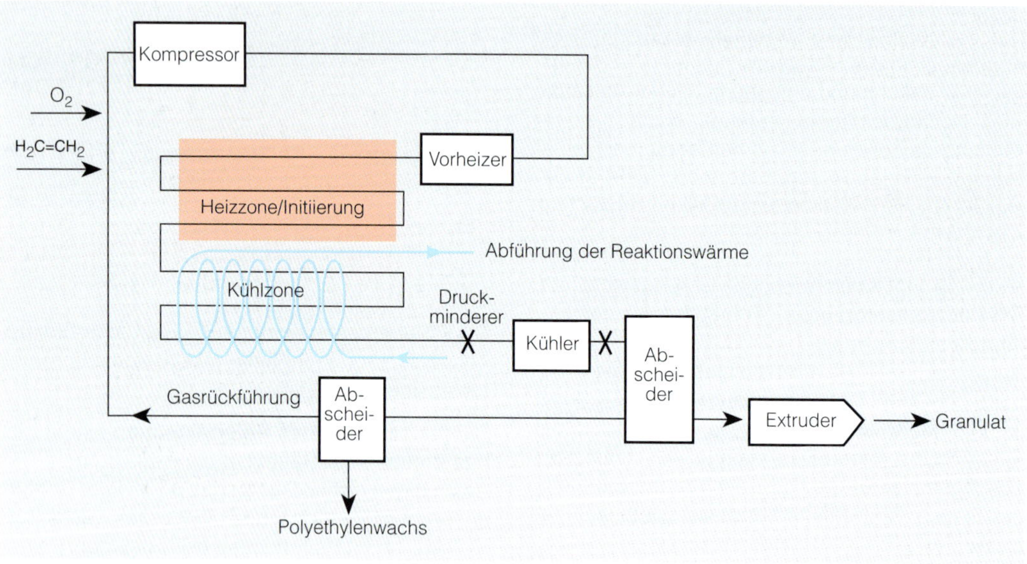

Abb. 7-17 **Schema der Hochdruckpolymerisation**

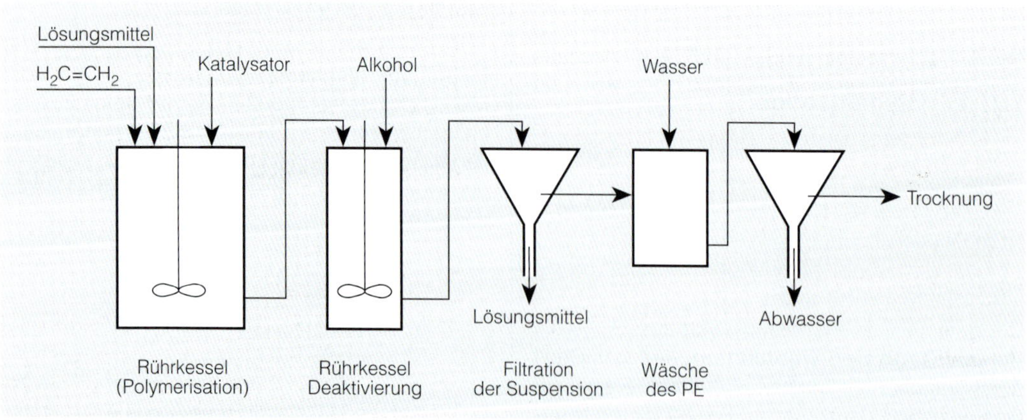

Abb. 7-18 **Schema der Niederdruckpolymerisation nach dem Slurry-Verfahren**

Beim **Slurry-Fällungs-Verfahren** löst man in Rührreaktoren Ethylen in Hexan/Cyclohexan und mischt in geringen Mengen sog. Ziegler-Natta-Katalysatoren hinzu (Mischkatalysatoren aus metallorganischen Verbindungen des Aluminiums mit organischen Verbindungen der Übergangsmetalle Ti, Zr, Cr u. a.). Bei 2 bis 3 MPa und 60 bis 110 °C erfolgt die Polymerisation. Das Polyethylen fällt aus. Die Suspension wird mit niederen Alkoholen zur Zersetzung des Katalysators (Abbau in lösliche Bestandteile) behandelt. Danach erfolgt das Abtrennen des Lösungsmittels durch Filtration, das Waschen, Trocknen und Granulieren des Polyethylens.

7.11.3 Synthese von Kautschuk

Die typischen Grundsubstanzen für die synthetischen Elastomere sind die **Kautschuke.** Sie werden aus Dienen durch Polymerisation erzeugt. Je nach Bedingungen (Starter, Katalysator, Temperatur) entstehen bei der Addition von 1,3-Butadien Polybutadienmoleküle verschiedener Struktur und Eigenschaften.

a) Die **1,2-Addition** erfolgt vor allem bei Verwendung von Natrium:

$$n\,CH_2{=}CH{-}CH{=}CH_2 \xrightarrow{(Na)} \left[CH_2{-}CH(CH{=}CH_2){-}CH_2{-}CH(CH{=}CH_2) \right]_{\frac{n}{2}}$$

Die sogenannten Buna-Kautschuke (von **Bu**tadien und **Na**trium) enthalten ca. 10 % Moleküle mit 1,4-Addition. Sie sind zähflüssig-klebrig.

b) Mit beispielsweise organischen Lithiumverbindungen entstehen vor allem kettenförmige Makromoleküle in **1,4-Addition:**

$$n\,CH_2{=}CH{-}CH{=}CH_2 \xrightarrow{(Kat.)} \left[CH_2{-}CH{=}CH{-}CH_2 \right]_n$$

Durch die Doppelbindungen sind die Kautschuke nicht alterungsbeständig gegen Wärme, Licht und Sauerstoff und es fehlt die Gummielastizität. Erwünschte Gebrauchseigenschaften entstehen erst durch Copolymerisation mit Styrol oder Acrylnitril (BS- und BN-Kautschuk), durch Zusätze und Vulkanisation. Die Zusätze verbessern z. B. die Abriebbeständigkeit (Ruß, Zinkoxid), die Oxidationsbeständigkeit u. a.

Der gummielastische Zustand wird erst durch die **Vulkanisation** erreicht. Vulkanisierter Kautschuk wird allgemein als **Gummi** bezeichnet. Dazu wird die Kautschuk-Masse vor der Formung mit Schwefel oder Dischwefeldichlorid S_2Cl_2 (Vulkanisationsmittel) und Beschleunigern gemischt. Bei der Formgebung der Artikel (z. B. Autoreifen) erfolgt in der Wärme (bis ca. 140 °C) die Reaktion von Doppelbindungen mit dem Vulkanisator. Die Kautschukmoleküle werden durch Schwefelbrücken je nach Schwefelanteil schwach oder stärker vernetzt (Weichgummi 5–10 % Schwefel, höhere Anteile in Hartgummi). Die „Gummi-Moleküle“ bilden ein amorphes weitmaschiges „Netz“, das die Gummielastizität verursacht (vgl. Abschnitt 9.6.3/4).

Naturkautschuk ist ein **Polyisopren** mit 1,4-Addition (im Milchsaft des Kautschukbaums enthalten). Der durch Vulkanisation erhaltene Gummi ist weicher und elastischer als synthetischer Gummi. **Isopren** $CH_2{=}C(CH_3){-}CH{=}CH_2$ kann auch synthetisch erzeugt werden. 2-Chlor-1,3-butadien oder **Chloropren** $CH_2{=}C(Cl){-}CH{=}CH_2$ ist das Monomer für vulkanisiertes **Polychloropren** (Neopren, Perbuna C), das chemisch sehr stabil ist.

Polyisobutylen $\left[C(CH_3)_2{-}CH_2 \right]_n$ besitzt die geringste Gasdurchlässigkeit von allen Kautschuken (Autoreifen).

Einige Polyurethane (Weichschäume), Silikone u. a. besitzen ebenfalls gummielastische Eigenschaften.

7.11.4 Synthese von Polykondensaten durch Polykondensation

Bei der **Polykondensation** vereinigen sich Mikromoleküle (Monomere) zu Makromolekülen unter Abspaltung von Wasser oder einer anderen Verbindung.

Eine Polykondensation kann vor sich gehen, wenn die Monomere zwei oder mehr reaktionsfähige, d. h. **funktionelle Gruppen** besitzen.

a) **Synthese von gesättigten Polyestern, z. B. Polyethylenterephthalat** PET:
Die Polykondensation von gesättigten Dicarbonsäuren und gesättigten Diolen (zweiwertige Alkohole) zu **gesättigten Polyestern** läuft in der 1. Stufe in folgender Weise ab:

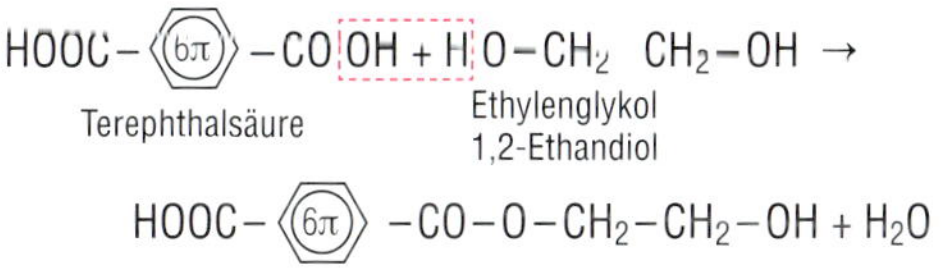

Die entstehenden Estermoleküle haben am Anfang und am Ende des Moleküls je eine funktionelle Gruppe, die mit einem Diol- bzw. mit einem

Dicarbonsäuremolekül in gleicher Weise wie in der 1. Stufe weiterreagiert. Die Moleküle sind wachstumsfähig, solange Monomere vorliegen. Die wiederkehrende Baueinheit ist

$$\left[CO-\left(6\pi\right)-CO-O-CH_2-CH_2-O \right]_n$$

Die –CO–O-Brücke ist die **Esterbindung.** Sie wird von starken Laugen angegriffen. Gesättigte Polyester sind vor allem als Faserstoffe und Verpackungsmaterial (Getränkeflaschen) bedeutsam.

b) **Synthese von ungesättigten Polyesternp UP und ihre Aushärtung**

Ungesättigte Dicarbonsäuren und Diole reagieren zu **ungesättigten Polyestern.** Der Polykondensationsgrad n wird niedrig gehalten, damit zunächst nur zähflüssige Produkte entstehen:

$$n\,HOOC-CH=CH-CO\,OH + n\,H\,O-CH_2-CH_2-OH \rightarrow$$
$$\left[OC-CH=CH-CO-O-CH_2-CH_2-O \right]_n + n\,H_2O$$

Die Doppelbindung kann anschließend mit Styren polymerisiert werden. Zu diesem Zweck wird der ungesättigte Polyester in Styren gelöst und mit einem Starter versetzt. Mit diesem Gemisch tränkt man z. B. Kohlenstofffasern, Glasfasern oder -gewebe. Durch die Polymerisation **vernetzen** die Polyestermoleküle, indem die kettenförmigen Moleküle durch primäre Bindungen miteinander verknüpft werden:

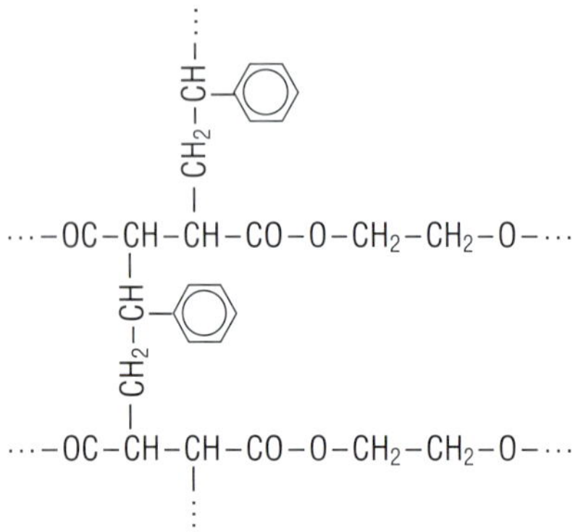

Das Styren wird als Härter bezeichnet. Der entstehende Verbundwerkstoff ist aufgrund der Vernetzung zwischen den Molekülen duroplastisch und unlöslich.

Ähnliche Prozesse des Vernetzens laufen beim Erstarren von Zweikomponenten-Klebern ab.

c) **Synthese von Phenol-Formaldehyd-Harz** PF

Phenol-Formaldehyd-Harze entstehen aus Phenol und Methanal unter Wasserabspaltung.

Der erste Reaktionsschritt wird durch folgende Gleichung beschrieben:

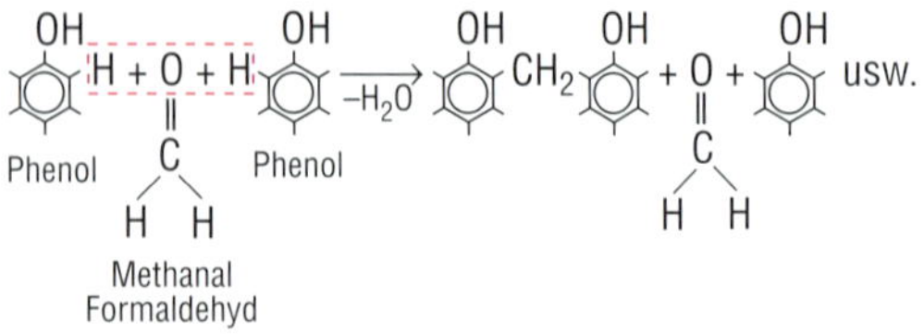

Beim Erhitzen entstehen im weiteren Reaktionsverlauf zunächst fadenförmige Moleküle (bei ca. 100 °C) und danach leicht vernetzte Moleküle (bei ca. 150 °C). Das Reaktionsprodukt kann in diesem Zustand noch geschmolzen werden. Es wird nach dem Abkühlen gemahlen und mit Verstärkungsstoffen (Holzmehl, Faserstoffe, textile Gewebe, Papier) oder mit Füllstoffen (Schiefermehl) vermischt. Bei 160 bis 200 °C werden aus der Masse Formteile gepresst. Dabei vernetzen die Moleküle unter weiterer Wasserabspaltung stark und das Harz wird duroplastisch und unlöslich (vgl. Abschnitt 9.6.5).

In ähnlicher Weise entstehen stark vernetzte **Aminoplaste** aus Harnstoff und Formaldehyd (Harnstoff-Formaldehyd-Harze) und aus Melamin und Formaldehyd (Melaminharze).

d) **Synthese von Polyamiden**

Polyamide sind Polykondensate mit fadenförmigen Molekülen. Sie entstehen aus Diaminen und Dicarbonsäuren.

Beispiel:

$$H_2N-(CH_2)_6-N(H)-H + HO\,OC-(CH_2)_4-COOH \rightarrow$$

Hexamethylendiamin; Hexandi- oder Adipinsäure

$$H_2N-(CH_2)_6-NH-CO-(CH_2)_4-COOH + H_2O$$

An den Enden des Moleküls lagern sich im Wechsel Dicarbonsäure und Diamin an. Das Polyamid-Molekül besteht aus folgender Baueinheit:

$$\left[NH-(CH_2)_6-NH-CO-(CH_2)_4CO \right]_n$$

Wegen der 6 Kohlenstoffatome in beiden Ausgangsmolekülen bezeichnet man das entstandene Polymer als Polyamid 6.6.

Die –NH–CO-Gruppe wird als **Peptidbindung** bezeichnet (CN-Plaste). Sie wird jedoch von Säuren und Laugen angegriffen und zerstört (vgl. Abschnitt 9.6.4). Die elektronegativen Stickstoff- und Sauerstoffatome polarisieren die Atombindungen. Zwischen den Molekülen bilden sich starke Wasserstoffbrückenbindungen aus:

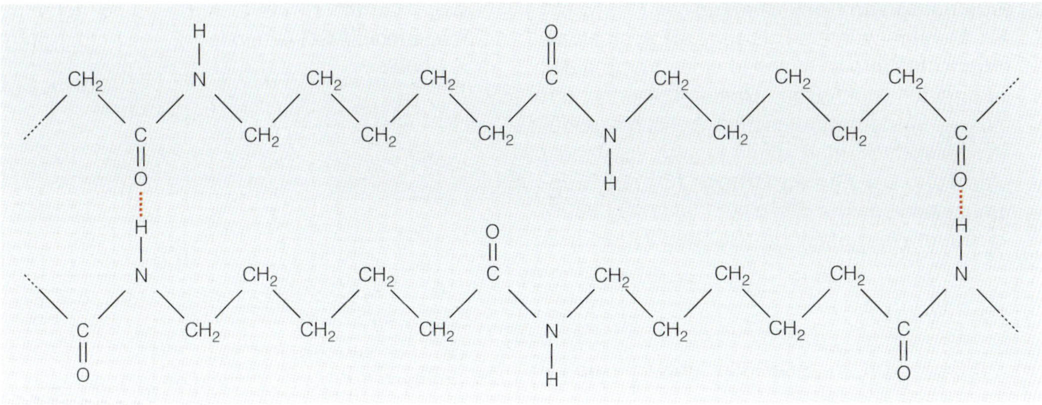

e) **Synthese von Silikonen**
Silikone sind ebenfalls Polykondensate. Sie nehmen in ihrem Aufbau eine Sonderstellung ein, weil die Kette nicht durch C–C-Bindungen, sondern durch die anorganische Si–O-Bindung gebildet wird, die chemisch sehr beständig ist (SiO-Plaste; vgl. Abschnitt 9.6). Lediglich die Substituenten R sind organische Gruppen, im einfachsten Fall die Methylgruppe $-CH_3$.

Allgemeine Baueinheit der Silikone:

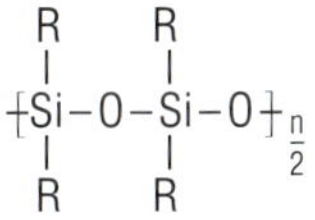

Die Silikone werden aus Silanolen $R_2Si(OH)_2$ bzw. R_3SiOH polykondensiert (auch als Copolymere mit Polyethern). Die Bezeichnung leitet sich vom englischen „silicon ketone" ab. Si–O–Si ist eine **Siloxan-Bindung.** Die Silikone sind eine sehr vielfältige Stoffgruppe (Silikonöle und -fette mit linearen Molekülen, Silikonkautschuke, Silikonharze für Lacke und Pressmassen für Formteile).

7.11.5 Synthese von Polyaddukten durch Polyaddition

> Bei der **Polyaddition** verbinden sich Moleküle von zwei verschiedenen Stoffen durch Übertragung eines Wasserstoffions von der einen Molekülart auf die andere.

Zu den **Polyaddukten** gehören die **Polyurethane** und die **Polyepoxide** oder **Epoxidharze.**

a) **Erzeugung von Polyurethanen**
Die **Polyurethane** werden aus Isocyanaten und Polyolen hergestellt. Wasserstoffionen des Alkohols wandern an die nicht bindenden Elektronenpaare des Isocyanat-Stickstoffs. Die Monomere bauen alternierend das Polymer auf:

$$n\ O{=}C{=}\bar{N}-R'-\bar{N}{=}C{=}O\ +\ n\ HO-R''-OH \xrightarrow{H^+}$$

Diisocyanat — Diol

$$\left[-CO-NH-R'-NH-CO-O-R''-O-\right]_n$$

Polyurethan-Baueinheit

Ein Spaltprodukt tritt bei der Bildung des Moleküls nicht auf. Durch die Wanderung des Wasserstoffes vom Diol an den Stickstoff des Diisocyanats werden in beiden Molekülen Bindungen für die Addition der Moleküle frei. Durch die –CO–O-Bindung sind die Polyurethane als Ester anzusehen.

Zwischen den Molekülen bildet sich die Wasserstoffbrückenbindung aus, wodurch eine gute Festigkeit erzielt wird.

Da es eine größere Anzahl verschiedener Di- und auch Triisocyanate und mehrwertiger Alkohole gibt, können unterschiedliche Polyurethantypen (CN-Plaste) erzeugt werden.

Vor allem werden aromatische Isocyanate eingesetzt, weil diese eine höhere Aktivität als die aliphatischen Isocyanate gegenüber OH-Gruppen besitzen.

Wenn viskose Vorprodukte, die freie Isocyanat-Gruppen enthalten, mit Wasser in Berührung kommen (Luftfeuchtigkeit), reagieren diese unter Abspaltung von CO_2:

$$R-N{=}C{=}O\ +\ H_2O \rightarrow R-NH_2\ +\ CO_2$$

Der Stoff schäumt dadurch auf (Weich- und Hartschäume).

b) **Erzeugung von Epoxidharzen**
Als Monomere dienen Bisphenol A und Epichlorhydrin für die Synthese eines Vorprodukts niedrigerer Molmasse. Beide Komponenten müssen im stöchiometrischen Verhältnis gründlich gemischt werden, damit sie sich vollständig umsetzen. Die **Epoxid-Gruppe** (Oxiran-Gruppe) ist sehr reaktiv. Sie bindet leicht und stark exotherm Wasserstoff des Bisphenol A:

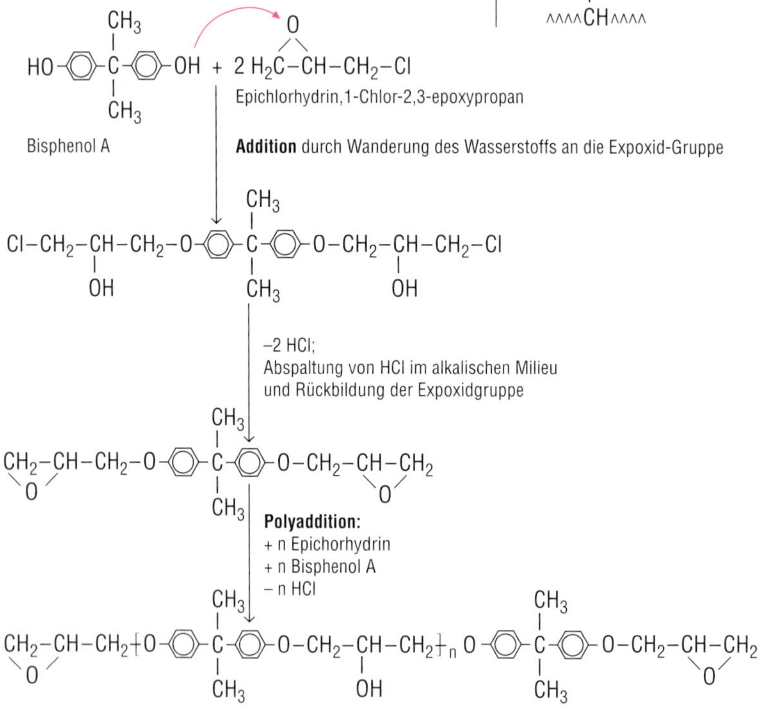

Beim Vernetzen mit Dicarbonsäure-Anhydrid reagieren die OH-Gruppen z. B. mit Phthalsäureanhydrid:

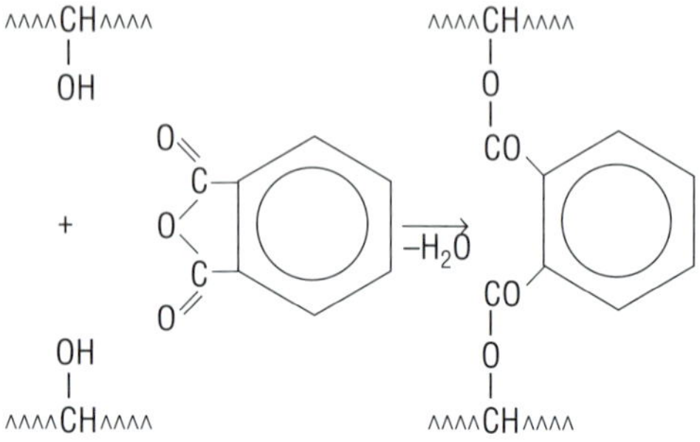

Das viskose Produkt der Polyaddition mit n = 7 bis 12 wird als Epoxid-Gießharz (Reaktionsharz) bezeichnet, ebenso das duroplastische Endprodukt. Dieses wird mit Zuschlagsstoffen (Quarzmehl, Glasfasern u. a.) und Härtern (Diamine, Phthalsäureanhydrid u. a.) erhalten.

Beim Vernetzen mit Diaminen reagieren die Epoxidgruppen, z. B.:

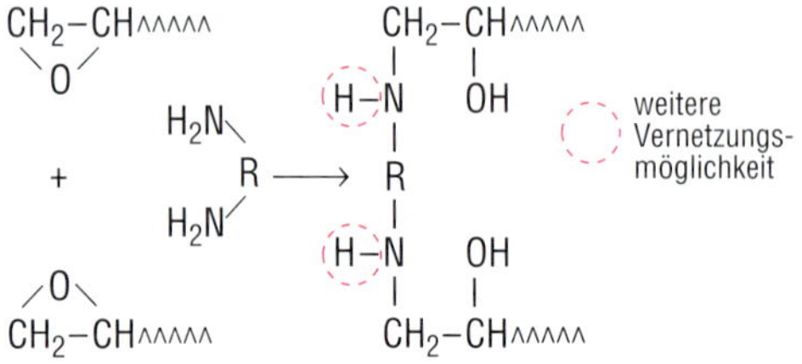

Außerdem können Epoxid-Gruppen direkt mit OH-Gruppen reagieren:

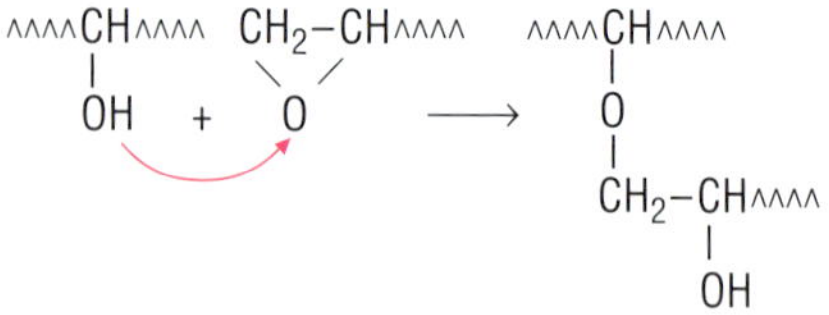

Die **Epoxidharze** werden als Beschichtungs- und Anstrichstoffe für den Korrosionsschutz, Klebstoffe für Metalle, Glas, Keramik und Beton, für die Erzeugung von Gussteilen u. a. verwendet. Da beim Vernetzen kein Spaltprodukt entsteht, sind die Produkte ohne Druck formbar und sehr maßhaltig (kaum Schwindung). Epoxide sind wie andere Duroplaste nicht recycelbar.

7.12 Aufgaben zur Wiederholung von Kapitel 7

Aufgaben

1. Erläutern Sie die Begriffe Reaktionstypen und Reaktionsmechanismen und charakterisieren Sie die einzelnen anorganischen und organischen Reaktionstypen!
2. Beschreiben Sie mit Beispielen die Reaktions-Grundtypen S_R, S_E, S_N, A_R, A_E, E_E, E_N!
3. Was ist unter Molekularität einer Reaktion sowie monomolekular und bimolekular zu verstehen?
4. Von welchen Faktoren wird die Reaktionsgeschwindigkeit beeinflusst?
5. Warum laufen Reaktionen 1. und 2. Ordnung, dagegen 3. Ordnung kaum ab?
6. Was versteht man unter Schutzgruppen? Erläutern Sie ein Beispiel!
7. Welche Voraussetzungen bestehen für das Aufstellen eines Syntheseplans?
8. Wie wird eine Retrosynthese durchgeführt?
9. Welche Festlegungen bestehen für die Führung von Laboraufzeichnungen bei Synthese-Arbeiten und die Anfertigung des Protokolls?
10. Welche Ziele werden durch GLP, GMP und Akkreditierung verfolgt?
11. Welche Maßnahmen dienen der Qualitätssicherung?
12. Stellen Sie die Erzeugung von Schwefelsäure nach dem Doppelkontakt-Verfahren dar!
13. Welche Umweltschaden verursacht Schwefeldioxid?
14. Wie kann die Umweltbelastung durch Schwefeldioxid reduziert werden? Wodurch werden SO_2-Emissionen verursacht?
15. Erläutern Sie die Erzeugung von Ammoniak nach dem HABER-BOSCH-Verfahren! Wodurch kann die Ausbeute gesteigert werden?
16. Erläutern Sie die Erzeugung von Salpetersäure nach dem OSWALD-Verfahren!
17. Was ist unter dem Begriff Disproportionierung zu verstehen?
18. Welche Wirkungen haben Stickoxide auf die Umwelt?
19. Wie kann die Umweltgefährdung durch Stickoxide gemindert werden? Wodurch entstehen Stickoxid-Emissionen?
20. Erläutern Sie die Erzeugung von Soda nach dem SOLVAY-Verfahren!
21. Welche Umweltgefahren gehen von der Chlor-Chemie aus?
22. Charakterisieren Sie das BOUDOUARD'sche Gleichgewicht! Wie kann es beeinflusst werden?
23. Welche Redoxvorgänge führen zur Reduzierung des Eisenerzes im Hochofen?
24. Welche Wirkungen gehen von Begleitstoffen des Roheisens bzw. der Eisenwerkstoffe aus (vgl. Abschnitt 9.4.10)? Wie werden die Begleitstoffe entfernt bzw. in ihrer Menge vermindert?
25. Beschreiben Sie die Erzeugung von Kupfer!
26. Erläutern Sie die Gewinnung von Aluminium! Welche Umweltgefahren gehen von dem Verfahren aus?
27. Welche Ziele verfolgt man bei der Raffination von Erdöl-Produkten?
28. Welche technologischen Maßnahmen führen zu höheren Ausbeuten und Qualitätsverbesserungen des Benzins?
29. Beschreiben Sie die Möglichkeiten der Gewinnung von Olefinen und BTX-Aromaten!
30. Wie wird die Methanol-Synthese realisiert?
31. Erläutern Sie, wie eine radikalische und eine ionische Polymerisation verläuft!
32. Wie wird Polyethylen in der Hochdruck- und Niederdruck-Synthese erzeugt?
33. Beschreiben Sie den Ablauf der Polykondensation!
34. Wie läuft die Polyaddition ab?

8 Messen, Steuern, Regeln der Produktion

8.1 Diskontinuierliche und kontinuierliche Produktionsverfahren

Bei der Beurteilung eines Produktionsverfahrens sind die verfahrensbedingten Merkmale (z. B. Stoffein- und -umsatz, Anlagenart) beim Ablauf eines chemischen Verfahrens ausschlaggebend. Man betrachtet dabei nur die Faktoren, die für den jeweiligen Prozess der Herstellung eines chemischen Produktes bestimmend sind. Unterbrechungen des Produktionsprozesses durch Wartungs- und Instandhaltungsarbeiten, durch die Änderung der verwendeten Materialien für ein neues Produkt, durch die Einführung eines anderen Produktionsablaufs oder durch betriebsbedingte Ruhezeiten (z. B. Feiertage, Betriebsferien) werden nicht berücksichtigt. Wesentlich für die Beurteilung eines Produktionsverfahrens hinsichtlich seiner Kontinuität ist nur der technische Ablauf der Produktion.

Erfolgt die Herstellung eines Produktes in einem gleichmäßigen Arbeitsablauf ohne erkennbare Einzelschritte, spricht man von einem **kontinuierlichen Produktionsverfahren.** Im Unterschied dazu ist ein **diskontinuierliches Produktionsverfahren** dadurch gekennzeichnet, dass es bei der Herstellung eines Produktes im Arbeitsablauf deutlich getrennte, evtl. technisch bedingte, Einzelschritte gibt, welche in einer entsprechenden Reihenfolge nacheinander abgearbeitet werden müssen. Hauptunterscheidungsmerkmal für kontinuierliche und diskontinuierliche Produktionsverfahren ist der Materialfluss. Für kontinuierliche Prozesse gilt, dass das eingesetzte Material ohne Unterbrechung zugeführt und be- oder verarbeitet wird sowie dass das Endprodukt ständig entnommen wird. Bei einem solchen Ablauf spricht man von einem gleichmäßigen oder stetigen Materialstrom. Ist der Materialstrom auf eine bestimmte Menge begrenzt, wird z. B. nur die von der Größe des Produktionsbehälters vorgegebene Materialmenge eingesetzt und verarbeitet sowie vollständig entnommen, bevor neues Material zugeführt wird, handelt es sich um einen diskontinuierlichen Produktionsprozess. Die Produktmenge eines solchen Vorgangs wird in der Regel als Charge bezeichnet. Man spricht in diesem Zusammenhang deshalb auch von Chargenfertigung oder -produktion.

Ein kontinuierliches Produktionsverfahren ist durch einen gleichmäßigen und stetigen Materialfluss – Materialzuführung, Materialverarbeitung, Material- bzw. Produktentnahme erfolgen gleichzeitig – gekennzeichnet.
Ein diskontinuierliches Produktionsverfahren ist durch einen schrittweisen und unstetigen Materialfluss – Materialzuführung, Materialverarbeitung, Material- bzw. Produktentnahme erfolgen nacheinander – gekennzeichnet.

In den folgenden Abbildungen sind die Materialflüsse für kontinuierliche und diskontinuierliche Produktionsprozesse in Abhängigkeit von der Zeit bzw. dem Reaktionsort idealisiert dargestellt.

a) kontinuierlicher Produktionsprozess

Bei einem idealen kontinuierlichen Produktionsprozess ist die zeitabhängige Materialmenge am Zu- und Abfluss einer Produktionsanlage über den gesamten Produktionszeitraum konstant (Abb. 8-1 a und b). Der Materialfluss bei einem solchen Prozess ist stetig.

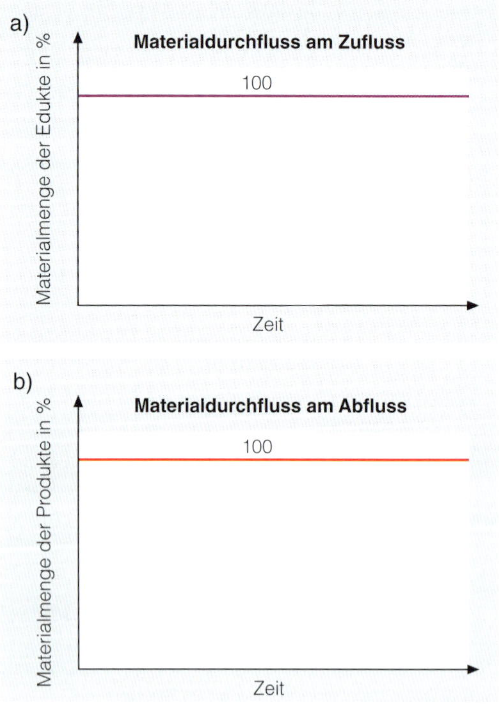

Abb. 8–1 a) und b) Zeitabhängige Materialflüsse für einen idealen kontinuierlichen Produktionsprozess

Die Stoffkonzentration der Edukte am Zufluss einer Produktionsanlage eines kontinuierlichen Prozesses ist immer konstant. Sie entspricht der Konzentration vor Reaktionsbeginn. Ebenfalls konstant ist die Stoffkonzentration der Produkte am Abfluss der Anlage. Hier entspricht sie der Konzentration am Reaktionsende. Diese Konzentration unterscheidet sich deutlich von der Stoffkonzentration am Zufluss, da zwischen Zu- und Abfluss durch eine chemische Reaktion ein Stoffumsatz stattfindet (Abb. 8-1 c). Die Veränderung der Stoffkonzentration innerhalb der Produktionsanlage wird im Diagramm der örtlichen Abhängigkeit der Stoffkonzentration deutlich. Die Anfangskonzentration am Zufluss in die Produktionsanlage nimmt mit der in der Anlage zurückgelegten Strecke kontinuierlich ab. Am Abfluss der Anlage ist die Konzentration der zugeführten Stoffe am geringsten. Sie entspricht der Endkonzentration. Entsprechend gilt, die Konzentration des Endproduktes ist am Anlagenbeginn gleich null und erreicht erst am Anlagenende den Maximalwert (Abb. 8-1 d).

b) diskontinuierlicher Produktionsprozess

Bei einem idealen diskontinuierlichen Produktionsprozess ist die Materialmenge am Zufluss einer Produktionsanlage in deutliche Zyklen gegliedert. Am Beginn einer Produktionseinheit wird die Produktionsanlage mit Material befüllt. Zu diesem Zeitpunkt hat noch keine chemische Reaktion, also noch kein Stoffumsatz stattgefunden, und es kann kein Endprodukt entnommen werden (Abb. 8-2 a). Ist der vorgesehene Füllstand der Anlage erreicht, wird der Materialzufluss unterbrochen, und es beginnt der Prozess des Stoffumsatzes. Erst wenn dieser Prozess, die chemische Reaktion, vollständig abgeschlossen ist, wird am Abfluss der Anlage das Endprodukt entnommen (Abb. 8-2 b). Wenn die Anlage entleert ist, kann der Produktionsprozess wieder mit dem ersten Schritt, dem Befüllen der Anlage mit den Ausgangsstoffen, beginnen. Der Materialfluss bei einem solchen Prozess ist deshalb zyklisch.

Die Stoffkonzentration der Edukte bei einem diskontinuierlichen Prozess verändert sich in Abhängigkeit von der Zeit gleichmäßig innerhalb der gesamten Produktionsanlage. Mit dem Verlauf der chemischen Reaktion nimmt die Stoffkonzentration vom Wert der Anfangskonzentration bis zum Wert der Endkonzentration ab. Die Konzentration des Endproduktes nimmt hingegen vom Wert Null bis

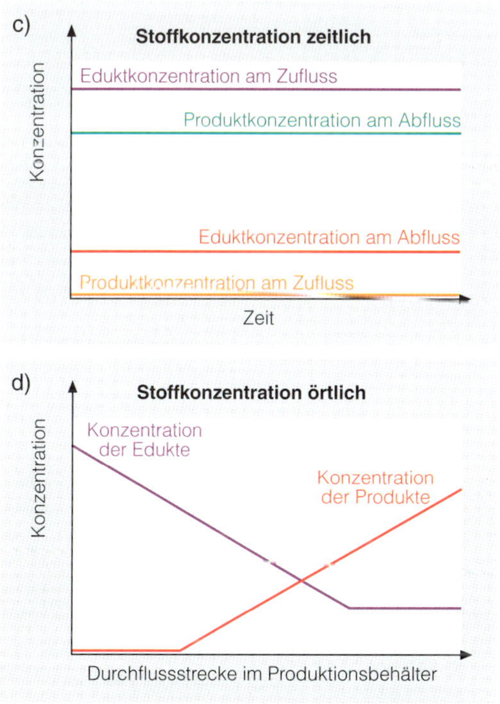

Abb. 8-1 **c) Zeitabhängige und d) ortsabhängige Konzentration der Edukte und Produkte für einen idealen kontinuierlichen Produktionsprozess**

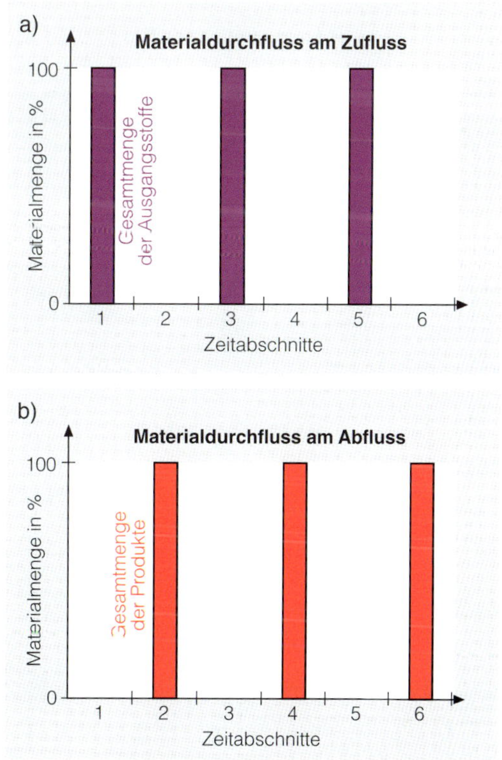

Abb. 8-2 **a) und b) Zeitabhängige Materialflüsse für einen idealen diskontinuierlichen Produktionsprozess**

zum Maximalwert am Reaktionsende zu (Abb. 8-2c). In Abhängigkeit vom Ort ist die Stoffkonzentration bei einem diskontinuierlichen Prozess für die gesamte Reaktion konstant. Die Konzentration der Edukte ändert sich innerhalb der gesamten Produktionsanlage vom Maximalwert bei der Befüllung der Anlage – Anfangskonzentration – gleichmäßig bis zum Minimalwert am Reaktionsende. Die Konzentration der Produkte ist zu Beginn im gesamten Reaktionsgefäß null und erreicht am Ende des Prozesses im gesamten Gefäß gleichermaßen den Maximalwert (Abb. 8-2d).

Die grundlegenden Unterschiede zwischen kontinuierlichen und diskontinuierlichen Produktionsverfahren zeigt die Abb. 8–3. Produktionsanlagen sind dabei stark vereinfacht und idealisiert dargestellt. Die bereits behandelten konzentrationsabhängigen Unterschiede der Prozesse wurden hier vernachlässigt.

Die Produktionsverfahren können aber auch untereinander kombiniert werden. So ist es z. B. möglich, einem Reaktionsgefäß kontinuierlich Material zuzuführen und das entstandene Produkt erst nach dem Erreichen einer bestimmten Menge zu entnehmen – also diskontinuierlich. Natürlich ist bei bestimmten Prozessen auch eine diskontinuierliche Materialzuführung mit konstanter Produktabnahme möglich (Übersicht 8-1).

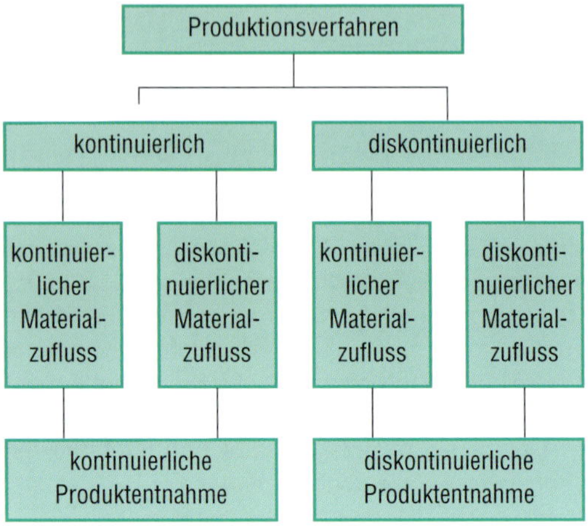

Übersicht 8-1

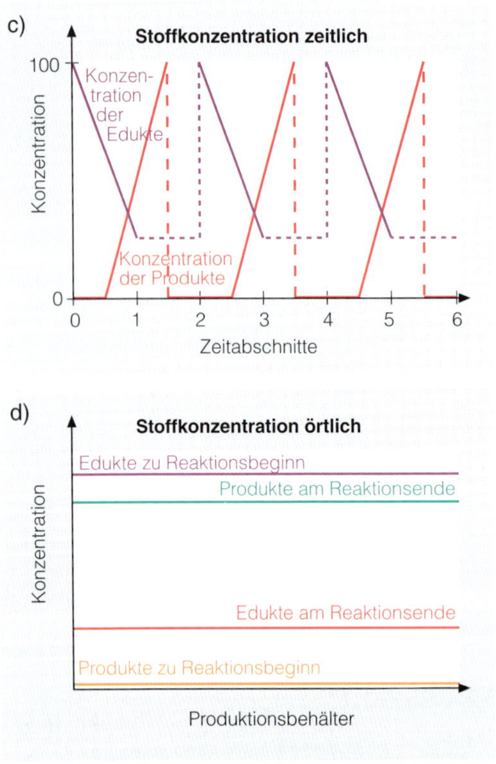

Abb. 8-2 **c) Zeitabhängige und d) ortsabhängige Konzentration der Edukte und Produkte für einen idealen diskontinuierlichen Produktionsprozess**

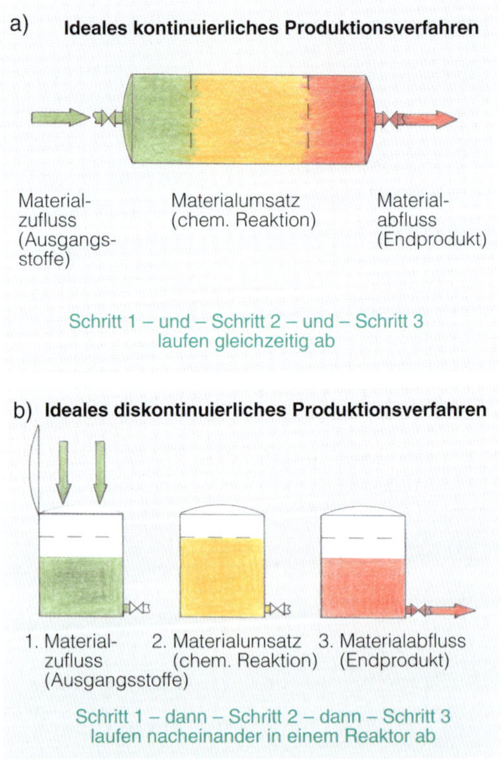

Abb. 8-3 **Schematische Darstellung der grundlegenden Unterschiede für kontinuierliche und diskontinuierliche Produktionsverfahren**

Im Bereich der chemischen Industrie kommen sowohl kontinuierliche als auch diskontinuierliche Produktionsverfahren vor. Chemische Reaktionen werden fast immer von bestimmten Parametern (z. B. Druck, Temperatur, Katalysatoren) beeinflusst. Dies hat Auswirkungen auf den Aufbau von Produktionsanlagen, die sehr häufig auf ein bestimmtes Produkt ausgerichtet sind. Solche Anlagen sind hoch spezialisiert und werden aus ökonomischen Gründen in einem kontinuierlichen Prozess betrieben. In der Regel dienen diese Anlagen mit ihrem kontinuierlichen Produktionsverfahren zur Massenproduktion von chemischen Grundstoffen.

Typisch hierfür ist die Synthese von Ammoniak nach dem Haber-Bosch-Verfahren. Die Ausgangsstoffe Stickstoff und Wasserstoff werden in einem entsprechenden Mengenverhältnis (s. Kap. 7) in den Reaktionsbehälter eingeleitet, und unter optimalen Reaktionsbedingungen (500 °C, 450 bar) kann der entstehende Ammoniak ständig entnommen werden. Zur Optimierung des Produktionsprozesses wird das bei der Abscheidung anfallende Restgas mit den Ausgangsstoffen zusammen in den Reaktionsbehälter eingeleitet.

Diskontinuierliche Produktionsverfahren kommen dagegen häufig zur Anwendung, wenn eine Produktion von kleineren Mengen – Chargen – ökonomisch sinnvoll ist. Dabei kommen meist Anlagen zum Einsatz, bei denen unterschiedliche Chemikalien zu verschiedenen Endprodukten verarbeitet werden können. Solche Mehrzweckanlagen dienen z. B. der Herstellung von kosmetischen und pharmazeutischen Produkten oder Feinchemikalien wie Farbindikatoren. Ein diskontinuierliches Produktionsverfahren ist aber auch die Roheisenherstellung (s. Kap. 7). Zur Gewinnung von Roheisen wird der Hochofen abwechselnd mit Koks und Erz beschickt. Im Rahmen des Schmelzprozesses entstehen Staub, Gichtgas, Schlacke und Roheisen. Roheisen und Schlacke werden periodisch, also diskontinuierlich, durch Abstich aus dem Hochofen entnommen.

Nicht immer ist ein Produktionsverfahren einem bestimmten Produkt zuzuordnen. Bei der Glasherstellung kann sowohl das diskontinuierliche als auch das kontinuierliche Verfahren zur Anwendung kommen. Soll Glas z. B. für künstlerische oder andere spezielle Zwecke verwendet werden, bietet sich die Produktion in Hafenöfen an. Typisch ist diese Form für Glashütten. Hier wird in der Regel in der Nacht die Glasschmelze vorbereitet und das Produkt am Tag verarbeitet. Der Prozess vollzieht sich also diskontinuierlich. So ist z. B. die schnelle Umstellung auf eine andere Glasfarbe möglich, die ja durch Zugabe unterschiedlicher Zusatzstoffe erreicht wird. Soll jedoch Massenware, z. B. Flachglas für Scheiben oder Hohlglas für Flaschen, hergestellt werden, erfolgt die Glasherstellung in Wannenöfen. Die Produktion erfolgt hier kontinuierlich, da die Glasverarbeitung durch Automation pausenlos abläuft (z. B. Herstellung von Glasflaschen).

Häufig sind kontinuierliche und diskontinuierliche Prozesse bei der Produktion miteinander verknüpft. Am Beginn eines Produktionsprozesses notwendige Grundstoffe werden meist kontinuierlich hergestellt, und die Weiterverarbeitung erfolgt dann diskontinuierlich.

Die Effektivität der einzelnen Verfahren muss aus betriebswirtschaftlicher Sicht in der Regel für die jeweilige Produktionsanlage und das jeweilige Produkt situationsbedingt beurteilt und entschieden werden. Für ein kontinuierliches Verfahren sprechen in der Regel große Durchsatzmengen und eine ununterbrochene Produktion, die verfahrenstechnisch von Vorteil ist. Negativ wirken sich hier z. B. die geringe Flexibilität der Anlage durch die notwendige Spezialisierung und die damit verbundenen hohen Anschaffungskosten aus. Allein diese Kosten zwingen aus ökonomischen Gründen zu einer ständigen Auslastung der Anlage, was aber immer eine vorhandene Produktnachfrage voraussetzt. Diskontinuierliche Verfahren besitzen den verfahrenstechnischen Nachteil, dass die Anlage mit jeder Produktionseinheit neu hochgefahren – in Betrieb genommen – werden muss. Dabei sind sehr häufig verfahrensspezifische Parameter zu beachten, welche bei Nichteinhalten Fehler- und Gefahrenquellen beinhalten. Die Inbetriebnahme von Produktionsanlagen ist häufig auch mit einem hohen Energie- und damit Kostenaufwand verbunden. Vorteile für ein diskontinuierliches Verfahren sind hingegen die hohe Flexibilität der Anlagen, die auch einen Ausstoß von geringen Produktionsmengen wirtschaftlich attraktiv machen. Auch sehr lange Reaktionszeiten, die so genau wie möglich eingehalten werden müssen, sowie Forderungen nach hoher Produktreinheit sprechen für ein diskontinuierliches Produktionsverfahren.

Aufgabe

Beurteilen Sie folgende Verfahren hinsichtlich kontinuierlichem oder diskontinuierlichem Produktionsverlauf: Chloralkalielektrolyse, Aluminiumgewinnung, Schwefelsäureherstellung, Erdölraffination, Polyethylensynthese.

8.2 Fließschemata für chemische Anlagen

8.2.1 Darstellung von verfahrenstechnischen Anlagen als Fließschemata

Die im Abschnitt 8.1 erwähnten chemischen Anlagen sind in der Regel sehr komplex aufgebaut. Die Durchführung von chemischen Produktionsprozessen erfordert oft eine Vielzahl an Überwachungs-, Steuerungs- und Sicherheitseinrichtungen. Hinzu kommen Geräte, die für die Einhaltung bestimmter Parameter, wie Druck, Temperatur oder Durchflussmenge und -geschwindigkeit, notwendig sind. Diese Einrichtungen und Geräte sind Komponenten von Anlagen, deren einzelne Bestandteile meist durch Rohrleitungen miteinander verbunden sind.

In der Praxis werden solche Anlagen nach ökonomischen Aspekten konzipiert und gebaut. Für den Laien erscheinen sie als ein unüberschaubares Gewirr an Behältern, Kesseln und Rohrleitungen. Für Beschäftigte in dem jeweiligen Betrieb ist es aber notwendig, den Produktionsverlauf in einer Anlage zu kennen.

Zum logischen Verständnis und zur besseren Übersicht können deshalb solche Produktionsanlagen als Fließbilder oder **Fließschemata** dargestellt werden. Sie dienen dazu, Personen in einer einfachen Art mit der jeweiligen Anlage vertraut zu machen. Mithilfe eines Fließbildes soll man erkennen, aus welchen Komponenten (Behältern, Apparaten, Kontroll-, Sicherheits- und Anzeigegeräten) eine Anlage besteht und wie diese einzelnen Komponenten z. B. durch Rohrleitungen miteinander verbunden sind. Für diese Rohrleitungen ist die Durchflussrichtung angegeben. Die genauen Vorgaben zur Erstellung von Fließbildern sind in der DIN EN ISO 10628 „Fließschemata für verfahrenstechnische Anlagen“ festgelegt. Somit ist gewährleistet, dass Personen nach standardisierten Fließschemata schnell und problemlos in einen neuen Aufgabenbereich eingearbeitet werden können.

> In einem Fließschema einer verfahrenstechnischen Anlage sind der Aufbau und die Funktion sowie der Ablauf mit standardisierten Symbolen und Schriftzeichen vereinfacht zeichnerisch dargestellt. Fließschemata sind Bestandteil der technischen Dokumentation einer Anlage.

In der DIN EN ISO 10628 werden Fließschemata nach Informationsinhalt und Darstellungsart in drei Typen unterteilt:

- **Grundfließschemata**
- **Verfahrensfließschemata**
- **Rohrleitungs- und Instrumentenfließschemata (RI-Fließschemata).**

Je nach Art enthält ein Schema bestimmte Grund- und Zusatzinformationen.

8.2.2 Grundfließschemata

> In einem Grundfließschema ist ein Verfahren oder eine verfahrenstechnische Anlage in vereinfachter Form durch mit Linien verbundene Rechtecke dargestellt.

Während durch die Linien der Stoff- bzw. Energiefluss abgebildet wird, können in den Rechtecken Verfahren oder Verfahrensabschnitte, Anlagenteile, Teilanlagen oder verfahrenstechnische Anlagen bei Anlagenkomplexen sowie Grundoperationen wiedergegeben werden. Durch Pfeile wird die Fließrichtung angegeben.

Für ein Grundfließschema (Abb. 8-4) sind als Grundinformationen die Benennung der Rechtecke, der Ein- und Ausgangsstoffe sowie die Fließrichtung der Hauptstoffe zwischen den Rechtecken festgelegt. Zusätzlich dürfen zwischen den Rechtecken angegeben werden: a) die Hauptstoffe der Verfahrensschritte, b) die eingesetzte Energie bzw. die Energieträger und c) die charakteristischen Betriebsbedingungen. Weiterhin kann ein Grundfließschema Angaben zu Durchflüssen und Mengen von Ein- und Ausgangsstoffen sowie Energie bzw. Energieträgern enthalten (Abb. 8-5).

8.2.3 Verfahrensfließschemata

> In einem Verfahrensfließschema ist ein Verfahren oder eine verfahrenstechnische Anlage durch mit Linien verbundene grafische Symbole dargestellt.

Wie im Grundfließschema gibt man durch die Linien den Stoff- bzw. Energiefluss wieder, während die Symbole für Anlagenteile verwendet werden.

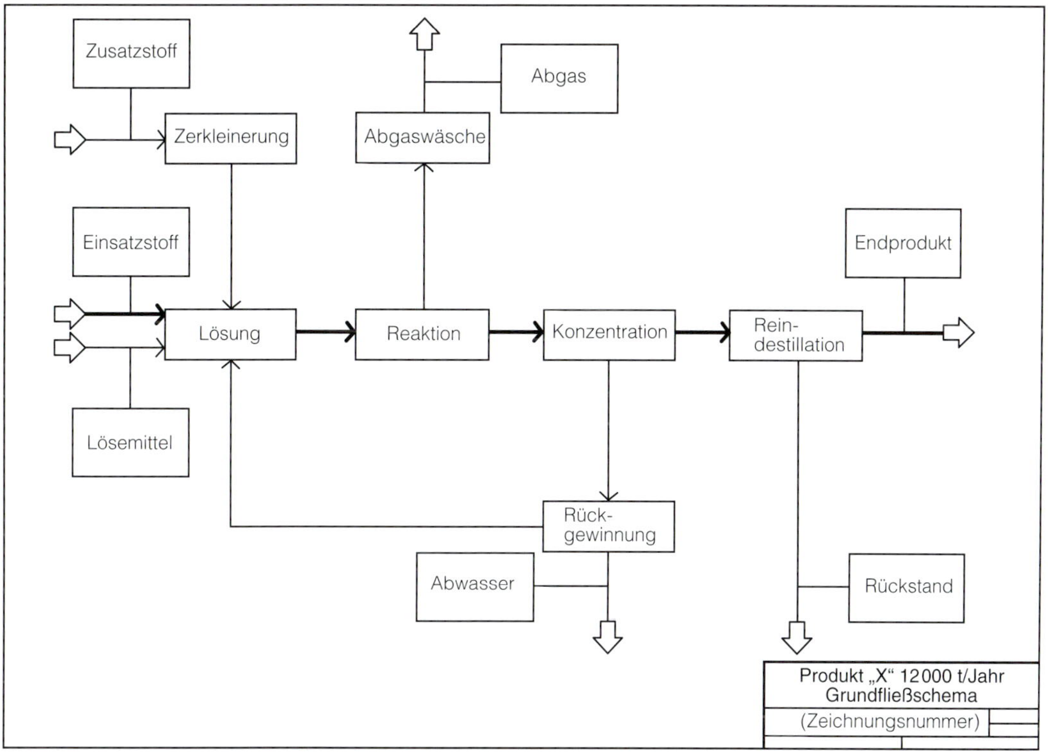

Abb. 8-4 **Grundfließschema mit Grundinformationen (DIN EN ISO 10628 Bild B. 1)**

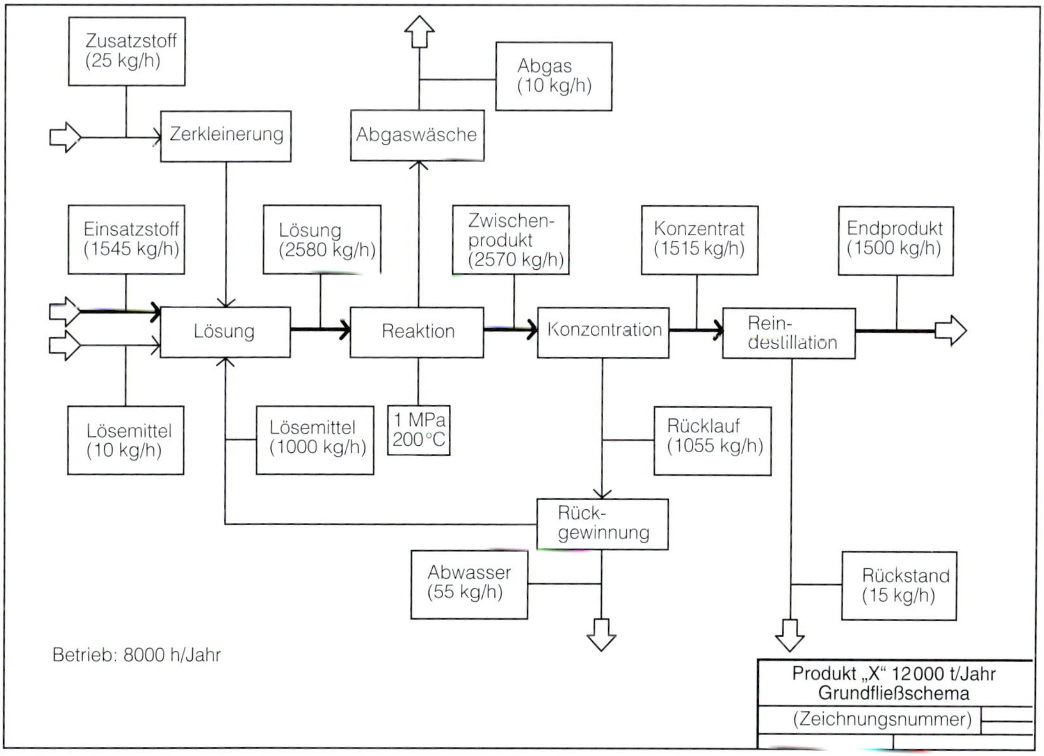

Abb. 8-5 **Grundfließschema mit Grund- und Zusatzinformationen (DIN EN ISO 10628 Bild B. 2)**

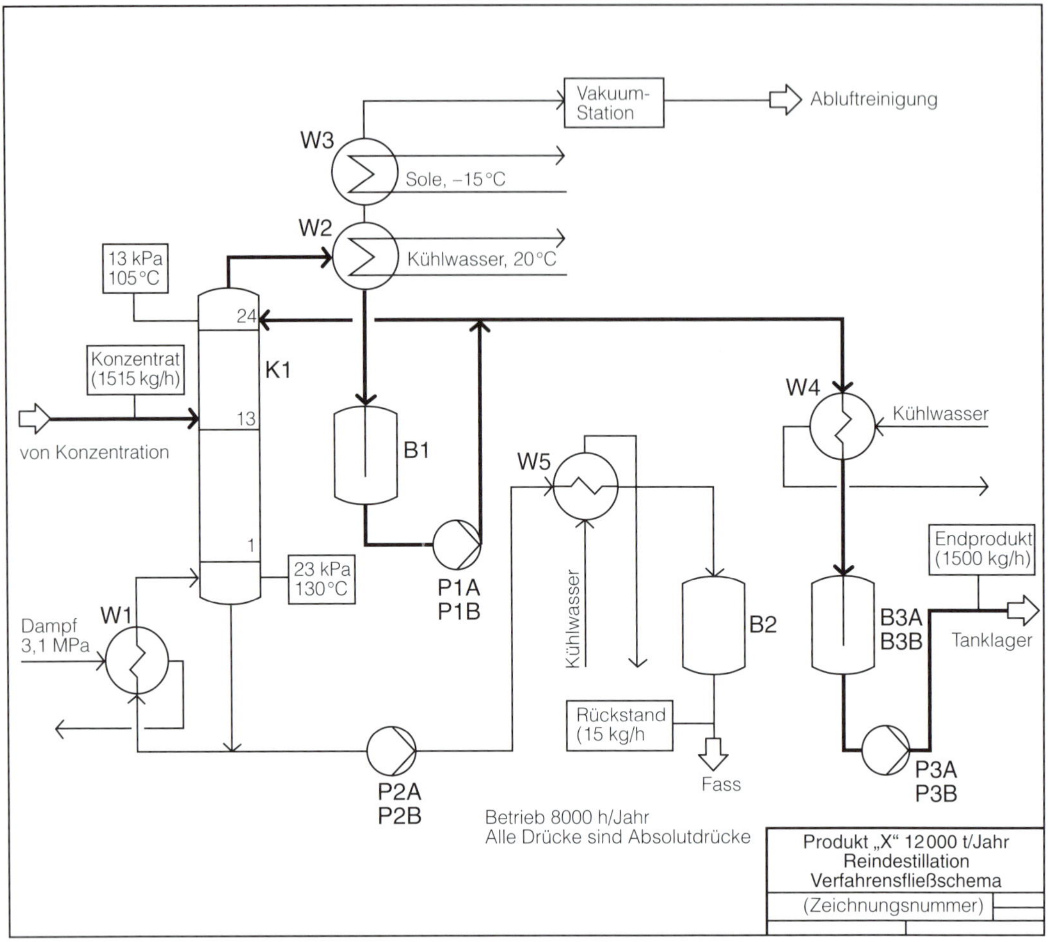

Abb. 8-6 Verfahrensfließschema mit Grundinformationen (nach DIN EN ISO 10628 Bild B.3)

In einem Verfahrensfließschema (Abb. 8-6) müssen Art und Bezeichnung der Maschinen und Apparate, die für das chemische Verfahren erforderlich sind, ausgewiesen werden. Das betrifft nicht die Antriebsmaschinen. Weiterhin gehören zu einem Verfahrensfließschema Angaben zu den Stoff- und Energieflüssen, wie Fließweg, Fließrichtung, Menge und Benennung. Wie im Grundfließschema wird die Fließrichtung durch Pfeile markiert. Zusätzlich können in einem Verfahrensfließschema Angaben zu Stoff- und Energieflüssen zwischen den Verfahrensabschnitten hinsichtlich Durchfluss, Menge und Benennung gemacht werden. Es ist auch möglich, die Anordnung wesentlicher Armaturen und Aufgabenstellungen für Messen, Steuern, Regeln an wichtigen Anlagenstellen sowie ergänzende Betriebsbedingungen anzugeben. In getrennten Listen können kennzeichnende Größen von Apparaten und Maschinen bzw. kennzeichnende Daten von Antriebsmaschinen aufgenommen werden. Letztlich kann auch die Plattformhöhe und ungefähre relative vertikale Position der Anlagenteile angegeben werden (Abb. 8-7).

8.2.4 Rohrleitungs- und Instrumentenfließschemata

In einem Rohrleitungs- und Instrumentenfließschema (RI-Fließschema) ist ein chemisches Verfahren auf der Grundlage eines Verfahrensfließschemas durch grafische Symbole für Anlagenteile, Rohrleitungen, Mess-, Steuer- und Regelfunktionen dargestellt.

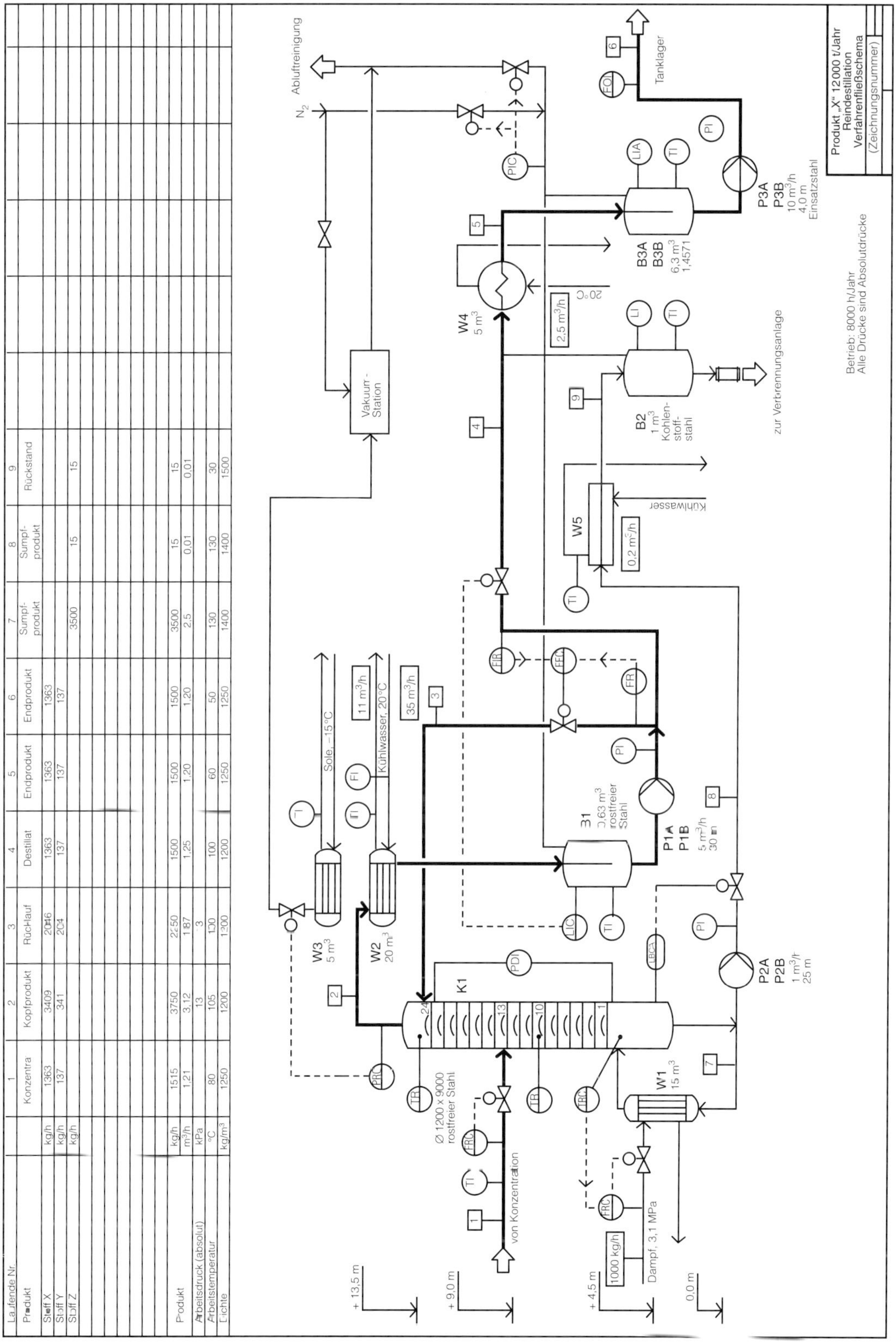

Laufende Nr.		1	2	3	4	5	6	7	8	9
Produkt		Konzentra	Kopfprodukt	Rücklauf	Destillat	Endprodukt	Endprodukt	Sumpfprodukt	Sumpfprodukt	Rückstand
Stoff X	kg/h	1363	3409	2046	1363	1363	1363			
Stoff Y	kg/h	137	341	204	137	137	137			
Stoff Z	kg/h							3500	15	15
Produkt	kg/h	1515	3750	2250	1500	1500	1500	3500	15	15
	m^3/h	1,21	3,12	1,87	1,25	1,20	1,20	2,5	0,01	0,01
Arbeitsdruck (absolut)	kPa		13	3						
Arbeitstemperatur	°C	80	105	100	100	60	50	130	130	30
Dichte	kg/m^3	1250	1200	1200	1200	1250	1250	1400	1400	1500

Abb. 8-7 **Verfahrensfließschema mit Grund- und Zusatzinformationen (nach DIN EN ISO 10628 Bild B. 4)**

Eine besondere Form des RI-Fließschemas ist das Energiefließschema, in dem die Energiesysteme innerhalb einer verfahrenstechnischen Anlage hinsichtlich Transport, Verteilen und Sammeln von Energie mit grafischen Mitteln wiedergegeben sind. Die einzelnen Anlagenteile können hierbei als Kästchen mit Inschrift abgebildet werden (Abb. 8-8).

Im Unterschied zum Verfahrensfließschema müssen in einem RI-Fließschema neben der Art und Funktion von Maschinen und Apparaten auch Antriebsmaschinen, Fördereinrichtungen und die installierten Reserven sowie Mess-, Steuer- und Regelfunktionen enthalten sein. Die einzelnen Bestandteile sind mit ihren jeweiligen Identifikations-Nummern zu bezeichnen. Vorgeschrieben sind ebenfalls die Angabe der kennzeichnenden Größen von Apparaten und Maschinen bzw. der kennzeichnenden Daten der Antriebsmaschinen. Dies kann in getrennten Listen erfolgen. Hinzu kommen noch Angaben zu Apparaten, Rohrleitungen und Armaturen, bei Rohrleitungen insbesondere die Bezeichnung von Nennweite, Druckstufe, Werkstoff und Ausführung, z. B. durch Identifikations-Nummern oder Angabe der Rohrleitungsnummer und -klasse (Abb. 8-9).

In einem RI-Fließschema können auch Angaben zu Energie- und Energieträgerflüssen hinsichtlich Durchfluss, Menge, Fließweg und Fließrichtung und Benennung gemacht werden. Es ist auch möglich, wichtige Geräte für Messen, Steuern, Regeln, wesentliche Werkstoffe von Apparaten und Maschinen sowie die Benennung von Anlagenteilen anzugeben, ebenso die Plattformhöhe, die ungefähre relative vertikale Position der Anlagenteile sowie die Referenzkennzeichnung von Armaturen (Abb. 8-10).

In der DIN EN ISO 10628 sind Festlegungen zur genauen Darstellung der Apparate, Maschinen, Rohrleitungen, Transportwege, Armaturen und Anlagenteile nachzulesen (Anhang C und D).

In der Übersicht 8-2, Seite 115–117 sind einige wichtige Darstellungsformen und Symbole zusammengefasst.

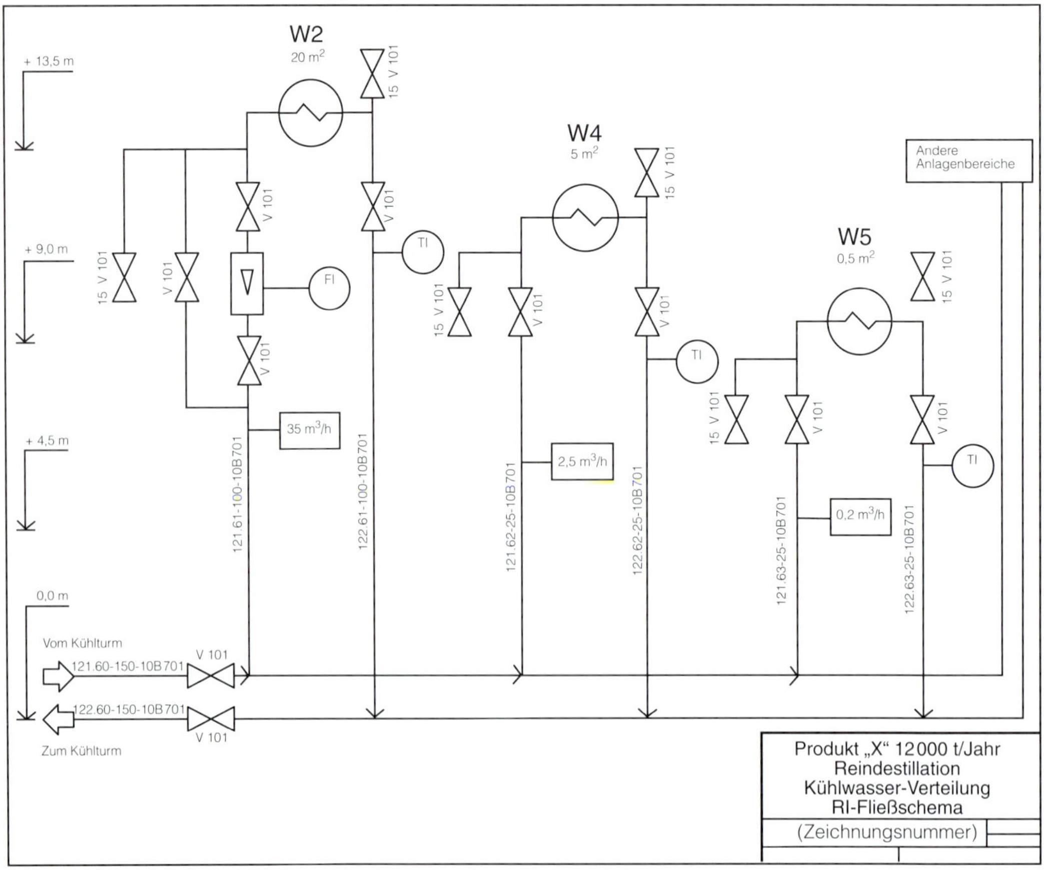

Abb. 8-8 RI-Fließschema als Energiefließschema (nach DIN EN ISO 10628 Bild B.7)

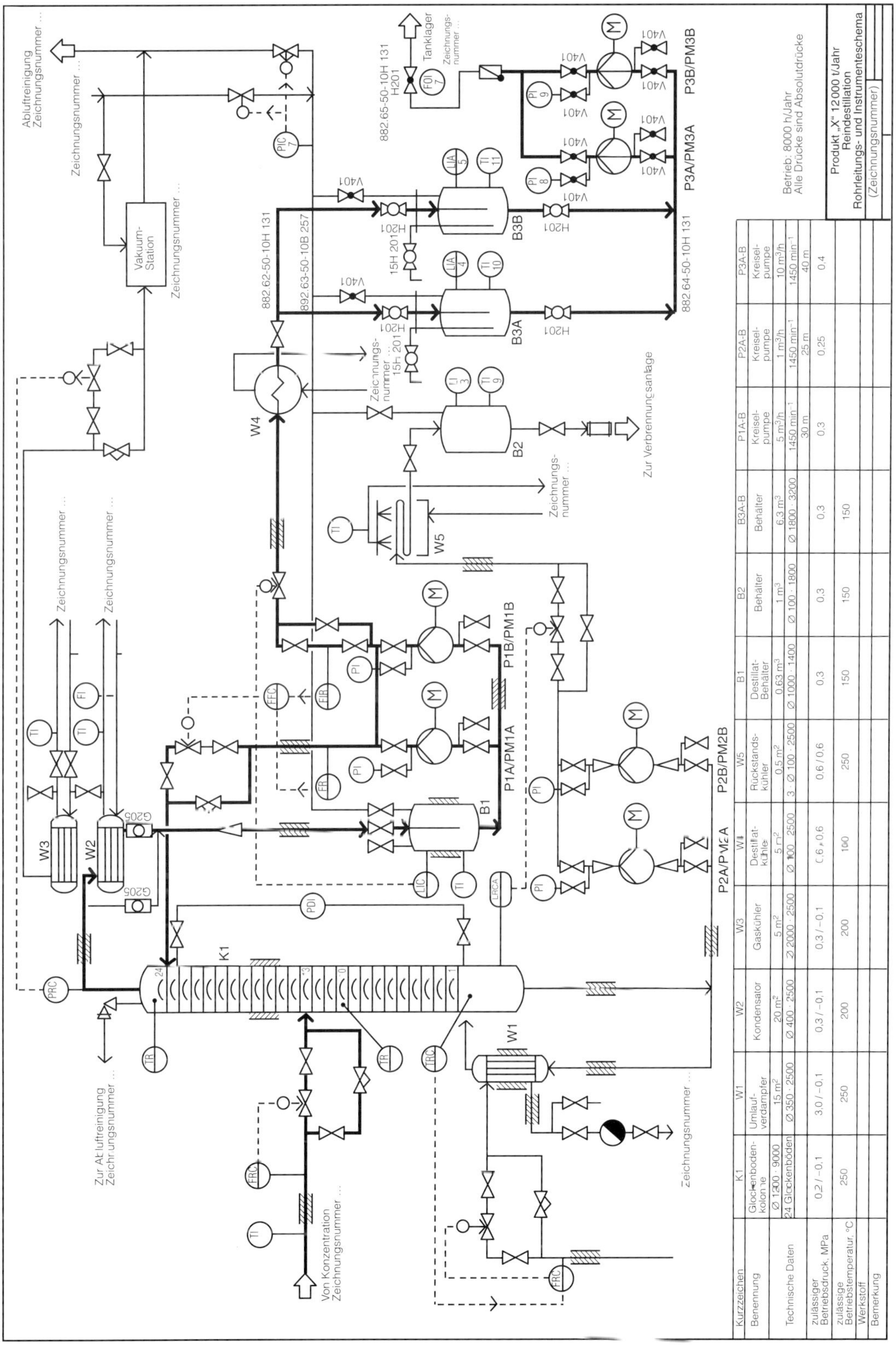

Abb. 8-9 RI-Fließschema mit Grundinformationen (nach DIN EN ISO 10628 Bild B.5)

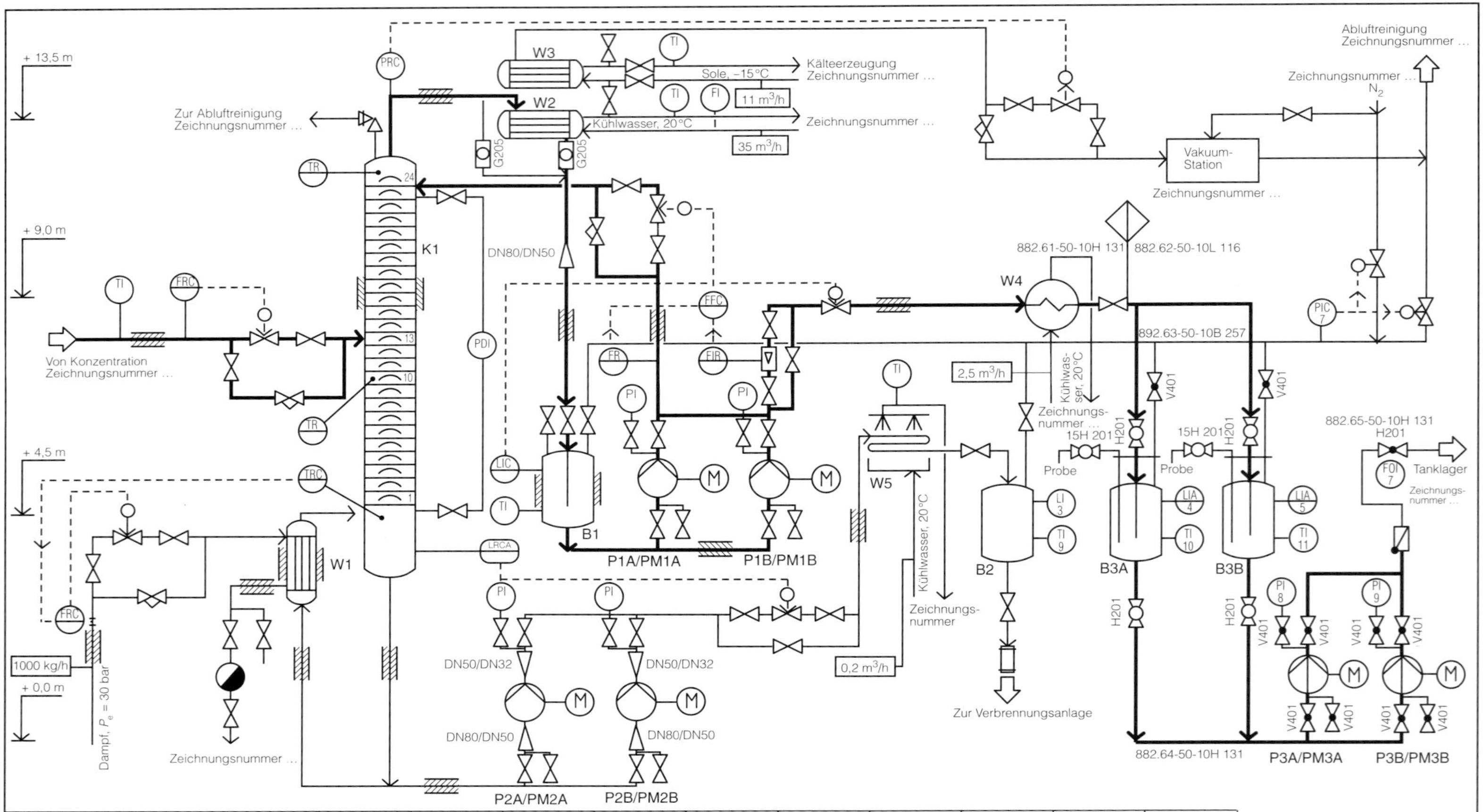

Kurzzeichen	K1	W1	W2	W3	W4	W5	B1	B2	B3A-B	P1A-B	P2A-B	P3A-B
Benennung	Glockenboden-kolonne	Umlauf-verdampfer	Kondensator	Gaskühler	Destillat-kühler	Rückstands-kühler	Destillat-Behälter	Behälter	Behälter	Kreisel-pumpe	Kreisel-pumpe	Kreisel-pumpe
Technische Daten	Ø 1200 · 9000	15 m²	20 m²	5 m²	5 m²	0,5 m²	0,63 m³	1 m³	6,3 m³	5 m³/h	1 m³/h³	10 m³/h
	24 Glockenböden	Ø 350 · 2500	Ø 400 · 2500	Ø 200 · 2500	Ø 100 · 2500	3 · Ø 100 · 2500	Ø 900 · 1400	Ø 1000 · 1800	Ø 1800 · 3200	1450 min⁻¹	1450 min⁻¹	1450 min⁻¹
										30 m	25 m	40 m
zulässiger Betriebsdruck, MPa	0,2 / −0,1	3,0 / −0,1	0,3 / −0,1	0,3 / −0,1	0,6 / 0,6	0,5 / 0,5	0,3	0,3	0,3	0,3	0,25	0,4
zulässige Betriebstemperatur, °C	250	250	200	200	100	250	150	150	150			
Werkstoff	1.4571	1.4571	1.4571	1.4571	1.4571	HII/ST35	1.4571	HII/ST35	1.4571	GGG-40	1.4308	GGG-40
Bemerkung	1.4571	1.4571	1.4571	1.4571	1.4571		1.4571		1.4571		1.4308	

Betrieb: 8000 h/Jahr
Alle Drücke sind Absolutdrücke

Produkt „X“ 12000 t/Jahr
Reindestillation
Rohrleitungs- und Instrumenteschema
(Zeichnungsnummer)

Abb. 8-10 RI-Fließschema mit Grund- und Zusatzinformationen (nach DIN EN ISO 10628 Bild B.6)

Ausgewählte Darstellungsformen und Symbole für Fließschemata nach DIN EN ISO 10628

Symbol	Bezeichnung (deutsch)	Bezeichnung (englisch)
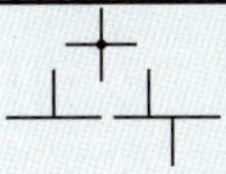	Verbindung zwischen kreuzenden Fließlinien bzw. Rohrleitungen	connections between flow lines or pipelines
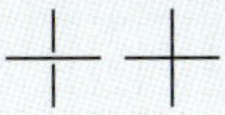	nicht verbundene Fließlinien bzw. Rohrleitungen	not connected flow lines or pipelines
	Behälter, allgemein	vessel, general
	Behälter, mit gewölbten Böden	vessel, with dished heads
	Behälter, mit konischen Böden	vessel, with conical heads
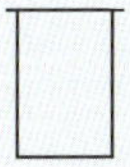	Behälter, mit ebenem Deckel	vessel, with flat cover
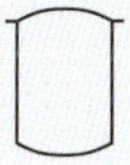	Behälter, mit gewölbtem Deckel	vessel, with convex cover
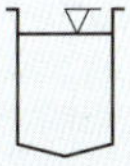	offener Behälter, mit Angabe der Füllhöhe	open vessel and indication of filling level
	Behälter, mit Festbett	vessel, with fixed bed column, with fixed bed
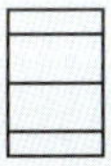	Behälter, mit Austauschböden, allg. Bodenkolonne, allg.	vessel, with trays, general column, with trays, gen.
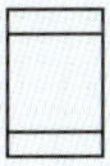	Kolonne, allgemein Behälter mit Einbauten, allg.	column, general vessel, with internals, general
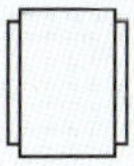	Behälter mit Mantel	jacketed vessel
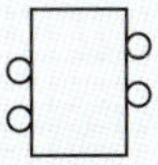	Behälter, mit Vollrohrschlange	vessel, with full-tube coil
	Einrichtung zum Beheizen oder Kühlen, allg.	facility for heating or cooling, general
	Wärmetauscher, allg.	heat exchanger, gen.
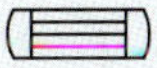	Rohrbündel-Wärmeaustauscher mit Festböden	tube-bundle heat exchanger shell and tube type heat exchanger with fixed tube sheets

Symbol	Bezeichnung (deutsch)	Bezeichnung (englisch)
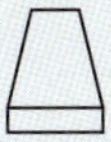	Kühlturm, allg.	cooling tower, gen.
	Feuerung, Brenner, allg.	firing system, burner
	Dünnschichtverdampfer	film evaporator
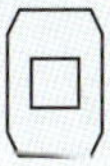	Industrieofen, allg.	industrial furnace, gen.
	Fluidfilter, allg. Filterapparat, allg.	filter, gen. filter equipment, gen.
	Festbettfilter, allg. Schüttschichtfilter	fixed-bed filter
	Flüssigkeitsfilter, allg.	liquid filter, gen.
	Gasfilter, allg. Luftfilter, allg.	gas filter, gen. air filter, gen.
	Schüttschichtfilter für Gase	packed-bed filter for gases
	Siebapparat, allg. Rechen, allg.	screening device, gen. rakes, gen.
	Sichter, allg.	sifter, gen.
	Sortierapparat, allg.	sorting device, gen.
	Abscheider, allg.	separator, gen.
	Schwerkraftabscheider Absetzkammer	gravity separator setting chamber
	elektrostatischer Abscheider	electrostatic precipitator
	Zentrifuge, allg.	centrifuge, gen.

Übersicht 8-2

Ausgewählte Darstellungsformen und Symbole für Fließschemata nach DIN EN ISO 10628 (Forts.)

Symbol	Bezeichnung (deutsch)	Bezeichnung (englisch)
	Trockner, allg.	drier, gen.
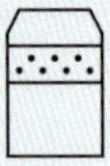	Wirbelschichttrockner Fließbetttrockner	fluidized-bed drier
	Zerstäubungstrockner	spray drier
	Zerkleinerungsmaschine, allg.	crushing machine, gen.
	Brecher, allg.	crusher, gen.
	Hammerbrecher	hammer crusher
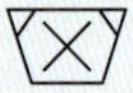	Mühle, allg.	mill, gen.
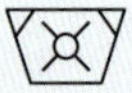	Prallmühle	impact mill
	Rührer, allg.	agitator, gen. stirrer, gen.
	Gitterrührer	gat paddle agitator
	Propellerrührer	propeller agitator
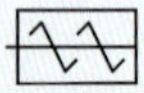	Mischer, allg.	mixer, gen.
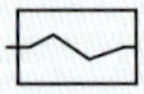	Kneter, allg.	kneader, gen.
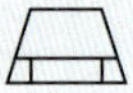	Formgebungsmaschine, allg. Vergrößerungsvorrich-tung	shaping machine, gen. coarsening device
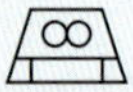	Walzenpresse	roller press
	Pumpe, allg. Spitze in Förderrichtung	pump, gen. arrow in direction of flow
	Kreiselpumpe	centrifugal pump
	Zahnradpumpe	gear pump
	Ventilator, allg.	blower, gen. fan, gen.
	Verdichter, Kompressor, Vakuumpumpe, allg. Verengung in Förder-richtung	compressor, vacuum pump gen. narrowing end in direction of flow
	Hubkolben-Membran-Verdichter, Membran-vakuumpumpe	reciprocating diaphragm compressor, diaphragm vacuum pump
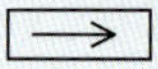	Stetigförderer, allg.	conveyor, gen.
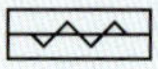	Schneckenförderer, allg.	screw conveyor, gen.
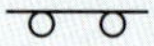	Flurförderer, allg.	industrial truck, gen.
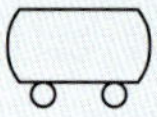	Tankwagen, Kesselwagen	tank car, tank wagon
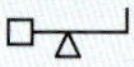	Waage, allg.	scale, gen.
	Zuteiler für feste Stoffe, allg.	proportioner for solids, gen.
	Zerteilerelement für Fluide, Spritzdüse	distribution device for fluids, spray nozzle
	Antrieb, allg.	drive, gen.
	Getriebe	gear
	Elektromotor, allg.	electric motor, gen.
	Verbrennungsmotor	combustion engine

Übersicht 8-2 (Fortsetzung)

Ausgewählte Darstellungsformen und Symbole für Fließschemata nach DIN EN ISO 10628 (Forts.)

Symbol	Bezeichnung (deutsch)	Bezeichnung (englisch)
	unverpackte Lagerung	bulk storage
	Schornstein, Kamin	stack, chimney
	Fackel für Gase	gas flare
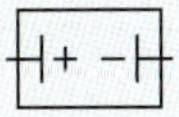	Elektrolysezelle	electrolysis cell
	Abzugshaube	
	Absperrarmatur allg.	valve, gen.
	Dreiwegearmatur, allg.	three-way valve, gen.
	Absperrschieber	gate valve
	Rückschlagarmatur, allg.	check valve, gen.
	Armatur mit stetigem Stellverhalten	control valve, continuously operated
	Armatur mit Sicherheits-funktion	safety valve
	Berstscheibe mit Sicher-heitsfunktion, allg.	rupture disk, gen.
	Flammensperre	flame arrestor
	Be- und Entlüftungs-armatur, Über- bzw. Unterdruck-sicherung	breather valve
	Schauglas	sight glas

Symbol	Bezeichnung (deutsch)	Bezeichnung (englisch)
	Schalldämpfer	silencer
	Trichter	funnel
	Auslass zur Atmosphäre für Dampf/Gas	outlet to the atmosphere for steam/gas
	Kondensatableiter	steam trap
	Schlauch	hose
	Bewegung in Pfeil-richtung	flow/motion in direction of arrow
	Pfeil für Ein- bzw. Aus-gang wichtiger Stoffe	arrow for inlet or outlet of essential substance
	Gefälle	slope
	Bezugszeichen für Niveauangabe, Phasengrenzfläche	level reference
	Grenze, allg.	limit, gen.
	Syphon	siphon
	Mauerwerk	brickwork
	Beton (bewehrt)	concrete (reinforced)
	Schamotte, feuerfeste Ausmauerung	refractory clay, refractory bricks
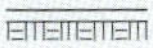	Erdreich, geschütteter Boden	soil

Übersicht 8-2 (Fortsetzung)

Neben den aufgeführten Symbolen sind in der DIN EN ISO 10628 im Anhang D Kennbuchstaben festgelegt, mit deren Hilfe weitere Informationen vermittelt werden können. Hierbei ist nach Angaben zu Apparaten, Maschinen, Armaturen und Rohrleitungen zu unterscheiden. Für das Gebiet Messen, Steuern und Regeln sind Kennbuchstaben in weiteren DIN gesondert vorgegeben (s. Abschnitt 8.3). In der folgenden Übersicht 8-3 sind die Kennbuchstaben entsprechend DIN 10628, Anhang D, zusammengefasst.

Aufgaben

1. Wo ist die Darstellung chemischer Produktionsanlagen festgelegt?
2. Welche grundsätzlichen Darstellungsarten werden unterschieden und welches sind die grundsätzlichen Merkmale der jeweiligen Darstellung?
3. Zeichnen Sie ein Grundfließschema für das Verfahren der Roheisenherstellung!
4. Stellen Sie die Ammoniaksynthese in einem Verfahrensfließschema mit Grundinformationen dar!

Kennbuchstaben

Kennbuchstabe	Anhang D.2 Apparate und Maschinen	Anhang D.3 Armaturen	Anhang D.4 Rohrleitungen
A	Anlageteil oder Maschine, soweit nicht in eine der nachstehenden Gruppen einzuordnen		
B	Behälter, Tank, Bunker, Silo	Absperrventil	
C	Chemischer Reaktor		
D	Dampferzeuger, Gasgenerator, Ofen		
F	Filterapparat, Flüssigkeitsfilter, Gasfilter, Siebapparat, Siebmaschine, Abscheider	Filter, Sieb, Schmutzfänger, Sieb (in Rohrleitungen)	
G	Getriebe	Sichtscheibe	
H	Hebe-, Förder-, Transporteinrichtung	Regelventil	
K	Kolonne	Kondenstopf	
M	Elektromotor		
P	Pumpe		(Q) Rohr, Rohrleitungsteil, Leitungskanal
R	Rührwerk, Rührbehälter mit Rührer, Mischer, Kneter	Rückschlagventil	Rohrleitungsteil
S	Schleudermaschine, Zentrifuge	Armatur mit Sicherheitsfunktion (z. B. Berstscheibe)	Schlauch
T	Trockner		Rinne (offen), Graben
U			Kanal (unterirdisch)
V	Verdichter, Vakuumpumpe, Ventilator	Ventil, allgemein	
W	Wärmetauscher	andere definierte Armaturen	
X	Zuteil-, Zerteileinrichtung, sonstige Geräte	andere definierte Armaturen mit Sicherheitsfunktion	
Y	Antriebsmaschine, außer Elektromotoren		
Z	Zerkleinerungsmaschine		

Übersicht 8-3

8.3 Steuerung, Regelung, Prozessleitsysteme

8.3.1 Steuerung und Regelung chemischer Prozesse

Chemische Vorgänge sind immer von bestimmten Bedingungen abhängig (vgl. Teil 1, Abschnitt 11.11). Diese Parameter – Temperatur, Druck, Konzentration der Ausgangsstoffe, Zeitdauer der Reaktion, notwendige Aktivierungsenergie bzw. Anwesenheit eines Katalysators – beeinflussen den Ablauf der chemischen Reaktion und damit maßgeblich die Menge und Qualität des Endproduktes. Aus betriebswirtschaftlicher Sicht wird natürlich immer eine möglichst hohe Ausbeute des jeweiligen Verfahrens mit einer entsprechenden Qualität angestrebt. Es ist daher notwendig, chemische Produktionsprozesse ständig zu überwachen und gegebenenfalls durch entsprechende Maßnahmen so zu beeinflussen, dass eine Optimierung des Prozesses erreicht wird.

Für den Ablauf eines Produktionsprozesses sind Stoffmengen, die Reihenfolge der Verarbeitung und die Reaktionsbedingungen genau festgelegt. Die Einhaltung der Vorgaben – **Steuerung** des Prozesses – erfolgt durch Bedienung bestimmter Anlagenteile (z. B. Öffnen oder Schließen eines Absperrventils) in vorgegebenen Intervallen nach einem festgelegten Ablaufschema. Im Alltag könnte man dies z. B. mit dem Backen eines Kuchens vergleichen: In einem Rezept sind die einzuhaltenden Parameter festgelegt. Die Zutaten sind mengenmäßig (Stoffkonzentration) als Ausgangsstoffe angegeben, welche in einer bestimmten Reihenfolge zusammenzufügen und zu verarbeiten sind. Für den Backvorgang ist dann eine bestimmte Temperatur in einer bestimmten Zeitdauer vorgeschrieben, um ein optimales Endprodukt zu erhalten. Der Arbeitsablauf wird also durch das Backrezept gesteuert. Gleichzeitig wird aber auch deutlich, dass man dabei Schritte unterscheiden kann, die bestimmte Grenzwerte – wie Zutatenmenge, Backtemperatur –, eine bestimmte Zeit – wie Backdauer – oder einen bestimmten Zustand – wie Sahne schlagen, bis sie steif ist – beschreiben.

> Die Steuerung eines Prozesses erfolgt mit Vorgaben, die den Prozessablauf durch Grenzwerte, Zeiten und Zustände beschreiben und durch Handlungsabläufe zu realisieren sind.

Zur Überwachung eines Prozesses müssen Parameter wie **Temperatur, Druck, Durchflussmenge, Volumen, Füllstand, Fließgeschwindigkeit** ständig gemessen werden. Im Rahmen der Prozesssteuerung werden die ermittelten Messwerte ständig mit den Vorgaben verglichen. Es erfolgt ein Soll-Ist-Vergleich. Zum Erreichen eines optimalen Ergebnisses muss der Istwert möglichst genau mit dem Sollwert übereinstimmen. Beim Backen geschieht das z. B. durch Prüfen von Konsistenz und Geschmack des Teiges. Ist eine Abweichung vom Vorgabewert zu verzeichnen, muss durch **Regelung** eingegriffen werden, damit die Abweichung minimiert wird. Der Zustandswert muss dem Vorgabewert möglichst angeglichen werden. Bei dem gewählten Beispiel wäre dies der Fall, wenn der Teig nicht süß genug schmeckt und etwas mehr Zucker zugegeben wird oder wenn am Ende der vorgeschriebenen Zeit das Backwerk noch nicht gar ist und für einige Minuten weitergebacken wird.

> Die Regelung eines Prozesses geschieht durch einen Abgleich von Vorgabe- und Zustandswerten, wobei durch Eingriffe in den Prozessverlauf der Zustandswert mit dem Vorgabewert möglichst in Übereinstimmung gebracht wird.

Es wird also deutlich, dass chemische Produktionsverfahren, da sie ständig äußeren Einflüssen unterliegen, fortlaufend überwacht werden müssen. Gegebenenfalls ist regulierend einzugreifen, um einen optimalen Produktionsverlauf zu sichern und um Gefahren rechtzeitig zu erkennen und abzuwenden.

Bei der Komplexität heutiger Chemieanlagen ist eine Überwachung, Steuerung und Regelung nur mithilfe moderner Computertechnik möglich. In der Regel erfolgen diese Vorgänge von einer zentralen Leitwarte aus, in der die Produktionsabläufe durch Fließbilder auf Monitoren dargestellt werden. Der verantwortliche Angestellte kann bei Abweichungen mithilfe von Bedienelementen regulierend in den Prozess eingreifen, soweit dies nicht durch automatische Kontroll- und Sicherheitseinrichtungen geschieht.

> Die Elemente, die zur computergesteuerten Überwachung, Steuerung und Regulierung eines chemischen Prozesses in einer verfahrenstechnischen Anlage von einer zentralen Stelle aus notwendig sind, werden unter dem Begriff **Prozessleitsysteme** zusammengefasst.

8.3.2 Darstellung der Prozessleittechnik für verfahrenstechnische Anlagen

Die aufgaben- bzw. lösungsbezogene Darstellung von Prozessleitsystemen in Form der Prozessleittechnik (PLT) ist in den DIN 19227 Teil 1 „Grafische Symbole und Kennbuchstaben für die Prozessleittechnik“ und Teil 2 „Grafische Symbole und Kennbuchstaben für die Prozessleittechnik, Darstellung von Einzelheiten“ geregelt. Mithilfe dieser Normen kann die für den Prozess notwendige Elektro-, Mess-, Steuerungs- und Regelungstechnik (EMSR-Technik) für verfahrenstechnische Anlagen im Rahmen von RI-Fließbildern dargestellt werden. Dazu sind in den o. g. DIN grafische Symbole, Kennbuchstaben und deren Anwendung festgelegt. In den folgenden Übersichten 8-4, 8-5, 8-6 und 8-7 sind einige auszugsweise wiedergegeben.

Grafische Symbole zur Darstellung von EMSR-Aufgaben nach DIN 19227 Teil 1
Darstellung von Ausgabe- und Bedienort (Kommunikationsstelle Mensch – EMSR-Einrichtung)

Bennenung Symbol	Symbolelemente zur Kennzeichnung des Ausgabe und Bedienortes			Bemerkung
	ohne Querstrich: vor Ort	ein Querstrich: Prozessleitwarte	doppelter Querstrich: örtlicher Leitstand	
EMSR-Aufgaben allgemein 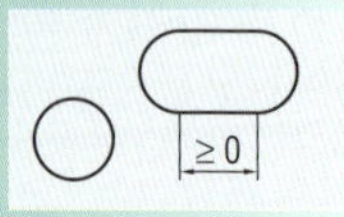		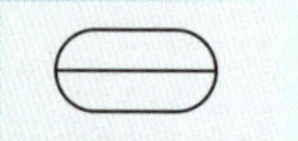	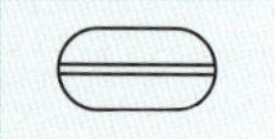	Darstellung durch einen Kreis, kann je nach Länge des eingeschriebenen Textes zu einem Langrund werden
EMSR-Aufgaben mit Prozessleitsystemen (PLS) realisiert 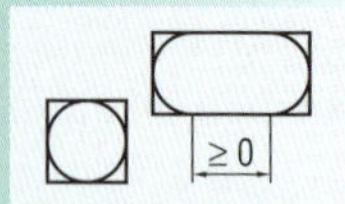	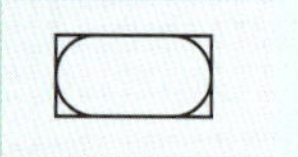	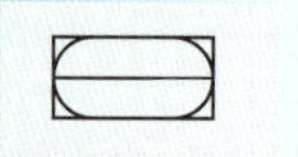	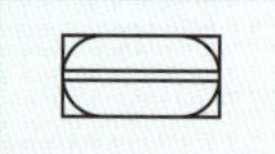	Darstellung durch ein Quadrat mit eingeschriebenen Kreis, kann je nach Länge des eingeschriebenen Textes zu einem Langsymbol werden
EMSR-Aufgaben mit Prozessrechner (PR) realisiert 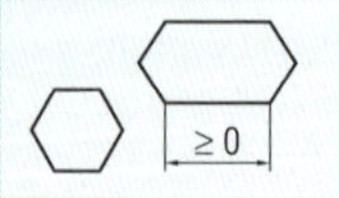	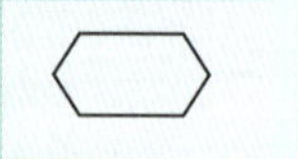	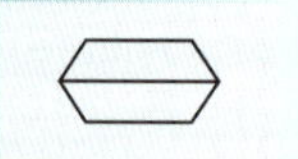	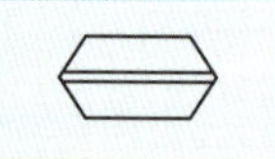	Darstellung durch ein Sechseck, kann je nach Länge des eingeschriebenen Textes zu einem Langsymbol werden

Übersicht 8-4

Symbole für Messort, Bezugslinie und Wirkungsweg nach DIN 19227 Teil 1

Symbol	Benennung	Anmerkung
	Messort	Soll der Messort besonders hervorgehoben werden, so wird er durch einen Kreis von vorzugsweise 2 mm ∅ dargestellt.
	Bezugslinie	Der Messort ist durch eine Bezugslinie mit dem EMSR-Stellen-Symbol zu verbinden. Die Linienbreite ist vorzugsweise 0,25 mm.
	Wirkungsweg	Der Wirkungsweg vom EMSR-Stellen-Kreis zum Stellgerät wird vorzugsweise durch eine gestrichelte Linie dargestellt. Weitere Festlegungen dazu in Punkt 3.10 der DIN.

Übersicht 8-5

Kennbuchstaben für EMSR-Technik nach DIN 19227 Teil 1

Kenn-buch-stabe	Gruppe 1: Messgröße oder andere Eingangsgröße, Stellglied		Gruppe 2: Verarbeitung
	als Erstbuchstabe	als Ergänzungs-buchstabe	als Folgebuchstabe Reihenfolge I, R, C
A	späterer Normung vorbehalten		Störungsmeldung
B	späterer Normung vorbehalten		
C	späterer Normung vorbehalten		selbstätige Regelung
D	Dichte	Differenz	
E	elektrische Größen		Aufnehmerfunktion
F	Durchfluss, Durchsatz	Verhältnis	
G	Abstand, Länge, Stellung, Dehnung, Amplitude		
H	Handeingabe, Handeingriff		oberer Grenzwert (High)
I	späterer Normung vorbehalten		Anzeige
J	späterer Normung vorbehalten	Messstellen-Abfrage	
K	Zeit		
L	Stand (auch von Trennschicht)		unterer Grenzwert (Low)
M	Feuchte		frei verfügbar
N	frei verfügbar		
O	frei verfügbar		Sichtzeichen, Ja/Nein-Anzeige (nicht Störungsmeldung)
P	Druck		
Q	Stoffeigenschaft, Qualitätsgrößen, Analyse (außer D, M, V) (z. B. für Konzentration, pH-Wert, Leitfähigkeit, Brechungsindex usw.)	Integral, Summe	
R	Strahlungsgrößen		Registrierung
S	Geschwindigkeit, Drehzahl, Frequenz		Schaltung, Ablaufsteuerung, Verknüpfungssteuerung
T	Temperatur		Messumformer-Funktion
U	zusammengesetzte Größen		zusammengefasste Antriebsfunktionen
V	Viskosität		Stellgeräte-Funktion
W	Gewichtskraft, Masse		
X	sonstige Größen		
Y	frei verfügbar		Rechenfunktion
Z	späterer Normung vorbehalten		Noteingriff, Schutz durch Auslösung, Schutzeinrichtung, sicherheitsrelevante Meldung
+			oberer Grenzwert
/			Zwischenwert
–			unterer Grenzwert

Übersicht 8-6 Bei Anwendung dieser Übersicht ist zu beachten, dass in der DIN mehrere Erläuterungen durch Fußnoten angefügt sind.

Symbole für Einwirkung auf die Strecke nach DIN 19227 Teil 1 – Stellantriebe und -geräte

Symbol	Benennung
	Stellort, Stellglied Anmerkung: Ersatzdarstellung für allgemeine Einwirkung auf die Strecke
	Stellantrieb, allgemein (mit Hilfsenergie oder selbsttätig)
	Stellantrieb, bei Ausfall der Hilfsenergie nimmt das Stellgerät die Stellung für maximalen Massenstrom oder Energiefluss ein
	Stellantrieb, bei Ausfall der Hilfsenergie nimmt das Stellgerät die Stellung für minimalen Massenstrom oder Energiefluss ein
	Stellantrieb, bei Ausfall der Hilfsenergie bleibt das Stellgerät in der zuletzt eingenommenen Stellung
	Stellantrieb, bei Ausfall der Hilfsenergie bleibt das Stellgerät zunächst in der zuletzt eingenommenen Stellung, der Pfeil gibt die zulässige Driftrichtung an
	Stellantrieb, bei Ausfall der Hilfsenergie bleibt das Stellgerät zunächst in der zuletzt eingenommenen Stellung, der Pfeil gibt die zulässige Driftrichtung an
	Stellgerät mit Stellort bzw. Stellglied (mit Hilfsenergie oder selbsttätig)
	Stellgerät mit Stellort bzw. Stellglied, bei Ausfall der Hilfsenergie nimmt das Stellgerät die Stellung für den maximalen Massenstrom oder Energiefluss ein
	Stellgerät mit Stellort bzw. Stellglied, bei Ausfall der Hilfsenergie nimmt das Stellgerät die Stellung für den minimalen Massenstrom oder Energiefluss ein
	Stellgerät mit Stellort bzw. Stellglied, Stellgerät bleibt bei Ausfall der Hilfsenergie in der zuletzt eingenommenen Stellung
	Stellgerät mit Stellort bzw. Stellglied, Stellgerät bleibt bei Ausfall der Hilfsenergie zunächst in der zuletzt eingenommenen Stellung, der Pfeil gibt die zulässige Driftrichtung an
	Stellgerät mit Stellort bzw. Stellglied, Stellgerät bleibt bei Ausfall der Hilfsenergie zunächst in der zuletzt eingenommenen Stellung, der Pfeil gibt die zulässige Driftrichtung an

Übersicht 8-7

Die in den Übersichten 8-4 bis 8-7 aufgeführten Symbole und Kennbuchstaben dienen für die Darstellung von EMSR-Stellen. Die hierfür geltenden Regeln sind ebenfalls in der DIN 19227 Teil 1 festgelegt. Außerdem sind hier auch Anwendungen aufgelistet. Zum allgemeinen Verständnis wurde ein Beispiel ausgewählt und erläutert (Abb. 8-11). Die grundsätzliche Darstellung erfolgt in Schwarz-Weiß. Zur besseren Übersicht sind die Bestandteile farblich hervorgehoben.

Die Darstellung einer **EMSR-Stelle** besteht aus:

- dem **Messort** (Übersicht 8-5); d. h. dem Erfassungsort der Daten durch Messfühler oder Sensoren.
- der **Bezugslinie** (Übersicht 8-5); d. h. der Verbindung von Messort und Ausgabe- und Bedienort; Hier erfolgt die Signalübertragung vom Messort zur Messstelle, man spricht vom Signalflussweg (im Beispiel rot).
- dem **Ausgabe- und Bedienort** (Übersicht 8-4); d. h. die Darstellung der Kommunikationsstelle Mensch – EMSR-Einrichtung als Kreis bzw. Langsymbol (EMSR-Stellen-Kreis). Hier können die erfassten Daten verarbeitet werden (im Beispiel violett).
- der Kennzeichnung des EMSR-Stellen-Kreises
  a) mit Kennbuchstaben (Übersicht 8-6) im oberen Teil des Symbols wird Art und Funktion der Stelle angegeben
  b) mit Querstrichen (Übersicht 8-4) wird Ausgabe- und Bedienort angegeben (ein Querstrich = Prozessleitwarte)
  c) mit Ziffern im unteren Teil erfolgt die Kennzeichnung der Stelle mit einer Zählnummer
- dem **Wirkungsweg** (Übersicht 8-5), d. h. der Verbindung von EMSR-Stellen-Kreis zum Stellgerät. Hier erfolgt eine Signalübertragung, die das Stellgerät veranlasst, eine Regelung vorzunehmen (im Beispiel grün).
- dem Stellort / Stellglied (Übersicht 8-7); d. h. der Darstellung des Ortes, wo das Regelsignal wirkt. Dazu kann auch ein entsprechendes Fließbildsymbol (Übersicht 8-2) dienen; z. B. ⋈ = Absperrarmatur (im Beispiel blau).
- dem Stellgerät (Übersicht 8-7), das auch das Verhalten bei Ausfall der Hilfsenergie anzeigt (im Beispiel orange).

Im Beispiel handelt es sich zusammengefasst um eine EMSR-Stelle zur Durchflussregelung einer Rohrleitung, bei der die Regelgröße registriert wird und die bei Erreichen des unteren Grenzwertes eine Störungsmeldung in die Prozessleitwarte sendet.

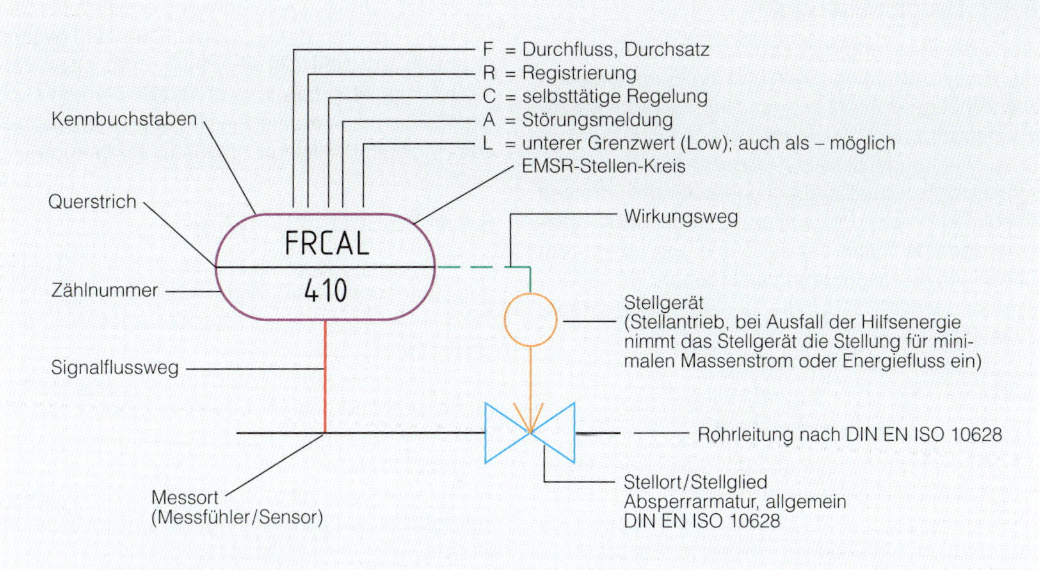

Abb. 8-11 **Beispiel für EMSR-Stelle nach DIN 19227 Teil 1**

8.4 Messen

8.4.1 Messungen bei chemischen Verfahren

Wie im Abschnitt 8.3.1 bereits erwähnt, ist es für die Einhaltung optimaler Reaktionsbedingungen und damit zur Sicherung einer optimalen Ausbeute bei chemischen Verfahren notwendig, ständig Messungen durchzuführen. Weiterhin sind Messungen notwendig, um die Sicherheit im Produktionsverlauf und die Emissionskriterien beim Ausstoß von Nebenprodukten wie Staub, Rauch, Restwärme usw. zu kontrollieren. Einrichtungen zur Abluft- und Abwasserreinigung im Zusammenhang mit Emission und Immission sind im „LF Umwelt" (Teil 1 und Teil 2) abgehandelt. Das Gleiche gilt für den produktionsintegrierten Umweltschutz, der ebenfalls im „LF Umwelt" im Teil 2 behandelt ist. Auf weitere Ausführungen zu diesen Themen wird daher hier verzichtet. Im Folgenden werden wichtige Messgrößen kurz angedeutet. Da die verwendeten Messgeräte je nach Einsatzgebiet sehr unterschiedlich sind, werden sie nur beispielhaft erwähnt. Es sei darauf hingewiesen, dass viele aus dem Laborunterricht bekannte Messgeräte in abgeänderter Form in Chemieanlagen verwendet werden.

Bei Messungen unterscheidet man:

1. die Ermittlung von Temperatur, Druck und Druckdifferenz als wichtige Zustandsgrößen für den Betrieb einer Apparatur oder Anlage;
2. die Messung von Volumen, Füllstand und Masse als Größen für Stoffmengen und -ströme;
3. die Ermittlung von Werten zur Überwachung der Produktqualität und -reinheit sowie Umweltbelastung, wie z. B. pH-Wert, Brechungsindex, Trübung, Sauerstoffgehalt, Leitfähigkeit usw.

8.4.2 Temperaturmessungen

Die Messung der Temperatur dient z. B. der Kontrolle der Reaktionstemperatur und der Überwachung von Grenzen für Entzündungstemperaturen bzw. Flammpunkte (s. Teil 1, Abschnitt 4.2). Die Messung von Temperaturen ist also relevant für die Produktionsausbeute und die Sicherheit. Zur Temperaturmessung können die bekannten mechanischen Geräte – Flüssigkeitsthermometer (Flüssigkeitsausdehnungs- oder Flüssigkeitsfederthermometer) oder Bimetallthermometer – sowie Geräte mit einem elektrischen Ausgangssignal – z. B. Thermoelemente oder Widerstandsthermometer verwendet werden (Abb. 8-14 a, b und c, Übersicht 8-8, Seite 127).

Formelzeichen	Einheit
ϑ	°C (Grad Celsius)
T	K (Kelvin)
Umrechnung	0 °C = 273,15 K bzw. $T[K] = \vartheta[°C] + 273{,}15$
Norm- bzw. Standardbedingungen	0 °C = 273,15 K

8.4.3 Druckmessungen

Auch die Messung des Drucks hat die Kontrolle der Reaktionsbedingungen und die Einhaltung von Sicherheitsparametern zum Ziel. Bei Druckmessungen wird nach der Messung von Unterdrücken (z. B. Vakuumdestillation), Überdrücken (z. B. Ammoniaksynthese), des Atmosphärendrucks oder des absoluten Drucks unterschieden, wobei Unter- oder Überdruck sich aus der Differenz von absolutem Druck und Atmosphärendruck ergeben. Es handelt sich also eigentlich um die Messung einer Druckdifferenz:

$$p_{\text{absolut}} - p_{\text{Atmosphäre}} = \Delta p$$

wobei gilt: $\Delta p < 0$ Unterdruck
$\Delta p > 0$ Überdruck.

Zur Druckmessung können Sperrflüssigkeitsdruckmessgeräte (geschlossenes oder offenes U-Rohr-Manometer (Abb. 8-15, Übersicht 8-8, Seite 127) oder Federmanometer verschiedener Bauarten sowie Druckmessumformer verwendet werden. Besonders bedeutsam für chemische Anlagen ist die Druckmessung in Behältern und Rohrleitungen sowie daraus resultierend die Druckmessung in strömenden Medien. Über- oder Unterschreitung des vorgeschriebenen Drucks kann Explosion bzw. Implosion des betroffenen Bauteils zur Folge haben.

Formelzeichen	Einheit
p	Pa (Pascal) 1 Pa = 1 N/m² = 1 kg/m · s²
Umrechnungen	1 bar (Bar) = 100 000 Pa = 10^5 Pa 1 at (Atmosphäre = 98,1 · 10^3 Pa 1 Torr (Torr) = 133,3 Pa 1 mmHg (Millimeter Quecksilbersäule) = 1 Torr = 133,3 Pa
Berechnung	$p = \frac{F}{A}$
Norm- bzw. Standardbedingungen	101 325 Pa = 101,325 kPa = 760 Torr

Wie bereits erwähnt, ist die **Differenzdruckmessung** (Messung von Druckdifferenzen) ein notwendiges und gebräuchliches Verfahren, z. B. um Volumenströme oder die Funktion von Geräten zu überwachen. Druckunterschiede treten auch bei der Kompression und Entspannung von Gasen (z. B. Lindeverfahren, Teil 1, Abschnitt 3.6.6) auf oder beim Flüssigkeits- oder Gastransport durch Pumpen (z. B. Erdöl- oder Erdgasleitungen). Der Differenzdruck kann durch Berechnung ermittelt werden: $\Delta p = p_2 - p_1$. Es ist aber wegen Ungenauigkeiten in hohen Druckbereichen üblich, spezielle Differenzdruckmessgeräte zu verwenden, wobei auch hier Geräte mit Sperrflüssigkeit, Federmechanismus oder Messumformer zur Anwendung kommen.

8.4.4 Volumenmessungen

Die Messung des Volumens spielt besonders bei der Mengenbestimmung der Ausgangsstoffe und Produkte eine wichtige Rolle. Die Ausgangsmengenbestimmung ist Voraussetzung für den optimalen Reaktionsablauf und Stoffumsatz. Die Bestimmung der Produktmenge dient in erster Linie der betriebswirtschaftlichen Abrechnung, kann aber auch durch Berechnungen Rückschlüsse auf den Ablauf des abgelaufenen chemischen Prozesses liefern. Das gemessene Volumen wird mithilfe der **Dichte** meist in eine **Masse** umgerechnet:

$$\varrho = \frac{m}{V} \quad \text{bzw.} \quad m = \varrho \cdot V.$$

Zur Bestimmung der Dichte werden z. B. Aräometer oder Pyknometer sowie Flüssigkeitsdichtewaagen und Schwinggabeldichtemesser verwendet. Die Volumenmessung erfolgt durch sehr genau arbeitende Zähler, die von Gasen bzw. Flüssigkeiten durchströmt werden. Aus dem Alltag bekannte Beispiele sind Gas- bzw. Wasseruhren, die z. B. den Verbrauch in einzelnen Haushalten in m³ messen. In der Industrie werden für Gase Drehkolben-, Turbinenrad- oder Trommelgaszähler genutzt. Flüssigkeiten werden mit Ovalrad-, Ringkolben- oder WOLTMANN-Zählern gemessen.

Formelzeichen	Einheit
V	m³ (Kubikmeter)
Umrechnungen	1 l (Liter) = 0,001 m³ = 1 dm³ 1 RT (Registertonne) = 2,83 m³
Norm- bzw. Standardbedingungen	bei 273,15 K und 101,325 kPa beträgt das molare Volumen eines idealen Gases ($V_{m,n}$) 22,4107 l/mol

Formelzeichen	Einheit
m	kg (Kilogramm)
Umrechnungen	1 t (Tonne) = 1000 kg 1 Kt (Karat) = 0,2 g = 0,2 · 10^{-3} kg
Berechnung	$m = \varrho \cdot V$

Formelzeichen	Einheit
ϱ	kg/m^3 (Kilogramm je Kubikmeter)
Umrechnungen	$1\ g/cm^3 = 1\ g/ml = 1\ kg/l = 1\ kg/dm^3$
Berechnung	$\varrho = \frac{m}{V}$

8.4.5 Füllstandsmessungen

Die Messung des Füllstandes dient zur Ermittlung des Volumens bzw. der Masse des in einem Behälter befindlichen Stoffes. Man unterscheidet dabei die Füllstandsmessung von Flüssigkeiten und Feststoffen (Schüttgütern). In beiden Fällen wird die Höhe des Stoffes im Behälter gemessen und daraus das Volumen bzw. die Masse ermittelt. Das Prinzip beruht auf der Volumenberechnung eines Körpers mit bekannter Grundfläche: $V = A \cdot h$. Geht man von einer konstanten Grundfläche aus, ist das Volumen der Höhe (dem Füllstand) proportional. Bei einer entsprechenden Skaleneinteilung kann somit das Volumen oder die Masse direkt abgelesen werden. Die Berechnung der Masse kann über die Dichte erfolgen.

Die Füllstandsmessung für Flüssigkeiten kann z. B. durch Peilstäbe, Schaugläser, Standrohre (Abb. 8-16, Übersicht 8-8, Seite 127) oder Schwimmer sowie mit Verdrängungskörpern oder nach dem hydrostatischen Prinzip über die Messung von Druckdifferenzen erfolgen. Für Festkörper besteht ebenfalls die Möglichkeit der Messung mittels Peilstäben oder Schaugläsern. Es werden aber auch Ultraschall- oder Echolotverfahren eingesetzt, wobei Ultraschall der Überwachung von Grenzwerten dient und eine Überfüllung des Behälters verhindern soll.

Einen Sonderfall für die Bestimmung der Füllmenge nehmen die gasförmigen Stoffe ein. Die in einem Behälter befindliche Gasmenge ist sehr stark von Druck und Temperatur abhängig. Die Gasmenge eines Behälters wird deshalb auf einen vergleichbaren Wert – Gasvolumen unter Normbedingungen – umgerechnet. Dies geschieht mit der Zustandsgleichung für eine abgeschlossene Gasmenge und ist bis ca. 10 bar (1 MPa) hinreichend genau.

Zustandsgleichung:

$$\frac{p_N \cdot V_N}{T_N} = \frac{p \cdot V}{T} \quad \text{bzw.} \quad V_N = \frac{p \cdot V \cdot T_N}{T \cdot p_N}$$

wobei gilt:

V_N = Volumen des Gases unter Normbedingungen
p_N = Druck unter Normbedingungen (101,325 kPa)
T_N = Temperatur unter Normbedingungen (273,15 K)
V = Volumeninhalt des Behälters
p = gemessener Druck im Behälter
T = gemessene Temperatur im Behälter in Kelvin

(Siehe dazu auch Teil 1, Abschnitte 2.1, 11.1)

Aufgabe

Berechnen Sie das Gasvolumen in einem zylindrischen Behälter (Durchmesser 5,00 m; Höhe 12,50 m), dessen Innentemperatur 5 °C über der Umgebungstemperatur von 22 °C liegt und in dem ein Druck von 3,25 bar gemessen wird.

8.4.6 Durchflussmessungen

Die Messung der Durchflussmenge spielt wie bereits im Rahmen der Volumenmessungen gerade für chemische Verfahren eine wichtige Rolle. Es sei hier noch erwähnt, dass nicht nur die Überwachung der Edukte und Produkte erfolgt, sondern dass z. B. auch Kühl- oder Wärmekreisläufe eine besondere Beachtung erfordern.

Die Bestimmung des Volumens des strömenden Mediums erfolgt nach der Gleichung: $V = A \cdot v \cdot t$, wobei A der Querschnitt und v die Strömungsgeschwindigkeit sowie t die Zeit sind. Als Durchflussmenge wird aber in der Regel der Volumenstrom, d. h. das strömende Volumen pro Zeiteinheit bezeichnet.

Hierfür gilt dann: $Q = \frac{V}{t} = A \cdot v$

wobei Q der Volumenstrom ist und für $A \cdot v$ die Strömungsgeschwindigkeit über die gesamte Querschnittsfläche konstant sein muss. Unter bestimmten Bedingungen ist das Produkt aus A und v konstant, so dass gilt: $A_1 v_1 = A_2 v_2$. Bei einer Verringerung des Querschnitts nimmt also die Strömungsgeschwindigkeit zu.

Zur Bestimmung der Durchflussmenge werden z. B. Messgeräte nach dem Wirkdruckprinzip (Drosselgeräte in verschiedenen Bauformen), mit Schwebekörpern oder durch magnetische Induktion verwendet.

Formelzeichen	Einheit
Q	m^3/s (Kubikmeter pro Sekunde) in der Praxis aber meist in m^3/h oder l/h (Kubikmeter bzw. Liter pro Stunde)
Berechnung	$Q = \frac{V}{t} = A \cdot v$

8.4.7 Beispiel für die Erfassung von Messgrößen an einer Laborapparatur

Die für chemische Anlagen geltenden Messverfahren sind natürlich auch im Labormaßstab zu finden. In Abb. 8-12 wurden einige Messverfahren und auch einige Möglichkeiten zur Regulierung des Reaktionsverlaufs zusammengestellt. Es wird dabei deutlich, dass selbst bei einer relativ kleinen und einfachen Apparatur schon viele Messwerte aufgenommen werden. Diese müssen dann entsprechend

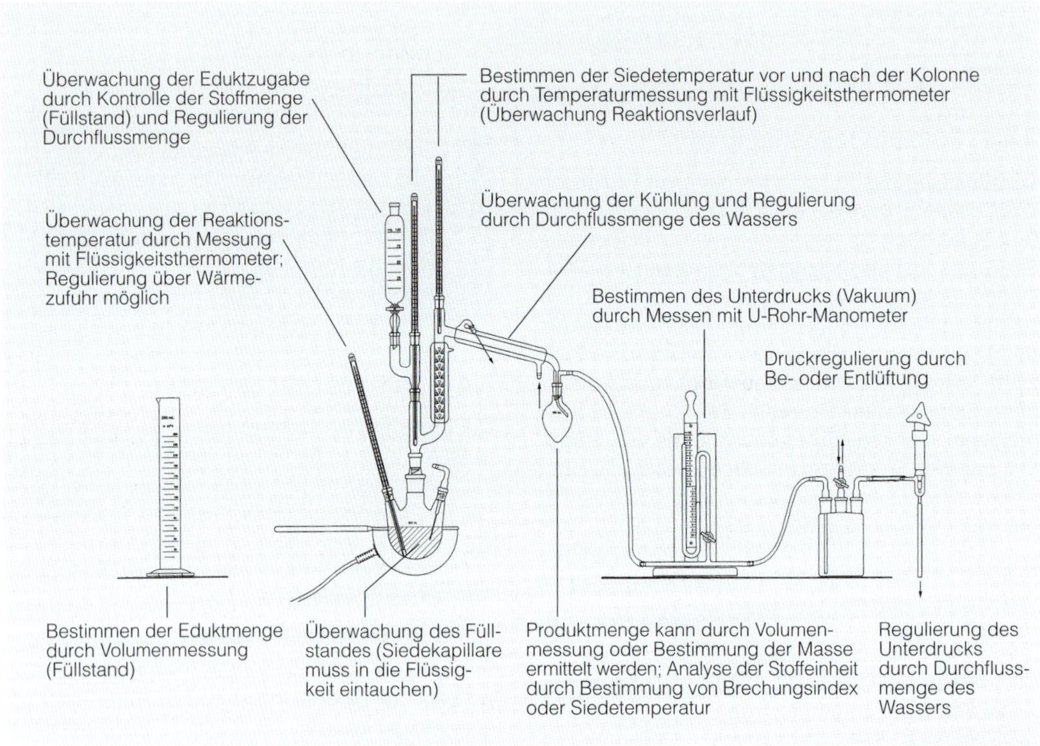

Abb. 8-12 Messgrößen an einer Laborapparatur – Beispiel

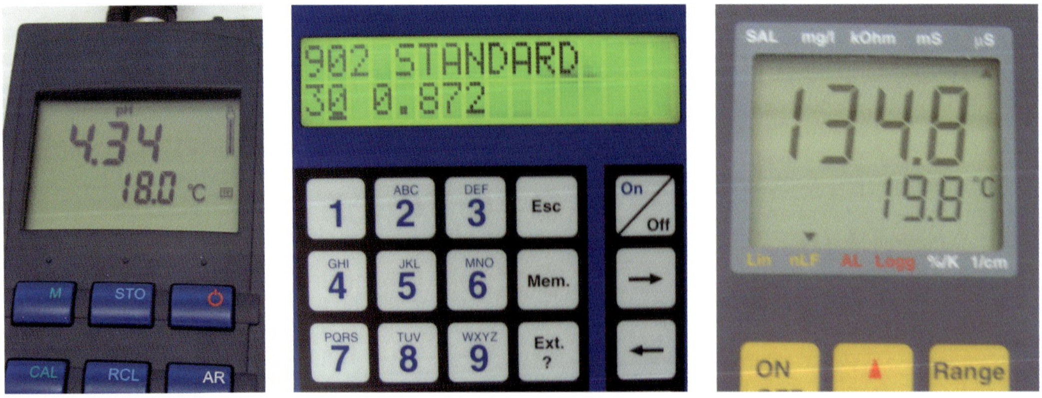

Abb. 8-13 Anzeigen für pH-Wert, Extinktion und Leitfähigkeit (von links nach rechts)

verarbeitet werden – z. B. kann durch die Erhöhung der Durchflussmenge an der Wasserstrahlpumpe das Vakuum erhöht werden, wodurch die Siedetemperatur weiter gesenkt werden kann. Die Kontrolle der Siedetemperatur ist wichtig, um bei der Destillation die richtige Fraktion als Produkt aufzufangen.

Wie in der Abbildung angedeutet, ist eine Kontrolle des Produktes durch Analysenmessungen möglich und auch notwendig. Dazu können verschiedene Verfahren angewandt werden. In der Regel erfolgt die Produktkontrolle durch die Auswertung von Proben, die im Verlauf des Prozesses genommen werden. Die Messung von Brechungsindex, Schmelz- oder Siedetemperatur, pH-Wert, Trübung (Extinktion), Leitfähigkeit usw. wird mit Messgeräten durchgeführt, welche die Werte in der Regel sofort ablesbar ausgeben (Abb. 8-13).

8.5 Bedeutung der Überwachung von chemischen Prozessen

In den vorangegangenen Abschnitten wurde deutlich, dass die Kontrolle und Überwachung von Chemieanlagen durch Mess-, Steuer- und Regelprozesse von großer Bedeutung für den optimalen und sicheren Reaktions- und Produktionsverlauf ist.

Neben den betriebswirtschaftlichen Faktoren, die zu einer Einhaltung der vorteilhaftesten Reaktionsbedingungen veranlassen, rücken auch immer mehr die Faktoren der Sicherheit und des Umweltschutzes in den Vordergrund. Hier spielt auch die Kontrolle von Abprodukten eine wichtige Rolle. In allen Fällen geschieht die Überwachung durch die Erfassung von Messwerten oder durch die Auswertung von Proben.

> Chemische Prozesse werden aus betriebswirtschaftlichen Gründen sowie zur Gewährleistung von Sicherheit und Umweltschutz überwacht.

Die Erfassung von Messwerten erfolgt mit Messfühlern, Sensoren oder Detektoren. Diese wurden bereits im Teil 1, Abschnitt 13.7, behandelt. Die Auswertung der Messwerte geschieht in der Regel durch einen Abgleich mit Kalibrierkurven. Kalibrierkurven dienen aber auch der Überprüfung der Messgeräte, um Abweichungen zu erkennen und durch Eichung zu beheben (siehe auch Teil 1, Abschnitt 13.6).

Bei der **Probennahme** ist es wichtig, exakt zu arbeiten, um Verunreinigungen oder andere Einflüsse auf die Probe auszuschließen. Dies gilt sowohl für die Proben der Edukte und Produkte als auch für die Proben von Abwässern, Abgasen, Stäuben, Abfällen usw. Wichtig ist auch eine optimale Pro-

Beispiele für Messgeräte aus dem Laborbereich

Temperaturmessung

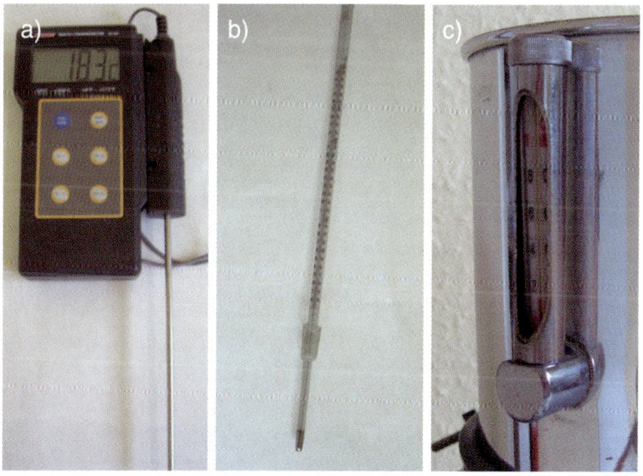

Abb. 8-14 **Temperaturmessgeräte:**
a) Messgerät mit digitaler Anzeige
b) Laborthermometer mit Quecksilbersäule
c) Flüssigkeitsthermometer an einem Wasserbad

Druckmessung

Abb. 8-15 **geschlossenes U-Rohr-Manometer**

Füllstandsmessung

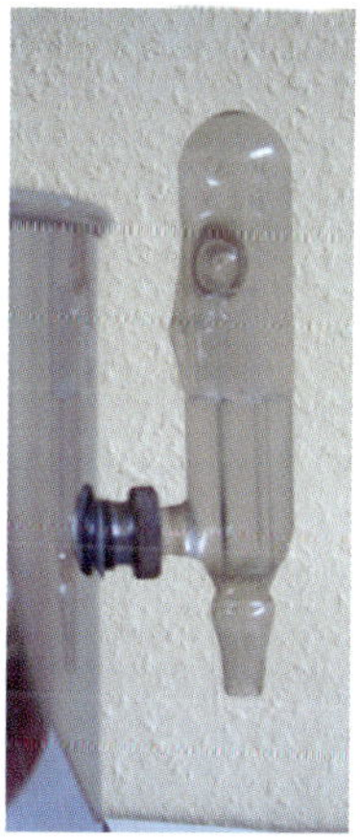

Abb. 8-16 **Füllstandsmessung mittels Standrohr an einem Wasserbad**

Übersicht 8-8

benverteilung, um verallgemeinerbare Werte zu erhalten. Dies bedeutet z. B., dass bei einem kontinuierlichen Produktionsprozess fortlaufend in regelmäßigen Abständen Proben genommen werden. Bei einem diskontinuierlichen Prozess können z. B. Proben in regelmäßigen Produktmengenabständen (Beginn, Mitte, Ende) bei der Leerung des Reaktionsgefäßes genommen werden. Grundsätzlich ist zu sagen, dass Art, Umfang und Auswertung der Proben in innerbetrieblichen oder normierten Anweisungen festgelegt sind.

Die Überwachung der Anlagensicherheit erfolgt durch den Abgleich mit vorgegebenen Grenzwerten – z. B. Maximaldruck oder -temperatur – und deren Regulierung durch die Anpassung von Istwerten an die Sollwerte. Die Überschreitung dieser Grenzwerte beinhaltet das Gefahrenpotenzial für Störungen im Betriebsablauf, welche zu Katastrophen wie Explosionen führen können. Solche Gefahren sind also unbedingt zu minimieren. Die Verringerung dieses Gefahrenpotenzials ist z. B. auch bei der Entwicklung neuer Produktionsverfahren notwendig. Aber auch aus Kostengründen ist es logisch, neue Verfahren erst im Labormaßstab zu entwickeln und auszutesten. Wurde ein Verfahren so erfolgreich entwickelt und getestet, kann es durch Berechnungen maßstabsgerecht auf größere Anlagen oder die Serienfertigung übertragen werden. Dieser Prozess wird **scale-up** genannt.

Unter **scale-up** versteht man die **maßstabsgerechte** Übertragung (Vergrößerung oder Verkleinerung) von Parametern – in diesem Fall für den Ablauf von chemischen Prozessen in verfahrenstechnischen Anlagen.

8.6 Qualitätssicherung und statistische Auswertung

Auf die Bedeutung der betriebswirtschaftlichen Aspekte im Rahmen von Produktionsprozessen wurde in den vorangegangenen Abschnitten dieses Kapitels mehrfach verwiesen. Sehr eng mit diesen Aspekten ist die Forderung nach entsprechender Qualität der Produkte verbunden. Das Kaufinteresse von Kunden wird neben dem Preis auch von guter oder schlechter Qualität beeinflusst.

Nach der DIN EN ISO 8402 von 1995 wurde Qualität als die Gesamtheit von Merkmalen von Produkten, Dienstleistungen, Konzepten, Entwürfen, Software, Arbeitsabläufen, Verfahren und Prozessen hinsichtlich ihrer Eignung, festgelegte und vorausgesetzte Erfordernisse zu erfüllen, definiert. Die Qualität wird als eine Funktion der Anspruchsklasse betrachtet und bezieht sich in erster Linie auf das Endprodukt und weniger auf den Herstellungsprozess. In der heutigen Zeit wird Qualität eher als ein Ausdruck von bereichsübergreifenden Anforderungen, z. B. an Mitarbeiter, Kapitalgeber und Rechtsvorschriften, verstanden. Die zur Erreichung der in diesem System geforderten Ergebnisse notwendigen Planungen, Steuerungen, Kontrollen und Tätigkeiten werden als **Qualitätsmanagement** bezeichnet. Mit dem Begriff Qualität wird die Erfüllung der gestellten Anforderungen an ein Produkt – messbare Eigenschaften, Produzentenvorgaben, Kundenerwartungen – bewertet. Dies kommt in der Definition der DIN EN ISO 9000:2005 zum Ausdruck. Hier wird Qualität als der Grad, in dem ein Satz inhärenter (innewohnender) Merkmale Anforderungen erfüllt, verstanden.

Aufgabe

Informieren Sie sich über Regelungen zur Qualitätssicherung in Ihrer Lehreinrichtung! Welche Rolle spielt dabei die Vorschrift ISO 9000?

Durch das Qualitätsmanagement soll der Prozess der Qualitätssicherung ständig verbessert werden. Dazu existieren in der Regel Qualitätsmanagementsysteme, die betriebsspezifisch geprägt und nach Regelwerken und Normen (z. B. ISO 9000) gestaltet sind. Durch die ständige Arbeit an der Verbesserung des Qualitätsprozesses kommt es zu einem Kreislaufprozess, der als Regelkreis des Qualitätsmanagements bezeichnet wird. Am Beginn dieses Prozesses steht die Ermittlung der Ausgangssituation. Auf Grundlage des Ist-Zustandes werden Bedingungen festgelegt, mit denen durch entsprechende Maßnahmen die Qualitätsziele erreicht werden können. Man spricht hier von der **Qualitätsplanung.** In der nächsten Phase – der **Qualitätslenkung** – werden die Maßnahmen in der Praxis umgesetzt. Die Kontrolle und Überprüfung der praktischen Ergebnisse und der Vergleich mit den in der Planungsphase gemachten Vorgaben erfolgt in der Phase der **Qualitätssicherung.** Hier werden alle Informationen zum Qualitätsprozess ausgewertet und z. B. der Kosten-Nutzen-Aufwand verglichen. Die so gewonnenen Informationen und Erkenntnisse werden im Rahmen der **Qualitätsverbesserung** zur Optimierung des Prozesses angewendet, indem neue Ziele festgelegt werden. Diese können, mit einer neuen Planungsphase beginnend, umgesetzt werden. Dies gilt auch dann, wenn in einem bestehenden Prozess eine Schwachstelle erkannt und durch veränderte Maßnahmen (z. B. geänderte Zeitabläufe oder bessere Schulung der

Mitarbeiter) optimiert wird. Ein gutes Qualitätsmanagement garantiert aber nicht automatisch ein qualitativ hochwertiges Produkt. Auch ein den Kundenwünschen angepasstes Niedrigpreisprodukt, das dann auch qualitativ minderwertiger ist, kann mit einem sehr guten Qualitätsmanagement hergestellt werden. Es wird deutlich, dass sich das Qualitätsmanagement nicht auf die Produktqualität, sondern auf die Abläufe im Herstellungsprozess bezieht. Dies ist auch zu beachten, wenn man eine **Zertifizierung** der Qualität bewertet, wie sie für Unternehmen und Organisationen möglich ist. Bei einer Zertifizierung wird die Übereinstimmung eines Qualitätsmanagementsystems mit gültigen Normen oder anderen gesetzlichen Forderungen sowie Kundenanforderungen geprüft. Außerdem werden auch die vom zu zertifizierenden Unternehmen im Qualitätsmanagementhandbuch an sich selbst gestellten Forderungen überprüft. Für eine dauerhafte Zertifizierung fordert die EN ISO 9000 einen kontinuierlichen Verbesserungsprozess, also eine ständige Weiterentwicklung.

Aufgabe

Gibt es in Ihrer Lehreinrichtung ein Qualitätsmanagementhandbuch und welche Forderungen stellt es?

Davon ausgehend, dass die Qualität des Endproduktes von den Einzelteilen abhängt, wird der Einfluss der Unterschiede bei den Einzelteilen, also der Streuung der Parameter, und den möglichen Kombinationen aus den verschiedenen Einzelteilen und Parametern deutlich. Um Produktionsprozesse in dieser Hinsicht zu optimieren, wendet man das Verfahren der **statistischen Prozesslenkung** an. Dabei werden für einen Prozess von Fachleuten die relevanten Messgrößen bestimmt. Im laufenden Prozess müssen diese Parameter dann durch regelmäßige Messungen ermittelt werden. Die erfassten Daten lassen sich statistisch, z. B. mit entsprechenden Softwareprogrammen, auswerten.

Eine statistische Auswertung geht davon aus, dass die ermittelten Messwerte immer mit Schwankungen behaftet sind und dem Prinzip der Häufigkeitsverteilung folgen. Analytische Messdaten unterliegen dabei meist einer symmetrischen, glockenförmigen Verteilung, d. h., die Messwerte haufen sich im Bereich des Mittelwertes, und es gibt eine geringe Anzahl von Abweichungen im positiven und negativen Bereich. Die Interpretation von Messreihen bzw. statistischen Ergebnissen ist z. B. mithilfe der Fehlerrechnung möglich.

Aufgabe

Wiederholen Sie die komplexe Fehlerrechnung und Statistik aus dem Mathematikunterricht! Beachten Sie dabei folgende Schwerpunkte: Ermittlung des Mittelwertes, Berechnung des absoluten, relativen, prozentualen und mittleren quadratischen Fehlers sowie der Standardabweichung; Berechnung des Größtfehlers nach dem Fehlerfortpflanzungsgesetz, Ermittlung von Varianz und Variationskoeffizient. Nutzen Sie dazu auch Übersicht 8-9.

Formelsammlung Fehlerrechnung und Statistik

Größe	Formel
Mittelwert	$\bar{x} = \frac{1}{n}\sum_{i=1}^{n} x_i$
absoluter Fehler	$\Delta x = \bar{x} - x_i$
relativer Fehler	$x_r = \frac{\Delta x}{\bar{x}}$
prozentualer Fehler	$x_p = \frac{\Delta x}{\bar{x}} \cdot 100\,\%$
absoluter mittlerer quadratischer Fehler	$x_m = \sqrt{\frac{\sum \Delta x^2}{n \cdot (n-1)}}$
Spannweite (Variationsbreite oder Range)	$R = x_{max} - x_{min}$
Standardabweichung der Einzelwerte (Streuung)	$s_x = \sqrt{\frac{\sum_{i=1}^{n}(x_i - \bar{x})^2}{n-1}}$
Varianz	$v(x) = s_x^2 = \frac{\sum_{i=1}^{n}(x_i - \bar{x})^2}{n-1}$
Variationskoeffizient	$vk(x) = \frac{s_x}{\bar{x}} \cdot 100\,\%$
Standardabweichung des Mittelwertes	$s_{\bar{x}} = \frac{s_x}{\sqrt{n}}$

Übersicht 8-9

8.7 Aufgaben zur Wiederholung von Kapitel 8

Aufgaben

1. Erläutern Sie Merkmale von kontinuierlichen und diskontinuierlichen Produktionsprozessen!
2. Geben Sie die Unterschiede für die Stoffkonzentration im Verhältnis zu Zeit und Produktionsort für kontinuierliche und diskontinuierliche Produktionsverfahren an!
3. Nennen Sie je drei Beispiele für kontinuierliche und diskontinuierliche Produktionsverfahren!
4. Warum werden pharmazeutische Produkte und Feinchemikalien meist in diskontinuierlichen Prozessen hergestellt?
5. Welche Möglichkeiten zur Darstellung von chemischen Prozessen in verfahrenstechnischen Anlagen gibt es?
6. In welcher Vorschrift sind Festlegungen zu den einzelnen Darstellungsformen getroffen?
7. Erläutern Sie Merkmale und Unterschiede der unterschiedlichen Fließschemata!
8. Was ist der Unterschied zwischen Steuerung und Regelung chemischer Prozesse?
9. Warum müssen chemische Prozesse überwacht, gesteuert und geregelt werden?
10. Welche Parameter müssen zur Überwachung eines Prozesses erfasst werden?
11. Erläutern Sie die Erfassung von Messgrößen am Beispiel
    a) einer Rückflussapparatur mit Rührwerk;
    b) einer Apparatur zur Saugfiltration;
    c) einer Apparatur zur potenziometrischen Titration!
12. Welche Messgrößen müssen bei der Roheisenherstellung und der Ammoniaksynthese zwingend überwacht werden?
13. In welcher Vorschrift sind Festlegungen zur Elektro-, Mess-, Steuerungs- und Regelungstechnik getroffen?
14. Aus welchen Komponenten besteht eine EMSR-Stelle?
15. Nennen Sie Beispiele für Messgeräte zur Bestimmung von Temperatur, Druck und Volumen!
16. Welches Ziel hat die Entnahme von Proben bei chemischen Prozessen?
17. Was ist bei einer Probenahme zu beachten?
18. Definieren Sie den Begriff Qualität!
19. Erläutern Sie den Begriff Qualitätsmanagement!
20. Wozu dient die statistische Prozesslenkung?

9 Werkstoffe und Werkstoffeigenschaften

9.1 Begriffsabgrenzung

Die **Werkstofftechnik** untersucht die Werkstoffeigenschaften, ihre Abhängigkeit von der Zusammensetzung und Struktur sowie die Verwendbarkeit der Werkstoffe.
Im engeren Sinn versteht man unter einem **Werkstoff** einen anorganischen oder organischen Feststoff, aus dem Bauteile, Maschinen, Geräte, Apparate, Ausrüstungen, Möbel oder ganz allgemein **Gebrauchsgegenstände** mit längerer Nutzungsdauer bestehen. Häufig wird in gleicher Bedeutung, also synonym von **Material** gesprochen, obwohl beide Worte in ihrer Verwendung nicht deckungsgleich sind. In weiter gefasster Bedeutung werden beide Begriffe z. B. auch auf Halbzeuge, Bauteile, textile Stoffe, Baustoffe, Leder, Papiere für langlebigere Erzeugnisse angewendet. Als Materialien bezeichnet man auch Rohstoffe und Hilfsstoffe, aber auch Laborgeräte und -chemikalien. **Verbrauchsmaterialien** sind Stoffe für Produkte mit einmaliger Verwendung, die sogenannten **Verbrauchsmittel.**

Anorganische Werkstoffe sind Metalle, Glas, Keramiken, behauene Steine, Ziegel. Zu den **organischen Werkstoffen** gehören u. a. Schnittholz, Papier für Bücher, Kunststoffe, Gummi, Leder und Textilstoffe.

Rohstoffe sind Ausgangsstoffe für ein Produkt. Sie haben noch keine Verarbeitung zum Endprodukt erfahren. Rohstoffe gehen als Hauptbestandteil in ein materielles Fertigprodukt ein.

Natürliche Rohstoffe sind anorganische oder organische Substanzen, die aus der Natur gewonnen wurden. Natürliche anorganische Rohstoffe sind z. B. Wasser, Bodenschätze wie Kalisalze, Erze, Steine, Tone, Sand, Kies, Asbest, Grafit, Diamanten, Gase wie Sauerstoff, Wasserstoff, Stickstoff. Natürliche organische Rohstoffe sind z. B. Erdöl, nachwachsende Agrarrohstoffe wie Getreide, Kartoffeln, Rapssamen, Obst, Gemüse, Baumwolle und andere pflanzliche Fasern, Futtermittel, Fleisch, tierische Häute, tierische Wolle, Rohholz.

Synthetische Rohstoffe sind anorganische oder organische Chemieprodukte, die durch Stoffwandlungsprozesse erzeugt und zu Endprodukten weiterverarbeitet werden, z. B. Ammoniak, Natronlauge, Harnstoff, Vinylchlorid.
Natürliche und synthetische Rohstoffe, die durch chemische Prozesse zu Endprodukten umgewandelt werden, bezeichnet man auch als **chemische Grundstoffe.** Schwefel oder Schwefeldioxid sind die Ausgangs- oder Grundstoffe (Edukte) für die Schwefelsäure, Ethin und Chlorwasserstoff sind die Roh- oder Grundstoffe für Vinylchlorid, das wiederum Ausgangsstoff (Rohstoff) für Polyvinylchlorid ist.

Sekundärrohstoffe erhält man durch Recycling von ausgesonderten Gebrauchsgegenständen oder Produktions- und Konsumtionsabfällen.

Rohstoffe dienen verschiedenen Zwecken:
- Energiegewinnung (Kohle, Erdöl, Erdgas, Uran),
- Erzeugung von Werkstoffen (Erze, Sand, Kaolin, Ton, gebrochene Steine, Holz, Leder, natürliche Faserstoffe),
- Produktion von Verbrauchsgütern (z. B. Nahrungsmittel, Treibstoffe, Lösungsmittel, Tenside),
- Wandlung zu anderen Rohstoffen (z. B. der Rohstoff Schwefel zu Schwefelsäure für die Düngemittelproduktion),
- Gewinnung von Hilfsstoffen.

Hilfsstoffe/-mittel besitzen unterstützende Funktion. Sie werden zum einen bei der Verarbeitung von Roh- und Werkstoffen zu Produkten benötigt wie Gleitmittel, Rieselmittel, Kühlflüssigkeiten, Lösungsmittel, Emulgatoren, Flussmittel u. a. Sie begünstigen den Ablauf eines Verfahrens, gehen aber in der Regel nicht in das Produkt mit ein oder erhöhen zumindest nicht den Gebrauchswert des Erzeugnisses selbst (Verarbeitungshilfsstoffe). Zum anderen verbessern Hilfsstoffe als Nebenbestandteil des Produkts die Gebrauchseigenschaften von Erzeugnissen. Sie unterdrücken störende Einflüsse (Alterungsschutzmittel, Lichtschutzmittel, Antistatika, Antioxidantien, Haftmittel, Flammschutzmittel, temporäre Korrosionsschutzmittel, Schmiermittel), modifizieren Gebrauchseigenschaften (z. B. Weichmacher, Weichspüler, Glanzmittel, auch Wasser als Lösungs-/Verdünnungsmittel) oder kommen ästhetischen Bedürfnissen nach (z. B. Pigmente, Farbstoffe, Glanzmittel).

Betriebsstoffe sind die fossilen Energieträger und Uran für die Gewinnung von Wärmeenergie und elektrischen Strom. Weiterhin gehören dazu Kraftstoffe und Wasser als Wärmeübertragungs-/Kühlmittel. Häufig werden auch die Schmiermittel hier hinzugerechnet und nicht zu den Hilfsstoffen, weil sie nicht allein den Verschleiß mindern, sondern auch den Reibungs- bzw. Energieverlust senken.

Der Überblick zeigt, dass manche Stoffe mehrfach auftreten, z. B. das Wasser als Rohstoff, als Betriebsstoff oder als Lösungsmittel bei den Hilfsstoffen. Es muss immer nach der Funktion des Stoffs gefragt werden, um eine Bestimmung treffen zu können.

9.2 Verarbeitungs- und Gebrauchseigenschaften – Werkstoffauswahl

Die Verarbeitung von Rohstoffen oder Werkstoffen zu einem Produkt erfolgt durch technisch-technologische Verfahren. Dabei werden die Materialien je nach den dabei herrschenden physikalisch-chemischen Bedingungen bestimmten Beanspruchungen ausgesetzt, die vom Verfahren selbst abhängen. Jeder Werkstoff besitzt eine Reihe von Merkmalen, die seine Verarbeitung möglich machen. Welche speziellen technologischen Prozesse angewendet werden können, um einen Rohstoff oder Werkstoff zu einem Produkt verarbeiten zu können, wird durch seine **Verarbeitungseigenschaften** ausgedrückt. In der mechanischen Technologie wird dafür auch der Begriff Bearbeitungseigenschaften benutzt. Verarbeitungseigenschaften sind z. B. Gießbarkeit, Schweißbarkeit, Lötbarkeit, Warmumformbarkeit, Kaltumformbarkeit, Spanbarkeit, Härtbarkeit, Klebbarkeit, Bedruckbarkeit, Nitrierbarkeit, Hydrierbarkeit, Chlorierbarkeit, Isomerisierbarkeit usw. (oder in der Formulierung als Adjektiv gießbar, schweißbar, nitrierbar, hydrierbar, chlorierbar, isomerisierbar usw.).

> Verarbeitungseigenschaften sind technologische Merkmale eines Rohstoffs oder eines Werkstoffs. Sie geben an, auf welche Weise die Wandlung oder Formung zu einem Produkt mithilfe eines speziellen Verfahrens möglich ist.

Auch beim Gebrauch eines Gegenstandes werden die verwendeten Werkstoffe einem Komplex von Einwirkungen ausgesetzt. Erzeugnisse werden in unterschiedlicher Weise mechanisch, thermisch, optisch, chemisch oder elektrisch beansprucht.

Die **Werkstoffwahl** muss sowohl auf die in Aussicht genommene Verarbeitung als auch auf den Zweck, die Funktion des Produkts abgestimmt sein.

> Unter **Gebrauchseigenschaften** werden solche Stoffmerkmale verstanden, die die effektive Nutzung eines Produkts ermöglichen.

Die Werkstoffauswahl wird aber nicht nur durch die stofflichen Eigenschaften bestimmt, sondern auch durch die Verfügbarkeit des Materials, seinen Preis, die Kosten für seine Verarbeitung, die Möglichkeit des Recyclings und seine Umweltfreundlichkeit.

Welche Verarbeitungs- und Gebrauchseigenschaften ein Stoff besitzt, wird durch mechanische, thermische, elektrische und chemische Untersuchungen bzw. Prüfungen bestimmt. Für die Werkstoffe gibt die Durchführung von genormten **Werkstoffprüfverfahren** Auskunft über das Verhalten unter bestimmten Prüfbedingungen, aus denen Rückschlüsse für den technischen Einsatz gezogen werden. Die Beanspruchbarkeit wird durch **Werkstoffkenngrößen** quantitativ angegeben (vgl. Abschnitt 10.1). Die Verarbeitbarkeit wird mithilfe **technologischer Prüfverfahren** ermittelt.

9.3 Werkstoffe im Chemielabor

Für die benötigten Geräte im Chemielabor wird eine größere, aber überschaubare Anzahl von Werkstoffen verwendet. Die Gehäuse von Waagen, Pumpen, Rührgeräten, Labormühlen, Heizgeräten, Schüttelgeräten, Thermostaten, Trockenschränken, Muffelöfen, Wasserbädern u. a. bestehen aus Baustahl, aus Edelstahl oder aus höherfesten Kunststoffen. Für Antriebsteile und tragende konstruktive Elemente werden Konstruktionsbaustähle verwendet, die einer Wartung gegen Verschleiß und Korrosion bedürfen. Elektrische Leiter bestehen aus Kupfer; in selteneren Fällen aus Messing oder Aluminium.

Der Einsatz der Metalle im Labor ist aber nur begrenzt möglich, da auf sie die Laboratmosphäre korrodierend wirkt. Sie müssen durch Lackierungen oder Pulverbeschichtung gegen Korrosion geschützt werden. Die Überzüge auf Stahl dürfen nicht beschädigt werden, damit sich unter ihnen keine Unterrostung bilden kann. Kombinationen unterschiedlicher Metalle (z. B. Stahlstative mit Muffen aus Zinkdruckguss, Stative aus Aluminium mit Klemmen aus Temperguss), die in ständigem leitenden Kontakt stehen, sollten wegen der Gefahr elektrochemischer Zerstörung unterbleiben oder man muss die Metallteile durch nicht leitende Zwischenstücke trennen. Die korrosionsbeständigen Edelstähle werden im Laufe der Zeit matt und unansehnlich.

Hinzu kommt, dass die Verbindungen, die durch Korrosion entstehen, über die Laboratmospäre in Proben gelangen können und bei der Analyse die Ergebnisse verfälschen.

An Geräte oder Geräteteile, die direkt mit den Chemikalien in Berührung kommen, werden wegen der Beanspruchungen bestimmte Forderungen gestellt, z. B.:

- chemische Beständigkeit gegenüber den Reagenzien im Allgemeinen, Säure-, Alkali-, Lösungsmittelbeständigkeit u. a. im Besonderen,

- Temperaturbeständigkeit,
- Temperaturwechselbeständigkeit,
- Bruchfestigkeit,
- Elastizität, Zähigkeit (nicht zu spröde),
- Korrosionsbeständigkeit.

Es werden spezielle Geräte aus unterschiedlichen Materialien von den Herstellern angeboten, z. B. Bechergläser aus verschiedenen Glassorten, aus Polyethylen, aus Polypropylen, Chemikalienflaschen aus Glas, aus Polytetrafluorethylen, Polypropylen, Poly-4-Methylpenten(1), Tetrafluorethylen-Hexafluorpropylen-Copolymer, Schläuche aus unterschiedlichen Kautschuk-, Silikon- und Kunststoffsorten. Die dafür verwendeten Werkstoffe unterscheiden sich in ihren Eigenschaften aber auch in ihrem Preis! Man wird zu entscheiden haben, ob man das Gerät aus dem teureren (und beständigeren) Material für die Bearbeitung der speziellen Aufgabe einsetzen muss oder ob das billigere Gerät genügt. Auch hierbei gilt die Regel: Nicht so gut wie möglich, sondern so gut wie nötig.

Als Gerätematerialien, die im Labor in direkten Kontakt zu den Chemikalien kommen, werden vor allem die folgenden Werkstoffgruppen in abnehmender Reihenfolge (Häufigkeit) verwendet:

- Kalk-Soda-Glas, Borsilikat-Glas, Quarzglas,
- Polyethylen, Polypropylen,
- Porzellan,
- Kautschuke und andere gummielastische Polymere,
- Sonderkunststoffe, z. B. Fluor-Kunststoffe, Polycarbonat, Polyoxymethylen,
- Stähle und andere Eisenwerkstoffe, z. B. Temperguss
- einige weitere Metalle für spezielle Zwecke, z. B. Zink-Legierungen, Nickel, Aluminium, Aluminium-Legierungen, Messing, Platin.

Diese Werkstoffe werden in den nachstehenden Abschnitten näher beschrieben.

9.4 Metalle und Metalllegierungen

9.4.1 Einteilung und Verwendung der Metalle

Aufgabe

Informieren Sie sich zur Wiederholung in Teil 1, Abschnitte 7.5 und 9.3.2 über das Wesen der Metallbindung und die allgemeinen Eigenschaften der Metalle!

In Teil 1 wurden Kristallinität, Glanz und Reflexionsvermögen nicht oxidierter Oberflächen, Legier-

Einteilung der Metalle

Einteilungsaspekt	Bezeichnung	Charakteristik	Beispiele
Dichte ϱ	Leichtmetalle Schwermetalle	$\varrho < 4{,}5\ g \cdot cm^{-3}$ $\varrho > 4{,}5\ g \cdot cm^{-3}$	Al, Ti, Mg, Be Fe, Pb, Cr, Cu
Schmelztemperatur T_S (oder Fp., ϑ_{SmT})	niedrigschmelzende Metalle hochschmelzende höchstschmelzende	$T_S < 900\,°C$ T_S 900 bis 2000 °C $T_S > 2000\,°C$	Sn, Pb, Bi, Zn, Al Fe, Cu, Ni, Ti, Cr Mo, W, Ta
Aussehen	Schwarzmetalle Buntmetalle Weißmetalle	metallisch-stumpf rötlich bis gelb mindestens frisch erschmolzen	Fe, Fe-Legierungen, Mn Cu, Cu-reiche Legierungen Pb, Sn, Sb, Bi und ihre Legierungen
Normalpotenzial	unedle Metalle edle Metalle	negatives Normalpotenzial positives Normalpotenzial	Zn, Mg, Al, Pb, Sn, Fe Cu, Ag, Au, Pt
Einsatz/Verwendung	Werkstoffmetalle Legierungsmetalle Konstruktionsmetalle Werkzeugmetalle Leitermetalle Widerstandsmetalle Lagermetalle Gettermetalle	als Hauptbestandteil oder rein verwendet als Nebenbestandteil für tragende Funktionen für Werkzeuge für elektrische Leitungen für elektrische Widerstände für Gleitlager zum Absorbieren von Gas	Fe, Al, Cu, Zn, Sn, Pb, Ni, Mg; W, Ag, Au, Pt u. a. in Stahl: Mn, Cr, Ni, Si, u. a. Stähle, Fe-Gusswerkst. Al-, Cu-, Mg-, Zn-Leg Stähle, Hartmetalle Cu, Al, Ag, Au Legierungen von Cu, Ni, Mn, Fe, Ag u. a. Leg. von Cu, Sn, Pb, Sb u. a Ta, Nb, Th, Ba u. a.

Übersicht 9-1

barkeit, Duktilität (Plastizität, Verformbarkeit) und chemisches Verhalten (Kationenbildner, elektropositives Verhalten) als allgemeine Merkmale der Metalle genannt. Darüber hinaus besitzen sie aufgrund der Metallbindung (vgl. Bändermodell, „Elektronengas“) eine mehr oder weniger große elektrische Leitfähigkeit, einen positiven Temperaturkoeffizienten des elektrischen Widerstands und eine hohe Wärmeleitfähigkeit.

Die Einteilung der Metalle kann nach verschiedenen zweckbestimmten Gesichtspunkten vorgenommen werden (Übersicht 9-1).

Die Metalle werden zahlen- und mengenmäßig vor allem als Konstruktions- und Werkzeugwerkstoffe verwendet. Sie werden legiert, um höhere Festigkeit und Härte zu erreichen. An erster Stelle stehen die Eisenwerkstoffe Stahl und Gusseisen, gefolgt von Kupfer- und Aluminium-Legierungen. Metalle in der Reinheit von 99,5 % und mehr werden nur für spezielle Zwecke eingesetzt, z. B. als Leiterwerkstoff oder Gold für Kontakte in der Elektrotechnik/Elektronik (Übersicht 9-2). Ebenso sind Reinststoffe, die geringste Mengen chemischer Verunreinigungen und wenig Kristallbaufehler besitzen, be-

Verarbeitungs- und Gebrauchseigenschaften sowie Anwendungen von reinen Metallen

Metall	Verarbeitungs-/Gebrauchseigenschaften	Anwendungsgebiete
Kupfer	gut warm- und kaltumformbar (zwischen 350 und 650 °C spröde), gut lötbar, schweißbar, schlecht gießbar, spanbar; gute elektrische und Wärmeleitfähigkeit, korrosionsbeständig, geringe Härte und Festigkeit	Leitermaterial in der E-Technik, Wärmeaustauscher, Rohre für die chemische Industrie, Dachbeläge, Plattierungen, galvanische Überzüge
Aluminium	weich, gut warm- und kaltumformbar, schlecht spanbar, schweißbar, lötbar, klebbar, anodisch oxidierbar, aufdampfbar, schlecht gießbar; gute elektrische und Wärmeleitfähigkeit, korrosionsbeständig, geringe Härte und Festigkeit	Leitermaterial in der E-Technik, Apparate- und Behälterbau, Folien für die Nahrungsmittelindustrie, Plattierungen, Verspiegelungen, Reflektoren, Flugzeugbau
Eisen	warm- und kaltumformbar, schweißbar, lötbar, hohe magnetische Permeabilität, niedrige Koerzitivkraft, relativ weich, geringe Festigkeit	Magnete, Kerne für Relais, Thermoelemente
Zink	gießbar, lötbar, schweißbar, zwischen 100 und 200 °C warmformbar, darüber warmspröde, mäßig kaltformbar (unter 0 °C kaltspröde), bei genügender Reinheit korrosionsbeständig (Oxidhaut, Überspannung), gute Haftung auf Fe-Werkstoffen	Anodenmaterial in galvanischen Elementen, Opferanoden, Bleche, Beschichtungen auf Eisenwerkstoffen zum katodischen Schutz
Blei	gießbar, lötbar, umformbar, korrosionsbeständig (Oxidhaut, Überspannung), sehr weich, Absorption von radioaktiven Strahlen und Röntgenstrahlen, gering fest	Behälterauskleidungen, Elektroden, Dichtungen, Plattierungen zur Abschirmung von energiereichen Strahlen
Nickel	kaltumformbar, Kaltverfestigung, spanbar, warmumformbar, schweißbar, lötbar, korrosionsbeständig, geringe Gasabsorption	Plattierungen im chemischen Apparatebau, galvanische Überzüge, Thermoelemente, Bauteile für die Hochvakuumtechnik
Wolfram	warmumformbar, bei sehr hoher Reinheit kaltformbar, hartlötbar, hohe Schmelztemperatur, thermisch und chemisch beständig, kleiner thermischer Ausdehnungskoeffizient	Glühlampendraht, Katoden-, Anodenmaterial, Einschmelzdraht in der Hochvakuumtechnik, Kontakte, Hochleistungsschalter in der E-Technik
Silber	gießbar, gut kalt- und warmumformbar, lötbar, aufdampfbar, korrosionsbeständig, gute elektrische Leitfähigkeit und Wärmeleitung	Leiter- und Kontaktwerkstoff bes. in der Mikroelektronik, Versilbern von Leitern (UHF-Technik, Skin-Effekt), Schmuck
Gold	gießbar, warm- und kaltumformbar, lötbar, aufdampfbar, korrosionsbeständig, gute elektrische und Wärmeleitfähigkeit, niedriger Kontaktwiderstand	Vergoldung von Kontakten, Leiterwerkstoff in der Mikroelektronik, Schmuck

Übersicht 9-2

sonderen Verwendungen vorbehalten (z. B. Mikroelektronik, Optik, Referenzmaterial für Kalibrierungen in der Elementanalytik).

9.4.2 Kristallstruktur

Metalle sind kristalline Stoffe. Nur in sehr dünnen Schichten, Drähten, Pulvern können sie durch rasches Abschrecken der Schmelze amorph hergestellt werden. Dieser glasartige Zustand ist metastabil, d. h. gehemmt, energiereich und nicht im thermodynamischen Gleichgewicht. Beim Erwärmen bildet sich wieder der kristalline Aufbau zurück.

Die kristalline Struktur eines Stoffes ist durch die sich wiederholende gleichmäßige Anordnung der Atome, Ionen oder Moleküle in allen Raumrichtungen gekennzeichnet.

Der gesamte Gitteraufbau eines Metallkristalls wird mithilfe der Elementarzelle beschrieben. Sie ist die kleinste Baueinheit, die alle Merkmale des Gesamtaufbaus wiedergibt: die Gitterkonstanten a, b, c und die Winkel α, β, γ zwischen den Abschnitten a, b und c. Jedes Atom an einer Ecke, Fläche oder Kante gehört zu mehreren benachbarten Zellen, z. B. im kfz-Gitter berühren sich an einer Ecke acht und an einer Fläche zwei Elementarzellen.

Die Metalle, die als Werkstoffe bedeutsam sind, besitzen die Gitterstrukturen kubisch-raumzentriert (krz), kubisch-flächenzentriert (kfz) und hexagonal-dichtgepackt (hex. d. P.).

Aufgaben

1. Charakterisieren Sie diese Gitterstrukturen mithilfe der Abbildungen 2-11, 9-2 und 9-3 in Teil 1!
2. Lesen Sie in Teil 1 den Abschnitt 2.1.3 und prüfen Sie, ob Sie den Inhalt der Begriffe Kristallsystem, Packungsdichte, Zwischengitterplätze, Koordinationszahl beschreiben können! Beachten Sie auch die Übersicht 2-3 sowie die Aufgabe auf Seite 27!

Die einfachen Kristallsysteme, wie sie in Teil 1, Abbildung 2-12 wiedergegeben sind, besitzen eine geringe Raumausfüllung oder **Packungsdichte** $P = V_{\text{Atome}} : V_{\text{Zelle}}$. Sie kommen bei Metallen nicht vor. Metallatome streben eine größere Ausfüllung der Zelle an. Die höchste mögliche Packung besitzen das kfz-Gitter und hex. d. P.-Gitter mit 74 %, gefolgt vom krz-Gitter mit 68 %, d. h., 26 % bzw. 32 % des Zellenvolumens entfallen auf freien, nicht belegten Raum, die sogenannten institiellen oder **Zwischengitterplätze.** Auf Letzteren können sich kleinere Atome, die in die Lücken hineinpassen, einlagern (Einlagerungsmischkristall, vgl. Kohlenstoff-Einlagerung im γ-Eisen, Abschnitt 9.4.9).

Im kfz-Gitter beträgt wegen $a = b = c$ das Zellvolumen $V_{\text{Zelle}} = a^3$. Da sich die kugelförmig angenommenen Metallatome berühren, ergibt sich aus Abb. 9-1 für a bzw. V_{Zelle}

$$V_{\text{Zelle}} = a^3, \text{ und damit } a^2 + a^2 = 16\, r^2$$
$$a^3 = r^3\, 8\sqrt{8}$$

Zu der kfz-Zelle gehören 8 · 1/8 Atome an den Ecken und 6 · 1/2 in den Flächen, somit 4 Atome. Das Volumen einer Kugel beträgt $V_{\text{Kugel}} = 4/3 \cdot \pi \cdot r^3$. Daraus ergibt sich die Raumausfüllung bzw. **Packungsdichte** P zu

$$P = V_{\text{Atome}} : V_{\text{Zelle}} = 4 \cdot 4/3\, \pi\, r^3 : r^3 \cdot 8\sqrt{8}$$
$$\approx 0{,}74 \text{ bzw. } 74\,\%$$

Aufgaben

1. Bestimmen Sie die Anzahl der Atome in der krz- und hex. d. P.-Zelle!
2. Errechnen Sie die Raumausfüllung der krz-Elementarzelle!

Übersicht 9-3 enthält Kristallstrukturen wichtiger Metalle, die als Werkstoffe sowie als Legierungs-

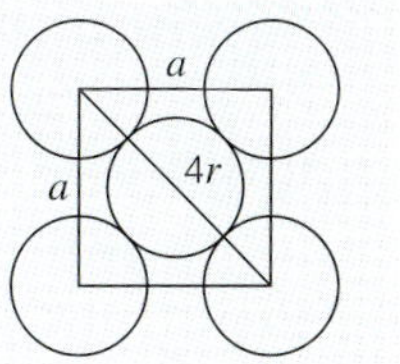

Abb. 9-1
Besetzung der Fläche bei der kfz-Elementarzelle

Kristallgitter von metallischen Werkstoffen und Legierungselementen

kfz	β-Co, γ-Fe (zwischen 911 und 1392 °C), Al, Ag, Au, Cu, γ-Mn, Ni, Pb, Pd, Pt
krz	α-Fe (T < 911 °C), δ-Fe (zwischen 1392 und 1534 °C), Cr, δ-Mn, Mo, β-Ti, V, W
hex. d. P.	α-Be, Cd, α-Co, Mg, Os, α-Ti, Zn
tetragonal	β-Sn
rhomboedrisch	Bi, Sb, As
Diamantgitter	Ge, Si, Diamant

Übersicht 9-3

elemente verwendet werden. Die Aufstellung zeigt, dass die technisch bedeutsamen Metalle kubisch und hexagonal kristallisieren.

Von der **Gitterstruktu**r hängen wichtige Eigenschaften ab, so z. B. die Umformbarkeit (vgl. Abschnitte 9.4.5/9.4.6). Besonders gute Plastizität besitzen die Metalle, die ein kfz-Gitter besitzen, gefolgt von Metallen mit krz- und hex. d. P-Gittern. Die Metalle mit rhomboedrischem Gitter sind nur gering umformbar.

Die Eigenschaften von Kristallen hängen davon ab, in welcher Richtung der Raumachse a, b, oder c sie gemessen werden (Elastizität, Zugfestigkeit, Härte, Wärmedehnung, Wärmeleitung, Stromleitung, Kristallisationsgeschwindigkeit u. a.). Man bezeichnet diese Erscheinung als **Anisotropie** (griech. ungleich, Richtung). Sie kommt aber nur bei einem Einkristall zum Ausdruck. Bei polykristallinen Stoffen wie den technischen Metallen, die aus sehr vielen, in unterschiedlichen Raumrichtungen orientierten Kristallkörnern bestehen, heben sich die Unterschiede auf. Sie sind **quasiisotrop** (griech. sozusagen, gleich, Richtung).

Wenn alle Gitterplätze mit Atomen besetzt sind, spricht man von einem **Idealgitter** (Idealkristall). Kristalle weisen aber Baufehler auf, so dass sie ein **Realgitter** besitzen. Selbst die äußerlich regelmäßig geformten Kristalle oder z. B. die sogenannten „Einkristalle“, wie sie z. B. durch Umschmelzen, Reinigung und Züchtung von Silizium für Halbleiter gewonnen werden, sind nicht fehlerfrei, sondern nur „fehlerarm“.

Kristallbau- oder **Gitterfehler** können punktförmig sein (nulldimensionale Fehler):

- Es bestehen **Leerstellen,** indem Gitterplätze nicht besetzt sind oder Atome nehmen Zwischengitterplätze ein (Abb. 9-2 a und b),
- **Fremdatome** mit größerem oder kleinerem Durchmesser sind bei der Kristallisation in das Gitter eingebaut worden (Verunreinigungen oder Legierungselemente; Abb. 9-2 c und d).
- Fremdatome besetzen **Zwischengitterplätze** (Abb. 9-2 b).

Eindimensionale Fehler erstrecken sich im Gitter in einer Richtung über atomare Abstände hinaus. Die wichtigsten Baufehler dieser Art sind folgende:

- An einer **Stufenversetzung** setzt sich eine Gitterebene nicht fort (Abb. 9-3 a).
- Bei der **Schraubenversetzung** ist ein Gitterbereich gegen den angrenzenden so verschoben, dass erst in einem gewissen Abstand die nächste Gitterebene erreicht wird (Abb. 9-3 b).
- Eine **Kleinwinkelkorngrenze** entsteht, wenn sich mehrere Stufenversetzungen untereinander häufen, wie das Abb. 9-3 c zeigt.

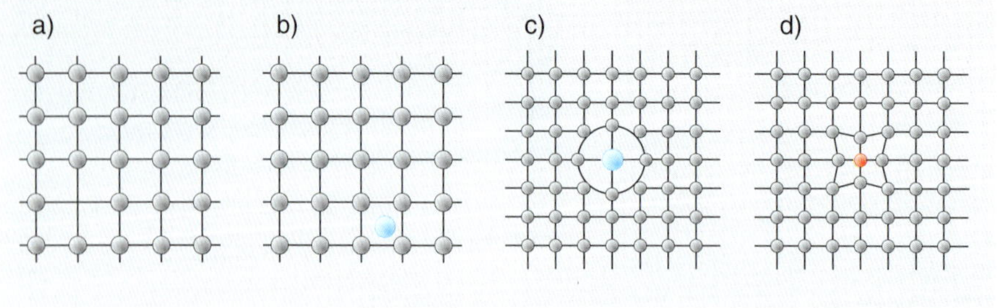

Abb. 9-2 Punktförmige Fehler
a) Leerstelle,
b) Zwischengitteratome,
c) größere und
d) kleinere Fremdatome im „Wirtsgitter“

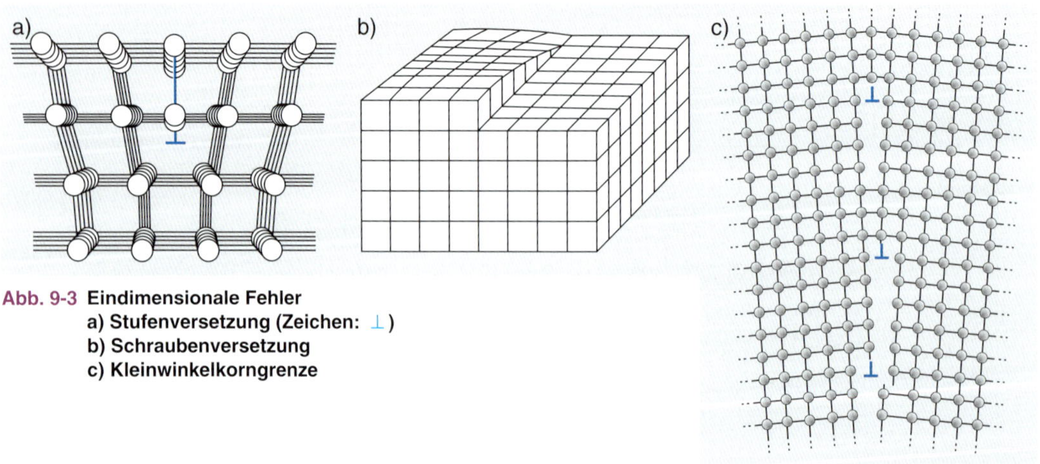

Abb. 9-3 Eindimensionale Fehler
a) Stufenversetzung (Zeichen: ⊥)
b) Schraubenversetzung
c) Kleinwinkelkorngrenze

Alle genannten Fehler führen zu Verzerrungen des Gitters und Erhöhung der **Gitterenergie,** wodurch die Eigenschaften des realen Gitters gegenüber dem theoretischen Idealgitter beeinflusst werden (vgl. folgende Abschnitte).

9.4.3 Gefüge

Ein Metallkörper besteht aus einer Vielzahl von einzelnen Kristallkörnern, die bei der Kristallisation aus Kristallkeimen entstanden sind (vgl. Teil 1, Abschnitt 2.1.4).

Sie bilden das **Metallgefüge** oder die mikroskopische Struktur, die mit dem Metallmikroskop sichtbar wird bzw. bei sehr grober Ausbildung mit bloßem Auge erkennbar ist (Abb. 9-4 und 9-5). Man unterscheidet somit **Mikrostruktur** und **Makrostruktur.**
Die einzelnen, miteinander verwachsenen Kristallkörner besitzen eine unterschiedliche Orientierung ihrer Gitter, weil ihre Keime in unterschiedlicher Lage entstanden sind (Abb. 9-6). Durch das ungeordnete Zusammenwachsen besitzen die Körner meist keine regelmäßige Form oder Gestalt. Man bezeichnet sie deshalb nicht als Kristalle, sondern als **Kristallite,** die durch **Korngrenzen** voneinander getrennt sind.

An den Korngrenzen sind die Störungen in der Struktur besonders stark ausgebildet. Es handelt sich um zweidimensionale Fehler, die sogenannten **Großwinkelkorngrenzen.** (Abb. 9-7). Hier lagern sich Verunreinigungen, die mehr oder weniger in technischen Metallen vorhanden sind, bevorzugt ab. Bei einem feinkristallinen Gefüge können sich die Verunreinigungen besser und gleichmäßiger verteilen, denn die gesamte Oberfläche der Kristallite ist größer als bei grobkörniger Ausbildung. Auch aus diesem Grunde wird eine geringe Korngröße angestrebt.
Diese und andere Fehler wirken sich weitgehend auf Eigenschaften wie die Umformbarkeit, die Festigkeit, die Härte u. a. aus. Auch die Diffusion von Fremdatomen wie z. B. von Kohlenstoffatomen oder Chromatomen in das Eisengitter beim Aufkohlen oder Inchromieren ist durch die Fehlstellen möglich.

Abb. 9-4 **Makrogefüge von gegossenem Kupfer**

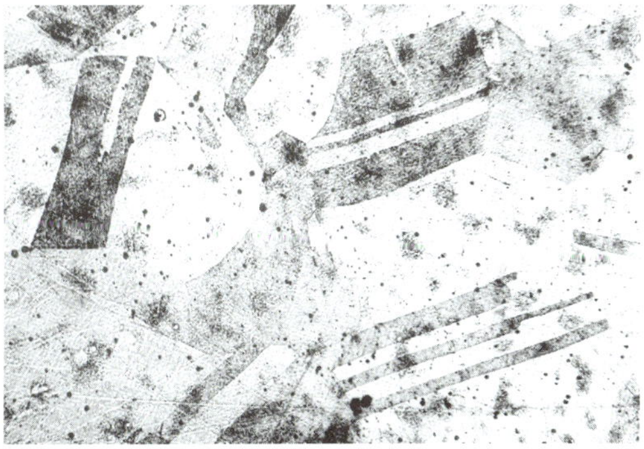

Abb. 9-5 **Mikrogefüge von Nickel**
(Vergrößerung 200 : 1;
die Helligkeitsunterschiede rühren von der unterschiedlichen Orientierung der Kristallite her)

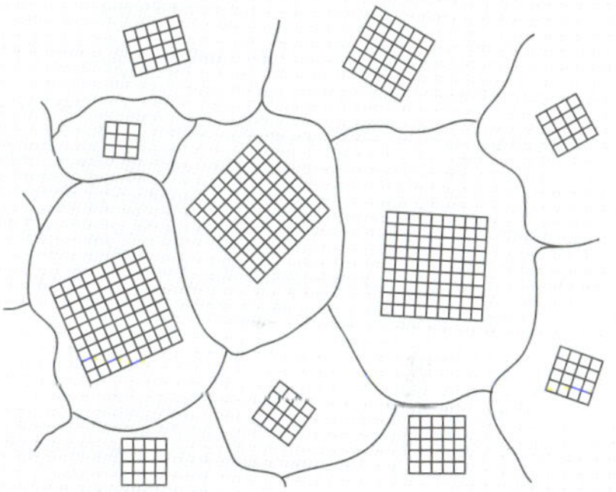

Abb. 9-6 **Orientierung der Keime beim Erstarren der Schmelze**

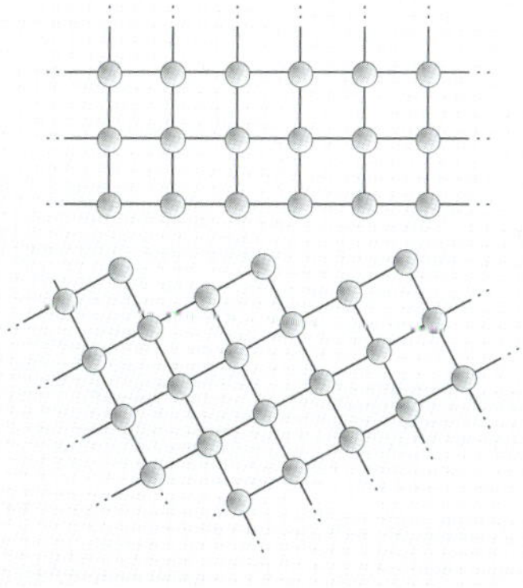

Abb. 9-7 **Großwinkelkorngrenze zwischen zwei Kristalliten und ihr Verwachsen zu Kristalliten**

9.4.4 Bildung der Primärstruktur – Keimbildung und Kristallisation

Die Abkühlung einer Schmelze, die Erstarrung und die Abkühlung des festen Stoffes wird durch die **thermische Analyse** verfolgt. Im Ergebnis dieser Untersuchung liegt ein Temperatur-Zeit-Diagramm vor (vgl. Teil 1, Abschnitt 1.11 und Abb. 1-13a bis c).

Ist die Schmelze bis zu der **Erstarrungstemperatur** T_E abgekühlt, findet – wenn der Vorgang nicht gehemmt ist – die Kristallisation statt und das **Primärgefüge** bildet sich als **Gussgefüge** aus. Dabei wird als **Kristallisationswärme** die Wärmemenge frei, die beim Schmelzen, d. h. zum Zerstören des Kristallgitters aufgewendet wurde (vgl. Teil 1, Abschnitt 1.11). Solange die Erstarrung anhält, bleibt die Temperatur konstant. Die Energiebilanz setzt sich jedoch aus zwei Vorgängen zusammen, aus der endothermen Entstehung der **Keime** und der exothermen **Kristallisation.**
Jeder Kristallit ist aus einem Keim entstanden. Viele Keime bilden viele, dafür aber kleine Kristallite, wenig Keime erzeugen ein grobes Gefüge aus wenigeren Kristalliten.

Feinkörnige Gefüge besitzen bessere technische Eigenschaften, deshalb werden die Gießbedingungen so gestaltet, dass viele Keime bei der Erstarrung der Schmelze vorhanden sind.

Nicht nur beim Gießen, sondern auch bei anderen technologischen Verfahren ist es das Ziel, ein feinkristallines Gefüge für eine höhere Festigkeit, Härte, Umformbarkeit zu erreichen (vgl. Kalt- und Warmumformung, Wärmebehandlung). Im voranstehenden Abschnitt wurde auf die Anisotropie von Einkristallen verwiesen. In einem polykristallinen Stoff hebt sich wegen der unterschiedlichen Orientierung der Kristallite die Richtungsabhängigkeit der Eigenschaften auf, und dies umso mehr, je feiner das Gefüge ist. Es bildet sich ein Mittelwert der Eigenschaft heraus. Es entsteht eine scheinbare Richtungsunabhängigkeit oder **Quasiisotropie** (griech. sozusagen, gleich, Richtung).

Aufgabe

Lesen Sie in Teil 1 den Abschnitt 1.11 und prägen Sie sich die dort beschriebene thermische Analyse und die Aussagen zum Phasendiagramm reiner Stoffe ein! Informieren Sie sich nochmals in 1, Abschnitt 2.1.4 über Phase, Phasenänderung und Keimbildung!

Die **Keimbildung** ist der schwierige Vorgang bei der Kristallisation. Sie geht unter Aufwendung von Energie vor sich. Es müssen sich am Erstarrungspunkt in Metallschmelzen kleine Gitterbereiche aus 50 bis 100 Atomen bilden. Sie dürfen bei thermischen Stößen umgebender Atome nicht wieder zerfallen. Oft ist das Entstehen von Keimen behindert. Die Schmelze muss erst eine **Unterkühlung** ΔT_E um einige Grad erfahren, wodurch die thermischen Schwingungen der Atome geringer und die Anziehungs- oder **Kohäsionskräfte** stärker werden. Dadurch stabilisieren sich die Kristallkeime. Eine Unterkühlung erfährt eine Schmelze an der kühlen Wand der Gussform. Beim Einsetzen der Kristallation steigt die Temperatur wie auf T_E an.

Beim Aufschmelzen des Metalls bleiben jedoch sehr kleine Gitterbereiche noch oberhalb der Schmelztemperatur erhalten, die erst beim stärkeren Erhitzen zunehmend zerfallen. Werden die Schmelzen vor dem Vergießen nicht überhitzt, stehen diese Mikroteilchen beim Erreichen der Erstarrungstemperatur sofort als Keime zur Verfügung. Abb. 9-8 zeigt Makrogefüge, die aus nicht und stark überhitzten Schmelzen auskristallisiert sind. In der Praxis werden Schmelzen vor dem Vergießen nur etwa 30 bis 50 K über die Erstarrungstemperatur erhitzt.

Vor dem Vergießen kann auch das gleiche Metall in Form von Pulver, Drahtstückchen u. dgl. zugesetzt werden. Sie schmelzen nur schwach auf und wirken als Keime. Bei reinen Metallen spricht man von **arteigenen Keimen.**

In der Schmelze vorhandene Fremdteilchen sind ebenfalls als Keime wirksam. Das können Verunreinigungen sein oder absichtlich zum **Legieren** hinzugegebene Metalle. Sie bilden **Fremdkeime.** Deshalb zeichnen sich Legierungen allgemein durch feinkristallines Gefüge aus.

Sind Keime vorhanden oder bilden sich Keime, erfolgt das Kristallwachstum unter Freisetzen von Wärme. Die Wachstumsgeschwindigkeit ist ebenfalls von der Temperatur abhängig. Bei Unterkühlung von wenigen Zehntel Grad unter die Erstarrungstemperatur T_E ist sie am größten.

Abb. 9-8 **Bismut – als „Modellsubstanz“, Makrogefüge von nicht und stark überhitzt vergossener Schmelze**

Die Anzahl und Größe der Kristallite hängt von dem Verhältnis von Keimbildungs- und Wachstumsgeschwindigkeit ab. Überwiegt die Zahl der gebildeten oder vorhandenen Keime in der Zeiteinheit gegenüber der Wachstumsgeschwindigkeit entsteht ein feinkörniges Gefüge.

Die Kristalle wachsen ungehindert in die Schmelze hinein, bis sie mit anderen zusammenstoßen und nur noch die erstarrende Restschmelze die Lücken zwischen den Kristalliten ausfüllt.

Die Anlagerung der Atome an die Keime bzw. an das Gitter erfolgt bevorzugt an den Stellen, an denen der größte Energiebetrag frei wird. Bei der Kristallisation der Schmelze entstehen die beschriebenen Kristallfehler.

Beim Wachsen „schieben" die Kristalle Verunreinigungen – z. B. Fremdatome, die nicht in das Gitter aufgenommen werden oder Oxid-, Sulfid-Teilchen u. a. – zumindest z.T. vor sich her. Sie werden bei der Enderstarrung an den Korngrenzen abgelagert.

Gegossene sehr reine Metalle zeigen wegen fehlender Fremdkeime oft eine besondere Struktur. Ist das Gussteil sehr dünnwandig, wird die Schmelze i. d. R. an den Wänden der Gussform ausreichend unterkühlt. Bei kompakteren Teilen – z. B. Gussblöcken, die in Kokillen abgeformt werden – bilden sich jedoch nur an den Rändern Keime, die nebeneinander langsam nach innen wachsen, weil an der Kristallfront keine Unterkühlung auftritt (und sich somit auch keine neuen Keime bilden). Die entstehenden groben stängelförmigen Kristallite bezeichnet man als **Transkristallite** (lat. jenseits, über ... hinaus). Die in geringer Menge enthaltenen Verunreinigungen, z. B. Sulfide, werden vor den wachsenden Kristalliten konzentriert und wirken dann im Zentrum des Gussblocks ab einer bestimmten Konzentration als Fremdkeime. Man benennt eine derartige innere feinglobulare Zone als **Blockseigerung** (mhd. aussondern). Stahlblöcke enthalten z. B. Eisensulfid FeS, Mangansulfid MnS oder Eisenphosphid Fe_3P in solcher Ausbildung.

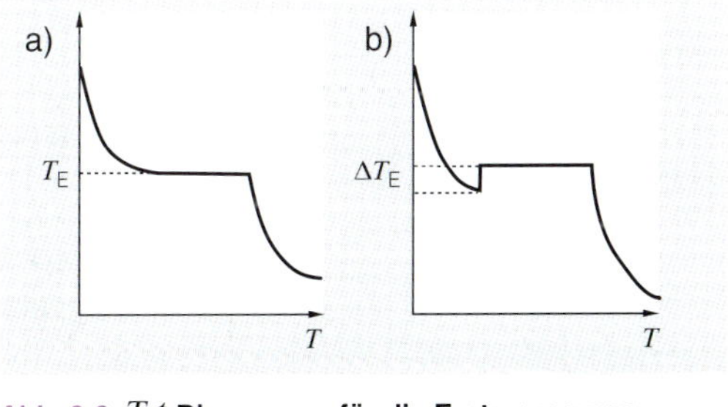

Abb. 9-9 **T-t-Diagramme für die Erstarrung von Schmelzen a) ohne, b) mit Unterkühlung**

Abb. 9-10 zeigt ein Gussgefüge von reinem Kupfer mit Transkristalliten und geringer Blockseigerung. Ein derartiges Gefüge ist technisch wegen geringer Festigkeit unbrauchbar und muss z. B. durch anschließendes Warmumformen zu feinkörniger Struktur umgewandelt werden (vgl. Abschnitt 9.4.6). Auch spezielle Umschmelzverfahren führen zur Verfeinerung des Gefüges, wobei gleichzeitig eine Reinigung von eingeschlossenen Gasen, Schlackenresten, Schwefelverbindungen u. a. erfolgt. (z. B. Herstellung von ultrareinem hochfesten Stahl durch Hochvakuum-Elektronenstrahl-Umschmelzen und Kristallisation der Schmelze in einer mit Wasser gekühlten Kupferkokille).

Es können noch weitere Vorgänge bei der Erstarrung ablaufen, die sich im Gefüge abbilden und zu unerwünschten Eigenschaften führen. So sinken bei langsamer Kristallisation die im Innern eines Gussblocks frei gebildeten Kristalle wegen ihrer gegenüber der Schmelze höheren Dichte auf den Boden ab. Besitzen die Kristallite eine andere Zusammensetzung als die später entstehenden Kristallkörner – das ist besonders bei Legierungen möglich –, zeigt der Fuß des Blocks eine andere Zusammensetzung als der übrige Teil. Man bezeichnet die Entmischungen als **Seigerung** bzw. als **Schwerkraftseigerung.**

Beim Übergang von der flüssigen in die feste Phase verringern sich – zumindest bei der Mehrzahl der Metalle – die Teilchenabstände und die Koordinationszahl. Es erfolgt eine Zunahme der Dichte und eine Verringerung des Volumens, die sich als **Schwinden** äußert. Erstarrt der obere Bereich rascher als der Innere, kann keine Schmelze nachsinken, und es entsteht ein Hohlraum, ein sogenannter **Blocklunker.** Stahl schwindet beim Übergang flüssig/fest um 3 %, Grauguss um1 %, Aluminium um 6,3 % und Aluminium-Silicium-Guss um 1 %.

Abb. 9-10 **Gegossenes reines Kupfer (Querschnitt eines Gussblocks, geätzt)**

Gase wie Kohlenstoffmonoxid, Sauerstoff oder Stickstoff, die durch die flüssigen Metalle aus der Ofenatmosphäre mit steigendem Druck und steigender Temperatur aufgenommen werden, verlieren beim Erstarren z. B. von Stahl ihre Löslichkeit. Das Gas entweicht teilweise. Dadurch gerät die Schmelze in starke Bewegung („Kochen“). Man spricht von unberuhigt vergossenem Stahl. Der verbleibende Gasanteil bildet zwischen den Kristalliten **Mikrolunker** (Kerbwirkung!). Durch Sauerstoff können die Wände von Lunkern oxidieren (verzundern). Sie verschweißen dann nicht beim Warmumformen (Warmwalzen, Schmieden) und senken die Festigkeit.

Schmelzen reiner Metalle sind viskoser (zähflüssiger) als solche von Legierungen. Deshalb entweichen die Gase bei Ersteren viel langsamer. Phosphor erniedrigt die **Viskosität** von Gusseisen, Schwefel erhöht sie.

Wird vor dem Vergießen die Stahlschmelze mit Aluminium oder Silicium zur Desoxidation oder Denitrierung versetzt, wird eine nahezu vollständige Entgasung erreicht. Die Erstarrung erfolgt beruhigt, d. h. ohne Badbewegung und praktisch ohne Mikrolunker. Die gebildeten Oxide setzen sich auf der Oberfläche als Schlacke ab. Qualitätsstahl ist immer beruhigt. Die Schmelze kann auch zwischen dem Ofenabstich und dem Vergießen zu Gussteilen durch Umgießen in einer Vakuumkammer entgast werden.

Beim Abkühlen der Gussteile findet nochmals eine Volumenabnahme als **Schrumpfung** statt (vgl. linearer thermischer Ausdehnungskoeffizient), die zu Spannungen und Rissbildung führen kann. Die Gitterspannungen werden durch Erwärmen (Spannungsfreiglühen) abgebaut.

Gefüge, die bei der Verarbeitung im festen Zustand entstehen, sind **Sekundärgefüge.**

9.4.5 Vorgänge bei mechanischer Beanspruchung – Kaltverformung

Mechanische Einwirkungen können als Zug-, Druck-, Biege- und Torsionsbeanspruchungen auftreten. Sie führen bei geringerer Intensität zu reversiblen elastischen Verformungen und bei höherer Belastung zu bleibenden oder plastischen Verformungen. Metalle werden in konstruktiven Anwendungen nur elastisch beansprucht. Plastische Kaltverformungen werden z. B. beim Kaltwalzen von Blechen, beim Ziehen von Drähten, beim Tiefziehen von Blechdosen vorgenommen.

a) Elastizität – elastische Verformung der Metalle

Bauteile sollen dimensionsstabil sein und sich bei mechanischer Beanspruchung durch Zug, Druck, Biegung und Torsion nur reinelastisch verformen, d. h. nach Entlastung wieder in den Ausgangszustand zurückkehren. Metalle reagieren auf äußere Kräfte F bzw. **Spannungen** σ in Abhängigkeit von der Belastungshöhe durch reversible bzw. irreversible Lageveränderungen der Atome.

$$\sigma = F_N/A$$

(Normalkraft F_N pro Wirkungsfläche in MPa oder N/mm²; Normalkräfte wirken senkrecht auf eine Fläche)

Im ersten Fall ist eine **elastische Formänderung** (nach Entlastung rückfedernd), im zweiten Fall eine **elastisch-plastische Formänderung** zu beobachten (bleibend nach Entlastung). Das **Potenzialmulden-Modell** verdeutlicht diese Erscheinungen. Ohne Beanspruchung befinden sich die Atome auf den Gitterplätzen in einem Gleichgewichtszustand, der einem Energieminimum, einer Potenzialmulde entspricht (Abb. 9-11, Punkt 1). Geringe Spannungen verschieben sie aus der Gleichgewichtslage (erhöhte Energie). Sie kehren jedoch auf ihren Platz zurück, wenn die mechanische Einwirkung auf null zurückgeht. Ein reinelastischer Vorgang hat stattgefunden (auch Rein- oder Energieelastizität genannt). Es sind im Gitter/ Gefüge keine bleibenden Veränderungen eingetreten. Für elastische Verformungen gilt das **HOOKE'sche Gesetz.** Danach sind auf den Werkstoff wirkende Spannung σ und Dehnung ε proportional. Der Proportionalitätsfaktor ist der **Elastizitäts-** oder **E-Modul** E:

$$\sigma = E \cdot \varepsilon$$

Der E-Modul ist eine Spannung, die notwendig wäre, um eine Probe auf die doppelte Länge elastisch zu dehnen (ε = 100 %).

Die Dehnung ε wird als Längenänderung bezogen auf die Ausgangslänge L_0 angegeben (meist in %).

$$\varepsilon = \frac{L - L_0}{L_0}$$

Der E-Modul ist eine Stoffkonstante und charakterisiert das elastische Verhalten. Er gibt an, welche Spannung notwendig ist, um den Werkstoff auf die doppelte Länge *elastisch* zu dehnen. Metalle können jedoch nur bis zu einer kritischen Spannung reinelastisch gedehnt werden. Der E-Modul ist nur bis zu dieser Spannung gültig. Im Zugversuch wird die elastische Dehnung als Gerade angezeigt mit

$$E = \sigma/\varepsilon = \tan\alpha$$

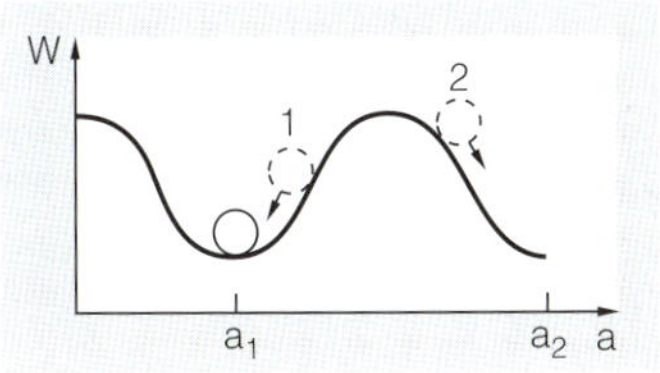

Abb. 9-11 Potenzialmulden-Modell

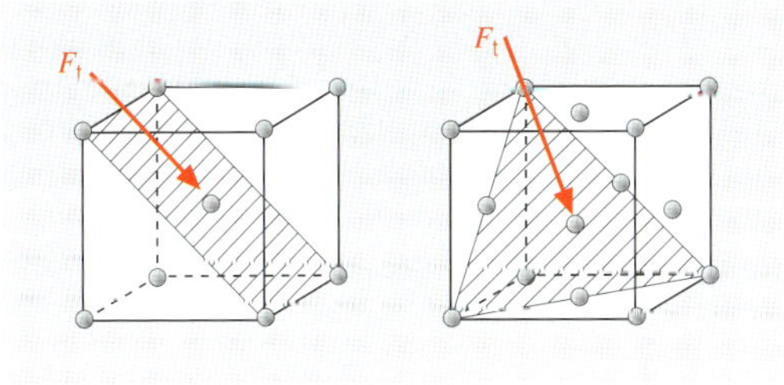

Abb. 9-12 Tangentialkräfte

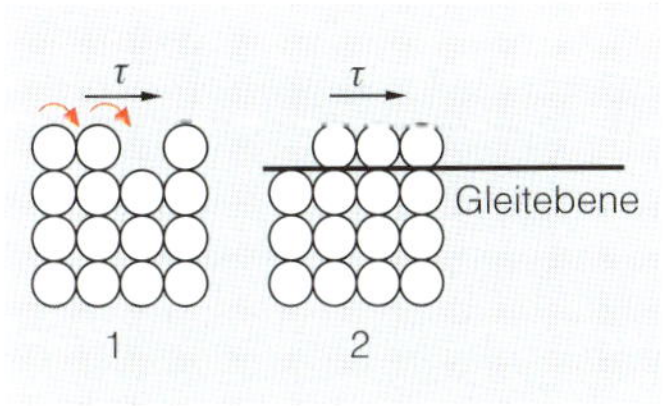

Abb. 9-13 Gleitvorgang

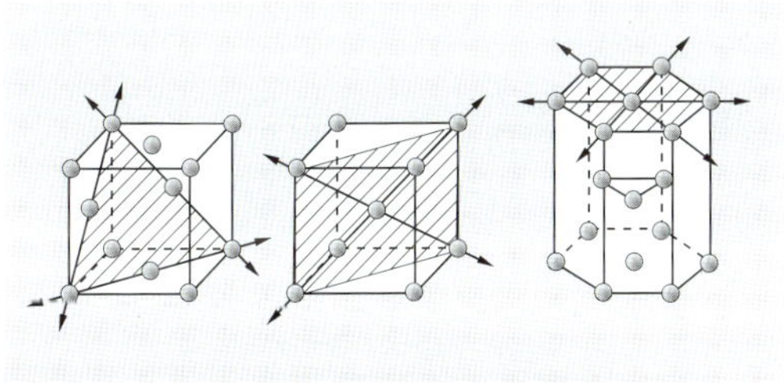

Abb. 9-14 Dicht besetzte Ebenen, (Gleitebenen) im kfz-, krz-, hex. d. P.-Gitter mit Gleitrichtungen

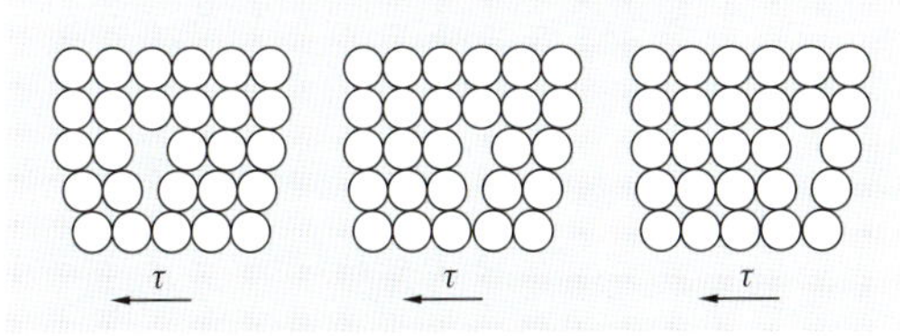

Abb. 9-15 Wanderung einer Stufenversetzung

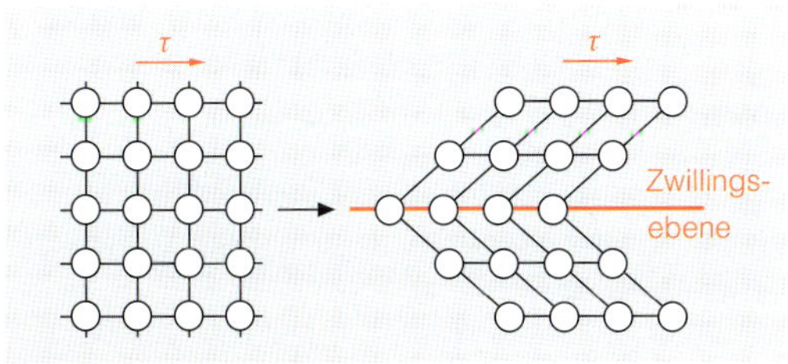

Abb. 9-16 Zwillingsbildung

Das Ende der elastischen Verformung ist die Dehngrenze (technische Elastizitätsgrenze; vgl. Abschnitt 10.3.1). Stahl besitzt einen E-Modul von 210 GPa, Aluminium von 70 GPa, Blei von 5 GPa.

b) Plastizität – plastische Verformung der Metalle

Beim Überschreiten der kritischen Spannung verschieben sich die Teilchen irreversibel. Die Atome werden dann über die Potenzialberge verschoben und nehmen neue Gitterplätze ein (Abb. 9-11, Punkt 2). Das äußert sich makroskopisch in bleibenden Längenänderungen. Die Teilchenbewegungen werden jedoch nicht durch Normalkräfte (Kraft wirkt senkrecht auf eine Fläche), sondern durch **Tangentialkräfte** F_t, d. h. durch **Schubspannungen,** (Abb. 9-12)

$$\tau = F_t/A$$

hervorgerufen, die in *bestimmten* Ebenen im Kristallgitter wirken. Nur auf den dichtest besetzten Gitterebenen, den **Gleitebenen,** bewegen sich die Teilchen – als **Gleiten** bezeichnet – bei der plastischen Verformung (Abb. 9-13). Ein Atom kann sich jedoch nur auf einen neuen Gitterplatz bewegen, wenn dieser unbesetzt ist. Abb. 9-14 zeigt dicht besetzte Ebenen.

Aufgabe

Überlegen Sie, welche weiteren Gitterebenen dieser Zellen ebenfalls dicht besetzt sind und begründen Sie Ihre Aussagen!

Die meisten Gleitebenen besitzt das kubischflächenzentrierte Gitter. Deshalb sind Kupfer, Aluminium, Blei, γ-Eisen, Gold, Silber, Nickel, Platin u. a. sehr gut formbar. Metalle mit kubischraumzentrierten und hexagonalen Gittern haben weniger Gleitebenen. Sie sind gut und solche mit anderen Gittern mäßig bis schlecht zu verformen. Werden beispielsweise Bismut oder Zinn etwas gebogen, so werden Reibeffekte als „Gitterschrei" hörbar.

Versetzungen sind für die plastische Verformung besonders bedeutend. Metalle können im geglühten Zustand je Kubikzentimeter 10^6 bis 10^8 cm Versetzungslinien besitzen! Durch die Tangentialkräfte findet vor allem auch eine **Wanderung** der **Stufenversetzungen** statt (Abb. 9-15). Sie trägt zur Verformung wesentlich bei. Damit wird die Bedeutung der Gitterfehler für den Gleitvorgang und die Plastizität deutlich.

Bei manchen Metallen z. B. Magnesium, Zink, Zinn tritt auch die **Zwillingsbildung** auf (Abb. 9-16). Die Schubspannungen bewirken ein Verschieben und „Umklappen" eines Gitterbereichs, so dass spiegelbildliche Gitterbereiche entstehen.

Die Plastizität wird wesentlich von den Korngrenzen mitbestimmt. Je feiner das Gefüge und somit je größer der Korngrenzenanteil ist, desto größer ist die für den Beginn der Verformung notwendige äußere Spannung. Daraus ergibt sich, dass Metalle möglichst feinkristalline Gefüge aufweisen sollen, um eine hohe Streck-(Dehn-)grenze zu erreichen.

Durch die Vorgänge werden plastische Kristallite gestreckt (Abb. 9-18). Bereiche, in denen sich Gitterenergie stärker gespeichert hat, werden beim Ätzen stärker angegriffen. Sie bilden sich makroskopisch als sog. „Fließlinien“ ab (Abb. 9-17).

c) Kaltverfestigung

Mit steigendem Umformgrad findet zugleich eine Vermehrung der Gitterfehler, vor allem eine Vervielfachung der Versetzungen statt. Die Summe der Versetzungslinien kann im Kubikzentimeter bis auf 10^{12} cm anwachsen! Dadurch steigt die Gitterenergie um ca. 10 J/cm^3. Die wandernden Versetzungen stauen sich an Korngrenzen, Anhäufungen von Legierungselementen, Oxideinschlüssen u. a. Inhomogenitäten. Die Zunahme der Gitterfehler führt einerseits mit steigendem Umformgrad zur Erhöhung der Härte und Festigkeit, andererseits auch zur Versprödung.

Aufgabe

Nennen Sie Beispiele für die Verwendung von kaltverfestigten Metallen!

Werden bei Zunahme der äußeren Kräfte die Bindungskräfte überwunden, kommt es schließlich über die Bildung von Mikrorissen zum Bruch.

d) Rekristallisation, Entfestigung und Gefügeverfeinerung

Die erhöhte Gitterfehlerdichte und Gitterenergie kann durch **Rekristallisationsglühen** wieder abgebaut werden. Bei der Erwärmung des verfestigten Metalls findet eine Umordnung der Atome statt. Die Höhe der dafür notwendigen **Rekristallisationstemperatur** T_R (in K) hängt von der Schmelztemperatur T_S (in K) und vom Umformgrad ab. Je höher Letzterer war, desto niedriger liegt T_R. Für höhere Umformung gilt die **TAMMANN'sche Regel** (G. Tamman, 1861–1938, dt. Chemiker) als untere Grenztemperatur:

$$T_R \approx 0{,}42 \cdot T_S$$

Die Fehleranhäufungen, in denen Gitterenergie gespeichert ist, werden bei der Rekristallisationstemperatur als Keime wirksam. Von ihnen geht eine Gitterneuorientierung und ein Kristallitwachstum im festen Zustand des Stoffes aus. Je mehr Gitterfehler beim Umformen erzeugt worden sind, desto mehr Keime sind vorhanden und desto feiner wird durch die Rekristallisation das Gefüge. Es muss somit eine hohe Keimzahl weit über dem kritischen Umformgrad φ_{Krit} erzeugt werden, sonst tritt (durch geringe Keimzahl) der umgekehrte Effekt der Gefügevergröberung ein. Ebenso müssen zu lange Glühzeiten und zu hohe Temperaturen vermieden werden. Sie führen zu einem Wachstum der Kristallite, der **Sammelkristallisation.** Abb. 9-19 zeigt das Gefüge einer Keilprobe aus Aluminium, die kalt gezogen wurde, nach dem Glühen. Da der gleiche Spannungsbetrag auf die immer geringer werdenden Querschnitte gewirkt hat, wurden immer grö-

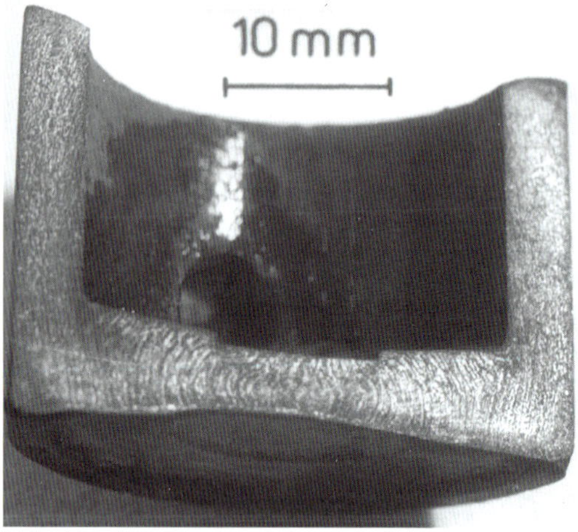

Abb. 9-17 Fließlinien nach Kaltumformung

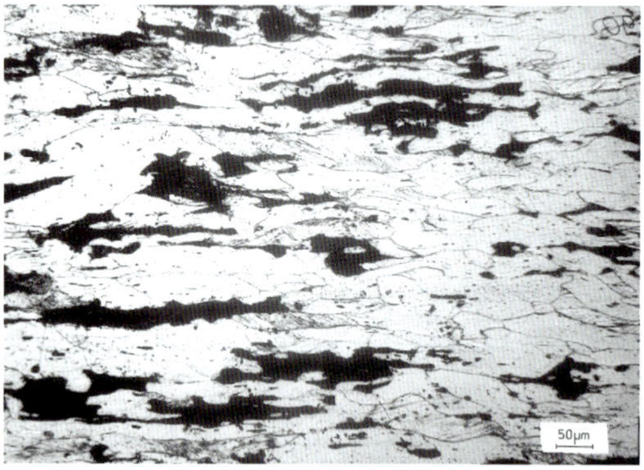

Abb. 9-18 Mikrogefüge eines kaltgewalzten Stahls, geätzt, gestreckte Kristallite

Abb. 9-19 Rekristallisationsgefüge einer Keilzugprobe

ßere Umformgrade und Gitterfehler bzw. zunehmend mehr Keime erzeugt. Aus der Abbildung wird auch deutlich, dass sich bei unterschiedlicher Verformung ein ungleichmäßiges Gefüge einstellt.

Die Abb. 9-20 und 9-21 stellen den Einfluss des Umformgrades auf die Lage der Rekristallisationstemperatur und auf die Korngröße dar. Die Rekristallisation führt zu Änderungen der Eigenschaften. Die Abnahme der Härte (analog: Abnahme der Festigkeit) und der Verlauf der Vorgänge wird durch ein Rekristallisationsdiagramm verfolgt (Abb. 9-22). Im Bereich a finden keine Strukturänderungen statt. Der geringfügige Härteabfall zeigt eine gewisse Gittererholung an (b). Beim Erreichen von T_R ändert sich die Härte (oder Festigkeit) in einem engen Temperaturbereich sprunghaft (c). Wird die Temperatur überschritten, erfolgt Sammelkristallisation mit geringem Härteverlust (d). Für unlegierten Stahl beträgt T_R 500 bis 680 °C, für Aluminium und seine Legierungen 250 bis max. 450 °C und für Kupfer und Kupferlegierungen 300 bis 600 °C. Der kritische Umformgrad, ab der eine Gefügeverfeinerung eintritt, beträgt für einen Stahl mit 0,1 % C 8 bis 12 %, für Aluminium ca. 5 %. Die Umformung unterhalb T_R ist eine Kaltumformung.

9.4.6 Warmumformung

Die Temperaturen für eine Warmumformung liegen über der Rekristallisationstemperatur. Die Formgebung wird durch Walzen – vor allem nach dem Urformen der Schmelze – durchgeführt, um aus Gussblöcken Halbzeuge zu formen (Bleche, Bänder, Rohre, Profile). Auch das Schmieden erfolgt über T_R.

Ziel ist es, mit der Formgebung durch „Kneten“ die Gussstruktur in eine gleichmäßige feinkristalline Struktur zu überführen und die weitgehende Beseitigung von Gussfehlern (z. B. Mikrolunkern) sowie die Verteilung von Verunreinigungen (z. B. Schlackenteilchen, Sulfide u. a.) und Inhomogenitäten (z. B. Seigerungen) zu erreichen. Transkristallite und verzweigte Kristallite (Dendriten) gehen in körnige Kristallite über.

Die bei einer Kaltumformung und nachfolgenden Rekristallisation nacheinander im Kristallgitter ablaufenden Vorgänge finden (zusammen mit einigen weiteren Teilchenbewegungen) bei der Warmumformung gemeinsam statt. Im Gegensatz zu der Kaltumformung sind die Atome durch die höhere Temperatur hoch angeregt und beweglich. Erzeugte Gitterverspannungen werden sofort wieder abgebaut und Fehleranhäufungen in groben Körnern durch Rekristallisation zu feinen Kristalliten beseitigt. Das Material bleibt plastisch und verfestigt sich nicht.

Beim Warmwalzen eines Gussblocks z. B. zu Blechen wird das grobe Ausgangsgefüge mit der durchschnittlichen Korngröße K_{Anfang} mehrfach zwischen den Walzen mit enger gestellten Walzspalten geknetet. Bei der wiederholten Einwirkung der Walzen werden spröde Körner zerbrochen und verformbare Kristallite gestreckt, verspannt und durch Rekristallisation verfeinert. Zwischen den einzelnen Walzstichen unterliegen die Körner wegen der hohen Temperatur wieder einer gewissen Sammelkristallisation. Während des gesamten Walzprozesses sinkt jedoch Temperatur des entstehenden Blechs kontinuierlich, so dass von Einwirkungp 143 zu Einwirkung die durchschnittliche Korngröße bis zur durchschnittlichen Endkorngröße K_{Ende} stetig abnimmt, weil die Vergröberung zurückgeht.

Ein Gefüge, das durch Warmumformen entstanden ist, zeigt als charakteristische mikroskopische Merkmale die gleichmäßigeren feinen rekristallisierten polygonalen (vielflächigen) Kristallite und in Zeilen angeordnete nicht rekristallisierte oder sprödere Be-

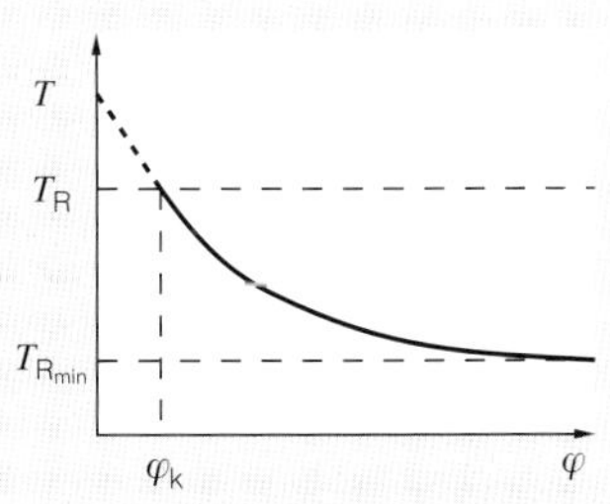

Abb. 9-20 **Abhängigkeit der Rekristallisationstemperatur vom Umformgrad φ**

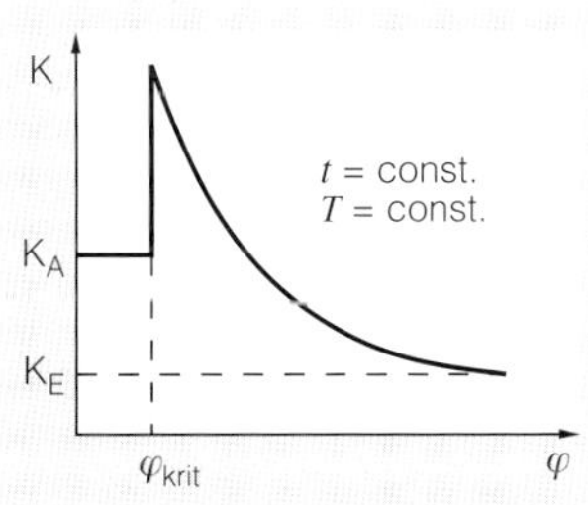

Abb. 9-21 **Abhängigkeit der Korngröße vom Umformgrad φ, K_A, K_E Anfangs- und Endkorngröße**

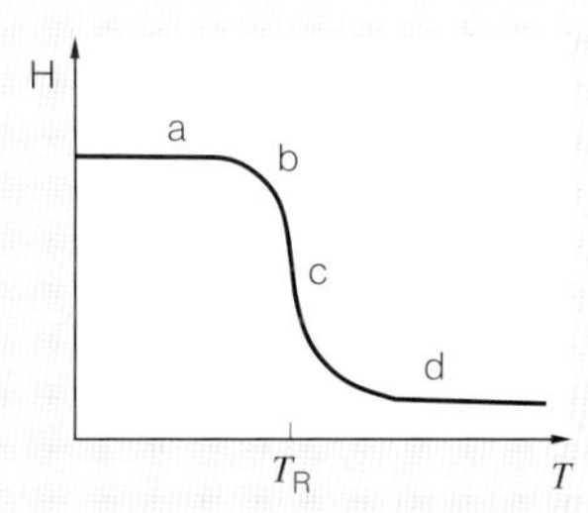

Abb. 9-22 **Rekristallisationsdiagramm, Härteänderung während des Glühens**

standteile, z. B. gestreckte plastische Schlackenreste und Sulfide (Abb. 9-23, 9-24 und 9-25). Makroskopisch sind nicht ätzbare Bestandteile als Zeilen erkennbar. In dieser Ausbildung zeigt sich auch die Sulfidverteilung durch einen Schwefelabdruck nach BAUMANN (Abb. 9-26).

Die obere Temperatur für die Warmumformung liegt theoretisch unter der Solidustemperatur. Da Verunreinigungen an den Korngrenzen niedriger schmelzende Zusammensetzungen bilden können, wird die Anfangstemperatur niedriger gewählt, um ein Aufschmelzen zu verhindern (z. B. Rotbrüchigkeit durch Aufschmelzen von Sulfiden). Ebenso bleibt man am Ende deutlich über der Rekristallisationstemperatur.
Für Stahl liegt die Warmformtemperatur meist zwischen 1200 und 1000 °C (hier besitzt der Stahl das verformungsgünstige kfz-Gitter). Kupfer und Kupferknetlegierungen werden zwischen 600 und 300 °C, Aluminium und Aluminiumknetlegierungen zwischen 450 und 300 °C warmumgeformt.

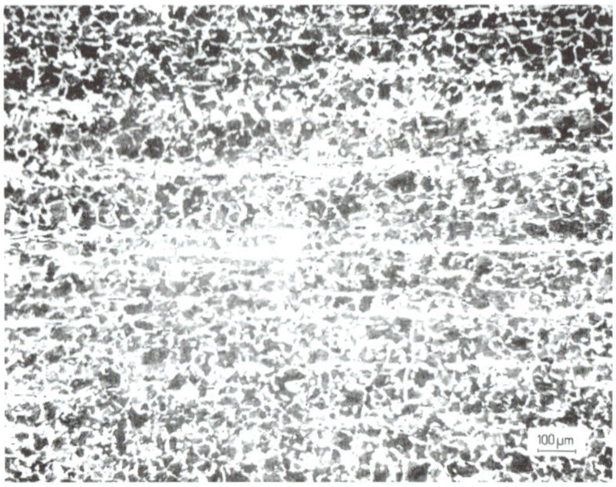

Abb. 9-23 Warmgeformter Stahl mit 0,45 % C, geätzt, polygonale Kristallite mit Ausbildung von Ferritzeilen

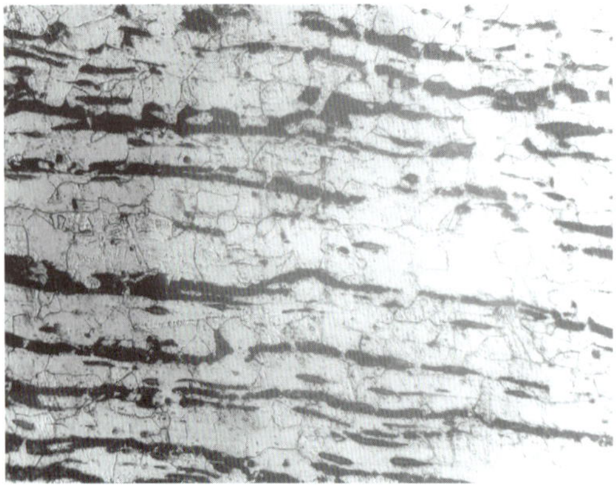

Abb. 9-24 Warmgeformter Automatenstahl, geätzt, zeilenförmig gestreckte Sulfide, V. 200 : 1

9.4.7 Legierungen – binäre Legierungstypen

Metallische Werkstoffe werden zumeist als Legierungen von zwei und mehr Metallen angewendet, weil sich dadurch im Vergleich zu den reinen Metallen die Eigenschaften wie z. B. Härte oder Zugfestigkeit verbessern. Legierungen werden hauptsächlich durch Verschmelzen hergestellt. Oberflächlich lassen sich Metalle aber auch durch Diffusionsvorgänge legieren, indem Bauteile bei hohen Temperaturen aus anderen Stoffen Metallatome oder Nichtmetallatome aufnehmen und in ihr Gitter bzw. in ihre Kristallite einbauen. So entstehen z. B. auf Stahlteilen beim Glühen mit Chrom-II-chlorid Diffusionsschichten, die bis zu 30 % Chrom enthalten und sehr korrosionsbeständig sind. Auch beim Aufkohlen von Einsatzstählen in Medien, die Kohlenstoff abgeben (cyanidhaltige Salzschmelzen, Holzkohle mit aktivierenden Zusätzen, CO-haltige Gase) dringt Kohlenstoff bis ca. 1 mm Tiefe in die Oberfläche ein.

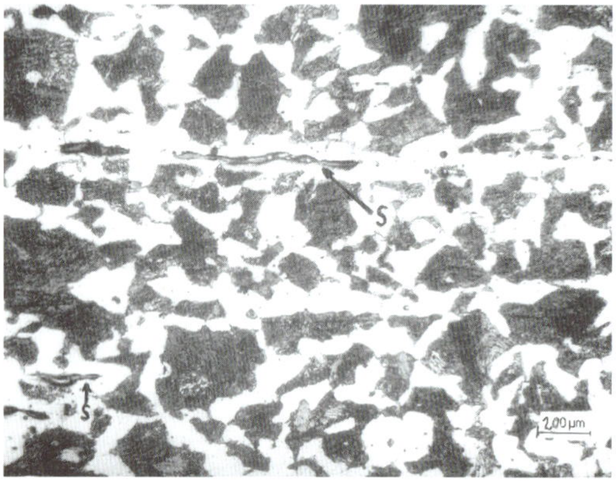

Abb. 9-25 Warmgeformter Stahl mit 0,45 % C, geätzt, mit gestreckten plastischen Schlacken (➤ S)

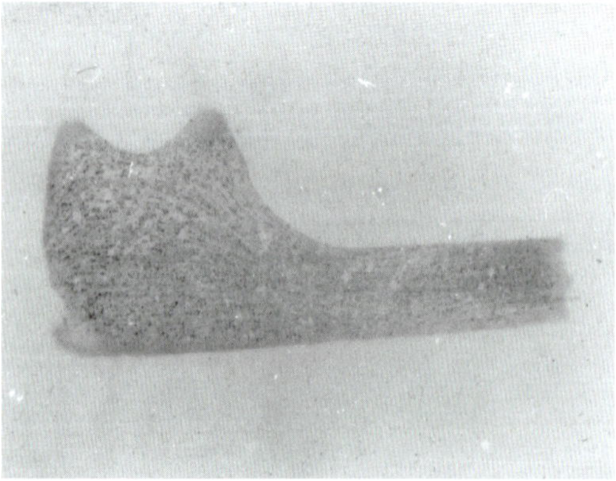

Abb. 9-26 BAUMANN-Abdruck eines geschmiedeten Teils mit zeilenförmiger Anordnung der Sulfide nach Warmumformung

Legierungen aus zwei, drei und mehr Elementen werden als binäre, als ternäre und als Mehrstoff- oder Vielstoff-Systeme oder -Legierungen bezeichnet. Nachfolgend werden binäre Legierungen näher betrachtet.

Voraussetzung der Legierungsbildung in der Schmelze ist die Löslichkeit der Komponenten im flüssigen Zustand. Je nach ihren Merkmalen können die Metalle beim Erstarren der Schmelze unterschiedliche feste Phasen bilden. Es entstehen danach Grundtypen und deren Abwandlungen. Zunächst sind danach vier **Legierungstypen** zu unterscheiden:

- binäre Legierung mit vollständiger Mischbarkeit im flüssigen und festen Zustand bei großer Ähnlichkeit der Gitter und Atomgröße beider Metalle,
- binäre Legierung mit vollständiger Mischbarkeit im flüssigen und teilweiser Mischbarkeit im festen Zustand bei geringer Ähnlichkeit der beiden Metalle,
- binäre Legierung mit vollständiger Mischbarkeit im flüssigen Zustand und Unlöslichkeit im festen Zustand bei fehlender Ähnlichkeit beider Metalle,
- binäre Legierung mit vollständiger Mischbarkeit im flüssigen Zustand und Bildung einer intermetallischen Verbindung (Phase) beim Übergang in den festen Zustand bei Vorhandensein einer chemischen Affinität.

In der Übersicht 9-4 sind die Kriterien, nach denen sich i. d. R. diese Typen herausbilden, zusammengestellt. Wesentlich sind die Gitter, das Radienverhältnis der Atome, die Elektronegativität und die Affinität beider Metalle.

Wenn sich die Metalle A und B in ihren Eigenschaften nicht ähnlich sind und keine Affinität vorliegt, entmischen sie sich beim Erstarren. Es liegt **vollständige Nichtmischbarkeit** vor. Es entstehen Gefüge aus „reinen" A- und B-Kristalliten, sogenannte **Kristallgemische** (Abb. 9-27). Allerdings ist das ein Grenzfall, denn in A-Kristalliten werden auch in geringer Menge B-Atome auftreten und in B-Kristalliten A-Atome.

Je ähnlicher die Gitter, die Atomgrößen und Elektronegativitäten sind, desto besser mischen sich die Elemente im festen Zustand. Auch die gleiche oder ähnliche Wertigkeit hat eine gewisse Bedeutung für die Bildung von Mischkristallen.

Bei **vollständiger Mischbarkeit** besetzen A- und B-Atome ungeordnet das Gitter, d. h., alle A- oder B-Atome werden in das Gitter unabhängig von ihrer Konzentration aufgenommen. Es liegt ein einheitliches Gefüge aus **Substitutions-** oder **Austauschmischkristallen** gleicher Zusammenset-

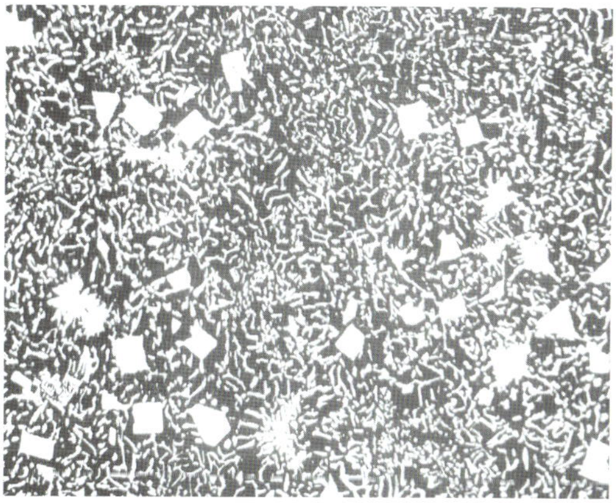

Abb. 9-27 Mikrogefüge aus zwei miteinander nicht mischbaren Metallen – Kristallgemisch aus A- und B-Kristalliten V. 100 : 1

Legierbarkeit für (binäre) Legierungen

Verhalten im festen Zustand	Gitter der beiden Metalle	Radienverhältnis $\frac{r_A - r_B}{r_A} \cdot 100\,\%$	chemische Affinität/Elektronegativität	entstehender Kristallaufbau	Beispiele
vollständig mischbar	gleich	< 14 %	fehlend oder gering/ähnlich	γ-Mischkristalle	Fe-V, Fe-Cr, Fe-Mo, Cu-Ag, Mo-W u. a.
teilweise mischbar	verschieden bis ähnlich	≈ 14 %	fehlend/ähnlich	α- oder β-Mischkristalle	Pb-Sn, Al-Si, Pb-Sb u. a.
vollständig nicht mischbar	verschieden	> 14 %	fehlend	Gemische aus „reinen" Kristallen	Al-Sn, Zn-Sn, Zn-Cd
Bildung intermetallischer Phasen	unbedeutend, neuer Gittertyp entsteht		groß, entscheidend	Kristallgemische aus interm. Phase und Matrixmetall	Mg_2Si, Al_2Mg, WC, Fe_3C, Fe_3P, CuZn, Cu_5Zn_8, $Cu_{31}Sn_8$ u. a.

Übersicht 9-4

zung vor (Kristallit-Gemisch aus Mischkristallen). Sie werden als **γ-Mischkristalle** bezeichnet (Abb. 9-28).

Die Unterschiede im Aufbau der Kristallkörner werden erst in der Gitterstruktur deutlich (Abb. 9-29). Bei den **γ-Mischkristallen** sind unregelmäßiger Einbau der Atome und in bestimmten Konzentrationen bei manchen Legierungen (z. B. FeCr, CuAu, Cu_3Au) auch regelmäßige Anordnung zu finden. Im letzten Fall spricht man von **Überstrukturen.** Diese sind spröde und unerwünscht.

Bei teilweiser **Mischbarkeit** wird ein Legierungsmetall B nur begrenzt in das Gitter A aufgenommen. Es entstehen **α-Mischkristalle.** Beim Überschreiten der Löslichkeit bilden sich dann auch **β-Mischkristalle,** die A-Atome im Gitter enthalten (Kristallgemisch aus α- und β-Mischkristallen).

Wenn in der Legierung kleine Atome enthalten sind, die in die Zwischengitterplätze des „Wirtsgitters“ hineinpassen, so bilden sich **Einlagerungsmischkristalle.** Da die Zahl der Plätze begrenzt ist, gibt es eine Grenzkonzentration, die von der Temperatur abhängig ist. Die wichtigste Einlagerung findet

Abb. 9-28 **Mikrogefüge aus miteinander mischbaren Metallen – γ-Mischkristallite (Kristallite unterschiedlich stark angeätzt) V. 100 : 1**

durch Kohlenstoff im γ-Eisen statt: Bei 1147 °C lösen sich maximal 2,1 % C. Die Löslichkeit sinkt bis 723 °C auf 0,8 % (siehe Eisen-Kohlenstoff-Diagramm, Abschnitt 9.4.9).
Alle Atome in Mischkristallen führen zu Gitterverzerrungen und Veränderungen in den Eigenschaften wie z. B. zur Erhöhung der Härte, der Festigkeit und des elektrischen Widerstands sowie der Minderung der Plastizität.

Bei starker chemischer Affinität entstehen zwischen den Komponenten **intermetallische Verbindungen** oder **intermetallische Phasen.** Wie der Name ausdrückt, verbinden sich Metalle in einer Zusammensetzung, die durch eine Formel ausdrückbar ist. Eine bekannte Wertigkeit der Elemente ist selten erkennbar. Die Zusammensetzung erklärt sich daraus, dass neue, von den beteiligten Elementen abweichende Gitter mit oft sehr großen Elementarzellen entstehen, in denen jedes Metall bestimmte Plätze einnimmt. So enthält z. B. die δ-Phase $Cu_{31}Sn_8$ in Zinnbronzen 416 Atome in der Zelle. Auch Kohlenstoff, Bor, Phosphor, Silicium und Stickstoff sind – vor allem in Stählen – an der Bildung intermetallischer Strukturen beteiligt (Fe_3C, AlN, TiC, WC, W_2C, Mo_2C, Fe_3Si_2, Cr_7C_3, FeB, BN u. a.).

Die intermetallischen Verbindungen besitzen eine hohe Härte – oft bis zu höheren Temperaturen wie bei den Schnellarbeitsstählen und Hartmetallen –, eine geringe Plastizität, eine geringere elektrische Leitfähigkeit oder auch Sondereigenschaften (Magnetismus, Halbleiterverhalten). In manchen Werkstoffen sind die Phasen aber unerwünscht, weil sie das Material verspröden.

9.4.8 Zustandsvariable und Zustandsschaubilder (Phasendiagramme)

Zustandsschaubilder (-diagramme) geben darüber Auskunft, in welchem Temperatur-Druck- oder Temperatur-Konzentrations-Bereich die einzelnen **Phasen** eines Stoffes oder Stoffsystems existieren kön-

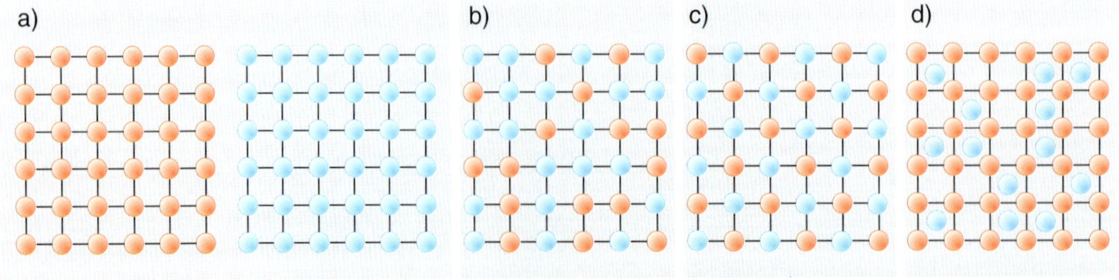

Abb. 9-29 **Gitteraufbau a) von A- und B-Kristallen b) von γ-Substitutionsmischkristallen c) von Überstrukturen d) von Einlagerungsmischkristallen**

nen. In Teil 1, Abschnitt 1.11 wurden bereits Zustands- oder Phasendiagramme von reinen Stoffen vorgestellt. Die Zustände fest, flüssig, fest (und evtl. verschiedene Gitter bei allotropen Stoffen) sind von den Zustandsvariablen Druck p und Temperatur T abhängig, und das Schaubild, das Auskunft über die Zustandsgebiete gibt, ist bei einem Stoff, der aus einer **Komponente** besteht, ein ***p*-*T*-Diagramm.**

Die **Gibbs'sche Phasenregel** gibt an, wie viele Phasen φ maximal nebeneinander im Gleichgewicht vorliegen können:

$$\varphi_{\text{max}} = K + 2$$

In reinen Stoffen ist $K = 1$, und die Zahl zwei ergibt sich aus den Variablen p und T. Somit ist die maximal mögliche Anzahl der Phasen gleich der Anzahl der Zustandsvariablen.

Aufgabe

Studieren Sie in Teil 1 die Abbildungen 1-16 a bis c. An welchem Punkt ist die Gibbs'sche Phasenregel realisiert?

Die Zustandsänderungen in Legierungen werden vor allem von den Variablen Temperatur und Konzentration bestimmt. Das Gießen von Metallen oder Metalllegierungen erfolgt zumeist bei Atmosphärendruck. Der Dampfdruck der meisten Metalle ist unter dieser Bedingung vernachlässigbar gering. Die Gibbs'sche Phasenregel vereinfacht sich deshalb zu

$$\varphi_{\text{max}} = K + 1$$

Die Gibbs'sche Phasenregel besagt, dass in binären Legierungen ($K = 2$) bei Vernachlässigung der Variablen Druck maximal drei Phasen vorliegen *können*. Nur bei Systemen mit Kristallgemischen stehen am Tripelpunkt drei Phasen im Gleichgewicht.

Durch die Vereinfachung können die Zustandsdiagramme binärer Legierungen auch als zweidimensionale Schaubilder oder ***T*-*c*-Diagramme** dargestellt werden. Für ternäre Legierungen muss aber zu räumlichen Diagrammen übergegangen werden, und bei Vielstofflegierungen begnügt man sich mit zweidimensionalen Diagrammen für bestimmte Konzentrationen.

Es gibt für binäre Legierungen vier Grundtypen von Zustandsschaubildern, die den vier Legierungsgrundtypen entsprechen.

Die Zustandsdiagramme werden durch thermische Analyse von Legierungen verschiedener Zusammensetzung gewonnen. Man erhält – wenn man die Abkühlung verfolgt – Temperatur-Zeit-Kurven (T-t-Diagramme). Der Beginn und das Ende der Erstarrung wird wegen der frei werdenden Kristallisationswärme durch verzögerte Abkühlung („Knickpunkte") oder durch Halten der Temperatur angezeigt. Diese Punkte werden im T-c-Diagramm über der zugehörigen Konzentration aufgetragen (vgl. Abb. 9-31 und 9-33).

Aufgabe

Lesen Sie zur Wiederholung der thermischen Analyse und der T-t-Diagramme in Teil 1 den Abschnitt 1.11.

a) Binäre Legierung mit vollständiger Mischbarkeit im flüssigen und vollständiger Nichtmischbarkeit im festen Zustand

Es wird angenommen, dass in den Stoff A eine gewisse Menge B eingeschmolzen wurde. Beim Abkühlen der Schmelze S ist gegenüber dem Erstarrungspunkt T_A des reinen Stoffes A (Abb. 9-30 a) eine Erniedrigung der Erstarrungstemperatur ΔT_A zu beobachten (Abb. 9-30 b), d. h., die Kristallisa-

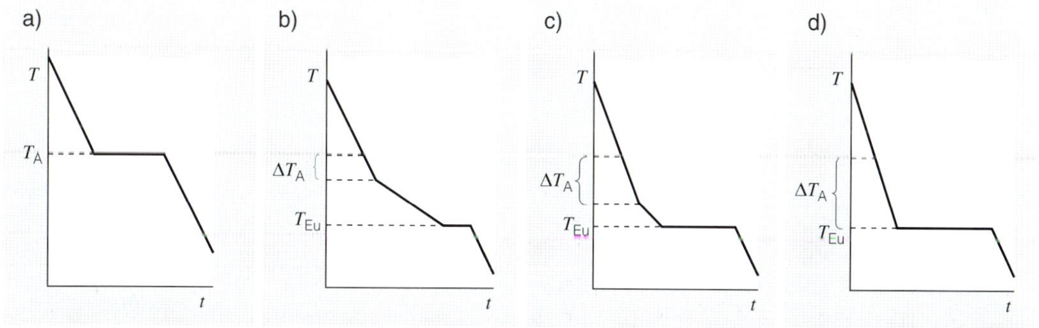

Abb. 9-30 ***T*-*t*-Diagramme**
a) reiner Stoff A **b) A-reiche Legierung** **c) weniger A-reiche Legierung** **d) Legierung eutektischer Zusammensetzung**

tion setzt bei niedrigerer Temperatur ein und verläuft zunächst verzögert. Erst bei der Enderstarrung bleibt die Temperatur bis zur vollständigen Kristallisation konstant. Die Erniedrigung der Erstarrungstemperatur ergibt sich aus dem **Raoult'schen Gesetz** (vgl. Teil 1, Abschnitt 2.4.3).

Die Senkung des Erstarrungsbeginns am „Knickpunkt“ der Kurve sowie die Zeit für die Enderstarrung am „Haltepunkt“ sind umso größer, je mehr Stoff B zulegiert wird (Abb. 9-30 c). Am Knickpunkt beginnen sich jeweils Primärkristalle A_s zu bilden, die bis zum Haltepunkt wachsen (s = solidus, fest). Dadurch verarmt die Schmelze an Stoff A, jedoch kristallisiert A nicht vollständig aus. Am Haltepunkt ist in der Restschmelze eine für die spezielle Legierung bestimmte Zusammensetzung von A und B erreicht, die nun gemeinsam zu einem Kristallgemisch von $(A_s + B_s)_{Eu}$ auskristallisiert. Letzteres wird **Eutektikum** Eu genannt. Die Bezeichnung ist aus dem Griechischen abgeleitet und bedeutet so viel wie „wohlgebildet, gut geformt, schön schmelzbar“, denn die Kristallite sind meist in feinen Lamellen von A_s und B_s ausgebildet, und das Gemisch hat einen Schmelzpunkt. Das Gefüge der betrachteten Legierung besteht nun aus Primärkristallen A und dem Eutektikum.

Wird die Konzentration des Stoffes B beim Legieren erhöht, nimmt die Menge und Größe der Primärkristalle A_s ab und der Anteil des Eutektikums zu. Stellt man als Ausgangsmischung sofort die eutektische Zusammensetzung $(A_s + B_s)_{Eu}$ her, so erstarrt die Legierung bei eutektischer Temperatur T_{Eu} einheitlich (Abb. 9-30 d). Für die Erstarrung einer eutektischen Schmelze S_{Eu} kann formuliert werden:

$$S_{EU} \xrightarrow{T_{Eu} = \text{konst.}} (A_s + B_s)_{Eu}$$

Bei der eutektischen Zusammensetzung der Schmelze und eutektischer Temperatur liegen im Gleichgewicht drei Phasen vor, wie das der Gibbs'schen Phasenregel entspricht: Schmelze, A-Kristalle A_s und B-Kristalle B_s. Es handelt sich um einen **Tripelpunkt.**

A-reiche Legierungen liegen im T-c-Diagramm links von der eutektischen Konzentration.

Analoge Verhältnisse bestehen auf der B-reichen Seite rechts vom Eutektikum. Jedoch entstehen beim Abkühlen zwischen Knickpunkt und Haltebereich Primärkristalle B_s, wodurch sich die Zusammensetzung der noch vorhandenen Schmelze nach A bzw. hin zum Eutektikum verschiebt. Ausdrücklich sei hervorgehoben, dass die Zusammensetzung niemals bei 50 % / 50 % liegt.
Das Zustandsschaubild, das man aus T-t-Diagrammen einer genügenden Anzahl von Legierungen erhält, ist in Abb. 9-31 dargestellt. Dazu werden die Temperaturen für den Erstarrungsbeginn zur **Liquiduslinie** verbunden (lat. flüssig). Über dieser Linie liegt das Zustandsgebiet der Schmelze S. Die Punkte für die eutektische Enderstarrung ergeben die **Soliduslinie** (lat. fest). Unterhalb dieser besteht das Gefüge links vom Tripelpunkt aus Primärkristallen A_s und Eutektikum und rechts aus Primärkristallen B_s und Eutektikum. Zwischen Liquidus- und Soliduslinie liegen im linken Zustandsgebiet nebeneinander Primärkristalle A_s und Schmelze vor und im rechten Gebiet Primärkristalle B_s und Schmelze.

Dieses Schaubild kommt nur in Näherung bei einigen binären Legierungen vor, die technisch keine Bedeutung besitzen, z. B. bei Aluminium-Zinn, Zink-Zinn und Zink-Cadmium (Legierbarkeitskriterien s. Übersicht 9-4).

b) Binäre Legierung mit vollständiger Mischbarkeit im flüssigen und festen Zustand

Diese Legierungen bilden kein Eutektikum, und es tritt im Diagramm kein Tripelpunkt auf. Ebenso trifft die Gibbs'sche Phasenregel nicht auf diese Legierungen zu. Die beiden Komponenten kristallisieren gemeinsam in einem Gitter aus der Schmelze aus. Es bilden sich γ-Mischkristalle γ-Mk. Somit haben auch die T-t-Diagramme eine andere Form. Sie weisen lediglich Knickpunkte auf, die im einfachen Falle – z. B. bei dem System Kupfer-Nickel – zwi-

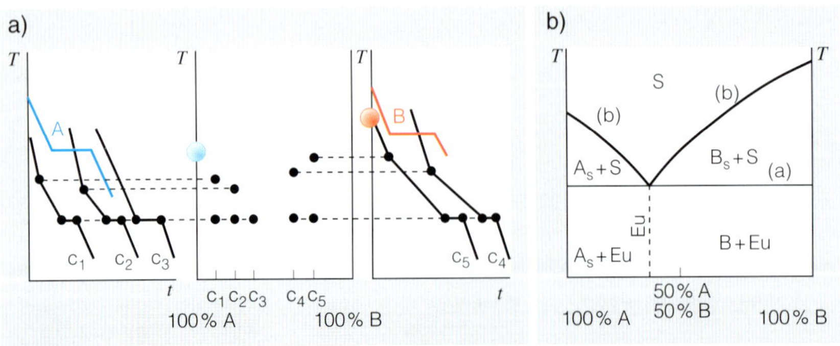

Abb. 9-31
Ableitung des schematischen Zustandsschaubildes einer binären Legierung mit vollständiger Mischbarkeit im flüssigen und vollständiger Nichtmischbarkeit im festen Zustand, a) Soliduslinie, b) Liquiduslinie

schen den Erstarrungstemperaturen der reinen Stoffe A und B liegen (Abb. 9-32). Angenommen, der Stoff A besitzt die höhere Erstarrungstemperatur, so liegen Erstarrungsbeginn und -ende der Legierungen mit zunehmendem Gehalt B zu tieferen Temperaturen hin zu B verschoben (Abb. 9-32).

Die Ableitung des Schaubildes aus T-t-Kurven erfolgt in der gleichen Vorgehensweise wie bei dem vorangegangenen Diagramm, indem die Temperaturen für Beginn und Ende der Zustandsänderung in ein T-c-Diagramm über der jeweiligen Konzentration eingetragen werden. Die Punkte werden zur Liquidus- bzw. Soliduslinie verbunden. Zwischen beiden Linien existieren γ-Mischkristalle und Schmelze.

Die nachfolgende Erörterung bezieht sich auf das System Kupfer-Nickel. Während der Kristallisation ändert sich kontinuierlich die Zusammensetzung der Mischkristalle und der Schmelze durch Diffusionsvorgänge. Als Beispiel wird eine Legierung Kupfer-Nickel mit 70 % Cu und 30 % Ni (Cu/Ni 70/30) gewählt (Abb. 9-34). Es bestehen während der Kristallisation temperaturabhängige Gleichgewichte. Bei ca. 1250 °C beginnt die Kristallisation. Die Keime besitzen einen höheren Nickelgehalt (γ_1), während die Schmelze praktisch die 70 % Kupfer enthält. Mit zunehmender Erstarrung diffundieren mehr Cu-Atome als Ni-Atome aus der Schmelze in das wachsende γ-Gitter, und Nickel-Atome wandern aus dem Innern des wachsenden Kristalls in äußere Gitterbereiche, so dass sich die Konzentrationen ausgleichen. Die Zusammensetzung der Schmelze folgt bei sinkender Temperatur der Liquiduslinie ⟶ und die der entstehenden Kristalle der Soliduslinie ⟶. Die in der Abb. 9-34 hervorgehobenen Temperaturen mit den Gleichgewichten von Schmelze S_2 bis S_4 und γ-Mischkristallen stellen lediglich grobe Zwischenstufen dar. Die Vorgänge laufen dagegen kontinuierlich ab. Bei Ende der Erstarrung bei ca. 1150 °C haben alle Kristallite die Zusammensetzung 70 % Cu/30 % Ni.

Allerdings findet der Ausgleich der Konzentration durch Diffusionsvorgänge im Gitter nur bei geringer Abkühlungsgeschwindigkeit statt. Bei schneller Erstarrung besitzen die Kristalle Zonen unterschiedlicher Konzentration, die durch Glühen beseitigt werden können (Zonenmischkristalle; Diffusionsglühen).

Legierungen mit vollständiger Mischbarkeit besitzen Eigenschaften, die von denen der reinen Komponenten abweichen. Durch die geringen, aber doch bestehenden Unterschiede in den Atomgrößen entstehen zunehmend mit der anderen Komponente höhere Gitterspannungen. Deshalb verändern sich die Werte für die mechanischen und elektrischen Eigenschaften bis zu einem Maximal- bzw. Minimalwert bei etwa mittlerer Konzentration (Abb. 9-35).

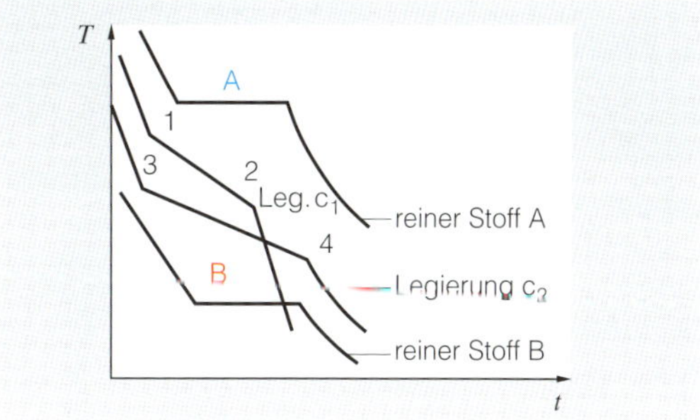

Abb. 9-32 **T-t-Diagramme reiner Stoffe und ihrer Legierungen bei vollständiger Mischbarkeit der Komponenten**

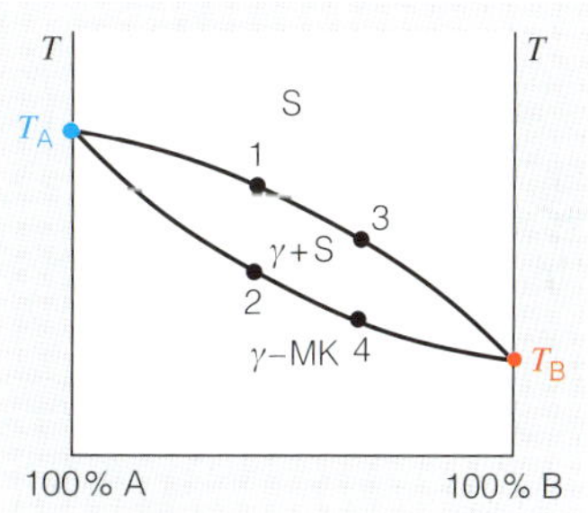

Abb. 9-33 **Zustandsschaubild für binäre Legierungen mit vollständiger Mischbarkeit**

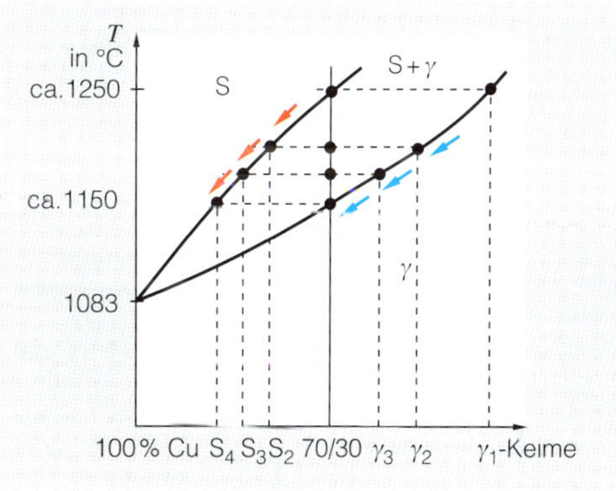

Abb. 9-34 **Konzentrationsänderung von Schmelze und Mischkristallen bei Abkühlung einer Legierung Cu/Ni 70/30**

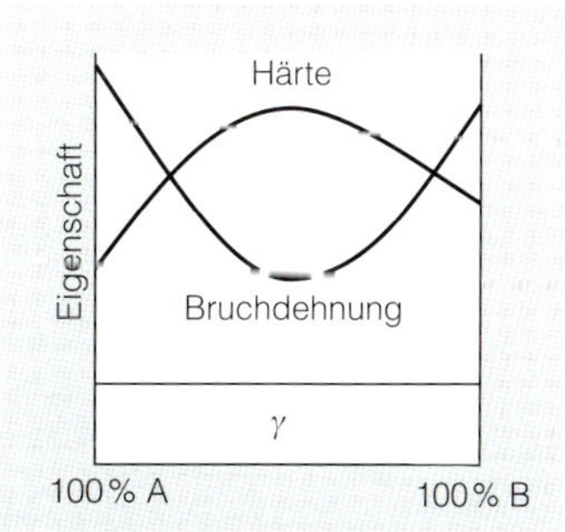

Abb. 9-35 **Eigenschaften von Legierungen mit vollständiger Mischbarkeit der Komponenten**

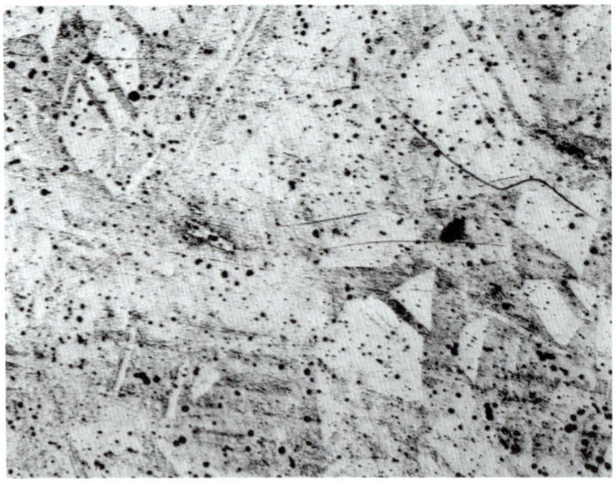

Abb. 9-36 **Mikrogefüge von Cu/Ni 80/20 V. 100 :1**

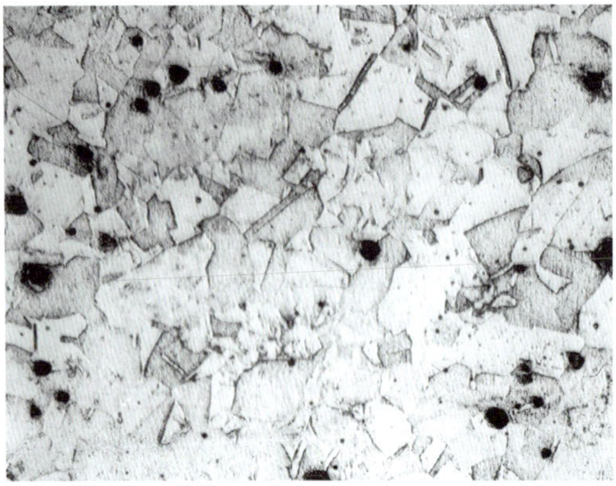

Abb. 9-37 **Mikrogefüge von Cu/Ni 60/40 V. 100 :1**

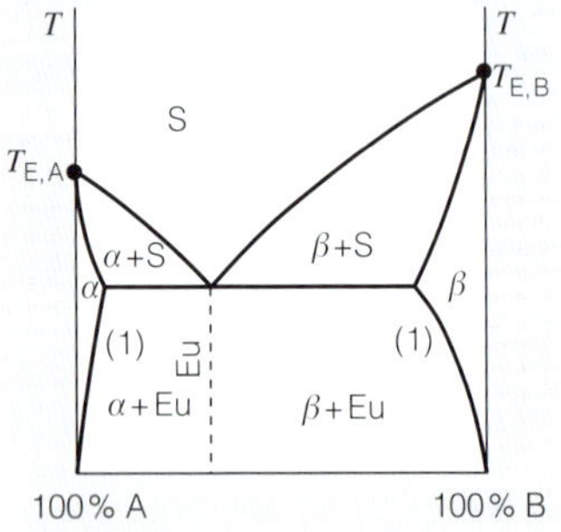

Abb. 9-38 **Allgemeines Zustandsschaubild von Legierungen mit teilweiser Mischbarkeit der Komponenten im festen Zustand**

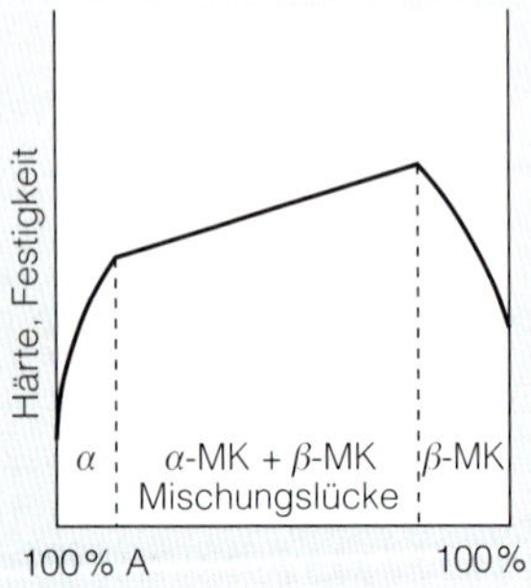

Abb. 9-39 **Eigenschaftsänderungen von Legierungen mit teilweiser Mischbarkeit im festen Zustand**

c) Binäre Legierungen mit vollständiger Mischbarkeit im flüssigen und teilweiser Mischbarkeit im festen Zustand

Bei diesen Systemen (Abb. 9-38) ist die Löslichkeit der Komponente B im Gitter des Metalls A begrenzt. Gleiches gilt für A in B. Es bilden sich bis zur temperaturabhängigen **Löslichkeitslinie**/-grenze auf der A-reichen Seite des Diagramms α-Mischkristalle bzw. auf der B-reichen Seite β-Mischkristalle. Beim Überschreiten der Löslichkeit entstehen Kristallgemische aus α-Mk und β-Mk. Es besteht zwischen den Zustandsgebieten α-Mk und β-Mk eine **Mischungslücke.** Wegen der begrenzten Löslichkeit der Komponenten entsteht in der Mischungslücke bei eutektischer Temperatur ein Eutektikum $(\alpha\text{-Mk} + \beta\text{-Mk})_{Eu}$ bzw. am Tripelpunkt reines Eutektikum.

Die Eigenschaften ändern sich abhängig von der Konzentration entsprechend Abb. 9-39.

Zu diesem Legierungstyp gehören z. B. Blei-Zinn oder Blei-Antimon, deren Zustandsschaubilder in den Abb. 9-40 und 9-41 wiedergegeben sind.

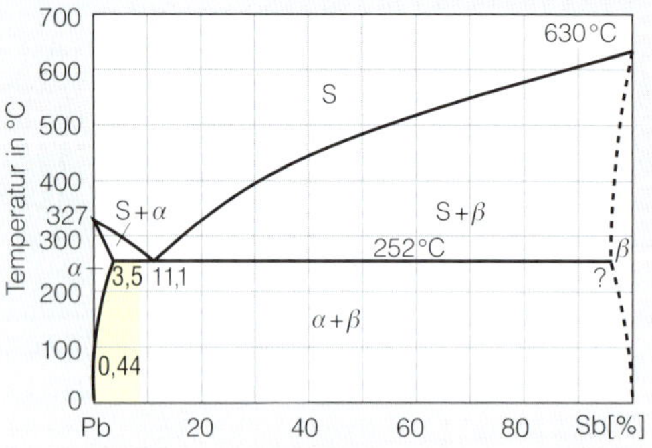

Abb. 9-40 **Zustandsschaubild Blei-Antimon (S = Schmelze; gelb: techn. Legierungen wie Akku-Platten, Kabelmäntel)**

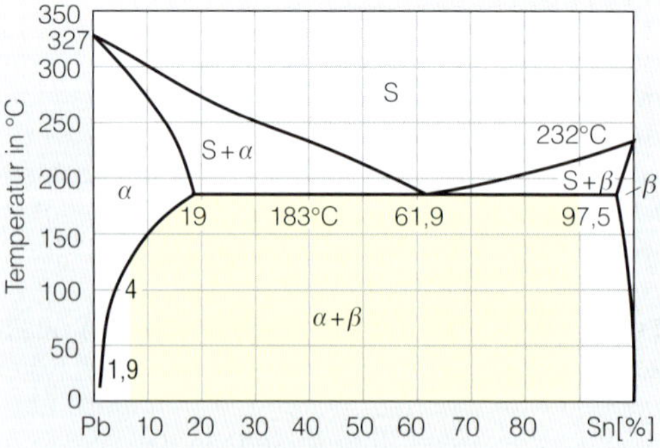

Abb. 9-41 **Zustandsschaubild Blei-Zinn (S = Schmelze; gelb: techn. Legierungen wie Bleilote, Lagermetalle (+ Sb, Cu)**

Beispielhaft werden einige Legierungen des Systems Blei-Zinn mithilfe der Abb. 9-41 diskutiert:

Eine Blei-Zinn-Legierung 90/10 beginnt bei 300 °C zu α-Mischkristallen zu erstarren. Die Legierung nimmt bis zum Ende der Kristallisation bei ca. 275 °C die gesamten 10 % Sn in das α-Gitter (kfz-Gitter des Pb) auf, da die maximale Löslichkeit bei T_{Eu} = 183 °C 19 % beträgt. Bei der weiteren Abkühlung überschreitet die Legierung bei 150 °C die Löslichkeitslinie. Bis zur Raumtemperatur sinkt die Löslichkeit des Sn auf 1,9 %. Es scheiden sich somit an den Korngrenzen der α-Mischkristalle Sn-Kristalle aus. Sie enthalten bei Raumtemperatur fast keine Pb-Atome.

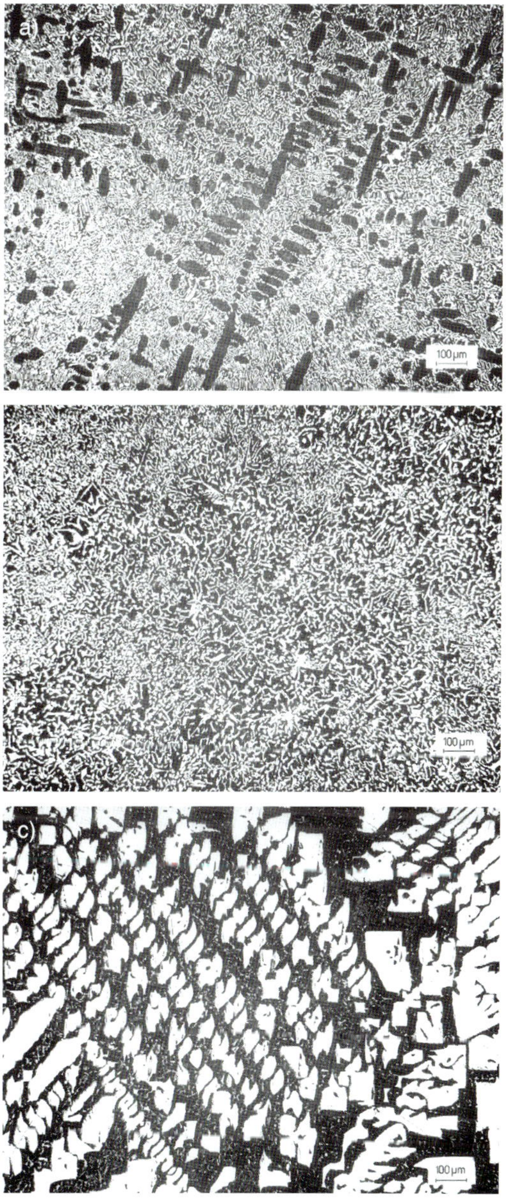

Abb. 9-42 **Mikrogefüge von Blei-Antimon-Legierungen**
a) PbSb 90/10, Primärkristalle α und Eutektikum,
b) PbSb 89/11, reines Eutektikum,
c) PbSb 60/40 Primärkristalle β und Eutektikum

Die Legierung PbSn 80/20 beginnt bei ca. 270 °C zu kristallisieren. Es entstehen bis 183 °C primäre α-Mischkristalle mit 19 % Sn. Die restliche Schmelze erstarrt bei 183 °C eutektisch. Bei weiterer Abkühlung finden wieder die Ausscheidungsvorgänge von praktisch Pb-freien Sn-Kristallen als Sekundärkristalle statt.

Im Gefüge der Pb-reichen Legierungen nehmen mit Zunahme des Zinn-Gehalts bis zur rein eutektischen Legierung die Primärkristalle α-Mk ab, und der Anteil des Eutektikums nimmt zu. Bei einem Gehalt von 38,1 % Pb und 61,9 % Sn besteht die Legierung nur aus dem Eutektikum.

Auf der Sn-reichen Seite entstehen aus der Schmelze in analoger Weise primäre β-Mischkristalle und bei der Enderstarrung Eutektikum.

Aufgaben

1. Diskutieren Sie die Abkühlung einer Schmelze mit 90 % Sn und 10 % Pb.
2. Welche Temperatur-Zeit-Kurven erhält man bei der Abkühlung der Legierungen Pb-Sn 90/10, Pb-Sn 80/20, Pb-Sn 10/90?
3. Die Abb. 9-41 enthält das Zustandsschaubild Blei-Antimon, und in Abb. 9-42 sind Gefügebilder einiger Legierungen wiedergegeben. Diskutieren Sie die Abkühlung der Schmelzen und die Gefügeausbildung im Zusammenhang mit dem Schaubild!

Die teilweise Löslichkeit von zwei Komponenten ist bei einer Reihe technisch wichtiger Legierungen zu finden, z. B. bei Al-reichen Legierungen und bei Cu-reichen Legierungen (Messinge, Bronzen).

Die Eigenschaften von binären Legierungen ändern sich im Bereich der Löslichkeit einer Legierungskomponente wegen der Gitter-Spannungen stärker als in der Mischungs-Lücke (Abb. 9-39).

c) binäre Systeme mit vollständiger Mischbarkeit im flüssigen Zustand und Bildung einer intermetallischen Verbindung oder Phase

Viele Nebengruppenelemente bilden **intermetallische Verbindungen,** z.T. mit komplizierter Zusammensetzung und Gitterstruktur. Der Name verweist darauf, dass sich typische Metalle untereinander zu chemisch einheitlichen Stoffen verbinden

(z. B. Mg_2Pb, Cu_4Sn, Cu_6Sn_5, Fe_5Zn_{21}, Al_4Cu_9, Al_2Cu, Al_3Mg_2). Aber auch Kohlenstoff, Stickstoff, Bor und Silicium können an der Bildung solcher Phasen als Carbide, Nitride, Boride oder Silicide beteiligt sein (z. B. Mg_2Si, Fe_4N, Fe_2B, Fe_3C). Die Zusammensetzung der Verbindungen kann durch eine Formel angegeben werden. Ihre allgemeine Formel lautet A_mB_n. Aber die Zusammensetzung ist nach den DALTON'schen Gesetzen nicht streng stöchiometrisch, weil sich die eine oder die andere Komponente noch in geringer Menge im Gitter lösen kann. Die Wertigkeiten, die in echten chemischen Verbindungen mit exakter stöchiometrischer Zusammensetzung wirksam sind, gelten – zumindest meist – in den intermetallischen Phasen nicht. Die Abb. 9-43 zeigt einige einfachere Gitter, die z.T. nach ihrem Vorkommen bei chemischen Verbindungen benannt sind. Die Atome sind weniger dicht gepackt als bei den beteiligten Metallen.

Abb. 9-44 enthält ein einfaches schematisches Zustandsschaubild für die Bildung einer intermetallischen Phase A_mB_n, die bei der Konzentration c aus der Schmelze kristallisiert und in der Überschusskomponente A oder B unlöslich ist. Es werden zwei Eutektika bei unterschiedlichen eutektischen Temperaturen gebildet.

Wegen ihrer Gitter, die von denen der beteiligten Elemente oft stark abweichen, besitzen diese Verbindungen Sondereigenschaften wie extreme Härte und Sprödigkeit, geringe Umformbarkeit, hohe Schmelztemperatur, thermische Stabilität, geringe Wärmeleitung, besondere elektrische und magnetische Eigenschaften. In reiner Form werden die Phasen für Sonderzwecke verwendet, z. B. als sehr harte und thermisch beständige Hartmetalle. Häufig werden sie – um Umformbarkeit und Zähigkeit des Werkstoffs zu erhalten – nur fein verteilt und in begrenzter Konzentration in einer metallischen Matrix angewendet, z. B. in Stählen als Carbide, Nitride oder Boride.

Legierungen mit intermetallischen Phasen sind häufig anzutreffen und technisch bedeutsam. Die Verbindungen sind harte Bestandteile von Werkstoffen und erhöhen bei feiner Verteilung die Festigkeit. Wegen ihrer Sprödigkeit wird ihre Menge begrenzt. Die Zustandsschaubilder sind somit nur bis zu einer technisch interessierenden Konzentration bedeutsam wie z. B. bei dem System Al-Cu, Mg-Al, Cu-Zn oder Al-Mg_2Si.

Sehr häufig sind die Komponenten bei einer geringen Menge vollständig löslich und bilden erst bei höherer Konzentration eine intermetallische Phase. Das wichtigste Beispiel sind die Eisen-Kohlenstoff-Legierungen.

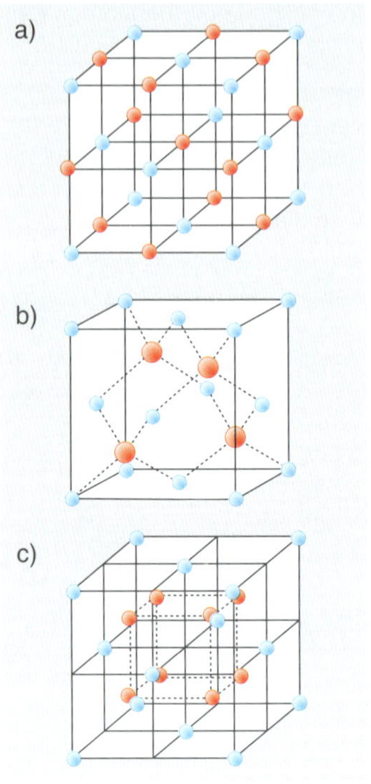

Abb. 9-43 Kristallstrukturen intermetallischer Phasen

a) NaCl-Gitter (z. B. SbSn)

b) ZnS-Gitter (z. B. AlSb)

c) CaF_2-Gitter (z. B. Mg_2Pb)

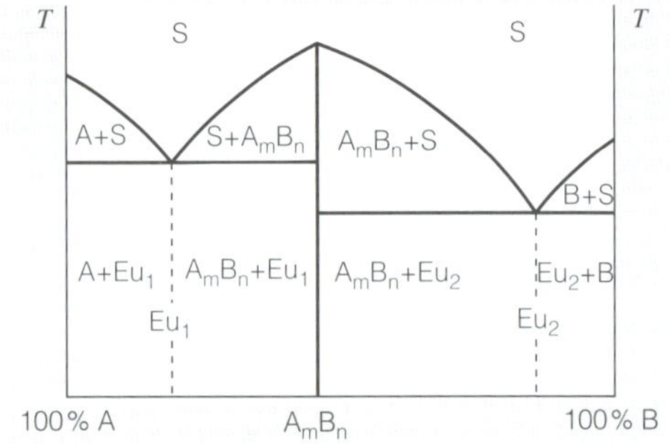

Abb. 9-44 **Schematisches Zustandsschaubild eines binären Systems mit Bildung einer intermetallischen Phase aus der Schmelze**

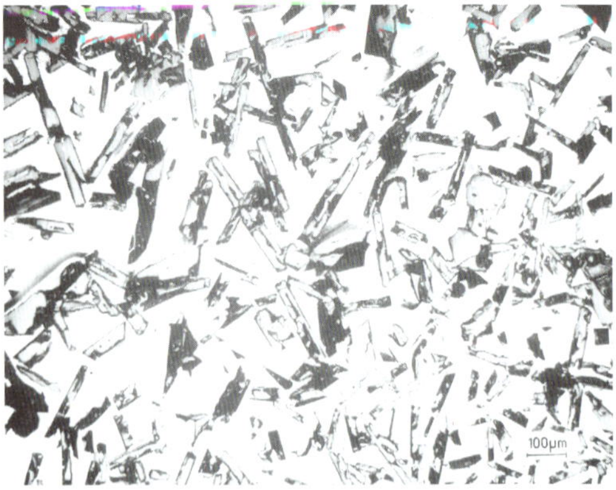

Abb. 9-45 **Aluminium mit intermetallischer Phase AlSb, 20 % Sb, ungeätzt, V. 100 :1**

9.4.9 Eisen-Kohlenstoff- bzw. Eisen-Zementit-Diagramm (EKD)

Reines **Eisen** bildet als allotropes Element bei folgenden Temperaturen drei Modifikationen (vgl. Teil 1, Abschnitt 2.2.1): das α-Fe (krz), γ-Fe (kfz) und δ-Fe (krz):

$$\alpha\text{-Fe} \xleftrightarrow{911\,°C} \gamma\text{-Fe} \xleftrightarrow{1392\,°C} \delta\text{-Fe} \xleftrightarrow{1392\,°C} \text{Schmelze}$$

Die Umwandlung wird durch gelöste Legierungselemente beeinflusst. Von besonderer Bedeutung ist dabei der Kohlenstoff, der die **γ/δ-Umwandlung** zu höherer Temperatur und die **α/γ-Umwandlung** zu tieferer Temperatur – maximal bis 723 °C – verschiebt (Aufweitung des γ-Gebiets, Erweiterung der Beständigkeit der γ-Phase).

Jede Umwandlung der Modifikationen führt bei der Umwandlungstemperatur zu sprunghaften Änderungen der Gitterenergie, der Packungsdichte bzw. des spezifischen Volumens, der Löslichkeit der Legierungselemente, der Plastizität und anderer Eigenschaften. Technisch bedeutungsvoll ist besonders die α/γ-Umwandlung, die z. B. bei der Wärmebehandlung der Stähle ausgenutzt wird.

Die Umwandlungspunkte werden durch Symbole gekennzeichnet, die aus dem Französischen abgeleitet sind: a für die Haltepunkte (von arrêt, Halten), c für die Erwärmung (von chauffage, Heizung) und r für die Abkühlung (von refroidissiment, Abkühlung). Sie erhalten außerdem eine Zahl. Beispielsweise bedeutet Ar_5 die Erstarrungstemperatur bei Abkühlung oder Ac_3 die Umwandlung von α-Fe in γ-Fe bei Erwärmung (vgl. Übersicht 9-5).

Kohlenstoff bildet im Eisen drei Phasen aus:

- Kohlenstoff löst sich in den Eisenmodifikationen zu **Einlagerungsmischkristallen.** Die Menge des Kohlenstoffs hängt vom Gitter ab. Im kfz-Gitter ist die Löslichkeit am größten. Die Phasen werden besonders bezeichnet als δ-Ferrit, Austenit und Ferrit (vgl. Übersicht 9-6).
- Kohlenstoff verbindet sich mit Eisen zur intermetallischen Verbindung **Zementit** (Eisencarbid) Fe_3C, die 6,67 % Kohlenstoff enthält. Die Phase ist metastabil. Sie zerfällt bei sehr langem Glühen – besonders durch „grafitisierenden" Einfluss von vorhandenem Silicium – zu elementarem Kohlenstoff und Eisen.
- Kohlenstoff kann sich mit Eisen in Form von stabilem **Grafit** grobdispers mischen.

Wenn sich stabiler Grafit ausscheidet, gilt das System Fe-C (bzw. Fe-Grafit). Das dafür gültige Phasendiagramm bezeichnet man als Eisen-Kohlenstoff- bzw. **Eisen-Grafit-Diagramm:** Es ist in dieser Form weniger und nur näherungsweise für Grauguss und Temperguss bedeutungsvoll.

Wesentlich wichtiger ist das **Eisen-Zementit-Diagramm** (Fe-Fe_3C), Eisen-Kohlenstoff-Diagramm (EKD) genannt. Nur dieses Schaubild (Abb. 9-46) wird nachfolgend betrachtet. Es stellt die Zustandsänderungen der Kohlenstoff-Stähle bei langsamer Abkühlung oder Erwärmung dar. Eine solche Prozessführung kommt zwar bei der Wärmebehandlung selten vor. Trotzdem ist das EKD von grundlegender Bedeutung für das Verständnis der Gefüge (Phasen) von Stählen. Wichtige Punkte werden mit Großbuchstaben gekennzeichnet.

Mischkristalle des Kohlenstoffs mit Eisen

Eisenphase	Maximale Löslichkeit des Kohlenstoffs		Bezeichnung der Mischkristalle
	bei °C	in %	
α-Fe	723	0,02	Ferrit
γ-Fe	1147	2,06	Austenit
δ-Fe	1493	0,10	δ-Ferrit

Übersicht 9-6

Umwandlungspunkte des Reineisens

Temperatur in °C	Phasengleichgewicht	spezifische Umwandlungswärme in kJ/kg	Bezeichnung des Umwandlungspunktes	
			bei Abkühlung	bei Erwärmung
1536	$S \rightleftharpoons \delta$	269,8	Ar_5	Ac_5
1392	$\delta \rightleftharpoons \gamma$	10,5	Ar_4	Ac_4
911	$\gamma \rightleftharpoons \alpha$	28,5	Ar_3	Ac_3
769	paramagnetisch $\rightleftharpoons$ diamagnetisch	–	Ar_2	Ac_2

Übersicht 9-5

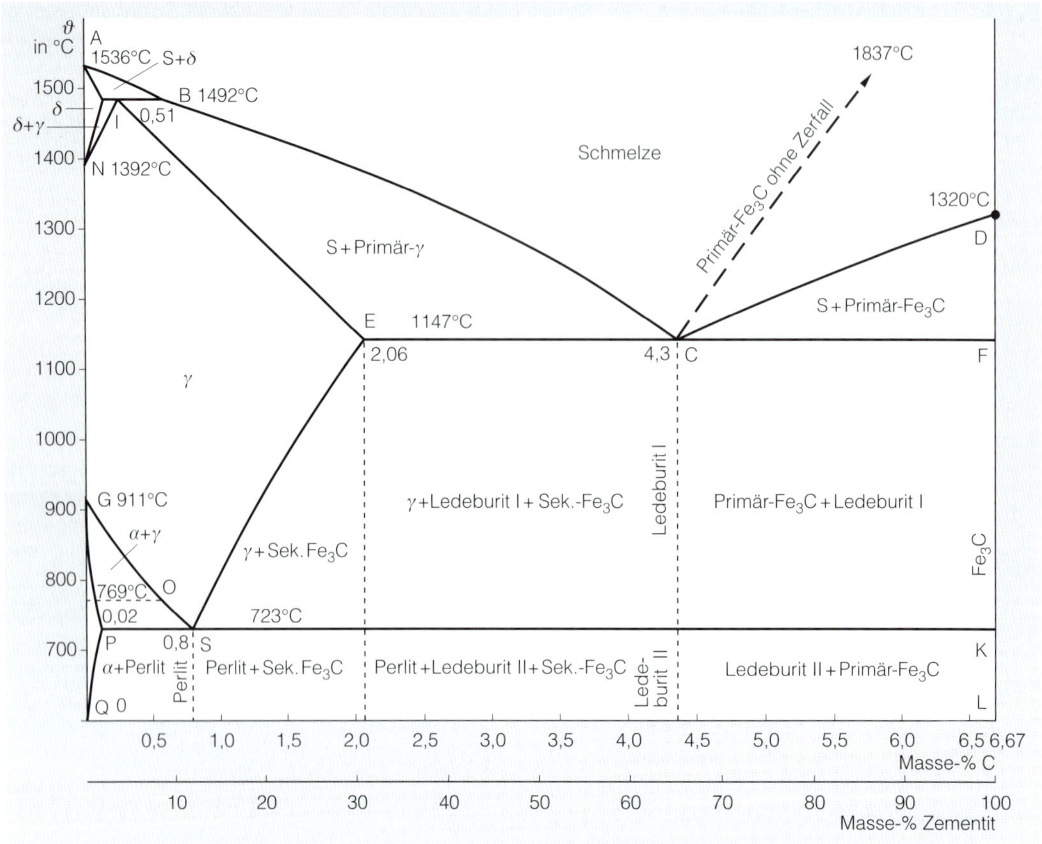

Abb. 9-46 **Eisen-Kohlenstoff- (EKD) oder Eisen-Zementit-Diagramm**

Reines Eisen erstarrt bei 1536 °C (Punkt A). Das metastabile EKD wird auf der linken Seite von reinem Eisen und auf der rechten Seite von Zementit begrenzt. Die Konzentrationsachse endet bei 6,67 % C, das entspricht 100 % Fe_3C. Die Schmelztemperatur von Fe_3C liegt bei 1837 °C, wenn kein Zerfall erfolgt, ansonsten wird sie bei etwa 1320 °C angesetzt (Punkt D).

Nachfolgend werden einige Zustandsänderungen diskutiert, die sich aus dem EKD ergeben.

1. **Erstarrung von Schmelzen mit 0 bis 0,51 % C:** δ-Eisen (δ-Fe) nimmt aus der Schmelze maximal 0,10 % C auf und bildet δ-Mischkristalle oder δ-Ferrit. Die Erstarrung wird bis auf 1492 °C gesenkt. Bei dieser Temperatur setzen sich δ-Ferrit mit Schmelze (0,51 % C; Punkt B) isotherm zu Austenit um (Punkt I). Es besteht ein Gleichgewicht zwischen drei Phasen: δ-Ferrit, Schmelze und γ-Mischkristallen (1. Tripelpunkt, 1. isothermer oder peritektischer Umwandlungspunkt):

$$\underset{0{,}51\,\%\,C}{\text{Schmelze}} + \underset{0{,}10\,\%\,C}{\delta\text{-Ferrit}} \xrightarrow{1493\,°C} \underset{0{,}16\,\%\,C}{\text{Austenit}}$$

Die Umsetzung einer Schmelze mit einer festen Phase wird als **Peritektikum** bezeichnet (griech. um herum, wohlgebaut). Die δ/γ-Umwandlung ist technisch nicht bedeutsam und wird nicht weiter diskutiert.

2. **Erstarrung von Schmelzen mit 0,51 bis 2,06 % C:** Ist mehr als 0,51 % C in der Schmelze enthalten, entsteht beim Erstarren zwischen der Liquiduslinie und der Soliduslinie zwischen den Punkten I bis E kubisch-flächenzentrierter **Austenit.** Dieser nimmt bei 1147 °C bis maximal 2,06 % C in sein Gitter auf (Punkt E). Der Kohlenstoff besetzt die **Zwischengitterplätze** im Innern der kfz-Zelle.

3. **Einfluss des Kohlenstoffs auf die Beständigkeit des Austenits:** Durch die Aufnahme des Kohlenstoffs in das γ-Gitter wird die γ/δ-Umwandlung von 1392 °C (Punkt N) auf 1492 °C erhöht (bis Punkt I) und die α/γ-Umwandlung von 911 °C (Punkt G) bis 723 °C gesenkt (Punkt S). Somit wird die Beständigkeit des γ-kfz-Gitters durch den Kohlenstoff zu höheren und tieferen Temperaturen hin aufgeweitet.

Die Löslichkeit des Kohlenstoffs im Austenit sinkt beim Abkühlen von 2,06 % C (bei 1147 °C) auf 0,80 % bei 723 °C (E/S). Bei Abkühlung unter die Löslichkeitslinie entsteht als Korngrenzenausscheidung **Sekundärzementit,** wenn die Legierungen mehr als 0,8 % C enthalten.

4. **Erstarrung von Schmelzen mit 2,06 bis 4,3 % C:** Zusammensetzungen mit einem C-Gehalt zwischen 2,06 % und 4,3 % C bilden beim Erstarren im Zweiphasengebiet zwischen Liquiduslinie und Soliduslinie (E bis C) Primärkristalle Austenit mit maximal 2,06 % Kohlenstoff. In der Schmelze reichert sich während der Abkühlung der Kohlenstoff bis auf 4,3 % C an (Punkt C).

5. **Erstarrung von Schmelzen mit 4,3 bis 6,67 % C:** Von 4,3 % bis 6,67 % C werden im Zweiphasengebiet Primärkristalle **Zementit** ausgeschieden. Die Restschmelze verarmt dadurch bei der Abkühlung an Kohlenstoff und besitzt am Tripelpunkt ebenfalls 4,3 % C (2. Tripelpunkt, 2. isothermer Umwandlungspunkt). Das aus der Schmelze entstehende **Eutektikum** aus Austenit und Zementit (Punkt C) erstarrt bei eutektischer Temperatur von 1147 °C. Es wird als **Ledeburit I** bezeichnet (nach A. LEDEBUR, 1837–1906, dt. Eisenhüttenkundler):

$$\underset{4{,}3\,\%\,\mathrm{C}}{\text{Schmelze}} \xrightarrow{1147\,°\mathrm{C}} \underbrace{\underset{2{,}06\,\%\,\mathrm{C}}{\text{Austenit}} + \underset{6{,}67\,\%\,\mathrm{C}}{Fe_3C}}_{\text{Ledeburit I}}$$

Metastabil erstarren die Schmelzen bei rascher Abkühlung und bei Abwesenheit (oder geringer Menge) von Silicium als **Hartguss** oder **weißes Gusseisen,** so benannt wegen der silbrigen Bruchfläche. Eisen-Kohlenstoff-Legierungen mit mehr als ca. 3,9/4 % C sind technisch wegen großer Sprödigkeit nicht brauchbar. Roheisen als Produkt des Hochofen-Prozesses enthält jedoch mehr Kohlenstoff.

6. **Ausscheidung von Sekundärzementit bei Abkühlung von Guss mit > 2,06 % C:** Die Zusammensetzung des Zementits ändert sich bis zur Raumtemperatur nicht (Punkte F, K, L), wohl aber die des Primär-Austenits und des Austenits im Ledeburit I zwischen 1147 °C und 723 °C längs der Löslichkeitslinie (zwischen den Punkten E und S). Es entsteht wiederum an den Korngrenzen des Austenits Sekundärzementit.
   Bei 723 °C ist die niedrigste Temperatur erreicht, bis zu der Austenit und Ledeburit I beständig sind.

7. **Bildung von Ferrit durch Ausscheidung aus dem Austenit, der < 0,8 % C enthält:** Legierungen mit weniger als 0,80 % C scheiden zwischen 911 °C und 723 °C beim Abkühlen unter die Linie GOS kubisch-raumzentrierten Ferrit aus dem Austenit aus, der maximal 0,02 % C löst. Dadurch reichert sich der Austenit mit dem im γ-Gitter verbleibenden Kohlenstoff bis 0,8 % C an (Punkt S). Dieser Austenit zerfällt bei 723 °C. Es entsteht ein 3. Tripelpunkt, der als isothermer Umwandlungspunkt mit Ar_1 bzw. Ac_1 gekennzeichnet wird und an dem die Umwandlung des Austenits zu Ferrit und Zementit – einem **Eutektoid** (griech. dem Eutektikum ähnlich) – erfolgt. Das Gefüge bezeichnet man als **Perlit.** 723 °C ist die eutektoide Temperatur

$$\underset{0{,}80\,\%\,\mathrm{C}}{\text{Austenit}} \xrightarrow{723\,°\mathrm{C}} \underbrace{\underset{0{,}02\,\%\,\mathrm{C}}{\text{Ferrit}} + \underset{6{,}67\,\%\,\mathrm{C}}{\text{Zementit}}}_{\text{Perlit}}$$

Perlit entsteht, indem aus Ferrit-Keimen der Kohlenstoff an Zementit-Keime diffundiert und beide Phasen nebeneinander in den Austenit hineinwachsen (Abb. 9-47). Er besteht dadurch aus lamellaren Kristalliten der beiden Phasen.
Unterhalb 0,8 % C und 723 °C besitzen die Kohlenstoffstähle ein **ferritisches-perlitisches,** bei 0,8 % C ein rein **perlitisches** und zwischen 0,8 und 2 % C eine **perlitisches-zementitisches** Gefüge (Abb. 9-48 bis 9-50).

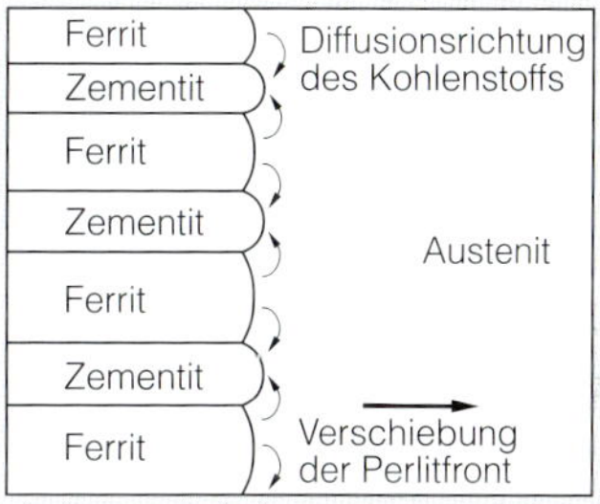

Abb. 9-47 Schema des Austenit-Zerfalls

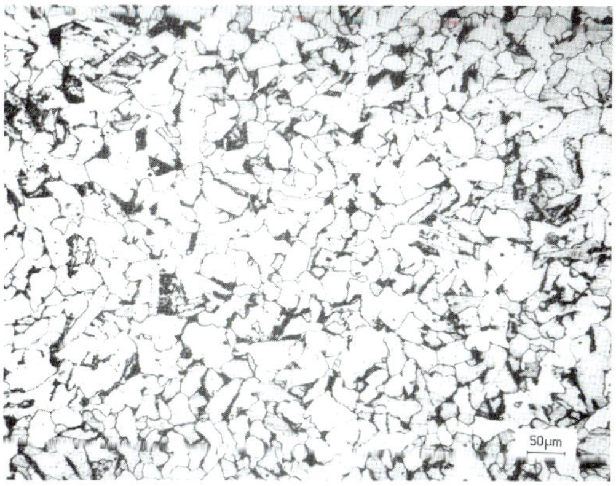

Abb. 9-48 Mikrogefüge von Stahl mit 0,1 % C, feinkörnige Ausbildung (hell: Ferrit, dunkel: Perlit), unterperlitisches Gefüge

8. Außerdem zerfällt bei 723 °C im Ledeburit I der Austenit-Anteil zu Ferrit und Zementit. Das Gefüge wird nun unterhalb 723 °C **Ledeburit II** genannt.
9. Unterhalb 723 °C wird zwischen P und Q wegen sinkender Löslichkeit des Kohlenstoffs im Ferrit auf praktisch 0 % C an den Korngrenzen des Ferrits **Tertiärzementit** ausgeschieden, der aber nur im Rasterelektronenmikroskop erkennbar ist.

Die Vorgänge finden in beschriebener Weise bei *langsamer* Abkühlung (z.B. Ofenabkühlung) statt. Nur dann können sich an den Umwandlungspunkten die Gleichgewichte zwischen festen Phasen einstellen, wie sie durch das EKD beschrieben werden. Das betrifft besonders die γ/α-Umwandlung zu Perlit. Die Keimbildung setzt bei Ac_1 nach einigen Minuten nur sehr langsam – meist an den Korngrenzen beginnend – ein. Die Umwandlung Austenit/Perlit kann bis zu einer Stunde dauern. Bei beschleunigter Abkühlung aus dem γ-Gebiet (an Luft, mit Pressluft, in Öl und Wasser) sind die Gleichgewichtseinstellungen gestört. Die Keimbildung beginnt erst unterhalb Ac_1 schneller und z.T. bei beträchtlich niedrigerer Temperatur (vgl. ZTU-Schaubild, Abschnitt 9.4.11).

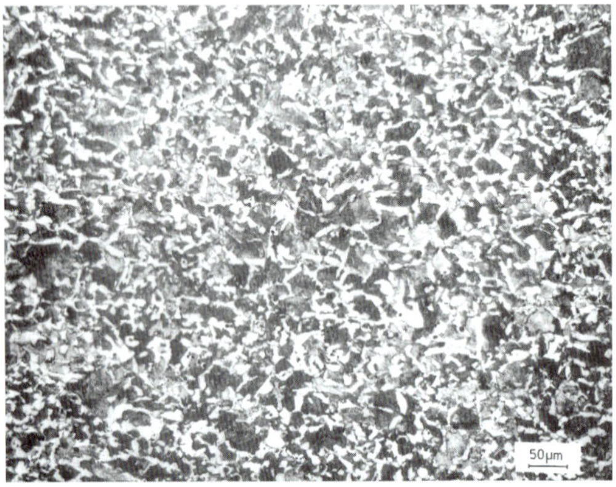

Abb. 9-49 **Mikrogefüge von Stahl mit 0,45 % C, unterperlitisches Gefüge**

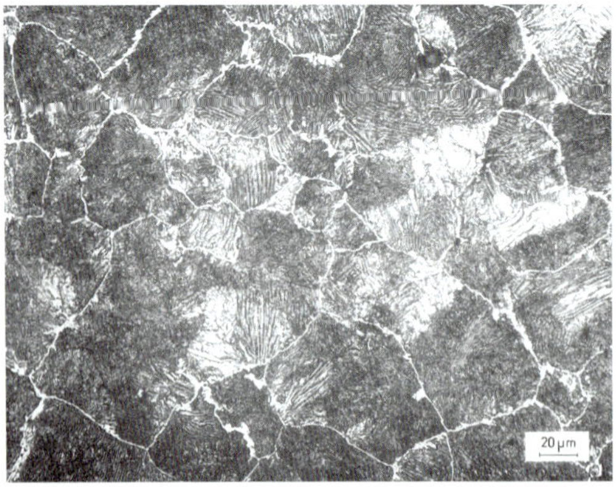

Abb. 9-50 **Mikrogefüge von Stahl mit 1, 1 % C Grobkorn durch Ofenabkühlung, mit Sekundärzementit um die Perlitbereiche (helle Bänder), überperlitisches Gefüge**

> Stähle und weißes, sogenanntes ledeburitisches Gusseisen sind Legierungen des Eisen-Zementit-Systems. Das EKD gilt – wie die Zustandsschaubilder anderer Systeme – aber nur bei langsamer Abkühlung, wenn sich die Gleichgewichte einstellen können.

Die gebräuchlichen Kohlenstoffstähle (ohne sonstige Legierungselemente über zulässigen Anteilen) enthalten vor allem zwischen 0,1 und 1,3 % C. **Untereutektoide Stähle** bestehen aus Ferrit und Zementit. Die Anteile hängen vom C-Gehalt ab. **Eutektoider Stahl** enthält 0,8 % C und **übereutektoider Stahl** mehr als 0,8 % C.

Aufgaben

1. Erörtern Sie die Phasenumwandlungen beim Abkühlen folgender Eisen-Kohlenstoff-Legierungen aus der Schmelze bis unter 723 °C: 0,45 % C, 0,80 % C, 1,3 % C, 2,5 % C und 4,3 % C.
2. Welche Gefügebestandteile sind im Ledeburit II enthalten?

Das stabil erstarrende **graue Gusseisen** besteht aus Ferrit und Grafit. Das teilweise stabil erstarrende graue Gusseisen enthält Ferrit, Zementit und Grafit, ebenso der **Temperguss.** Der Silicium-Gehalt dieser Werkstoffe bewirkt die Zerlegung des Zementits in Ferrit und Zementit. Der Grafit kann in Lamellen oder kugelförmig (globular) ausgebildet sein. Graues **lamellares Gusseisen** besitzt meist zwischen 2,7 und 3,9 % C, **globulares Gusseisen** 3,2 bis 3,8 % C. Die Zustände dieser Legierungen können nicht durch das metastabile und auch nicht (vollständig) durch das stabile EKD beschrieben werden.

9.4.10 Eisenwerkstoffe – Stähle, Gusseisen und Temperguss

Eisenwerkstoffe werden nach ihrem Kohlenstoffgehalt und ihrer Herstellung in Stähle, Stahlguss, weißes und graues Gusseisen sowie Temperguss eingeteilt. Nach der Verwendung unterscheidet man Bau- oder Konstruktions- und Werkzeugwerkstoffe. Als Letztere können nur härtbare Stähle mit mehr als 0,45/0,50 % Kohlenstoffanteil benutzt werden. Nach der Zusammensetzung sind Eisenwerkstoffe in unlegierte und legierte Stähle sowie unlegiertes und legiertes Gusseisen einteilbar.

a) Stähle

Stähle sind Eisen-Kohlenstoff-Legierungen, die durch Schmieden und Walzen formbar sind. Wegen ihrer Warmumformung nach dem Abgießen bezeichnet man sie auch als **Knetlegierungen** (Walzstahl). Sie enthalten bis 2 % Kohlenstoff, einige hochlegierte Chromstähle auch darüber. Inzwischen werden aber auch sehr gut formbare IF-Stähle (Interstitial Free, interstitialfrei) mit sehr niedrigen Gehalten an Kohlenstoff und Stickstoff durch Entkohlung im Vakuum erzeugt. Sie enthalten „keinen" im Gitter gelösten Kohlenstoff, Reste von C und N werden durch Titan zu TiN und TiC gebunden.

Stähle enthalten außer Eisen und Kohlenstoff noch Begleitstoffe, deren höchstzulässige Menge in den Normen festgelegt ist (Übersicht 9-7). Sie rühren her von der metallurgischen Erzeugung und der Verwendung von Schrott. Werden die Anteile nicht überschritten, gelten die Materialien als unlegiert, wenn die Grenzwerte erreicht oder zumindest von einem Element überschritten werden, als legiert.

Die **Wirkungen der Legierungselemente** auf den Stahl können sehr vielgestaltig sein und allgemein in folgender Weise zusammengefasst werden:

- Einfluss auf die Gebrauchseigenschaften wie erhöhte Härte, Streckgrenze, Zugfestigkeit, Verschleißwiderstand, Korrosionsbeständigkeit, Kaltzähigkeit, Hitze- und Zunderbeständigkeit sowie auf die Verbesserung oder Verschlechterung der Verarbeitungseigenschaften wie Schweißbarkeit, Spanbarkeit, Umformbarkeit, Beschichtbarkeit, Härtbarkeit, Nitrierbarkeit.

Grenzwerte von Elementen im unlegierten Stahl (Auswahl)

Element	Masseprozent
Al	0,10
Cr	0,30
Cu	0,40
Mn	1,63
Mo	0,08
Ni	0,30
Si	0,50
W	0,10
V	0,10

Übersicht 9-7

Speziell wirken die Elemente in folgender Weise:

Kohlenstoff erweitert das γ-Gebiet des Eisens, erhöht mit steigendem Anteil die Festigkeit, die Härte, die Härtbarkeit und erniedrigt die Dehnbarkeit, Warmformbarkeit und Schweißbarkeit.

Schwefel (< 0,6 %) bildet FeS an den Korngrenzen, erhöht die Sprödigkeit sowie die Rotbrüchigkeit, verbessert die Spanbarkeit im Automatenstahl (ca. 0,25 %; Spanbruch am FeS, „Bröckelspan").

Mangan erhöht die Streckgrenze, Zugfestigkeit, Verschleißbeständigkeit, Einhärtung, Warmformbarkeit und Schweißbarkeit, senkt Rotbrüchigkeit (wirkt S entgegen).

Silicium erhöht die Streckgrenze, Zugfestigkeit, Zunderbeständigkeit, wirkt als Zusatz zur Schmelze desoxidierend (Beruhigung der Schmelze).

Aluminium erhöht die Zunderbeständigkeit, wirkt als Zusatz zur Schmelze desoxidierend, Nitridbildner.

Nickel erhöht die Einhärtung und Festigkeit.

Molybdän, Titan, Wolfram, Vanadium, Tantal und **Niob** steigern als starke Carbidbildner die Härte.

Phosphor (< 0,09 %) wirkt kornvergröbernd und versprödend.

Chrom verbessert die Härtbarkeit, Einhärtung, Härte, Korrosions- und Verschleißbeständigkeit (Carbidbildner).

- Einfluss auf das Gefüge (z. B. Entstehung von Feinkorn, Bildung von Carbid, Nitrid)
- Einfluss auf die Punkte S und E im Eisen-Zementit-Diagramm:
  a) Verschiebung des Punktes E zu höherer Temperatur und niedrigerem C-Gehalt durch Mo, W, Cr;
  b) Verschiebung des Punktes S zu höherer Temperatur und niedrigerem C-Gehalt durch Cr, W, S, Mn (vgl. Abb. 9-51).

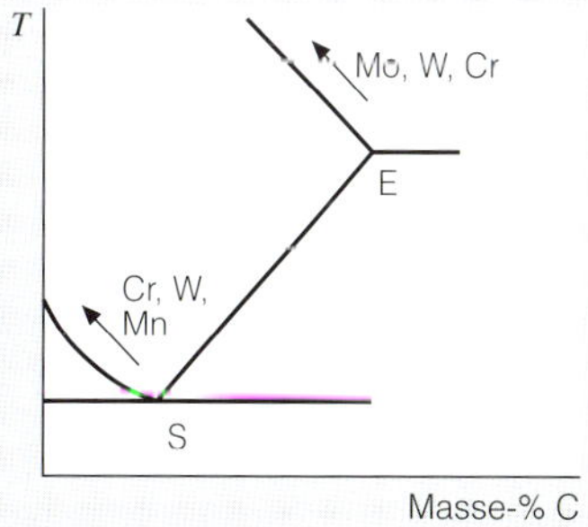

Abb. 9-51 **Einfluss von Elementen auf die Punkte S und E im EKD**

- Einfluss auf die α/γ-Umwandlung und fehlende Umwandlung ab einer bestimmten Konzentration des Legierungselements im Stahl
  a) Einschnürung des γ-Gebiets durch zunehmenden Anteil an Cr, Al, Si und dadurch Beständigkeit ferritischer Stähle bei Raumtemperatur (vgl. Abb. 9-52) bzw.
  b) Erweiterung des γ-Gebiets durch Mn, Ni, Co und dadurch Beständigkeit austenitischer Stähle bei Raumtemperatur (vgl. Abb. 9-53).

b) Normung der Stähle – Kurznamen und Werkstoffnummern

Die Stahlsorten sind genormt. Sie werden nach DIN EN 10027 durch einen **Kurznamen** (Kennbuchstaben) und eine **Werkstoff-Nummer** (Kennzahlen) voneinander unterschieden. Nach dem Reinheitsgrad werden die Stähle in drei Hauptgüteklassen nach DIN EN 10020 eingeteilt:

- **Grundstähle** (*nicht für die Wärmebehandlung vorgesehen,* keine besonderen Güteanforderungen; vorgeschrieben sind Streckgrenze und Mindestzugfestigkeit und die Gehalte von Mn, Si),

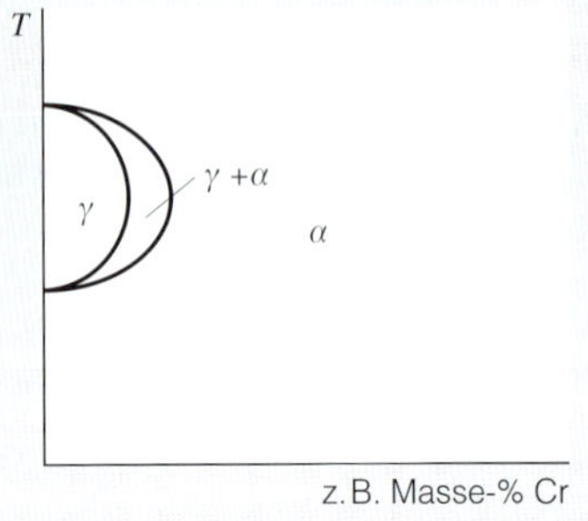

Abb. 9-52 **Einfluss von Cr, Al, Si auf die Abschnürung des γ-Gebiets, Entstehung ferritischer Stähle**

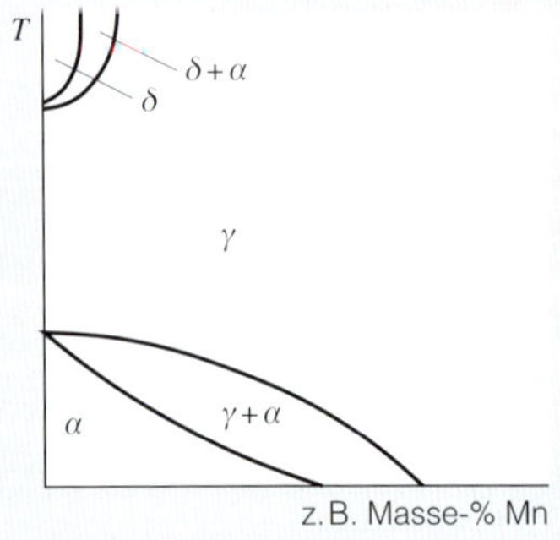

Abb. 9-53 **Einfluss von Ni, Mn, Co auf die Aufweitung des γ-Gebiets, Entstehung austenitischer Stähle**

- **unlegierte Qualitätsstähle** und **legierte Qualitätsstähle** (*nicht für die Wärmebehandlung vorgesehen,* genügende Reinheit für viele Zwecke, vorgeschrieben sind S < 0,45 % und P < 0,45 %; gute Verarbeitbarkeit zu Bauteilen durch Warm- und Kaltumformen, Spanen und insbesondere durch Schweißen; gewährleistete Streckgrenze, gute Festigkeit, Zähigkeit),
- **unlegierte Edelstähle** und **legierte Edelstähle** (*für die Wärmebehandlung vorgesehen* wie Oberflächenhärten, Vergüten und Härten, höhere Reinheit durch Erschmelzung unter besonderen Bedingungen, d. h. genaue Einstellung der Zusammensetzung; höhere Festigkeit). Hierzu zählen die Stähle für den Stahl- und Maschinenbau, Werkzeugstähle, Schnellarbeitsstähle, nicht rostende Stähle, hitze-/zunderbeständige Stähle, warmfeste Stähle, kaltzähe Stähle, Wälzlagerstähle, Federstähle u. a.

Die Stahlliste enthält 21 Grundstähle, 335 unlegierte und 98 legierte Qualitätsstähle sowie 59 unlegierte und 1315 legierte Edelstähle.

1. Bezeichnung der Grundstähle, Qualitätsstähle: Die Kurznamen nach DIN EN 10027 für die Stähle, die nicht für eine Wärmebehandlung vorgesehen sind, geben Hinweise auf wichtige mechanisch-physikalische Eigenschaften (Verarbeitungs- und Gebrauchseigenschaften) bzw. den Verwendungszweck verschlüsselt an. Das betrifft u. a. Stähle für den allgemeinen Stahlbau (Konstruktionsstähle ohne zusätzliche Wärmebehandlung; früher mit dem Symbol St gekennzeichnet).

Ein vorangestellter Buchstabe verweist auf die Verwendung z. B. S Stahl für den allgemeinen Stahlbau, E Maschinenbaustahl, P Stahl für den Behälterbau, L Stahl für den Rohrleitungsbau. Es folgt eine Zahl für den Mindestwert der Streckgrenze in N/mm² (als Maß für die mechanische Belastbarkeit). Es können noch zusätzliche Angaben erfolgen wie J für die Kerbschlagarbeit (Zähigkeit) in Joule bei einer bestimmten Prüftemperatur (z. B. bei +20 °C gilt für 27 J das Symbol JR, KR für 40 J und LR für 60 J; für kaltzähe Stähle werden für 27 J die Zeichen J0 für ±0 °C, J2 für –20 °C, J3 für –30 °C usw. angegeben). Daran können weitere Buchstaben als Symbole angefügt werden:

a) Symbole für die Behandlung der Stahlschmelze (Deoxidationsart), Lieferzustand: G1 (unberuhigt vergossen), G3 (besonders beruhigt vergossener Stahl);
b) Symbole für eine besondere Eignung (Verarbeitbarkeit) oder Verwendungszweck, z. B. C gut kaltumformbar, D gut schmelztauchbar, E emaillierbar, L für tiefe Temperaturen, W wetterfest;

c) Symbole für besondere Anforderungen, z. B. +F Feinkornstahl, +Z25 Mindest-Brucheinschnürung 25%;
d) Symbole für die Art des Überzugs (Beschichtung), z. B. +OC organisch beschichtet, +S feuerverzinnt, +ZN elektrolytischer Zink-Nickel-Überzug;
e) Symbole für den Behandlungszustand, z. B. +A weichgeglüht, +C kaltverfestigt, +N normalgeglüht oder normalisierend gewalzt (bisher: N), +QT vergütet (bisher V), +T angelassen, +U unbehandelt, +M thermomechanisch behandelt.

Beispiele:
1. S275J2G3 (alte Bezeichnung St 52-3) bedeutet Stahl für den allgemeinen Stahlbau mit Mindeststreckgrenze 275 N/mm², Kerbschlagarbeit bei –20 °C 27 Joule, vollberuhigter Stahl,
2. E 295 Maschinenbaustahl mit Mindeststreckgrenze 295 N/mm²

2. Bezeichnung der Edelstähle: Als Kurznamen für Edelstähle, für die eine Wärmebehandlung im Verlauf der Verarbeitung erfolgt, wird nach DIN EN 10027-1 die chemische Zusammensetzung angegeben, denn die mechanisch-physikalischen Eigenschaften ändern sich durch die Behandlung, die jedoch von der Zusammensetzung abhängt. Es ist zu unterscheiden zwischen unlegierten und legierten Stählen. Die DIN EN 100027-2 enthält die Werkstoffnummern.

2.1 Unlegierte Edelstähle mit einem Mangangehalt < 1 % werden durch das Symbol C für Kohlenstoff und den mittleren hundertfachen Kohlenstoffgehalt gekennzeichnet.

Beispiele:
1. C15 unlegierter Einsatzstahl mit mittlerem C-Gehalt von 0,15 %,
2. C 45 unlegierter Vergütungsstahl mit mittlerem C-Gehalt von 0,45 %,
3. C110 unlegierter Werkzeugstahl mit mittlerem C-Gehalt von 1,1 %.

2.2 Niedrig legierte Edelstähle (gesamter Masseanteil < 5 %) werden in der Reihenfolge des mittleren hundertfachen C-Gehalts (ohne Symbol C), der chemischen Symbole für die Legierungselemente nach ihrem abnehmenden Gehalt und der Angabe ihres Masseanteils – multipliziert mit einem Faktor – gekennzeichnet. Der Gehalt der Legierungselemente wird nur so weit angegeben, dass keine Verwechslung mit einem anderen Stahl entstehen kann. Die Faktoren lauten:

Faktor 4 für Cr, Co, Mn, Ni, Si, W
Faktor 10 für Al, Be, Cu, Mo, Nb, Pb, Ta, Ti, V, Zr
Faktor 100 für C, Ce, N, P, S
Faktor 1000 für B

Beispiele:
1. 17Cr3 Chromlegierter Einsatzstahl mit mittleren Gehalten von 0,17 % C und 0,75 % Cr,
2. 34CrAlMo5 Nitrierstahl mit 0,34 % C, 1,25 % Cr und Anteilen Aluminium und Molybdän, die aus dem Werkstoffblatt dieses Stahls entnommen werden können,
3. 102Cr6 Werkzeugstahl (Kaltarbeitsstahl) mit mittleren Gehalten von 1 % C und 1,5 % Cr,
4. 55NiCrMoV7 Werkzeugstahl (Warmarbeitsstahl) mit mittleren Gehalten von 0,55 % C, 1,75 % Ni und Anteilen von Mo und V.

2.3 Hochlegierte Edelstähle (gesamter Masseanteil > 5 %) werden mit X und sonst wie niedrig legierte Stähle bezeichnet. Außer für Kohlenstoff gilt für die Legierungselemente der Faktor 1.

Beispiel:
X155 CrVMo12-1 hochlegierter Kaltarbeitsstahl mit mittleren Gehalten an 1,55 % C, 12 % Cr, 1 % V und Molybdän.

2.4 Schnellarbeitsstähle (HS-Stähle) sind hoch mit W, Cr, Mo, V und Co legiert. Sie werden durch das Symbol HS gekennzeichnet. Die Massegehalte werden in der Reihenfolge W-Mo-V-Co angegeben.

Beispiel:
HS 10-4-3-10 (10 % W, 4 % Mo, 3 % V, 10 % Co).

2.5 Bei **Stahlguss** wird das Symbol G und nachfolgend die Mindeststreckgrenze, bei legiertem Stahlguss die Zusammensetzung angegeben.

Beispiele:
1. G 380 (Mindeststreckgrenze 380 N/mm²),
2. G30Mn5 (0,3 % C, 1,25 % Mn),
3. GX5CrNi19-11 (hochlegiert, 0,05 % C, 19 % Cr, 11 % Ni)

Aufgabe

Entschlüsseln Sie folgende Stahlbezeichnungen:
1. S235J2G3,
2. E 360,
3. S235JOW,
4. 16NiMn6,
5. X8Ni9
6. GX22CrMo12-1
7. HS18-1-2-5

Die vierstellige Werkstoffnummer für Stahl beginnt mit der **Werkstoffhauptgruppennummer** 1. Es folgen zwei Zahlen für die Stahlgruppennummer und zwei Zahlen (Zählnummer) für den betreffenden Stahl, z. B. 1.3255 (1. Stahl, Stahlgruppe 32, Schnellarbeitsstahl 55).

Stähle sind durch spezifische chemische Zusammensetzungen und Gefügeausbildungen für viele Verwendungszwecke angepasst.

Einige wichtige Stahlgruppen sind in Übersicht 9-8 enthalten. Ihre Namen verweisen auf ihren technischen Einsatz.

c) Weißes und graues Gusseisen sowie Temperguss

Gusseisen enthält zwischen 2,5 bis 4 % Kohlenstoff, mehr als 1,5 % Silicium, außerdem können Mangan, Nickel, Chrom und Phosphor enthalten sein. Die Gefügeausbildung beim Erstarren der Schmelze hängt einerseits von den Legierungselementen ab und andererseits von der Kristallisationsgeschwindigkeit, d. h. der Wanddicke des Gussteils.
Weißes Gusseisen entsteht, wenn der Zerfall des Zementits unterdrückt wird. Das ist bei Anwesenheit von Mangan (bis ca. 2 %) und niedrigem Si-Gehalt der Fall. Das Gefüge besteht aus Ledeburit/Perlit.
Silicium, Nickel und Phosphor wirken grafitisierend, d. h., sie behindern je nach ihrem Anteil mehr oder weniger die Bildung von Zementit. Deshalb kristallisiert der Kohlenstoffgehalt bei größerem Anteil dieser Elemente als Grafit in einem ferritischen Grundgefüge bzw. bei geringerem Anteil in einem ferritisch-zementitischen Matrixgefüge. Durch den Grafit-Anteil erscheint das Bruchgefüge makroskopisch grau. Daraus folgt die Bezeichnung **graues Gusseisen.** Auch die Abkühlgeschwindigkeit hat Einfluss auf den Zementit- bzw. Grafitanteil. Bei geringer Wanddicke erstarrt die Schmelze rasch, und der Zerfall des Zementits bleibt ganz oder wenigstens in der Randzone aus. Kompakte Gussteile erstarren langsam. Der Grafitanteil ist höher bzw. der Zementitanteil gering.
Die Ausbildung des Grafits kann in unterschiedlicher Form erfolgen: als Lamellen, als Kugeln oder globular, als flockige Nester und „würmchenförmig“ (vermicular). Danach unterscheidet man verschiedene Gusseisenarten:
Gusseisen mit Lamellengrafit GJL (DIN EN 1661/97; alt: GGL) besitzt gute Wärmeleitfähigkeit und Gleiteigenschaften, ist relativ korrosionsbe-

Wichtige Stahlgruppen im Überblick

Stahlgruppen und DIN	Gefügeausbildung, wesentliche Eigenschaften, Verwendung
Unlegierte Baustähle DIN EN 10025	ferritisch-perlitisch; geringe Mischkristallverfestigung durch gelöste Eisenbegleiter; feinkristallin durch Warmwalzen; gewährleistete Mindeststreckgrenze R_{eH}, bedingt kaltumformbar und schweißbar; allg.Stahlbau, Fahrzeugbau u. a.
Warmfeste und hitzebeständige Stähle DIN EN 10 028-2/03 und DIN EN 10 213-2/96	unlegiert bzw. legiert mit Cr, Mo; vergütet, hochlegiert mit Cr, Mo, V, Nb; austenitisch; bis 400 °C bzw. 540 °C einsetzbar; Kesselrohre u. Ä.; hochlegiert mit Cr, Al, Si ferritisch, mit Cr, Ni, Ti, Al, Si austenitisch; zunderbeständig; chem. Apparatebau, Kesselanlagen u. a.
Kaltumformbare Stähle DIN10130/99	niedrige C-Gehalte; weich, kaltumformbar; Bleche, Bänder für Karosserien, Drähte, Stäbe, dünnwandige Rohre u. a.
Wälzlagerstähle DIN EN ISO 10269-17/00	sehr rein von nicht metall. Einschlüssen, C-Gehalt 0,3 bis 1 %, Cr-, CrMn-, CrMo-legiert; gehärtet; hohe Dauerfestigkeit
Federstähle DIN EN 10089 und 10151	legiert mit Si, Cr, SiCr, hochlegiert mit Cr, CrNi; warmgewalzt, vergütet; elastisch, erhöhte Streckgrenze, dauerschwingfest
Kaltarbeitsstähle DIN EN ISO 4957/01	C-Gehalt über 0,6 %, legiert mit Cr, hochlegiert mit CrW, CrV, Mo bis max. 2,20 %, warmgeformt und gehärtet, martensitisch; Handwerkzeuge, Schneid-, Stanz-, Tiefzieh-, Presswerkzeuge u. a.
Warmarbeitsstähle DIN EN ISO 4957/01	mit 0,3 bis 0,55 % C, legiert mit Cr, Mo, V; gehärtet, martensitisch; warmfest, warmzäh; Gieß- und Warmumformwerkzeuge für Strangpress-, Spritzgussmaschinen, Gesenke u. a.
Schnellarbeitsstähle	bis 1,4 % C, hochlegiert mit W, Mo, V, Co, Cr; hoch T-beständig; gehärtet mit Sondercarbiden; härter als Martensit; Werkzeuge für Bearbeitung sehr harter Werkstoffe, für hohe Schnittgeschwindigkeiten, Bohrer, Fräser, Gewindeschneider u. a.
Gussstahl	in Gussformen gegossener Stahl; desoxidiert (beruhigt vergossen); legiert und unlegiert; Schwindmaß ca. 2 %; z. T. schweißbar; Einsatz normalisiert, vergütet und spannungsarm geglüht bei geforderter höherer Zähigkeit, Verschleiß- oder Korrosionsbeanspruchung u. a.; Gehäuse, große Zahnräder, Druckbehälter

Übersicht 9-8

ständig und schwingungsdämpfend, jedoch durch den hohen C-Anteil spröde und nicht schmiedbar. Die lamellare Ausbildung (Abb. 9-54) hängt vom Schwefelgehalt ab, der die Oberflächenspannung des kristallisierenden Grafits senkt. Die Lamellen haben Kerbwirkung. Deshalb ist die Biege- und Zugfestigkeit gering.

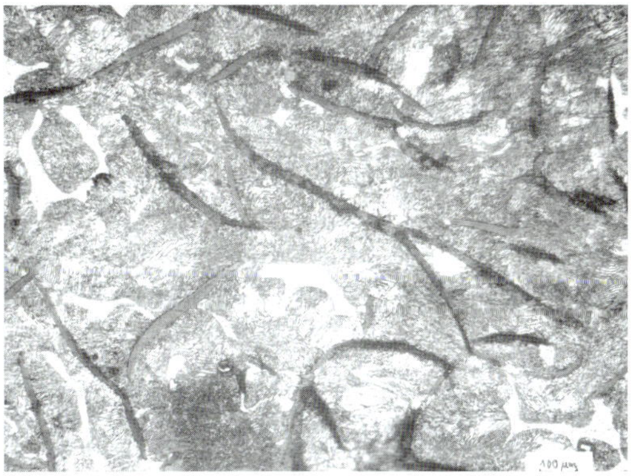

Abb. 9-54 Mikrogefüge von lamellarem Grauguss, geätzt, mit perlitischem Grundgefüge V. 100 :1

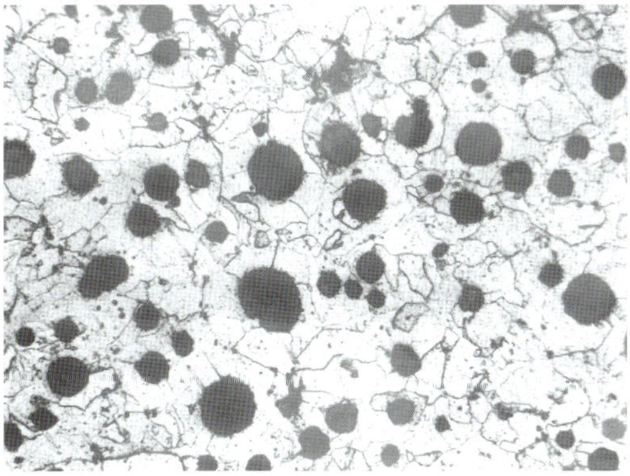

Abb. 9-55 Mikrogefüge von globularem Grauguss, mit ferritischem Grundgefüge V. 100 :1

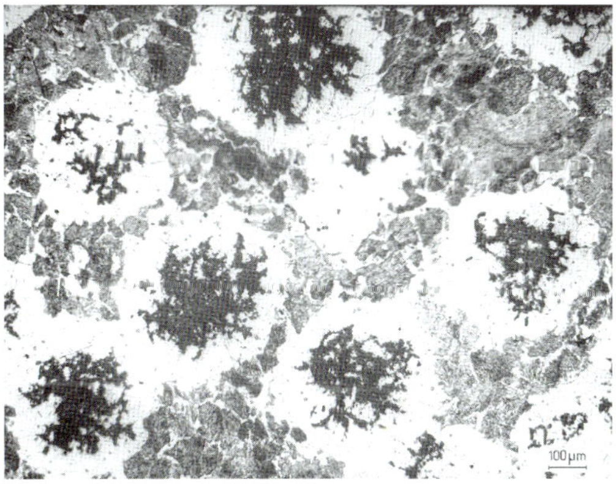

Abb. 9-56 Mikrogefüge von Temperguss, Temperkohle umgeben von Ferrit und Perlit V. 100 :1

Gusseisen mit Kugelgrafit GJS (DIN EN 1563/97; alt: GGG), auch als Sphäroguss oder globularer Grauguss bezeichnet, ist begrenzt schmiedbar, zugfester, weniger spröde und stahlähnlicher. Die Schmelze wird vor dem Vergießen mit Magnesium entschwefelt (Bildung von MgS, als Schlacke abgeschieden). Die Oberflächenspannung wird erhöht, deshalb kann sich der Grafit kugelig oder globular ausbilden (Abb. 9-55).

Bei kleinerem Si-Gehalt entsteht **Temperguss** (DIN EN 1562/97). Er erstarrt zunächst perlitisch-ledeburitisch. Erst bei einer nachfolgenden Glühbehandlung (Tempern) bildet sich das Endgefüge aus.

Schwarzer Temperguss GJMB (alt: GTS) besitzt 2,5 % C, 1,3 % Si und Anteile Mn und S. Er entsteht, wenn die Gussteile in sauerstofffreier Umgebung zum Zerfall des Zementits längere Zeit über Ac_1 nicht entkohlend geglüht werden (über 20 Stunden). Durch Diffusion des Kohlenstoffs an Grafit-Keime bilden sich flockige Grafit-Nester („Temperkohle"), die je nach Zerfallsgrad in einem ferritischen (Abkühlung an der Luft) oder perlitischen Grundgefüge (sehr langsame Abkühlung über mehrere Stunden) eingebettet sind (Abb. 9-56).

Weißer Temperguss GJMW (alt: GTW) enthält 3,2 % C, 0,6 % Si sowie Mn und S und wird bei 1000 °C bis zu 70 Stunden in sauerstoffabgebender Atmosphäre (Teile eingebettet in Walzzunder Fe_3O_4) entkohlend geglüht. Der bei dem Zerfall von Austenit freigesetzte sowie aus dem Austenit diffundierende Kohlenstoff wird an der Oberfläche des Gussteils oxidiert. Der Rand wird entkohlt und besteht aus Ferrit. Daran schließt sich eine Zone aus Ferrit und Perlit an. Der Kern besteht aus Perlit und Temperkohle.

Temperguss ist billiger als Stahlguss, wenig kerbempfindlich, schwingungsbeständig. Typische Erzeugnisse sind Schlüssel, Schlossteile, Möbelbeschläge, Fittings, Seilrollen, Pkw-Anhängerkupplungen, Gehäuse, hoherfeste Sorten u. a. für Kurbelwellen, Radnaben, Pleuel und andere Verschleißteile.

9.4.11 Wärmebehandlung von Stählen und Gusseisen

a) allgemein anwendbare Wärmebehandlungen

Durch Wärmebehandlung der Eisenwerkstoffe und anderer Metalle sind Gefügeänderungen und Eigenschaftsverbesserungen zu erreichen.

Gussteile weisen durch das Schrumpfen beim Abkühlen Spannungen auf. Letztere entstehen auch beim Schweißen durch die ungleichmäßige Temperaturverteilung zwischen Schweißnaht und Werkstoff. Zur Vermeidung von Verzug und Bruch wer-

den Stahlteile bei 650 °C durch **Spannungsarmglühen** (oder auch durch Normalisieren) behandelt. Dabei bauen sich die Spannungen ab (Abb. 9-57). Beim Glühen werden allgemein zu hohe Temperaturen vermieden, weil durch **Überhitzen** kleine Kristallite zu grobem Korn zusammenwachsen und sich die mechanischen Eigenschaften verschlechtern. Ein gleicher Effekt tritt bei zu langem Glühen oder **Überzeiten** auf. Wenn sich jedoch Stähle wegen zu hoher Härte schwer spanen lassen, wendet man ein **Hoch-** oder **Grobkornglühen** über Ac_3 bei 950 bis 1100 °C über ein bis zwei Stunden an (mit Ofenabkühlung bis unter Ar_5; (Abb. 9-58). Dadurch verbessert sich die Spanbarkeit. Das Gefüge der fertigen Bauteile muss danach durch Normalisieren wieder verfeinert werden.
Seigerungen im Stahl werden durch Diffusionsvorgänge zwischen 1000 und 1200 °C beim **Diffusionsglühen** beseitigt.
Nach dem Kaltumformen kann zur Beseitigung der entstandenen Gitterfehler und Spannungen sowie zur Erzeugung einer feinkristallinen Struktur ein **Rekristallisationsglühen** durchgeführt werden (vgl. Abschnitt 9.4.5). Die Rekristallisation ist für nicht allotrope Metalle und ihre Legierungen überhaupt das wichtigste Verfahren für eine Gefügeverfeinerung nach Kaltumformung.
Die genannten Glühverfahren können auch bei Nichteisenlegierungen angewendet werden.

b) eisenspezifische Wärmebehandlungen

Bei den übrigen thermischen Verfahren, dem **Normalisieren, Härten, Vergüten, Einsatzhärten** und **thermo-mechanischen Formen,** wird die allotrope γ/α-Umwandlung ausgenutzt, um bestimmte Gefügeausbildungen und verbesserte Eigenschaften zu erreichen. Aluminium- und Kupferlegierungen können auf diese Weise nicht behandelt werden, da bei ihnen keine allotropen Phasenumwandlungen vorkommen. Die Durchführung der genannten Verfahren soll nachfolgend am Beispiel von Kohlenstoff-Stählen behandelt werden.

Austenitzerfall bei beschleunigter Abkühlung

Um die γ/α-Umwandlung ausnutzen zu können, muss das Gefüge zunächst austenitisiert werden. Dazu wird der Stahl entsprechend seinem Kohlenstoffgehalt etwa 30 bis 50 K über die GOSK-Linie des EKD nur so lange geglüht, bis Ferrit und Perlit sich zu Austenit umgewandelt haben. Die Linie SE wird nicht überschritten. Zu hohe Temperaturen und zu lange Glühzeiten werden vermieden, damit keine Sammelkristallisation und Grobkornbildung einsetzt.
Die Gitterumwandlung des Ferrits (krz) zu Austenit (kfz) geht schnell vor sich, die Auflösung des Zementits und Verteilung des Kohlenstoffs im kfz-Gitter vollzieht sich als Diffusionsprozess wesentlich langsamer. Außerdem benötigen große Kristallite mehr Zeit als kleine Körner. Carbide der Legierungselemente lösen sich ebenfalls langsam im Austenit. Daraus ergibt sich insgesamt die Länge der Haltezeit während des Glühens.
Nach Beendigung der Austenitisierung werden die Stähle bei den genannten Verfahren mehr oder weniger schnell unter Ac_1 unterkühlt. Damit bestehen nicht mehr die Gleichgewichtsbedingungen, wie sie für die Entstehung von Perlit bei langsamer Abkühlung in Abschnitt 9.4.9 beschrieben wurden. Der Austenit bleibt zunächst metastabil erhalten. Der Zerfall ist gehemmt. Das EKD ist nicht mehr gültig.

Aufgabe

Informieren Sie sich nochmals im Abschnitt 9.4.9 über die Umwandlungsvorgänge bei sehr langsamer Abkühlung!

Allgemein wirken zwei Tendenzen bei rasch sinkender Temperatur, die sich in einem isothermen **Zeit-Temperatur-Umwandlungsschaubild ZTU** z. B. eines Stahls mit 0,80 % Kohlenstoff wider-

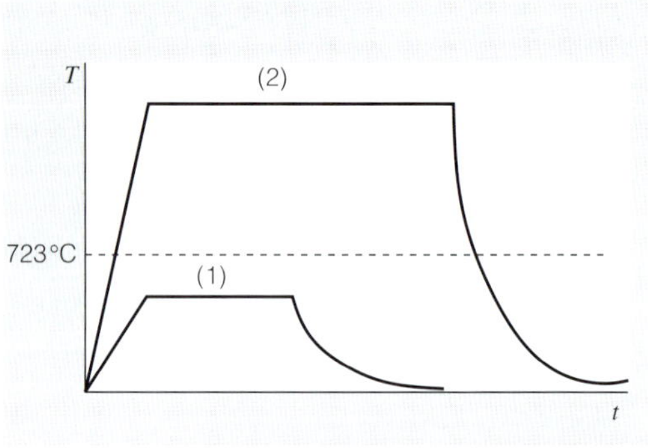

Abb. 9-57 **T-t-Verlauf beim Spannungsarmglühen (1) sowie beim Grobkornglühen (2) von Stahl**

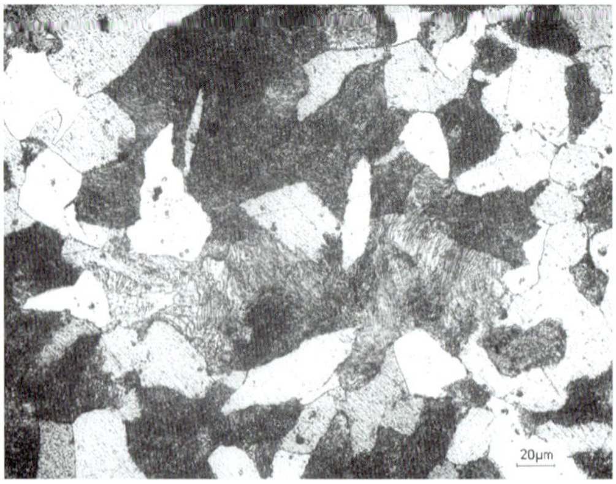

Abb. 9-58 **Mikrogefüge von Stahl mit 0,45 % C, grobkorngeglüht, grober Perlit, geätzt**

spiegeln (Abb. 9-59). Isotherm bedeutet, dass der Stahl rasch auf eine bestimmte Temperatur abgekühlt wird und dann diese Temperatur bis zum Ende der Umwandlung gehalten wird. Mit zunehmender Unterkühlung (sinkender Temperatur) wächst einerseits die Metastabilität des Austenits und seine Zerfallsneigung. Andererseits ändert sich die Diffusionsgeschwindigkeit des Kohlenstoffs. Zunächst ist sie dicht unterhalb Ac_1 noch groß. Der Beginn der γ-Umwandlung verlagert sich mit Zunahme der Unterkühlung zu immer kürzerer Zeit.

a) *Austenitzerfall bei Unterkühlung des Stahls mit 0,8 % C auf etwa 550 °C:* Bei ca. 550 °C bilden sich schon nach etwa 1 bis 2 Sekunden Keime

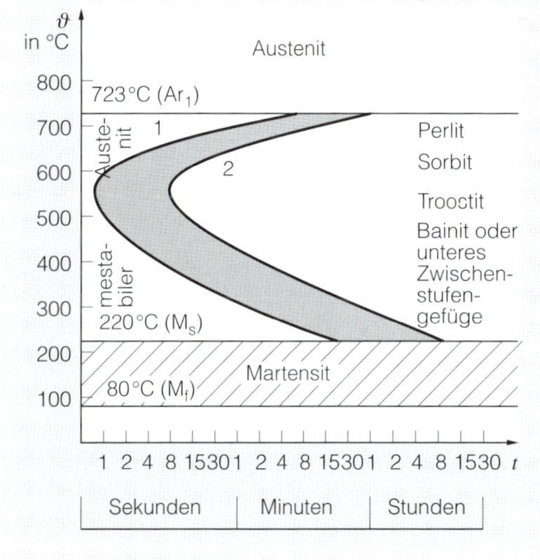

Abb. 9-59 Schematisches isothermes ZTU-Schaubild eines unlegierten Stahls mit 0,8 % C (1 Zerfallsbeginn, 2 Zerfallsende)

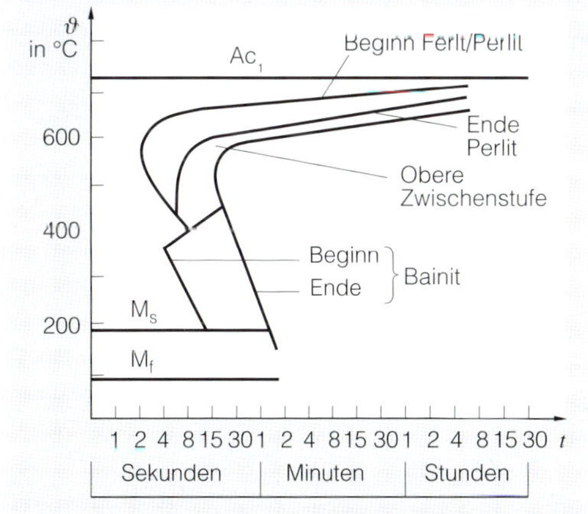

Abb. 9-60 Schematisches kontinuierliches ZTU-Schaubild eines unlegierten Stahls mit 0,8 % C

von Ferrit und Zementit. Nach etwa 10 Sekunden ist die Bildung eines feinlamellaren Perlits, (alter Name **Sorbit** nach H. C. Sorbit, 1826–1908, engl. Arzt und Mineraloge) abgeschlossen.

b) *Austenitzerfall bei noch stärkerer Unterkühlung:* Unter 550 °C nimmt der Einfluss der Diffusion ab, weil die Wanderung des Kohlenstoffs immer mehr abnimmt. Dafür wird die Metastabilität und der Zerfall des Austenits geschwindigkeitsbestimmend. Die Phasenumwandlung setzt erst nach längerer Zeit ein. Außerdem werden die Diffusionsstrecken kürzer. Durch die zunehmende Unterkühlung bilden sich auch mehr Keime. Es entsteht ein feinstlamellares bis kleinkörniges Perlit-Gefüge (früher als **Troostit** bezeichnet nach L. J. Troost, 1825–1911, franz. Chemiker). Sorbit und Troostit sind obere Zwischenstufengefüge. Bei noch tieferer Temperatur entsteht ein feinadeliges Ferrit / Zementit-Gefüge, das als **Bainit** oder **unteres Zwischenstufengefüge** (E. C. Bain, amerikan. Metallkundler, 1891–1971) benannt wird. Diese drei Gefügeausbildungen gehören noch zur Perlit-Stufe, da sie aus Ferrit und Zementit bestehen. Sie besitzen zunehmend verbesserte Härte und Festigkeit bei guter Zähigkeit.
Ab einer kritischen Abkühlgeschwindigkeit, die bei einem unlegierten perlitischen Stahl $>600\ K \cdot s^{-1}$ beträgt, unterbleibt die Diffusion des Kohlenstoffs und der Zerfall des Austenits in zwei Phasen. Es bildet sich das Härtegefüge **Martensit** (A. C. Martens, 1850–1914, dt. Metallurge). Bei der technologischen Realisierung der Wärmebehandlung findet (meist) keine isotherme Abkühlung/Abschreckung statt. Die Temperatur fällt mehr oder weniger schnell. Es gelten dann nicht isotherme, sondern kontinuierliche ZTU-Schaubilder (Abb. 9-60).

Zunehmende Unterkühlung des Austenits unter Ac_1 verschiebt zunächst Beginn und Ende der Phasenumwandlung zu kürzerer und bei abnehmender Diffusion wieder zu längerer Zeit. Ab einer kritischen Abkühlgeschwindigkeit wird der Zerfall des Austenits unterdrückt, und es ensteht Martensit. Jeder Stahl besitzt wegen des Einflusses der Legierungselemente ein eigenes ZTU-Schaubild.

Bei den eisenspezifischen Wärmebehandlungen werden diese Vorgänge zur Gefügeverfeinerung und Bildung bestimmter Phasen ausgenutzt.

Normalglühen (Normalisieren)

Durch Normalglühen wird ein gleichmäßig ausgebildetes feines Gefüge erreicht. Vorangegangene

Gefügeänderungen werden beseitigt (Grobkorn in Gussteilen sowie in Schweißnähten, Härtegefüge, Verformung und Verfestigung von Kristalliten durch Kaltumformung). Stähle werden meist in normalisiertem Zustand von den Stahl- und Walzwerken ausgeliefert. Darauf beziehen sich die Festigkeitsangaben.
Die unterperlitischen Stähle werden kurz über die GOS-Linie (Ac_3), überperlitische Stähle über Ac_1 erwärmt und nach dem Durchglühen schnell unter 723 °C abgekühlt (Abb. 9-61). Dadurch bilden sich viele Keime. Es entsteht feinlamellarer Ferrit/Perlit. Die Endabkühlung erfolgt dann langsamer an ruhender Luft oder zur Vermeidung von Abkühlungsspannungen bei niedriger Temperatur in einem Ofen.
Ferritische und austenitische Stähle können wegen fehlender α/γ-Umwandlung nicht normalisiert werden.

Weichglühen (Pendelglühen)
Werkzeugstähle mit höherem Kohlenstoff- und Legierungs-Gehalt sind schwer spanbar. Durch Weichglühen wird ein günstiges Gefüge für die Verarbeitung erreicht. Der Temperatur-Zeit-Verlauf wird konstant oder pendelnd um Ac_1 geführt (Abb. 9-62). Der Zementit geht dadurch von der lamellaren in die energetisch günstigere kugelähnliche Form – eingebettet in ferritische Grundmasse – über (kleinere Oberfläche!) (Abb. 9-63). Die Körner werden beim Formgeben in die ferritische Masse gedrückt. Es verbessert sich die Kaltumformbarkeit. Die Spanungswerkzeuge müssen keine Lamellen durchtrennen. Der Verschleiß sinkt. Das Weichglühgefüge ist auch eine günstige Ausgangsstruktur beim Härten. Die kleinen Zementit-Körner lösen sich schneller im Austenit auf als Lamellen.

Härten
Ziel des Härtens ist die Bildung von hartem, verschleißbeständigem **Martensit.** Durch das Härten wird auch der Umformwiderstand erhöht, jedoch die Plastizität und Zähigkeit erniedrigt. Vor dem Abschrecken werden unterperlitische Stähle auf 30 bis 50 K über die GOS-Linie und überperlitische Stähle über Ac_1 geglüht und dann mit kritischer **Abkühlgeschwindigkeit** bis zur Martensit-Stufe abgeschreckt (Abb. 9-64). Es ist auch möglich, ein **gebrochenes Härten** durchzuführen, indem zunächst oberhalb M_s in einem Warmbad isotherm abgeschreckt und dann langsamer endgültig unter M_s abgekühlt wird bzw. das schroffere Abschreckmedium gegen ein milder wirkendes getauscht wird. Auf jeden Fall darf die Abkühlkurve das Umwandlungsgebiet der Perlitstufe im ZTU-Diagramm nicht schneiden. Beim Abschrecken bleibt der Kohlenstoff im kfz-Gitter zwangsgelöst. Dadurch entstehen Spannungen, und das kfz-Gitter wird tetragonal aufgeweitet (Abb. 9-65). Die Kohlenstoffatome nehmen in der tetragonal-raumzentrierten Elementarzelle den gleichen Platz wie in dem kfz-Gitter ein.

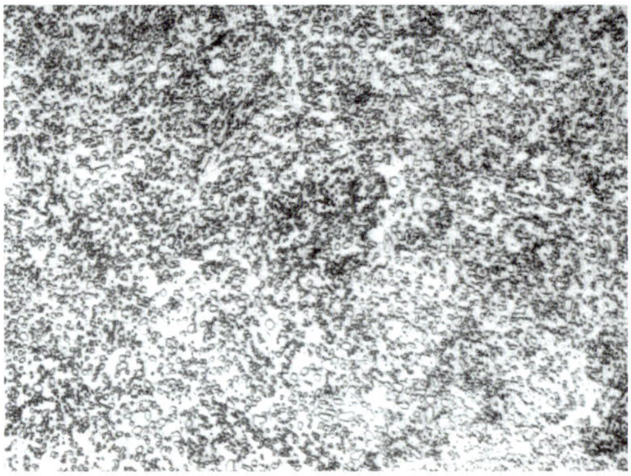

Abb. 9-63 **Weichgeglühter Stahl C100**

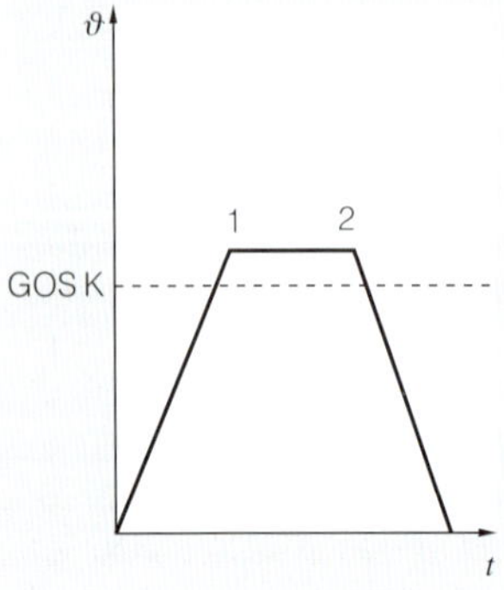

Abb. 9-61 ***T-t*-Verlauf beim Normalglühen**

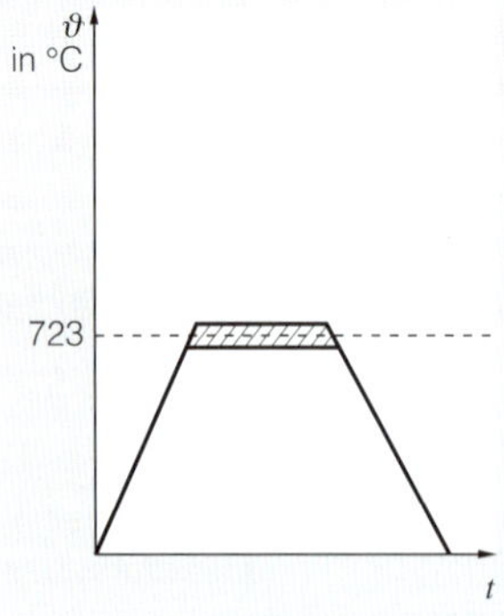

Abb. 9-62 ***T-t*-Verlauf beim Weichglühen**

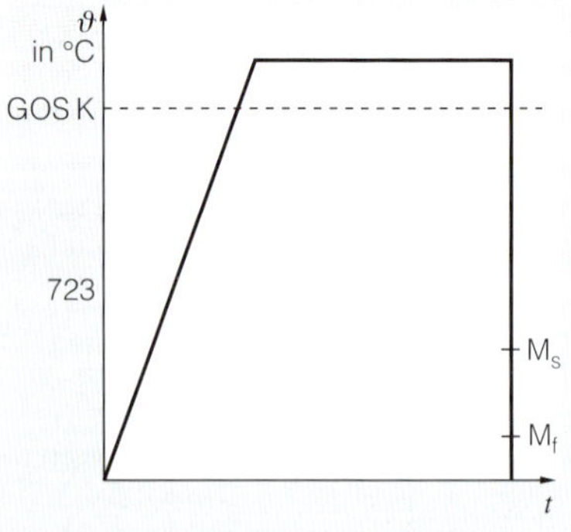

Abb. 9-64 ***T-t*-Verlauf beim Härten**

Bei 0,8 % C im Stahl liegt der Beginn des Vorgangs M_s (s start) bei etwa 220 °C und das Ende M_f (finish) bei etwa 80 °C. Der Vorgang „friert“ dann ein. Es bleiben ca. 5 bis 10 % weicher **Restaustenit** zurück. Die Umgitterung beginnt an den Korngrenzen und an Gitterfehlern. Dort steht Energie für die Keimbildung zur Verfügung. Martensit besitzt eine nadelförmige Ausbildung und ist metastabil (Abb. 9-66). Da die Gitterverspannung von der Menge des gelösten Kohlenstoffs abhängt, steigt die Härte mit dessen Anteil im Stahl. Härtbar sind Stähle ab 0,45/0,50 % Kohlenstoff. Geringere C-Anteile wirken im Gitter nicht genügend verspannend. Die maximal erreichbare Härte von Martensit beträgt 67 HRC bzw. 900 HV (Härte in Rockwell- bzw. Vickers-Einheiten; vgl. Abschnitt 10.3.3).

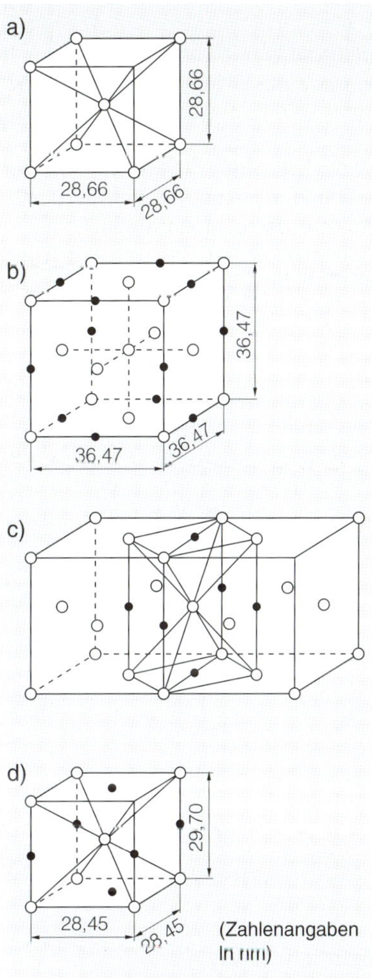

Abb. 9-65

a) Ferritzelle

b) Austenitzelle mit möglichen Einlagerungsplätzen für Kohlenstoff (•)

c) Martensitzelle im Austenit

d) Martensitzelle mit möglichen Einlagerungsplätzen für Kohlenstoff

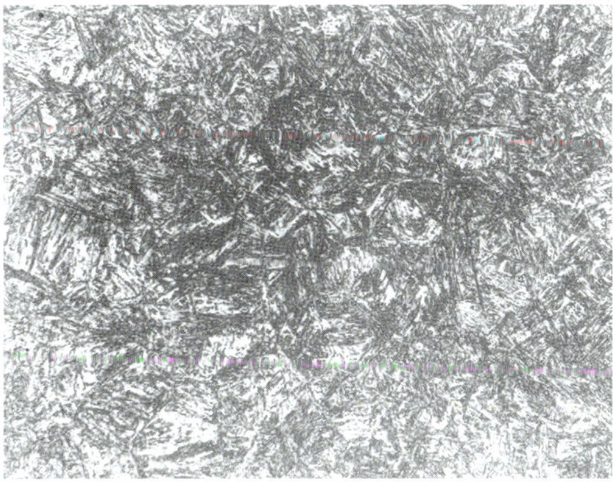

Abb. 9-66 Härtegefüge (Martensit) von 50 CrV4, grobnadelig, V. 200 :1

Mit steigendem C-Gehalt verschieben sich M_s und M_f zu tieferer Temperatur. Damit wächst auch der metastabile Restaustenit-Anteil.

Der Betrag der kritischen Abkühlgeschwindigkeit wird von der Diffusionsgeschwindigkeit des Kohlenstoffs bestimmt, die in unlegierten Stählen groß ist. Nur kaltes Wasser bringt die notwendige Unterkühlung auf (Wasserhärter). Bei höherem C-Gehalt kann in Öl oder gebrochen gehärtet werden. Viele Legierungselemente (Cr, Ni, W, V, Mo) hemmen die Diffusion des Kohlenstoffs und senken die kritische Abkühlgeschwindigkeit, wenn sie beim Glühen im Austenit gelöst wurden. Es können Abschreckmittel mit geringerem Abkühlvermögen angewendet werden (Ölhärter, Lufthärter).

Abkühlvermögen von Abschreckmitteln (Härtemittel)

Abschreckmittel	Abkühlvermögen in $K \cdot s^{-1}$
Wasser	400 bis 1200
Öl	10 bis 200
Druckluft	35 bis 40
ruhende Luft	3 bis 4

Übersicht 9-9

> Die Härtbarkeit eines Stahls hängt u. a. von der γ/α-Umwandlung, dem C-Gehalt, dem Anteil diffusionshemmender Legierungselemente, der Einhaltung der Abschrecktemperatur, der kritischen Abschreckgeschwindigkeit des betreffenden Stahls und der Temperatur des Abschreckmediums ab.

Außerdem sind das Verhältnis von Oberfläche und Volumen des Werkstücks und die Oberflächenbeschaffenheit (z. B. Zunder) von Einfluss.

Der Begriff **Einhärtung** wird benutzt, um die Tiefe der Martensitschicht anzugeben (Tiefenwirkung des Abschreckmediums). In unlegierten Stählen bildet sich nur an der Oberfläche Martensit aus (4 bis 5 mm). Darunter treten Übergänge von Bainit bis

Sorbit auf (Abb. 9-67). Legierte Stähle härten tiefer ein und besitzen breitere Zonen von Übergangsgefügen. Ein **Durchhärten** ist bei unlegierten Stählen somit nur bei kleinem und bei legierten Stählen (z. B. mit Ni) bei größerem Querschnitt erreichbar.

Zu geringe Härte entsteht bei zu niedriger Glühtemperatur, zu kurzer Glühzeit (der Perlit wird nicht vollständig umgewandelt) sowie beim Überzeiten und Überhitzen (aus dem groben Austenit bleibt mehr Restaustenit zurück). Chrom, Wolfram, Molybdän u. a. senken die Überhitzungsempfindlichkeit.

Die Gitterspannungen und Volumenänderungen können zu Maßänderungen, Härteverzug und Härterissen führen. Zunder und Dampfblasen stören den Wärmeübergang beim Abschrecken und führen zu Weichfleckigkeit.

Anlassen

Nach dem Härten ist der Stahl hart und spröde. Das **Anlassen** durch Erwärmen der gehärteten Teile senkt die Sprödbruchempfindlichkeit und die Gefahr von Härterissen. Es kommt zu Veränderungen der metastabilen Phasen Martensit und Restaustenit und dadurch zu einer Spannungs- und Härteminderung sowie Senkung der Bruchempfindlichkeit. Bei verschiedenen von der Zusammensetzung abhängigen **Anlasstemperaturen** laufen die Änderungen in drei **Anlassstufen** ab.

Bei langsamer Erwärmung (ca. 10 K $\cdot$ min^{-1}) eines gehärteten unlegierten Stahls mit z. B. 0,80 % C ist bei etwa 130 °C bis 150 °C die **1. Anlassstufe** erreicht. Der tetragonale Martensit wandelt sich in „kubischen" Martensit um. Das Kantenverhältnis c/a geht von etwa 1,046 auf 1,012 über, d. h., es liegt noch ein schwach tetragonal aufgeweitetes Gitter vor, in dem nur noch ca. 0,3 % C gelöst sind. Der übrige C-Anteil ist als hexagonales ε-Karbid Fe_2C an bestimmten kristallografischen Ebenen des Martensits ausgeschieden worden. Die Spannungen im Stahl sind gemindert, und die Härte sinkt gering. Allgemein liegen die Anlasstemperaturen für gehärtete Stähle je nach Zusammensetzung zwischen 100 bis 300 °C.

Beim weiteren Erwärmen des gehärteten Stahls mit 0,8 % C geht zwischen 220 und 250 °C in der **2. Anlassstufe** Restaustenit in kubischen Martensit über. Die Härte kann wieder leicht zunehmen. Gehärtete Werkzeuge aus unlegiertem und niedriglegiertem Stahl werden bis zu dieser Stufe angelassen (Abb. 9-68).

Beim weiteren Erwärmen entstehen in der **3. Anlassstufe** aus dem Martensit perlitische Übergangsgefüge (Bainit, Troostit), und die Härte fällt stark ab. Bis zu der zugehörigen Temperatur besteht **Anlassbeständigkeit.** Werkzeuge dürfen beim Gebrauch nicht bis zur 3. Stufe erwärmt werden. Unlegierte Stähle haben eine niedrige Anlassbeständigkeit. Bei niedriglegierten Stählen (Si, Mn bzw. Cr, W, Mo in geringer Konzentration) liegt sie höher.

Für Warmarbeitsstähle und vor allem für Schnellarbeitsstähle, die eine Anlassbeständigkeit zwischen 400 und 500 °C besitzen, gelten einige Besonderheiten. Sie enthalten in hoher Konzentration Carbidbildner (W, Mo, V, Ti, Co, Cr), die den Austenit stabilisieren, wenn sie sich bei sehr hohen Temperaturen im Austenit lösen. Beim Anlassen entsteht kein Martensit, sondern es bilden sich sehr feine und sehr harte Ausscheidungen von Sondercarbiden (z. B. WC, W_2C, MoC, Mo_2C, VC, TiC, Co_2C, Cr_7C_2, Cr_2C_3).

Vergüten

Ziel des Vergütens ist feinkörniger **Bainit** oder unteres Zwischenstufengefüge. Es kann über das Härten und Erwärmen in die 3. Anlassstufe als **Anlassvergüten** erzeugt werden (Anlassen bei hoher Temperatur; Abb. 9-69 a). Dabei besteht immer die Gefahr, dass sich Härteverzug oder Härterisse bilden. Günstiger ist das **Zwischenstufenvergüten**

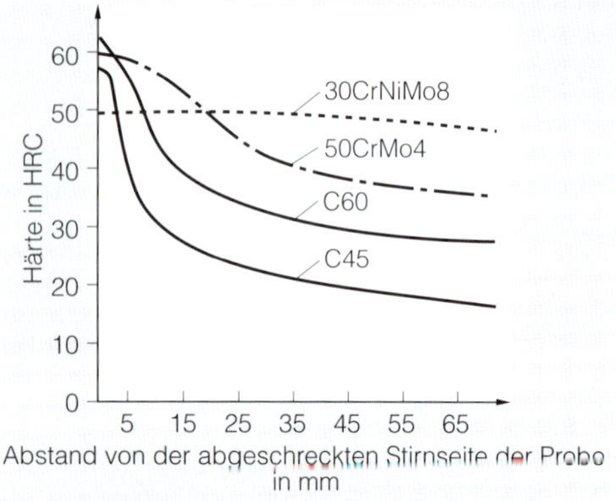

Abb. 9-67 **Einhärtungskurven von Stählen (Stirnabschreckversuch nach Jominy)**

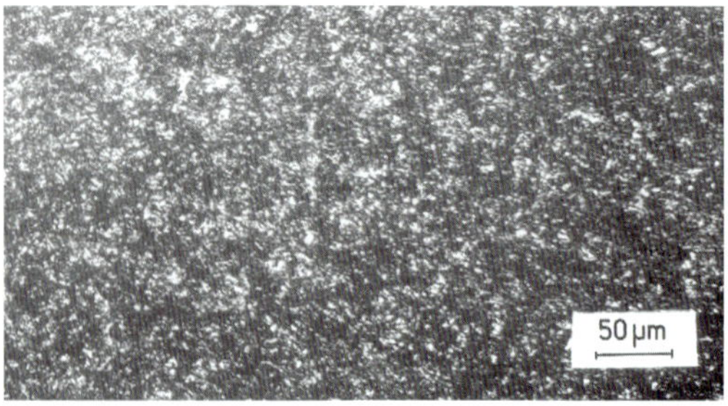

Abb. 9-68 **Anlassgefüge des Stahls 50CrV4**

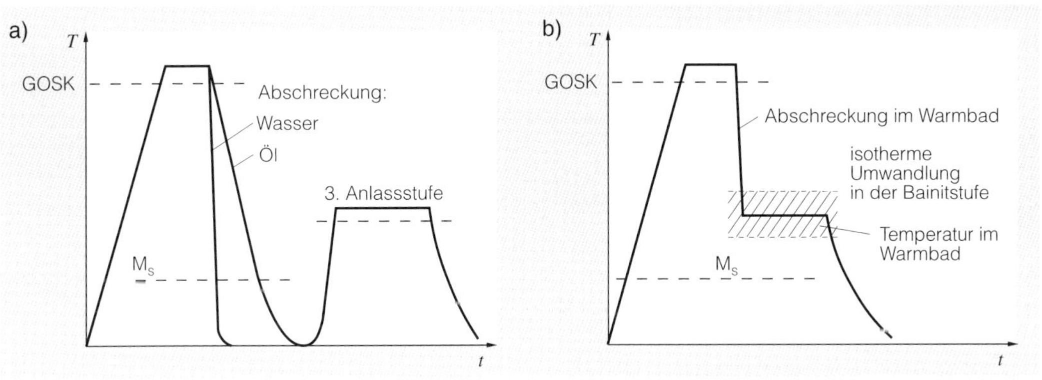

Abb. 9-69 ***T-t*-Diagramm für das a) Anlassvergüten b) für das Bainitisieren oder Zwischenstufenvergüten**

oder **Bainitisieren.** Der Stahl wird dazu austenitisiert, in einem Warmbad, das die Temperatur der Bainitstufe besitzt, isotherm abgeschreckt und nach der Umwandlung außerhalb des Bades weiter abgekühlt (Abb. 9-69 b). Maschinenbauteile wie Zahnräder, Kurbelwellen, Achsen, Zahnstangen bestehen aus unlegierten (C25 bis C60), vor allem aber niedriglegierten **Vergütungsstählen** (mit Mn, Cr, Cr/Mo, Cr/V Cr/Ni/Mo). Nach ihrer Formgebung werden sie vergütet, um die Zähigkeit zu erhöhen und eine Festigkeit zwischen gehärtetem und normalisiertem Zustand zu erreichen.

Oberflächenhärten und thermochemische Verfahren – Diffusionsschichten

Bauteile aus härtbaren Stählen, die vor Verschleiß geschützt werden sollen, können in heißen Flammen, durch Laserstrahlen oder Induktionsströme in dünner Oberflächenschicht kurz austenitisiert und danach sofort abgeschreckt werden. Der Kern bleibt dabei gefügemäßig unbeeinflusst und zäh. Nur die Oberflächenschicht wird martensitisch.

Wichtig sind die **thermochemischen Verfahren** wie das Einsatzhärten, Carbonitrieren, Nitrieren und Borieren.

Kohlenstoffarme **Einsatzstähle** mit einem C-Gehalt <0,22 % wie C10, C15, 16MnCr5, 20MoCr4 werden ebenfalls für Verschleißteile verwendet. Da sie wegen des geringen C-Anteils nicht härtbar sind, werden sie beim **Einsatzhärten** in Kohlenstoff abgebenden Medien mehrere Stunden über Ac_3 geglüht (z. B. in Holzkohle-Pulver bei Temperaturen von ca. 900 °C, in Salzschmelzen von Kaliumcyanat KCNO bei 850 bis 930 °C, vor allem aber in Gasgemischen aus Propan, CO/Wasserstoff über 900 bis etwa 1000 °C; beim Gascarbonitrieren bis ca. 870 °C mit NH_3-Zusatz zur Aufnahme von C und N). Kohlenstoff dringt durch Diffusion nur in die Randschichten der Bauteile bis zu 0,8 % ein (z. B. Zahnräder, Wellen, Zahnstangen). Die Aufkohlungstiefe ist der Abstand von der aufgekohlten Oberfläche in das Innere bis zu einem C-Gehalt von 0,3 %. Sie beträgt in Abhängigkeit von Temperatur und Zeit maximal 5 mm beim Gasaufkohlen. Das Gefüge im Kern und am Rand wird durch die hohen Temperaturen und lange Einsatzzeit grobkristallin.

Die Teile werden bei der **Direkthärtung** sofort in Öl oder im Warmbad abgeschreckt und danach angelassen. Durch die hohen Temperaturen und lange Dauer bei der Aufkohlung entsteht Martensit und im Kern Ferrit-Perlit in grobkristalliner Ausbildung. Um bessere Beanspruchbarkeit zu erzielen, werden andere Temperatur-Zeit-Verläufe angewendet, z. B. das **Einfachhärten** mit isothermer Umwandlung des Austenits in der Perlitstufe nach dem Einsetzen und anschließendem Härten und Anlassen der Oberflächenschicht.

Nitrieren und Borieren sind kein Härten im eigentlichen Sinn, weil kein Martensit gebildet wird. Beim **Nitrieren** (Gasnitrieren, Plasmanitrieren) werden die Bauteile aus Stahl in einer Gasatmosphäre von teilweise zerlegtem Ammoniak bei Temperaturen von etwa 500 bis 590 °C geglüht und danach langsam abgekühlt. Vorteilhaft sind die geringe Temperatur und die fehlende Abschreckung. Stickstoff diffundiert einige Zehntel Millimeter in die Oberfläche ein und bildet Nitride. Eisennitride, Fe_2N und Fe_4N sind nicht genügend hart (ca. 800 HV). Deshalb enthalten die **Nitrierstähle** bis 2 % Cr und 1 % Al und weitere **Nitridbildner,** aus denen sich Chromnitrid CrN, Aluminiumnitrid AlN u. a. wie MoN, Mo_2N, VN, bilden. Die größte erreichbare Härte liegt bei 1200 HV (Vickers-Einheiten, vgl. Abschnitt 10.3.3). Es erhöhen sich Verschleiß- und Korrosionsbeständigkeit.

Diese Eigenschaften und noch größere Härte wird durch **Borieren** bei 850 bis 1000 °C erreicht. Die Bauteile werden dazu in Borax-Pulver $Na_2B_4O_7$ oder Borcarbid B_4C eingebettet oder gasförmigem Diboran B_2H_6 ausgesetzt. Es bildet sich Eisenborid Fe_2B.

Andere thermochemische Diffusionsbehandlungen

Name	Mittel	Temperatur in °C	entstehende Phase	Eigenschaft der Schicht
Aluminieren (Alitieren)	Al-Pulver, $AlCl_3$ Al-Schmelzschicht	900 – 1100	Fe-Al-Mischkristalle	zunderbeständig
Carbonitrieren	Cyanid/Cyanat	750 – 930	Carbonitride	verschleißbeständig
Inchromieren	$FeCl_2$-Schmelze	1000 – 1200	Fe-Cr-Mischkristalle	Sehr hart, > 13 % Cr korrosions-/zunderbeständig
Silicieren	$SiCl_4$, gasf.	800 – 1000	Fe-Si-Mischkristalle	verschleiß-/korrosionsbeständig

Übersicht 9-10

9.4.12 Nichteisenmetalle

a) Werkstoff- und Zustandsbezeichnungen

Als Werkstoffe verwendet man reine Metalle, Guss- und Knetlegierungen. Sie werden durch Werkstoffnummern und nach ihrer Zusammensetzung gekennzeichnet. Es gelten inzwischen europäische Normen. Danach wird mit einem vorangestellten G eine Gusslegierung und einem folgenden Buchstaben das Gießverfahren gekennzeichnet: z. B. GS Sandguss, GD Druckguss, GK Kokillenguss. Es folgen die Symbole für die Legierungsmetalle (Faktor 1) und evtl. Kurzzeichen für einen Behandlungszustand z. B. w geglüht, h hart, a ausgehärtet, ka kalt ausgehärtet, wa warm ausgehärtet, ho homogenisiert.

Die mechanischen Eigenschaften werden nach DIN EN 1173 durch den nachgestellten Buchstaben R und eine Zahl für die Mindestzugfestigkeit angegeben.

Beispiele:

1. Al99,9 Aluminium, Reinheit 99,9 %;
2. GS-AlSi12 Sandgusslegierung mit 12 % Si;
3. CuZn28 Kupfer-Zink-Knetlegierung (Messing) mit 28 % Zn;
4. CuSn6R640 Kupfer-Zinn-Legierung (Bronze) mit einer Mindestzugfestigkeit von 640 N/mm².

Für Al-Knetlegierungen gilt DIN EN 573, für Al-Gusslegierungen DIN EN 1706, für Cu-Gusslegierungen DIN EN 1982, für Cu-Walzprodukte DIN EN 1652 bis 1654.

b) Aluminium und Aluminiumlegierungen

Die Festigkeit von reinem **Aluminium** (Fp = 660 °C) ist gering. Es besitzt mit etwa 72000 MPa den kleinsten E-Modul unter den Gebrauchsmetallen. Die Mindestzugfestigkeit beträgt nur 40 MPa (geglüht) bis 110 MPa (kaltverfestigt). Die Plastizität ist durch das kfz-Gitter sehr hoch. Allerdings ist die Oberfläche von Tiefziehteilen nur bei feinkristallinem Gefüge glatt. Grobe Kristallite führen beim Kaltumformen zu einer narbigen Oberfläche. Der thermische Ausdehnungskoeffizient ist verglichen mit anderen Metallen hoch. Günstig sind die geringe Dichte und die elektrische Leitfähigkeit. Durch seine Oxidschicht, die durch anodische Oxidation verstärkt werden kann, ist Aluminium im neutralen Bereich korrosionsbeständig.

Aluminiumguss- und **-knetlegierungen** sind als Konstruktionswerkstoffe durch die mögliche Masseverringerung insbesondere für mobile technische Gebilde bedeutsam, z. B. im Flugzeugbau. Sie enthalten vor allem Silicium und Magnesium sowie Kupfer, Mangan, Zink u. a. Diese Elemente verbessern Härte, Festigkeit, Form- und Korrosionsbeständigkeit, senken jedoch die elektrische Leitfähigkeit. In der Matrix nicht gelöste und die Oxidschicht unterbrechende Verunreinigungen (Cu, Fe) bilden Lokalelemente und fördern die Korrosion. Magnesium und Mangan lösen sich bevorzugt im Gitter zu Mischkristallen. Mit einigen Elementen (Cu, Mg, Fe, Mn) bildet Aluminium harte und spröde intermetallische Verbindungen (Al_2Cu, Al_6Mn, Al_3Mg_2, Al_3Fe), wodurch sich bei höherer Konzentration die Verarbeitungs- und Gebrauchseigenschaften verschlechtern. Deshalb werden bestimmte Gehalte nicht überschritten. Zustandsschaubilder werden in diesen Fällen auch nur bis zu einer Grenzkonzentration angegeben (Abb. 9-71, 9-73, 9-74).

Aluminium-Gusslegierungen (DIN EN 1706) werden durch Sand- und Kokillenguss geformt. Aluminium-Silicium-Legierungen enthalten bis 12 % Si. Die Elemente sind miteinander nahezu unlöslich und bilden bei 11,7 % Si und eutektischer Temperatur T_{Eu} = 577 °C ein einfaches Zustandssystem mit Eutektikum (Abb. 9-71). Bei Sandguss wird zur Erzielung eines feinen Gefüges mit Natrium veredelt

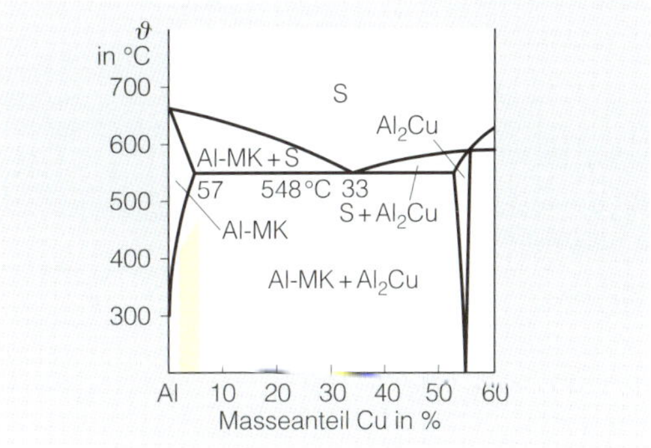

Abb. 9-70 Teil des Zustandsschaubildes Aluminium-Kupfer (gelb: technische Al-Si-Guss- sowie Al-Cu- und Al-Mg-Si-Knet-Legierungen)

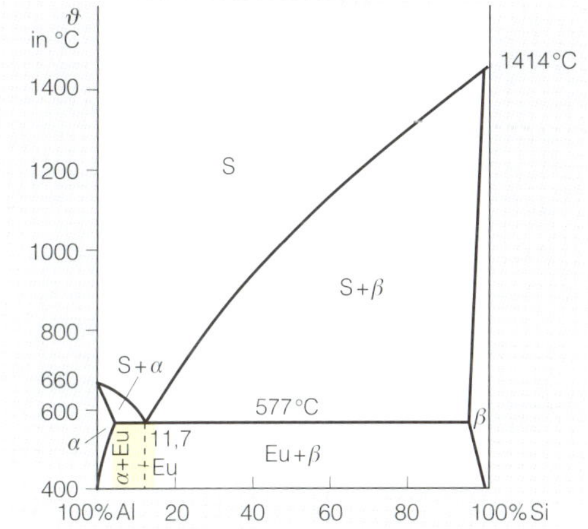

Abb. 9-71 Zustandsschaubild Aluminium-Silicium (gelb: technische Al-Si-Guss- sowie Al-Cu- und Al-Mg-Si-Knet-Legierungen)

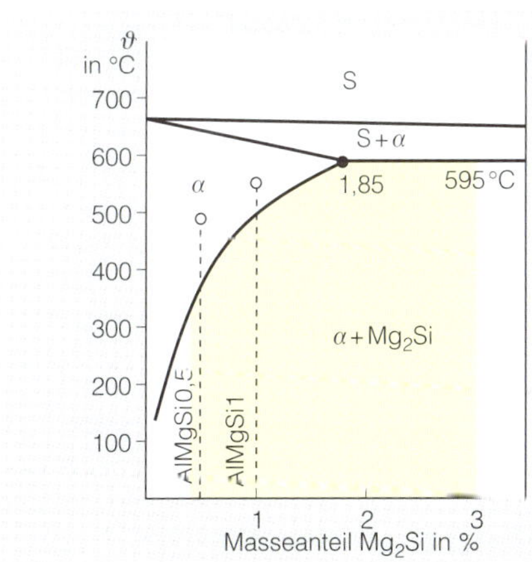

Abb. 9-72 Teil des Zustandsschaubildes Aluminium-Mg_2Si (quasibinär) (gelb: technische Al-Si-Guss- sowie Al-Cu- und Al-Mg-Si-Knet-Legierungen)

(Impfen zur Keimbildung). Andere Kokillenguss-Legierungen enthalten Mg- oder Cu-Zusätze, Sonderguss-Legierungen Cu/ Ni/Mg (je ca. 1 %; Kolben und Zylinder von Motoren) oder Mn/Fe/Ni/Cr (Gleitlager).

Aluminiumknetwerkstoffe (DIN EN 573-3) sind mit Mn (bis 1,5 %), Mg (bis 7 %), Mg/Mn, Mg/Si, Cu/Mg, Cu/Mg/Si, Cu/Mg/Pb oder Zn/Mg/Cu legiert.

Ein wichtiger Effekt einiger Legierungen besteht in der **Aushärtbarkeit** bei einer Wärmebehandlung nach der Formgebung. Voraussetzung dafür ist die Löslichkeit der Legierungselemente im Al-Gitter bei höheren Temperaturen wie bei den Systemen Al-Mg-Si, Al-Cu-Mg, Al-Zn-Mg (Knetlegierungen), Al-Si-Mg, Al-Si-Cu und Al-Mg-Si (Gusslegierungen). Sie sind kalt- oder warmaushärtbar. Die Vorgänge sollen am quasibinären System Al-Mg_2Si (Knetlegierung mit 0,4 bis 1,4 % Mg, 0,3 bis 1,6 % Si, bis 1 % Mn) verdeutlicht werden (Abb. 9-72). Die maximale Löslichkeit im Al-Gitter beträgt 1,85 % Mg+Si (Mg_2Si). Eine Legierung mit z. B. 1 % Mg_2Si besteht unbehandelt aus Al-Kristallen und Mg_2Si-Sekundärkristallen. Beim Lösungsglühen über 500 °C wird ein einheitlicher Mischkristall gebildet. Durch Abschrecken erfolgt eine Zwangslösung von Mg und Si im Al-Kristall (Übersättigung), ohne dass zunächst Veränderungen in den Gebrauchseigenschaften feststellbar sind. Die Bauteile sind z. B. noch gut kaltformbar. Eine Zunahme der Härte und Festigkeit ist erst beim Auslagern bei Raumtemperatur nach einigen Tagen oder beim Erwärmen unterhalb der Löslichkeitslinie auf 130 bis 180 °C nach mehreren Stunden feststellbar. Es ist eine **Kaltaushärtung** bzw. **Warmaushärtung** erfolgt. In beiden Fällen werden die Effekte beim erneutem Lösungsglühen wieder beseitigt.

Die Wirkungen beruhen auf verschiedenen Vorgängen. Beim Kaltaushärten sammeln sich auf bestimmten kristallografischen Flächen die Atome der Legierungselemente plattenförmig an (GUINIER-PRESTON-Zonen) und führen zu Gitterverspannungen, die die Festigkeit erhöhen. Beim Warmaushärten entstehen submikroskopisch kleine Ausscheidungen der intermetallischen Phase, die verfestigend wirken.

Al-Werkstoffe sind (ausgenommen Cu-haltige) durch verschiedene Schutzgas-Schweißverfahren fügbar. Aushärtungseffekte und Kaltverfestigung gehen dabei verloren. Das Schweißen muss somit vor der Wärmebehandlung erfolgen.

Die Legierungen der Systeme Al-Si, Al-Mg, Al-Mn und Al-Mg-Mn sind nicht aushärtbar. Sie können nur durch Mischkristall-Bildung (Al-Mg) oder Kaltverformen verfestigt werden (weitere Eigenschaften vgl. Übersicht 9-11).

Wichtige Aluminiumlegierungen

Legierungen	Verarbeitungs- und Gebrauchseigenschaften	Anwendungen
AlMg 0,6 bis 7 % Mg bis 0,8 % Mn z. B. AlMg1 AlMg2Mn0.8 AlMg4,5Mn4,5	gießbar, gute Formausfüllung, spanbar, kalt- und warmumformbar, kaltverfestigend, schweißbar, korrosionsbeständig, in Meerwasser beständig, kaltzäh, anodisch oxidierbar, hohe Mischkr.-Härte, aber nicht aushärtbar, Zugfestigkeit bis 180, verfestigt bis 260 N/mm²	Knetlegierung, Halbzeuge für Geräte-, Flugzeug-, Fahrzeugbau, Verpackungen für Nahrungsmittel (wegen Korrosionsbeständigkeit)
AlMgMn bis 1,5 % Mn	ähnlich AlMg, warmfester, nicht aushärtbar, Mindestzugfestigkeit 100, kaltverfestigt 160 N/mm²	wie AlMg
AlMgSi 0,3 bis 1,6 % Si, 0,4 bis 1,4 % Mg	kalt- und warmaushärtbar, schweißbar, anodisch oxidierbar, hoch korrosionsbeständig, warmformbar, Mindestzugfestigkeit 110, warmausgehärtet 320 N/mm², kaltzäh	Knetlegierung; Halbzeuge vor allem für Flugzeug-, Fahrzeug-, Schiffsbau, allg. Metallwaren, Leiterwerkstoffe
AlCuMg 2,5 bis 4,5 % Cu 0,4 bis 1,5 % Mg AlCu4Mg1	schweißbar, spanbar, kaltumformbar, warm- und kaltaushärtbar, kaltzäh, wenig korrosionsbeständig, hoher thermischer Ausdehnungskoeffizient, Mindestzugfestigkeit weich 180, kaltverfestigt 280, kaltausgehärtet 440 N/mm²	Knetlegierung; Halbzeuge für Fahrzeug-, Flugzeug-, Gerätebau
AlZnMg 4 bis 5 % Zn 1 bis 3 % Mg bis 0,6 % Mn	mittlere Korrosionsbeständigkeit, warmaushärtbar, Mindestzugfestigkeit ausgehärtet 520 N/mm²	Knetlegierung; Halbzeuge für Fahrzeug-, Geräte-, Flugzeugbau
G-AlSi 12, G-AlSi 10Mg G-Al8Cu3 u. a.	gut gießbar, gute Formausfüllung, kleine Schwindmaße, spanbar, schweißbar, z. T. aushärtbar, mittelhart, verschleißbeständig, korrosionsbeständig, anodisch oxidierbar, kaltzäh	Gusslegierungen (unter- bis naheutektisch), Maschinen-, Fahrzeug-, Motorenbau, z. B. Gehäuse, Kolben, Motorblöcke, Zylinderköpfe

Übersicht 9-11

c) Kupfer und Kupferlegierungen

Reines **Kupfer** (99,99 %) besitzt nach Gold und Silber die höchste elektrische Leitfähigkeit und ist mengenmäßig der wichtigste Leiterwerkstoff (vgl. Übersicht 9-2). Bereits geringe Mengen von Verunreinigungen – besonders Si, Fe und P – senken sehr stark die Leitfähigkeit. Kupfer ist weich, sehr gut warm- und kaltumformbar und – wie auch seine Legierungen – relativ korrosionsbeständig. Es wird aber bei höherer Temperatur von Sauerstoff, Wasserstoff sowie von Schwefelwasserstoff, Schwefeldioxid, Ammoniak, oxidierenden Säuren angegriffen (z. B. Bildung von basischem Sulfat / Carbonat als Patina bei Bewetterung). Mit Kupfer-I-oxid verunreinigtes Kupfer reagiert beim Gasschweißen mit Wasserstoff und führt zu Rissen durch Bildung von Wasserdampf („Wasserstoffkrankheit“).

Kupfer lässt sich durch Kaltumformen und Legieren verfestigen. Aushärtbar ist nur Berylliumbronze.

Zu den **Kupfer-Knetwerkstoffen** gehören außer reinem Kupfer die aus Kupfer und Zink bestehenden Messinge (DIN 17660), die Sondermessinge (Cu+Al, +Ni/Sn/Si/Mn/Fe), Kupfer-Nickellegierungen (Neusilber; CuNi; CuNiZn) und einige Bronzen mit niedrigerem Zinn-Gehalt (bis 8 %). Zu den **Kupfer-Gusslegierungen** (DIN EN 1982) gehören die zinnreicheren Bronzen (bis 12 %), die Sonder- oder Mehrstoffbronzen z. B. Aluminiumbronzen (mit Ni/Zn/Be u. a.), Rotguss (CuSnZn) und Gussmessing.

Messinge enthalten bis zu 40 % Zink. Sie werden als Knet- und Gusswerkstoffe (DIN EN 1982/98) vor allem in solchen Fällen angewendet, wenn das Erzeugnis mechanisch-chemisch-elektrisch oder mechanisch-chemisch beanspruchbar sein soll. Das gilt vor allem für die korrosionsbeständigeren α-Messinge. Sie besitzen ein kfz-Gitter und können bis 39 % Zn im Mischkristall enthalten (vgl. Abb. 9-73). Sie sind kaltumformbar. Mit zunehmendem Zn-Gehalt nimmt die Härte der Mischkristalle zu.

Bei höheren Zinkgehalten (max. 45 %) bestehen die Gefüge aus α- und zinkreicheren β-Mischkristallen (krz-Gitter) mit starker Steigerung der Härte und Festigkeit und verbesserter Spanbarkeit, jedoch Verschlechterung der Umformbarkeit und Korrosionsbeständigkeit. Zusätze erhöhen die Festigkeit (Al, Ni), die chemische Beständigkeit (Al, Mn, Sn, Ni) und Gleitfähigkeit (Sn, Mn, Si).

Bronzen sind Kupfer-Zinn-Legierungen (bis 12 % Sn; Abb. 9-74). Bei gleichzeitig geforderter Verschleißfestigkeit, Gleitfähigkeit, höherer mechanischer Festigkeit und Korrosionsbeständigkeit sind sie hervorragend geeignete Werkstoffe. Viele Legierungen halten hohe Flächendrücke aus und sind gute Wärmeleiter. Da sie gewisse Umformbarkeit (Anpassung beim Einlaufen) und Notlaufeigenschaften besitzen, werden sie vor allem als Lagerwerkstoffe verwendet.

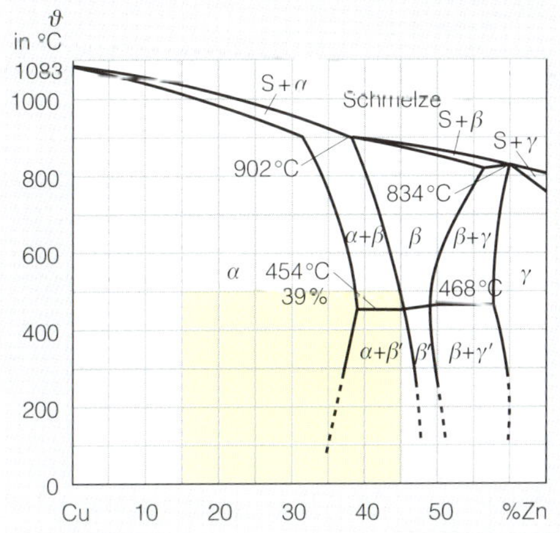

Abb. 9-73 Teil des Zustandsschaubildes Kupfer-Zink (Messing)
(gelb: techn. Guss- und Knetlegierungen; z. T. legiert mit Pb; Al, Si, Mn, Fe)

d) Legierungen weiterer Nichteisenmetalle

Legierungen der Metalle Magnesium, Zink, Nickel und Titan sind Sonderanwendungen vorbehalten. **Magnesiumguss-** und **Knetlegierungen** sind die leichtesten metallischen Werkstoffe (Verwendung: Kamera- und Getriebegehäuse, Teile für Flugzeug-, Automobilbau, elektronische Geräte z. B. Laufwerke). Sie enthalten bis 9 % Al zur Mischkristallhärtung und Bildung intermetallischer Phasen sowie Zn zur Erhöhung der Festigkeit oder Mn zur Ver-

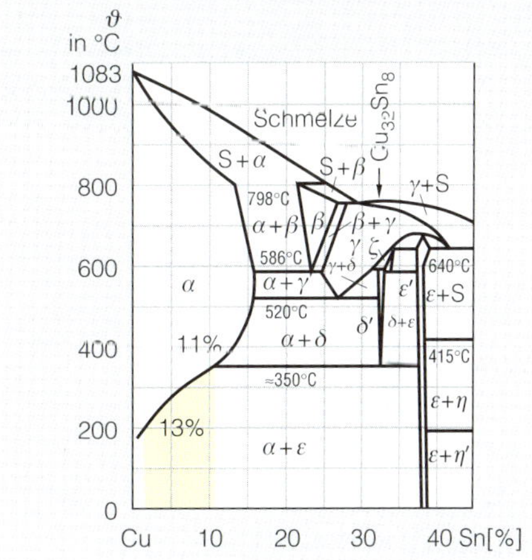

Abb. 9-74 Teil des Zustandsschaubildes Kupfer-Zinn (Bronze)
(gelb: techn. Guss- und Knetlegierungen; z. T. legiert mit Al, Ni, Fe, Be u. a.)

Kupferlegierungen

Legierungen	Verarbeitungs- und Gebrauchseigenschaften	Anwendungen
CuZn Messinge	α Messing: gießbar, kalt- und warmumformbar, spanbar (mit Pb-Zusatz), korrosionsbeständig, Mindestzugfestigkeit bis 750 N/mm², Härte 70 bis 180 HB, gute elektrische und Wärmeleitung	Knet- und Gusswerkstoff, Halbzeuge und Formteile für E-Technik, Maschinenbau, Armaturen, Ventile, Lot für Hartlöten
CuSn Zinnbronze	gut gießbar (Seigerungsgefahr!) und spanbar, kaltumformbar mit Verfestigung, verschleißfest, niedriger Reibungskoeffizient, korrosionsbeständig, schweißbar, Härte bis 9 HB, Mindestzugfestigkeit bis 300 N/mm², hoher E-Modul, druckfest, gute elektrische und Wärmeleitung	Knet- und Gusswerkstoff, Gleitlager, Pumpengehäuse, Kontakte, Federn, Armaturen, Glocken; Sonderbronzen mit Al, Ni, Be (+Fe, Mn, Zn u. a.)
CuNi	kalt- und warmformbar, Kaltverfestigung, spanbar, warmfest, kaltzäh, korrosionsbeständig, hohe thermoelektrische Kraft, mit Cr und Nb aushärtbar	Münzen, Präzisionswiderstände, Heizleiter, Thermoelemente, chemischer Apparatebau
CuNiZn Neusilber	begrenzt bis gut kalt- und warmformbar, Kaltverfestigung, spanbar, korrosionsbeständig, Mindestzugfestigkeit 350 bis 600 N/mm²	Halbzeuge für Feinmechanik und optische Industrie (Brillengestelle, Federn, Schmuck)

Übersicht 9-12

besserung der Korrosionsbeständigkeit. Wegen leichter Oxidierbarkeit muss das Vergießen unter SF_6-Schutzgas erfolgen.

Zinklegierungen mit Al und Cu werden im Druckguss für Beschläge, Türschlösser, Gehäuse u. a. verarbeitet.

Nickellegierungen (mit Cu/Fe, CuAlTi) werden u. a. als sehr korrosionsbeständige Werkstoffe im chemischen Apparatebau, Schiffbau, für Wärmetauscher, Turbinen und als hochwarmfeste Materialien (mit Cr, CrFeMo u. a.) für Heizleiter, Gasturbinen, Ofenanlagen, Brennkammern u. a. verwendet.

Titan ist ein schwer zu gewinnendes Metall mit der Dichte von 4,5 g/cm^3 und der Mindestzugfestigkeit von Stählen (300 bis 750 N/mm^2) und somit ein u. a. für den Flugzeug- und Raumflugkörper-Bau wichtiges Element. Legierungen mit Al + Sn oder mit V + Cr + Al u. a. mit Mindestzugfestigkeit bis 1000 N/mm^2 werden u. a. für Triebwerksteile und medizinische Implantate verwendet.

9.5 Anorganische nicht metallische Werkstoffe

9.5.1 Überblick

Die Gruppen der anorganisch nicht metallischen Werkstoffe sind chemisch uneinheitlich. Hierzu gehören alle technischen Materialien, die bei Metallen und Kunststoffen sowie Holz, Textilien nicht unterzubringen sind. Zu ihnen gehören u. a. anorganische Gläser, Keramiken, silikatische Bindemittel (Zement und daraus hergestellter Beton) und Steatit (Magnesiumsilikat) als **silikatische Stoffe.** In ihnen bestehen Ionenbindungen und vorherrschend die polarisierte Atombindung, insbesondere als –O–Si–O-Verknüpfungen. Anorganische Materialien sind auch oxidkeramische Werkstoffe, Hartstoffe, Kohlenstoffwerkstoffe und anorganische Kristalle (z. B. Halbleiter).

Gesinterte **oxidkeramische Werkstoffe** sind frei von Silicium. Zu ihnen gehören Aluminiumoxid-Keramik Al_2O_3 (hohe Härte, hoher Schmelzpunkt; Material für Schneidwerkzeuge), kubisches Zirkoniumdioxid ZrO_2 (für Sauerstoff- oder Lambda-Sonden), Bariumtitanat (ferroelektrischer Stoff mit piezoelektrischem Effekt), magnetische Keramiken (Ferrite aus Doppeloxiden MeO · Fe_2O_3 u. a.).

Sinterwerkstoffe sind die **nicht oxidischen Hartstoffe** Siliciumcarbid SiC, Siliciumnitrid Si_3N_4, Bornitrid BN und Borcarbid B_4C sowie die Metallcarbide und -Nitride als **Hartstoffe mit metallischen Eigenschaften** WC, W_2C, Mo_2C, V_2C, TaC, Ta_2C, TiC, ZrC; NbN, Ta_2N, TiN. Sie werden u. a. als verschleißfeste Stoffe für Werkzeuge eingesetzt.

Zu den **Kohlenstoff-Werkstoffen** gehören Diamant (Trenn- und Schleifwerkzeuge), Grafit (Kontakte, Elektroden, Grafitsteine für metallurgische Öfen) und hochfeste Kohlenstofffasern für verstärkte Kunststoffe.

9.5.2 Glas – Glasstruktur und Glaszustand

Silikat-Gläser sind die im Labor am häufigsten anzutreffenden Werkstoffe, weil sie chemisch beständige Materialien sind. Ihre Durchsichtigkeit gestattet, Erscheinungen bei Reaktionen makroskopisch zu verfolgen. Außerdem sind sie relativ leicht zu reinigen. Beim Begriff **Glas** denkt man zuerst an die Zusammensetzung als **silikatischer Werkstoff** mit dem Siliciumdioxid als Hauptverbindungsanteil. Das ist aber unzulässig, denn es gibt z. B. auch siliciumfreie organische Gläser (amorphe Kunststoffe).

Silikatisches Glas ist mit Ausnahme von Quarzglas kein chemisch einheitlicher Stoff. Es besteht aus einem Gemisch von Metalloxid-Kieselsäure-Verbindungen. Im einfachsten Fall der **Kalk-Natron-Gläser** entsteht Glas aus Soda Na_2CO_3, Kalk $CaCO_3$ und Quarzsand SiO_2 durch Verschmelzen und chemische Umsetzungen.

> Silicatglas ist auf verschiedene Weise zu definieren: durch seinen Zustand, seine chemische Zusammensetzung und seine Struktur, die weitgehend von dem Hauptbestandteil, dem Siliciumdioxid herrührt.

Quarz ist im kristallinen Zustand aus regelmäßig miteinander über Sauerstoffbrücken verbundene SiO_4-Tetraeder aufgebaut, die ein kristallines Netzwerk bilden. Jedes O-Atom gehört zur Hälfte dem jeweiligen Tetraeder an, so dass die Formeleinheit $SiO_{4/2}$ oder SiO_2 beträgt. Im Quarzglas besteht diese gleichmäßige Ordnung nicht. Das Netzwerk ist amorph (Abb. 9-75). SiO_2 ist ein **Netzwerkbildner.** Weitere Elemente, die am Netzwerk beteiligt sein können, sind B_2O_3, Al_2O_3, P_2O_5.

In den Silikatgläsern sind beim Schmelzen und Reagieren die Tetraeder-Verknüpfungen durch Metalloxide, z. B. Na_2O, CaO, zum Teil aufgelöst (Lockerung der Struktur). Sie heißen deshalb **Netzwerkwandler** (Abb. 9-76). Die Metalloxide lagern sich zwischen die Tetraeder ein; z. B.:

$$\equiv Si-O-Si\equiv + Na_2O \longrightarrow \equiv Si-ONa + NaO-Si\equiv$$

bzw.

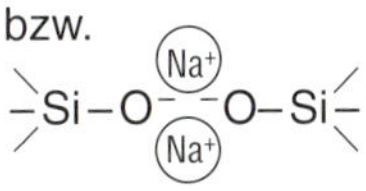

Siliciumdioxid ist ein Netzwerkbildner. Metalloxide sind Netzwerkwandler.

Das immer noch ausgeprägt vorhandene Netzwerk erschwert beim Abkühlen der Schmelze die Entstehung einer gleichmäßigen Ordnung. Nur kleine Bereiche sind nahgeordnet. Thermisch gelöste Bindungen werden bei sinkender Temperatur neu geknüpft. Das verhindert eine Kristallisation. Damit fehlt ein definierter Schmelzpunkt. Erschwert wird die Ausbildung einer kristallinen Ordnung auch durch die hohe **Viskosität** (Zähigkeit) oder **innere Reibung** zwischen den Teilchen der Glasschmelze.

Die Glasschmelze geht beim Abkühlen unter Erhalt der amorphen Struktur langsam in einem breiten Abkühlungs-/Erstarrungs- oder **Transformationsbereich,** in dem die Viskosität immer mehr zunimmt, in einen formstabilen Zustand über (Abb. 9-77). Der Glaszustand wird deshalb als **unterkühlte Flüssigkeit** oder unterkühlte Schmelze angesehen. Auch beim Erwärmen erweicht Glas nur allmählich im Transformationsbereich (Erweichungsintervall) und geht langsam über den plastischen Zustand in die zunächst zähflüssige, bei weiterer Temperaturerhöhung dünnflüssigere Schmelze über.

Gläser sind in einem Temperaturintervall amorph erstarrte, durchsichtige unterkühlte Flüssigkeiten (Schmelzen).

Je mehr Metalloxid, vor allem Na_2O vorhanden ist, desto mehr Verknüpfungen werden gelöst. Desto niedriger ist dann die Viskosität der Schmelze, und der Erweichungspunkt sinkt. Die Verarbeitbarkeit des Glases erhöht sich dadurch, aber die chemische Beständigkeit (Auslaugung von Alkali) nimmt ab. Auch der thermische Ausdehnungskoeffizient liegt höher.

Im Erstarrungsintervall ändern sich die physikalischen Eigenschaften wie thermischer Ausdehnungskoeffizient, spezifische Wärme, Brechungsindex, Temperaturkoeffizient der elektrischen Leitfähigkeit oder Dielektrizitätskonstante wesentlich stärker als in den anderen Bereichen. Beim Abkühlen von Kalk-Natron-Silikatglas ändert sich beispielsweise die Zähigkeit oder Viskosität im Transformationsbereich, der etwa 170 °C umfasst, von 10^6 Pa · s auf ca. 10^{12} Pa · s.

In amorphen Stoffen wie bei dem Glas (oder vielen Kunststoffen) sind die Eigenschaften nicht richtungsabhängig. Es besteht **Isotropie** (griech. gleich, Richtung).

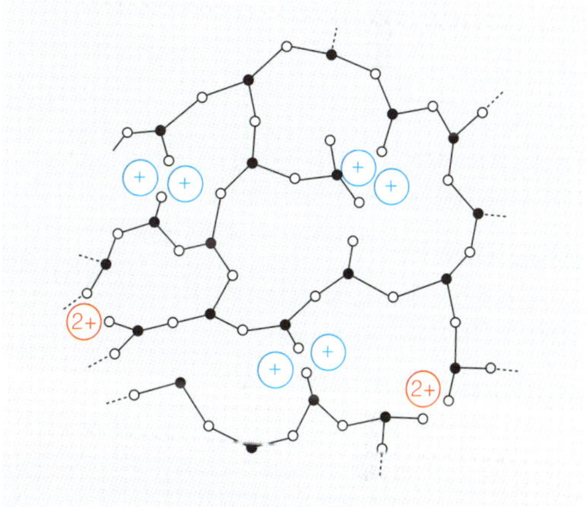

Abb. 9-76 **Glasstruktur**
(+) **z. B. Na^+,** (2+) **z. B. Ca^{2+}**

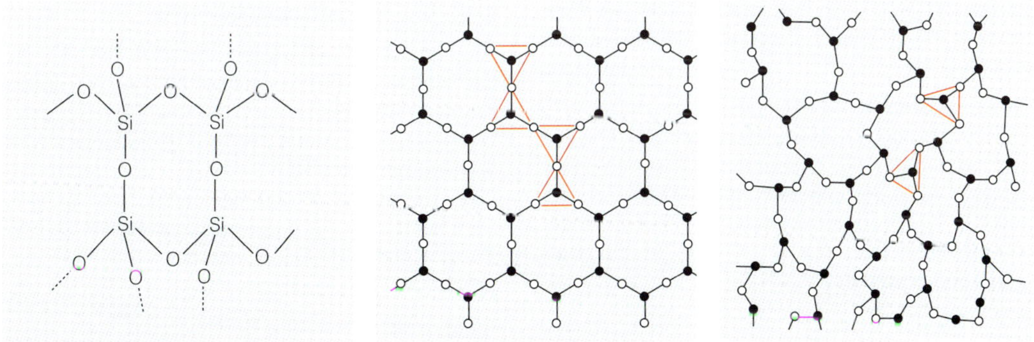

Abb. 9-75 **Strukturen von SiO_2:**
a) $SiO_{4/2}$ Tetraeder mit O-Brücken
b) kristalliner Quarz (eine Kristallebene, mit hervorgehobenen Tetraedern)
c) amorpher Quarz

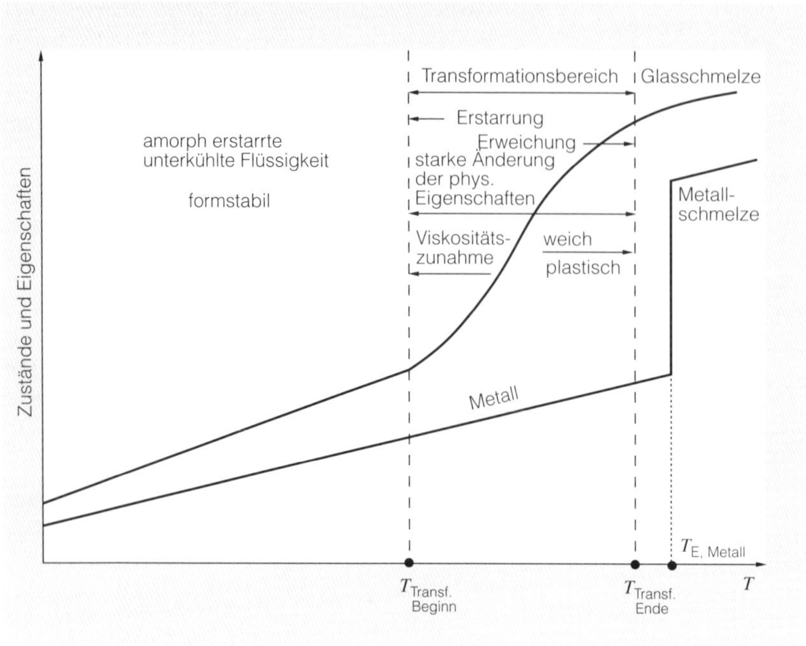

Abb. 9-77 Zustandsänderungen bei Metallen und Gläsern

Obwohl Glas ohne zu kristallisieren erstarrt, führt sehr langes Tempern zur teilweisen oder auch stärkeren Kristallisation (Entglasung zwischen etwa 900 und 1000 °C). Ein Zusatz von Titandioxid zur Schmelze wirkt keimbildend und beschleunigt das Kristallwachstum. Es entsteht beim Tempern die Glaskeramik, deren linearer thermischer Ausdehnungskoeffizient noch kleiner ist als bei Quarz.

9.5.3 Glaseigenschaften und Glasarten

Bei Gläsern allgemein anzutreffende Eigenschaften sind Durchsichtigkeit und chemische Beständigkeit gegenüber Luft, Wasser, Säuren, Basen und anderen Chemikalien außer Flusssäure und Ammoniumfluorid. Getrübte Gläser werden durch Zusätze in der Schmelze (fein verteilte Salze wie Fluoride oder Phosphate, für Beleuchtungstechnik) oder durch langes Tempern (Kristallisation) hergestellt.

Die Durchsichtigkeit, Reflexion, Lichtbrechung wird vor allem für optische Anwendungen genutzt. Die Adsorption kann durch geeignete Zusammensetzung für bestimmte Wellenlängen festgelegt werden z. B. für UV- oder IR-Bereiche (Filter, Sonnenschutzgläser). Auf gleiche Weise ist der Brechungsindex variierbar.

Gläser besitzen eine geringe Wärmedehnung und Wärmeleitung. Der lineare thermische Ausdehnungskoeffizient α liegt bei $1 \cdot 10^{-4}\ K^{-1}$ (Kalk-Natron-Silikatglas), 3,1 bis $4{,}8 \cdot 10^{-6}\ K^{-1}$ (Geräteglas) und $5{,}8 \cdot 10^{-7}\ K^{-1}$ (Quarzglas), Metalle dehnen sich stärker aus (Cu: $16{,}2 \cdot 10^{-6}\ K^{-1}$). Die Wärmeleitung λ beträgt bei Quarz $0{,}013\ J \cdot cm^{-1} \cdot s^{-1} \cdot K^{-1}$, bei Kupfer $3{,}94 \cdot J \cdot cm^{-1} \cdot s^{-1} \cdot K^{-1}$.

Gläser sind bei Raumtemperatur elastisch. Ihr E-Modul liegt zwischen 60 000 und 70 000 N/mm². Die Zugfestigkeit beträgt 50 bis 100 N/mm² und die Druckfestigkeit 400 bis 1200 N/mm². Nachteilig sind die große Rissanfälligkeit, wodurch bei Biegung und Zug sofort der Bruch erfolgt, und die Sprödigkeit bei Stoß und Schlag. Oberflächenfehler wirken als Kerben und senken die Festigkeit ganz erheblich (Anritzen von Glas!). Bei Dauerbelastung beginnt sich Glas sehr langsam bleibend zu verformen.

Die Härte ist mit mittelhartem Stahl vergleichbar und wird als Ritzhärte nach MARTENS bestimmt (Belastung, bei der ein linear bewegter Diamantkegel eine Strichbreite von 0,01 mm erzeugt).

Die mechanische Festigkeit hängt auch von der Form ab. Es sollen wegen der geringen Zugfestigkeit des Glases keine Zugbeanspruchungen wirksam werden. Deshalb sind z. B. Laborgeräte aus Glas mit flachem Boden (Erlenmeyer und Stehkolben) schlechter für das Arbeiten unter Druck oder Vakuum geeignet (keine plötzliche Druckänderung) als Rundkolben.

Beim Kombinieren von Bauteilen aus verschiedenen Gläsern zu größeren Apparaturen sind die verschiedenen thermischen Ausdehnungskoeffizienten zu beachten. Man kann elastische Zwischenstücke z. B. aus Teflon dazwischenschalten. Beim

Verschmelzen müssen Zwischengläser mit abgestuftem Ausdehnungskoeffizienten verwendet werden, damit es nicht beim Erwärmen oder Abkühlen zu Spannungen oder Bruch kommt. Die Differenz im α-Wert zwischen zwei Gläsern darf nicht mehr als etwa 0,5 bis $0{,}7 \cdot 10^{-6} K^{-1}$ betragen.

Die Glasarten werden nach chemischer Zusammensetzung und vorgesehener Verwendung unterschieden. Zwischen den einzelnen Glasarten bestehen wegen ihrer unterschiedlichen Zusammensetzung Eigenschaftsunterschiede (Übersicht 9-13).

Oberhalb des Erweichungsbereichs kann Glas durch Hohlblasen, Pressen, Ziehen geformt werden. Im unterkühlten Zustand ist eine Bearbeitung durch Diamant und Hartmetall möglich.

Nach der Verwendung teilt man ein z. B. in Geräte- oder Apparategläser, Gläser für die Optik, für Elektrotechnik, Sicherheitsglas oder nach dem Fertigprodukt in Tafel- oder Flachglas, Hohlglas, Pressglas, Röhrenglas, Glasfasern und Glasfaserstoffe u. a.

Glasfasern sind – bezogen auf die Fläche – zugfester als kompakte Glaskörper, weil die Zahl der Oberflächenfehler geringer wird. Sie sind vor allem in höherfesten Verbunden z. B. als glasfaserverstärkte Kunststoffe bedeutsam geworden.

Die lichtleitenden Fasern bestehen aus einer äußeren Glasschicht mit niedrigem Brechungsindex und einer inneren mit hochbrechendem Glas, wodurch hindurch geleitetes Licht ständig an der Grenze beider Gläser total reflektiert wird und so über weite Strecken und auch entlang von Krümmungen übertragen werden kann (Lichtleitkabel, Anwendung in Endoskopen z. B. in der Medizin).

9.5.4 Keramiken – Sinterwerkstoffe

Keramische Werkstoffe sind hochschmelzende Materialien. Nach ihrer Zusammensetzung werden sie in oxidische und nicht oxidische anorganische Werkstoffe eingeteilt. Oxidische Keramiken sind Steingut, Steinzoug, Porzellan, nicht oxidisch sind Hartkeramiken (Hartstoffe, Sinterkeramik), die aus Carbiden, Nitriden und Boriden (ohne Metallcharakter wie SiC, Si_3N_4, WC, TiC, TiN, BN u. a. sowie Al_2O_3) bestehen.

Als Ausgangsstoffe für Keramiken dienen wasserreiche Suspensionen für den „Schlickerguss", plastische feuchte Tone, Kaolin und Lehm (sandhaltiger Ton) oder Pulver von Metallverbindungen. Ton und Kaolin sind durch Verwitterung von Feldspat, Glimmer, Silicaten und Alumosilicaten entstandene Gemische verschiedener Tonmineralien, die als Haupt-

Spezifische Eigenschaften und Verwendung von Glasarten

Glasart	Zusammensetzung	Spezifische Eigenschaften	Verwendung (Beispiele)
Kalk-Soda-Glas, Normalglas AR-Glas	Na_2O, CaO, SiO_2, z.T. wenig K_2O u. a.	Dichte ca. 2,5 g/cm³, chemisch beständig, aber empfindlich gegenüber Laugen, HF, NH_4F, nicht temperaturwechselbeständig	nicht für Temperaturwechsel vorgesehene Laborgläser, Fensterglas, Getränkeflaschen, Gläser für Nahrungsgüterindustrie, Trinkgläser
Borosilikatglas Duran®, Jenaer Glas, Geräteglas u. a.	Na_2O/K_2O, SiO_2, B_2O_3, Al_2O_3	Gebrauchstemperatur bis 500 °C, Erweichung ab 525 °C, sehr kleiner linearer thermischer Ausdehnungskoeffizient ca. $3{,}3 \cdot 10^{-6}$ K, T-Wechsel 0/100 °C ohne Bruch, bis –70 °C einsetzbar, Absorption zwischen 310 und 2200 nm gering, hoch chemisch beständig, nicht mit HF, NH_4F, stark alkal. Lösungen bei $T > 60$ °C und heißer konz. H_3PO_4	temperaturbeständiges Laborglas, „feuerfestes" Geschirr, Glühlampen, medizinische Glasgeräte
Quarzglas	SiO_2	Dichte 2,2 g/cm³, kleinster thermischer Ausdehnungskoeffizient, schwer schmelzbar, Erweichung bei ca. 1650 °C, hoch temperatur-, T-wechsel- und chemisch beständig, durchlässig für UV-Licht	Laborglas für Kolben, Tiegel, Küvetten, Glührohre; Quarzlampen, Halogenlampen
Bleiglas Kristallglas	PbO, BaO, Na_2O, SiO_2	Dichte ca. 6 g/cm³, weicher als andere Gläser, hohe Lichtbrechung	Kristallvasen, -gläser, -schalen

Übersicht 9-13

Weitere keramische Werkstoffe

Keramik	Ausgangsstoffe, Brenntemperatur	Eigenschaften	Erzeugnisse
Ziegelei- und Töpferei-erzeugnisse	Kalkfreie Ziegeltone mit Feldspat, Quarz und Fe-Verbindungen, Lehme; 900–1300 °C	porös, nicht feuerfest, gelbrot bis rotbraun, druckfest bis 50 N/mm²	Mauerziegel, Lochziegel, Dachziegel, Dränagerohre; Blumentöpfe, Ofenkacheln, Fayencen, Majolika u. a.
Steingut	Weißer Ton, Kaolin, Quarz, Feldspat, Glimmer, wenig Alkali; ca. 1250 °C	Scherben weiß bis gelblich, meist porös und deshalb glasiert, relativ geringe Festigkeit	Tontöpfe, einfaches Geschirr, Kunstkeramik, Wandfliesen, Sanitärkeramik
Tonzeug	Kalkarme, Fe-reiche Tone; 1100–1200 °C	dicht gesintert, druckfest	Klinker, Kanalsteine, Kabelschutzhauben, Profilsteine
Steinzeug	Tone mit höherem Alkaligehalt (Glimmer, wenig Feldspat) und feinem Quarz; 1200–1300 °C	dem Porzellan ähnlich, dichter farbiger Scherben, relativ fest, chemisch sehr beständig (außer HF, konz. heiße Alkalien),	Wand-, Bodenfliesen, Kanalisationsrohre, säurefeste Sanitärkeramik; chemische Industrie: Gehäuse säurefester Pumpen, Wasch-, Absorptionsanlagen
Feuerfeste Steine	Tone, Schamotte-Mehl; MgO, Al_2O_3, SiC, SiO_2, Chromeisenstein	beständig z. T bis 2300 °C, oxidationsbeständig, z. T. hohe Dichte	Magnesitsteine, Schamotte, Sinterkorund, Chromitsteine; Industrieofenbau (Metallurgie, Zementdrehrohröfen, Glasöfen)

Übersicht 9-14

bestandteile SiO_2, Al_2O_3 enthalten – deshalb der Name Alumosilikate. Aus feuchten Massen durch Gießen, Pressen, Formen von Hand hergestellte Formlinge werden getrocknet, Pulver zu Formkörpern verpresst. Danach werden sie bei hohen Temperaturen durch **Sintern** zu formbeständigen Produkten gebrannt.

Der Sintervorgang besteht vor allem aus Diffusionsvorgängen. Entlang der Kornoberflächen wandern Atome, Ionen, Moleküle in die Berührungsstellen der Silicatteilchen hinein und führen zum Verwachsen. Zu einem geringeren Teil kommt es zu oberflächigen Verschmelzungen der Körner.

Keramiken wie Steingut, Steinzeug, Porzellan, nichtoxidische Hartstoffe sind **Sinterwerkstoffe.**

Porzellan wird aus Kaolin erzeugt und besteht nach dem Sintern aus glasigem Kalium-Natrium-Silikat (Glasphase) mit einem Netzwerk aus nadelförmigen Mullit-Kristallen ($3\ Al_2O_3 \cdot 2\ SiO_2$). In geringer Menge ist Quarz in Form kleiner gerundeter Kristalle in die SiO_2-reiche Glasmasse eingebettet. Porzellan gehört zur Oxidkeramik.

Im Labor wird glasiertes und unglasiertes Porzellan wegen seiner hohen Temperaturbeständigkeit und guten Resistenz gegenüber Säuren, Alkalien und anderen Chemikalien (außer HF) eingesetzt. Eine Glasur verhindert das Eindringen in den porösen Porzellankörper. Dadurch lassen sich die Geräte gut reinigen. Unglasiert kann Porzellan bis etwa 1400 °C, glasiert bis 1200 °C (Aufschmelzen der Glasur), verwendet werden. Dünnwandig ist Porzellan durchscheinend.

Verwendet wird Porzellan für Laborgeräte wie Tiegel, Schalen, Laborlöffel, Filtertiegel sowie als Geschirr-, Sanitär- und Elektroporzellan (Isolatoren).

9.6 Kunststoffe

9.6.1 Makromolekulare Stoffe – Begriffsbestimmung und Einteilung der Kunststoffe

Kunststoffe sind wegen der Größe ihrer Moleküle makromolekulare Stoffe. Im Teil 1, Abschnitt 16.2.13 wurden Stärke sowie Cellulose und im Abschnitt 16.2.15 Eiweiße als solche Verbindungen mit großen Molekülen vorgestellt. Es wurde hervorgehoben, dass die Teilchen dieser Substanzen aus kleinen Molekülen durch Polykondensation entstehen.

> **Aufgabe** Definieren Sie die Begriffe Monomer, Polymerisation, Polykondensation, Polyaddition, Polymerisations- bzw. Polykondensationsgrad!

Makromolekulare Stoffe sind aber nicht auf organische Stoffe beschränkt. Es gibt auch Beispiele für anorganische Stoffe, die aus „Großmolekülen" aufgebaut sind, wie beispielsweise viele Silikate, von denen einige im vorangegangenen Abschnitt behandelt wurden.

> Makromolekulare Stoffe (griech. groß) bestehen aus Molekülen, die aus über 1500 Atomen durch primäre Bindungen (vor allem Atombindungen) aufgebaut sind. Sie werden auch Polymere oder Hochpolymere genannt (griech. viel, Teilchen).

Das wichtigste Element, das derartig große Moleküle über C–C-Bindungen bilden kann, ist der Kohlenstoff. Deshalb gehören die meisten polymeren Verbindungen zur organischen Chemie.

> Die Kunststoffe sind synthetische makromolekulare organische Verbindungen.

Die Bezeichnungen **Kunststoff** und synthetisch sollen zum Ausdruck bringen, dass es sich um „künstlich" erzeugte Stoffe handelt. Die Begriffe sind jedoch nicht zutreffend, denn nahezu alle Werkstoffe müssen durch chemische Vorgänge hergestellt werden. Wegen ihrer – wenigstens bei der Verarbeitung bestehenden Plastizität – wird die Stoffgruppe auch als **Plaste** bezeichnet.

Kunststoffe werden als Werkstoffe, Klebstoffe, Lackrohstoffe, in Lösung oder Suspension als Anstrichmittel, Lack, Imprägnierungsmittel u. a. eingesetzt.

Die Kunststoffe entstehen durch Polymerisation, Polykondensation und Polyaddition aus „Kleinmolekülen" oder Monomeren. Sie werden entsprechend ihres Reaktionsmechanismus als Polymerisate, Polykondensate und Polyaddukte bezeichnet.

> **Aufgabe** Wiederholen Sie in den Abschnitten 7.11.1, 7.11.4 und 7.11.5 die Reaktionsverläufe bei der radikalischen, kationischen und anionischen Polymerisation, bei der Polykondensation und bei der Polyaddition!

Die Kunststoffe besitzen aufgrund ihrer verschiedenen chemischen Struktur sehr unterschiedliche Eigenschaften in Kombinationen, die bei anderen Materialien nicht anzutreffen sind. Sie werden inzwischen als Massenplaste und Sonderplaste auf allen technischen Gebieten eingesetzt. Auch im chemischen Labor sind sie als Gerätematerial seit einigen Jahren präsent.

Nach einem anderen Gesichtspunkt teilt man in Konstruktionswerkstoffe (Polyethylen, Polypropylen, Polyvinylchlorid, Melaminharze u. a.) sowie Hochleistungskunststoffe (Polytetrafluorethylen, Polysulfon, Polyetherimid u. a.) und Spitzenleistungskunststoffe ein (z. B. Polyimide), die sich durch hohe thermische Stabilität oder andere herausragende Eigenschaften auszeichnen.

Thermoplaste (griech. warm, geformt) erhalten bei der Synthese ihre molekulare Struktur, die im Prinzip bei der Verarbeitung beibehalten wird. Bei der Erzeugung (z. B. Polymerisation) entstehen sie in Form von Granulaten oder Pulvern, die als **Formmassen** dienen. Diese Kunststofftypen werden beim Erwärmen plastisch oder schmelzen und können durch Spritzgießen, Extrudieren, Vakuumtiefziehen, Hohlblasen, Pressen, z. T. auch durch Schweißen, Kleben u. a. zu Formteilen verarbeitet werden. Beim Abkühlen erreichen die Produkte wieder eine mehr oder weniger große Starrheit und Formstabilität. Je nach ihrer chemischen Verwandtschaft lösen sie sich zumeist in organischen Lösungsmitteln oder quellen in ihnen.

Duroplaste (lat. hart, griech. geformt) sind zum größten Teil Polykondensate. Die Vorprodukte bezeichnet man als **Kunstharze**. Die endgültige molekulare Struktur und Härte bildet sich erst bei der Formgebung aus, die durch Verpressen bei höherer Temperatur oder Vergießen unter Zusatz von Härtern erfolgt. Entsprechend bezeichnet man sie als **härtbare Harze** oder **Reaktionsharze** bzw. als **Reaktionsmassen** oder **Pressmassen.**

Elaste (Elastomere; franz. federnd) sind bei Raumtemperatur dehnbar, weich und gummielastisch.

Es gibt auch eine Reihe von **abgewandelten polymeren organischen Naturstoffen,** bei denen an die Makromoleküle neue Substituenten gebunden wurden (Übersicht 9-15).

Nach dem chemischen Aufbau unterscheidet man C-Kunststoffe (C–C-Bindung in der Hauptkette; Polyethylen, Polypropylen u. a.), CO-Kunststoffe (–C–O–C-Bindung; Polyoxymethylen, Polyurethane), CN-Kunststoffe (C–NH–C-Bindung; Polyamide, Melaminharze), SiO-Kunststoffe (–Si–O–Si-Bindung in der Hauptkette; Silicone) und CS-Plaste (C–S–C-Bindung in der Hauptkette; Polyphenylensulfid u. a.).

Abgewandelte polymere organische Naturstoffe – Auswahl

Produkte/ genormte Abkürzung	Eigenschaften und Verwendung
Cellulose (regeneriert)	in Wasser und verd. Säuren unlöslich, löslich in $ZnCl_2$- und Cu-Salz/NH_3-Lösung, Quellung in Alkalien; Filterpapier, Membranen, Extraktionshülsen
Celluloseacetat CA	gering brennbar, unbeständig in Alkohol, Aceton, Laugen, Essigsäure; Fotofilme, Folien, Acetatseide, Rohre, Spritzgussformteile, Membranen
Cellulosenitrat CN	sehr leicht entflammbar, elastisch, gut einfärbbar, löslich in Alkohol, Estern, Ketonen, hoher Glanz; Nitrolacke, Tischtennisbälle, Membranen
Casein-Kunststoff CS (Galalith, Kunsthorn)	mit Formaldehyd gehärtetes Casein-Milcheiweiß, hoher Glanz; nur noch geringe Bedeutung, z.B. Design-Elemente für Modekleidung
Chlorkautschuk RUC	chlorierter Natur-(u. Synthese-)Kautschuk, löslich in aromat. und chlorierten aliphat. KW und Estern; Unterwasseranstriche (Beton, Stahl, Schiffe)

Übersicht 9-15

9.6.2 Normung der Kunststoffe

Die Norm DIN EN ISO 1043 legt für die Kunststoffe Kennbuchstaben fest (Übersicht 9-16). Sie beziehen sich zumeist auf die Ausgangsmonomere (Basispolymere; z.B. Ethylen für Polyethylen). Kurzzeichen geben besondere Eigenschaften oder Ausrüstungen an (z.B. U weichmacherfrei, P weichmacherhaltig, GF glasfaserverstärkt, HD hohe Dichte, ND oder LD niedere Dichte, FR flammgeschützt, MD mineralstoffgefüllt).

9.6.3 Allgemeine Eigenschaften der Kunststoffe

Kunststoffe besitzen – ohne Füllstoffe – eine **Dichte** zwischen 0,92 $g \cdot cm^{-3}$ (PE-ND) und 2,2 $g \cdot cm^{-3}$ (PTFE). Dieses günstige Masse-Volumen-Verhältnis führt bei Anwendung z.B. gegenüber Metallen zu beträchtlichen Gewichtsreduzierungen. Das bewirkt bei bewegten technischen Gebilden wie Flugzeugen und Autos Energieeinsparungen.

Kunststoffe besitzen günstige thermische Eigenschaften. Die niedrige **Wärmeleitung** macht sie besonders für die Wärmeisolation geeignet.

Kunststoff-Kurzzeichen (Auswahl)

Kurzzeichen	IUPAC-Name
ABS	Acrylnitril-Butadien-Styrol-Copolymer
BR	Butadien-Kautschuk
CA	Celluloseacetat
CN	Cellulosenitrat
CR	Chloroprenkautschuk
EP	Epoxidharz
EPM	Ethylen-Propylen-Copolymer
ETFE	Ethylen-Tetrafluorethylen
EVA	Ethylenvinylacetat
FFKM, FFPM	Perfluorierter Kautschuk
IR	Isoprenkautschuk
MF	Melamin-Formaldehyd-Harz
NBR	Acrylnitril-Butadien-Kautschuk
NR	Naturkautschuk
PA	Polyamid
PAN	Polyacrylnitril
PBT	Polybutylenterephthalat
PC	Polycarbonat
PCTFE	Polychlortrifluorethylen
PE	Polyethylen
PE-HD.	Polyethylen hoher Dichte
PE-ND o. PE-LD	Polyethylen niederer Dichte
PEEK	Polyetheretherketon
PEK	Polyetherketon
PET	Polyethylenterephthalat
PF	Phenol-Formaldehyd-Harz
PEI	Polyetherimid
POM	Polyoxymethylen
PIB	Polyisobuten
PMMA	Poly(methyl)methacrylat
PP	Polypropylen
PPS	Polyphenylensulfid
PS	Polystyrol
PSU	Polysulfon
PTFE	Polytetrafluorethylen
PVAC	Polyvinylacetat
PVC	Polyvinylchlorid
PVDF	Polyvinylidenfluorid
PUR	Polyurethan
SAN	Styrol-Acrylnitril
SBR	Styrol-Butadien-Kautschuk
UP	Ungesättigtes Polyesterharz

Übersicht 9-16

Die spezifische Wärmeleitfähigkeit liegt etwa zwischen 0,15 $W \cdot m^{-1} \cdot K^{-1}$ und 0,3 $W \cdot m^{-1} \cdot K^{-1}$ (Cu: 410 $W \cdot m^{-1} \cdot K^{-1}$). Der **lineare thermische Ausdehnungskoeffizient** beträgt zwischen 70 bis $100 \cdot 10^{-6}$ K^{-1} (Cu: 16,2 K^{-6}). Die maximale **Gebrauchstemperatur** (vgl. Übersicht 9-17) von Thermoplasten ist allgemein nicht hoch. Sie liegt für PVC-U dauerhaft bei 50 °C und kurzzeitig bei 60 °C, bei beständigeren Typen wie PVDF bei 150 °C (bzw. 160 °C). Lediglich einige Sonderkunststoffe können höheren Temperaturen ausgesetzt werden, z. B. PTFE 260 °C (bzw. 300 °C). Die **Brennbarkeit** vieler Kunststoffe ist negativ einzuschätzen. Thermoplaste außer PTFE sind außerhalb der Flamme brennbar oder verschmoren in der Flamme (PVC). Dabei können sich giftige Gase entwickeln (z. B. HCl, HF, chlorierte Dioxine und Difurane).

Duroplaste haben ähnliche Gebrauchstemperaturen (PF-Harze und Melamin-Harze 135 °C bzw. 160 °C). Sie verkohlen bei höherer Temperatur.

Die **mechanischen Eigenschaften** wie Elastizitätsmodul, Härte und Festigkeit hängen ebenfalls sehr von dem betreffenden Plasttyp ab. Der höchste Spannungswert bei Zugbeanspruchung wird als Zugfestigkeit bei Bruch oder als Streckspannung,

Einige mechanische und thermische Eigenschaften von Kunststoffen (Richtwerte)

	PA6	POM	PE-HD	PE-ND	PP	PMMA	PS	PVC	SAN	ABS	PF
Streckspannung bzw. Zugfestigkeit (MPa)	50	70	30	9	33	70	55	58	24	50	60
Reißdehnung (%)	70	50	>500	>400	>80	3	3	15	4	20	0,9
E-Modul (bei Zug)	1500	3100	1350	200	1350	3200	3300	3000	3900	2400	9000
Schmelztemperatur (°C)	220	175	135	110	160	110	90	80	100	100	–
Gebrauchstemperatur (°C) dauerhaft:	90	80	90	70	100	80	70	50	70	80	140
kurzzeitig:	180	140	100	100	140	100	80	60	95	100	160

Übersicht 9-17

Chemische Beständigkeit von Kunststoffen bei 20 °C

Stoff	PA	POM	PE-HD	PE-ND	PP	PS	PVC	PMMA	SAN	ABS	PTFE	PC	SI
verd. oder schw.Säuren	•	–	+	+	+	•	+	–	•	•	+	•	•
starke Säure	–	–	+	+	+	•	+	–	–	–	+	–	–
oxid. Säure	–	–	•	•	•	–	–	–	–	–	+	–	–
Laugen	•	+	+	+	+	+	+	+	+	•	+	–	+
aliphat. KW	+	+	+	•	+	–	+	+	–	–	+	•	–
arom. KW	+	+	+	•	•	–	–	–	–	–	+	–	–
halog. KW	•	+	•	–	•	–	–	–	–	–	+	–	–
Alkohole	•	+	+	+	+	+	+	–	+	+	+	+	+
Aldehyde	•	•	+	+	+	–	–	•	–	–	+	•	•
Ketone	+	+	•	•	•	–	–	–	–	–	+	–	–
Ester	+	–	•	•	•	–	–	•	–	–	+	–	•
Ether	+	+	•	–	•	–	–	–	–	–	+	–	–

Übersicht 9-18

+ = sehr gute Beständigkeit
• = gute Beständigkeit, geringe Schädigung nach 7 bis 30 Tagen, evtl. reversibel wie z. B. Quellung
– = geringe chemische Beständigkeit, Zerstörung chemischer Bindungen oder Auflösung

die Dehnung bei Bruch als Reißdehnung angegeben (vgl. Übersicht 9-17).

Höhere Festigkeit besitzen Kunststoffe, die z. B. mit Faserstoffen verstärkt sind (Glas-, Kohlenstofffasern), starke Dipolkräfte (PVC, POM), Wasserstoffbrückenbindungen besitzen(Polyamid) oder vernetzt sind (PF).

Die **chemische Beständigkeit** von Kunststoffen ist relativ gut bis sehr gut (vgl. Übersicht 9-18). Da sie (abgesehen von Zusätzen wie Weichmacher) im reinen Zustand auch physiologisch unbedenklich sind, eignen sich einige billiger herzustellende Typen auch als Verpackungsmaterial in der Lebensmittelindustrie.
Säuren und Alkalien zerstören die Ester- und Peptid-Bindung. Polyethylen, Polypropylen sowie Polytetrafluorethylen erweisen sich am beständigsten. Kunststoffe mit linearen Molekülen werden (mit Ausnahme von PTFE) von Lösungsmitteln aufgelöst, wenn chemische Ähnlichkeit besteht oder polarisierte Moleküle mit polaren Lösungsmitteln in Wechselwirkung treten können. Kunststoffe, die von Lösungsmitteln angelöst werden, sind meist gut klebbar. Zusätze wie Weichmacher, Antioxidationsmittel oder UV-Stabilisatoren können von Lösungsmitteln ausgelaugt werden.

Allgemein sind Kunststoffe gegenüber Wasser hydrophob, aber Polyamide neigen wegen der Ausbildung von Wasserstoffbrückenbindungen dazu, etwas Wasser aufzunehmen.
Einige Duroplaste werden von Säuren oder Laugen zerstört. Von Lösungsmitteln können sie nicht aufgelöst, höchstens gequollen werden.
Kunststoffe unterliegen nicht der elektrochemischen Korrosion. Sie eignen sich deshalb als Beschichtungsstoffe für Metalle.

Nachteilig ist das **Altern** der Kunststoffe unter dem Einfluss länger einwirkender UV-Strahlung (Zerstörung primärer Bindungen). Da keine Fäulnis erfolgt, zersetzen sich die herkömmlichen Kunststoffe nicht beim Deponieren von Abfällen (zum Recycling vgl. Abschnitt 13.7.3). Durch Zusätze, die UV-Strahlen (Sonnenlicht) stärker absorbieren, kann der Zerfall zu krümeligen Polymer-Resten schneller einsetzen. Auch Stärkezusätze, die verfaulen, z. B. in PE- oder PVC-Folien, fördern den Abbau zu kleinen Kunststoff-Partikeln. Über evtl. Spätschäden dieser Zerfallsprodukte im Boden ist noch nichts bekannt. Abbaubare Kunststoffe existieren kaum wie z. B. der Polyester Polycaprolacton $\sim\sim[-O-(CH_2)_5-CO-]_n\sim\sim$ (in Deutschland für Lebensmittelverpackungen nicht zugelassen). Seine Zersetzung im Boden erfolgt etwa im Verlauf eines Jahres.

Die **elektrischen Eigenschaften** haben zur Entwicklung der Kunststoffe in hohem Maße beigetragen. Der hohe **spezifische elektrische Widerstand** ist wesentlich für die Verwendung in der Elektrotechnik/Elektronik als Widerstandswerkstoff. Der Durchgangswiderstand beträgt bei Polyethylen und Polyvinylchlorid zwischen 10^{16} bis $10^{18}\ \Omega \cdot cm$, der Oberflächenwiderstand bis $10^{15}\ \Omega \cdot cm$, bei Duroplasten liegen die Werte tiefer. Von Bedeutung ist auch die hohe **Durchschlagsfestigkeit** (Spannung, bei der ein elektrischer Durchschlag durch den Werkstoff hindurch erfolgt). Bei Thermoplasten beträgt sie 25 bis 50 $kV \cdot mm^{-1}$, bei Duroplasten ca. 5 bis 20 $kV \cdot mm^{-1}$ (Elektrokeramik: 20 bis 30 $kV \cdot mm^{-1}$). Thermoplaste besitzen auch eine gute **Kriechstromfestigkeit** an der Oberfläche. Negativ ist aber die statische **Aufladung** durch Reibung und die dadurch bedingte Anziehung von Staub, weil Ladungen nicht abfließen können. Eine Entladung an leitenden Stoffen kann zur Funkenbildung und in Gegenwart leicht entzündlicher Dämpfe/Gase zu Explosion oder Bränden führen. Zugesetzte Antistatika setzen die Aufladung herab, indem sie für das Abfließen der Ladung sorgen.

9.6.4 Spezielle Eigenschaften thermoplastischer Polymerisate und Polykondensate

a) Homo- und Copolymerisate – Polymerisationsgrad

Kunststoffe mit linearen oder verzweigten Molekülen ähneln sich in vielen Eigenschaften, ganz gleich, ob es sich um Polymerisate oder Polykondensate handelt. **Polymerisate** dieser Struktur sind u. a. Polyethylen, Polypropylen, Polyvinylchlorid, Polyacrylnitril, Polystyrol, Polyoxymethylen, Polymethylmethacrylat, Polytetrafluorethylen, Polybutadiene. Aus linearen Teilchen bestehende **Polykondensate** sind die Polyamide und gesättigten Polyester.

Die Übersicht 9-19 enthält eine Auswahl von Polymerisaten, die in vielen Bereichen verwendet werden und – wenigstens z. T. – auch preiswerter hergestellt werden können als andere Kunststoffe, die als Sonderplaste bezeichnet werden, z. B. die temperaturbeständigen schwefelhaltigen Polymerisate wie Polyphenylensulfid, Polysulfon, Polyethersulfon.

Ethin bzw. Ethylen, Propylen und Vinylchlorid sind die wichtigsten Ausgangsmonomere für die Kunststoffe mit den größten Produktionsvolumina.

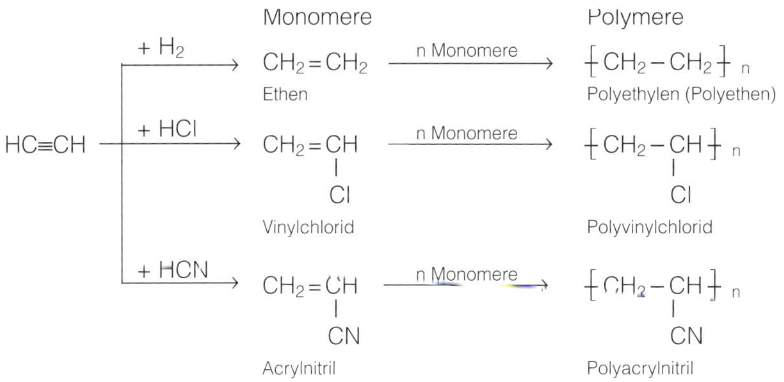

Homopolymerisate

Kunststoff/Abkürzung	Formeleinheit	Eigenschaften und Verwendung
Polyethylen, Polyethen, PE-HD (Hochdruck), PE-ND (Niederdruck)	$[CH_2-CH_2]_n$	thermoplastisch, brennbar, teilkristallin (PE-HD bis 80 °C, PE-ND bis 55 °C), durchscheinend bis weiß, einfärbbar; beständig gegen Säuren, Laugen; unbeständig: oxidierende Säuren und Halogene; zäh, schlecht klebbar, schweißbar; Verpackungen, Folien, Kanister, Rohre, Kabelisolation; chemisch beständige Laborgeräte für Arbeiten bei Raumtemperatur
Polypropylen, Polypropen, PP	$[CH_2-CH(CH_3)]_n$	leichtester Plastwerkstoff; Dichte 0,9 g · cm^{-3}, härter und fester als PE, sonst Eigenschaften und Verwendung wie PE
Polyvinylchlorid, PVC, PVC-H (hart), PVC-W (weich)	$[CH_2-CH(Cl)]_n$	PVC-H: thermoplastisch, amorph, schweißbar, klebbar, färbbar; beständig gegen Benzin, Laugen und nicht oxidierende Säuren; quellbar in Chlorkohlenwasserstoffen; schwer brennbar; hoher elektrischer Widerstand; hart, durch Weichmacher auch flexibel; PVC-H: Rohre, Behälter, Elektroisolation; Laborschalen PVC-W: Fußbodenbelag, Kunstleder, Laborschläuche, (Textilunterlage), Folien, Schutzbekleidung, Schutzhandschuhe
Polymethylmethacrylat, Plexiglas, PMMA	$[CH_2-C(CH_3)(COOCH_3)]_n$	thermoplastisch, amorph, farblos, glasklar, färbbar; witterungsbeständig, brennbar; löslich in organ. Lösungsmitteln, unbeständig in konz. Säuren; Sicherheitsglas, Zahnprothesen, Knochenprothesen; Küvetten für die Fotometrie
Polystyrol, Polystyren, PS	$[CH_2-CH(C_6H_5)]_n$	Dichte 1,05 g · cm^{-3}, amorph, glasklar, einfärbbar, thermoplastisch, schäumbar (Styropor); löslich in vielen organischen Lösungsmitteln; beständig in schwachen Säuren und Laugen; Isolation in der Elektrotechnik, Kondensatorfolien, Schaumstoff, Haushaltsartikel; Küvetten für die Fotometrie, sehr gut für Spritzguss geeignet, aber empfindlich für mechanische Spannungen, hoch chemisch und thermisch beständig
Polytetrafluorethylen, PTFE	$[CF_2-CF_2]_n$	nicht schmelzbar, weiß, wachsartiger Griff; wird nur von geschmolzenen Alkalimetallen, Fluor und ClF_3 angegriffen; nicht klebbar, nicht schweißbar; nicht brennbar; beständig gegen UV-Strahlen; geringer Reibwert; Schläuche, Dichtungen, Gleitlager, Kondensatorfolien, Beschichtung von Haushaltstiegeln; Laborgeräte
Polyoxymethylen, POM	$[CH_2-O]_n$	unlöslich in organischen Lösungsmitteln; sehr hart und steif; thermoplastisch; geringer Reibwert; Lagerschalen, Gleitlager, Zahnräder, Gehäuse; Schlauch- und Schliffklammern

Übersicht 9-19

Die Moleküle von Polymerisaten unterscheiden sich wegen ihrer verschieden langen Wachstumszeiten bei der Synthese in ihrem Polymerisationsgrad. Auch die Synthesebedingungen haben darauf Einfluss. Das bedeutet zum einen, dass die Molmasse streut und für einen Kunststoff eine mittlere Molmasse $\overline{M}$ angegeben wird, zum anderen, dass es mehrere Kunststoffe eines Typs mit verschiedener mittlerer Molmasse gibt. Hierin unterscheiden sich die Kunststoffe von anderen chemischen Verbindungen. Die Eigenschaften werden sich somit immer als Durchschnittswert aus dem Verhalten unterschiedlich großer Moleküle ergeben.

Der Polymerisationsgrad von Polyethylenen beträgt z. B. 1600 bis 6500, die mittlere relative Molekülmasse liegt zwischen 45 000 und 180 000.

Polymerisate, die aus einer Monomerart aufgebaut sind, heißen **Homopolymere** oder **Homopolymerisate** (griech. gleich). Die Monomerbausteine wiederholen sich in der Molekülkette ständig (Abb. 9-78 a). Als Formel wird deshalb nur die stets wiederkehrende Einheit in Klammern angegeben mit dem Symbol n als Index. Übersicht 9-19 enthält Kunststoffe, die zu den Homopolymeren gehören. In der Industrie und im Gewerbe werden nicht die rationellen, sondern die Trivialnamen und Handelsnamen benutzt.

Abb. 9-78 **Molekülformen der Polymerisate**
a) Homopolymerisate
b) Copolymerisate in alternierender und statistischer Verteilung sowie als Propfcopolymer

Werden bei der Polymerisation zwei oder mehr verschiedene Monomere eingesetzt, bauen diese gemeinsam Molekülketten auf. Auf diese Weise entstehen **Copolymere** (Abb. 9-78 b). Sie werden hergestellt, weil ihre Eigenschaften gegenüber den Homopolymeren positiv verändert sind (vgl. Übersicht 9-20). Die Anzahl der Copolymere ist sehr groß und erweitert sich ständig durch Forschung und Entwicklung.

Die Monomere können sich je nach Polymerisationsbedingungen in der Molekülkette regellos (statistisch) ···AAA–BB–AAAA–BBB–A–BBBBB···, geordnet (alternierend) ···ABABABAB···, in Blöcken als **Blockcopolymerisat** ···AAAAAAABBBBBBB··· verteilen oder als Seitenkette an ein Molekül zu einem **Propfcopolymerisat** anbauen. Es ergeben sich dadurch Eigenschaften.

Es ist auch möglich, Homopolymere miteinander zu verschmelzen, um daraus Mischungen oder **Polyblends** (Polymerblends) zu erhalten. Als Voraussetzung muss jedoch eine Verträglichkeit im festen Zustand bestehen (keine Abstoßungskräfte zwischen den Molekülen). Die Bezeichnungen erhalten zwischen den beteiligten Kunststoffen ein Pluszeichen, z. B. ABS+PA oder PC+ABS sind Mischungen zwischen Acrylnitril-Butadien-StyrolCopolymer und Polyamid bzw. Polycarbonat.

Zu den Polymerisaten gehören entsprechend ihrer Synthese auch die Kautschuke auf Basis des Butadiens (vgl. Abschnitt 7.3.3). Je nach verwendetem Katalysator entstehen 1,4- bzw. 1,2-Polybutadiene in cis- bzw. trans-Konfiguration. Von größerer technischer Bedeutung sind die Copolymere mit Styrol und Acrylnitril (Übersicht 9-20).

Elaste entstehen bei der Polymerisation (zumeist) als lineare bis verzweigte Moleküle. Sie sind zunächst thermoplastisch. Die Kautschuke erhalten bei der Vulkanisation ein amorphes weitmaschiges Netz durch Schwefelbrücken (Abb. 9-79). Es entsteht **Gummielastizität.**

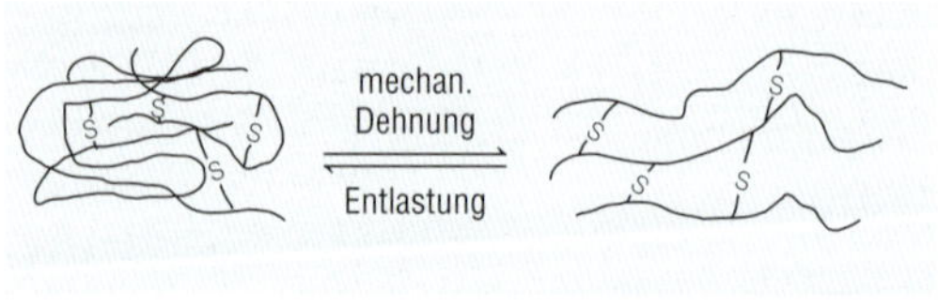

Abb. 9-79 **Gummielastisches Verhalten**

Copolymerisate

Copolymer/Abkürzung	Eigenschaften und Verwendung
Acrylnitril-**B**utadien-**S**tyrol-Copolymerisat („schlagfestes Polystyrol"), ABS	thermoplastisch; chemisch beständig, hart, sehr schlagzäh; Automobilbau, z. B. Stoßstangen, Armaturenteile
Styrol-**A**cryl**n**itril-Copolymer, SAN	thermoplastisch, wetterfest, benzin- und ölbeständig, beständig in verdünnten Säuren und Laugen, löslich in Aceton und Estern; glasklar, hart, formsteif; bruchsichere Haushaltsgeräte, Apparateteile, Folien
Butadien-**A**cryl**n**itril-Kautschuke (Rubber), BUNA-N-Kautschuke, NB oder NBR	25–35 % Acrylnitrilanteile, gummielastisch, mit Schwefel vulkanisierbar, d. h. Moleküle über Schwefelbrücken vernetzbar zu gummielastischem Werkstoff; in Benzin und Mineralöl nicht quellbar, in Aromaten und chlorierten Kohlenwasserstoffen Quellung; sehr abriebfest, zerreißfest, alterungsbeständig; Benzinschläuche, Keilriemen, Förderbänder, Dichtungen
Butadien-**S**tyrol-Kautschuke (**R**ubber), BUNA-S-Kautschuke, SB oder SBR	25–55 % Styrenanteile; mit Schwefel vulkanisierbar, gummielastisch, abriebfest; Fahrzeugreifen, Schuhsohlen, Absätze, Schläuche, Matten, Transportbänder, Kabelisolation, Anstrichstoffe

Übersicht 9-20

Aufgabe

Informieren Sie sich im Abschnitt 7.11.13 über die Synthese von Kautschuk und die Vernetzung bei der Polymerisation!

Beim Dehnen des Körpers verhindern die Schwefelbrücken das Abgleiten der Moleküle, und sie bewirken beim Entlasten das Rückstellen des gedehnten Körpers.

Durch die Dehnung werden die Molekülketten ausgerichtet (geordnet). Man bezeichnet deshalb das Verhalten als **entropie-elastisch**. Bei tiefer Temperatur (Glastemperatur) frieren die Moleküle unter Verlust des Gummicharakters ein.
Außer den Kautschuken auf Butadien-Basis sind manche Silicone und Polyurethane gummielastisch.

b) Bindungscharakter und sekundäre Bindungen der Polymerisate

Der chemische Aufbau der Molekülkette bestimmt primäre und sekundäre Bindungskräfte.
In den meisten Kunststoffen sind die Molekülketten durch C–C-Bindungen aufgebaut (C-Plaste). Die **C–C-Bindung** in Polyethylen und Polypropylen ist eine unpolare Atombindung. Zwischen den Molekülen wirken somit nur Dispersionskräfte. Kommen anstelle des Wasserstoffs stark negative Substituenten wie Chlor, Fluor oder Sauerstoff im Molekül vor, so werden die Bindungen polarisiert. Die betreffenden Gruppen sind Dipole, z. B.

Polytetrafluorethylen $\cdots -\overset{\delta+\delta-}{CF_2}-\overset{\delta+\delta-}{CF_2}- \cdots$

Polyvinylchlorid $\cdots -CH_2-\overset{\delta+}{CH}- \cdots$ (an CH: $\mid$ $\underset{\delta-}{Cl}$)

Zwischen den Molekülen bestehen somit Polorientierungskräfte, die für einen größeren Zusammenhalt und höhere Festigkeit des Kunststoffes sorgen, z. B. bei PVC (vgl. Abb. 9-80). Die Dipole können

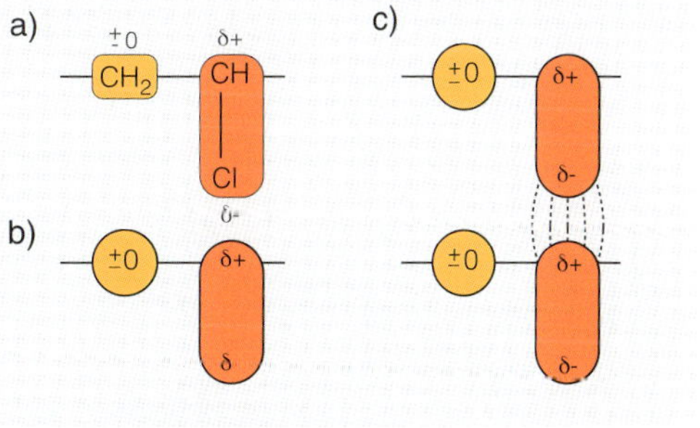

Abb. 9-80 **Polyvinylchlorid-Baueinheit mit unpolarer CH_2-Gruppe und polarer CHCl-Gruppe als Dipol**
a) Formeleinheit
b) mit Symbolen
c) Polorientierungskräfte zwischen den Dipolgruppen benachbarter Moleküle

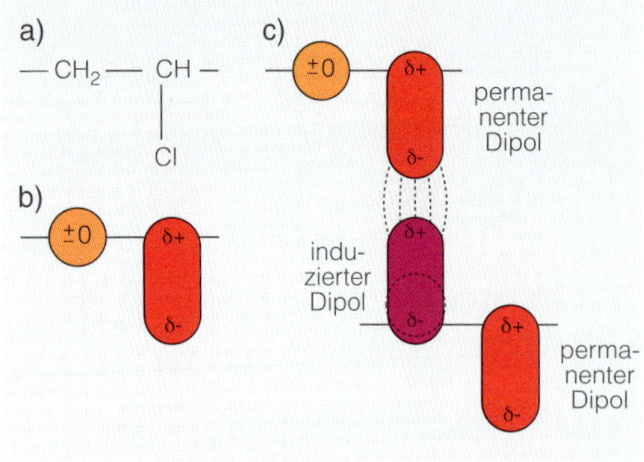

Abb. 9-81 Induktionswirkung eines permanenten Dipols auf eine CH_2-Gruppe eines Nachbarmoleküls beim Polyvinylchlorid

auf unpolare CH_2-Gruppen induzierend, d. h. ladungsverschiebend wirken. Die entstehenden Induktionskräfte tragen zusätzlich zum Molekülzusammenhalt bei (Abb. 9-81).

Im Polyoxymethylen wechseln Kohlenstoff- und Sauerstoffatome in der Molekülkette, sie sind über die stark polaren **C – O- oder Etherbindungen** verknüpft (C – O-Plaste):

Polyoxymethylen (Polyether) $\cdots \overset{\delta+}{CH_2} - \overset{\delta-}{O} - \overset{\delta+}{CH_2} - \overset{\delta-}{O} - \cdots$

Die gesamte Molekülkette ist praktisch aus polaren Gruppen aufgebaut. Deshalb besitzt Polyoxymethylen eine hohe Festigkeit.

c) Struktur der Polymerisate

Die Gestalt der Polymerisatmoleküle ist **fadenförmig** (linear) oder **verzweigt** (vgl. Abb. 9-78). Aufgrund der unterschiedlichen Länge und Gestalt der Moleküle können sich die Teilchen nicht so gleichmäßig anordnen wie die kugelförmigen Metallatome, die Ionen oder die Mikromoleküle. Fadenförmige Moleküle bilden beim langsamen Erstarren der Schmelze nur kleine kristalline Bereiche, in denen die Moleküle gefaltet sind oder sich in parallelen Bündeln ordnen (Abb. 9-82 b, c). Die Kettenenden ragen **ungeordnet** oder **amorph** aus den kristallinen Bereichen heraus. Man bezeichnet eine derartige Struktur als **teilkristallin** und gibt den geordneten Anteil als **Kristallisationsgrad** an. Polyethylen kann einen Kristallisationsgrad bis zu 80 % erreichen. Auch Polytetrafluorethylen, Polypropylen, Polyamid und Polyoxymethylen sind teilkristalline Kunststoffe.

Verzweigte Moleküle sind so unterschiedlich in ihrer Gestalt, dass sie sich nicht oder nur in geringem Umfang kristallin ordnen können. Polyvinylchlorid hat z. B. nur einen Kristallisationsgrad bis zu

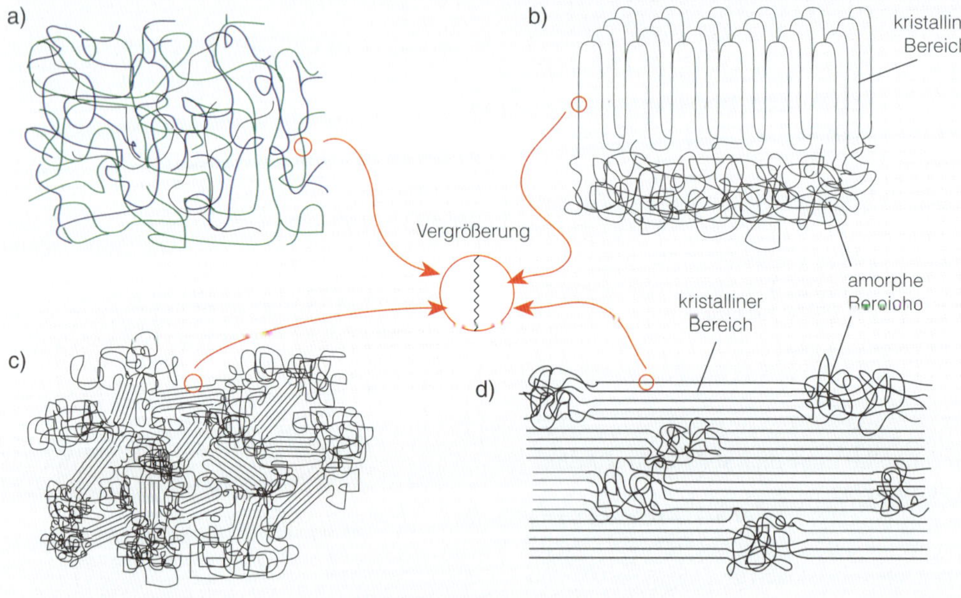

Abb. 9-82 Zwischenmolekulare Strukturen von thermoplastischen Kunststoffen
a) amorph
b) teilkristallin mit gefalteten Molekülen
c) teilkristallin mit parallel gelagerten Molekülteilen, unverstreckt
d) wie c, jedoch mechanisch gestreckt (z. B. in Chemiefasern)

15 %. Völlig **ungeordnet** oder **amorph** sind Polystyrol und Polymethylmethacrylat. Die Moleküle liegen verknäuelt durcheinander wie die Fasern eines Wattebauschs. Man bezeichnet diese Anordnung als **„Wattebauschstruktur“** (Abb. 9-82 a). Die Eigenschaften solch amorpher Stoffe sind richtungsunabhängig oder **isotrop** (griech. gleich, Richtung). Teilkristalline Kunststoffe (ohne Zusätze) erkennt man an dem milchigen Aussehen, während amorphe Plaste farblos durchsichtig wie Glas sind.

Kunststoffe mit fadenförmigen und verzweigten Molekülen sind in der Regel thermoplastisch und lassen sich in geeigneten Lösungsmitteln lösen. Das Lösungsmittel überwindet die sekundären Bindungen und drängt die Moleküle auseinander.

Eine Ausnahme bildet Polytetrafluorethylen. Es ist unschmelzbar und unlöslich.

> Polymerisate sind amorph oder teilkristallin aus linearen oder verzweigten Molekülen aufgebaut. Die amorphen gummielastischen Kautschuke bestehen aus leicht vernetzten Molekülen. Kunststoffe sind polymolekular aufgebaute Stoffe.

d) thermische Eigenschaften

Die meisten Polymerisate schmelzen in einem Schmelzbereich und können auch verschweißt werden. Polytetrafluorethylen schmilzt sehr schlecht. Formkörper sind nur durch Sintern von Pulvern herstellbar.

Die amorphen und die teilkristallinen Thermoplaste unterscheiden sich im **thermischen Verhalten.** In ihrem Gebrauchsbereich besitzen sie verschiedene mechanische Eigenschaften. Abb. 9-83 und Abb. 9-84 zeigen die Zustandsbereiche und die Änderung der Festigkeit sowie der Dehnung in Abhängigkeit von der Temperatur.

Bei den **amorphen Kunststoffen** liegt der **Gebrauchsbereich** unter der Einfrier-(Erweichungs-) oder **Glastemperatur** T_G. Die Formteile sind bei Raumtemperatur hart, starr und spröde, weil die Beweglichkeit der Moleküle „eingefroren“ ist. Amorphe Kunststoffen wie z. B. Polystyrol, Polymethylmethacrylat, Polycarbonat werden über dieser für jeden Kunststoff charakteristischen Temperatur zunehmend dehnbar und thermoelastisch, denn die Moleküle sind beim Erwärmen über der Einfrier- oder Glastemperatur beweglich (thermische Schwingungen). Bei weiterer Temperaturerhöhung werden die Stoffe immer weicher und schmelzen schließlich in einem Schmelzbereich. Die Moleküle sind verschiebbar, so dass der Kunststoff z. B. durch Spritzgießen formbar wird (vgl. Abb. 9-83 und Abb. 9-84).

Teilkristalline Kunststoffe wie Polyethylen, Polypropylen oder Polyamid sind bei Raumtemperatur durch die kristallinen Bereiche milchig getrübt bis undurchsichtig. Die Glastemperatur liegt im negativen Temperaturbereich. Darunter sind auch sie hart-spröde. Ihr **Gebrauchsbereich** liegt über der Glastemperatur. Bei Überschreiten dieser Tempe-

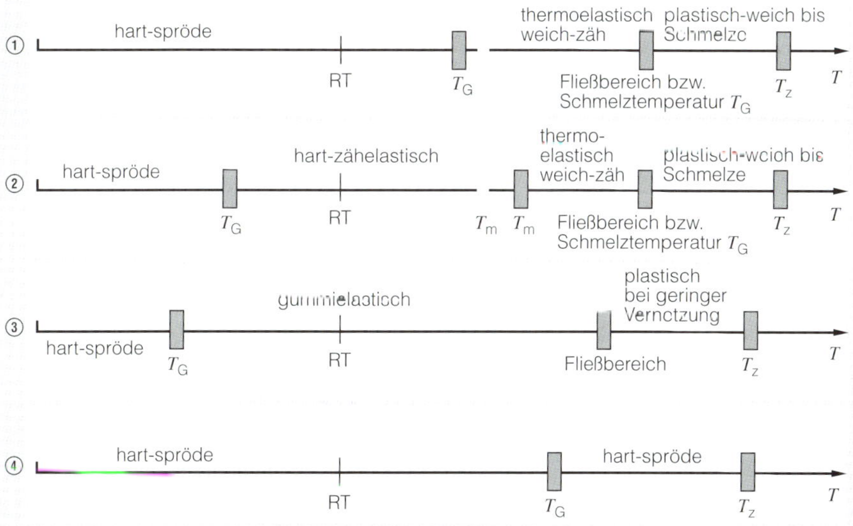

Abb. 9-83 Zustandsbereiche von Kunststoffen
① amorphe Thermoplaste, ② teilkristalline Thermoplaste, ③ Elaste, ④ Duroplaste
(T_G Glastemperatur-, T_m Kristallitschmelztemperatur-, T_E Schmelztemperaturbereich, T_Z Zersetzungsbereich; RT Raumtemperatur)

ratur werden zunächst nur die Moleküle der amorphen Bereiche beweglich, und der Stoff wird zähelastisch. Der Kunststoff bleibt noch relativ hart. Erst bei der sog. **Kristallitschmelztemperatur** gehen auch die kristallinen Bereiche in den amorphen Zustand über. Der Stoff wird zunehmend weich, plastisch, durchsichtig und schmilzt schließlich (vgl. Abb. 9-84).

Auch die Elastomere sind unterhalb der Glastemperatur glasartig hart und spröde. Darüber stellt sich der gummielastische Zustand ein, der bei stärkerer Vernetzung bis zur thermischen Zerstörung bestehen bleibt (Abb. 9-83).

Höhere Verarbeitungstemperaturen senken die Zähigkeit der Schmelze. Sie sollten aber vermieden werden. Bei jeder thermischen Verformung, bei Überhitzung oder zu langem Erwärmen bei hohen Temperaturen gehen primäre Bindungen auf Kosten der Festigkeit zu Bruch (Cracken von Bindungen, Zerstörung des Stoffs).

Der Einfluss der Temperatur auf die Viskosität ergibt sich aus der sinkenden Wechselwirkung zwischen den Molekülen bei Erhöhung der Temperatur (Zunahme der Molekülschwingungen) bzw. Neuknüpfung sekundärer (oder der Bildung zusätzlicher primärer) Bindungen bei sinkender Temperatur.

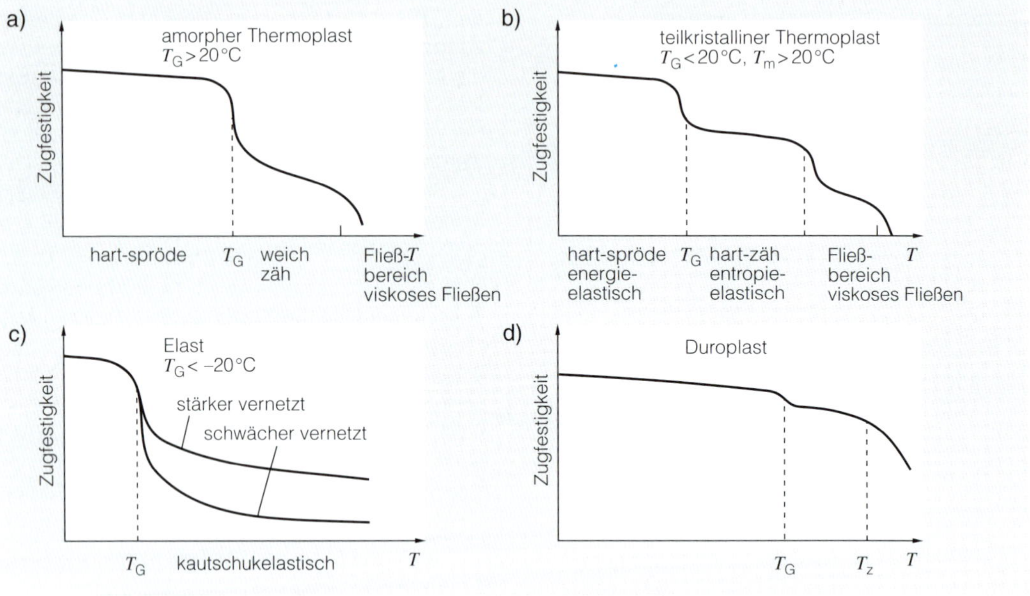

Abb. 9-84 Veränderung der Festigkeit und Dehnbarkeit in Abhängigkeit von der Temperatur der
a) amorphen
b) teilkristallinen Thermoplaste
c) Elaste
d) Duroplaste

Thermische Eigenschaften

Kunststoff	Glastemperatur in °C	Kristallit-schmelztemperatur in °C	Schmelztemperatur in °C	Spezif. Wärmeleitung in W/K · m
Polymethylmethacrylat	ca. 95	–	ca. 165	0,19
Polystyrol	ca. 100	–	ca. 160	0,17
Polyvinylchlorid	ca. 65	–10 bis –50	ca. 150	0,15
Polycarbonat	ca. 140	–	ca. 260	0,21
Polyethylen-HD	ca. –100	ca. 130	ca. 135	0,42
Polypropylen	ca. –20	ca. 160	ca. 170	0,22
Butadien-Styrol-Cop.	ca. –60	–	–	

Übersicht 9-21

Wegen ihrer molekularen Struktur sind unvernetzte Kunststoffe thermoplastisch.
Die Kunststoffe existieren in verschiedenen Temperaturbereichen in unterschiedlichen Zuständen: die amorphen Kunststoffe im Glaszustand, der Thermoelastizität, der Erweichung (Plastizität) und der Schmelze, teilkristalline Kunststoffe im Glaszustand, im zäh-elastischen Zustand, der Erweichung (Plastizität) und der Schmelze.

e) Viskosität

Die **Zähigkeit** oder **Viskosität** η (auch innere Reibung genannt) ist eine Eigenschaft fließfähiger Systeme (z. B. fluide Stoffe wie Flüssigkeiten, Schmelzen, plastische Massen, Gase). Sie ist bei Einwirkung äußerer Kräfte auf einen fluiden Stoff zu beobachten.

Die **Rheologie** (griech. fließen, Fließkunde) erklärt die Entstehung der Viskosität mit innerer Reibung der Flüssigkeitsteilchen untereinander bei Strömungsvorgängen. Das Fließen kommt durch eine Kraft, die auf die Flüssigkeitsfläche wirkt, zustande. Tangentialkräfte erzeugen dabei eine Schub- oder Scherspannung τ. Dadurch ändert sich die Fließgeschwindigkeit v im Abstand r senkrecht zur Fließrichtung. Es wird ein Schergefälle γ erzeugt, auch als Schergeschwindigkeit $\gamma = \Delta v/\Delta r$ bezeichnet (Abb. 9-85). Folgende Modellvorstellung erläutert diese Verhältnisse: In einem senkrecht stehenden Rohr soll eine Flüssigkeit unter dem Einfluss einer Kraft (Schubspannung) strömen. Durch die Wechselwirkung, d. h. **Adhäsionskräfte** zwischen Wand und Teilchen, wird die berührende Flüssigkeitschicht „abgebremst“. Es entsteht eine langsam fließende Flüssigkeitslamelle, die ihrerseits die nächsten Teilchen durch „innere Reibung“ behindert. Diese Schicht fließt jedoch etwas schneller, tritt aber mit den weiteren angrenzenden Teilchen in Wechselwirkung usw. So bildet sich eine laminare Strömung aus. Die Flüssigkeitslamelle in der Mitte fließt am schnellsten (Abb. 9-85). Die Viskosität wirkt also der Scherspannung entgegen.

Die Viskosität ist das Verhältnis von Schubspannung und Schergefälle:

$$\eta = \tau / \gamma$$

Die sog. **dynamische Viskosität** η wird in Pa · s gemessen (1 Pa · s = 1 N · s/m²; früher in Poise P, 1 P = 0,1 Pa · s.

Bei Stoffen mit kleinen Molekülen wie z. B. bei Wasser, Alkohol oder Mineralöl ist die Viskosität bei bestimmter Temperatur unabhängig von der Schubspannung und Schergeschwindigkeit konstant. Diese Stoffe bezeichnet man als **NEWTON-Flüssigkeit.**

Bei Schmelzen, die aus großen, unregelmäßig geformten Molekülen bestehen, wie bei Kunststoffen, aber auch bei den Silikatgläsern, ist die Viskosität (bei gegebener Temperatur) keine Konstante, sondern abhängig von der von außen wirkenden Schubspannung und dem Scher(Geschwindigkeits-)gefälle zwischen den fließenden Flüssigkeitsschichten. Das bedeutet, dass die innere Reibung bei konstanter Temperatur ohne Schubspannung größer ist als mit Schubspannung. Solche Stoffsysteme bezeichnet man als **Nicht-NEWTON-Flüssigkeit.**

Die Viskositätsänderung bei Kunststoffschmelzen durch eine größere Schubspannung zeigt sich z. B. beim Spritzguss von Kunststoffschmelzen. Sie erklärt sich durch Ausrichtung fadenförmiger Moleküle durch die wirkenden Kräfte. Dadurch gleiten die Moleküle leichter aneinander vorbei, und die innere Reibung sinkt. Man spricht in einem solchen Fall von **Strukturviskosität** Nicht-NEWTON'scher-Flüssigkeiten. Abb. 9-86 demonstriert die Orientierung an einer Düse beim Spritzguss oder Extrudieren. Bei sehr rascher Abkühlung kann die parallele Aus-

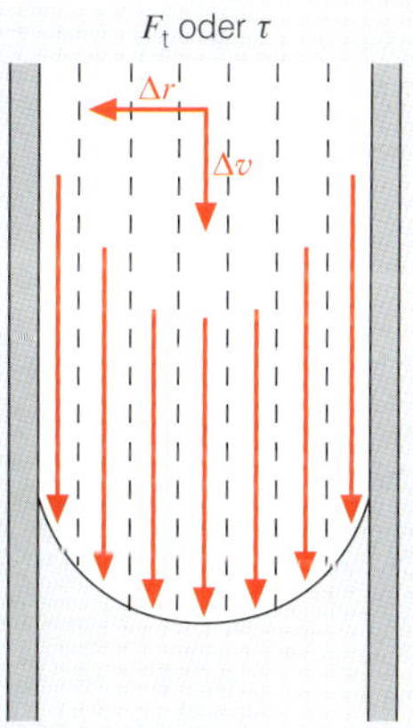

Abb. 9-85 Ausbildung einer laminaren Strömung

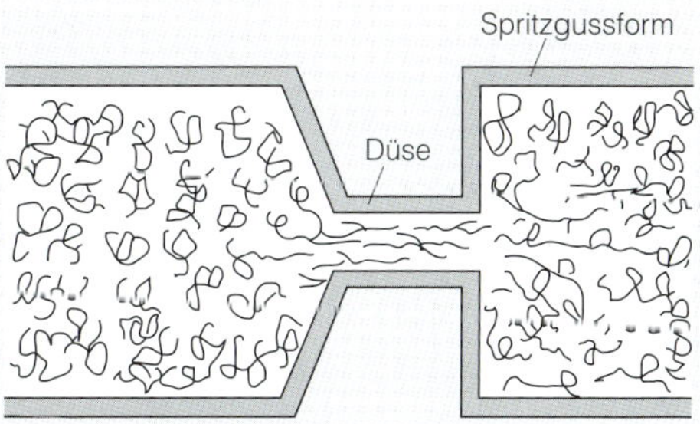

Abb. 9-86 Ausrichtung der Moleküle an einer Düse beim Spritzguss

richtung erhalten bleiben, was zu Spannungen des Teils oder späterer Verformung bei Umorientierung der Moleküle führen kann.

Werden thermoplastische Kunststoffe im zäh-elastischen Zustand *gering* gestreckt, so richten sich die Moleküle aus. Die Molekülorientierung wird bei Entlastung zunächst etwas geringer und der Werkstoff geht durch elastisches Rückfedern nur teilweise sofort in seine alte Form zurück. Dieses Verhalten wird **Viskoelastizität** genannt. Erst im Laufe der Zeit oder beim leichten Erwärmen nehmen die Moleküle wieder ihre Gleichgewichtslage ein. Diese Verzögerung wird als **Relaxation** bezeichnet. Makroskopisch erreicht der Körper wieder die alte Form.

9.6.5 Spezielle Eigenschaften duroplastischer Polykondensate

Polykondensate können thermoplastisch (z. B. PA, PET) oder duroplastisch (z. B. PF, MF) sein. Die niedermolekularen Ausgangsstoffe für die Polykondensate besitzen im Molekül mindestens zwei reaktionsfähige Gruppen, die eine Kondensationsreaktion unter Abspaltung eines Nebenproduktes – meist Wasser – möglich machen.

Aufgabe

Informieren Sie sich im Abschnitt 7.11.4 über die Reaktionsabläufe bei der Synthese der dort aufgeführten Polykondensate!

Polykondensate

Polykondensat/Abkürzung	Eigenschaften/Verwendung
gesättigte Polyester, PETP u. a.	unbeständig gegen heiße Säuren und Laugen; thermoplastisch; reißfest; klar, durchsichtig, färbbar, lichtbeständig; Getränkeflaschen, Chemiefasern, Magnetbänder
ungesättigte Polyester-Harze, UP; glasfaserverstärkt: GUP	räumlich vernetzt, duroplastisch (gehärtet), nahezu farblos; hoher elektrischer Widerstand; mit Verstärkungsstoffen gute mechanische Eigenschaften (wie unlegierte Baustähle); beständig gegen verdünnte Säuren, Laugen, organische Lösungsmittel. UP: kalthärtende Kleber und Spachtelmassen, Vergussmasse für elektrotechnische Bauteile. GUP: Bedachungen, Bootskörper, Schutzhelme, Sportgeräte u. a.
Polyamide PA, (CN-Plast)	thermoplastisch, teilkristallin; undurchsichtig; unbeständig gegen Säuren und Laugen, beständig in herkömmlichen Lösemitteln; zäh durch Wassergehalt (ca. 3 %) und fest; mit und ohne Verstärkungsstoff; Maschinenelemente, Armaturen, Behälter, Haushaltsgeräte, Folien, Bekleidung, Raumtextilien
Aminoplaste a) Harnstoff-Formaldehyd-Harze, UF	Schaumstoff zur Schall- und Wärmedämmung, Eindicker für Schmierstoffe, Klebstoff
b) Melamin-Formaldehyd-Harz, MF (CN-Plaste)	duroplastisch; unlöslich; lebensmittelbeständig; hoher elektrischer Widerstand; farblos, gut einfärbbar, lichtecht; mit Füllstoff fest und hart; Ess- und Trinkgeschirr, Gehäuse für Elektrotechnik, künstliches Möbelfurnier, Möbelbeschläge
Phenol-Formaldehyd-Harze, Phenoplaste PF	duroplastisch, bräunliche Farbe, hoher elektrischer Widerstand, mit Verstärkungsmitteln hart, spröde, fest, beständig gegen verdünnte Säuren, Laugen, organische Lösungsmittel; meist mit Verstärkungs- und Füllstoffen; Isolationsmaterial der Elektrotechnik, Hartgewebe, Kleber für Schichtpressstoffe, Ionenaustauscher-Harze
Silikone SI (SiO-Plaste)	gute Temperaturbeständigkeit; unlöslich in vielen organischen Lösungsmitteln, beständig in Basen und z. T. in Säuren; hoher elektrischer Widerstand; je nach Molmasse und Molekülform (verzweigt, vernetzt) Silikonöle, -fette, -harze, -kleber, Elaste, Einbrennlacke und Wasser abweisende Imprägnierungen (Textil, Leder, Mauerwerk); Silikongummi: Dichtungen, Isolationsmaterial in der Elektrotechnik, ölfeste Schläuche, Stopfen, Gummisauger
Polycarbonate PC	Dichte 1,20 g/cm^{-3}; thermoplastisch; durchsichtig, farblos; sehr zäh, hohe Festigkeit, kochfest, formbeständig; schwer brennbar; unbeständig in Laugen, Aceton, Estern, Aromaten; Gehäuse, Isolierfolien, Stecker, Spulenkörper in E-Technik, Haushaltsgeräte, Sicherheitsglas, CD’s, DVD’s, Laborgeräte wie Erlenmeyerkolben, Exsikkatoren.

Übersicht 9-22

Thermoplastische Polykondensate sind die gesättigten Polyester, Polycarbonate und Polyamide. Sie bestehen aus linearen Molekülen und sind somit thermoplastisch (spezielle Eigenschaften vgl. Abschnitt 9.6.4 und Übersicht 9-22).

Duroplastische Polykondensate sind u. a. Phenol-Formaldehyd-Harze, Harnstoff-Formaldehyd-Harze, Melamin-Formaldehyd-Harze (Übersicht 9-22). Diese Kunststoffe besitzen im Gebrauchszustand eine stark dreidimensional vernetzte Struktur (Abb. 9-87). Die endgültige Verknüpfung entsteht bei der Formgebung, z. B. beim Heißpressen vorkondensierter leicht vernetzter, noch schmelzbarer und mit Füllstoffen oder Verstärkungsstoffen vermischter härtbarer Harze. Auch ungesättigte Polyester erhalten nach dem Härten diese Struktur, wodurch die Kunststoffe nicht mehr schmelzbar sind. In dem Netzwerk bestehen starke primäre Bindungskräfte. Die Formteile können zumindest theoretisch als ein „Riesenmolekül" angesehen werden. Höchstens kleine Seitenketten sind an die Netze angebunden. Die Struktur ist nicht umkehrbar. Diese Kunststoffe sind dadurch starr und nicht schmelzbar. Sie können auch nicht recycelt werden.

Polykondensate sind je nach ihrer Struktur duroplastisch oder thermoplastisch.

Formteile aus Duroplasten besitzen durch die vernetzte Struktur eine hohe Härte, Festigkeit, Wärmeformbeständigkeit und Steifigkeit sowie eine geringe Wärmedehnung. Die Werte ändern sich im Gebrauchsbereich nur gering und bleiben auch bei tiefen Temperaturen sowie höheren Temperaturen nahezu gleich. Darin drückt sich die Starrheit des Netzwerks aus. Auch ihre Dehnbarkeit unter Zugbeanspruchung (max. 1 bis 2 %) und ihre Formänderung bei Dauerbelastung (sog. Kriechneigung) sind gering. Sie erweichen bei höherer Temperatur praktisch nicht und können somit auch nicht umgeformt werden. Duroplaste sind nur spanend zu bearbeiten. Sie sind schwer entflammbar. Bei zu hoher Temperatur – je nach Kunststoff und Füllstoff ca. 150 bis 180 °C – verkohlen sie, ohne wesentlich zu brennen. Duroplaste sind im Gebrauchsbereich spröde, und bei tieferer Temperatur nimmt die Sprödigkeit kaum zu.

Duroplaste besitzen keine ausgeprägte Glastemperatur und keine Erweichungs- oder Schmelztemperatur.

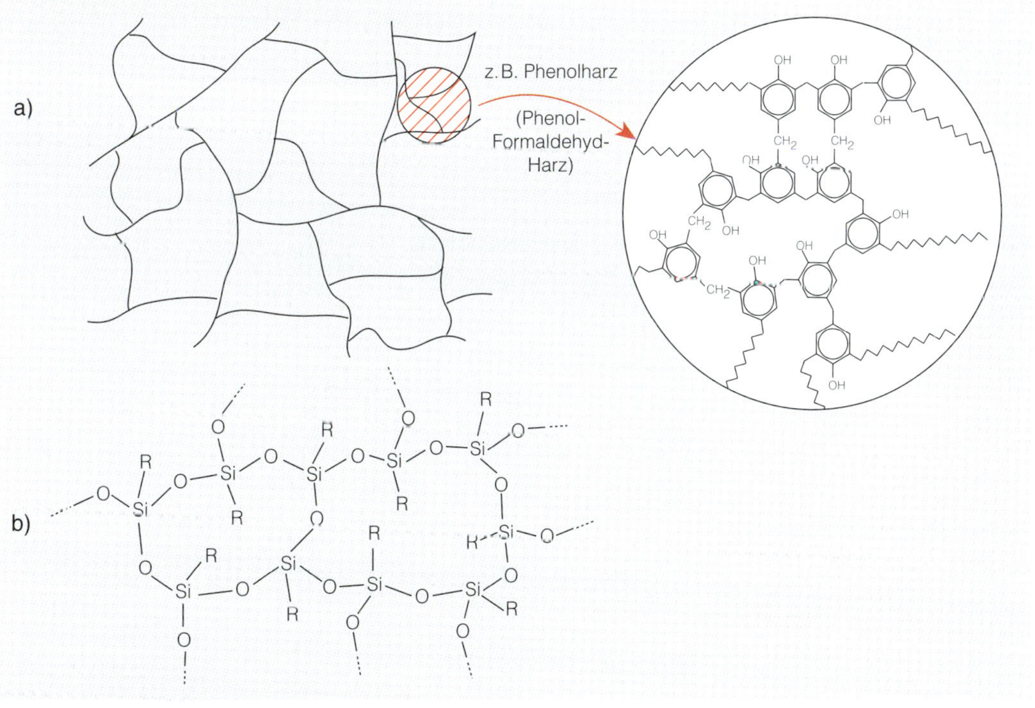

Abb. 9-87 Vernetzte Strukturen
a) von Phenol-Formaldehyd-Harz
b) von Silicon

9.6.6 Spezielle Eigenschaften der Polyaddukte

Polyaddukte sind die **Epoxidharze** (EP-Harze) und die **Polyurethane** PUR. Sie entstehen aus zwei verschiedenen Edukten. Die Verknüpfung der Ausgangsmonomere erfolgt bei der Polyaddition unter Wanderung eines Wasserstoff-Ions von einem Ausgangsstoff zu dem anderen Reaktionspartner.

Aufgabe

Informieren Sie sich zur Wiederholung im Abschnitt 7.11.5 über den Reaktionsmechanismus der Polyaddition bei der Erzeugung von Polyurethanen!

Polyurethane sind Polyester, die aus Isocyanaten und Polyalkoholen mit der allgemeinen Formel $+O-R'-O-CO-NH\text{-}R''-NH-CO+$ synthetisiert werden. Die –NH–CO–O-Einheit ist die Urethan-Gruppe. Diese Kunststoffe können mit sehr unterschiedlichen Eigenschaften erzeugt werden, z. B. hart-spröde, hart-zäh, hochelastisch, geschäumt (vgl. Übersicht 9-23).

Je nach Ausgangsstoffen und Reaktionsführung entstehen u. a. Gießharze für duroplastische Formteile, Faserstoffe für eng anliegende Kleidung (Badeanzüge u. dgl.), weich-elastische Materialien für Schläuche und Elektroisolationen, Lackrohstoffe, Klebstoffe, zähe abriebfeste Materialien (Schuhsohlen, Laufbahnen für Sportstätten). Weich- und Hartschäume bilden sich, wenn bei der Polyaddition Wasser in Spuren gegenwärtig ist (z. B. Luftfeuchtigkeit bei der Anwendung als Montageschaum im Bauwesen). Die Eigenschaften werden vor allem von der Alkoholkomponente bestimmt.

Als **Epoxidharze** werden die viskosen oder schmelzbaren Reaktionsharze, die als Vorprodukte aus Bisphenol A und Epichlorhydrin synthetisiert wurden, sowie die daraus durch Härten entstandenen Endprodukte bezeichnet. Wie in Abschnitt 7.11.5 schon angedeutet, stehen viele Härtersubstanzen zur Verfügung, so dass auch Harze mit unterschiedlichen Eigenschaften erzeugt werden können.

Aufgabe

Informieren Sie sich zur Wiederholung im Abschnitt 7.11.15 über die Erzeugung und Vernetzung von Epoxidharzen.

Gehärtete Epoxidharze sind vernetzt und somit duroplastisch. Sie zeichnen sich über weite Temperaturbereiche durch praktisch konstant hohe Festigkeit, Härte und Verschleißbeständigkeit aus. Übersicht 9-24 belegt, weshalb sie vor allem mit verstärkenden Füllstoffen angewendet werden (Glasfasern, Quarzmehl, Gesteinsmehl). Sie besitzen wegen ihrer Unempfindlichkeit gegenüber Säuren, Laugen, Wasser und organischen Lösungsmitteln sehr gute chemische Beständigkeit.
Epoxide spalten nur bei der Synthese der Vorprodukte HCl ab, jedoch keine weiteren Verbindungen bei der Aushärtung. Die Reaktionsharze können somit bei Normaldruck vergossen werden. Die Härtung erfolgt spannungsfrei mit geringer Schwindung (<2 %).
Die ausgehärteten Harze benetzen sehr gut andere Stoffe wie Metalle, Glas, Beton. Deshalb eignen sie sich vor allem für Beschichtungen, Versiegelungen und Verklebungen.

Vergleich der Eigenschaften von PUR-Gießharz und PUR-Elastomer

Werkstoff	Streckspannung MPa	Reißdehnung %	E-Modul (Zug) MPa	Temperaturbeständigkeit, kurzzeitig, °C	Temperaturbeständigkeit, langzeitig, °C
Gießharz	37–45	12–20	bis 1300	100 bis 120	80
Elastomer	7 bis 20	300 bis 700	10 bis 220	100 bis 120	90

Übersicht 9-23

Eigenschaften von Epoxidharzen

	E-Modul in $N \cdot mm^2$	Zugfestigkeit in MPa	Bruchdehnung in %	Wärmeformbeständigkeit in °C
Unverstärktes EP-Harz	3000–4500	80		ca. 65
Glasfaserverstärktes EP-Harz	bis 30 000	bis ca. 700	ca. 2	bis 150

Übersicht 9-24

9.7 Aufgaben zur Wiederholung von Kapitel 9

Aufgaben

1. Erläutern Sie die Begriffe Werkstoff, Rohstoff, Hilfsstoff, Betriebsstoff!
2. Weshalb werden die Metalle – z. B. für Konstruktionen – legiert verwendet?
3. Erklären Sie die Begriffsinhalte: Elementarzelle, kubisch-raumzentriert, kubisch-flächenzentriert, hexagonal dichte Packung, null-, ein-, zweidimensionale Fehler, Kristallgemisch, Mischkristall, Substitutionsmischkristall, Einlagerungsmischkristall!
4. Wie wirken sich Kristallbaufehler auf die Metalleigenschaften aus?
5. Was versteht man unter Isotropie, Anisotropie und Quasiisotropie?
6. Auf welche Weise kann die Keimbildung bei der Kristallisation gefördert werden?
7. Erläutern Sie die Entstehung eines Primärgefüges! Welche Ausbildungen sind Sekundärgefüge?
8. Beschreiben Sie die Vorgänge im Gitter und Gefüge, die bei der Kaltumformung ablaufen und zu Eigenschaftsänderungen führen!
9. Was versteht man unter Rekristallisation?
10. Welche Vorgänge laufen bei der Warmumformung ab? Welche Ziele verfolgt man mit der Warmumformung?
11. Nach welchen Kriterien bilden sich die binären Legierungstypen? Wie heißen sie? Welche Grundform besitzen die Zustandsschaubilder?
12. Welche Bedeutung besitzen intermetallische Phasen?
13. Erläutern Sie die Begriffsinhalte Allotropie, Ferrit, Austenit, Zementit, Peritektikum, Eutektikum, Eutektoid!
14. Diskutieren Sie mithilfe des Eisen-Kohlenstoff-Diagramms die Entstehung von Ledeburit II, Primäraustenit, Sekundäraustenit, Perlit!
15. Erklären Sie die Begriffe Stahl, unterperlitischer, perlitischer und überperlitischer Stahl, unlegierter, niedriglegierter und hochlegierter Stahl, Grundstähle, Qualitätsstähle, Edelstähle sowie weißes Gusseisen, Grauguss, lamellarer und globularer Grauguss, Temperguss, weißer und schwarzer Temperguss!
16. Welche Normbezeichnungen besitzen diese Werkstoffe? Welche Normungsregeln gelten für unlegierte, niedriglegierte und hochlegierte Stähle?
17. Welchen Einfluss auf die Eigenschaften der Stähle besitzen Eisenbegleiter und Legierungselemente?
18. Erläutern Sie die α/γ-Umwandlung und die Gefügeausbildungen bei rascher isothermer sowie kontinuierlicher Abkühlung am Beispiel eines unlegierten perlitischen Stahls!
19. Was versteht man unter Spannungsfreiglühen, Grobkornglühen, Normalisieren, Härten, Anlassen und Vergüten? Zu welchem Zweck werden diese Verfahren durchgeführt?
20. Was versteht man unter Aushärtung? Welche Voraussetzungen müssen dafür bestehen?
21. Welche Aluminium- und Kupfer-Legierungen sind bedeutungsvoll?
22. Erläutern Sie, was unter Glaszustand sowie Netzwerkbildner und Netzwerkwandler zu verstehen ist! Warum sind Gläser isotrop?
23. Was versteht man unter Sinterwerkstoffen? Wie unterscheiden sie sich strukturell und in der Zusammensetzung von Gläsern?
24. Erläutern Sie die Begriffe makromolekular, Kunststoff/Plast, Thermoplast, Duroplast, Elast!
25. Durch welche Eigenschaften haben sich die Kunststoffe zu allgemein verwendeten Werkstoffen entwickelt?
26. Beschreiben Sie den Aufbau von Homopolymeren und Copolymeren sowie von amorphen, teilkristallinen und elastomeren Kunststoffen!
27. Erläutern Sie den Bindungscharakter von verschiedenen thermoplastischen Kunststoffen!
28. Warum sind PMMA sowie PF-Harz bei Raumtemperatur hart-spröde, Polyamid dagegen zäh-elastisch?
29. Was versteht man unter Viskosität, Struktur-Viskosität, NEWTON'scher Flüssigkeit, Nicht-NEWTON'scher Flüssigkeit?
30. Erläutern Sie die Begriffe Energieelastizität, Entropieelastizität, Viskoelastizität, Relaxation!
31. Warum besitzen Duroplaste keinen zähelastischen Zustand?
32. Unter welchen Voraussetzungen können Polyblends erzeugt werden?

10 Werkstoffprüfung

10.1 Aufgaben der Werkstoffprüfung

Bei der Werkstoffauswahl für ein bestimmtes Produkt sind einerseits Beanspruchungen zu berücksichtigen, die beim Gebrauch auftreten. Andererseits sind die Eigenschaften des Werkstoffs bestimmend, die von Struktur, Gefüge und Zusammensetzung abhängen (vgl. Abschnitt 9.2). Die **Werkstoffprüfung** ist ein Teilgebiet der Werkstofftechnik. Sie hat die Aufgabe, Werkstoffkenngrößen zu ermitteln und diese durch Kennwerte/-zahlen quantitativ zu belegen. Sie dienen der Charakterisierung der Werkstoffeigenschaften und bilden die Voraussetzung für die Berechnung von Bauteilen und Konstruktionen.

Kenngrößen sind Eigenschaften, die durch Kennwerte/-zahlen quantitativ beschrieben werden können.

Da die Kennwerte unter definierten Prüfbedingungen an Probekörpern vorgegebener Form ermittelt werden, sind sie nur bedingt auf Bauteile übertragbar. Eine weitere Aufgabe ist deshalb die Untersuchung, inwieweit die Ergebnisse, die an genormten Probekörpern erhalten wurden, auf Bauteile angewendet werden können. Das gilt vor allem für mechanische **Bauteilprüfungen,** denn die Gestalt eines Bauteils besitzt z. B. durch Kerben, Nuten und Querschnittsänderungen Einfluss auf das Werkstoffverhalten.

Werkstoffprüfungen dienen auch der **Qualitätssicherung** und **Fehlerprüfung.** Qualitätskontrollen sind nach der Erzeugung des Werkstoffs, bei dem Materialeingang im verarbeitenden Betrieb und als laufende Kontrollen im Verarbeitungsprozess durchzuführen, um fertigungsbedingte Eigenschaftsveränderungen oder entstandene Werkstofffehler festzustellen (z. B. nach dem Gießen, nach dem Schweißen, nach Wärmebehandlungen).

Beim Gebrauch technischer Mittel ändern sich die Eigenschaften der verwendeten Werkstoffe durch die Beanspruchungen (mechanische, thermische, chemische u. a. Belastungsart, -höhe und -dauer). Bei der längeren Nutzung von Verkehrsmitteln, Anlagen, Maschinen werden deshalb zur **Betriebsüberwachung** die verwendeten Werkstoffe vor allem durch zerstörungsfreie Werkstoffprüfungen kontrolliert, um die Sicherheit der technischen Gebilde vonseiten des Werkstoffs zu garantieren (z. B. Prüfung mit Ultraschall).

Schließlich werden die Werkstoffprüfverfahren bei der Aufklärung von Schadensfällen zur **Schadenanalyse** eingesetzt, um werkstoffbedingte Ursachen festzustellen.

Die **Werkstoffprüfverfahren** sind genormt (Prüfbedingungen, Probenformen), um Vergleichbarkeit und Reproduzierbarkeit der Kennwerte zu garantieren. Einige der Verfahren werden bei vielen Werkstoffgruppen angewendet, z. B. der Zugversuch bei Metallen, Kunststoffen, Textilfasern, Papier oder der Druckversuch bei Metallen, Baustoffen, Holz. Andere Verfahren sind spezifisch für eine Gruppe ausgelegt (z. B. Bestimmung der Eigenschaften von Magneten, der elektrischen Leitfähigkeit von Leiterwerkstoffen).

Jedes Prüfverfahren liefert nur Informationen über eine oder wenige Kenngrößen, der Zugversuch über Streckgrenze und Zug-(Reiß-)festigkeit, der Kerbschlagversuch über die Zähigkeit. Zur statistischen Absicherung werden stets mehrere Prüfungen an Proben durchgeführt.

Die Werkstoffprüfverfahren werden eingeteilt in

- Chemische Prüfungen: Untersuchung der Zusammensetzung durch nasschemische analytische Verfahren, Spektroskopie, Elektronenstrahlmikroanalyse u. a.
- Verfahren der Gefügeuntersuchung: Metallmikroskopie, Durchlichtmikroskopie, Transmissions- und Rasterelektronenmikroskopie
- Mechanische Prüfverfahren (zerstörende mechanische Prüfverfahren): Zugversuch, Druckversuch, Biegeversuch, Torsionsversuch, Schwingfestigkeitsversuche, Schlagbiege- und Kerbschlagbiegeversuche, Härteprüfungen u. a.
- Mechanisch-technologische Prüfungen: Biegeversuch, Hin- und Herbiegeversuch, Faltversuch, Tiefungsversuch (Prüfung der Tiefziehfähigkeit), Prüfung der Härtbarkeit, der Schweißbarkeit, der Spanbarkeit u. a.
- Verschleißprüfungen: Modellversuche zu Werkstoffpaarungen mit und ohne Schmierstoffe u. a.
- Korrosionsprüfungen: Prüfung auf Spannungsrisskorrosion, Kochversuch, Schwitzwasserversuch, Messung von Stromdichte-Potenzial-Kurven u. a.
- Zerstörungsfreie Prüfverfahren: Prüfung mit Röntgenstrahlen, Ultraschallprüfung, Schichtdickenmessung u. a.

Hinzu kommen noch verschiedene weitere physikalische Prüfverfahren zur Bestimmung mechanischer (Dichte, Viskosität, E-Modul) thermischer (Ausdehnungskoeffizient, Wärmeleitung, thermische Beständigkeit, Brennbarkeit u. a.), elektrischer (Widerstand, Leitfähigkeit u. a.), magnetischer (magnetische Permeabilität, Hysteresiskurve u. a.) und optischer Eigenschaften (Brechzahl, Polarisierung, Absorption u. a.).

Quantitative Ergebnisse sind immer fehlerbehaftet. Auf die Messwerte wirken verschiedene Einflüsse als **systematische Fehler** (z. B. Gerätefehler, ungenaue Geräteeinstellung, Temperatureinfluss, Schwingungen im Untergrund) und **statistische Fehler** (persönliche Fehler, z. B. ungenaue Ablesung, Verzögerungszeit beim Ablesen, Fehler bei der Probennahme). Der absolute Wert einer Kenngröße lässt sich somit niemals messen. Es gibt stets Abweichungen vom „wahren Wert". Messwerte sind deshalb mit ausreichender Probenanzahl aufzunehmen, um sie innerhalb einer Fehlergrenze, die durch die Fehlerrechnung ermittelt wird, abzusichern. Als Ergebnis werden das arithmetische Mittel (Mittelwert) sowie die Standardabweichung, der relative und prozentuale Fehler der Werte angegeben (Angabe der Messunsicherheit). Ohne deren Mitteilung ist das Ergebnis wertlos.

Aufgabe

Wiederholen Sie die im Mathematikunterricht behandelte Fehlerrechnung. Informieren Sie sich außerdem im Internet unter dem Stichwort Fehlerrechnung!

Nicht alle Prüfverfahren ergeben quantitative Messwerte. In einigen Fällen werden die Ergebnisse z. B. visuell beurteilt (Gefügeuntersuchungen, Rissprüfung, Ultraschallprüfung).

10.2 Beanspruchungsarten

Ein Nachteil der einzelnen Prüfverfahren ist, dass der Werkstoff einer einzelnen **Beanspruchungsart** (mechanisch, thermisch, chemisch, optisch u. a.) ausgesetzt wird. So ist der Werkstoff beim Zugversuch nur einer zügig wirkenden mechanischen Kraft in einer Richtung ausgesetzt. Beim Vorherrschen einer Beanspruchungsart spricht man von einer Grundbeanspruchung. In der Praxis treten die Beanspruchungsarten kaum einzeln, sondern gekoppelt auf z. B. mechanisch-thermisch im Motor durch Schwingungen, Reibung, Verbrennungstemperaturen. Neben der Beanspruchungsart ist die **Beanspruchungsintensität** von Belang, also der Betrag der Kraft, die Größe der Schwingungsamplitude, die Höhe der Temperatur, die Konzentration des schädigenden Mediums usw. Die **Beanspruchungs-Zeit-Funktion** ist der zeitliche Verlauf der Einwirkung (vgl. Übersicht 10-1). Komplexe Beanspruchungen werden bei der Prüfung von Bauteilen oder Fertigerzeugnissen realisiert (z. B. auf Motorprüfständen).

Außerdem sind die Dauer der Beanspruchung (Zeitstandsverhalten, Kriechverhalten des Werkstoffs),

Beanspruchung der Werkstoffe

Beanspruchungsart	Beanspruchungsintensität	Beanspruchungsverlauf (Beanspruchungs-Zeit-Funktion)
Grundbeanspruchungen: mechanisch – wechselnd mechanisch – dynamisch thermisch chemisch optisch elektromagnetische Strahlung Schallwellen	Betrag der Kräfte, der Momente, der Energie Amplitude, Frequenz … Betrag der Feldstärke, der Stromstärke …	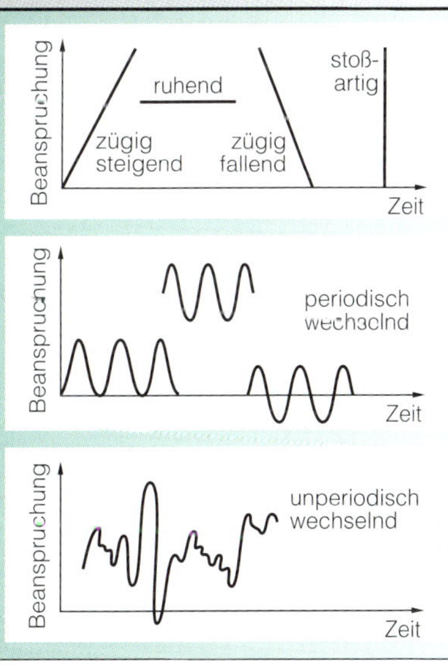
Komplexe Beanspruchungen: chemisch – thermisch mechanisch – thermisch mechanisch – chemisch mechanisch – chemisch – thermisch	Höhe der Temperatur Temperaturwechsel Energiedichte Konzentration der angreifenden Medien Belastungsdauer	

Übersicht 10-1

die Reihenfolge der Beanspruchung, Beanspruchungspausen und die Verteilung der Beanspruchung (homogen, inhomogen, ein- bzw. mehrachsig) für das Werkstoffverhalten von Einfluss.

10.3 Statisch-mechanische Prüfverfahren

10.3.1 Zugversuch an Metallen

Der Zugversuch nach DIN EN 10 002/01 dient der Bestimmung von **Festigkeits-** und **Verformungskenngrößen** bei einachsiger Belastung von Zugproben aus Metallen. Die Kennwerte benötigt der Konstrukteur für die Festlegung der Dimensionierung von Bauteilen und Konstruktionen.

> Festigkeit ist der Widerstand eines Werkstoffs gegen bleibende Verformung und Bruch.

Die Prüfung wird mit Rund- oder Flachproben durchgeführt, die kerbfrei und ohne Gefügeveränderungen hergestellt werden müssen. Vor Versuchsbeginn wird die Ausgangsmesslänge L_0 festgelegt und der Ausgangsquerschnitt S_0 ausgemessen. Die meisten Prüfungen werden mit sog. Proportionalitäts- oder Zugstäben runden Querschnitts mit dem Durchmesser d_0 und der Länge L durchgeführt (Abb. 10-1):

$$L_0 = 5{,}65 \cdot \sqrt{S_0} = 5 \cdot d_0$$

oder

$$L_0 = 11{,}3 \cdot \sqrt{S_0} = 10 \cdot d_0$$

Die Prüfstäbe werden in die Aufnehmer-Vorrichtungen einer Zugprüfmaschine eingelegt und axial belastet. Die Messuhr einer Kraftmessdose oder eines Kraftmessbügels zeigt den Betrag der Kraft an. Für exakte Dehnungsmessungen wird an der Probe ein Dehnmessstreifen angebracht (Messung der Änderungen des OHM'schen Widerstands) oder eine mechanische Messuhr an die Probe angeklemmt (Abb. 10-2) bzw. eine berührungslose Messung vorgenommen (z. B. optisch durch Laserextensiometer). Darüber hinaus werden die von der Messeinrichtung der Maschine registrierten Kräfte F und die zugehörigen Längenänderungen ΔL in einem Diagramm aufgezeichnet. Sie müssen – um vergleichbare Werte mit anderen Werkstoffen zu erhalten – in ein **Spannungs-Dehnungs-Diagramm** (σ-ε-Diagramm) umgerechnet werden:

$$\sigma = \frac{F}{S_0} \quad \text{und} \quad \varepsilon = \frac{L - L_0}{L_0} \quad \text{oder} \quad \varepsilon = \Delta L / L_0$$

Die Spannungskenngrößen, die für konstruktive Berechnungen wichtig sind, werden aber nicht mit dem Symbol σ, für die Spannung, sondern mit dem Zeichen R (frz. resistance, Festigkeit) und der Dimension N/mm^2 oder MPa angegeben.

Die Aufbringung der Kraft auf die Probe erfolgt stetig zunehmend und wird als statische Belastung angesehen. Der Werkstoff beantwortet die Krafteinwirkung zunächst mit elastischer und bei weiterer Belastung mit **elastisch-plastischer Verformung** (Dehnung). Der Widerstand des Werkstoffs gegen die Verformung ist im Verlauf der Kraftaufbringung nicht konstant. Er hängt vom Verformungsgrad ab. Deshalb sind auch die zur Dehnung notwendigen Kräfte während des Versuchsverlaufs nicht kon-

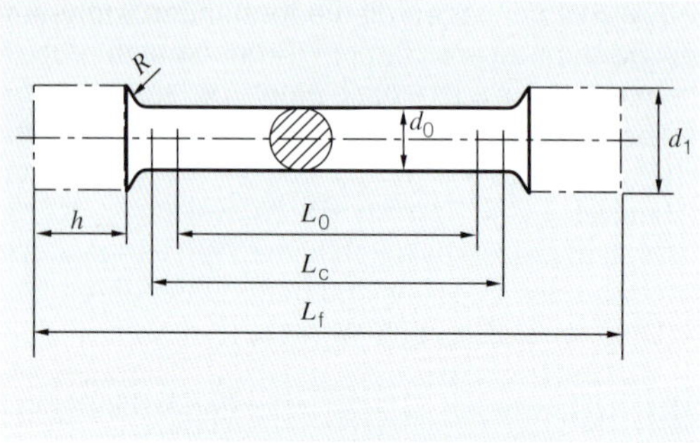

Abb. 10-1 Proportionalitätsstab (Zugprobe) nach DIN EN 10002
d_0 = Probendurchmesser
d_1 = Kopfdurchmesser
h = Kopfhöhe
L_0 = Anfangsmesslänge
L_c = Versuchslänge
L_t = Gesamtlänge

Abb. 10-2 Prinzip der Zugprüfung mit angeklemmtem Feindehnungsmesser

stant. Die Formänderung erfolgt durch Längenänderung ΔL und Querschnittsabnahme, die sich aber bei verformbaren Metallen erst im elastisch-plastischen Bereich und besonders in der Nähe der Brucheinschnürung deutlich zeigt.

Aufgabe

Informieren Sie sich im Abschnitt 9.4.5 über die Vorgänge im Gitter bei der Kaltumformung und die Zusammenhänge von Spannung und Dehnung!

Im Folgenden werden zunächst die Verhältnisse stärker plastischer Konstruktionsmetalle, z. B. kohlenstoffärmerer unlegierter Stähle und Nichteisenmetall-Legierungen, betrachtet:

a) Im Bereich der **Elastizität** ist der Widerstand des Werkstoffs gegen die verformenden Kräfte am größten. Spannung und Dehnung sind proportional $\sigma \sim \varepsilon$ und folgen dem **HOOKE'schen Gesetz** (vgl. Abschnitt 9.4.5):

$$E = \sigma / \varepsilon = \tan \alpha$$

Aus dem Anstieg der HOOKE'schen Gerade ist somit als Kenngröße der **Elastizitätsmodul** E bestimmbar. Je höher der Betrag des E-Moduls ist, umso steiler verläuft die Gerade und umso größer ist der Widerstand des betreffenden Werkstoffs gegen elastische Verformungen.
Die Verformung ist reversibel, d. h. ohne bleibende Verformung. Nach Entlastung geht die Probe in ihre ursprüngliche Form zurück (vgl. Potenzialmulden-Modell Abb. 9-11). Die elastische Dehnung endet an der **Dehn-** bzw. **Streckgrenze** R_e bzw. R_p, die aber nicht exakt bestimmt werden können. Eine technische Dehngrenze (auch technische Elastizitätsgrenze genannt) kann je nach erforderlicher Genauigkeit bei einer bleibenden Verformung von 0,001, 0,01 % oder 0,02 % ($R_{p,0,02}$) festgelegt werden. Meist wird sie aber bei einer plastischen Verformung von 0,2 % als $R_{p0,2}$-Grenze bestimmt. Für konstruktive Berechnungen wird die Kennzahl durch einen Sicherheitsfaktor dividiert und als **zulässige Spannung** σ_{zul} ausgewiesen (z. B. $S = 2$ bedeutet doppelte Sicherheit).

b) Wenn im Gitter irreversible Teilchenbewegungen durch Gleitvorgänge und Versetzungswanderungen einsetzen, nimmt die dafür notwendige Kraft ab. Der Werkstoff verformt sich elastisch-plastisch, d. h., jede plastische Deformierung wird noch von elastischen Verformungen begleitet. Im σ-ε-Diagramm eines Stahls bildet sich das stärkere Einsetzen der Plastizität („Fließen" des Werkstoffs) an der sog. Streck- bzw. Dehngrenze ab, entweder durch eine ausgeprägte obere und untere Streckgrenze R_{eH} und R_{eL} wie bei unlegierten Baustählen (Abb. 10-3) oder durch einen allmählichen Übergang zu stärkerer plastischer Verformung als Dehngrenze $R_{p0,2}$-Grenze (austenitische Stähle, Aluminium- und Kupferlegierungen; Abb. 10-4).

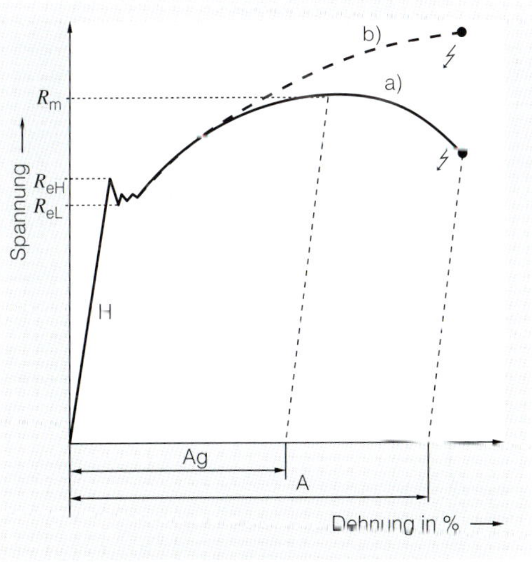

Abb. 10-3 **Schematisches Spannungs-Dehnungs-Diagramm eines Baustahls mit ausgeprägter Streckgrenze**
a) technisches, b) wahres Schaubild
H = HOOKE'sche Gerade

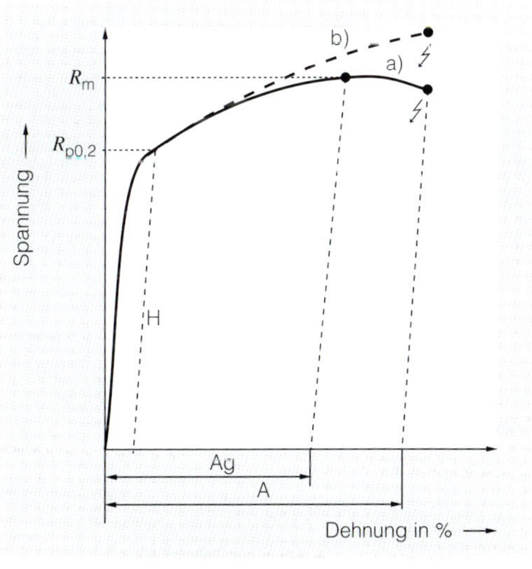

Abb. 10-4 **Schematisches Spannungs-Dehnungs-Diagramm eines Stahls mit kontinuierlichem Übergang von der elastischen zur elastisch-plastischen Verformung mit $R_{p0,2}$-Dehngrenze**

Die Verformung zwischen R_{eH} und R_{eL} wird auch Lüders-Dehnung genannt. Übersicht 10-2 gibt einige Kennzahlen für die $R_{p\,0,2}$-Grenze an, aus denen der Einfluss der chemischen Zusammensetzung hervorgeht.

c) Bei weiterer Dehnung über R_{eH} bzw. R_p setzen die Vorgänge der **Fehlervermehrung** ein, und der Widerstand des Werkstoffs nimmt durch die **Kaltverfestigung** zu. Plastische Metalle dehnen sich nun stärker. Die sog. **Gleichmaßdehnung** A_g endet beim maximalen Kraft- bzw. Spannungswert, der **Zugfestigkeit** R_m, bei der die Einschnürung der Probe an der späteren Bruchstelle einsetzt:

$$R_m = F_{max}/S_0$$

Im technischen σ-ε-Diagramm, bei dem die Spannung auf den Ausgangsquerschnitt S_0 bezogen wird, fällt die Kurve bis zum Bruch wieder ab. Werden jedoch die Spannungen bis zum Bruch auf die abnehmende Querschnittsfläche S bezogen, steigen die Spannungswerte weiter an, und es ergibt sich das wahre Spannungs-Dehnungs-Diagramm (vgl. Abb. 10-3).

Die Streck-/Dehngrenzenbestimmung erfolgt grafisch durch eine Gerade parallel zur HOOKE'schen Gerade im Abstand 0,02 % bzw. 0,2 % der plastischen Dehnung, analog die Gleichmaßdehnung und die Dehnung bei Bruch, um den elastischen Anteil der Dehnung zu berücksichtigen (Abb. 10-3 und 10-4).

Neben den Festigkeitskenngrößen ***E*-Modul, technischer Dehn-/Elastizitätsgrenze** $R_{0,001}$ usw. **Streckgrenze** R_e, **Dehngrenze** R_p bzw. $R_{p\,0,2}$ und **Zugfestigkeit** R_m ergeben sich durch den Zugversuch als Verformungskenngrößen die **Gleichmaßdehnung** A_g bei R_m, die **Bruchdehnung** A und die **Brucheinschnürung** Z:

$$A = \frac{L_u - L_o}{L_o} \cdot 100\,\%$$

$$Z = \frac{S_o - S_u}{S_o} \cdot 100\,\% = \frac{d_o^2 - d_u^2}{d_o^2}$$

(L_u = Länge der Probe nach Bruch,
S_u = Fläche der Probe an der Bruchstelle,
d_o, d_u = Durchmesser der Probe zu Beginn bzw. an der Einschnürung)

Mindest-Dehngrenze $R_{p\,0,2}$

Unlegierte Stähle	$R_{p\,0,2}$ in N/mm²
S355	350
C 10	430
C 45	490
Legierte Stähle	**$R_{p\,0,2}$ in N/mm²**
16MnCr5	630
G15CrMoV6.9	930
34CrNiMo6	1000
Al-Werkstoffe	**$R_{p\,0,2}$ in N/mm²**
Al99.5	40
AlMg1	100
AlMg3	120

Übersicht 10-2

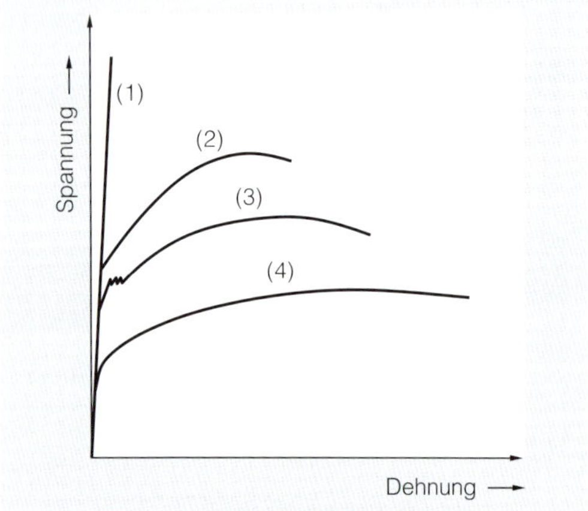

Abb. 10-5 Spannungs-Dehnungs-Diagramme im schematischen Vergleich,
(1) Stahl gehärtet, (2) vergütet, (3) normalisiert, (4) Kupfer

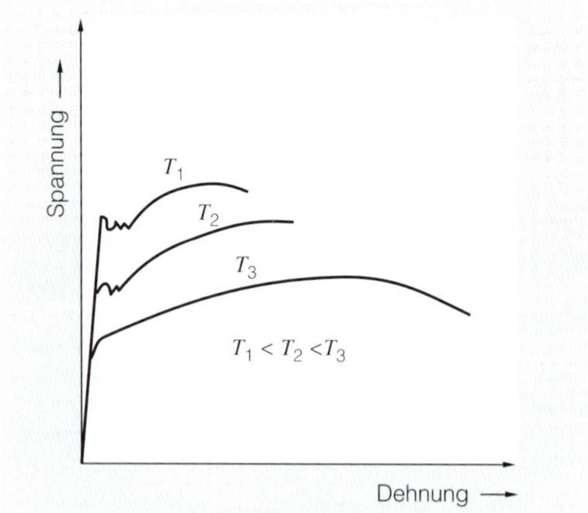

Abb. 10-6 Einfluss der Temperatur auf Festigkeit und Dehnung eines Baustahls

Die Spannungs-Dehnungs-Diagramme legierter oder gehärteter Stähle sowie Eisenguss-Legierungen weisen gegenüber den stärker dehnbaren unlegierten Stählen steilere HOOKE'sche Geraden, höhere Bruchfestigkeiten, geringere Brucheinschnürungen und geringere Dehnungen bis zum Bruch aus (Abb. 10-5). Bei höherer Temperatur aufgenommene σ-ε-Diagramme zeigen eine höhere Plastizität und geringere Festigkeit an (Abb. 10-6).

Spröde Metalle brechen plötzlich und ohne eine deutliche Brucheinschnürung (Abb. 10-5). Sehr schnelle Zugbelastung senkt die Bruchdehnung.

Zeitstandsprüfungen werden unter konstanter Dauerlast, bei einer bestimmten Temperatur und über eine längere Zeit (z. B. 1000 Stunden) für eine festgelegte bestimmte plastische Dehnung z. B. 1 % oder bis zum Bruch vorgenommen.

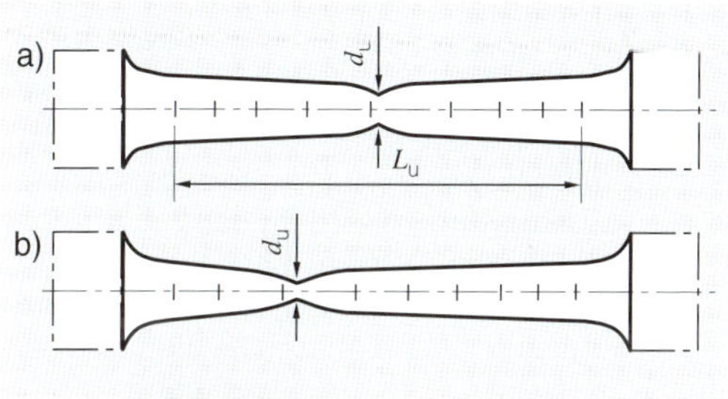

Abb. 13-7 Zugproben
a) symmetrisch,
b) unsymmetrisch gebrochen

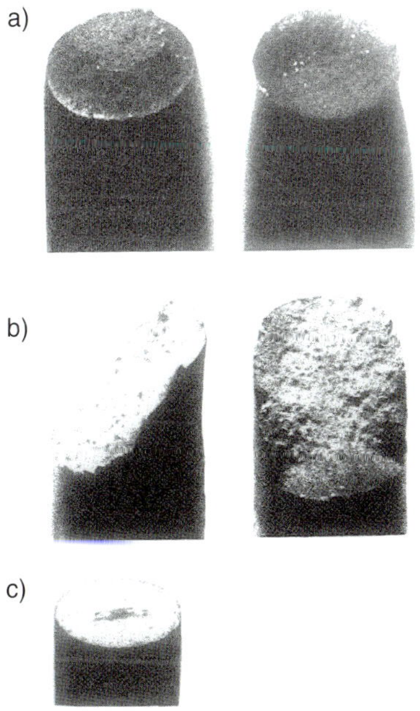

Abb. 10-8
Bruchbilder
a) zäher Bruch (Kegel-, Krater)
b) zäher Gleitbruch,
c) Spröd- oder Trennbruch

10.3.2 Zugversuch an Kunststoffen

Kunststoffe werden im Zugversuch nach DIN EN ISO 527 an Flachproben geprüft. Die Kenngrößen werden anders als bei Metallen gekennzeichnet. Man unterscheidet:

σ_M Zugfestigkeit für die maximale Spannung
ε_M Dehnung bei σ_M
σ_B Bruchspannung, Zugspannung bei Bruch
ε_B Bruchdehnung bei σ_B
σ_Y Streckspannung, Spannung, bei der die Steigung der σ-ε-Kurve gleich null wird (Streckungsbeginn)
ε_Y Streckdehnung bei σ_Y
σ_x Spannung bei x % Dehnung
ε_x Dehnung bei σ_x

Da sich die Strukturen, thermischen Zustände und die Bindungskräfte der Kunststoffe wesentlich von den Metallen unterscheiden, ergeben sich stärkere Einflüsse der Temperatur, der Belastungszeit und der Prüfgeschwindigkeit. Die Proben, die spannungsfrei durch Spritzguss, Spanen oder Zuschneiden (Folien) hergestellt werden, sind vor dem Versuch bei vorgesehener Prüftemperatur und Luftfeuchtigkeit bis zum Gleichgewicht zu lagern.

Thermoplastische und duroplastische Kunststoffe sind unterhalb der Glastemperatur hart-spröde, besitzen eine geringe Dehnung und brechen unter der stetig ansteigenden Zugkraft bei geringerer Dehnung (vgl. Abschnitt 9.6.4). Teilkristalline Kunststoffe sind im zäh-elastischen Zustand plastischer und be-

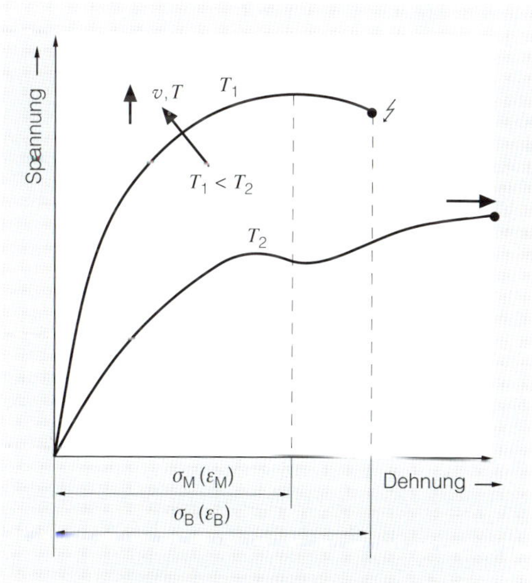

Abb. 10-9 Schematische Spannungs-Dehnungs-Diagramme mit Kennzeichnung des Einflusses von Temperatur und Verformungsgeschwindigkeit

sitzen höhere Dehnungswerte. Dabei richten sich die Moleküle der amorphen und kristallinen Bereiche schon bei relativ geringer Belastung in Zugkraftrichtung aus, wenn es zu stärkerer Verstreckung des Kunststoffs durch Gleitvorgänge der Teilchen kommt (vgl. Abb. 9-82). Durch die Orientierung kann die Festigkeit wieder etwas ansteigen. Wichtige Erscheinungen sind die **Entropieelastizität, Viskoelastizität** und die **Relaxation,** wenn die verformenden Kräfte nicht mehr wirken (Abschnitt 9.6.4).

Bei sehr schneller Belastung können die Moleküle nicht mehr genügend der Kraftwirkung folgen und verhalten sich auch über der Glastemperatur weniger plastisch und spröde.

Bei dauerhafter Belastung einer Zeitstand-Zugprüfung findet eine langsame Dehnung durch **Kriechen** statt. Die Moleküle folgen dem Zug (wie auch bei Druckbelastung), bei niedriger Temperatur weniger schnell als bei höherer Temperatur. Anstelle des E-Moduls ist der **Kriechmodul** $E_c(t) = \sigma/\varepsilon(t)$, der zeitabhängig ist, gültig.

Die **Zeitstand-Zugfestigkeit** ist die Spannung, bei der die Probe nach einer Zeit t unter festgelegter Dauerbelastung $\sigma_{B,t}$ oder festgelegter Dehnung $\varepsilon_{e,t}$ bricht.

Der E-Modul ist durch diese Verhaltensweisen keine Materialkonstante, sondern von den Einflüssen und Bedingungen abhängig. Er wird bei sehr geringer Dehnung bestimmt, weil keine ausgeprägt längere HOOKE'sche Gerade erkennbar ist.

10.3.3 Härteprüfung an Metallen

Als **Härte** wird der Widerstand bezeichnet, den der Werkstoff einem eindringenden härteren Körper leistet.

Die wichtigen statischen Prüfverfahren nach **BRINELL, VICKERS und ROCKWELL** unterscheiden sich nach Form und Material der Prüfkörper sowie der Belastung. Die Härtekennwerte können deshalb verfahrensbedingt untereinander nicht exakt umgerechnet werden, bzw. sie sind nur bedingt vergleichbar. Die Prüfkörper erzeugen durch eine langsam wirkende Druckkraft eine elastisch-plastische Verformung an der Eindringstelle. Die Prüfkörper werden so lange in den Werkstoff eingedrückt, bis sie zur Ruhe kommen. Die erzeugte Fläche bzw. die Eindringtiefe dienen der Bestimmung der Kennwerte. Für die genannten **Härteprüfungen** stehen Härteprüfmaschinen zur Verfügung.

a) Härteprüfung nach BRINELL

Das Verfahren nach DIN EN ISO 6506/99 eignet sich für die Härteprüfung von weichen bis mittelharten Metallen (bis max. 650 HBW) Kunststoffen, Beton und Holz. Der Prüfkörper besteht aus einer polierten Hartmetallkugel mit dem Durchmesser D, die mit der Kraft F belastet wird. Er erzeugt eine Kalotte mit dem Durchmesser d und der Eindringtiefe h. Die Härtekennzahl ergibt sich als Quotient aus Kraft und erzeugter Eindrucksfläche der Kugelkalotte $A = \pi \cdot D \cdot h$. Da h messtechnisch schwer ermittelt werden kann, wird der Kalottendurchmesser d ausgemessen. Man erhält aus $H = 0{,}102 \cdot F/A$ über den Lehrsatz des Pythagoras als Bestimmungsgleichung:

$$H = \frac{0{,}102 \cdot 2F}{\pi \cdot D(D - \sqrt{D^2 - d^2})}$$

Bei einem zu tiefen Eindruck kann durch Kaltverfestigung unter der Kalotte der Härtewert verfälscht werden. Bei einem zu harten Werkstoff kann die Kugel abgeplattet werden und eine zu niedrige Eindringtiefe erzeugen. Deshalb müssen D und F auf die Härte (sowie bei dünnen Proben auf deren Dicke) so abgestimmt werden, dass d zwischen 0,24 und 0,6 D liegt. Es werden Kugeln mit dem Kugeldurchmesser D von 1, 2,5, 5 und 10 mm verwendet. An der Härteprüfmaschine sind die Kraftstufen einstellbar. Die Härte errechnet sich in N/mm^2 und erhält das Kurzzeichen HBW. Dazu sind Kugeldurchmesser und Prüfkraft anzugeben. Eine Angabe 330 HBW 2,5/187,5 bedeutet: D = 2,5 mm, F = 187,5 kp : 0,102 = 1840 N.

Für un- und niedriglegierte Stähle besteht eine Beziehung zwischen Zugfestigkeit und BRINELL-Härte: $R_m \approx 0{,}3 \cdot \text{HBW}$.

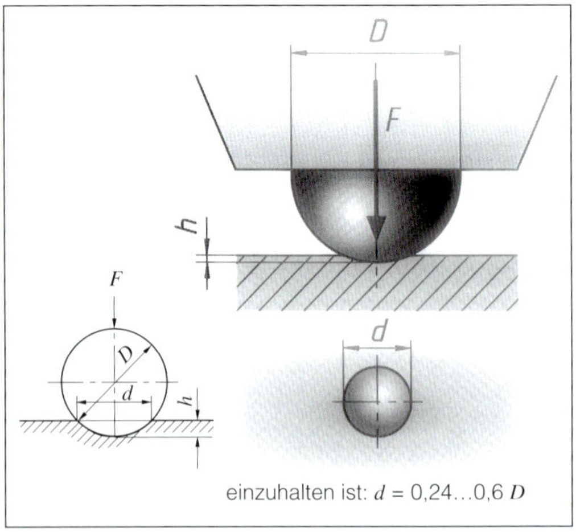

Abb. 10-10 Härteprüfung nach BRINELL

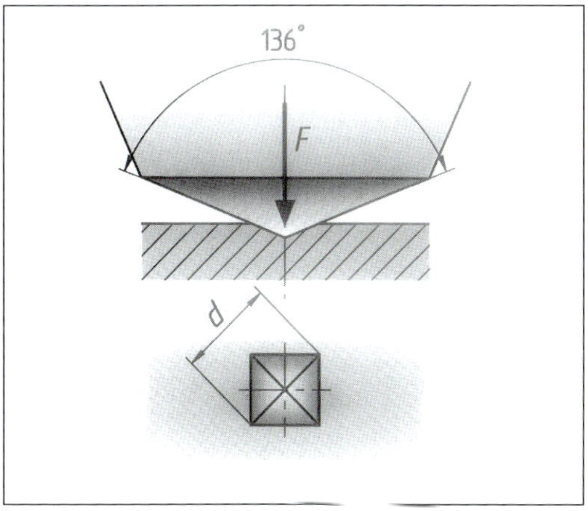

Abb. 10-11 **Härteprüfung nach Vickers**

b) Härteprüfung nach Vickers

Die Prüfung kann nach DIN EN ISO 6507/98 durch die Wahl der Prüfkräfte F = 49, 98, 196, 490 und 980 N für Werkstoffe aller Härtegrade angewendet werden. Durch sog. **Kleinlastprüfung** (F zwischen 1,96 und 49 N) und die **Mikrohärteprüfung** stehen für die Feststellung der Härte von dünnen Schichten auch geringere Laststufen zur Verfügung.

Der Prüfkörper ist eine Diamantpyramide mit dem Spitzenwinkel von 136° zwischen gegenüberliegenden Flächen. Man misst die Diagonalen d_1 und d_2 des Eindrucks und errechnet den Mittelwert d. Die Eindruckfläche A ergibt sich zu $A = d^2/2 \cdot \cos 22°$ und die Härte zu

$$H = 0{,}189 \cdot F/d^2$$

Der Härtewert wird mit dem Kurzzeichen HV, der mit 0,102 multiplizierten Prüfkraft und evtl. mit der Belastungszeit angegeben, z. B. 550 HV50/30 (550 N, 30 s).

Für mobile Härteprüfungen nach Vickers oder Prüfung großer, schwerer Teile (z. B. Zahnflanken von Zahnrädern) stehen kleine tragbare Geräte zur Verfügung.

c) Härteprüfung nach Rockwell

Bei dieser Prüfung ist die Eindringtiefe ein Maß für die Härte. Der Prüfköper ist beim **Rockwell-C-Verfahren** ein Diamantkegel (Winkel 120°, Spitze gerundet). Er wird zunächst mit einer Vorkraft F_1 von 98 N (berücksichtigt elastische Verformung h_1) und dann mit der Hauptkraft F_2 von 1373 N in den Werkstoff gedrückt. Nach Abheben der Hauptkraft ist die Eindringtiefe h (des plastischen Eindrucks unter Vorlast h_1) ein Maß der Härte. Sie wird durch die Messuhr, die hundert Einheiten besitzt, in Härteeinheiten angegeben. Eine Einheit entspricht 0,002 mm. Die Anzahl wird von den hundert Einheiten abgezogen, d. h., eine von der Messuhr angegebene Härte von 50 HRC bedeutet, dass die Eindringtiefe 50 · 0,002 = 0,1 mm betrug:

$$\text{HRC} = 100 - h/0{,}002\ \text{mm}$$

Beim **Rockwell-B-Verfahren** wird nach gleicher Weise eine Stahlkugel (D = 1,5875 mm) verwendet.

Das Rockwell-C-Verfahren eignet sich nur für die Härtebestimmung von mittelharten bis sehr harten Metallen zwischen 20 und 70 HRC. Es ist wegen der direkten Anzeigen rasch durchführbar.

Bei der **Universalhärteprüfung** HU (Instrumentierte Eindringprüfung) verwendet man spezielle Prüfgeräte. Dabei wird eine Diamantpyramide in den Werkstoff gedrückt und die Prüfkraft (2 N bis 1000 N; Mikrohärte-Bereich < 2 N) während des Eindringens bis zum Stillstand gemessen. Es ergibt sich ein Kraft-Weg(Eindringtiefe)-Diagramm für die elastisch-plastische Verformung und bei Entlasten für den plastischen Anteil der Härte. Weiterhin sind bei konstanter Last über eine bestimmte Zeit Kriechverhalten bzw. anschließend die Relaxation bestimmbar.

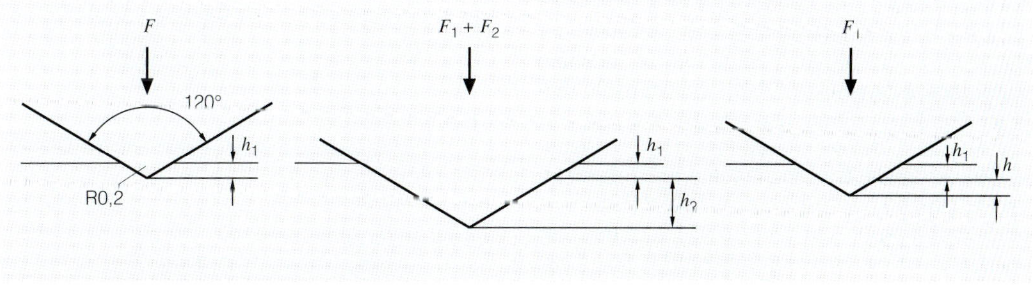

Abb. 10-12 **Prinzip der Rockwell-C-Prüfung**
h_1 = elastische Verformung unter Vorlast, h_2 = elastisch-plastische Verformung
h = Messtiefe

d) Dynamische Härte-Prüfverfahren für Metalle
Bei den dynamischen Verfahren, die ortsunabhängig mit kleinen Handgeräten durchgeführt werden, wird schlag-/stoßartig auf den Werkstoff eingewirkt. Die Härte ist mit Werten, die durch andere Verfahren gemessen wurden, nicht vergleichbar.

Beim **Verfahren nach Shore** (Rücksprunghärte) fällt ein Prüfkörper in einem Rohr senkrecht aus bestimmter Höhe auf den Werkstoff und springt elastisch zurück. Die Rücksprunghöhe ist eine Maß für die Härte. Moderne Rückprallhärte-Prüfer geben die Härte direkt an und sind mit Anzeigegerät und z. T. mit Drucker kombiniert

Der **Baumann-Hammer** ist ein Schlaggerät. Eine Kugel (D = 5 mm) ist an einem Federschlagbolzen, der mit konstanter Kraft gespannt wird, befestigt. Nach senkrechtem Aufsetzen des Geräts wird der Bolzen ausgelöst, und die Kugel schlägt auf den Werkstoff auf. Aus einer Tabelle kann für den ausgemessenen Kalottendurchmesser die Brinell-Härte abgelesen werden.

10.3.4 Härteprüfung an Kunststoffen und Gummi

Die Feststellung der Härte von Kunststoffen und Elasten ist durch den geringeren Eindringwiderstand, die Viskoelastizität, das Kriechen und die Relaxation problematischer als bei Metallen. Man wird auch mindestens fünf Prüfungen für einen abgesicherten Mittelwert durchführen müssen.

Die **Kugeldruckhärte** nach DIN EN ISO 2039-1 wird bei Thermoplasten, Duroplasten und Hartgummi wie die Brinell-Prüfung mit einer Kugel (D = 5 mm) bestimmt. Es werden zulässige Eindringtiefen zwischen 0,15 und 0,35 mm mit den dafür angepassten Belastungsstufen 49, 132, 358 oder 961 N erzeugt. Die Kraft wird auf die Kalottenoberfläche bezogen und als Härte H mit der Prüfkraft in N/mm² angegeben, z. B. H 358 = 36 N/mm².

Mit einem Shore-Durometer misst man nach DIN EN ISO 868 die Eindringtiefe unter Prüflast als Shore-Härte. Die Shore-A-Härte wird bei weichem Gummi und sehr weichen Kunststoffen ermittelt. Ein Kegelstumpf als Eindringkörper dringt mittels Federkraft (max. 822 g = 8,065 N) in den Werkstoff ein. Härtemaß ist die Eindringtiefe bei Belastung, die mit einer in hundert dimensionslose Einheiten geteilten Messuhr angezeigt wird. Bei einer Eindringtiefe von 2,5 mm (extrem weich) wird der Wert 0 und bei einer Eindringtiefe von 0 mm der Wert 100 angezeigt. Verwertbar sind Härten von 10 bis 90 Shore-A.

Die Shore-D-Härte wird an Hartgummi und harten Thermoplasten mit einem Kegel und einer Federkraft (max. 44,5 N) auf gleiche Weise mit Werten zwischen 30 bis 90 bestimmt.

Duroplaste und harte Thermoplaste werden wegen ihrer höheren Härte nach DIN EN ISO 2039-2 als Rockwell-Härte HR mit einer Kugel (D = 3,175, 6,35 oder 12,7 mm) unter einer Vorlast von 98,1 N und je nach Härte mit Hauptlasten von 588,4, 980,7 oder 1471 N für zulässige Eindringtiefen von 0,06 bis 0,26 mm gemessen. Die Härtewerte betragen 0 bis 115 N/mm².

Die Härte weicher Elastomere ist auch als IRHD-Härte (Internationaler Gummihärtegrad) mit Kugel, kleiner Vorlast (0,3 N) und Hauptlast von 5,4 N für Eindringtiefen von 1,1 bis 1,8 mm (D_{Kugel} = 5 mm) bzw. 0 bis 1,8 mm (D_{Kugel} = 2,5 mm) bestimmbar.

10.3.5 Weitere statische Festigkeitsprüfungen

a) Druckversuch
Der Druckversuch nach DIN 50106 wird mit einer Zug-Druck-Prüfmaschine durchgeführt. Die zylindrischen Proben werden durch Druckkraft oder -spannungen σ_d gestaucht und bis zu einem Anriss (Abb. 10-13 a) oder Gleitbruch (b) unter einem Winkel von 45° zur Druckrichtung belastet. Dann ist die **Bruchfestigkeit** σ_{dB} (in N/mm²) bei max. Druckkraft F_B, die bleibende **Bruchstauchung** ε_{dB} und **Bruchquerschnittsvergrößerung** Ψ_{dB} erreicht:

$$\sigma_d = F/S_0 \qquad \sigma_{dB} = \frac{F_B}{S_0}$$

$$\varepsilon_{dB} = \frac{\Delta L_{dB}}{L_0} \cdot 100\,\% \qquad \Psi_{dB} = \frac{\Delta S_{dB}}{S_0} \cdot 100\,\%$$

Insbesondere plastische Metalle werden auf diese Weise geprüft, um Verformbarkeit und Kriechneigung festzustellen. Besondere Bedeutung hat der Druckversuch für die Prüfung von Beton und Mauerziegeln.

b) Biegeversuch
Für den Biegeversuch an Metallen gilt die DIN EN ISO 7438 und an Kunststoffen die DIN EN ISO 178/03. Genormte Stäbe werden auf zwei Stützen im Abstand l gelagert und in der Mitte durch eine Kraft F belastet (Dreipunktbiegung, Abb. 10-14). Die **Biegespannung** σ_b ergibt sich aus dem **Biegemoment** M_b dividiert durch das **Widerstandsmoment** W in N/mm² und die **Biegefestigkeit** σ_{bB} ent-

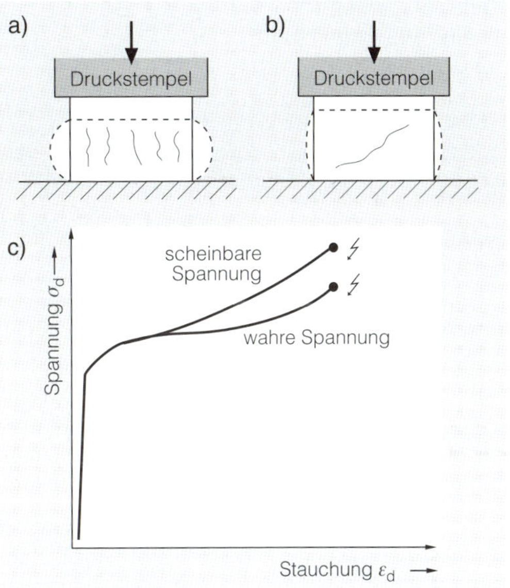

Abb. 10-13 Druckprüfung
a) plastischer
b) spröder Werkstoff
c) Druckspannung-Stauchung-Diagramm

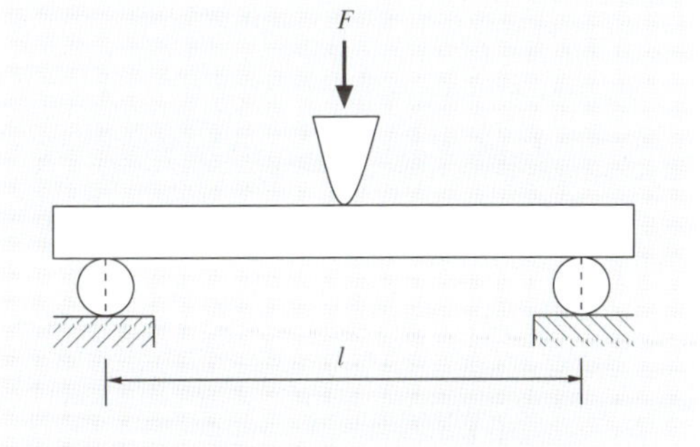

Abb. 10-14 Biegeversuch in Dreipunktauflage

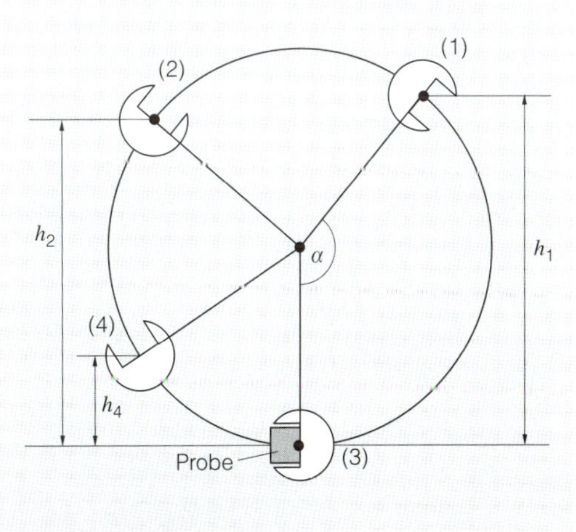

Abb. 10-15 Pendelschlagwerk

sprechend aus M_{bmax} und W beim Bruch der Probe. Das Widerstandsmoment ist von der Probenform abhängig:

$$\sigma_b = \frac{M_b}{W} \qquad M_b = \frac{F \cdot l}{4}$$

$$W = \frac{a^3}{6} \qquad \sigma_{dB} = \frac{3\,F_{max} \cdot l}{2 \cdot a^3}$$ (für quadrat. Querschnitt)

Die statische Belastbarkeit durch Biegung ist vor allem für spröde Werkstoffe (z. B. Gusseisen, Keramik, Glas), aber auch für die Bestimmung von Biegespannungen und Durchbiegungen von Profilen aus Konstruktionsmetallen von Interesse. Durch den Biegeversuch kann auch der E-Modul des Werkstoffs aus der elastischen Durchbiegung bestimmt werden. Dazu wird mittig unter der Probe eine Längenmessuhr angebracht.

Bei Kunststoffen wird im **Kurzzeitbiegeversuch** die Biegespannung an Proben mit den Maßen 80 mm · 10 mm · 4 mm nach gleicher Weise bestimmt.

10.4 Dynamisch-mechanische Prüfverfahren

10.4.1 Kerbschlagzähigkeit von Metallen

Für die dynamische Beanspruchung interessiert, wie der Werkstoff auf rasch wechselnde und schlag-/stoßartige Einwirkungen reagiert. Es werden zu diesem Zweck der Kerbschlagbiegeversuch und Schwingungsversuche durchgeführt.

Der **Kerbschlagbiegeversuch nach Charpy** nach DIN EN ISO 10045-1 an Metallen legt die Durchführung mit einem Pendelschlagwerk und die DIN 50115 die Probenformen mit U- und V-förmigen Kerben fest. Durch hohe Verformungsgeschwindigkeit beim Schlag (max. 10^{-4} s) entsteht an der Kerbe ein Spannungsstau und der Bruch. Je höher die dafür notwendige Schlagarbeit ist, desto zäher ist der Werkstoff. Die Prüfung gestattet auch Aussagen darüber, welche Wirkung Oberflächenfehler (Risse, Bearbeitungsriefen), schroffe Übergänge oder Nuten in Bauteilen besitzen. Prüfungen werden vor allem bei 20 °C und tiefen Temperaturen (Feststellung der Kaltzähigkeit) durchgeführt.

Zur Durchführung des Versuchs wird der Hammer mit der Masse m in Hochlage arretiert (Abb. 10-15, Position 1). Er besitzt die potenzielle Energie $E_{pot} = m \cdot g \cdot h_1$. Wenn er ausgelöst frei durchschwingt, nimmt er Position 2 am oberen Totpunkt

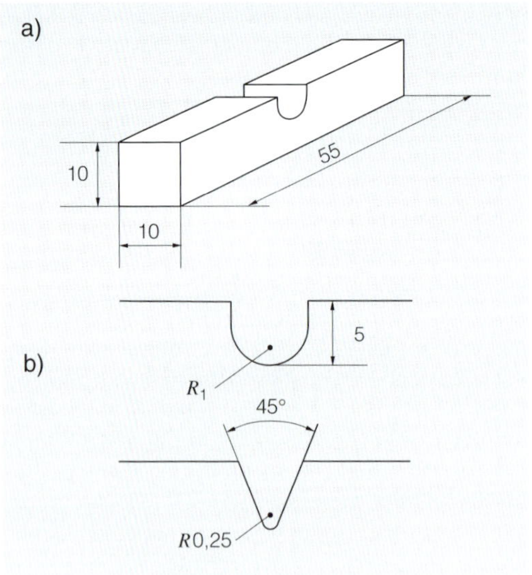

Abb. 10-16 Probenformen (Normalproben)
a) Rundkerbe
b) Spitzkerbe

ein (geringer Energieverlust durch Reibung im Lager, durch Mitnahme des Schleppzeigers). Die Probe wird nun so auf die Widerlager des Probenaufnehmers gelegt, dass die Kerbe auf die entgegengesetzte Seite der Schlageinwirkung zeigt (Abb. 10-17). Beim Ausklinken des Hammers wandelt sich die potenzielle Energie in kinetische Energie um, die am unteren Totpunkt beim Auftreffen auf die Probe (Position 3) am größten ist: $E_{\text{kin}} = m \cdot v^2/2$. Die Auftreffgeschwindigkeit beträgt („reibungsfrei“) $v = \sqrt{2 \cdot g \cdot h_1}$. Ein Teil der Energie wird beim Zerbrechen von der Probe aufgenommen. Der Hammer schwingt mit der Restenergie auf die Position 4, die durch den Schleppzeiger angegeben wird. Die zum Zerstören **verbrauchte Schlagarbeit** oder **Kerbschlagarbeit** K in J (Joule) ergibt sich aus der Energiedifferenz ΔE:

$$K = E_1 - E_4 = m \cdot g \cdot h_1 - m \cdot g \cdot h_4$$

Der Betrag der Kerbschlagarbeit ist klein, wenn bei einem spröden Trennbruch keine oder nur geringe plastische Verformung geleistet wird (ausgehend von der Kerbe instabile Rissausbreitung), bzw. groß, wenn die Rissausbreitung mit plastischen Verformungen einhergeht. Der Kennwert der Kerbschlagarbeit wird durch die Buchstaben U oder V ergänzt, je nachdem, ob Proben mit U- oder V-Kerbe verwendet wurden. Außerdem muss das Arbeitsvermögen des Hammers angegeben werden, wenn es von 300 J abweicht, z. B. KU = 120 J bedeutet, dass das Arbeitsvermögen 300 J betrug, eine Probe mit U-Kerbe verwendet wurde und die Kerbschlagarbeit 120 J beträgt. KV 150 = 56 J beinhaltet 150 J Arbeitsvermögen, V-Probe und Kerbschlagarbeit 56 J.

Die Zähigkeit eines Werkstoffs hängt von der Energie für die Rissbildung und dem Bruch ab. Sie wird von der Kerbform stark beeinflusst.

Werte, die an unterschiedlichen Probenformen erhalten wurden, können nicht miteinander verglichen werden. Durch den Kerbschlagbiegeversuch wird z. B. untersucht, welche Zähigkeit der Werkstoff bei Raumtemperatur besitzt (Sprödbruchneigung), ob sich der Werkstoff für einen tieferen Temperaturbereich eignet (Kaltzähigkeit), wie sich Wärmebehandlungen auswirken und welche Stoßbelastung Schweißverbindungen zerstörungsfrei aushalten.

Abb. 10-18 zeigt, dass die Kerbschlagzähigkeit von Stahl mit perlitischem Gefüge in einem engen Temperaturbereich steil abfällt, der Stahl versprödet. In der Hochlage treten Verformungsbrüche, in der Tieflage Trennbrüche auf.

Beim sog. Instrumentierten Kerbschlagbiegeversuch wird während der Probenzerstörung der Ver-

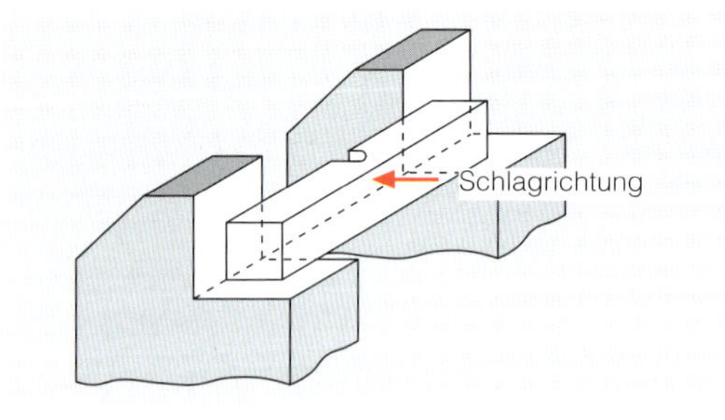

Abb. 10-17 Probenanordnung

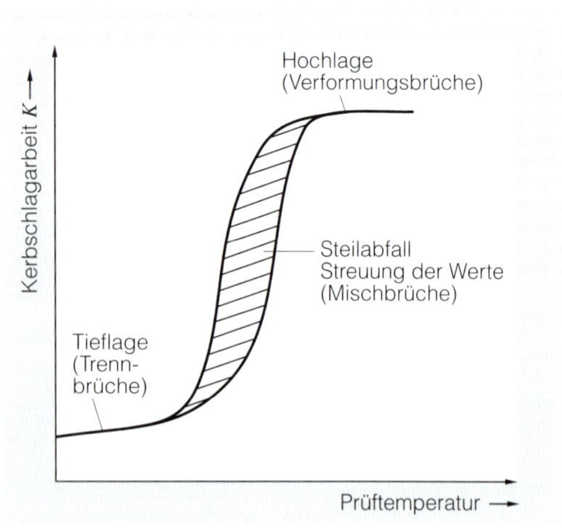

Abb. 10-18 Schematische Kerbschlagarbeit-Temperatur-Kurve eines nicht austenitischen Stahls

lauf der Krafteinwirkung und Verformung gemessen. Daraus ergeben sich Rückschlüsse auf die Rissbildung und -ausbreitung.

10.4.2 Schlag- und Kerbschlagzähigkeit von Kunststoffen

Bei Kunststoffen ist die Zähigkeit durch die viskoelastischen Eigenschaften besonders stark von der Beanspruchungsgeschwindigkeit und dem thermischen Zustand abhängig. Mit Erhöhung der Prüftemperatur nimmt die Zähigkeit zu, unter Glastemperatur wird dagegen der Kunststoff spröde. Um dieses Verhalten berücksichtigen zu können, sind drei verschiedene Prüfungen an Probekörpern der Maße 80 mm · 10 mm · 4 mm im Einsatz:

1. die Prüfung der **Charpy-Schlagzähigkeit** mit ungekerbten Proben für spröde Kunststoffe,
2. die **Charpy-Kerbschlagzähigkeit** mit V-gekerbten Proben für zähe Kunststoffe (beide Prüfungen auf Pendelschlagwerken) und
3. **Schlagzugzähigkeit** an eingespannten Proben mit Doppel-V-Kerbe für Materialien, die nach beiden Verfahren nicht brechen.

10.5 Technologische Prüfungen

10.5.1 Tiefungsversuch an Blechen nach Erichsen

Der Tiefungsversuch wird nach DIN EN ISO 20482-12 durchgeführt, um die Tiefziehfähigkeit von Blechen zu prüfen (z. B. für Karosserieteile in der Autoindustrie). Dazu werden die Blechproben in ein starres Werkzeug fest eingespannt. Durch eine kreisrunde Öffnung wird ein Stempel bis zum Anriss des Blechs eingedrückt (Abb. 10-19). Die Eindrucktiefe vor der Rissbildung ist ein Kennwert für die Tiefziehfähigkeit. Eine „apfelsinenschalenartige" Oberfläche weist auf grobes und für das Tiefziehen nicht geeignetes Gefüge hin, eine glatte Oberfläche auf feines Korn.

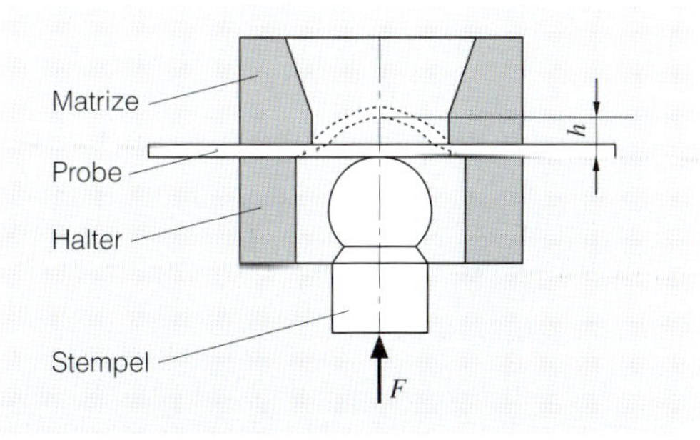

Abb. 10-19 **Erichsen-Tiefungsversuch**

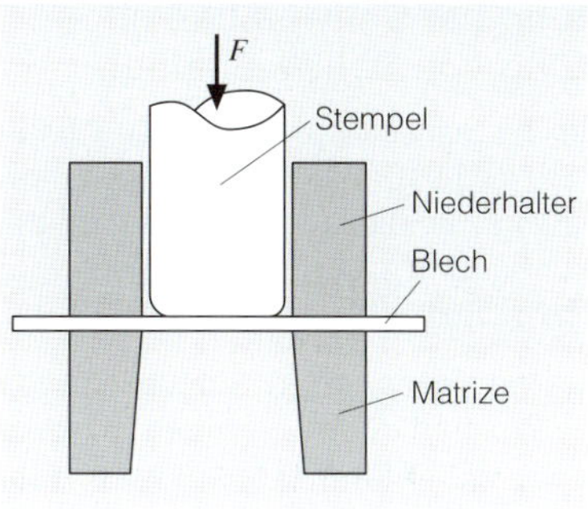

Abb. 10-20 **Näpfchen-Tiefziehversuch**

Ähnlich wird der nicht genormte Tiefziehversuch von fest eingespannten Blechen bis gerade zum Abriss des Näpfchen-Bodens durchgeführt. Zipfelbildung am Rand des Näpfchens weist auf **Anisotropie** des Bleches hin.

10.5.2 Stirnabschreckversuch nach Jominy

Dieser Versuch nach DIN EN ISO 642 dient der Härtbarkeitsprüfung von Stahl. Dazu wird die normalisierte Stahlprobe bei Härtetemperatur durchgeglüht, dann in 5 Sekunden aus dem Ofen in eine Halterung gebracht und sofort an der unteren Stirnfläche durch einen Wasserstrahl (20 °C) im Verlauf von 10 Minuten abgeschreckt. Danach werden zwei gegenüberliegende Mantelflächen plan 0,4 bis 0,5 mm tief abgeschliffen und von der Stirnfläche her in geringen Abständen nach Rockwell oder Vickers auf Härte geprüft (Härtekurven vgl. Abb. 9-67).

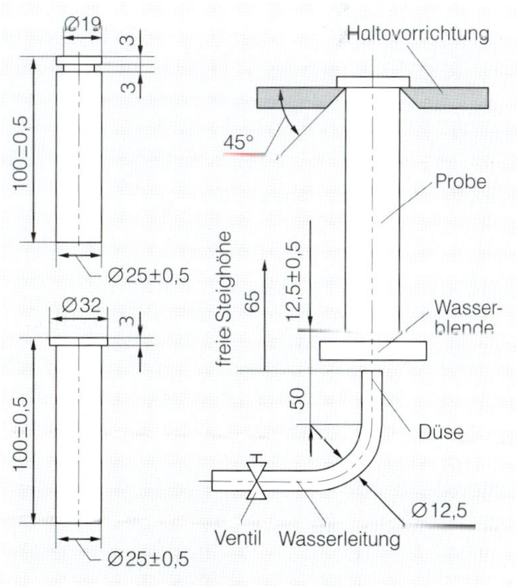

Abb. 10-21 **Probenform und Abschreckvorrichtung für den Stirnabschreckversuch nach Jominy**

10.5.3 Prüfung der Schweißbarkeit – Prüfung von Schweißnähten

Die technologische Schweißnahtprüfung an Metallen nach DIN EN ISO 910:1996 ist eine abgewandelte Biegeprüfung. Sie dient zur Feststellung der Verformbarkeit bzw. Bruchneigung. Die Probe wird danach optisch beurteilt.

Zusätzlich sind an präparierten Schweißnähten noch metallografische Untersuchungen mit dem Auflichtmikroskop durchführbar, um Risse, Einschlüsse, Gasblasen u. dgl. festzustellen. Inhomogenitäten in der Struktur können als **WIDMANNSTÄTTEN'sches Gefüge** ausgebildet sein (Abb. 10-23; Beseitigung durch Normalisieren). Ungleichmäßige Verteilung von Schwefelseigerungen werden durch den BAUMANN-Abdruck abgebildet.

Die Feststellung der Kerbschlagarbeit von Schweißnähten wird häufig nach Abschleifen von Schweißüberhöhungen und Anbringen einer Sollbruchkerbe in V-Form durchgeführt. Ebenso können Zugversuche wichtige Aussagen über die Belastbarkeit erbringen.

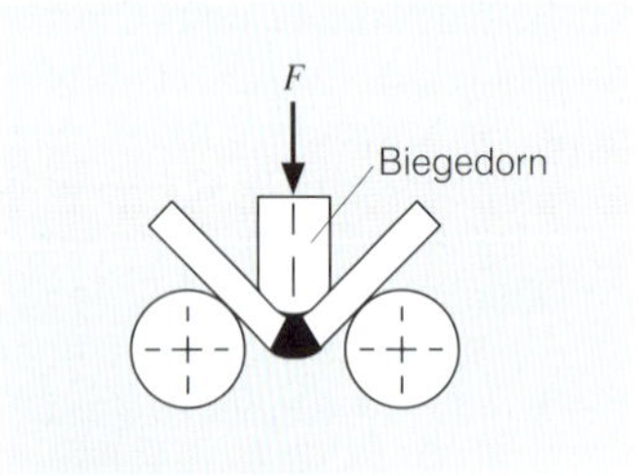

Abb. 10-22 Technologischer Biegeversuch einer Schweißnaht (ohne Kerbe)

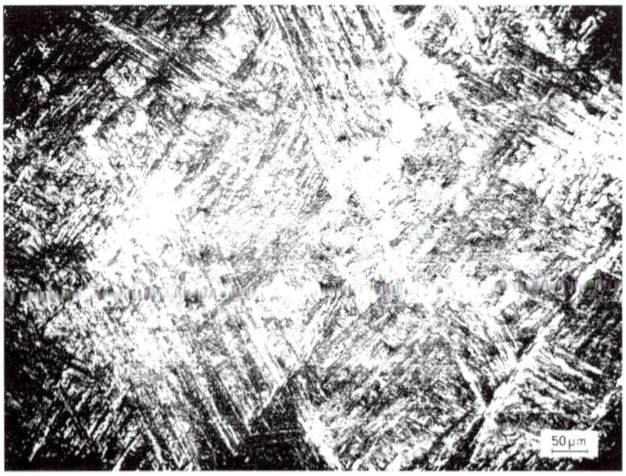

Abb. 10-23 WIDMANNSTÄTTEN'sches Gefüge einer Schweißnaht

Abb. 10-24 BAUMANN- Abdruck

10.5.4 Prüfung der Gießbarkeit

Die Fließfähigkeit und das Formausfüllungsvermögen von Gusswerkstoffen sind mithilfe einer **Gießspirale** ermittelbar. Dazu wird die Schmelze bei Gießtemperatur in eine entsprechend gestaltete metallische Gusskokille von 1500 mm Länge und engem Querschnitt gefüllt. Die Temperatur der Form und des Gusswerkstoffs können variiert werden. Als Maß für die Fließfähigkeit bzw. Formausfüllung gilt, welche Strecke die Schmelze bis zur Erstarrung zurücklegt (Anzahl der kuppenförmigen Erhöhungen oder „Warzen“, die im Abstand von 50 mm auf der Spirale verteilt sind). Auch Aussagen zu Schwindmaßen und zur Rissempfindlichkeit beim Abkühlen sind möglich. Da die Kokille starr ist, können sich beim Abkühlen des erstarrten Materials Zugspannungen aufbauen (die Probe „hängt sich auf“). Wenn sie sich nicht durch plastische Verformung abbauen können, führen sie zu Rissen.

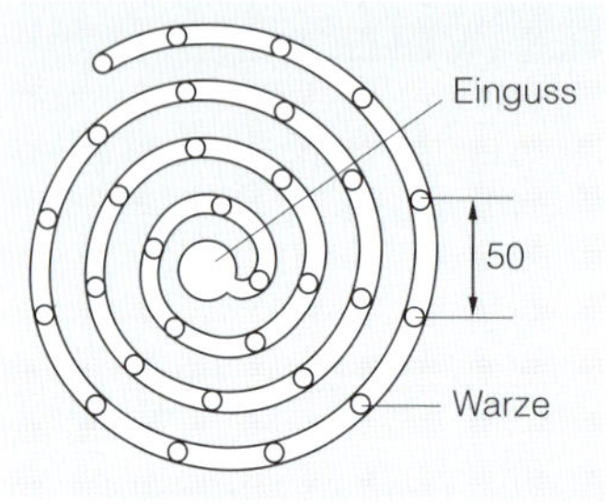

Abb. 10-25 Gießspirale

10.6 Wärmeformbeständigkeit von Kunststoffen

Mit Erhöhung der Temperatur wird der Widerstand gegen Formänderungen geringer. Es stehen für die Prüfung belasteter Proben verschiedene Verfahren zur Verfügung. Deren Ergebnisse können nicht verglichen werden, weil sie auf verschiedenen Prinzipien beruhen.

> Die **Wärmeformbeständigkeit** ist die Eigenschaft einer mechanisch belasteten Kunststoffprobe, sich bis zu einer bestimmten, vom Kunststoff abhängigen Temperatur nicht zu verformen.

Die **VICAT-Erweichungstemperatur** wird nach DIN EN ISO 306 an Thermoplasten bestimmt. Sie gibt die Temperaturgrenze der Anwendung an. Dazu wird ein runder Stahlstift der Querschnittsfläche 1 mm^2 auf eine Probe aufgesetzt und durch eine Kraft von 10 oder 50 N belastet. Die Anordnung wird in einem Wärmebad mit inerter Flüssigkeit (z. B. Paraffinöl, Siliconöl) langsam erwärmt, bis der Stift 1 mm tief in den Kunststoff eingedrungen ist.

Bei der **Wärmeformbeständigkeit nach MARTENS** wird eine Probe am Fuß senkrecht eingespannt und am oberen Ende über einen waagerecht angeklemmten Hebel und aufgelegtem Gewicht mit einer Biegespannung von 5 N/mm² belastet. Die Anordnung wird im Wärmeschrank langsam erwärmt (50 K/h). Wenn der Hebel sich um 6 mm gesenkt hat, ist die MARTENS-Temperatur erreicht. Die Prüfung ist nicht mehr genormt.

Die Bestimmung der **Wärmeformbeständigkeitstemperatur** T_f erfolgt nach DIN EN ISO 75 in einem Wärmebad über eine Dreipunktbiegebelastung der Kunststoffprobe. Die Biegespannung soll je nach Probenform ca. 0,45 oder 1,8 N/mm² betragen. Es wird bestimmt, bei welcher Temperatur eine von der Probenhöhe abhängige Durchbiegung erreicht ist.

10.7 Zerstörungsfreie Prüfung von Metallen

10.7.1 Kapillarverfahren

Die zerstörungsfreien Prüfungen dienen der Ermittlung von Fehlern in der Oberfläche oder im Volumen des Werkstoffs oder Werkstücks. Es handelt sich vor allem um Bauteilprüfungen.

Bei den **Kapillarverfahren** lässt man niedrigviskose fluoreszierende Flüssigkeiten, die eine geringe Oberflächenspannung besitzen, durch Kapillarkräfte in Oberflächenrisse eindringen. Im UV-Licht sind die Fehler sichtbar. Auch das Kochen in Öl und (nach dem Abspülen) Überziehen der Oberfläche mit Kreidepulver zeigt Risse oder Poren an.

10.7.2 Magnetische Rissprüfung

Das **magnetische Streuflussverfahren,** auch als **Magnetpulverprüfung** bezeichnet, eignet sich ebenfalls für das Erkennen von Oberflächenfehlern. Die Anwendung setzt Ferromagnetismus des zu prüfenden Werkstoffs und Permeabilitätsunterschiede zwischen Werkstoff und Fehlern voraus. So können die meisten Stähle, Gusseisenwerkstoffe und Nickellegierungen auf Fehler untersucht werden. Dazu wird der Prüfling zwischen den Polen eines Elektromagneten eingespannt und durch ein axiales Feld magnetisiert (Abb. 10-26; Längs oder Jochmagnetisierung durch Gleichstrom oder Wechselstrom; auch das Erzeugen eines kreisförmigen Magnetfelds ist möglich). Die magnetischen Feldlinien durchsetzen ein fehlerfreies Material gleichförmig. Die magnetische Flussdichte B ist der magnetischen Feldstärke H proportional $B = m \cdot H$. Der Proportionalitätsfaktor m ist die Permeabilität. Diese verhält sich zwischen Luft und Eisen etwa im Verhältnis 1:1000. Daraus ergibt sich, dass an Rissen, Lunkern, unmagnetischen (diamagnetischen) Einschlüssen wie Schlacken oder NE-Metallen, die sich nahe der Oberfläche befinden, die magnetische Flussdichte geschwächt wird. Das Magnetfeld wird aus dem Werkstoff verdrängt (Abb. 10-27). Aufgestreutes Eisenpulver oder eine aufgestrichene magnetisierbare Suspension, die UV-Licht absorbiert, lagert sich in das oberflächliche Streufeld ein und zeigt den Fehler an.

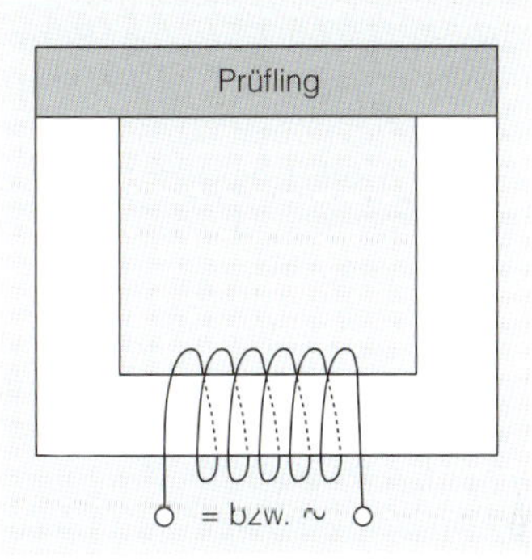

Abb. 10-26 Joch- oder Polmagnetisierung

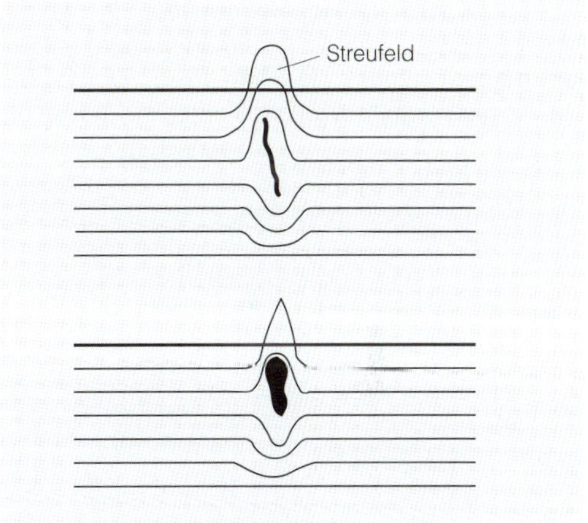

Abb. 10-27 Verlauf magnetischer Kraftlinien a) an Rissen und b) an diamagnetischen Stoffen

10.7.3 Ultraschallprüfung

Bei der Fehlersuche mithilfe des Ultraschalls werden Schallwellen einer Frequenz zwischen 0,5 bis 10 MHz in das zu untersuchende Material gesendet. Je höher die Frequenz ist, desto enger lässt sich der Schall bündeln, desto tiefer dringt der Schall in das Material und umso kleinere Fehler sind erkennbar.

An der Werkstückrückwand und an Werkstoffunterbrechungen im Innern (Risse, Lunker) werden die Schallwellen reflektiert.

Die Wellen werden in dem piezoelektrischen Kristall eines Schallkopfes (Sender) als Schwingungen erzeugt, die über ein Kopplungsmedium (Öl, Pasten u. a.) auf den Werkstoff als Longitudinalwellen übertragen werden. Dadurch werden die Atome des Prüflings zu Schwingungen in Fortpflanzungsrichtung angeregt (vorteilhafter als Transversalwellen wegen besserer Bündelung, Durchdringung bzw. geringerer Schwächung). Zwischen den Sendeimpulsen funktioniert der Piezokristall des Schallkopfes als Empfänger für die reflektierten Wellen. Man spricht deshalb (in diesem Fall) vom **Echoimpulsverfahren.** Allerdings wird der Schall mit zunehmender Eindringtiefe im homogenen Material geschwächt (Umwandlung der Schallwellenergie in Wärme), und es kann somit das Echo nur noch bei genügender Intensität registriert werden.

Ein Werkstoff eignet sich gut für die Ultraschallprüfung, wenn in ihm eine hohe Schallgeschwindigkeit vorliegt und er einen hohen Schallwiderstand besitzt. Das ist allgemein bei Metallen der Fall (Übersicht 10-2). Die Schallgeschwindigkeit c ist von der Frequenz f und der Wellenlänge l abhängig (vgl. Teil 1, Abschnitt 13.1): $c = f \cdot l$. Deshalb wird bei hoher Frequenz geprüft. Andererseits wird mit Zunahme der Frequenz der Schall beim Durchgang stärker geschwächt. Werkstofffehler, die kleiner als $\lambda/2$ sind, können wegen Streuung der Wellen nicht oder kaum noch nachgewiesen werden. Dafür findet aber schon bei geringsten Materialunterbrechungen (z. B. Rissbreite von 10^{-6} mm) eine Totalreflexion statt.

Die Ultraschalluntersuchung ist eine Tiefenprüfung. Der Sendestrahl kann durch eine sog. Tote Zone Fehler, die direkt in diesem Bereich unter der Oberfläche liegen, nicht anzeigen. Abb. 10-28 und Abb. 10-29 zeigen einige typische Reflektogramme.

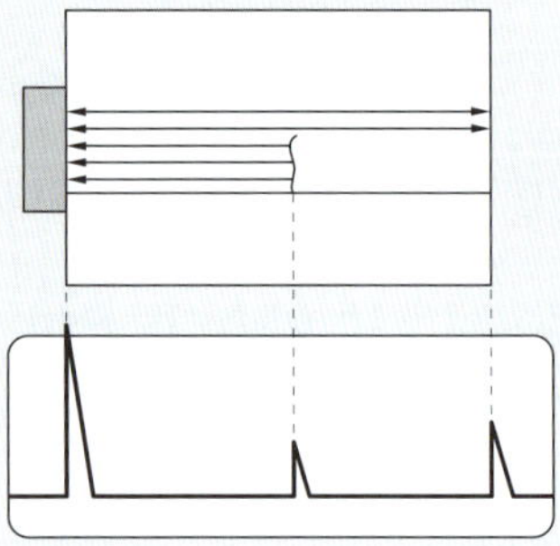

Abb. 10-28 Reflektogramm SI Sendeimpuls, TZ Tote Zone, FE Fehlerecho, RE Rückwandecho

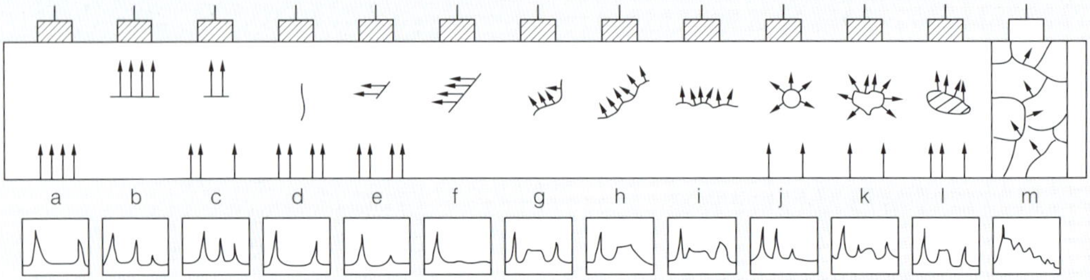

Abb. 10-29 Einige weitere Angaben zu Reflektogrammen
a) fehlerfrei, b) bis i) Risse, j) und k) Lunker und Einschlüsse, l) Grobkorn

Schallgeschwindigkeiten und Schallwellenwiderstände

Stoff	Schallgeschwindigkeit der Longitudinalwelle m/s^{-1}	Schallgeschwindigkeit der Tansversalwelle m/s^{-1}	Schallwellenwiderstand in 10^6 N · s/m^{-3}
Stahl	5900	3230	45
Aluminium	6320	3130	17
PMMA	2730	1430	3,2
Wasser	1481		1,5
Luft	330		0,4

Übersicht 10-2

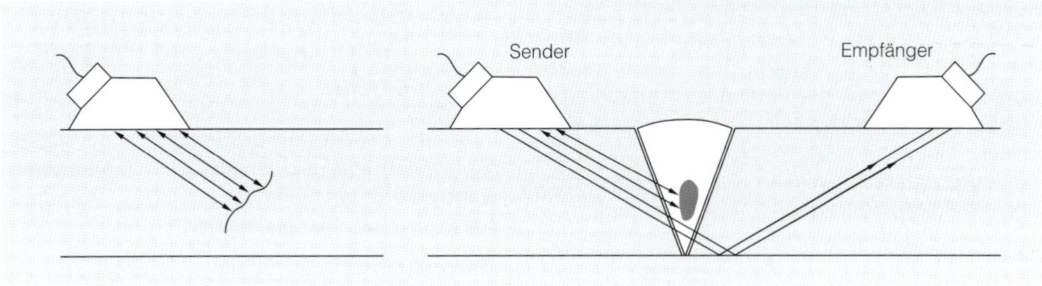

Abb. 10-30 **Messung von Fehlern, deren Oberflächen schräg zum Sendestrahl liegen, sowie Prüfung von Schweißungen mit einem Winkelschallkopf**

Entsprechend den Reflexionsgesetzen sind Echos nur zu erwarten, wenn die Schallwellen senkrecht in den Schallkopf reflektiert werden, d. h. wenn die Trennfläche rechtwinklig zur Schallrichtung liegt (oder man benutzt Winkelschallköpfe, Abb.10-30). Die Reflektogramme werden mit Sende- und Echoimpulsen z. B. auf einer Oszillografen-Röhre sichtbar gemacht und können vermessen werden.

10.7.4 Prüfung mit Röntgenstrahlen

Die Untersuchung von Metallen mit Röntgenstrahlen hat besondere Bedeutung für die Prüfung von Bauteilen sowie von Schweißnähten auf Poren oder Bindefehler (ungenügende Verschmelzung zwischen Schweißnaht und Werkstoff). Es wird kurzwellige Röntgenstrahlung angewendet, die das Material stärker durchdringt als langwellige Strahlen. Das zu prüfende Teil wird mit einem Röntgenfilm hinterlegt und durchstrahlt. Ein Teil der Strahlung wird vom Metall in Abhängigkeit von der Bauteildicke und der Wellenlänge absorbiert, die Reststrahlung schwärzt den Film hinter Lunkern/Poren/Spalten stärker als das fehlerfreie Material.

10.8 Untersuchung der Zusammensetzung

Für die Feststellung der chemischen Zusammensetzung von **Metallen** stehen viele Analyseverfahren zur Verfügung, so dass nur ein Überblick gegeben werden kann.

Die chemischen Untersuchungen reichen von einfachen **Tüpfelverfahren** für die Schnellanalyse über den Trennungsgang bis zu physikalischen Verfahren.

Der einzige Vorteil der Tüpfelverfahren ist ihre Ortsunabhängigkeit. Hierbei löst man durch einen Säuretropfen etwas Metall auf. Man kann auch elektrografisch durch anodische Oxidation etwas Substanz in einem inerten Elektrolyten auflösen, besonders auch dann, wenn sich das Metall nicht in der Säure löst. In beiden Fällen wird die Lösung mit Filterpapier aufgenommen und mit einem spezifischen Reagenz auf ein Legierungselement geprüft. Nachteilig ist, dass nur Einzelnachweise möglich sind, d. h. für jedes Element eine solche chemische **Mikroanalyse** anzufertigen ist und die Empfindlichkeit der Methode begrenzt ist. Eisen identifiziert man als Berliner Blau mit Kaliumhexacyanoferrat-II-Lösung, Kupfer als Kupfertetramin-II-Ionen mit Ammoniak, Nickel nach Neutralisation mit Ammoniak mit Dimethylglyoxim, Chrom nach Oxidation mit H_2O_2 oder $(NH_4)_2S_2O_8$ mit 1,5-Diphenylcarbazid. Viele Nachweise – insbesondere von Aluminium – werden aber durch begleitende Metallionen gestört.

Die Trennungsgänge bei der Vollanalyse einer Legierung sind sehr zeitaufwendig, und man wird versuchen, sie zu umgehen. Das ist durch Anwendung von spektralanalytischen Verfahren möglich, die sehr genaue Ergebnisse liefern, jedoch teuren technischen Aufwand in Gestalt von Spektralapparaten erfordern.

Die **Spektralanalyse** oder **Spektroskopie** (lat. Bild, Abbild, ansehen) wird nach verschiedenen Verfahren durchgeführt. Sie gestattet die qualitative und quantitative Bestimmung der chemischen Zusammensetzung von Stoffen mithilfe der gewonnenen Spektren. Für die Analyse von Metalllegierungen und die Materialprüfung werden die **Atomabsorptionsspektroskopie** AAS sowie die **Atomemissionsspektroskopie** AES genutzt (energetische Anregung von Elektronen, vgl. Kapitel 1 und 2).

Kunststoffe können – wie auch andere organische Substanzen – durch die **Infrarotspektroskopie** IR (Absorption von IR-Strahlung durch die Moleküle, vgl. Kapitel 3) qualitativ bestimmt werden.

Es gibt aber auch einige Möglichkeiten – insbesondere für Homopolymerisate und Duroplaste –, durch Schnelltests zu einer Aussage über die chemische Natur des Kunststoffs zu gelangen, indem man einen Brenntest, evtl. ergänzt durch Löslichkeitstest, durchführt. Zur Beurteilung werden BEILSTEIN-Probe, Entzündbarkeit, Brennbarkeit innerhalb und außerhalb der Flamme, Flammenfarbe und Geruch der Crackgase herangezogen (vgl. Beispiele in Übersicht 10-3). Die positive BEILSTEIN-Probe verweist darauf, dass der Kunststoff Chlor enthält (PVC, Polytrifluorchlorethylen, Neopren).

Bei Mischpolymerisaten (Polymerblends) und Copolymerisaten ist diese Art der Identifizierung sehr schwer möglich.

10.9 Strukturuntersuchungen – Metallografie und Plastografie

Verfahren der **Metallografie** werden zur makroskopischen und mikroskopischen Untersuchung durchgeführt, um Gefügearten und -ausbildungen sowie um Baufehler festzustellen.

Makroskopische Gefügeentwicklung durch Ätzung: Nach dem Schleifen und Polieren der Proben erfolgt die Präparation zumeist in kalten oder heißen Säuren und Säuremischungen. Auf diese Weise sind z. B. Gussstrukturen (Abb. 9-8, 9-10), Schweißnähte, Fließlinien nach Kaltumformen zur

Kunststoff-Identifizierung durch Brennprobe (Beispiele)

Kunststoff	Brennverhalten der Probe/Geruch beim Verlöschen	Löslichkeit
a) Die Kunststoffprobe entzündet sich nicht in der Bunsenbrennerflamme		
Polytetrafluorethylen	schmilzt nicht, Probe wird durchsichtig	unlöslich
Polytrifluormonochlorethylen	Probe zersetzt sich in heißer Flamme, stechender Geruch (HCl)	unlöslich
b) Die Kunststoffprobe ist schwer entzündbar und brennt nur in der Bunsenbrennerflamme		
Polyvinylchlorid	Flamme gelb, am Rand grün; beim Verlöschen der Flamme weißer Nebel (HCl), mit Weichmacher brennbar, rußend	in Dioxan, Dichlorethylen; in vielen org. Lösungsmitteln Quellung
Polycarbonat	Probe schmilzt, Flamme gelb, Phenolgeruch beim Verlöschen, mit Weichmacher rußend	in Methylenchlorid; in Aceton, Benzen u. a. quellend
Polyamid	schmilzt, tropft, schäumt, Flamme blau mit gelber Spitze, Geruch nach verbranntem Horn, Schmelze zieht Fäden	von Ameisensäure u. a. angegriffen, in org. LM. unlöslich
Phenolharz	Flamme gelb; Probe bildet Risse und verkohlt; Geruch nach Phenol und verbrannten Füllstoffen	unlöslich
Silicone	Flamme gelb, weißer Rauch, SiO_2-Rückstände	unlöslich, evtl. Quellung
c) Die Kunststoffprobe ist leicht entzündbar und brennt auch außerhalb der Flamme weiter		
Polyethylen, Polypropylen	Flamme gelb, blauer Rand; Probe brennt zögernd, tropfend; nach Erlöschen Geruch nach Paraffin	unlösl. in kalten org. LM. lösl. in heißem Tetralin
Polystyrol	Flamme gelb, stark rußend, Geruch süßlich styrolartig	in Aromaten, Dioxan, Butylacetat
Polymethylmethacrylat	knisternde Flamme, gelb, blauer Rand; beim Verlöschen Estergeruch	in Chloroform, Aceton Benzol, Toluol
Nitrocellulose	sehr leicht entzündlich, heiße gelbe Flamme, sehr schnell verbrennend, Camphergeruch	in Aceton, Ethylacetat
Polyvinylacetet	spritzige gelbe Flamme, schwach rußend, Estergeruch, z. T. auch nach Essigsäure	in Alkohol, Aceton, Aromaten, chlorierten KW

Übersicht 10-3

Feststellung des Materialflusses (Abb. 9-17), Kraftlinien-/Faserverläufe nach Warmumformung oder Rekristallisationsgefüge (Abb. 9-19) sichtbar zu machen.

Mikroskopische Gefügeentwicklung durch Ätzung: Diese Präparation ist für die lichtmikroskopischen Untersuchungen notwendig. Zunächst werden die Proben durch Schleifen, Feinschleifen, Polieren geglättet. Danach sind manche gröbere Ausbildungen bereits mit der Lupe erkennbar z. B. Grafitlamellen, Temperkohle, Mikrorisse, Poren, Gasblasen, Schlackezeilen. Behandelt man die Proben sehr kurz mit Ätzlösungen niedriger Konzentration, z. B. bei Eisenwerkstoffen, häufig mit 3%iger alkoholischer HNO_3-Lösung durch „Wischätzen" mit einem getränkten Wattebausch (oder elektrolytisch poliert und geätzt), entwickelt sich das Mikrogefüge. Dadurch sind z. B. Art, Verteilung, Größe von Bestandteilen, Gefügeausbildung nach Schweißen, Löten, Kalt- und Warmumformung oder nach Wärmebehandlungen mithilfe eines Auflichtmikroskops bestimmbar.

Mehrere Beispiele für mikroskopische Gefügebilder sind im Kapitel 9 enthalten. Je nach Ätzmittel, Ätzzeit oder Konzentration werden die Kornflächen oder die Korngrenzen besser sichtbar gemacht. Bei der Flächenätzung (Abb. 9-8, 10, 19 und 27) nehmen die Kristallite eine unterschiedliche Farbe an. Abb. 9-36, 37 und 48 sind dagegen Korngrenzenätzungen.

Abdruckverfahren dienen zum Nachweis von Seigerungen, z. B. von Sulfiden. Beim BAUMANN-Abdruck wird der Stahl mit der Schlifffläche einige Zeit auf Fotopapier, das mit Schwefelsäure befeuchtet wurde, gedrückt. Der Nachweis sowie die Verteilung von Eisensulfid erfolgt als Silbersulfid (Abb. 9-26 und 10-24). Für den Nachweis von Eisenphosphiden im Gusseisen tränkt man ein hartes Papier mit Ammoniummolybdatlösung und entwickelt den Abdruck mit salzsaurer Zinn-II-chloridlösung (Blaufärbung).

Für die Untersuchung der Gefüge werden **Metallmikroskope** verwendet. Deren Optik ist so gestaltet, dass Licht, das auf die geätzte Oberfläche auftrifft, wieder z. T. von der Metalloberfläche in das Objektiv gelenkt wird (deshalb Auflichtmikroskop genannt). Je nach Strahlengang ist das Gefüge im Hellfeld (das Licht fällt senkrecht auf die Probe) oder im Dunkelfeld (seitliche Beleuchtung) betrachtbar. Im Hellfeld sind die Kornflächen, im Dunkelfeld die Korngrenzen deutlicher sichtbar. Bedingt durch die Wellenlänge des sichtbaren Lichts sind Vergrößerungen bis 1000:1 möglich. Durch zusätzliche Maßnahmen wie das Einbringen sog. Immersionsstoffe (höherer Brechungsindex) zwischen Probe und Objektiv können die Vergrößerungen auf etwa 1500:1 gesteigert werden.

Stereomikroskope eignen sich für die räumliche Betrachtung insbesondere von Oberflächen und Bruchflächen.

Bei Kunststoffen (wie auch bei Holz) ist an sehr dünnen Schnitten die Durchlichtmikroskopie möglich. Hierfür hat sich der Begriff **Plastografie** durchgesetzt. Mit unpolarem Licht heben sich z. B. Füllstoffe und Verstärkungsstoffe in Form und Verteilung gut sichtbar ab. Im polarisierten Licht werden kristalline Bereiche (Kristallite oder Sphärolite) und verstreckte Bereiche (ausgerichtete Molekülbereiche) abgebildet.

Die Raster- und Transmissions-(Durchstrahlungs-) Elektronenmikroskopie verlangen wesentlich höheren präparativen und technischen Aufwand, sind aber dafür bezüglich Tiefenschärfe und Vergrößerung weitaus leistungsfähiger als die Lichtmikroskopie.

Im **Raster-Elektronenmikroskop** REM tastet ein Elektronenstrahl die Oberfläche ab („rastern" mit Primärelektronen) und löst dabei sog. Sekundärelektronen ab, die elektronisch zu einem räumlich wirkenden Bild von der Oberfläche verarbeitet werden. Es sind abhängig von der Beschleunigungsspannung der Primärelektronen Vergrößerungen bis ca. 200 000 möglich.

Für die **Durchstrahlungs-Elektronenmikroskopie** TEM müssen zunächst dünne Folienabdrücke der Oberfläche hergestellt werden, die von Elektronenstrahlen durchdrungen werden. Es sind höhere Vergrößerungen bis zu etwa 1 Million möglich. Die Elektronen werden an Gitterfehlern stärker gebeugt als an fehlerfreien Gitterbereichen, so dass sich dieses Untersuchungsverfahren besonders für den Nachweis von Versetzungen, Kleinwinkelkorngrenzen, Leerstellen, Anhäufung von feinsten Ausscheidungen (vgl. GUINIER-PRESTON-Zonen) eignet.

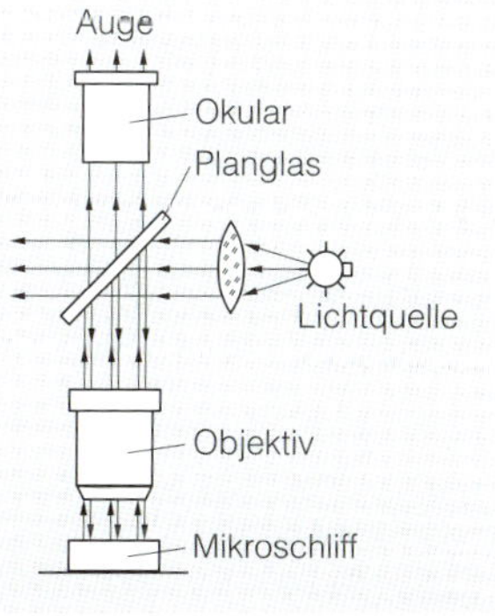

Abb. 10-31 Strahlengang in einem Metall- oder Auflichtmikroskop

10.10 Aufgaben zur Wiederholung von Kapitel 10

Aufgaben

1. Erläutern Sie an Beispielen die Bedeutung der Werkstoffprüfung!
2. Wodurch wird die Vergleichbarkeit der Prüfergebnisse sichergestellt?
3. Was versteht man unter der Beanspruchungs-Zeit-Funktion?
4. Erläutern Sie die Prüfvorschriften für den Zugversuch an Metallen sowie die Aussagen, die durch die Kenngrößen möglich sind!
5. Welchen Einfluss besitzen Verformungsgeschwindigkeit, Prüftemperatur sowie Legierungsgehalt und Wärmebehandlung auf das Spannungs-Dehnungs-Diagramm?
6. Wodurch ergeben sich die Unterschiede im Zugversuch der Kunststoffe gegenüber den Metallen?
7. Erläutern Sie die Härteprüfverfahren nach Brinell, Vickers und Rockwell sowie ihre Anwendbarkeit!
8. Auf welche Weise wird die Härte von Kunststoffen und Gummi geprüft?
9. Informieren Sie sich in der Literatur oder im Internet über Biege- und Widerstandsmomente von Proben mit nicht quadratischen Querschnitten!
10. Erläutern Sie die physikalischen Zusammenhänge bei der Prüfung der Kerbschlagzähigkeit mit dem Pendelschlagwerk!
11. Worauf beruht die magnetische Rissprüfung? Warum kann sie nur als Oberflächenprüfverfahren genutzt werden?
12. Informieren Sie sich in der Literatur oder im Internet über den piezoelektrischen Effekt!
13. Erläutern Sie, auf welchen physikalischen Zusammenhängen die Ultraschallprüfung beruht! Warum ist die Ultraschallprüfung nicht für den Nachweis von Oberflächenfehlern geeignet?

11 Elektrochemie

11.1 Elektrochemische Vorgänge

Die **Elektrochemie** ist ein Teilgebiet der physikalischen Chemie. Sie beschäftigt sich mit den wechselseitigen Umwandlungen von chemischer und elektrischer Energie und den damit verbundenen stofflichen Veränderungen.

Elektrochemische Vorgänge gehören zu den Redoxvorgängen. Sie laufen an der Oberfläche elektrisch leitender Körper ab, den **Elektroden,** wenn diese leitend verbunden werden und gemeinsam in einen **Elektrolyten** (vgl. Abschnitt 11.4) eintauchen.

Die Vorgänge beruhen auf elektrischen Potenzialen, die eine Wanderung von Ladungen bewirken, und zwar von Ionen in Elektrolyten und von Elektronen in dem äußeren Stromkreis von Elektrode zu Elektrode. Das unterscheidet die Prozesse von Redoxvorgängen, die direkt zwischen Teilchen in Gasen oder Lösungen ablaufen und bei denen ein unmittelbarer Austausch von Elektronen stattfindet.

Es ist zwischen freiwilligen und erzwungenen elektrochemischen Vorgängen zu unterscheiden. Wird z. B. aus einer Batterie Strom entnommen, so läuft der Redoxprozess freiwillig ab. Dabei oxidiert ein Stoff. Die chemische Energie wandelt sich nicht in Wärme, sondern in elektrische Energie um. Auch Korrosionsvorgänge verlaufen freiwillig.

Erzwungene elektrochemische Vorgänge laufen nur dann ab, wenn eine äußere Stromquelle die elektrische Energie liefert. Beispiele für einen erzwungenen elektrochemischen Vorgang sind die galvanische Abscheidung eines Metalls aus einem Elektrolyten (Verchromen, Vernickeln) oder die Gewinnung unedler Metalle wie Aluminium oder Magnesium durch Schmelzflusselektrolyse.

11.2 Spannungsreihe der Metalle

Der chemische Charakter eines Metalls ergibt sich z. B. aus seiner Neigung zur Oxidation. Damit im Zusammenhang steht die Angreifbarkeit durch Säuren, wenn keine Passivierung des Metalls besteht.

Die Metalle werden nach ihrer Löslichkeit oder Beständigkeit in verdünnten Säuren in **unedle** und in **edle Metalle** eingeteilt. Je unedler ein Metall ist, umso größer ist sein Bestreben, unter Reduktion von Wasserstoff- bzw. Hydronium-Ionen in Lösung zu gehen, z. B.

$$Zn^{\pm 0} + 2\,H^+ \rightarrow Zn^{2+} + H_2$$

Oxidation: $Zn^{\pm 0} \rightarrow Zn^{2+} + 2\,e^-$

Reduktion: $2\,H^+ + 2\,e^- \rightarrow H_2$

Die unedlen Metalle verdrängen den Wasserstoff aus verdünnten Säuren. Edle Metalle werden von verdünnten Säuren nicht angegriffen.

Ordnet man die Metalle nach dem Redukionsbestreben oder nach ihrem elektrochemischen Potenzial (in Volt), das sich unter bestimmten definierten Bedingungen bei Berührung mit einem Elektrolyten ausbildet (vgl. Abschnitt 11.5), so ergibt sich eine Reihenfolge, die als **Spannungsreihe** der Metalle bezeichnet wird. Unedle Metalle stehen mit wachsender Reaktionsgeschwindigkeit links vom Wasserstoff. Edle Metalle sind mit zunehmender Beständigkeit gegenüber verdünnten Säuren rechts vom Wasserstoff angeordnet.

Spannungsreihe der Metalle:

Li – K – Na – Mg – Al – Mn – Cr – Zn – Cd – Fe – Ni – Sn – Pb – H_2 – Cu – Ag – Hg – Au

←	→
unedle Metalle	edle Metalle
zunehmendes Lösungsbestreben	zunehmendes Abscheidungsbestreben
zunehmende Oxidationsneigung (Elektronenabgabe)	zunehmendes Reduktionsbestreben (Elektronenaufnahme)
zunehmende Reduktionswirkung	zunehmende Oxidationswirkung

Vergleicht man zwei Metalle dieser Reihe, so ist immer das links angeordnete Element unedler. Es kann Elektronen an Ionen des rechts stehenden Elements abgeben:

$$Fe^{\pm 0} + Cu^{2+} \rightarrow Fe^{2+} + Cu^{\pm 0}$$

Reduktionsmittel ($Fe^{\pm 0}$), Oxidationsmittel (Cu^{2+})

Dieser Vorgang verläuft nur in der angegebenen Richtung freiwillig, nicht umgekehrt.

Ein in der Spannungsreihe links stehendes Metall reduziert in Lösungen die Ionen der rechts von ihm stehenden Metalle. Es wirkt als Reduktionsmittel.

Die Ionen der rechts stehenden Metalle wirken auf die links stehenden Metalle als Oxidationsmittel.

11.3 Halbelemente

Taucht man ein unedles Metall wie z. B. Zink in eine 1-molare Zinksulfat-Lösung ein, so lösen sich einige positiv geladene Metall-Ionen ab. Die Elektronen verbleiben im Metall und laden dieses negativ auf. Dieser Vorgang kann jedoch nur kurzzeitig ablaufen, denn gleichzeitig binden einige gelöste Ionen wieder Elektronen und gehen in den elementaren Zustand zurück, weil kein anderer Stoff vorhanden ist, der die Elektronen übernimmt. Es stellt sich sofort ein dynamisches Gleichgewicht zwischen beiden Vorgängen ein:

$$Zn^{\pm 0} \underset{\text{Reduktion}}{\overset{\text{Oxidation}}{\rightleftharpoons}} Zn^{2+} + 2\,e^-$$

Scheinbar kommt der Vorgang sofort zum Stillstand. Jedoch ist im Falle der Kombination Zn/$ZnSO_4$ das Lösungs- oder Oxidationsbestreben des Zinks größer als das Reduktions- oder Entladungsbestreben der Zink-Ionen.
Eine solche beschriebene Anordnung nennt man Halbzelle oder **Halbelement.**

Zink-Ionen und Elektronen bilden an der Grenzfläche des Metalls zur Lösung (Phasengrenze) eine **elektrische Doppelschicht** (Abb. 11-1). Dadurch entsteht eine elektrisches Potenzial. Es ist nur messbar, wenn man die Halbzelle leitend mit einer zweiten, die ein anderes Potenzial besitzt, verbindet.

> Das **Elektrodenpotenzial** eines Halbelements ist die Spannung, die sich im Gleichgewicht zwischen Metall und Lösung ausbildet.

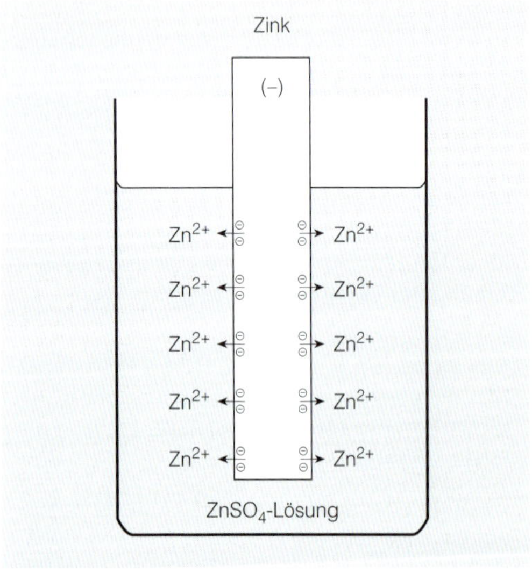

Abb. 11-1 **Halbelement Zn/$ZnSO_4$**

In analoger Weise kann man aus edlen Metallen Halbelemente aufbauen, z. B. aus Kupfer und 1-molarer Kupfersulfat-Lösung. In diesem Fall nehmen gelöste Kupfer-Ionen aus dem Elektronengas des Kupfers Elektronen auf und scheiden sich auf der Metalloberfläche ab. Das Kupfer lädt sich positiv auf. Offensichtlich verhalten sich Kupfer und Kupfer-Ionen entgegengesetzt zu Zink und Zink-Ionen: Das Reduktionsbestreben der gelösten Kupfer-Ionen ist größer als das Lösungsbestreben des elementaren Kupfers. Das dynamische Gleichgewicht der Reaktion liegt somit auf der linken Seite

$$Cu^{\pm 0} \underset{\text{Reduktion}}{\overset{\text{Oxidation}}{\rightleftharpoons}} Cu^{2+} + 2\,e^-$$

Auch bei diesem Vorgang tritt scheinbar sofort ein Stillstand ein. Jedoch herrscht im Vergleich zum Halbelement Zn/$ZnSO_4$ Elektronenmangel. Es entsteht eine elektrische Doppelschicht zwischen dem positiv aufgeladenen Kupfer und Sulfat-Ionen (Abb. 11-2). Das Elektrodenpotenzial Cu/$CuSO_4$ kann ebenfalls nicht direkt gemessen werden.

Allgemein gilt:

> Unedle Metalle besitzen ein größeres Lösungsbestreben und ein geringeres Reduktionsbestreben.
> Edle Metalle haben ein größeres Reduktionsbestreben und ein geringeres Lösungsbestreben.

Elektroden mit der Kombination Metall/Metallion bezeichnet man als **Elektroden 1. Art** (Elektroden 2. Art s. Abschnitt 11.8.3).

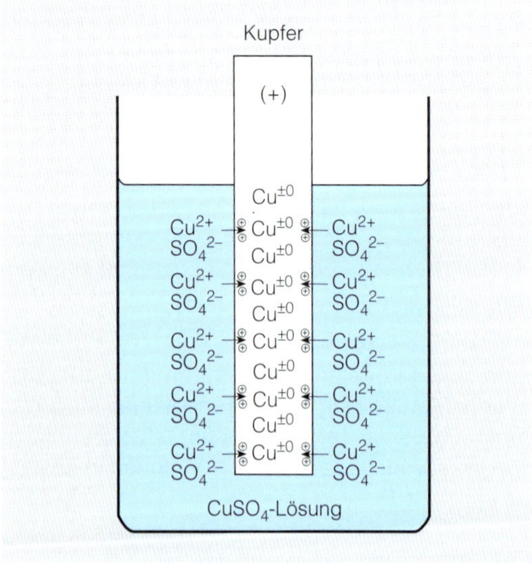

Abb. 11-2 **Halbelement Cu/$CuSO_4$**

11.4 Galvanisches Element

Die Kombination von zwei verschiedenen Halbelementen zu einem Stromkreis wird allgemein als **galvanisches Element** (galvanische Zelle, galvanische Kette) oder elektrochemisches Element bezeichnet (nach dem italienischen Arzt L. GALVANI 1737–1798).

Die Anordnung kann in der folgenden Form beschrieben werden:

Metall I / Elektrolytlösung I // Elektrolytlösung II / Metall II

oder für die beiden besprochenen Halbelemente

$Zn / ZnSO_4 // CuSO_4 / Cu$

Diese spezielle Anordnung ist das **DANIELL-Element** (Abb. 11-3). Da im Zink wegen des größeren Lösungsbestrebens Elektronenüberschuss herrscht und im Kupfer wegen des größeren Reduktionsbestrebens Elektronenmangel, fließen nun im äußeren Teil des Stromkreises (Leitungsdraht) Elektronen vom Zink zum Kupfer. Zink geht unter Elektronenabgabe weiter in Lösung, und Kupfer-Ionen scheiden sich ständig ab. Der einheitliche **Redoxprozess** läuft räumlich getrennt an zwei verschiedenen Elektroden ab.

> Im galvanischen Element vollzieht sich der elektrochemische Vorgang freiwillig.

Die elektronenliefernde Elektrode ist die **Anode,** an ihr erfolgt die Oxidation. Beide Bezeichnungen werden zu dem Begriff **anodische Oxidation** zusammengefasst.

Anodische Oxidation beim DANIELL-Element:

$$Zn^{\pm 0} \rightarrow Zn^{2+} + 2\,e^-$$

Die elektronenaufnehmende Elektrode, an der sich edlere Metallionen abscheiden, heißt **Katode.** Der Begriff **katodische Reduktion** drückt das Wesen des Vorgangs an der zweiten Elektrode aus.

Katodische Reduktion beim DANIELL-Element:

$$Cu^{2+} + 2\,e^- \rightarrow Cu^{\pm 0}$$

Gesamtreaktion

$$Zn^{\pm 0} + Cu^{2+} \rightarrow Zn^{2+} + Cu^{\pm 0}$$

> Definitiv ist festgelegt, dass die Elektrode, von der die Elektronen abfließen, als Anode bezeichnet wird. Katode wird die Elektrode genannt, zu der die Elektronen hinfließen. Des Weiteren ist geregelt, dass in galvanischen Elementen die Anode als negativer Pol (Minuspol) und die Katode als positiver Pol (Pluspol) angesehen wird.

(Anmerkung: Für die Elektrolyse ist das Vorzeichen anders geregelt: Anode positiv, Katode negativ!)

Negativ geladene Ionen (griech. gehen, wandern) sind **Anionen,** sie wandern zur Anode. Positiv geladene Ionen sind **Kationen,** sie wandern zur Katode.

Im galvanischen Element kann die Spannung zwischen beiden Elektroden als Potenzialdifferenz gemessen werden. Die beiden Potenziale der Halbelemente summieren sich zur Spannung des galvanischen Elementes. Im Fall des DANIELL-Elementes misst man (theoretisch) 1,1 V.

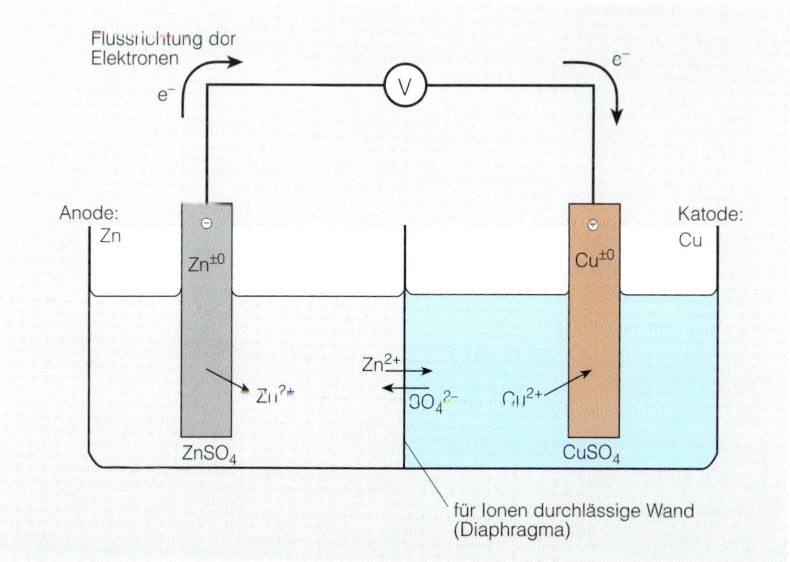

Abb. 11-3
DANIELL-Element

Das elektrische Potenzial zwischen zwei unterschiedlichen Elektroden kann Arbeit leisten, indem positive Ladungen (Kationen) vom höheren zum niedrigeren und Elektronen vom niedrigeren zum höheren Potenzial fließen und dabei Energie freisetzen. Schaltet man einen Verbraucher in den Stromkreis, so kann der Elektronenfluss grundsätzlich zur Lieferung elektrischer Energie aus chemischer Energie genutzt werden. Allerdings eignet sich das DANIELL-Element nicht für technische Zwecke, weil sich die beiden Elektrolyte bereits vor dem Verbrauch der Zinkelektrode durch das Diaphragma hindurch vermischen. Das führt zum Zusammenbruch der Spannung.

11.5 Normalwasserstoffelektrode und Standardpotenziale

Der Messwert für die Spannung eines galvanischen Elementes hängt von der Elektrodenkombination, von der Konzentration der Elektrolyte, der Temperatur und dem Druck ab. Um vergleichbare Werte zu erhalten, wurden **Standard-** oder **Normbedingungen** für die Messanordnung und für die Messbedingungen eingeführt:

- Konzentration des Elektrolyten:
  1 Mol gelöstes Salz in 1 Liter Lösung (= 1 M)
- Druck: 101,325 kPa
- Temperatur: 25 °C

Da nur Differenzen zwischen zwei Halbelementen messbar sind, gehört zu den Standardbedingungen somit auch eine Bezugselektrode, deren Potenzial auf 0 Volt festgelegt ist. Für diesen Zweck kann nur ein Halbelement verwendet werden, das gegenüber unedlen Metallen als Elektronenakzeptor und gegenüber edlen Metallen als Elektronendonator auftreten kann. Dafür eignet sich Wasserstoff:

$$H_2 \underset{\text{Reduktion}}{\overset{\text{Oxidation}}{\rightleftharpoons}} 2\,H^+ + 2\,e^-$$

Die **Normalwasserstoff-Elektrode** besteht aus einem Platinblech, das von Platinmohr bedeckt ist (fein verteiltes Platin-Pulver). Sie wird ständig von Wasserstoff umspült, so dass nur die wasserstoffbedeckte Oberfläche mit dem Elektrolyten in Berührung kommt. Es taucht in eine Lösung von 1 M/l Salzsäure. Wasserstoff-Ionen und Wasserstoff-Moleküle stehen zur Verfügung. Das Platin dient lediglich als Trägermaterial für den Wasserstoff und vermittelt die Stromleitung (Abb. 11-4). Die Normalwasserstoff-Elektrode kann mit jedem anderen Halbelement kombiniert werden.

Die Normalwasserstoff-Elektrode ist in der Handhabung nicht unproblematisch: Der Wasserstoff muss sehr rein sein, der Potenzialdruck ist nicht einfach einstellbar, die Elektrode wird leicht polarisiert, und von oxidierenden und reduzierbaren Stoffen in der Lösung gehen Störungen aus.

Zwischen den Elektrolyten wird der Stromkreis durch einen sogenannten Stromschlüssel geschlossen. Letzterer ist mit Kaliumchlorid-Lösung gefüllt, die nicht an der Reaktion teilnimmt. Die in der beschriebenen Anordnung gemessene Potenzialdifferenz ist das **Normalpotenzial** oder **Standardpotenzial** des **Halbelementes.**

Beispiel 1: Bei der Kombination des Halbelements $Zn/ZnSO_4$ mit der Normalwasserstoffelektrode laufen folgende Vorgänge ab:

Anodische Oxidation:

$$Zn \rightarrow Zn^{2+} + 2\,e^-$$

Katodische Reduktion:

$$2\,H^+ + 2\,e^- \rightarrow H_2$$

Der Messwert ergibt für das Halbelement $Zn/ZnSO_4$ ein Potenzial von −0,76 V. Das Minuszeichen gibt an, dass das Halbelement Elektronen abgibt (Abb. 11-5).

Beispiel 2: In Kombination mit dem Halbelement $Cu/CuSO_4$ schaltet sich die Normalwasserstoff-Elektrode als Anode:

Anodische Oxidation:

$$H_2 \rightarrow 2\,H^+ + 2\,e^-$$

Katodische Reduktion:

$$Cu^{2+} + 2\,e^- \rightarrow Cu^{\pm 0}$$

Das Potenzial des Halbelements $Cu/CuSO_4$ erhält wegen der Elektronenaufnahme ein positives Vorzeichen, es beträgt (theoretisch) +0,34 V (Abb. 11-6). Die Halbelemente bilden ein Redoxpaar.

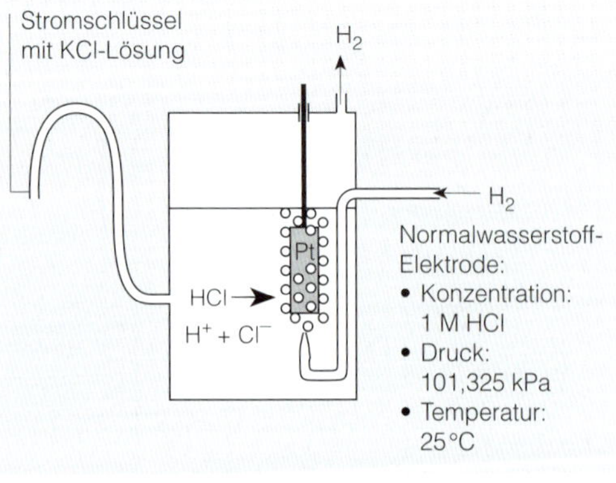

Abb. 11-4
Prinzipskizze für die Normalwasserstoff-Elektrode

Die Spannung eines galvanischen Elements setzt sich aus der Potenzialdifferenz (Redoxpotenzial) der zwei Halbelemente zusammen.

Rechnerisch sind die Einzelpotenziale so anzusetzen, dass ein positiver Zahlenwert entsteht.

Für das Daniell-Element ergibt sich mathematisch:

$E = +0{,}34\ \text{V} - (-0{,}76\ \text{V})$

$E = 1{,}10\ \text{V}$

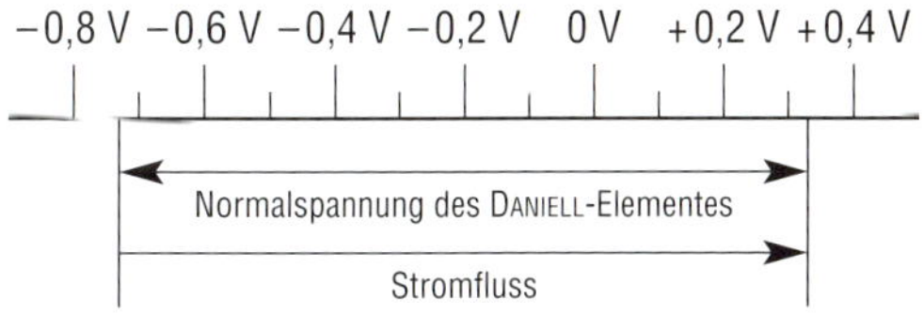

Unter dem Einfluss der Potenzialdifferenz erfolgt der Stromfluss vom unedlen zum edlen Metall.

Die Differenz der Normalpotenziale wird als **elektromotorische Kraft EMK** oder **Zellspannung** (auch Galvani-Spannung) bezeichnet. Sie kann nur mit einer speziellen elektrischen Schaltung gemessen werden (sog. Kompensationsschaltung für den stromlosen Zustand des Elements).

Übersicht 11-1 enthält die Normalpotenziale einiger Metalle:

Redox- und Spannungsreihe von einigen Metallen bei Standardbedingungen

Redoxpaare: reduziert (↑ Zunahme der reduzierenden Wirkung als Reduktionsmittel)	Redoxpaare: oxidiert (↓ Zunahme der oxidierenden Wirkung als Oxidationsmittel)	Standardpotenziale für die Redoxpaare Metall/Metall-Ion E_0 in V
Li	$Li^+ + e^-$	−3,01
K	$K^+ + e^-$	−2,92
Ca	$Ca^{2+} + 2e^-$	−2,76
Na	$Na^+ + e^-$	−2,71
Mg	$Mg^{2+} + 2e^-$	−2,38
Al	$Al^{3+} + 3e^-$	−1,66
Zn	$Zn^{2+} + 2e^-$	−0,76
Fe	$Fe^{2+} + 2e^-$	−0,44
Pb	$Pb^{2+} + 2e^-$	−0,13
$2\ H_2O + H_2$	$3\ H_3O^+ + 2e^-$	0,00
Cu	$Cu^{2+} + 2e^-$	+0,34
Fe^{2+}	$Fe^{3+} + e^-$	+0,75
Ag	$Ag^+ + e^-$	+0,80
Hg	$Hg^{2+} + 2e^-$	+0,86
Au	$Au^{3+} + 2e^-$	+1,42

Übersicht 11-1

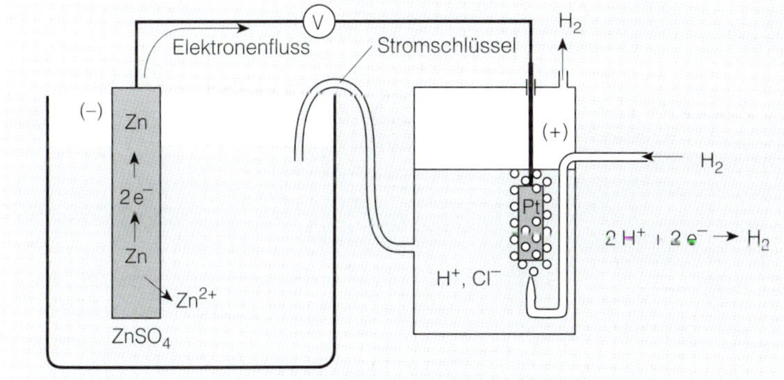

Abb. 11-5
Kombination der Normalwasserstoffelektrode mit einem Halbelement eines unedlen Metalls, z. B. Zink

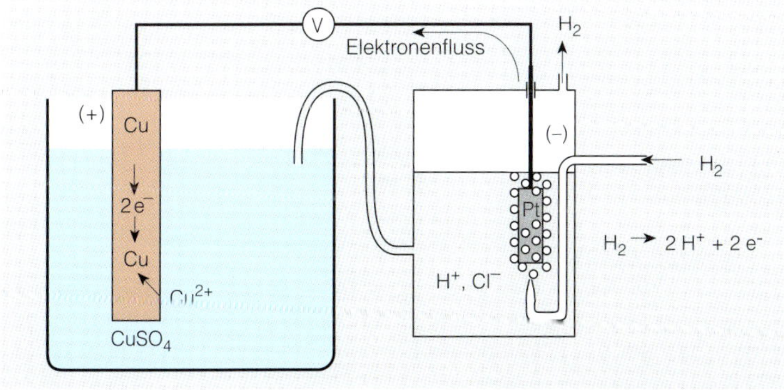

Abb. 11-6
Kombination der Normalwasserstoffelektrode mit einem Halbelement eines edlen Metalls, z. B. Kupfer

Von der Stellung der Halbelemente in der Spannungsreihe hängen nicht nur Spannung des galvanischen Elements und Stromrichtung, sondern auch die Triebkraft des elektrochemischen Vorgangs ab.

Aufgabe

Überlegen und skizzieren Sie, wie der Stromfluss in folgenden galvanischen Elementen abläuft. Formulieren Sie jeweils die Gleichungen für die anodische Oxidation und für die katodische Reduktion:

a) Mg / $MgSO_4$ // $ZnSO_4$ / Zn
b) Ni / $NiSO_4$ // $FeSO_4$ / Fe
c) Cu / $CuSO_4$ // $FeSO_4$ / Fe

Welche EMK ergeben sich rechnerisch?

11.6 NERNST'sche Gleichung

Die Normbedingungen für die Messung der Normalpotenziale E^0 weisen aus, dass sich offensichtlich ihr Zahlenwert ändert, wenn andere Bedingungen herrschen. W. NERNST (1864–1941, Mitbegründer der physikalischen Chemie; 1930 Nobelpreis für Chemie) stellte eine Gleichung auf, mit deren Hilfe das Potenzial E einer Elektrode errechnet werden kann, wenn Temperatur und Konzentration von den Normbedingungen abweichen:

$$E = E^0 + \frac{R \cdot T}{z \cdot F} \cdot \ln c$$

Hierbei bedeuten R die allgemeine Gaskonstante, T die absolute Temperatur in Kelvin, c die Konzentration der Lösung, mit der die Elektrode in Kontakt steht, z die elektrochemische Wertigkeit der Ionen und F die FARADAY'sche Konstante, 1 Faraday = 96484,4 As · mol^{-1}. Fasst man die konstanten Werte für 298,15 K bzw. 25 °C zusammen und führt für den natürlichen den dekadischen Logarithmus ein, so ergibt sich als neue Konstante 0,059 (in Volt):

$$E = E^0 + \frac{0{,}059}{z} \log c$$

Für das DANIELL-Element misst man somit als Potenzialdifferenz ΔE zwischen beiden Elektroden bei 20 °C in Abhängigkeit der Konzentration:

$$\Delta E = E_{Cu} - E_{Zn}$$

$$\Delta E = E^0{}_{Cu} + \frac{0{,}059}{2} \log c_{Cu} - (E^0{}_{Zn} + \frac{0{,}059}{2} \log c_{Zn})$$

Eine Potenzialdifferenz entsteht auch bei sogenannten Konzentrationsketten, wenn das gleiche Metall in zwei Lösungen unterschiedlicher Konzentration c_1 und c_2 seiner Ionen taucht ($c_1 > c_2$):

$$\Delta E = \frac{0{,}059}{z} \log c_1/c_2$$

Die Verwendung der Konzentration ist für sehr stark verdünnte Lösungen möglich und zulässig, bei denen sich die Ionen nicht durch ihre elektrischen Felder gegenseitig beeinflussen.

Bei der Bestimmung von Potenzialen werden in der Gleichung meist nicht die Konzentrationen, sondern die **Aktivitäten** a eingesetzt. Hierbei handelt es sich um die elektrolytisch wirksamen Konzentrationen $a < c$. Nur in sehr verdünnten Lösungen, in denen sehr niedrige elektrostatische Beeinflussungen zwischen den Ionen wirken, kann $c = a$ gesetzt werden.

Bei Zunahme der Konzentration werden die Wechselwirkungen durch Aktivitätskoeffizienten korrigiert:

$$a = f \cdot c$$

Der Aktivitätskoeffizient hat den Wert $f < 1$ und ist konzentrationsabhängig. Bereits ab einer Konzentration von etwa 10^{-4} mol · l^{-1} weicht er bei starken Elektrolyten von 1 ab.
So besitzt bei 298 K der Aktivitätskoeffizient einer HCl-Lösung mit c = 0,01 mol · l^{-1} den Wert f = 0,905 und mit c = 0,1mol · l^{-1} den Wert f = 0,798.

Der Einfluss der Ionenladung zeigt sich im Vergleich mit einer Calciumchlorid-Lösung:
für c = 0,01 mol · l^{-1} ist f = 0,732 und
für c = 0,1 mol · l^{-1} ist f = 0,524.

Aufgaben

1. Welche Zellspannung ergibt sich für die galvanische Zelle Fe/ $FeSO_4$ $CuSO_4$/Cu
   a) unter Normbedingungen sowie
   b) wenn bei 25 °C die Konzentration des Eisen-II-sulfats 2 mol · l^{-1} und die des Kupfersulfats 0,5 mol · l^{-1} beträgt?
2. Welches Elektrodenpotenzial stellt sich an einer Zink/ Zinksulfat-Elektrode bei 100 °C ein?
3. Welche Zellspannung entsteht, wenn in einer Zelle eine Zinkelektrode in eine 1-molare $ZnSO_4$-Lösung und eine zweite Zinkelektrode in eine 3-molare $ZnSO_4$-Lösung bei 25 °C eintaucht?

Die aus der NERNST'schen Gleichung errechnete EMK gilt für den stromlosen Zustand des galvanischen Elements bei unendlich hohem Widerstand.

Aus der Spannungsreihe ergibt sich, dass sich aus dem Vorzeichen eines Potenzials oder einer Potenzialdifferenz die Richtung eines Vorgangs ableitet: negatives Potenzial bedeutet freiwillig (z. B. Korrosion), positives Vorzeichen unter Zwang verlaufende Reaktion (z. B. Gewinnung von Kupfer aus Kupfersulfat durch Elektrolyse). Es ist somit auch zu erwarten, dass sich aus der Potenzialdifferenz ΔE direkt die GIBBS-Energie oder freie Enthalpie ΔG (Standard-Gibbs-Reaktionsenergie $\Delta_R G^0$; vgl. Teil 1, Abschnitt 11.8) ergibt:

$$\Delta G = -z \cdot F \cdot \Delta E \quad \text{bzw.} \quad \Delta E = -\frac{\Delta G}{z \cdot F}$$

Bei freiwillig oder spontan ablaufendem Vorgang ist ΔG negativ ($\Delta G < 0$) und die EMK erhält damit ein positives Vorzeichen.

11.7 Polarisation, Überspannung und Passivität

In der Praxis werden für die Potenziale von Halbelementen Werte gemessen, die von den Normalpotenzialen abweichen. Das hat unterschiedliche Ursachen:

a) Die Spannung, die ein Voltmeter im Stromkreis anzeigt, ist wegen des inneren Widerstandes der galvanischen Zelle geringer als die Urspannung. Es entsteht ein Spannungsabfall.

b) Gase, die sich an der Elektrode entladen (Wasserstoff, Sauerstoff), verändern die Elektrodenoberfläche chemisch und physikalisch. Das Elektrodenpotenzial wird dadurch verringert (Spannungsabfall).

c) In den Elektrolyten verändert sich die Konzentration der Ionen gegenüber dem stromlosen Zustand: An der Anode erhöht sich durch das Ablösen der Ionen die Metall-Ionenkonzentration an der Oberfläche, an der Katode verringert sie sich durch die Abscheidung von Ionen

d) Schließlich können verschiedene Hemmungen beim Elektronenübergang an die Kationen, beim Ablösen der Ionen an der Anodenoberfläche, bei der Bildung von Gasmolekülen aus den Atomen (z. B. $2\ H \rightarrow H_2$) usw. auftreten.

Alle genannten Störungen erniedrigen die Spannung des galvanischen Elements. Die Erscheinung bezeichnet man als **Polarisation** der Elektroden und den gesamten dadurch bewirkten Spannungsabfall gegenüber der EMK als **Überspannung** $E_Ü$. Zieht man die Summe der Spannungsabfälle von der Urspannung ab, erhält man die nutzbare Restspannung, die **Klemmspannung** E_R:

$$E - E_Ü \rightarrow E_R$$

Ein Spannungsabfall bedeutet eine Verschiebung des Halb- oder Einzelpotenzials zu positiveren Werten. Aufgrund dieser Polarisation erscheint beim praktischen Gebrauch z. B. Chrom edler als Eisen.

Von großer Bedeutung erweisen sich Oxidschichten, die gegenüber einer reinen Metallfläche ebenfalls eine Polarisierung und damit eine Potenzialverschiebung zu positiveren Werten bewirken. Die Oxidschichten verhindern oder verringern den Stromfluss in elektrochemischen Elementen. Diese Erscheinung bezeichnet man als **Passivierung** oder **Passivität.** Dadurch ist überhaupt erklärlich, dass sich Aluminium, Chrom, Eisen, Zink, Magnesium u. a. Metalle unter normalen Bedingungen als beständig erweisen, denn nach der Stellung in der Spannungsreihe müssten sich diese Metalle im Kontakt mit Wasser oder Wasserdampf sofort nach ihrer Erzeugung wieder zersetzen. Eine Auflösung der schützenden Schichten durch sauren Regen hebt die Passivierung auf.

11.8 Primär- und Sekundärelemente

11.8.1 Galvanische Spannungsquellen

Galvanische Elemente sind Spannungsquellen, die Gleichstrom liefern.

Nicht alle denkbaren Halbelementkombinationen sind technisch brauchbar, sondern nur solche, die eine genügend hohe Spannung aufweisen und über eine längere Zeit stabil Strom liefern. Die verwertbaren Elemente werden nach der Kapazität, d. h. nach der Elektrizitätsmenge (in Amperesekunden A · s) sowie nach der Leistung (in Watt W), die je Sekunde ohne Schädigung des Elements entnommen werden kann, und nach der Masse des Elements beurteilt.

Zur Steigerung von Spannung, Kapazität und Leistung können mehrere Zellen zu **Batterien** kombiniert werden.

Galvanische Stromquellen teilt man in Primär- und in Sekundärelemente ein.

Primärelemente (Elektroden 1. Art) werden nach dem Verbrauch der Elektroden oder Elektrolyte nicht wiederverwendet, d. h., sie sind nicht wieder aufladbar. Sie liefern über eine bestimmte Zeit zuverlässig und sicher Strom, und sie sind billig und leicht. Ihr Einsatz ist vielfältig (Radio, Taschenlampen, Uhren, Hörgeräte, Fotoapparate usw.).

Das älteste und wichtigste Primärelement ist das **LECLANCHÉ-Element** (Trockenelement). Es besteht aus einer Zinkanode als Gefäß und einem Kohlestift als Katode. Der Elektrolyt aus Ammoniumchlorid ist pastenartig eingedickt, damit er nicht auslaufen kann (Abb. 11-7). Bei der Stromentnahme laufen folgende Vorgänge ab:

Anodische Oxidation:

$$Zn \rightarrow 2\,Zn^{2+} + 2\,e^-$$

Katodische Reduktion:

$$2\,NH_4^+ + 2\,e^- \rightarrow 2\,NH_3 + H_2$$

Die Spannung beträgt etwa 1,5 V.

Die Zinkionen werden mit Ammoniak und Chloridionen zu einem schwer löslichen Niederschlag von Zinkdiammoniumchlorid $Zn(NH_3)_2Cl_2$ gebunden. Die Kohleelektrode ist von Mangandioxid MnO_2 umgeben, um die Polarisation durch Wasserstoff zu verhindern. Mangandioxid wirkt als **Depolarisator,** es oxidiert den entstehenden Wasserstoff:

$$2\,MnO_2 + H_2 \rightarrow Mn_2O_3 + H_2O$$

Primärelemente haben einen Wirkungsgrad bis 90 %. Sie sind unempfindlich gegenüber Temperaturschwankungen und mechanischen Erschütterungen. Sie können aber nur kleine Energiemengen bei niedriger Spannung und geringer Leistung abgeben.

Aufgabe

Wird aus einem Trockenelement längere Zeit Strom entnommen, sinkt die Spannung ab. Warum?
Nach einiger Zeit liefert die Zelle wieder Strom (die Spannung steigt wieder an). Warum?

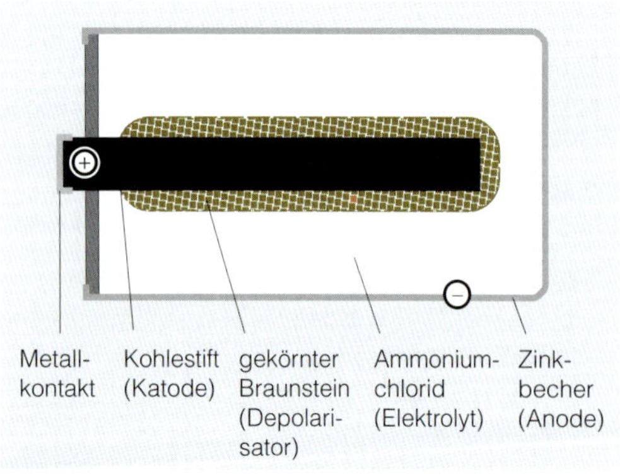

Abb. 11-7 **LECLANCHÉ-Trockenelement**

Die **Lithium-Batterien** (Lithium-Thionyl-Zellen) liefern eine Spannung von etwa 3 Volt. Sie können wegen ihrer hohen Energiedichte in kleinen Abmessungen hergestellt werden („Knopfzellen“). Die elektrochemische Reaktion oxidiert Lithium, und Schwefel wird reduziert:

$$4\,\overset{\pm 0}{Li} + 2\,\overset{4+}{S}OCl_2 \rightarrow 4\,\overset{1+}{Li}Cl + \overset{\pm 0}{S} + \overset{4+}{S}O_2$$

Thionylchlorid   Lithiumchlorid

Lithium-Ionen-Batterien besitzen über einen weiten Entladungsbereich eine konstante Spannung. Sie eignen sich für die Verwendung in Uhren, Herzschrittmachern, Hörgeräten, Taschenrechnern, Laptops u. dgl.

11.8.2 Sekundärelemente – Sammler oder Akkumulatoren

Sekundärelemente (Elektroden 2. Art) sind nach der Entladung wieder aufladbar. Man bezeichnet sie deshalb auch als **Sammler** oder **Akkumulatoren.** Die Vorteile liegen neben der elektrochemischen Regenerierbarkeit in einem hohen Wirkungsgrad (bis 98 %), in der Speicherung großer Energiemengen und in der Ortsunabhängigkeit. Die große Masse sowie der höhere Preis sind Nachteile. Die Elektrolytmenge und -konzentration müssen überwacht werden.

Ein wichtiger Sammler ist der **Blei-Akkumulator** (Abb. 11-8). Trotz seines Gewichts behauptet er sich noch immer, weil er zuverlässig Strom liefert und relativ einfach gewartet werden kann.

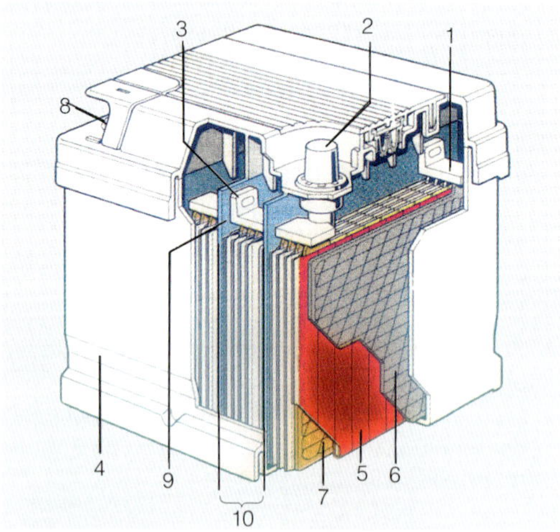

1 Plattenverbinder
2 Pluspol
3 Direkt-Zellenverbinder
4 Gehäuse, Akkukasten
5 Kunststoff-Isolation
6 Anodenplatte: Blei Pb
7 Katodenplatte: Bleidioxid PbO_2
8 negativer Pol
9 Zellentrennwand
10 Akkuzelle

Abb. 11-8 **Schnittdarstellung einer Blei-Autobatterie**

Im geladenen Zustand besteht die Anode aus Blei, die Katode aus Bleidioxid PbO_2 und der Elektrolyt aus 25%iger Schwefelsäure (Dichte 1,18 g/cm³). Der **Entladungsvorgang** der Kette Pb / $PbSO_4$ / PbO_2 liefert Strom. Dabei laufen folgende Vorgänge ab (Abb. 11-9):

anodische Oxidation:

$$Pb^{\pm 0} \rightarrow Pb^{2+} + 2\,e^-$$

katodische Reduktion:

$$PbO_2 + 2\,e^- \rightarrow PbO + O^{2-}$$

Folgereaktionen:

an der Anode:

$$Pb^{2+} + SO_4^{2-} \rightarrow PbSO_4$$

an der Katode:

$$PbO + H_2SO_4 \rightarrow PbSO_4 + H_2O$$

$$O^{2-} + 2\,H^+ \rightarrow H_2O$$

Die Gesamtreaktion lautet somit

$$Pb + PbO_2 + 2\,H_2SO_4 \rightarrow 2\,PbSO_4 + 2\,H_2O$$

Die beiden Elektroden liegen nach dem Entladen als unlösliche Bleisulfatelektroden vor, die Schwefelsäure hat sich durch das entstandene Wasser verdünnt, d. h., die Dichte ist kleiner geworden. Die Überprüfung der Dichte mit einem **Aräometer** (Dichtemesser) gibt Aufschluss über den Ladungsgrad der Blei-Batterie.
Der Vorteil des Akkus besteht in der Umkehrbarkeit (Reversibilität) der Reaktionen durch einen „äußeren Zwang" beim **Laden.** Die Elektroden müssen dazu umgekehrt gepolt werden. Folgende Vorgänge realisieren sich:

an der Katode:

$$PbSO_4 + 2\,e^- \rightarrow Pb^{\pm 0} + SO_4^{2-}$$

an der Anode:

$$PbSO_4 + 2\,H_2O \rightarrow PbO_2 + SO_4^{2-} + 4\,H^+ + 2\,e^-$$

Gesamtvorgang:

$$2\,PbSO_4 + 2\,H_2O \rightarrow Pb + PbO_2 + 2\,H_2SO_4$$

Das Ende des Ladungsvorganges erkennt man am verstärkten „Gasen" der Batterie, weil sich dann eine elektrochemische Zersetzung des Wassers einstellt. Eine Zelle der Bleibatterie liefert eine Spannung von 2 V. Bei der Entladung darf sie nicht unter 1,7 bis 1,8 V je Zelle absinken, sonst zerstört man die Batterie. Dem Akku können kurzzeitig hohe Ströme entnommen werden, z. B. als Anlassstrom im Kraftfahrzeug (je nach Kapazität bis zu 400 A).
Zur Überwindung der Polarisation muss beim Laden je Zelle eine höhere Spannung (etwa 2,3 V) aufgebracht werden.

Der **Nickel-Cadmium-Akkumulator** besteht aus der Kette Cd / KOH / $Ni(OH)_3$ mit 20%iger Kaliumhydroxidlösung. Er wird z. B. für das Betreiben von Videokameras, Akkuschraubern u. Ä. benutzt. Die elektrochemischen Vorgänge bei der Stromentnahme vollziehen sich in folgender Weise:

Entladen:

anodische Oxidation:

$$Cd \rightarrow Cd^{2+} + 2\,e^-$$

Folgereaktion:

$$Cd^{2+} + 2\,OH^- \rightarrow Cd(OH)_2$$

katodische Reduktion:

$$2\,\overset{3+}{Ni}(OH)_3 + 2\,e^- \rightarrow 2\,\overset{2+}{Ni}(OH)_2 + 2\,OH^-$$

Laden:

$$Cd(OH)_2 + 2\,Ni(OH)_2 \rightarrow Cd + 2\,Ni(OH)_3$$

Die abnehmbare Spannung beim Entladen beträgt 1,35 V/Zelle.

Bei Nickel-Cadmium-Sammlern stört der „Memory-Effekt". Er entsteht durch Bildung von Nickel-Cadmium-Verbindungen bei häufigem Laden, wenn die Batterie zuvor nicht vollständig entladen wurde. Die Batterie nimmt dann nicht mehr die volle Kapazität auf.

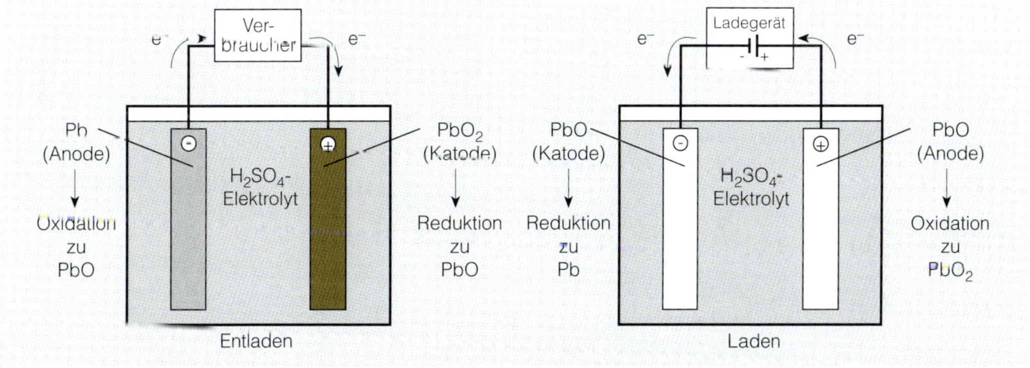

Abb. 11-9 **Fluss des Entlade- und Ladestroms ohne Berücksichtigung der Folge- oder Sekundärreaktionen.** (Beachten: Ladungszeichen beim galvanischen Element und bei der Elektrolyse sind umgekehrt festgelegt!)

In dem wieder aufladbaren **Nickel-Metallhydrid-Akkumulator (MH)** ist das giftige Cadmium gegen eine Legierung der Zusammensetzung AB_2 oder AB_5 ersetzt. Metalle A sind Lanthaniden wie z. B. Cer, Lanthan, Neodym oder Praseodym, Metall B ist Nickel (mit geringen Mengen von Co, Al, Si und Mn). Die Legierungen können große Volumina Wasserstoff in ihrem Gitter zu Metallhydriden (MeH) lösen. Als Elektrolyt dient Kalilauge. Die Vorgänge bei der Stromentnahme und Ladung sind reversibel.

Vorgänge beim Entladen:

Anodische Oxidation:

$MeH \rightarrow Me + H^+ + e^-$

Katodische Reduktion:

$NiO(OH) + H^+ + e^- \rightarrow Ni(OH)_2$

Vorgänge beim Laden:

an der Anode:

$Ni(OH)_2 \rightarrow NiO(OH) + H^+ + e^-$

an der Katode:

$Me + H^+ + e^- \rightarrow MeH$

Vorteilhaft sind die höhere Ladekapazität und der geringere Memoryeffekt.

Ein weiterer galvanischer Sammler, der reversibel arbeitet, ist der **Nickel-Eisen-Akkumulator** (EDISON-Akkumulator), der aus der Kette $Fe/KOH/Ni(OH)_3$ im geladenen Zustand besteht (Elektrolyt: 20%ige Kaliumhydroxidlösung; Entladespannung: 1,4 bis 1,2 V/Zelle). Die Vorgänge laufen bei Entladen und Laden in folgender Weise ab:

$$\underset{\text{Anode}}{\overset{\pm 0}{Fe}} + \underset{\text{Katode}}{2\,\overset{3+}{Ni}(OH)_3} \underset{\text{Laden}}{\overset{\text{Entladen}}{\rightleftharpoons}} \underset{\text{Anode}}{2\,\overset{2+}{Ni}(OH)_2} + \underset{\text{Katode}}{\overset{2+}{Fe}(OH)_2}$$

Für die Energieversorgung von Elektroautos scheiden die schweren Bleiakkumulatoren aus. Dafür wurde die **Natrium-Schwefel-Batterie** entwickelt, die jedoch den Nachteil aufweist, dass sie nur bei 300 bis 350 °C betreibbar ist. Der Grund liegt darin, dass die Elektrodenwerkstoffe Natrium und Schwefel geschmolzen und voneinander getrennt vorliegen müssen. Eine umfangreiche Wärmeisolation an der Batterie ist notwendig. Die Batterie enthält einen Festelektrolyten aus einem Aluminiumoxid-Sinterkörper (sog. „β-Al_2O_3“), in dem die Natrium-Ionen beweglich sind. Er trennt die beiden Reaktanden. Die Vorgänge bei der Stromentnahme und beim Laden können wie folgt stark vereinfacht formuliert werden:

$$\underset{\text{Anode}}{2\,Na^{\pm 0}} + \underset{\text{Katode}}{S} \underset{\text{Laden}}{\overset{\text{Entladen}}{\rightleftharpoons}} \underset{\text{Katode}}{2\,Na^+} + \underset{\text{Anode}}{S^{2-}} \text{ (bzw. } Na_2S\text{)}$$

Die theoretische Energiedichte der Natrium-Schwefel-Batterie beträgt 1 kWh/kg, die Zellspannung 2 Volt.

Aufgabe

Wie lauten die Oxidations- und Reduktionsgleichungen beim Laden und Entladen des Nickel-Eisen-Akkumulators und der Natrium-Schwefel-Batterie?

Der **Lithium-Ionen-Akku** ist – im Gegensatz zu den Lithium-Batterien – wieder aufladbar. Die negative Elektrode wird aus Lithium, das in das Schichtgitter von Grafit (Zeichen nC) eingelagert ist (Zeichen Li_xnC), oder aus amorphem nanokristallinem Silicium mit Lithium gebildet. Die positive Elektrode kann aus verschiedenen Materialien bestehen, z. B. aus Mischoxiden wie $LiCoO_2$, $LiNiO_2$, $LiMn_2O_4$. Dazwischen befindet sich der Elektrolyt aus Polyvinylidenfluorid oder aus $LiPF_6$ (in einem wasserfreien, nicht Protonen abgebenden d. h. aprotischen organischen Lösungsmittel, damit sich Lithium als Alkalimetall nicht zersetzt). Die Vorgänge bei der Entladung laufen etwa wie folgend ab:

anodische Oxidation:

$Li_xnC \rightarrow x\,Li^+ + x\,e^- + nC$

katodische Oxidation:

$Li_{1-x}Mn_2O_4 + x\,Li^+ + x\,e^- \rightarrow LiMn_2O_4$

Vorteilhaft ist die hohe Energiedichte (bis 100 Wh/kg) bei einer Nennspannung von 3,7 Volt und eine von der Nutzung und Lagerung abhängige Lebensdauer von mehreren Jahren. Dieser Akkutyp wird in Camcordern, Digitalkameras, Laptops, Handys und Elektrowerkzeugen verwendet.

Aufgabe

Informieren Sie sich im Internet bei Wikipedia über weitere Vorzüge und über den Umgang mit Lithium-Ionen-Akkus.

Sammler sind reversibel funktionierende galvanische Elemente. Sie wandeln beim Entladen chemische in elektrische Energie. Dabei oxidiert die Anode, an der Katode findet eine Reduktion statt. Beim Laden wird elektrische Energie aus einer Stromquelle in chemische Energie gewandelt. Durch diesen äußeren Zwang verlaufen die elektrochemischen Vorgänge in umgekehrter Richtung.

11.8.3 Brennstoffzellen

Ein völlig neuartiger Typ von galvanischen Elementen sind die Brennstoffzellen. Die Abb. 11-10 zeigt das Prinzip einer Wasserstoff-Sauerstoff-Brennstoffzelle (Knallgaszelle) mit Kaliumhydroxid als Elektrolyt. Die Anode wird kontinuierlich mit Wasserstoff als Reduktionsmittel und die Katode mit Sauerstoff als Oxidationsmittel versorgt:

anodische Oxidation:

$H_2 \rightarrow 2\,H^+ + 2\,e^-$

katodische Reduktion:

$H_2O + {}^1\!/_2\,O_2 + 2\,e^- \rightarrow 2\,OH^-$

Folgereaktion:

$2\,H^+ + 2\,OH^- \rightarrow 2\,H_2O$

Es handelt sich somit um eine kontrollierte Knallgasreaktion, die getrennt an beiden Elektroden abläuft.

Als Elektroden werden z. B. poröse Kohlestäbe mit Palladiumkatalysatoren eingesetzt. Die Elektroden verändern sich bei den Vorgängen nicht.

Brennstoffzellen weisen einen neuen Weg der Energiewandlung. Die benötigten Stoffe, Sauerstoff und Wasserstoff, könnten beispielsweise bei Verbesserung der Solartechnik durch Wasserzerlegung (Elektrolyse) gewonnen werden. Damit würde Sonnenenergie in chemische Energie und diese in elektrische Energie gewandelt werden. Aus Wasser entsteht wieder Wasser.

Brennstoffzellen werden bereits mit einem Wirkungsgrad von etwa 70 % in der Weltraumtechnik verwendet. Für die Forschung und Entwicklung gibt es noch viele Aufgaben zu lösen, um die Brennstoffzellen großtechnisch beherrschbar zu machen. Der Wirkungsgrad ist noch zu niedrig, und die Kosten für die Herstellung und den Betrieb liegen noch zu hoch. Ziel der Forschung ist es, einmal aus billigen Brennstoffen, wie Benzin, Erdgas, auf direktem Wege elektrische Energie zu gewinnen. Es ist damit zu rechnen, dass in einigen Jahren Brennstoffzellen für den Betrieb von Elektroautos verfügbar sein werden. Diese Antriebe würden die Umweltbelastung erheblich reduzieren und angesichts der Erdölverknappung eine Alternative zum Benzin- und Dieselmotor bieten.

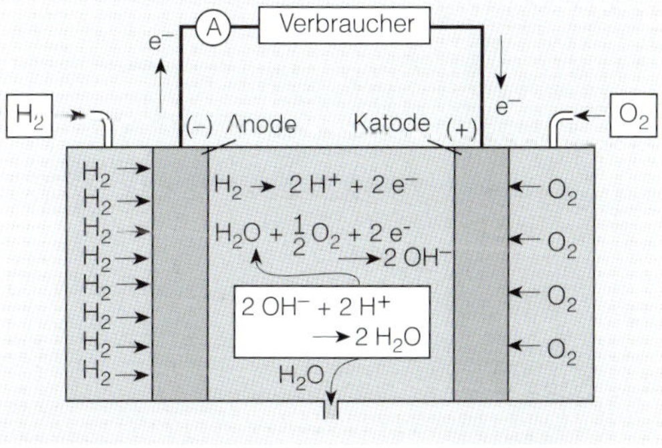

Abb. 11-10 Prinzip einer Knallgasbrennstoffzelle

11.9 Elektrolyse

11.9.1 Prinzip der Elektrolyse

Die Elektrolyse ist eine erzwungene elektrochemische Redoxreaktion in einem Elektrolyten.

Abb. 11-11 zeigt eine labormäßige Versuchsanordnung für eine **Elektrolyse.** Sie besteht aus einer Gleichstromquelle, die mit den elektrischen Polen leitend verbunden ist. Der Elektrolyt, der sich in einem „elektrolytischen Trog" befindet, schließt den Stromkreis. Mit einem Schiebewiderstand kann der Stromfluss reguliert werden.

Definitionsgemäß erhält die **Katode** ein negatives (Minuspol) und die **Anode** ein positives (Pluspol) Vorzeichen (beachte: für galvanische gelten die umgekehrten Vorzeichen; vgl. Abschnitt 11.4).

An der Anode findet durch Elektronenentzug eine Oxidation, an der Katode durch Elektronenübertragung eine Reduktion statt.

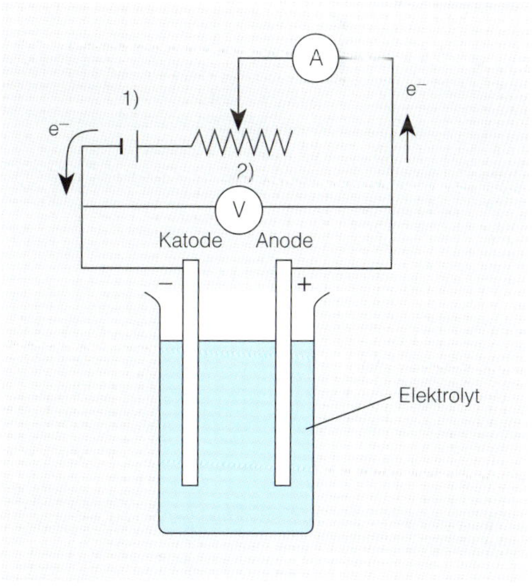

Abb. 11-11
Schaltskizze für die Elektrolyse
1) Gleichstromquelle
2) Schiebewiderstand zur Regulierung von Strom und Spannung

11.9.2 Zersetzungsspannung

Wird in einem HOFMANN'schen Wasserzersetzungsapparat (Abb. 11-12) verdünnter Salzsäure elektrischer Gleichstrom zugeführt, so finden an den Polen folgende Redoxvorgänge statt:

anodische Oxidation:

$2\,Cl^- \rightarrow Cl_2 + 2\,e^-$

katodische Reduktion:

$2\,H^+ + 2\,e^- \rightarrow H_2$

An der Anode entwickelt sich Chlorgas und an der Katode Wasserstoff im gleichen Volumenverhältnis (Abb. 11-12).

Aufgabe

Erläutern Sie die Ergebnisse der Elektrolyse von Salzsäure mithilfe der DALTON'schen Grundgesetze und der AVOGRADO'schen Hypothese (vgl. Teil 1, Abschnitt 2.3.1).

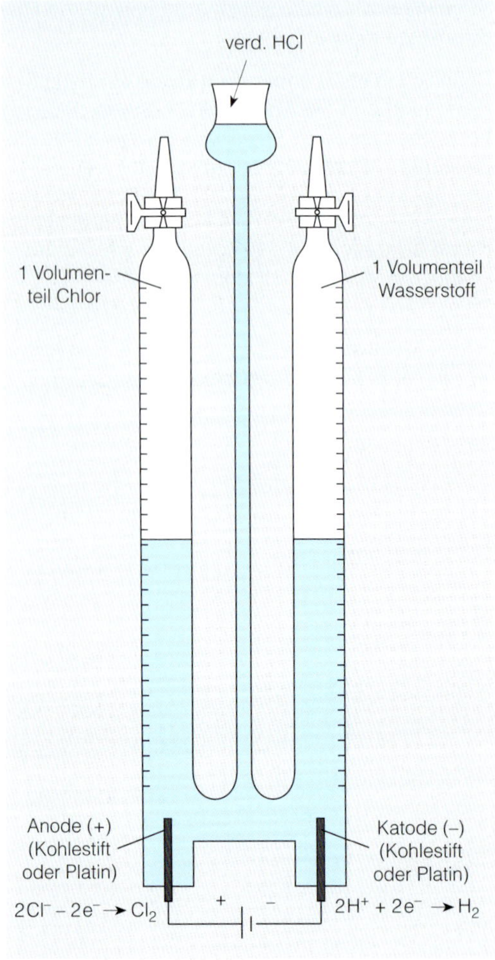

Abb. 11-12
Elektrolyse von HCl-Lösung im HOFMANN'schen Wasserzersetzungsapparat

Die Zerlegung eines Elektrolyten erfordert eine Mindestspannung, die **Zersetzungsspannung** oder **Abscheidungsspannung.** Deren Höhe hängt von den beteiligten Anionen und Kationen ab. Theoretisch ergibt sie sich aus der Differenz der sogenannten elektrischen **Redoxpotenziale** E_0 (in Volt) von denjenigen Ionen, die im Elektrolyten vorhanden sind und reduziert sowie oxidiert werden sollen.

Unter Standardbedingungen (101,325 kPa, 25 °C, Konzentration 1 Mol · l^{-1}) beträgt sie beispielsweise für Wasserstoff $E_0 = 0$ V und für Chlor $E_0 = +1{,}36$ V. Das ergibt für die Elektrolyse von Salzsäure einen theoretischen Wert von 1,36 V. Wegen verschiedener elektrischer Sachverhalte, die unter den Begriffen **„Polarisation“** und Zellwiderstand zusammengefasst werden, liegt die notwendige oder effektive Spannung darüber (vgl. Abschnitt 11.7).

In einem gemischten Elektrolyten scheiden sich zunächst immer die Ionen mit den niedrigeren Redoxpotenzialen ab (vgl. Übersicht 11-2).

Wie viel Ionen bei der Zersetzungsspannung in der Zeiteinheit reduziert oder oxidiert werden, hängt von der Stromstärke bzw. Stromdichte (Ampere/Flächeneinheit) ab. Die Ladung von 1 Mol Elektronen beträgt 1 Faraday = 96 496 A · s oder Coulomb. Zur Erzeugung von 1 Mol ein- bzw. z-wertiger Ionen ist somit eine Elektrizitätsmenge von rund z · 96 500 Coulomb notwendig.

Bei der Elektrolyse einer wässrigen Kochsalz-Lösung mit unangreifbaren Eisen- oder Grafitelektroden entstehen an der Anode Chlor durch Oxidation der Chlorid-Ionen und an der Katode durch Re-

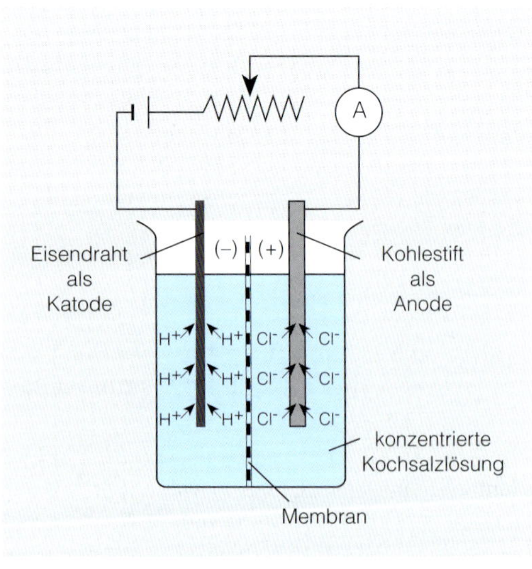

Abb. 11-13 Elektrolyse einer Kochsalzlösung

Elektrochemische Spannungsreihe von einigen Nichtmetallen bei Standardbedingungen

Redoxpaare: reduziert	Redoxpaare: oxidiert		Standardpotenziale für Redoxpaare E_0 in V
Te^{2-}	Te	$+ 2e^-$	−0,92
Se^{2-}	Se	$+ 2e^-$	−0,78
S^{2-}	S	$+ 2e^-$	−0,51
$2\,OH^- + H_2$	$2\,H_2O$	$+ 2e^-$ (bei pH 7)	−0,42
$2\,H_2O + H_2$	$2\,H_3O^+$	$+ 2e^-$	0,00
$4\,OH^-$	$O_2 + 2\,H_2O$	$+ 4e^-$	+0,40
$2\,I^-$	I_2	$+ 2e^-$	+0,53
$6\,H_2O + NO$	$NO_3^- + 4\,H_3O^+$	$+ 3e^-$	+0,95
2 Br−	Br_2	$+ 2e^-$	+1,06
$12\,H_2O + Cr^{3+}$	$CrO_4^{2-} + 8\,H_3O^+$	$+ 3e^-$	+1,30
$2\,Cl^-$	Cl_2	$+ 2e^-$	+1,36
$12\,H_2O + Mn^{2+}$	$MnO_4^- + 8\,H_3O$	$+ 5e^-$	+1,50
$3\,H_2O + O_2$	$O_3 + 2\,H_3O+$	$+ 2e^-$	+2,05
$2\,F^-$	F_2	$+ 2e^-$	+2,87

Zunahme der reduzierenden Wirkung als Reduktionsmittel (↑)

Zunahme der oxidierenden Wirkung als Oxidationsmittel (↓)

Übersicht 11-2

duktion der Wasserstoff-Ionen (bzw. Hydronium- oder Oxonium-Ionen) des Wassers Wasserstoff:

anodische Oxidation:

$2\,Cl^- \rightarrow Cl_2 + 2\,e^-$

katodische Reduktion:

$2\,H^+ + 2\,e^+ \rightarrow H_2$

Natrium-Ionen haben unter Standardbedingungen ein Zersetzungspotenzial (Redoxpotenzial) von $E_0 = -2{,}71$ V, Hydroxid-Ionen von $E_0 = +0{,}40$ V. Sie können gemeinsam mit Cl^-- und H_3O^+-Ionen nicht entladen werden. Sie verbleiben in der Lösung, die alkalisch reagiert.

Auch bei den Nichtmetallen kann eine elektrochemische Spannungsreihe für Redox-Paare aufgestellt werden, die sich in die Reihe der Übersicht 11-1 für Metalle einordnen lassen. Das Redox-Paar H_2O/H_2 ist dort bereits enthalten. Aus Gründen der Übersichtlichkeit werden die Nichtmetalle jedoch gesondert in Übersicht 11-2 angegeben.

11.9.3 Erzeugung von Chlor und Natriumhydroxid im Diaphragma-Verfahren

Zur Erzeugung von Chlor und Natriumhydroxid dient Steinsalz NaCl, das in wässriger Lösung einer Elektrolyse unterworfen wird. Nach Reinigung (s. Soda-Herstellung) strömt die NaCl-Sole in den Katodenraum der Elektrolysezelle. Eine 2 bis 3 mm dicke, poröse Wand, das Diaphragma, trennt Anoden- und Katodenraum (Abb. 11-14). Es besteht aus Asbest, dessen Fasern mit Kunststoff gebunden sind. Das Diaphragma ist durchlässig für Natrium- und Chlorid-Ionen, aber nicht für Wasserstoff- und Chlormoleküle. Es liegt direkt auf der Katode auf.

Die Anode besteht aus Titan oder Grafit. Sie ist beständig gegenüber dem Chlor, das daran oxidiert wird:

anodische Oxidation:

$2\,Cl^- \rightarrow Cl_2 + 2e^-$

Das Chlor wird abgeleitet und mit konzentrierter Schwefelsäure getrocknet, weil feuchtes Chlor sehr aggressiv ist. Nach Verflüssigung sind mindestens

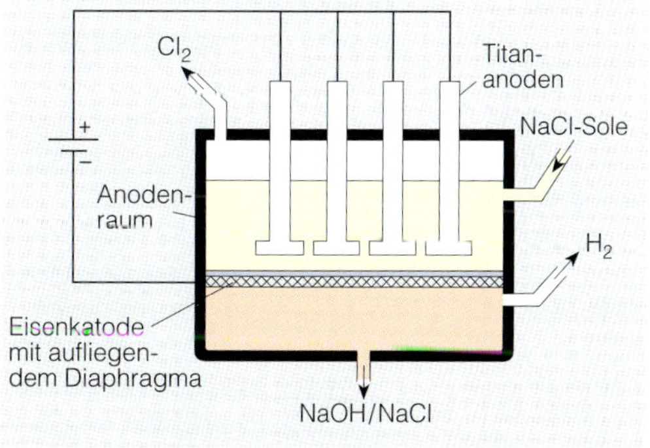

Abb. 11-14 Schema der Chloralkali-Elektrolyse nach dem Diaphragma-Verfahren (horizontale Anordnung der Elektrolysezelle)

97,5 % Chlor neben Sauerstoff, Stickstoff u. a. enthalten.

Die Katode besteht aus einem Eisennetz. Daran werden Hydronium-Ionen reduziert bzw. die direkte Reduktion von Wassermolekülen ist wahrscheinlicher.

katodische Reduktion:

$2\,H_3O^+ + 2e^- \rightarrow H_2 + 2\,H_2O$

bzw.

$2\,H_2O + 2e^- \rightarrow H_2 + 2\,OH^-$

Natrium-Ionen entladen sich nicht, da sie in wässriger Lösung und bei den angewendeten Konzentrationen ein negativeres Redoxpotenzial besitzen als H_3O^+ bzw. H_2O (vgl. Übersicht 11-1).
Die Sole strömt vom Anoden- zum Katodenraum. So wird verhindert, dass OH^--Ionen in den Anodenraum gelangen. Die Hydroxid-Ionen würden mit Chlor Nebenreaktionen verursachen, die Ausbeute an Natriumhydroxid senken und zu Verunreinigungen führen, z. B. durch die Bildung von Natriumhypochlorid NaOCl:

$Cl_2 + 2\,NaOH \rightarrow NaOCl + NaCl + H_2O$

Aus dem Katodenraum wird Wasserstoff abgeführt, getrocknet und für die Verwendung zunächst verdichtet. Die ablaufende Sole enthält ca. 12 % Masseanteil NaOH und noch ca. 15 bis 17 % Masseanteil NaCl. Zur Gewinnung von Natronlauge oder festem Natriumhydroxid (Ätznatron) dampft man sie ein. Die Reinheit von etwa 99 % mit 1 % NaCl reicht für die Erzeugung vieler Produkte aus. Beim Eindampfen scheidet sich festes NaCl aus, das in den Prozess zurückgeführt wird.

Kalilauge und Kaliumhydroxid gewinnt man in ähnlicher Weise durch Elektrolyse von Kaliumchlorid.

Die NaCl-Elektrolyse wird mit einer Bad-Spannung von 3 bis 4 Volt und einer hohen Stromdichte durchgeführt. Eigentlich müsste sich an der Anode Sauerstoff und nicht Chlor entwickeln, denn das Redoxpotenzial OH^-/O_2 beträgt nach Übersicht 11-2 +0,40 V (bei pH 7), während das Redoxpotenzial für Cl^-/Cl_2 mit +1,36 V bestimmt wird.

Die Erzeugung von Chlor und Natronlauge durch Redoxvorgänge in einer Elektrolyse wird erst dadurch möglich, dass die Entladung des Sauerstoffs (wie auch des Wasserstoffs) durch Überspannung an vielen Elektrodenmaterialien gehemmt ist (vgl. Abschnitt 11.7). Die Redoxpotenziale liegen z. T. weit über den Werten der Übersicht 11-1. Die **Überspannung** ist auch vom pH-Wert abhängig. Die Überspannung für Sauerstoff ist an Titan und Grafit so groß, dass das Potenzial OH^-/O_2 höher liegt als das für Cl^-/Cl_2.

Das **Membran-Verfahren** ist ein abgewandelter Prozess. In Zukunft wird es wohl die zunehmende Anwendung finden, weil kein Asbest bzw. kein Quecksilber wie beim Amalgam-Verfahren notwendig ist. Anstelle des Diaphragmas wird eine semipermeable Kunststoff-Membran verwendet, die für Na^+-Ionen durchlässig, für Cl^-- und OH^--Ionen undurchlässig ist. Die Membranen müssen genügend resistent gegen die 35- bis 40%ige Natronlauge sein, die sehr rein anfällt. Besonders Ca^{2+}-Ionen stören ab etwa 50 ppb (parts per billion).

11.9.4 Erzeugung von Chlor und Natriumhydroxid im Amalgam-Verfahren

Die wesentlichsten Unterschiede zum Diaphragma-Verfahren bestehen in der Verwendung von flüssigem Quecksilber als Katode und in der Reduktion von Natrium-Ionen. Die Natriumatome lösen sich sofort mit Quecksilber zu **Amalgam,** so dass die Na-Konzentration an der Oberfläche des Quecksilbers sehr klein ist. Infolgedessen wird das Redoxpotenzial weniger negativ, als in Übersicht 11-1 für $c = 1\ mol \cdot l^{-1}$ angegeben ist. Gleichzeitig hat Wasserstoff eine hohe Überspannung an Quecksilber. Das Redoxpotenzial H_3O^+/H_2 beträgt unter den bestehenden Konzentrations-pH-Verhältnissen –1,9 V. Es liegt über dem Wert für Na^+/Na, der an Quecksilber nur –1,83 V beträgt. Der Energieaufwand ist größer als beim Diaphragma-Verfahren.

Abb. 11-15 zeigt schematisch die Elektrolysezelle. Die von Schwermetall-Ionen gereinigte NaCl-Sole läuft im Kreislauf. Es wird ständig Natriumchlorid ergänzt.

An den Titananoden entwickelt sich Chlor.

anodische Oxidation:

$2\,Cl^- \rightarrow Cl_2 + 2e^-$

Die Ableitung, Trocknung und Verdichtung erfolgt wie beim Diaphragma-Verfahren.

Der Boden der Zelle ist leicht geneigt. Darüber fließt das flüssige Quecksilber in dünner Schicht ab und nimmt dabei die Natriumatome auf.

katodische Reduktion:

$2\,Na^+ + 2e^- \rightarrow 2\,Na^{\pm 0}$ (bzw. Na-Hg)

Das ständige Abfließen des Amalgams ist notwendig, weil bei einem Masseanteil von mehr als 1,7 % Natrium die Lösung zähflüssig bzw. fest wird.

Im Zersetzer kommt das Amalgam mit Wasser in Berührung. Grafit wirkt als Katalysator für die Zersetzung zu Natronlauge und Wasserstoff.

$2\,Na\,(-Hg) + H_2O \rightarrow 2\,NaOH + H_2\,(+Hg)$

Die Bildung von Natriumhydroxid und die Wasserstoffentstehung sind damit von der des Chlors räumlich getrennt. Die Gefahr der Chlorknallgas-Bildung wird umgangen, Nebenreaktionen zwischen Natriumhydroxyd und Chlor können nicht ablaufen.

Die Natronlauge enthält ca. 50 % NaOH und ist sehr rein. Das Quecksilber wird in die Elektrolysezelle zurückgepumpt.

11.9.5 Gefahren bei der Realisierung der Chlor-Alkali-Elektrolyse

Die chemische Industrie und andere Industriezweige haben einen hohen Bedarf an Chlor und Natriumhydroxid.

Die Zerlegung von wässriger Kochsalz-Lösung mithilfe der Elektrolyse liefert genügend NaOH, Chlor wird zusätzlich durch Elektrolyse von Salzsäure gewonnen. Die Verfahren der Chlor-Alkali-Elektrolyse bergen viele Gefahren in sich durch die entstehenden Stoffe Cl_2, H_2 und NaOH, die zu den aggressivsten und reaktivsten Stoffen gehören.

Chlor ist extrem giftig (Atemgift, ätzt Schleimhäute z. B. Augen, Nase etc.). Es tötet in kürzester Zeit alle lebenden Organismen bzw. zerstört organische Stoffe.

Die Anlagen für die Elektrolyse müssen gasdicht sein und ständig gewartet werden, die Abluft muss gefiltert werden, denn es darf kein Chlor in die Produktionsstätten bzw. in die Luft und Gewässer gelangen. Für das Anlagen-Personal sind Schutzkleidung und Atemschutz erforderlich.

Die Produktionshallen sind gut zu belüften, sowohl am Boden (Chlor ist schwerer als Luft) als auch oberhalb der Anlagen (Wasserstoff ist leichter als Luft). Chlor-Wasserstoff-Gemische, sogenanntes **Chlorknallgas,** sind hochexplosiv. Sie zünden bereits durch Belichtung mit kurzwelligem Licht. Chlor und Wasserstoff dürfen sich deshalb auch in der Zelle nicht mischen.

Natriumhydroxid-Lauge und Ätznatron wirken stark ätzend auf lebende Zellen. Beim Abfüllen des festen Natriumhydroxids können NaOH-Stäube entstehen, die besonders gefährlich sind (Schleimhäute der Atemwege, Mund-Rachen-Raum, Speiseröhre, Haut). Atemschutz, Schutzkleidung und Schutzbrille sind unbedingt notwendig.

Der Asbest des Diaphragmas ist mit Kunstharz gebunden. Trotzdem können bei Montagen, Reparaturen und bei der Entsorgung Asbest-Stäube freigesetzt werden. (Reizung der Schleimhäute; Lungenkrebs.)

Quecksilber verflüchtigt bereits bei Raumtemperatur zu farblosem, geruchlosem Dampf, der schwerer als Luft und hochgiftig ist. (Schädigung von Nieren, Leber, Nervensystem, Gehirn, Zahnfleischbluten, Entwicklungsstörungen bei Embryos und Kindern.) Es muss auf gute Belüftung und Filtern der Abluft geachtet werden.

Alle Quecksilber-Verbindungen mit Ausnahme des schwer löslichen Quecksilbersulfids (Zinnober) HgS sind sehr giftig. Beim Amalgam-Verfahren entstehen Quecksilber-Verluste. Das Abwasser muss mit großem Aufwand gereinigt werden.

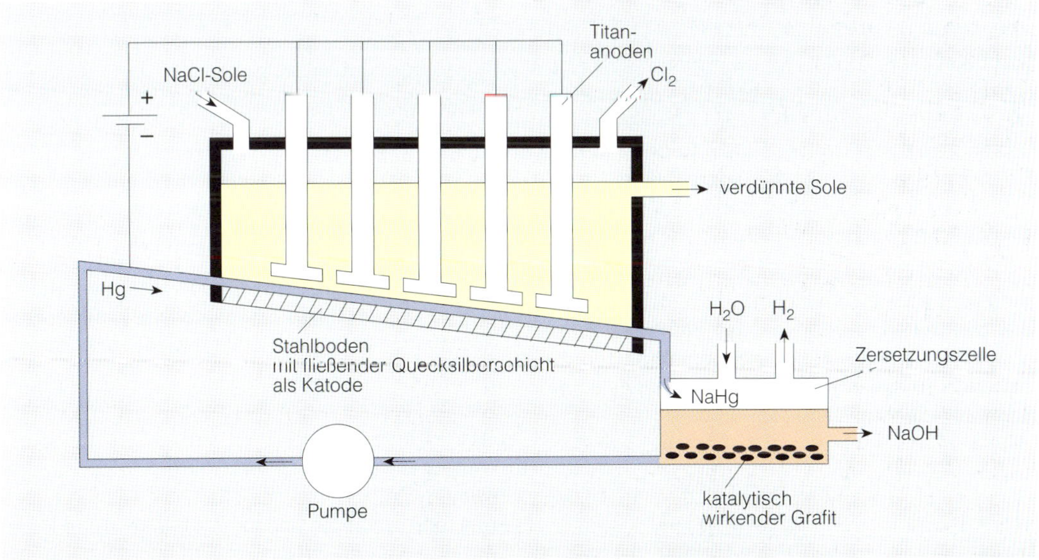

Abb. 11-15 Schema der Chloralkali-Elektrolyse nach dem Amalgam-Verfahren

11.10 Korrosionsvorgänge

11.10.1 Definition

Korrosion ist die freiwillig verlaufende, ungewollte elektrochemische Oxidation von Metallen, die zur Zerstörung des Werkstoffs führt.

Korrosionsbedingungen entstehen, wenn sich zwei Metalle, die ein unterschiedliches Potenzial besitzen, leitend berühren und ein Elektrolyt – im einfachsten Fall Wasser – Zutritt hat. Auf diese Weise bilden sich galvanische Elemente, die als **Korrosionselemente** bezeichnet werden. Sind die wirksamen Elektrodenflächen sehr klein, spricht man von **Lokalelementen.**

Die Möglichkeiten zur Bildung von Korrosionselementen sind äußerst vielfältig: An Schweißverbindungen unterscheiden sich die Zusammensetzungen des Grundwerkstoffs und der Schweißnaht, Kupfer steht mit Lötverbindungen in leitendem Kontakt, Eisen (Stahl) wird in vielen Fällen mit einer Schutzschicht aus einem anderen Metall versehen (Verzinken, Verzinnen, Vernickeln, Verchromen usw.).

11.10.2 Elektrochemische Korrosion zwischen zwei verschiedenen Metallen

Als Beispiele sollen metallische Schutzschichten auf Eisen (Stahl) betrachtet werden. Beschädigungen der Schicht wie Risse oder Poren lassen Feuchtigkeit eindringen, es entsteht ein Korrosionselement.

Besteht die Beschichtung aus einem unedleren Metall, wie z. B. Zink, laufen die Korrosionsvorgänge in folgender Weise ab:

Das Loch in der Zinkschicht wird von Wasser bedeckt (Abb. 11-16). Das unedlere Zink wird zur Anode. Zink-Ionen gehen in Lösung. Die Elektronen fließen zum Eisen, welches als Katode wirkt. Das Eisen bleibt deshalb trotz der beschädigten Schutzschicht vor der Zerstörung geschützt, solange noch genügend Zink vorhanden ist.

Eisen erhält einen **katodischen Schutz,** wenn das schützende Metall unedler ist.

Die Elektronen werden an der Eisenoberfläche durch Wasserstoff-Ionen aufgenommen. Der entstehende Wasserstoff verbindet sich mit gelöstem Sauerstoff zu Wasser (Depolarisation):

anodische Oxidation:	$Zn \rightarrow Zn^{2+} + 2\,e^-$
katodische Reduktion:	$2\,H^+ + 2\,e^- \rightarrow H_2$
Folgereaktion:	$2\,H_2 + O_2 \rightarrow 2\,H_2O$

Besteht die Schutzschicht auf Eisen aus einem edleren Metall (Sn, Cu, Ni, Messing) oder verhält sich das Schichtmaterial durch Überspannung edler (Chrom), dann wirkt Eisen als Anode, es wird zerstört (Abb. 11-17). Eisen erhält in diesem Fall einen **anodischen Schutz,** der jedoch nur bei völlig dichter Schicht die Korrosion verhindern kann.

Allgemein gilt: Das unedlere Metall wird bei der Korrosion zur Anode. Es wird durch anodische Oxidation zerstört. Das edlere Metall wirkt als Katode, es bleibt erhalten.

11.10.3 Rosten des Eisens

Korrosionsprodukte wie Oxide oder Hydroxide sind energieärmer als die Metalle. Sie verhalten sich edler und können als Katode wirken. Das ist beim Rosten von Eisen bzw. Stahl (ausgenommen rostfreier Stahl) zu beobachten.

Die Zusammensetzung des Eisenrosts entspricht etwa der Formel $Fe(OH)_3$. Kommt rostunbeständiger Stahl mit Wasser in Berührung, laufen folgende Korrosionsvorgänge ab (Abb. 11-18):

Eisen-Ionen gehen in Lösung und reagieren mit Hydroxid-Ionen:

$$Fe \rightarrow Fe^{2+} + 2\,e^-$$

$$Fe^{2+} + 2\,OH^- \rightarrow \underset{\text{Eisen-II-hydroxid}}{Fe(OH)_2}$$

An stärker belüfteten Stellen wird das Eisen-II-hydroxid rasch weiter oxidiert zu Eisen-III-hydroxid (Abb. 11-18):

$$4\,\overset{2+}{Fe}(OH)_2 + 2\,H_2O + \overset{\pm 0}{O_2} \rightarrow 4\,\overset{3+}{Fe}(OH)_3$$

Das schwer lösliche Eisen-III-hydroxid reagiert als Katode, an der sich Wasserstoff entlädt:

$$2\,H^+ + 2\,e^- \rightarrow H_2$$

Die Katode wird durch Sauerstoff, der aus der Luft nachdiffundiert, depolarisiert:

$$2\,H_2 + O_2 \rightarrow 2\,H_2O$$

Addiert man diese Gleichungen, so erhält man als Gesamtgleichung für das Rosten von Stahl:

$$4\,Fe + 6\,H_2O + O_2 \rightarrow 4\,Fe(OH)_3$$

Der Vorgang wird ständig nach rechts verlaufen, weil das Eisen-III-hydroxid als schwer löslicher Stoff aus dem chemischen Gleichgewicht ausscheidet.

Beim Kaltumformen von Stahl wie z. B. Bördeln, Biegen, Kaltschlagen (Nagelherstellung) oder an Schnittkanten von Blechen wird ein Teil der aufgewendeten mechanischen Energie in den umgeformten Bereichen gespeichert. Die energiereicheren Teile reagieren unedler als das restliche Material. Sie werden zur Anode und bei elektrochemischen Vorgängen rascher angegriffen (Abb. 11-20).

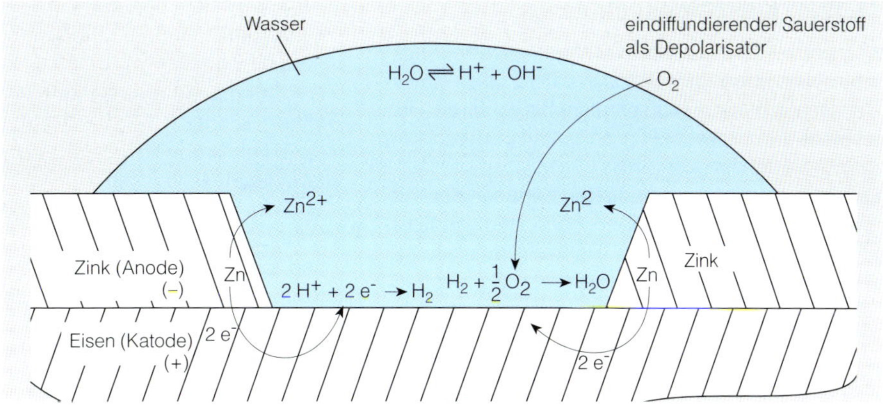

Abb. 11-16 **Elektrochemische Korrosion bei katodischem Schutz des Eisens (Stahl), z. B. durch Zink**

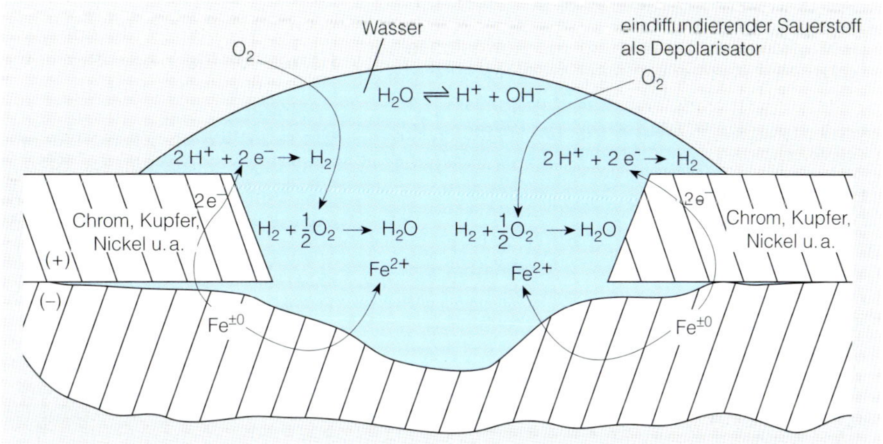

Abb. 11-17 **Elektrochemische Korrosion bei anodischem Schutz von Eisen (Stahl), z. B. durch Chrom, Kupfer oder Nickel**

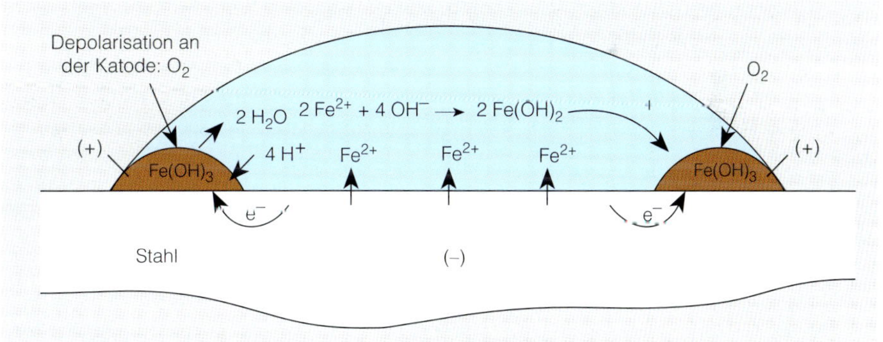

Abb. 11-18 **Vorgang des Rostens**

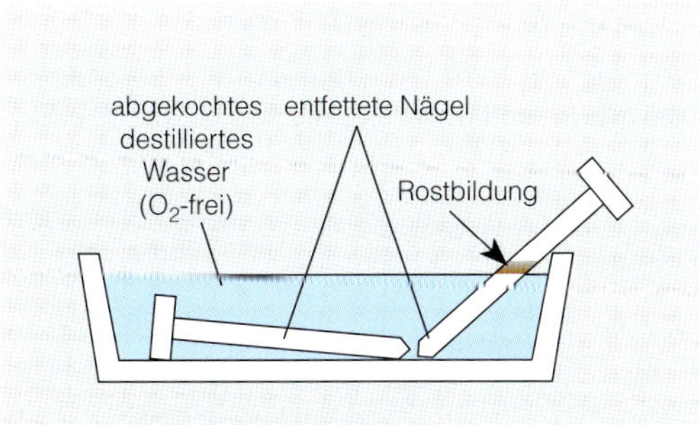

Abb. 11-19 **Nachweis der Mitwirkung von Sauerstoff beim Rostvorgang**

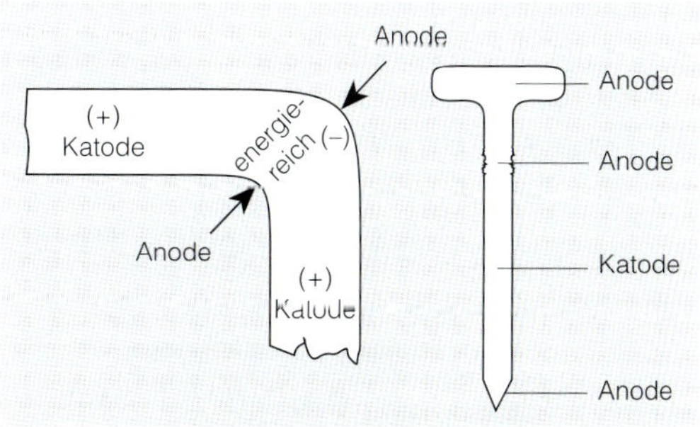

Abb. 11-20 **Bereiche des elektrochemischen Angriffs von kaltgeformten Stahlteilen**

11.10.4 Korrosionsschutz

Korrosionsschutz ist eine wichtige Aufgabe. Allgemein wird angenommen, dass trotz aller Korrosionsschutzmaßnahmen pro Jahr bis zu einem Drittel einer Jahresproduktion an Metallen durch Korrosion wieder zerstört wird.
Die Korrosion ist ein natürlicher, begünstigter Vorgang, weil sie dem Streben nach dem energiearmen Zustand entspricht. Es kann deshalb nur versucht werden, die Verluste durch Schutzmaßnahmen, Kontrolle und Wartung so gering wie möglich zu halten.

Um den Korrosionsprozess zu verhindern, zu verzögern oder zu begrenzen, verfolgt man verschiedene Möglichkeiten:

- Die Metalloberfläche wird wasserabweisend (für Elektrolyte abweisend) ausgerüstet (z. B. temporärer, d. h. zeitlich begrenzter Korrosionsschutz durch Einfetten, Ölen, Einpacken in gefettete Papiere während Transport und Lagerung).
- Die Metalloberfläche wird durch reaktionsträge Stoffe abgedichtet und auf diese Weise gegenüber einem Elektrolyten isoliert (z. B. anorganische und organische Beschichtungen aus Emaille, Lacken, Kunststoffschichten, Asphaltanstrichen).
- Auf der Metalloberfläche werden dichte, beständige Reaktionsschichten erzeugt (z. B. Phosphatieren niedriglegierter Stähle durch eine Behandlung in sauren Zink- und Manganphosphat-Lösungen; Chromatieren von Magnesiumlegierungen, Brünieren von niedriglegiertem Stahl).
- Die Stahloberfläche wird mit unedleren Metallen beschichtet, um das Metall katodisch zu schützen (z. B. Verzinken von Stahl, Beschichten von Stahl mit Aluminium durch Metallspritzen, Aufdampfen, Schmelztauchen u. a.).
- Die Oberfläche unedler Metalle wird zum anodischen Schutz mit edleren Metallen beschichtet (z. B. Versilbern, Vergolden, Verchromen, Verkupfern durch Galvanisieren).
- Bauteile oder technische Gebilde werden mit „Opferanoden“, die aus einem unedlen Metall bestehen, leitend verbunden (Abb. 11-21). Während des Korrosionsprozesses löst sich die Opferanode auf und gibt die Elektronen an das zu schützende Bauteil ab (katodischer Schutz durch Zinkbarren an Schiffskörpern, Magnesium- oder Aluminiumanoden an erdverlegten Rohren, Kesselanlagen von Heiz- und Wärmekraftwerken, Wasseraufbereitungsanlagen; Opferanaoden müssen kontrolliert und vor ihrer vollständigen Auflösung ersetzt werden).
- Technische Anlagen werden an eine Stromquelle katodisch angeschlossen (Schutzstrom). Als Anode dient eine elektrisch leitende, korrosionsbeständige Fe-Si-Legierung, die im Erdreich verlegt wird (Abb. 11-22).
- Metalle werden zur Passivierung legiert (z. B. hochlegierter Stahl mit Chrom, Chrom-Nickel).

Die Passivierung der Metalle gilt als bester Korrosionsschutz, wenn gleichzeitig bereits während der Konstruktion elektrochemische Gesichtspunkte Berücksichtigung finden. So sollten nur gleiche oder elektrochemisch sehr ähnliche Metalle in Kontakt kommen und an Bauteilen Spalten, Kerben, Nuten u. Ä. vermieden werden, damit es nicht zu Wasseransammlungen kommen kann.

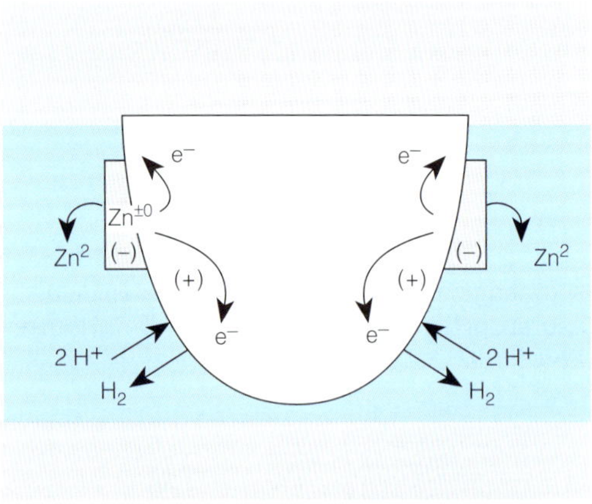

Abb. 11-21 Negative Aufladung eines technischen Gebildes durch eine Opferanode (z. B. Schiffsrumpf, Durchlauferhitzer, Kesselanlage)

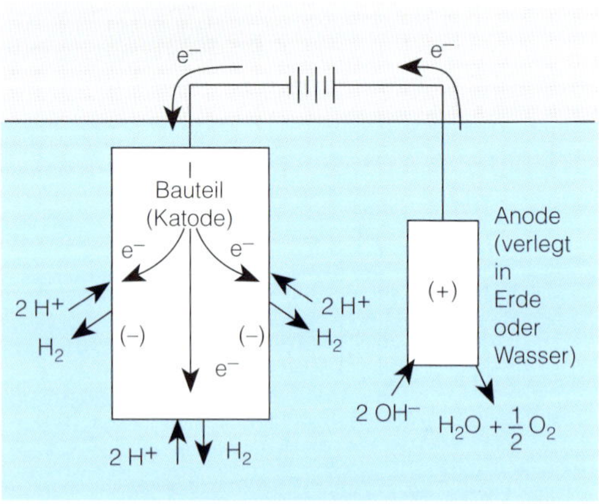

Abb. 11-22 Negative Aufladung eines technischen Gebildes durch Schutzstrom (z. B. Turbine, Pipeline)

12 Elektrochemische Analyse-Verfahren

12.1 Überblick über die Elektroanalytik

Elektrochemische Analyse-Verfahren werden unter dem Begriff Elektroanalytik zusammengefasst. Sie werden in elektrochemischen Zellen mit leitfähigen Lösungen und zwei (oder mehr) Elektroden durchgeführt, wie sie in den vorangegangenen Abschnitten bereits z. T. charakterisiert wurden.
Die zu untersuchende Lösung ist der gelöste Stoff, der Analyt. Die chemischen und physikalischen Vorgänge, die an den Elektroden vor sich gehen, werden gemessen. Dabei wird in Verfahren mit fließendem Strom und Verfahren ohne Stromfluss unterschieden.
Im Einzelnen stehen folgende Analyse-Verfahren zur Verfügung:

Verfahren ohne fließenden Strom

- **Potenziometrie:** Messung der **Zellspannung** (Potenzial, EMK [Redoxpotenzial]) ohne Stromfluss durch direkte Messung des Potenzials (z. B. pH-Messung) oder indirekte Messung (bei der potenziometrischen Titration),
- **Konduktometrie:** Messung der **elektrischen Leitfähigkeit** bzw. des elektrischen Widerstands als Kehrwert der Leitfähigkeit.

Verfahren mit fließendem Strom

- **Amperometrie:** Messung der **Stromstärke** mit konstanter Spannung,
- **Voltametrie:** Messung der **Spannung** bei fließendem Strom mit konstanter Stromstärke,
- **Coulometrie:** Bestimmung der Elektrizitätsmenge für die Abscheidung einer Stoffmasse (potenziostatische Coulometrie bei U = konst., galvanostatische Coulometrie bei I = konst.),

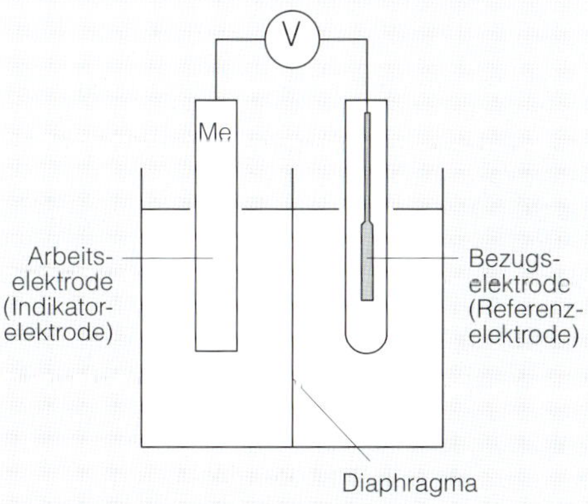

Abb. 12-1 Potenziometrische Messzelle für die Potenzialmessung

- **Elektrogravimetrie:** Massebestimmung von Stoffen, die bei konstantem Potenzial abgeschieden wurden,
- **Polarografie:** Bestimmung von Kationen, bestimmten Anionen und organischen Verbindungen durch Aufnahme und Auswertung von Strom-Spannungs-Kurven.

Eine andere Einteilung ist möglich in Verfahren mit Teilchenwanderung im elektrischen Feld (Leitfähigkeitsmessung, Konduktometrie, Elektrogravimetrie) und Elektrodenvorgänge.

12.2 Potenziometrie – direkte Messung von Zellspannungen mithilfe von Bezugselektroden

Zellspannungen (Redoxpotenziale) können durch geeignete Messzellen im stromlosen Zustand direkt gemessen werden. Man benötigt dazu eine unpolarisierbare Elektrode z. B. Silber als eine sogenannte **Indikator-** oder **Arbeitselektrode** und eine **Bezugs-** oder **Vergleichselektrode (Referenzelektrode).** Beide tauchen gemeinsam in der Zelle in den Elektrolyten. Ein Voltmeter, das in den äußeren Stromkreis geschaltet ist, gibt die Gleichgewichtsspannung (Zellspannung) nach der NERNST'schen Gleichung an (Abb. 12-1).

Als Bezugselektroden eignen sich solche Halbzellen, bei denen Redoxvorgänge reversibel (umkehrbar) ablaufen.

Wichtige **Bezugselektroden** sind die **Kalomel-** und die **Silber/Silberchlorid-Elektrode.** Auch die **Wasserstoffelektrode** wird als Vergleichselektrode in besonderen Fällen benutzt, wenn Standardpotenziale direkt gemessen werden sollen. Sie ist aber nicht einfach zu gebrauchen, und der Druck ist schwierig konstant zu halten. Bei der Messung im sauren pH-Bereich wird auch die **Chinhydron-Elektrode** eingesetzt.

Die **Kalomel-Elektrode** besteht aus einer Halbzelle mit Quecksilber/Quecksilber-I-Chlorid Hg_2Cl_2/gesättigter KCl-Lösung mit Bodenkörper (Abb. 12-2). Sie besitzt bei 25 °C gegenüber der Wasserstoffelektrode ein Bezugspotenzial von E = 0,241 V. Die Kalomelelektrode ist leichter herstellbar als die Ag/AgCl-Elektrode.
Die **Silber/Silberchlorid-Elektrode** hat eine Spannung von 0,197 V. Sie wird aus einem Silberdraht

oder -stab, der mit festem Silberchlorid bedeckt ist, gebildet. Sie ragt in eine Lösung von KCl, die mit Silberchlorid gesättigt ist und meist noch festes AgCl enthält.

Kalomel- und Silber/Silberchlorid-Elektrode sind **Elektroden 2. Art.** Bei ihnen wird das Potenzial nicht durch die Konzentration bzw. Aktivität des Metallions (wie bei den Elektroden 1. Art), sondern durch die des Anions Cl^-, das mit dem Kation Hg_2^{2+} bzw. Ag^+ ein schwer lösliches Salz bildet, bestimmt.

Bei der **Kalomel-Elektrode** (E_{Kal} = 0,241 V) und der Silberchlorid-Elektrode (E_{AgCl} = 0,197 V) gehen Redoxvorgänge umkehrbar vor sich. Je nachdem, wie sich das Potenzial des anderen Halbelements

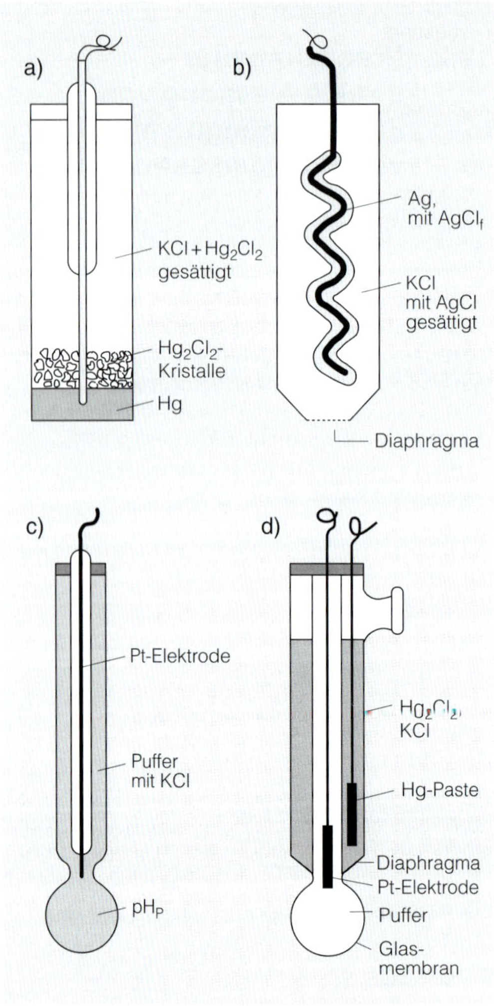

Abb. 12-2 **Elektroden**
a) Aufbau der Kalomel-Elektrode
b) Silber-Silberchlorid-Elektrode
c) Glaselektrode
d) Einstabmesselektrode (Einstabglaselektrode)

einstellt, findet eine Oxidation oder eine Reduktion statt, wie z. B. an der Kalomel-Elektrode:

Oxidation: $Hg_2^{2+} - 2\,e^- \rightarrow 2\,Hg^{2+}$
Reduktion: $Hg^{2+} + 2\,e^- \rightarrow Hg^{\pm 0}$

An der Kalomel-Elektrode stellt sich das Potenzial E_{Kal} bei der Redoxreaktion ein:

$$Hg_2Cl_{2,f} + 2\,e^- \rightleftharpoons 2\,Hg^{\pm 0} + 2\,Cl^-$$

$$E_{Kal} = E_0 + \frac{0{,}059}{2} \log c_{(Hg^{2+})}$$

Das pH-abhängige Potenzial der Wasserstoffelektrode beträgt bei einem bekannten Partialdruck p_{H2} des Wasserstoffs und 25 °C

$$E_H = -0{,}059 \cdot [pH + 0{,}5 \log p_{H2}]$$

Die pH-abhängige Potenzialdifferenz zwischen Wasserstoff- und Kalomel-Elektrode sowie der pH-Wert ergeben sich danach bei 25°C zu

$$\Delta E = E_{Kal} - E_H = E_{Kal} + 0{,}059\,[pH + 0{,}5 \log p_{H2}]$$

$$pH = \frac{1}{0{,}059}(\Delta E - E_{Kal}) - 0{,}5 \log p_{H2}$$

Die Kalomel-Elektrode hat nicht mehr die frühere Bedeutung. Ihren Platz nimmt inzwischen die Glaselektrode ein oder bei speziellen Ionen-Bestimmungen die ionenselektiven Flüssig- und Feststoff-Membran-Elektroden (ISE).

Bei der **Silber/Silberchlorid-Elektrode** läuft folgender reversibler Redoxvorgang ab:

$$Ag = Ag^+ + e^-$$

Eine weitere pH-empfindliche reversible Halbzelle ist die **Chinhydron-Elektrode** mit folgendem Aufbau: Pt/Chinhydron // H^+/ Pt(H_2). Auch bei dieser Elektrode ist die Konzentration (Aktivität) des Wasserstoffs wirksam. Der umkehrbare Redoxvorgang läuft in folgender Weise ab:

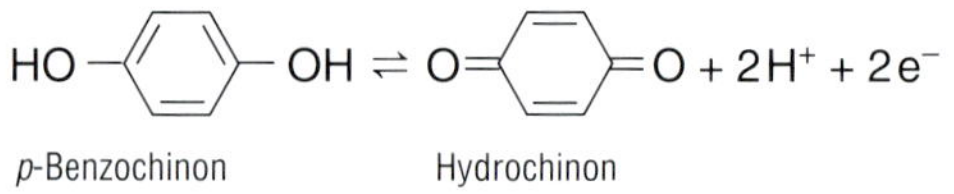

Das Standardpotenzial beträgt 0,699 V. Die Elektrode ist aber nur im sauren Bereich und bis pH 8 einsetzbar, weil darüber *p*-Benzochinon dissoziiert.

Die direkte potenziometrische Messung bei der Bestimmung des pH-Wertes sowie bei Säure-Base-Titrationen wird aber vor allem mithilfe von Glaselektroden angewendet.

Die **Glaselektrode** ist eine galvanische Halbzelle aus Glas. Sie enthält eine innere Bezugs- oder Indikatorelektrode, meist die Silber/Silberchlorid-Elektrode, an der ein Redoxvorgang Ag/Ag^+ bei der Potenzialbildung abläuft. Die Zelle ist mit einer pH-Pufferlösung gefüllt und besitzt am unteren Ende eine dünnwandige kugelförmige Erweiterung, die sogenannte Glasmembran. Es handelt sich aber nicht um ein Diaphragma, sondern um einen Ionenaustauscher.

Die Membran bildet bei gründlicher Wässerung nach außen eine Quell- oder Gelschicht aus, die als Silikat-Puffer wirkt, an dem Kationen des Glases gegen Protonen ausgetauscht werden können. In der Probelösung wird ein Potenzial erzeugt, das zwischen der Glasmembran und der säurehaltigen Probe (äußere Quellschicht) sowie innen zwischen Membran und Puffer entsteht (innere Quellschicht). Das Potenzial wird von den Wasserstoffionen-Konzentrationen in der Messlösung c_2 und im Puffer c_1 (bzw. deren Aktivitäten) bestimmt und bei der pH-Messung gegen eine Kalomel-Bezugselektrode als Potenzialdifferenz gemessen. Die sich ausbildende Gleichgewichtsspannung beträgt:

$$E = \frac{R\,T}{F} \ln c_2/c_1$$

Die Zusammensetzung der Puffer ist konstant. Der Messwert hängt somit nur von dem pH-Wert der Messlösung ab.

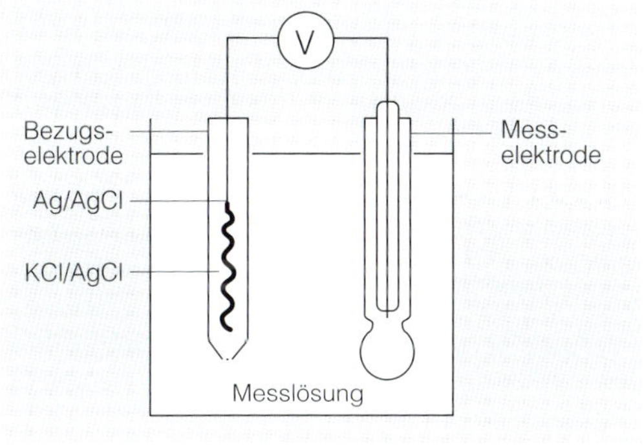

Abb. 12-3
pH-Messung mit Silber-Silberchlorid- und Glaselektrode

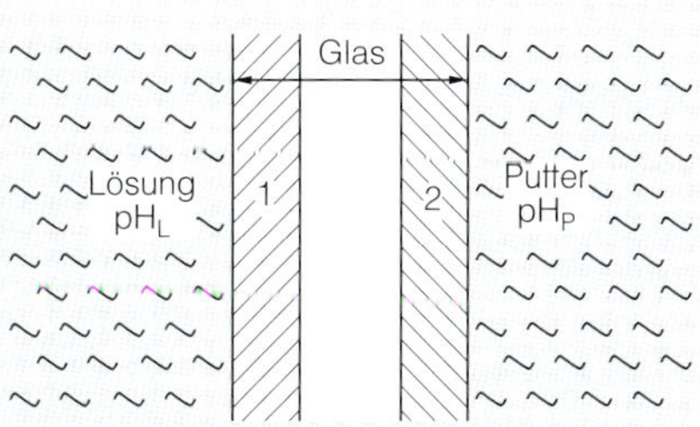

Abb. 12-4
Ausbildung der (1) äußeren, (2) der inneren Quell- oder Gelschicht

Das Spannungsmessgerät ist auf pH-Werte geeicht.

Die Glaselektrode muss kalibriert werden. Das erfolgt mit Standard-Puffern und zwar mit mindestens einem Puffer im neutralen Bereich (Phosphat-Puffer) und einem Puffer im sauren Bereich (Phthalat-Puffer) und zur Sicherheit mit einem weiteren Puffer im basischen Bereich. Die vereinfachte Kalibrierungsgleichung für die Glaselektrode ergibt sich aus der voranstehenden Gleichung. Sie lautet wegen c_1 = konst. für 25 °C (und z = 1):

$$E_{(\text{Glas},H^+)} = E_{\text{konst.}} - \frac{R\,T}{F} \cdot \log c_2 = E_{\text{konst}} - 59\ \text{mV} \cdot \text{pH}$$

Mit Glaselektroden wird bei 25 °C in Abhängigkeit des pH-Wertes der Probelösung pH_L und des pH-Wertes der Pufferlösung pH_P als Potenzialdifferenz gemessen:

$$\Delta E = K + 0{,}059\ (pH_P - pH_L)$$

K ist eine Konstante, die die unterschiedliche Aktivität der Wasserstoff-Ionen in der Lösung und in dem Puffer sowie Einflüsse der Diffusion von Protonen an den Oberflächen der Glaselektrode, d. h. an den Phasengrenzen berücksichtigt.

Sehr genaue Ergebnisse werden zwischen pH 1 bis 10 erreicht, darüber entstehen durch Natrium- und Kalium-Ionen Abweichungen. Spezialgläser mit Lithium-, Lanthan- und Bariumoxid erweitern den Messbereich in das basische Gebiet.

Einstabmesselektroden (Einstabmessketten) sind Glaselektroden, in denen eine Kalomel-Elektrode als Bezugselektrode enthalten ist (Abb. 12-2).

Kalomel-, Silber-Silberchlorid- und Glaselektroden sind Halbzellen, die Einstabmesselektrode ist eine galvanische Zelle

Ausgehend von den Glaselektroden für die pH-Messung sind **ionenselektive Elektroden** (ISE) als Halbzellen für die Bestimmung spezieller Ionenkonzentrationen als Festkörper- und Flüssigmembran-Elektroden entwickelt worden. Bei ihnen bilden sich Potenziale nicht durch Redoxvorgänge, sondern durch Ionenaustausch (wie bei pH-Glaselektroden), Löslichkeits-, Verteilungs- oder Komplexbildungsgleichgewichte

Beispiele von **Feststoff-Membran-Elektroden** (ionenselektive Elektroden):

Fluorid-ISE zur Bestimmung von Fluorid-Ionen mit Lanthanfluorid-Einkristall-Membranen (Messung des Gleichgewichts $LaF_3/LaF_2^+ + F^-$ zwischen Lösung und Membran im Bereich pH 3–8; störendes Ion : OH^-),

Silbersulfid-ISE zur Bestimmung von Ag^+ und S^{2-} mit Ag_2S-Membran (Messung zwischen pH 0–14; Störung durch Hg^{2+})

Silberchlorid-ISE (ebenso Silberbromid-, Silberiodid-ISE) zur Bestimmung von Cl^-, Br^-, I^- mit $AgCl/Ag_2S$-Membran (bzw. $AgBr/Ag_2S$-, AgI/Ag_2S-Membran); Messung zwischen pH 0–14; Störung durch andere Halogene, CN^-, S^{2-} u. a.

12.3 Potenziometrische Titration

Bei der stromlosen **potenziometrischen Titration** wird die Änderung der Spannung während der Zugabe des Titrationsmittels gemessen und das Potenzial über dem Volumen des Titranden aufgetragen.

Potenziometrische Messungen werden bei der Titration in einer elektrolytischen Zelle in zwei Halbelementen mit Arbeits- oder Indikatorelektrode und Bezugs- oder Referenzelektrode nach Abb. 12-5 durchgeführt. Wie der Name besagt, handelt es sich um die Messung und Änderung von Potenzialen.

Man misst während der Titration die Spannungsdifferenz, die die Indikatorelektrode gegen eine Bezugs- oder Referenzelektrode mit konstantem Potenzial aufbaut (Abb. 12-6). Es sind nur Indikatorelektroden brauchbar, die schnell und umkehrbar auf das Ion ansprechen, das titriert wird. Bei der Titration z. B. von Wasserstoff-Ionen (oder Titration mit Wasserstoff-Ionen) ist grundsätzlich die **Wasserstoffelektrode** geeignet, mit der die Änderung des pH-Wertes verfolgt werden kann (vgl. Abschnitt 11.5). Problematisch ist aber z. B. wie bereits erwähnt die konstante Einstellung des Wasserstoff-Drucks.

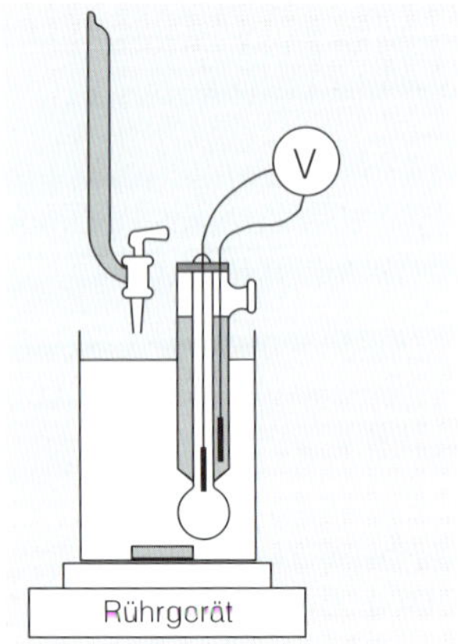

Abb. 12-5 Potenziometrische Titration mit pH-Messung unter Verwendung einer Einstabelektrode

Bei einer Säure-Base-Titration verfolgt man den Fortgang der Reaktion über die Änderung des pH-Werts aber günstiger mit **Glaselektroden** oder **Einstabmesselektroden** (Abb. 12-5).

Abb. 12-7 zeigt einen Kurvenverlauf für die Titration von Bromid mit Silbernitrat-Lösung. Als Messelektrode eignet sich in diesem Fall eine $AgBr/Ag_2S$-Feststoff-Membran-Elektrode. Da sich – ähnlich wie bei einer Neutralisation von starker Säure und starker Base – die Konzentration in der Nähe des Äquivalenzpunktes um Größenordnungen ändert, ist der Potenzialsprung deutlich erkennbar.

Vergleichbare Verhältnisse zu der Neutralisation bestehen bei konduktometrischen Fällungstitrationen, die ein gleichartiges Diagramm liefern wie bei Abb. 12-6. Je kleiner das Löslichkeits-Produkt ist, desto ausgeprägter ist der Äquivalenzpunkt. Das Verfahren eignet sich vor allem bei solchen Fällungen, für die es keinen brauchbaren, genau anzeigenden Indikator gibt.

Für potenziometrische Titrationen eignen sich Fällungen, Neutralisationen, komplexiometrische und Redoxreaktionen. Dazu muss ein Ion im Gleichgewicht vorliegen, dessen Konzentrationsänderung in der Analyt- oder Titrand-Lösung mit einer geeigneten Elektrode als Potenzialänderung gemessen werden kann.

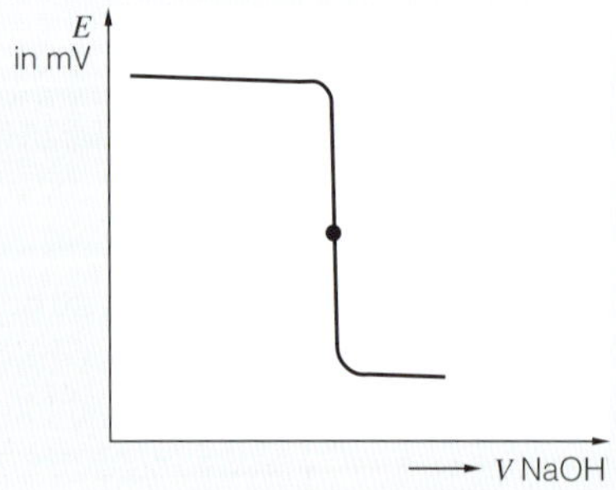

Abb. 12-6 Potenziometrische Titration von starker Säure mit starker Lauge gemessen mit Wasserstoff-Referenzelektrode

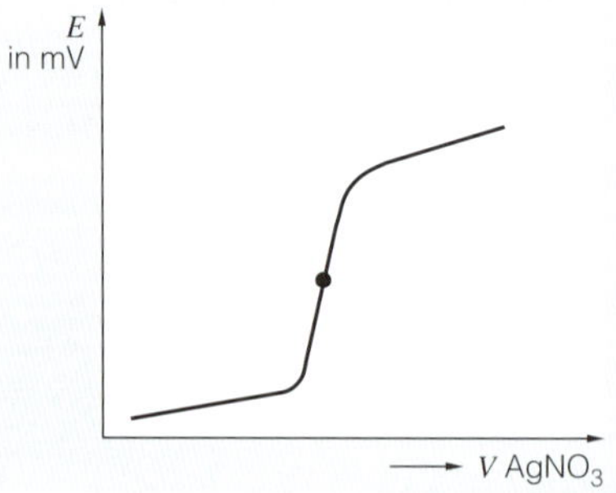

Abb. 12-7 Potenziometrische Fällungskurve von NaBr mit $AgNO_3$ (gemessen mit Ag/AgCl-ISE-Referenzelektrode)

12.4 Konduktometrische Titration

Die **Konduktometrie** ist eine Leitfähigkeitsmessung, die mit Wechselstrom ausgeführt wird, damit keine Veränderung der Ionen durch elektrolytische Prozesse und keine Polarisation eintritt.

Höhere Konzentrationen an Fremdionen können stören, weil sie zur Leitfähigkeit des Elektrolyten beitragen. Die Leitfähigkeit einer verdünnten Elektrolytlösung kommt bei konstanter Temperatur der Lösung vor allem durch Wanderung im elektrischen Feld unter Wirkung des Potenzialunterschieds zustande. Ihr Wert hängt von der Konzentration, der Ionenladung und der Wanderungsgeschwindigkeit der Ionen (Ionenbeweglichkeit) ab. Letztere wird wiederum von der Größe und Ladung der Ionen sowie von der Viskosität oder Zähigkeit der Lösung bestimmt.

Die Leitfähigkeit $\varkappa$ hängt außerdem von der Elektroden-Geometrie und dem Zellwiderstand R ab.

Die Messung wird in einer Leitfähigkeitszelle ausgeführt. Diese besteht aus einem Gefäß und zwei platinierten Platinelektroden der Fläche A im Abstand l, von denen die Zellkonstante $C = l/A$ abhängt. Letztere wird mit Lösungen bekannter Konzentration bestimmt. Mit einem Konduktometer wird der Widerstand R der Lösung gemessen:

$$R = \frac{l}{\varkappa \cdot A} = \frac{C}{\varkappa} \quad \text{bzw.} \quad C = \varkappa \cdot R$$

Bei einer konduktometrischen Titration wird die Änderung der Leitfähigkeit während der Zugabe des Titranden bestimmt und in einem Diagramm, wie es Abb. 12-8 zeigt, als Leitwert $L = 1/R$ aufgetragen. Der Leitwert ist somit der reziproke Wert des Ohm'schen Widerstands $R = U/I$.

In der Lösung einer starken Säure wird die Leitfähigkeit von dem hohen Dissoziationsgrad und den sehr beweglichen H_3O^+-Ionen bestimmt. Bei der Titration einer Säure, z. B. von HCl mit Natronlauge binden sich Hydronium-Ionen mit OH^--Ionen, während Natrium- und Chlorid-Ionen dissoziert vorliegen:

$$H_3O^+ + OH^- + Cl^- + Na^+ \rightarrow 2\,H_2O + Na^+ + Cl^-$$

Bis zum pH-Wert 7 nimmt somit die Konzentration leicht beweglicher Teilchen ab. Anstelle der H_3O^+-Ionen treten Natrium-Ionen, die aber eine geringere Beweglichkeit besitzen. Dadurch sinkt die Gesamtleitfähigkeit. Nach Überschreiten des Äquivalenzpunktes nimmt bei weiterer Zugabe von Natronlauge die Konzentration der OH^--Ionen zu. Sie besitzen ebenfalls eine hohe Beweglichkeit. Somit nimmt auch die Leitfähigkeit wieder zu.

Konduktometrische Titrationen eignen sich für die Konzentrationsbestimmung durch Neutralisation und Fällung. Der Äquivalenzpunkt wird in den Fällen, bei denen gut leitfähige Ionen aus dem Gleichgewicht ausscheiden, durch ein Minimum der Leitfähigkeit angezeigt (Abb. 12-8). Besonders bei Fällungen, für die kein Indikator zur Verfügung steht oder die Anzeige nicht deutlich zu erkennen ist, wird die Konduktometrie als verlässliches Verfahren angewendet z. B. bei der Fällung von Erdalkalimetallen als Sulfat oder Carbonat sowie bei der Fällung von Silber-Ionen durch Chlorid-Ionen.

Bei der Titration einer schwachen Säure mit starker Base oder von einer schwachen Base mit starker Säure bildet sich der Äquivalenzpunkt nicht scharf aus (Abb. 12-9).

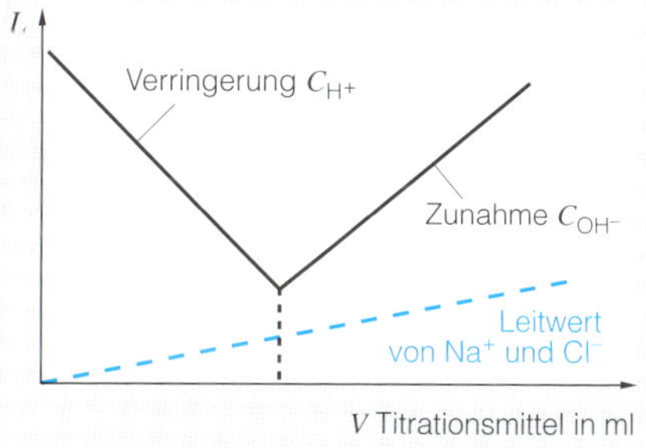

Abb. 12-8 Änderung des Leitwertes L bei der konduktometrischen Titration von starker Säure mit starker Base

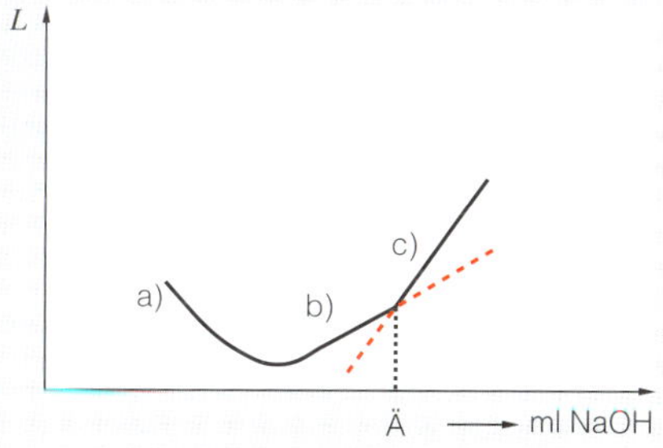

Abb. 12-9 Änderungen des Leitwertes bei der Titration einer schwachen Säure, z. B. Essigsäure, mit Natronlauge (Ä = Äquivalenzpunkt)

a) geringe Leitfähigkeit durch geringe Dissoziation der Essigsäure, Abbinden der H_3O^+-Ionen, geringe Leitfähigkeit von Na^+
b) Ansteigen der Leitfähigkeit durch Na^+- und CH_3COO^--Ionen, die zunehmend hinzutreten
c) stärkeres Ansteigen wegen des Überschusses an OH^--Ionen, die nach Abschluss der Neutralisation nicht mehr abgebunden werden

Auch Titrationen von zwei Säuren oder Basen nebeneinander sind möglich (Simultantitration), wenn sich die Säure- oder Basen-Konstanten stärker unterscheiden, wie z. B. bei starker und schwacher Säure.

12.5 Voltammetrie

12.5.1 Polarisierbarkeit von Elektroden

Der Begriff **Voltammetrie** leitet sich aus **Volt** und **Am**pero**metrie** ab. Zur Voltammetrie gehören Polarografie, Amperometrie und Voltametrie.

Die Vorgänge gehen in der Zelle unter Stromfluss vor sich. Es findet eine katodische Reduktion und eine anodische Oxidation statt:

Katodische Reduktion: $Me^{x+} \rightarrow Me^{\pm 0} - x\,e^-$

Anodische Oxidation: $Me^{\pm 0} \rightarrow Me^{x+} + x\,e^-$

Es besteht durch beide Vorgänge ein gestörtes Konzentrationsgleichgewicht an den Elektroden, weil die Diffusion der Ionen hin zur Katode bzw. von der Anode in die Lösung hinein langsamer vor sich geht als die Abscheidung oder Ablösung von Ionen. Außerdem sind an den Elektroden weitere Hemmungen bei den elektrochemischen Reaktionen zu überwinden:

- der Durchtritt der Elektronen durch die Phasengrenze und der Übergang an die Kationen muss aktiviert werden,
- an der Katode sind beim Übertritt von Metallionen aus der Lösung die Hydrathüllen zu beseitigen,
- an der Anode sind bei der Ablösung von Ionen und dem Übertritt in die Lösung Hydrathüllen aufzubauen.

Das führt insgesamt zur **Polarisation** und damit zur Erhöhung der notwendigen Spannung für die elektrochemischen Vorgänge. Die Überspannung setzt sich somit aus **Diffusions-, Durchtritts-** und **Reaktionsüberspannung** zusammen.

Außerdem besitzt die Zelle einen Innenwiderstand, wodurch ein Spannungsfall auftritt. Durch diese Schwierigkeiten bei dem Ablauf der Elektrodenreaktionen entstehen Überspannungen und Polarisationen, die zu Abweichungen der Zellspannung von der Gleichgewichtszellspannung führen.

Polarisierte Elektroden lassen trotz anliegender Spannung keinen Stromfluss hindurch.

Bei unpolarisierbaren Elektroden, wie bei den bereits genannten Kalomel- und Silber/Silberchlorid-Elektroden, treten diese Schwierigkeiten nicht auf. Sie halten ihr Potenzial konstant.

Polarisierbare Elektroden wie Grafit-, Platin- und Glas-Elektroden lassen sich in wässriger Lösung etwa von –1 V bis +1 V polarisieren, Quecksilber-Elektroden zwischen etwa –2 V und +0,2 V.

Durch die Überspannung polarisierbarer Elektroden sind Analysen mithilfe der Voltammetrie möglich.

Die Voltammetrie beruht auf der Aufzeichnung und Aufbereitung von Strom-Spannungs-Kurven. Es werden dazu eine Messzelle mit Analyt und Leitelektrolyt, eine polarisierbare Arbeitselektrode, z. B. Platin, Quecksilber, Kohle oder Gold, und eine Bezugselektrode, z. B. eine Kalomelelektrode, sowie eine Spannungsquelle, die für den Stromfluss sorgt, benötigt.

Als Leitelektrolyt setzt man z. B. KCl oder Verbindungen hinzu, die große Ionen besitzen, wie z. B. Tetramethylammonium-Chlorid, -Nitrat, -Perchlorat oder Lithiumperchlorat.

Bei der Aufnahme der Strom-Spannungs-Kurve wird zwischen den beiden Elektroden eine Spannung angelegt. Dabei verändert sich der Betrag der Elektrodenpotenziale $|E_1 - E_2|$ durch den Innenwiderstand R_i der Lösung und damit die Spannung U:

$$U = |E_1 - E_2| + I \cdot R_i$$

Das führt zu einem Spannungsfall.

Die Erhöhung der Spannung erfolgt bei der Aufnahme der Strom-Spannungs-Kurve kontinuierlich. Die sich einstellenden Elektrodenpotenziale und Ströme werden automatisch aufgezeichnet.

Die Messwerte für das Elektrodenpotenzial E werden auf der Abszisse vom negativen zum positiven Bereich und die Werte für den katodischen und anodischen Strom $I_{katodisch}$ und $I_{anodisch}$ auf der Ordinate von oben nach unten in Abhängigkeit vom Potenzial aufgetragen (Abb. 12-10).

Bei Verwendung von unpolarisierbaren Elektroden, z. B. von Kupfer, fließt beim Anlegen und kontinuierlichen Erhöhen einer Spannung ein Strom. Das Gleichgewichtspotenzial bleibt konstant. Die Stromstärke wird nur vom Innenwiderstand $I = U/R_i$ bestimmt. Der anodische Strom bei positivem Potenzial führt zur Auflösung des Kupfers, der katodische Strom zur Reduktion von Wasserstoff-Ionen. Die Strom-Spannungs-Kurve ist eine Gerade mit bestimmtem Anstieg (Abb. 12-10; rote Linie). Sie ist für analytische Zwecke wenig aussagekräftig und dafür kaum brauchbar.

Die Verhältnisse, die sich mit einer polarisierbaren Elektrode einstellen, unterscheiden sich von der des Kupfers in dem Bereich, in dem Polarisation eintritt (Abb. 12-10; schwarze Linie). Es soll nachfolgend nur die Kombination von einer Quecksilberelektrode als Arbeitselektrode mit einer unpolarisierbaren Bezugselektrode (Kalomel-Referenz-Elektrode) betrachtet werden, weil diese Kombination für die Durchführung der **Polarografie** besonders wichtig ist.

Auch hierbei fließt beim Anlegen einer Spannung zwischen beiden Elektroden ein Strom, wenn das Elektrodenpotenzial außerhalb +0,2 V und −2 V liegt. Im anodischen Bereich mit einem Potenzial E > +0,2 V löst sich Quecksilber durch Oxidation, im katodischen Bereich mit E > −2 V wird Wasserstoff reduziert. Hierin gleichen sich somit beide Prozesse. Aber zwischen +0,2 V und −2 V treten die vorangehend beschriebenen Hemmungen auf. Durch Polarisation und die dadurch bedingte Überspannung fließt kein bzw. kaum Strom. Das Elektrodenpotenzial wird für einen katodischen Prozess zu einem negativen Wert entsprechend $U = |E_1 - E_2| \cdot I \cdot R_i$ stärker und für einen anodischen Vorgang zu einem positiven Wert nur schwach verschoben.

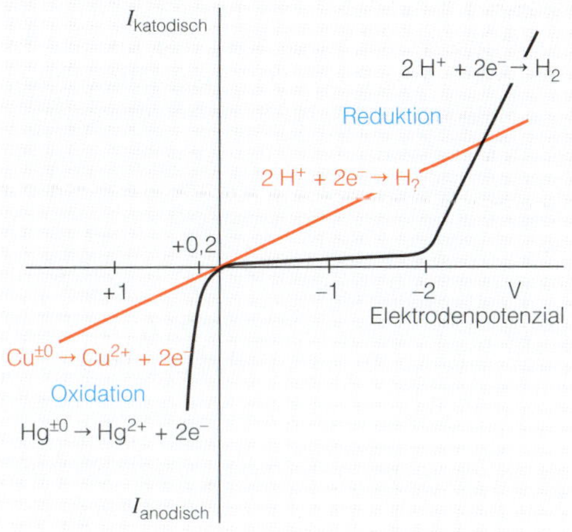

Abb. 12-10
Strom-Spannungs-Kurven für eine nicht polarisierbare Kupfer- und eine polarisierbare Quecksilberelektrode

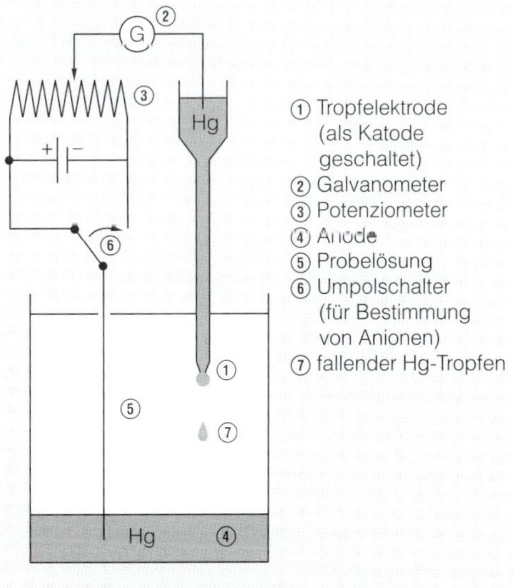

Abb. 12-11 Schaltung eines Polarografen

12.5.2 Polarografie

Die vorangehend beschriebenen Polarisierungsvorgänge am Quecksilber werden bei der Polarografie für verschiedene Bestimmungen ausgenutzt. In der klassischen Ausführung, die von J. HEYROVSKY 1922 für analytische Zwecke entwickelt wurde, tropft Quecksilber, das als Katode geschaltet ist, aus einem Vorratsgefäß durch eine Kapillare in eine chloridhaltige Lösung (mit Leitelektrolyt), in dem der zu analysierende Stoff enthalten ist. Das Quecksilber sammelt sich am Boden der Zelle als Gegenelektrode (Elektrode 2. Art; Anode), oder es wird zusätzlich eine Kalomel-Elektrode verwendet. Abb. 12-11 zeigt ein vereinfachtes Schema eines Polarografen.

Polarografie ist eine elektrochemische Analyse, bei der reduzierbare Kationen, Anionen und organische Moleküle in einer Lösung mithilfe von Strom-Spannungs-Kurven bestimmt werden können.

Es sollen z. B. durch Elektrolyse Zink-Ionen aus dem Elektrolyten durch eine anliegende und steigende Spannung abgeschieden werden. Die Ionen gelangen unter Wirkung des elektrischen Feldes durch Diffusion an die Elektrode. Ab einer bestimmten Spannung werden alle an der Katode anlangenden Zn^{2+}-Ionen sofort entladen. Der zugehörige **Grenzwert** des Stroms, bei dem dieser Vorgang einsetzt, wird **Grenz-** oder **Diffusionsstrom** I_D genannt (Abb. 12-11). Der Grenzwert ist der Oberfläche der Elektrode proportional. Der Stromfluss wird durch die Diffusionsgeschwindigkeit der Ionen bestimmt. Der Leitelektrolyt nimmt nicht an Elektrodenvorgängen teil. Er ermöglicht den Ladungstransport.

Der Quecksilbertropfen ist sehr klein, und jeder Tropfen wirkt nur bis zum Abfallen von der Kapillare als Katode. Das hat folgende Vorteile:

- Da sich nur eine geringe Anzahl von Ionen in der kurzen Zeit, in der sich der Tropfen bildet, an der Elektrode entladen kann, bleibt die Zusammensetzung des Analyten praktisch unverändert.
- Da der Tropfen durch Schwerkraft abfällt, tritt keine Veränderung der Oberfläche durch das abgeschiedene Zink ein. Mit dem neuen Tropfen entsteht wieder eine reine Quecksilberoberfläche.
- Durch die Überspannung an Quecksilber werden Wasserstoff-Ionen nur bei sehr hoher Spannung abgeschieden. Dadurch können auch unedle Metalle einschließlich der Alkalimetall-Ionen in wässriger Lösung abgeschieden werden, ohne dass sich Wasserstoff entwickelt.
- Durch das Quecksilber, das sich am Boden der Zelle sammelt, entsteht eine Anodenfläche, die wegen ihrer großen Fläche als unpolarisierbar angesehen werden kann.

In der Strom-Spannungskurve, **Polarogramm** genannt, wird die Reduktion des Metall-Ions durch eine sogenannte polarografische Stufe angezeigt. Sie vermittelt eine qualitative und eine quantitative Information (Abb. 12-12).

Welches Ion im Analyten vorhanden ist und an der Katode reduziert wird, ergibt sich aus der halben Höhe des Diffusionsstroms und mithilfe der NERNST'schen Gleichung, wobei man die Gleichgewichtskonzentration c_{Ox} und c_{Red} des Redoxvorgangs berücksichtigt:

$$E = E^0 + \frac{0{,}059}{z} \log \frac{c_{Ox}}{c_{Red}}$$

Bei der halben Höhe des Diffusionsstroms $I = I_D/2$ gilt für die Gleichgewichtskonzentration $c_{Ox} = c_{Red}$ und log 1 = 0. Damit erhält man aus der NERNST'schen Gleichung:

$$E = E^0$$

Vorauszusetzen ist, dass gegen die Wasserstoffelektrode gemessen wurde und eine reversible Elektrodenreaktion abläuft.

Das Halbstufenpotenzial $E_{1/2}$ ist bei 25 °C gleich dem Standardelektrodenpotenzial (gilt nicht für komplex gebundene Metallionen).

Das **Halbstufenpotenzial** $E_{1/2}$ des Zinks beträgt somit –0,76 V, gemessen mit der Wasserstoffelektrode. Wird eine Kalomel- oder Silber/Silberchlorid-Bezugelektrode benutzt, so beträgt das Halbstufenpotenzial

$$E_{1/2} = E^0 - E_{Kal}$$ bzw. $$E_{1/2} = E^0 - E_{Ag/AgCl}$$

Abweichungen des Halbstufenpotenzials vom Standardpotenzial können sich z. B. durch Hemmung der Abscheidung ergeben. Wichtig ist, dass immer das Ergebnis einer polarografischen Messung zusammen mit den Versuchsbedingungen angegeben wird. Übersicht 12-1 enthält einige Halbstufenpotenziale, die gegen Silber/ Silberchlorid-Elektrode in 1 M KCl-Lösung sowie in 1 M Ammoniak-Ammoniumchlorid-Puffer-Lösung gemessen werden.

Im Elektrolyten gelöster Sauerstoff stört. Er kann vor der Messung durch Spülen mit Stickstoff oder Argon bzw. durch Zusatz von Natriumsulfit entfernt werden.

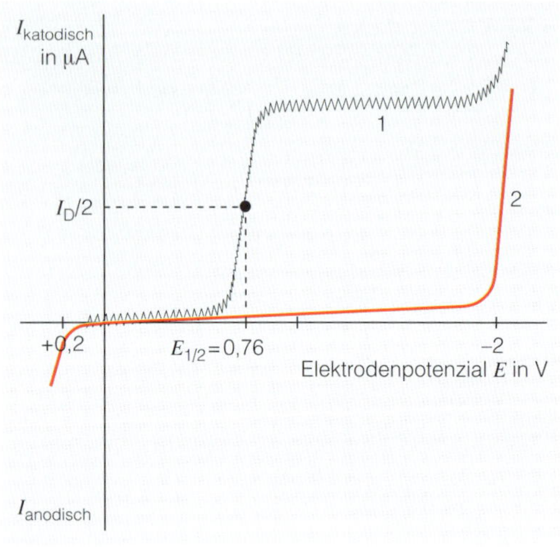

Abb. 12-12
Polarogramm für die Reduktion von Zink-Ionen in 1 M KCl-Lösung mit NH_3/NH_4Cl-Puffer (Kurve 1). Mit eingezeichnet ist das Polarogramm für den Leitelektrolyten, das sogenannte Blindpolarogramm (2).

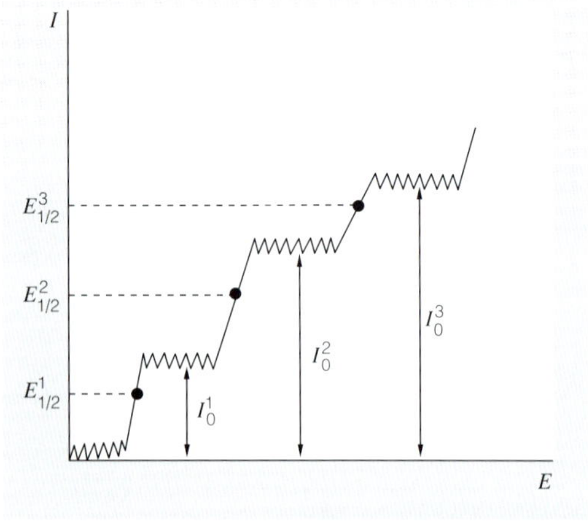

Abb. 12-13
Polarografische Simultanbestimmung von drei verschiedenen Kationen

Halbstufenpotenziale E1/2 (gegen Silber/Silberchlorid-Elektrode gemessen)

Ion	Leitelektrolyt 1 M KCl Halbstufenpotenzial in V	Leitelektrolyt 1 M NH_3/NH_4Cl Halbstufenpotenzial in V
As^{3+}	−0,06	−1,61
Cd^{2+}	−0,61	−0,76
Pb^{2+}	−0,40	−0,46
Zn^{2+}	−0,98	−1,31
Ni^{2+}	−1,02	−1,06
Fe^{2+}	−1,56	−1,43
Mn^{2+}	−1,54	−1,58

Übersicht 12-1

Es können polarografisch u. a. folgende Ionen bestimmt werden: Al^{3+}, Zn^{2+}, As^{3+}, Pb^{2+}, Cd^{2+}, Cr^{3+}, Sn^{2+}, Sn(IV), Cu^{2+}, Cu^{+}, Ni^{2+}, $Co^{2}+$, Mn^{2+}, In^{3+}, Sb^{3+}, Tl^{+}, Se(IV), Ti(IV), V(V).

Bei anodischer Polung der Tropfelektrode sind u. a. folgende Anionen bestimmbar: NO_2^-, NO_3^-, BrO_3^-, IO_3^-, AsO_3^-, SeO^{3-}, TeO_3^-, MoO_4^{2-}, VO_4^{3-}, WO_4^{2-}.

Organische Verbindungen mit funktionellen Gruppen lassen sich bestimmen, wenn ihr Potenzial innerhalb des Potenzialfensters liegt, so u. a. R–NO, R–NO_2, R–COOH, R–CN. Wegen Unlöslichkeit in Wasser werden organische Lösungsmittel oder Mischungen von Wasser mit Methanol, Ethanol, Methylenchlorid u. a. verwendet.

Bei einer Kalibrierung für eine Ionenart, indem mit bekannten Konzentrationen der Diffusionsgrenzstrom gemessen und I_D über c aufgetragen wird, besteht die Möglichkeit, aus der Stufenhöhe einer unbekannten Konzentration eine quantitative Bestimmung vorzunehmen.

12.5.3 Amperometrische und voltametrische Titration

An der Quecksilber-Elektrode (oder auch an einer rotierenden Platin-Elektrode) sind auch **amperometrische Titrationen** (mit Strommessung; Abb. 12-14) und **voltametrische Titrationen** (mit Spannungsmessung) möglich (Abb. 12-15).

In Abb. 12-14 ist der Verlauf einer amperometrischen Titration von Bleinitrat $Pb(NO_3)_2$ mit Natriumchromat Na_2CrO_4 bei einer niedrigen Spannung wiedergegeben. Bei zunehmender Fällung des Pb^{2+} sinkt durch Verarmung der Lösung an Pb-Ionen die Stromstärke, die durch Natrium-Ionen nicht kompensiert wird (a). Erst wenn die Fällung des Bleis abgeschlossen ist (c), werden Chromat(VI)-Ionen zu Cr^{3+}-Ionen an der Katode reduziert, wodurch die Stromstärke wieder ansteigt.

Abb. 12-15 zeigt eine Kurve für die voltametrische Titration von Iod mit Thiosulfat an einer polarisierbaren Elektrode: $I_2 + 2\,S_2O_3^{2-} \rightarrow 2\,I^- + S_4O_6^{2-}$ bei konstantem Stromfluss. Bei der Umsetzung des Iods entsteht ein Gleichgewicht ohne Polarisation der Anode (a):

$$I_2 + 2\,e^- \rightleftharpoons 2\,I^-$$

Nach Umsetzung des Iods wird Tetrathionat $S_4O_6^{2-}$ nicht reduziert, sondern an der Anode wird überschüssiges Thiosulfat irreversibel oxidiert (b):

$$2\,S_2O_3^{2-} \rightarrow S_4O_6^{2-} + 2\,e^-$$

Es findet sofort eine Polarisation der Anode statt. Die Spannung steigt steil an. Gemessen wird die Polarisationsspannung. Die Genauigkeit ist größer als bei der polarografischen Analyse.

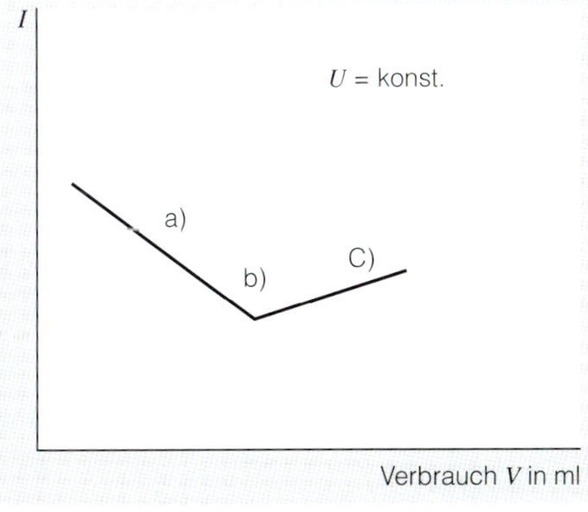

Abb. 12-14 Verlauf einer amperometrischen Titration

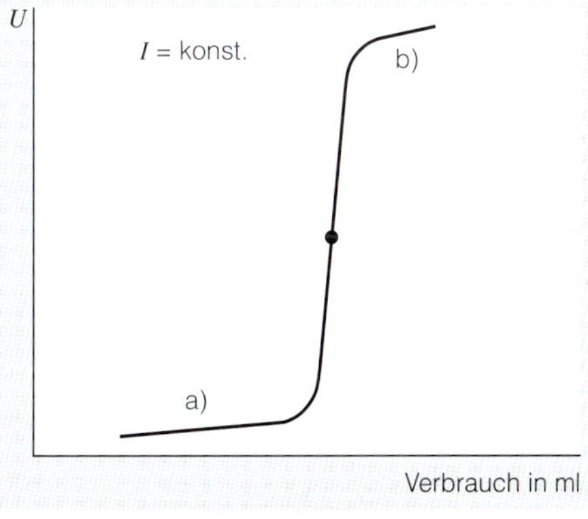

Abb. 12-15 Verlauf einer voltametrischen Titration von Iod mit Thiosulfat

12.6 Elektrogravimetrie

Die **Elektrogravimetrie** ist eine auf Elektrolyse beruhende Bestimmung der Masse von Metallionen (oder ihrer Konzentration in einem bestimmten Lösungsvolumen), die aus einer Lösung an einer Katode abgeschieden wurden.

Die Kationen wandern im elektrischen Gleichstrom-Feld zur Katode. Nach ihrer vollständigen katodischen Abscheidung an der Elektrode erfolgt die Gewichtsbestimmung. Es können etwa 25 Metalle elektrogravimetrisch bestimmt werden. Es sind reine Metallsalz-Lösungen (mit einer Ionenart), aber auch Mischungen von Metallsalzen analysierbar. Auch manche Nichtmetallionen sind durch anodische Oxidation bestimmbar. Die Katode besteht meist aus Platin.

Die Gleichspannung muss über der Abscheidungs- oder **Zersetzungsspannung** der abzuscheidenden Ionen liegen. Vorauszusetzen ist, dass die quantitative Reduzierung der Ionenart erfolgt, bei nicht zu hoher Stromdichte ein dichter, unporöser, fest haftender Niederschlag ohne Fremdeinschlüsse entsteht und die Katode vor und nach der Elektrolyse in gereinigtem Zustand trocken gewogen wird. Nach Abschluss der Bestimmung lässt sich das Metall durch Säure wieder von der Elektrode ablösen.

Aus Lösungen mit einer Ionenart sind z. B. Au^{3+}, Ag^{+}, Ni^{2+}, Bi^{3+}, Pb^{2+}, Co^{2+}, Cu^{2+} elektrogravimetrisch bestimmbar. Es wird zumeist in schwefelsaurer Lösung analysiert.

Die Masse des abgeschiedenen Metalls folgt aus den **Faraday'schen Gesetzen.**

Das 1. Faraday'sche Gesetz besagt, dass die abgeschiedene Masse m der geflossenen Ladung oder dem Produkt aus Strom I mal Zeit t proportional ist:

$$m \approx Q \qquad Q = I \cdot t$$

Nach dem 2. Faraday'schen Gesetz ist die Masse proportional der Äquivalentmasse des Ions bzw. bei Mischungen sind die abgeschiedenen Massen bei gleicher Ionen-Ladung gleich den Massen der Äquivalente M/z:

$$m \approx M/z \quad \text{bzw.} \quad \frac{m_1}{m_2} = \frac{M_1/z_1}{M_2/z_2}$$

(z = elektrochemische Wertigkeit,
M/z = relative Äquivalentmasse)

Aus beiden Gesetzen leitet sich ab, welche Masse m beim Fließen des Stromes I in der Zeit t bzw. der Ladung Q sich an der Katode abscheidet:

$$Q = I \cdot t = \frac{m}{M} \cdot zF$$

F ist die Faraday-Konstante 96 484,4 As · mol^{-1}, die sich aus der Loschmidt'schen Zahl und der Elektronenladung ergibt:

$N_A \cdot e = 6{,}0226 \cdot 10^{23}\ \text{mol}^{-1} \cdot 1{,}602 \cdot 10^{-19}\ \text{As}$.

In Mischungen von gelösten Salzen lassen sich Kationen stufenweise trennen, wenn sie sich in ihrer Abscheidungsspannung um etwa 0,3 V unterscheiden. Zuerst scheidet sich bei niedriger Zersetzungsspannung das edlere Metall ab und nach Erhöhung der Spannung das unedlere. Auch hierbei wird die Abscheidung bevorzugt in schwefelsaurer Lösung durchgeführt. Chloride bzw. salzsaure Lösungen werden leicht oxidiert, und das anodisch entstehende Chlor greift die Elektroden an.

Im Verlauf der Reduktion des edleren Metalls verarmt die Lösung an den betreffenden Metallionen und deren Abscheidungspotenzial wird zunehmend negativer.

Aufgabe

Erläutern Sie diese Aussage mithilfe der Nernst'schen Gleichung!

Es kann damit schließlich das Abscheidungspotenzial des unedleren Metalls erreicht werden, wenn zwischen beiden Ionenarten der Potenzialunterschied zu Beginn der Elektrolyse kleiner als 0,3 V ist. Das ist aber erst der Fall, wenn die Konzentration der verbliebenen Ionen des edleren Metalls auf ca. 10^{-10} mol · l^{-1} gesunken ist. Das ist jedoch eine Konzentration, die auf herkömmliche Weise nicht mehr bestimmt werden kann. Das sagt aber auch aus, dass bei geringen Unterschieden der Zersetzungsspannung eine vollständige Abtrennung bzw. genügend quantitative Abscheidung des edleren Elements nicht möglich ist.

Metalle, die in der Spannungsreihe links von Wasserstoff stehen, lassen sich ohne Wasserstoffabscheidung reduzieren, wenn durch Polarisation oder durch Überspannung die Wasserstoffreduktion an der Elektrode gehemmt ist, wie an Kohle-, Platin- oder Goldelektroden oder wenn in saurer Lösung gearbeitet wird. Es lässt sich dadurch das Abscheidungspotenzial eines unedlen Metalls realisieren, ohne dass sich Wasserstoff abscheidet.

Durch Elektrogravimetrie quantitativ trennbar sind u. a. Ag^{+}/Cu^{2+}, Cu^{2+}/Ni^{2+} (Cu^{2+} in saurem, Ni^{2+} in ammoniakalischem Medium), Cu^{2+}/Zn^{2+} (wegen Überspannung des Wasserstoffs in saurem Medium).

12.7 Coulometrische Analyse

Nach dem FARADAY'schen Gesetz sind geflossene Strommenge und abgeschiedene Stoffmenge einander proportional. Somit kann auch eine Analyse durchgeführt werden, bei der man bei Gleichstrom die umgesetzte Strommenge misst:

> Bei der **Coulometrie** wird aus der geflossenen Strommenge die abgeschiedene Stoffmenge berechnet.

Es handelt sich praktisch um die Umkehrung der Gravimetrie, bei der aus der abgeschiedenen Stoffmenge auf die dafür notwendig gewesene Strommenge geschlossen wird.
Bedingung ist die Stromausbeute zu 100 % ohne Nebenreaktion, der Ausschluss von Luftsauerstoff und die Vermeidung einer chemischen Veränderung des Lösungsmittels durch den Strom. Die coulometrische Analyse (nach C. COULOMB; 1736–1806, franz. Physiker) wird deshalb in einer geschlossenen Zelle unter Schutzgas mit einer Platin-Anode (hohe Überspannung des Wasserstoffs) und einer Quecksilber-Katode durchgeführt (hohe Überspannung des Sauerstoffs). Auch hierbei handelt es sich um Elektrolyse-Prozesse.

Bei der **potenziostatischen Coulometrie** wird die angelegte Spannung so hoch gewählt und auf konstantem Wert gehalten, dass nur das zu bestimmende Ion entladen wird. Das Potenzial für eine katodische Reaktion liegt etwas negativer (50 bis 150 mV) über der Abscheidungsspannung. Es wird mit einer Arbeitselektrode gemessen und mit einer Referenzelektrode kontrolliert. Für eine anodische Reaktion liegt das Potenzial gering positiver über dem theoretischen Wert. Während der Abscheidung nimmt der Stromfluss kontinuierlich ab, weil in der Lösung die Menge Ladungsträger abnimmt. Der Endpunkt wird durch Rückgang des Stroms auf null angezeigt. Die Änderung des Stroms wird in einem Diagramm über der Zeit aufgetragen (Abb. 12-16). Die geflossene Ladung $Q = I \cdot t$ wird elektronisch über einen Stromintegrator bestimmt, der das Integral durch Bildung der Summe zwischen Anfang t_0 und Ende t_E des Vorgangs auswertet (die Integration berücksichtigt die nicht lineare Abnahme des Stromflusses). Dabei wird die Fläche unter Kurve summiert (Abb. 12-18).

Wichtiger ist die **coulometrische Titration,** auch galvanostatische Titration genannt. Bei der Durchführung wird die Stromstärke konstant gehalten. Es gibt zwei Möglichkeiten der Bestimmung von Konzentrationen:

- Man lässt den Stoff, der analysiert werden soll, direkt an der Arbeitselektrode elektrochemisch reagieren. Dabei muss die Zellspannung kontinuierlich erhöht werden, damit der Vorgang gleichmäßig weiter ablaufen kann. Ursache ist die sinkende Leitfähigkeit (steigender Widerstand des Elektrolyten) durch Verarmung an leitenden Teilchen bei konstant gehaltener Stromstärke $U = I \cdot R$. Es können bei der coulometrischen Titration mithilfe der elektrolytischen Prozesse katodisch die Metallionen z. B. Ni^{2+}, Pb^{2+}, Cu^{2+}, Co^{2+} zu Metall oder andere in eine niedrigere Oxidationsstufe reduziert werden, z. B. Fe(III) zu Fe(II) oder Cr(VI) zu Cr(III).
- Eine andere Möglichkeit besteht darin, die coulometrische Titration so zu gestalten, dass bei konstanter Stromstärke aus einem Stoff, der im Elektrolyten enthalten ist, das Reagenz ständig an der Arbeitselektrode elektrochemisch erzeugt wird. Es reagiert mit dem Analyten. So kann z. B. Iodid zu Iod als Reagenz oxidiert werden ($2\,I^- - 2e^- \rightarrow I_2$), das sich dann sofort mit Thiosulfat nach

  $$I_2 + 2\,S_2O_3^{2-} \rightarrow 2\,I^- + S_4O_6^{2-}$$

  umsetzt. Der Endpunkt (Verbrauch des Analyten) wird durch einen Indikator oder ein Galvanometer angezeigt (Abb. 12-19).

  Bei der Säure-Titration werden OH^--Ionen durch Reduktion von Wasser erzeugt:

  $$2\,H_2O + 2\,e^- \rightarrow H_2 + 2\,OH^-$$

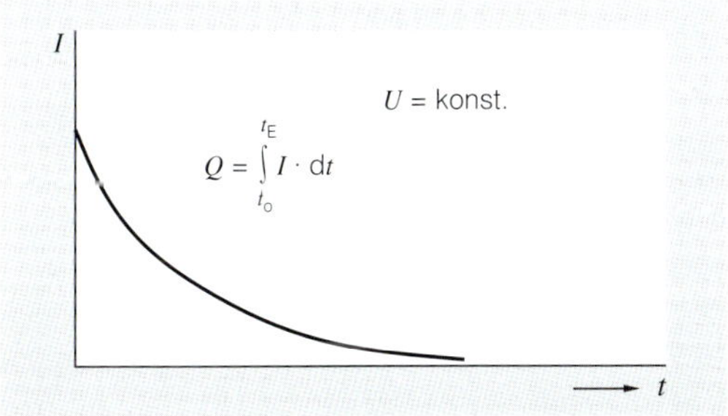

Abb. 12-16 **Potenziostatische Coulometrie**

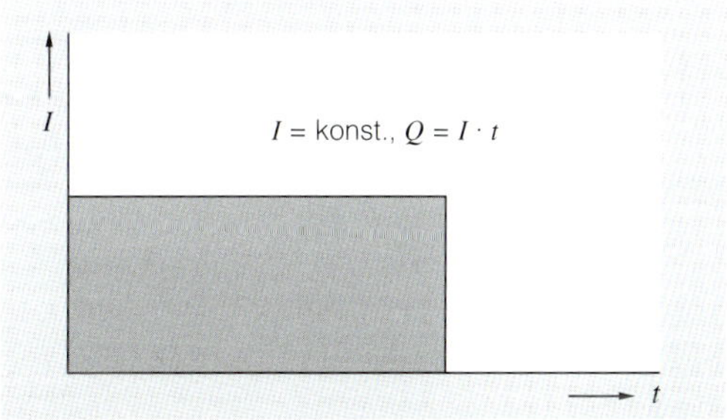

Abb. 12-17 **Coulometrische Titration**

Andere Reagenzien können z. B. als Brom (aus Bromid; für die Bestimmung von C=C-Bindungen organischer Stoffe), als Ag^+-Ionen (durch anodische Oxidation einer Ag-Elektrode; für die Fällung von Chlorid-Ionen) erzeugt werden. Die coulometrische Titration kann somit als Redox-, als Neutralisations-, als Fällungstitration, aber auch als komplexiometrische Titration gestaltet werden.

Da sehr kleine Ladungsmengen mit empfindlichen Galvanometern gemessen werden können, lassen sich sehr kleine Substanzmengen auf diese Weise bestimmen. Wurde für die Analyse einer Ionenart die Ladungsmenge $Q = I \cdot t$ benötigt, so war von dem Stoff in der Lösung die Masse m enthalten, vorausgesetzt die Umsetzung dieser Ionen hat quantitativ stattgefunden:

$$m = \frac{M}{z \cdot F}$$

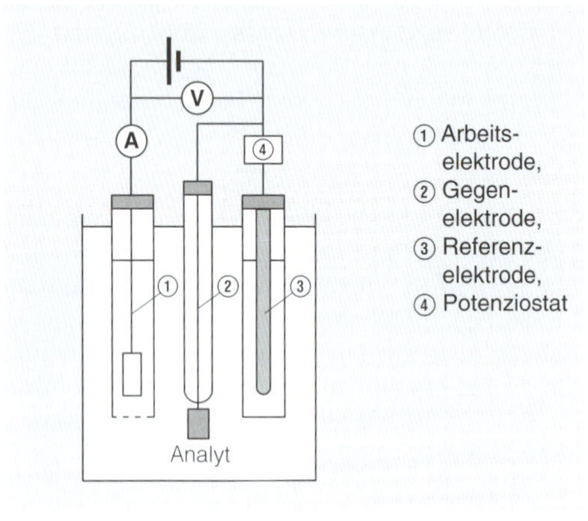

Abb. 12-18
Prinzipskizze der potentiostatischen Coulometrie

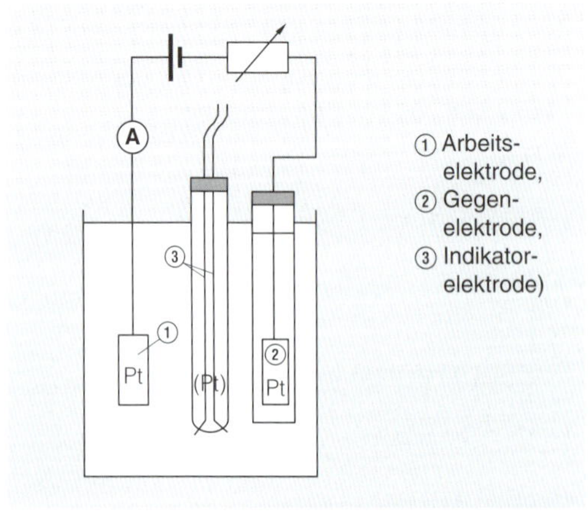

Abb. 12-19
Prinzipskizze der coulometrischen Titration

12.8 Aufgaben zur Wiederholung von Kapitel 11 und 12

Aufgaben

1. Welches elektrochemische Verhalten drückt sich in der Spannungsreihe aus?
2. Beschreiben Sie, welche Vorgänge in einer Cd/$CdSO_4$-Halbzelle sowie in einer SO_4-Halbzelle vor sich gehen!
3. Welche Vorgänge laufen ab, wenn beide Halbzellen leitend zu einem galvanischen Element verbunden werden?
4. Beschreiben Sie die Vorgänge im DANIELL-Element!
5. Erläutern Sie die Funktionsweise der Normalwasserstoff-Elektrode sowie die Vorgänge, wenn man sie mit den Halbzellen Mg/Mg^{2+} sowie Hg/Hg^{2+} kombiniert!
6. Interpretieren Sie die NERNST'sche Gleichung für den Fall a) $c = 1\ mol^{-1}$, $c = 0{,}1\ mol \cdot l^{-1}$ und $c = 3\ mol \cdot l^{-1}$!
7. Was versteht man unter Polarisation und Überspannung? Wie entstehen diese Erscheinungen?
8. Wie unterscheiden sich Primär- und Sekundärelemente? Erläutern Sie die Vorgänge beim Laden und Entladen eines Blei-Akkus!
9. Welche Vorgänge laufen bei der Stromentnahme in einer Brennstoff-Zelle ab? Worin besteht die ökologische Bedeutung der Zelle?
10. Erklären Sie an einem Beispiel, wie die Elektrolyse eines Elektrolyten durchgeführt wird!
11. Erläutern Sie die Erzeugung von Natriumhydroxid nach dem Diaphragma und nach dem Amalgam-Verfahren!
12. Was versteht man unter katodischem sowie anodischem Schutz von Stahl?
13. Erklären Sie die Bildung von Eisen-Rost!
14. Welche Möglichkeiten des Korrosionsschutzes gibt es?
15. Erläutern Sie die Redoxvorgänge, die an den Elektroden 2. Art sowie an der Glaselektrode die Ausbildung der Halbpotenziale bewirken!
16. Erläutern Sie die Wirkungsweise und Durchführung der Polarografie! Ziehen Sie das Schaltbild des Polarografen hinzu!

13 Schutz der Umwelt vor Schädigungen [1])

13.1 Umwelt und Ökologie

Aufgabe

Lesen Sie in Teil 1 die Abschnitte des Kapitels 4.
Beantworten Sie zur Festigung Ihres Wissens die Wiederholungsfragen 4.9 in Teil 1.

Umwelt ist die Gesamtheit der Lebewesen, unbelebten Dinge und Erscheinungen, die uns Menschen umgibt. Die einzelnen Teile der Umwelt stehen untereinander in vielfältigen Beziehungen und gegenseitigen Einwirkungen. Umwelt wird immer vom Menschen aus betrachtet, aber auch ein Tier oder eine Pflanze ist von Lebensraum, Klima, Atmosphäre, chemischen und physikalischen Einflüssen sowie von vielen vom Menschen verursachten Veränderungen abhängig.

Die Umwelt ist ein natürliches **Ökosystem** (griech. Haus, Wohnung, Vereinigung). Es besteht aus der Gesamtheit seiner einzelnen Bestandteile, die miteinander in stofflichem, energetischem und informellem Austausch stehen. Die Wechselbeziehungen der Lebewesen mit der Umwelt werden von der **Ökologie,** einem Teilgebiet der Biologie, untersucht.

Ein Ökosystem ist im Gleichgewicht, wenn die Lebensbedingungen konstant bleiben oder sich nicht erheblich ändern. Es reguliert sich selbstständig, wenn gewisse Störungen auftreten. Wenn z. B. längere Zeit kein Regen fällt, der Winter sehr kalt ist und lang andauert oder durch einen nicht zu schwerwiegenden Störfall in der Industrie ein Schadstoff austritt, ist zu beobachten, dass durch „Selbstheilungskräfte" der Natur eine Regenerierung der Pflanzen- und Tierwelt eintritt. So waren in vergangenen Jahrzehnten viele Flüsse durch Industrie- und kommunale Abwässer so verseucht, dass für Fische kaum noch Lebensbedingungen bestanden. Nach der Einrichtung wirkungsvoller Kläranlagen ist zu beobachten, dass sich die Flüsse wieder beleben.
Problematisch ist es aber, wenn das Gleichgewicht dauerhaft negativ beeinflusst wird. Dann treten irreversible Verschiebungen auf: Bäume erholen sich nicht und sterben ab, weil der Zustrom von Schwefeldioxid und Stickoxiden anhält. Die Sahelzone südlich der Sahara dehnt sich weiter aus, weil der Regen ausbleibt. Das Ozonloch an den Polkappen wird größer bzw. verkleinert sich nicht, weil im globalen Maßstab der Ausstoß von „Treibhausgasen" immer stärker anwächst. In der Atmosphäre ist seit Beginn der verstärkten Industrialisierung der Anteil des Kohlenstoffdioxids und anderer Gase um etwa 35 % angewachsen, worauf in erheblichem Umfang der „Wärmestau" und die **Klimaerwärmung** zurückzuführen sind.
Vor allem die Industriestaaten sind gefordert, die Abgabe von Schadstoffen an Luft, Wasser und Boden zu reduzieren, um die Lebensverhältnisse zu erhalten und in einigen Bereichen wieder zu regenerieren.

Aufgabe

Informieren Sie sich zur Wiederholung in Teil 1, Kapitel 4 über Umweltschutz, -recht und -gesetzgebung!

13.2 Aufgaben von Natur- und Umweltschutz

Der **Naturschutz** setzt sich die Werterhaltung der Natur als Ziel. Die Qualität des Wassers, des Bodens, der Luft sowie der Landschaft mit ihren Tieren und Pflanzen sollen vor bleibenden Schäden bewahrt sowie in betroffenen Bereichen wieder in ursprünglichen Zustand versetzt werden. Diese Ressourcen sind nicht vermehrbar. Die Erhaltung des Wasserangebots für die Bevölkerung und die Industrie in guter Qualität ist ebenso geboten wie eine gesunde Luft und ein unverseuchter Boden, auf dem landwirtschaftliche Produkte in ausreichender Menge und ohne Schadstoffgehalt reifen können. Landschaften und lokale Bereiche, die durch das Wirken des Menschen beeinträchtigt sind wie Abbaustätten des Braunkohletagebaus, Industriebrachen sollen rekultiviert und wieder nutzbar gemacht werden.

Umweltschutz und **Landschaftsschutz** erhalten die Lebensbedingungen für die Tier- und Pflanzenwelt. Ein gesunder Wald besitzt große Bedeutung als Rohstoffquelle, für den Abbau von Kohlenstoffdioxid, für den Wasser- und Grundwasserhaushalt, die Beeinflussung des Klimas und die Erholung des Menschen.
Die größten Mengen an Luft-, Boden- und Wasserschadstoffen fallen in der chemischen Industrie, in der metallurgischen Industrie, in der Energie erzeugenden und Kohle verarbeitenden Industrie, in

[1]) Das Kapitel baut auf Teil 1, Seite 68–82 auf und ergänzt die dort enthaltenen Sachverhalte.

der Landwirtschaft sowie durch das Verkehrswesen an. Beispielsweise wurden in Deutschland im Jahr 2004 43 % der CO_2-Emissionen von der Energiewirtschaft, 19 % vom Verkehr, 18 % von der Industrie, 7 % von Gewerbe, Handel, Dienstleistungen und 13 % von den Haushalten erzeugt.
Umweltschutz wird somit einerseits dadurch erreicht, dass Material sowie Energie bei der Erzeugung von Produkten besser ausgenutzt werden, die Produktion abfallarm gestaltet wird und Energieträger, Düngemittel sowie Pestizide sparsamer verwendet werden. Andererseits sollen Schadstoffe, die in der Produktion und Konsumtion als Abprodukte, Abfälle, Rückstände und Überreste entstehen, durch Anwendung geeigneter Verfahren und Maßnahmen gefahrlos entsorgt und so weit als möglich nicht in die Luft, in das Wasser, in den Boden und danach direkt oder über die Nahrungsketten in Organismen gelangen.
Bei der Entsorgung wird die Gewinnung von Wertstoffen aus Abfall, Abwasser und Abluft sowie die Isolierung und Nutzung von energetisch verwertbaren Stoffen als **Sekundärrohstoffe** angestrebt (vgl. Abschnitt 13.7.1 f.). Das betrifft auch die Abwärme, die z. B. in Hütten, Walz- und Wärmekraftwerken anfällt, um sie als **Sekundärenergie** direkt für Heizung, Fernwärme, Warmwasserbereitung verfügbar zu machen oder in tieferen Erdschichten zu speichern.

Man unterscheidet **produktionsintegrierten Umweltschutz** durch Entwicklung und Einführung umweltverträglicher abfallarmer Technologien und **additiven Umweltschutz** durch Entsorgung und Aufbereitung von Abprodukten. Letzterer ist der Erzeugung des Hauptprodukts direkt nachgeschaltet. In der chemischen Produktion nicht umgesetzte Ausgangsstoffe werden oft in den gleichen Prozess zurückgeführt.

Feste Abfälle und Abwässer der Industrie können im oder benachbart zum Produktionsprozess gesammelt und aufgearbeitet werden. Abgase, die feste, gas- und dampfförmige Nebenprodukte und Schadstoffe enthalten, sind wegen der großen Volumina nur direkt im Produktionsablauf zu entsorgen.

Aufgabe
Informieren Sie sich in der Literatur und im Internet über abfallarme Technologien und über Möglichkeiten des Energiesparens in der Produktion!

Besondere Gefahren gehen von Stoffen mit antibiologischer Wirkung aus. Dazu gehören giftige Stoffe, Allergene, Stoffe mit Reizwirkung, das Erbgut oder die Fortpflanzung schädigende Stoffe, Krebs erregende Substanzen.

Eine wichtige Aufgabe im Rahmen des Umweltschutzes ist angesichts der Einflüsse von Luftschadstoffen und Kohlenstoffdioxid auf das Klima (Erwärmung der Erdatmosphäre) die Reduzierung ihrer Erzeugung sowie ihrer Abgabe an die Luft im globalen Maßstab. Es können auch nicht in unserer Zeit während einiger Jahrzehnte fossile Energieträger in Massen verbraucht werden, die in Millionen von Jahren entstanden sind und nicht mehr erneuert werden können.

Aufgabe
Wie erklärt sich der Treibhauseffekt von Kohlenstoffdioxid und anderen Treibhausgasen? Suchen Sie dazu Antworten im Internet!

Fossile Energieträger werden in Deutschland und anderen Industrienationen in großer Menge verbraucht (Abb. 13-1). Die Reinhaltung der Luft bzw. Verbesserung der Luftqualität kann nur durch Ein-

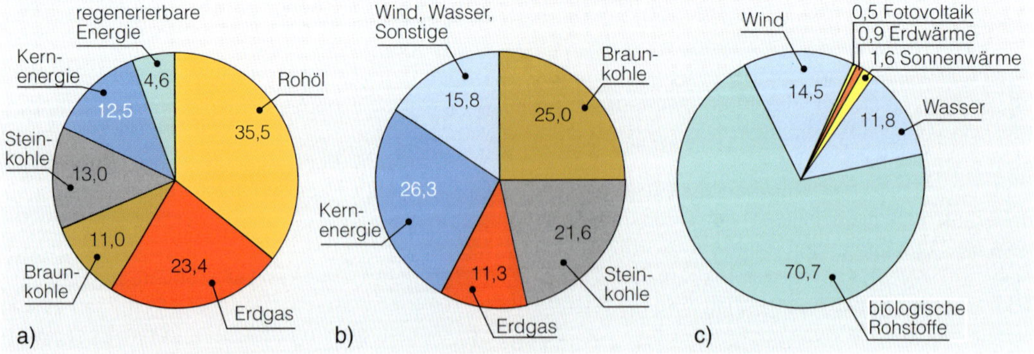

Abb. 13-1 Energieerzeugung in Deutschland 2005/2006 (in %)
a) verwendete Energieträger für die Primärenergie
b) für die Stromerzeugung
c) Anteil regenerierbarer Energieträger

(Quelle: Bundesministerium für Umwelt, Naturschutz und Reaktorsicherheit)

sparung fossiler Energieträger bei gleichzeitigen technisch-technologischen Verbesserungen für bestehende Anlagen (effizientere Kraftwerke, wirkungsvollere Entstaubungsanlagen, verbesserte Filter, Absorber und Adsorber, Modernisierung von Verbrennungsanlagen mit höherem Wirkungsgrad u. dgl.), durch technische Neuentwicklungen sowie die Nutzung regenerativer Energiequellen erreicht werden. Im Jahr 2006 wurden in Deutschland erst 4,6 % des Primärenergieverbrauchs durch erneuerbare Energiequellen bereitgestellt.

Die teilweise Umstellung der Energiewirtschaft auf erneuerbare und abproduktfreie Energiegewinnung (Fotovoltaik, Sonnenkollektoren, Nutzung von Wasser- und Windenergie, Erdwärme, biogenen Energieträgern wie Biodiesel, Bioethanol, BtL-Kraftstoff, Biogas) führt zur Senkung der Abgabe sowohl von Schadstoffen als auch von Kohlenstoffdioxid in die Luft. Allein die Sonne „liefert" der Erde in etwa 8 Minuten so viel Energie, wie in einem Jahr benötigt wird! Die Nutzung der Sonnenenergie mittels Fotovoltaik und Sonnenkollektoren birgt somit *im Weltmaßstab gesehen* unerschöpfliche Reserven. Auch in unseren geografischen Breiten ist die Energiebereitstellung durch Sonnenenergie weitestgehend möglich. Nur die globale Änderung der Energiegewinnung kann heute die Gefahren der Erderwärmung und Klimaverschiebung abwenden.

Ein Nachteil mancher alternativer und erneuerbarer Energiequellen besteht jedoch in ihrer nicht ständigen Verfügbarkeit (z. B. Sonnen-, Windenergie). Außerdem stehen noch nicht genügend leistungsfähige Akkumulatoren für die Speicherung von überschüssiger Energie zur Verfügung.

Die Luftreinhaltung ist sehr eng verknüpft mit der Erhaltung der Ressourcen an fossilen Energieträgern. Energiesparen, Energieträger besser nutzen und erneuerbare Energien stärker anwenden, sind Aufgaben aller Industrieländer.

Aufgaben

Erarbeiten Sie mithilfe der Literatur und des Internets, welche Möglichkeiten
a) der Energieeinsparung im Verkehrswesen,
b) in Kommunen,
c) im Haushalt,
d) der effektiveren Verwendung fossiler Energieträger durch neue technische Lösungen,
e) der Nutzung erneuerbarer Energien bestehen!

Es gibt derzeit Bemühungen von einigen Stromerzeugern zur **„CO_2-Sequestrierung"** (lat. absondern, trennen). Sie werden etwas in die Irre führend als **„CO_2-freie Kohle-Kraftwerke"** propagiert, denn bei jeder Verbrennung fossiler Brennstoffe entsteht Kohlenstoffdioxid, das die Menge des Treibhausgases vermehrt. Im Kern der Forschung und Entwicklung geht es darum, das bei der Verbrennung von fossilen Energieträgern frei werdende CO_2 nicht an die Atmosphäre abzugeben, sondern in unterirdischen Speichern abzulagern. Dazu müsste das Kohlenstoffdioxid (unter zusätzlichem Energieaufwand!) aus dem Abgas abgetrennt („aufgefangen", engl. **c**apture) und abgelagert („aufbewahrt", engl. **s**torage) werden (daraus ergibt sich die Abkürzung CCS, Carbon Capture Storage).

Aufgabe

Informieren Sie sich im Internet über die in Aussicht genommene technisch-technologische Lösung der CO_2-Sequestierung und Kritik, die dazu geäußert wird!

Die Vermeidung und Verminderung von Umweltproblemen beginnt in der Forschung und Entwicklung effektiverer Produktionsanlagen und Verfahren, die eine umweltfreundlichere Erzeugung mit niedrigem Rohstoff- bzw. Material-, Energie- und Wassereinsatz ermöglichen. Diese sogenannten abfallarmen Technologien schließen in die Senkung des Energieverbrauchs die Minderung der Energieverluste durch Nutzung von Abwärme ein.

Die Bewertung des technischen Fortschritts bei der Erzeugung von technischen Gütern wird heute nicht mehr allein vom Standpunkt der Einsparung menschlicher Arbeitskraft, des höheren Produktionseffekts, niedriger Kosten, der Senkung von Energie- und Materialaufwand vorgenommen, sondern auch davon, in welchem Umfang Abprodukte für den Produktionsprozess wieder nutzbar gemacht werden können oder schadstoffarm produziert wird.

Die wichtigste Position im Umweltschutz nehmen immer die Menschen ein, die Leiter der Unternehmen, die Produzenten und die Konsumenten. Ohne Aufgeschlossenheit, Aufmerksamkeit und Verantwortungsgefühl aller Bürger für den Erhalt der Umwelt werden alle materiellen und finanziellen Maßnahmen nur Teilerfolge bringen.

Stärkste Verursacher von Luft- und Wasserverunreinigungen

Produktions- und Konsumtionsbereich	Häufig abgegebene Schadstoffe	Möglichkeiten der Entlastung, durch Verringerung, Vermeidung, Umwandlung, Rückgewinnung
Chemische Industrie	Flugasche, Ruß; CO_2, CO, NO_x, SO_2/SO_3, NH_3, HX, Dämpfe organischer Verbindungen (z. B. Kohlenwasserstoffe, Methanol, Aldehyd, Lösungsmittel); organische Stäube, anorganische Stäube; Abwasser	Versch. Typen von Staubabscheidern (Zyklon, Elektro-, Nassabscheider), Filter; Absorbieren von Gasen und Dämpfen in Absorberkolonnen (z. B. mit A-Kohle, $Ca(OH)_2$, $Mg(OH)_2$, NaOH, NH_3, Na_2SO_3); Entschwefelung und Entstickung von Rauchgasen; Flammenverbrennung, katalyt. Oxidation, wenn Rückgewinnung unwirtschaftlich ist; Abwasserreinigung; Abwasserkreislauf im Betrieb, Abgabe von Restgas über hohe Schornsteine
Erdölraffinerien	Niedere Kohlenwasserstoffe, polycyclische KW, Aromaten, CO, NO_x, SO_2; Abwasser	wie bei chemischer Industrie
Energieerzeugende Industrie, Kohle verarbeitende Industrie	Flugasche, Ruß, Kohlestaub; CO_2, CO, NO_x, SO_2/SO_3, HF, H_2S, Phenol, Teer, polycyclische KW (PAH oder PAK);	Umstellung von Kohle auf Erdgas, Staubabscheider, Absorber, Nasswäsche, Entschwefelung und Entstickung der Rauchgase; Nutzung von Abwärme, Kraft-Wärme-Kopplung; Abwasserreinigung, Wasserkreislauf im Betrieb
Metallurgische Industrie (Metallhütten, Gießereien, Härtereien, Metallverarbeitung)	Ruß, Flugasche, Erz-, Kohle-, Metalloxid-, Metall-, mineralische Stäube; CO_2, CO, NO_x, HF (aus Roheisen/Stahl-, Al-Erzeugung), chlorierte org. Entfettungsmittel, Zerspanungskühlmittel, mit Giften belastetes Abwasser	Absauganlagen, Staubfilter/-Abscheider für Stäube, Rauchgasreinigung von CO, NO_x, SO_2/SO_3 durch Entstickung, Entschwefelung, Abgabe von Restgas über hohe Schornsteine (Verdünnung/Verteilung durch Luftströme); Abscheidung von Kühlmitteln, Metallstaub, Entfettungsmitteln aus dem Abwasser
Keramische Industrie, Glas-, Zement-, Kalkwerke	Feste und gasförmige Stoffe im Rauchgas wie z. B. bei chemischer Industrie, Stäube (mineralisch, oxidisch), z. B. Zement, Kalkstaub, Ton, Kaolin, Gips, Asbest; HF (in Zementstaub), PbO, F^- (Glaserzeugung)	Staubabscheider in verschiedenen Typen, Rauchgasreinigung, Abgabe von Restgas durch hohe Schornsteine
Verkehr, Transportwesen	Feinstaub, Ruß (besonders durch Dieselmotoren), CO_2, CO, NO_x, Kohlenwasserstoffe, auf Feinststaub adsorbierte aromatische und polyaromatische KW	Ruß-/Feinstaubfilter (Dieselmotoren), geregelter Katalysator mit Lambda-Sonde; „2-Liter-Auto“, Hybridmotor
Landwirtschaft	Mineralische (Erde, Düngemittel) und org. Stäube (bei Bestellung, Ernte), Pflanzenschutzmittel, CH_4, NH_3, H_2S, Amine u. a. aus Tierhaltung (Gülle)	noch sehr problematisch: Belastung der Luft in der Nähe von Großanlagen für die Tierhaltung, Belastung des Bodens durch Überdüngung, Belastung des Grundwassers durch Eindringen von Düngestoffen, Pestiziden, Gülle
Haushalte	Ruß, Gase wie in der Industrie bei Kohlefeuerung	Gas-, Ölheizung; Fernwärme

Übersicht 13-1

13.3 Schadstoffe – Gefahrstoffe

13.3.1 Definitionen

Schadstoffe sind Substanzen, die Menschen, Tiere und Pflanzen oder Sachgüter direkt gesundheitlich schädigen, Sachwerte zerstören und die Qualität von Luft, Gewässer sowie des Bodens beeinträchtigen.

Sie stören kurzzeitig oder über längere Zeit das ökologische Gleichgewicht eines begrenzten engeren oder weiträumigen Gebietes oder auch der Erde insgesamt. Der Begriff beinhaltet einen Ursache-Wirkungs-Zusammenhang, d. h. den Stoff, das nachteilig veränderte System und den verursachten Schaden. Somit sind nicht solche Stoffe hinzuzurechnen, die als Spurenelemente essenziell (für das Leben notwendig) sind, obwohl sie in höherer Konzentration Schäden hervorrufen.

Das **Chemikaliengesetz** charakterisiert **Gefahrstoffe** in § 3a als **umweltgefährliche Stoffe** in folgender Weise: „Umweltgefährlich sind Stoffe und Zubereitungen, die selbst oder deren Umwandlungsprodukte geeignet sind, die Beschaffenheit des Naturhaushalts, von Wasser, Luft oder Boden, Klima, Tieren, Pflanzen oder Mikroorganismen derart zu verändern, dass dadurch sofort oder später Gefahren für die Umwelt herbeigeführt werden können".

Umweltgefährliche Stoffe treten in allen Aggregatzustanden auf, z. B. als

- gasförmige Verbindungen in Rauch-/Abgasen, als Dämpfe organischer Verbindungen; als geruchsintensive Stoffe; als Pestizid-Aerosole in der Landwirtschaft und Forstwirtschaft; als Stoffe, die den Wärmestau der Atmosphäre verstärken;
- gelöste Schadstoffe in Industrieabwasser und gewerblichem Abwasser, Haushaltsabwasser, kommunalem Abwasser, Gülle und Sickerwasser in der Tierproduktion, Deponiewasser, Schlämmen;
- Haushaltsmüll, feste Industrieabfälle, veraltete und physisch verschlissene Maschinen, Geräte und sonstige Gegenstände, Schlacken, Aschen, grobe Stäube, Feinstäube, Ruß oder auch als belastete Böden.

Sie stellen zu einem großen Teil **Wertstoffquellen** für die Gewinnung von Sekundärrohstoffen dar (vgl. Abschnitt 13.7.3).

Für die **Gefahrstoffe** gelten allgemein das **Gesetz zum Schutz vor gefährlichen Stoffen** (Chemikaliengesetz – ChemG) vom 20. Juni 2002 (zuletzt geändert am 19. Juli 2006) und die Neufassung der **Verordnung zum Schutz vor Gefahrstoffen** (Gefahrstoffverordnung – GefStoffV – gültig ab 1. 1. 2005).
Ergänzt werden das Chemikaliengesetz und die Gefahrstoffverordnung durch **Technische Regeln für Gefahrstoffe** (TRGS). Diese sind z. B. für **Technische Richtkonzentrationen** (TRK) sowie für die Einstufung und Kennzeichnung von Stoffen als Gefahrstoffe gültig. Außerdem bestehen zu den Gesetzen **Technische Anleitungen** (TA) als Verwaltungsvorschriften (vgl. Anhang), z. B. die TA Luft zum Bundes-Immissionsschutzgesetz, die TA Abfall und TA Siedlungsabfall zum Kreislaufwirtschafts- und Abfallgesetz.

Gefahrstoffe sind nach § 3 der Gefahrstoffverordnung

1. „gefährliche Stoffe und Zubereitungen nach § 3a des Chemikaliengesetzes sowie Stoffe und Zubereitungen, die sonstige chronisch schädigende Eigenschaften besitzen,
2. Stoffe, Zubereitungen und Erzeugnisse, die explosionsgefährlich sind,
3. Stoffe, Zubereitungen und Erzeugnisse, aus denen bei der Herstellung oder Verwendung Stoffe und Zubereitungen nach Nr. 1 oder 3 entstehen oder freigesetzt werden können,
4. sonstige gefährliche chemische Arbeitsstoffe im Sinne … der Richtlinie 98/24/EG … vom 7. April 1998 zum Schutz der Gesundheit und Sicherheit der Arbeitnehmer vor Gefährdung durch chemische Arbeitsstoffe bei der Arbeit …",
5. Stoffe, die „krebserzeugend, erbgutverändernd oder fruchtbarkeitsgefährdend …" sind.

Nach § 3a des Chemikaliengesetzes werden gefährliche Stoffe und gefährliche Zubereitungen eingeteilt in explosionsgefährlich, brandfördernd, hochentzündlich, leichtentzündlich, sehr giftig, giftig, gesundheitsschädlich, ätzend, reizend, krebserzeugend, fortpflanzungsgefährdend, erbgutgefährdend und umweltgefährlich (vgl. dazu Anhang).

Die Gefahrstoffverordnung führt die Verbindungen auf, die als Gefahrstoffe erkannt worden sind. Sie sind im Anhang von Teil 1 angegeben.

Biologisch wirksame Schadstoffe werden **Xenobiotika** genannt (griech. fremd, Leben).

Aufgabe

Lesen Sie im Internet die dort enthaltenen Auszüge
a) des Chemikaliengesetzes und
b) der Schadstoffverordnung.

Die **Schadwirkung** kann sich nach einmaliger Aufnahme durch die Nahrung, über die Lunge oder über die Haut sofort bzw. nach kurzer Zeit reizend, ätzend oder toxisch äußern sowie sensibilisieren und Allergien auslösen. Bei häufiger Aufnahme eines Schadstoffes treten chronische Schäden auf. Veränderungen des Erbgutes und der Fortpflanzung, Fruchtschädigung oder Auslösung von Krebs werden meist erst bei häufigerer Einwirkung und Anreicherung im Organismus ausgelöst.
Die umweltschädigenden Stoffe haben eine besonders große Wirkung, wenn sie leichte **Resorbierbarkeit** aufweisen (vom Organismus leicht aufgenommen werden), über große **Persistenz** verfügen (Sesshaftigkeit, langer Verbleib), hohe **Stabilität** besitzen (lange Abbauzeit) und sehr mobil sind (sich leicht ausbreiten).

Problematisch ist die **Bioakkumulation** in Nahrungsketten. So ist nachgewiesen, dass sich im Meer eingeschwemmte Pflanzenschutzmittel (z. B. das verbotene DDT), Polychlorbiphenyle, Polyfluortenside (PFT) oder andere sehr beständige Verbindungen in zunehmender Menge in der Nahrungskette Einzeller/Algen – Kleintiere – Friedfische – Raubfische – Robben nachweisen lassen.

Viele Schadstoffe gelangen mit dem Rauch von Feuerungen, Verbrennungsgasen von Automotoren oder als sonstige Abgase zunächst in die Luft. Durch Wind werden sie verdriftet. Sie verteilen sich durch Sedimentation der Stäube, Kondensation der Dämpfe, durch Regen und Nebel in die Gewässer, in den Boden und in das Grundwasser. Andere schädliche Substanzen befinden sich in dem Abwasser der Industrie, der Gewerbe und Haushalte sowie der Landwirtschaft. Pflanzenschutzmittel werden in Lösung auf Felder und Wälder versprüht und verteilen sich in den Boden und auch dampfförmig oder als Aerosole in die Luft. Schadstoffe, die durch das Handeln der Menschen entstehen, nennt man **anthropogen** im Gegensatz zu freigesetzten Substanzen durch natürliche Prozesse z. B. durch Vulkanismus, Mineralquellen oder Sümpfe (z. B. Freisetzung von Methan, Kohlenstoffdioxid, Schwefeldioxid, Schwefelwasserstoff bei Gärung, Fäulnis, Vulkanismus, aus Mineralquellen).

13.3.2 Anorganische Schadstoffe

Schädliche Gase wie **SO_2, H_2S, NO_x, CO, HCl, HF, CS_2, NH_3** sowie **Säuren, Laugen** und **Salze** als deren Folgeprodukte beeinträchtigen über die Luft, den Boden, das Wasser und die Umwelt (HNO_3, H_2SO_4, saurer Regen, Versäuerung des Bodens, Nitrate, Aluminiumsalze, Versalzung der Flüsse durch Abwasser der Kaliindustrie). Schwefelwasserstoff baut sich durch Oxidation in 2 bis 4 Tagen zu SO_2 und Wasser ab.

Aufgabe

Lesen Sie in Teil 1 die Abschnitte 4.8.1 bis 4.8.3 und wiederholen Sie die Wirkungen der dort aufgeführten Luftschadstoffe!

Ozon entsteht durch starke elektrische Entladungen (Blitz) und UV-Strahlung in höheren Schichten der Atmosphäre. Der Gehalt des Umweltschadstoffs **Ozon** O_3 (griech. riechen) in der Luft hat in den letzten Jahren zugenommen. Insbesondere in den Sommermonaten werden biologisch schädigende Konzentrationen gemessen. Wegen der großen Giftigkeit ist in der 22. Bundesimmissionsschutzverordnung zum Schutz der Menschen festgelegt, dass 110 mg/m^3 Luft als Mittelwert für die Zeit von 8 Stunden nicht überschritten werden dürfen. Für den Schutz der Vegetation sind als Mittelwert über 24 Stunden maximal 65 mg/m^3 in der Luft zulässig. Ab 240 mg/m^3 kann ein Fahrverbot angeordnet werden.

Halogene, Se, Te und Oxide, Hydroxide, Salze von **Schwermetallen** z. B. Pb, As, Cd, Hg, Be, Co, Ni, Cu, Sn, Zn, Sb, Bi sind giftige bis sehr giftige Stoffe. In die Umwelt gelangen sie über Abgase, durch Abwasser metallverarbeitender Betriebe, durch die Korrosion von Metallen oder die Verwitterung von Mineralien. Sie sind vor allem im Wasser und im Boden enthalten. Verschiedene fungizide und insektizide **Holzschutzmittel** enthalten Schwermetallverbindungen (Cr, Cu, As). Wird konserviertes Altholz, das mit derartigen Stoffen imprägniert wurde, verbrannt, gelangen die Metalloxide in die Abluft oder in die Asche. Mineralische Partikel und Ruß adsorbieren gesundheitsschädliche organische Verbindungen.

Asbeststäube sind carcinogen.

Kohlenstoffdioxid ist kein Schadstoff im toxischen Sinne. Höhere Konzentrationen in der Raumluft können aber Mattigkeit, Müdigkeit und Kopfschmerzen bereiten. Eine gründliche Belüftung führt rasch wieder zur Besserung des Befindens. In Senken (z. B. tiefen Kellern, Brunnenschächten) kann sich das gegenüber Luft schwerere CO_2 ansammeln. Da es die Luft abschirmt, können hohe Konzentrationen zu Ohnmacht und Tod führen. Negativ ist die Wirkung des Gases auf das Klima. Kohlenstoffdioxid verursacht zusammen mit anderen Gasen (Lachgas, Stickoxide, Methan u. a.) den **Treibhauseffekt** und die Klimaveränderungen.

Aufgabe

Wiederholen Sie in Teil 1, Abschnitte 4.8.4 bis 4.8.5 die Ausführungen zum CO_2-Kreislauf und die Verursachung des Treibhauseffekts!

13.3.3 Organische Schadstoffe

Die organischen Schadstoffe werden über die Luft verbreitet. Im Wasser sind sie meist gering löslich. Sie lagern sich im Wasser an organische Schwebstoffe und Tone, im Boden an Humusteilchen und Tonmineralien an und gehen in die Nahrungskette Pflanzen – Fleisch über. Die Verbindungen werden nach ihrer Aufnahme in den tierischen oder menschlichen Organismus in Muskeln und Fettgewebe sehr langsam abgebaut bzw. gespeichert.
Schädliche organische Substanzen treten in sehr großer Anzahl und unterschiedlicher Zusammensetzung auf. In nahezu allen chemischen Verbindungsklassen sind einzelne Stoffe biologisch schädlich oder bedenklich. Nachfolgend kann nur auf einige Verbindungen besonders großer Giftigkeit eingegangen werden.

Formaldehyd-Dämpfe können aus Produkten, die Phenolharze enthalten, wie z. B. Leime von Spanplatten, in die Raumluft austreten und Schleimhäute der Augen und Atmungsorgane reizen, Kopfschmerzen bereiten, Allergien auslösen sowie mutagene Veränderungen und Krebs hervorrufen. Formaldehyd ist auch bei unvollständiger Verbrennung im Tabakrauch zusammen mit polycyclischen aromatischen Kohlenwasserstoffen wie Benzo[a]pyren, 2-Naphthylamin, Dimethylnitrosamin, Kohlenstoffmonoxid, Methanol, Acetaldehyd u. a. Stoffen enthalten. Insgesamt wurden über 6000 Verbindungen im Tabakrauch nachgewiesen.

Weichmacher verdampfen langsam aus Weich-PVC (Fußbodenbeläge, Kinderspielzeug) ab. Aus Polyurethan-Schäumen treten Isocyanate, Phenole aus Kunstharzen aus, Lacke geben Lösungsmittel (Nitroalkane, Nitroaromate) und Epoxidharz-Zweikomponentenkleber Dämpfe der Bestandteile ab.

Synthetische Tenside, die seit einigen Jahren im Handel sind, können weitgehend biologisch zerlegt werden (Alkylsulfate, Alkylbenzensulfonate; vgl. Teil 1, Abschnitt 16.2.12). Nach der Tensidverordnung (TensV) müssen sie mindestens zu 90 % biologisch abbaubar sein. **Perfluorierte Tenside** für fett- und wasserabweisende Papiere und Imprägniermittel für Leder, Textilien und Möbel wie z. B. Perfluoroctansäure $CF_3-(CF_2)_7-COOH$ oder Perfluoroctansulfonsäure $C_8F_{17}SO_3H$ und ihre Derivate (Metallsalze, Halogenide, Amide) sind jedoch äußerst langlebig. Sie gelten inzwischen als krebsverdächtig und konnten sogar in Lebewesen in der Antarktis nachgewiesen werden.

Niedere aliphatische und **aromatische Chlorkohlenwasserstoffe** (CKW) wie z. B. **Chlorbenzen, Dichlor-** bis **Hexachlorbenzen** HCB, Pentachlorphenol PCP können beim Verbrennen organischer Substanzen entstehen, wenn chlorhaltige Stoffe zugegen sind. Sehr schwer abbaubar sind höher chlorierte **Benzene** und die **Fluorchlorkohlenwasserstoffe** (FCKW). Niedere Chloralkane und -alkene entweichen bei ihrer Verwendung z. B. als Lösungs- und Reinigungsmittel in die Luft, in den Boden und in das Wasser. Bei geringem Chlorgehalt werden sie langsam durch OH-Radikale, Hydrolyse und UV-Licht abgebaut (Fotolyse).

Im tierischen und menschlichen Organismus führen die chlorierten Verbindungen zu Schäden der Leber, Nieren, des Zentralnervensystems und können Chlorakne hervorrufen. Sie lösen sich bevorzugt im Fettgewebe. Viele Substanzen gelten als krebsverdächtig oder -erregend bzw. fruchtschädigend wie PCP.

Schwer abbaubare Halogenkohlenwasserstoffe (Beispiele)

CH_3Cl CH_2Cl_2 $CHCl_3$ CCl_4 Chlormethane	$Cl-CH=CCl_2$ Trichlorethylen	$Cl-CH_2-CHCl_2$ 1,1,2-Trichlorethan
Cl_3FC (55)[1] Cl_2F_2C (116)[1] $Cl_2F_4C_2$ (220)[1] ClF_5C_2 (550)[1] FCKW	[1]) mittlere Abbauzeit in der Atmosphäre in Jahren)	
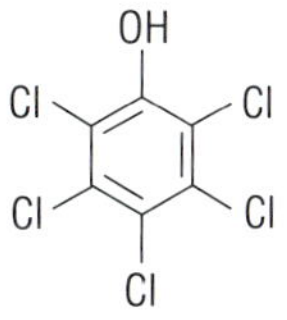 Pentachlorphenol PCP	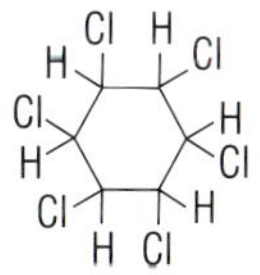 Hexachlorcyclohexan, Lindan	
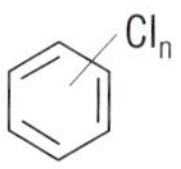 polychlorierte Chlorbenzene	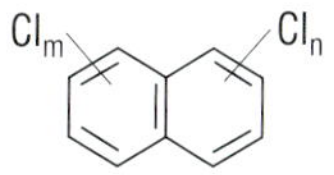 polychlorierte Naphthaline	

Übersicht 13-2

Hohe Gefahren gehen auch von **BTX-Aromaten** (Benzol, Toluol, Xylol), **PAKs** (polycyclischen aromatischen Kohlenwasserstoffen), **CKWs** (chlorierte Kohlenwasserstoffe) und den **AOX** (adsorbierbare organische Halogen-Verbindungen) aus. Halogenkohlenwasserstoffe sind vor allem mit wachsender Anzahl an Aromatenringen und zunehmendem Chlorgehalt schwer abbaubar und toxisch. Die Zerlegung wird dadurch erschwert, dass sich die meisten Verbindungen nicht oder kaum in Wasser lösen.

Polyclyclische aromatische Kohlenwasserstoffe (PAK oder PAH von polycyclic aromatic hydrocarbons) entstehen bei unvollständiger Verbrennung organischer Materialien in Großfeuerungsanlagen, Kraftfahrzeugmotoren und Hausöfen.

Polycyclische aromatische Kohlenwasserstoffe – Beispiele

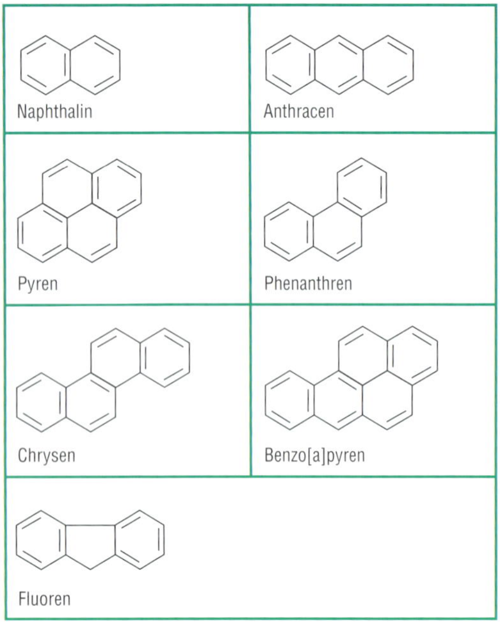

Übersicht 13-3

Die PAK-Verbindungen adsorbieren sich leicht an Ruße (z. B. an Feinstaub von Dieselmotoren) und verteilen sich über die Luft. In Gewässern lagern sie sich – wie auch polychlorierte organische Verbindungen und andere Substanzen – an kolloide Schwebstoffe und Tonpartikel an, die im Schlamm sedimentieren. Über den Rauch gelangen sie auch in den Boden. Sie bilden sich beim Räuchern, Grillen, starkem Anbraten von Fleisch und Abbrennen von Tabak. In geringen Mengen werden sie bei biologischen Vorgängen in Mikroorganismen, Pilzen, Pflanzen und Tieren gebildet (biogene PAKs). Sie kommen u. a. in Mineralölen, Teeren, Bitumen vor. Bei der Aufnahme über die Lunge oder Nahrung speichern sie sich in der Leber und im Fettgewebe. Einige PAKs haben sich als carcinogen erwiesen, bei anderen besteht der Verdacht, Erbschäden, Fruchtschäden und Krebs auszulösen.

Sehr hohe Gefahren gehen von **polychlorierten Biphenylen** PCB, polychlorierten **Diphenylethern** PCDE, **Dibenzodioxinen** PCDD (Dioxine) und **Dibenzofuranen** PCDF aus, weil diese zum großen Teil sehr giftig, persistent und chemisch sehr stabil sind. Erst oberhalb ca. 800 bis 850 °C werden sie thermisch zerstört bzw. nicht mehr gebildet. Sie gehören überhaupt zu den giftigsten Stoffen und sind weitverbreitet, weil sie bei vielen Prozessen entstehen (z. B. bei Schwelbrand, bei Vorgängen in Feuerungen und Automotoren, beim Bleichen von Zellstoff mit Chlor, bei der Erzeugung verschiedener Metalle, bei der Beilstein-Probe, bei der Kompostierung von Pflanzen). Ihre Bildung ist bei der Verbrennung bei niedrigen Temperaturen (ca. 300 °C) und Gegenwart von chlorhaltigen Materialien begünstigt. Die Gefahr ihrer Bildung ist somit vor allem dann gegeben, wenn z. B. in Müllverbrennungsanlagen zu niedrige Verbrennungstemperaturen herrschen.

Auch **Pestizide,** die als Pflanzen- und Holzschutzmittel verwendet werden, sind schwer abbaubar. Viele Substanzen dürfen wegen ihrer großen Giftigkeit inzwischen in der BRD nicht mehr produziert, in den Handel gebracht oder angewendet werden wie DDT, der Phosphorsäureester Parathion (toxisch für Menschen, Säugetiere und Insekten) u. a.

Polychlorierte Diphenyle, Dioxine und Difurane

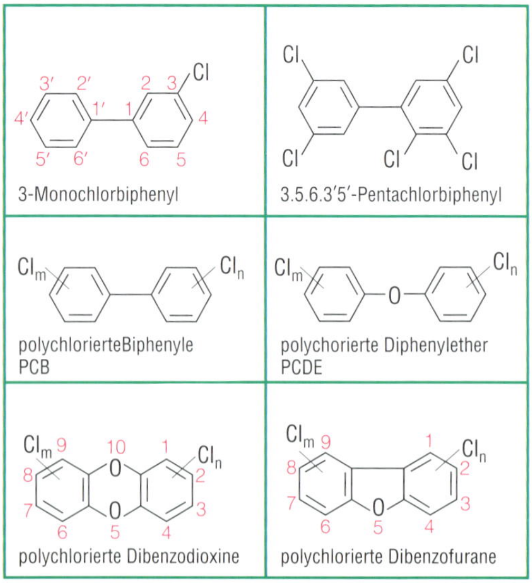

Übersicht 13-4

13.3.4 Abbau von Schadstoffen

Viele Schadstoffe bauen sich in der Luft, im Wasser, im Boden oder in betroffenen Lebewesen nur langsam ab. Jedoch ist die Abbaugeschwindigkeit der Substanzen sehr unterschiedlich. Die Zerlegung organischer Verbindungen wird durch verschiedene Faktoren beeinflusst, z. B. durch die chemische Stabilität der Substanz selbst, durch die Temperatur, im Wasser und Boden durch den Sauerstoffgehalt, die Feuchtigkeit, die Löslichkeit in Wasser, durch die Art und Menge der Lebewesen (Bakterien, Pilze, Einzeller, Regenwürmer u. a.). Bei genügend hohen Verbrennungstemperaturen werden organische Stoffe thermisch zu Kohlenstoffdioxid und Wasser umgewandelt.

Man unterscheidet **aeroben** und **anaeroben biotischen Abbau,** der vor allem durch Enzyme der Bakterien und Blaualgen hervorgerufen wird, und **abiotischen Abbau,** d. h. nicht von Lebewesen beeinflusste Zersetzung durch chemische und fotochemische Vorgänge. Bei chemischen Prozessen können anwesende Metalloxide als Katalysatoren wirken. UV-Licht löst fotochemische Reaktionen aus.

Aliphatische Kohlenwasserstoffe z. B. Mineralöle werden als sehr reaktionsträge Stoffe im Wasser oder Boden nur sehr langsam von Bakterien in Gegenwart von Sauerstoff in Wasser und Kohlenstoffdioxid zerlegt.

Der Abbau von **Aromaten** geht über Hydrierung, Oxidation, Hydroxylierung, Ringspaltung und Hydrolyse vor sich. Es entstehen einfachere Verbindungen, die sich bis zu Kohlenstoffdioxid und Wasser umsetzen können. Dabei ist es möglich, dass toxische Folgeprodukte entstehen.

Benzen spaltet sich über Bernsteinsäure, Brenztraubensäure, Acetaldehyd, Essig- und Ameisensäure zu Wasser und CO_2. Es besitzt eine mittlere Abbauzeit von mehreren Wochen. **Nitroaromate** sind schwerer abbaubar. Nitrobenzol wird langsam zu Anilin reduziert und danach über Phenol, Brenzkatechin (1,2-Dihydroxibenzen) sowie unter Ringspaltung weiter zerlegt.

Phenol bindet bei dem Abbau Sauerstoff. Das führt zur Senkung des Sauerstoffs im Wasser und zur Beeinträchtigung tierischen Lebens. Die Aufnahme im menschlichen Organismus führt zur Schädigung von Leber und Nieren.

Der Abbau der **PAKs** erfolgt durch Umwelteinflüsse oder biotisch durch Bakterien und andere niedere Organismen z. B. Blaualgen auf aerobe und anaerobe Weise. Die Stabilität der Stoffe ist unterschiedlich groß. Linear angeordnete Ringe wie z. B. bei Anthracen werden rascher abgebaut als kompaktere Moleküle wie Phenanthren. Anthracen wird in wenigen Tagen, höhere Verbindungen in Wochen und Monaten durch Radikale wie OH·, HO_2·, RO· oder durch Sauerstoff, Ozon u. a. sowie durch Bakterien und Blaualgen zerlegt. Zuerst werden die Doppelbindungen angegriffen und danach die Ringe gespalten und weiter zersetzt.

Die Persistenz von Schwermetallen im Boden hängt davon ab, ob sie als schwer lösliche Oxide, Hydroxide, Salze oder andere Verbindungen vorliegen oder als leicht lösliche Chloride, Sulfate oder Nitrate ausgewaschen werden können und in Grund- und Oberflächenwasser übergehen und dann dort als Gefahrstoffe auftreten. Besonders bedenklich sind solche Schwermetalle, die in Organismen biopersistent sind wie z. B. Quecksilber oder Blei. Schwermetallionen werden überhaupt nicht zerstört, nur die Gegenionen können wechseln.

13.4 Luft

13.4.1 Wirkung von Luftverunreinigungen

Es besteht ein direkter Zusammenhang zwischen industrieller Produktion, wachsendem Konsum und Zunahme des Verkehrs einerseits und verursachten **Emissionen** andererseits. Seit Beginn der Industrialisierung haben die sogenannten Treibhausgase CO_2 um 35 % (durch Verbrauch von Kohle, Erdgas, Erdöl), Methan um 135 % (vor allem durch anaerobe Zersetzung auf Mülldeponien, Reisfeldern beim Anbau von Wasserreis) und von Lachgas (aus Stickstoffdünger) um 180 % sowie Anteile an Fluorkohlenwasserstoffen zugenommen. Für die Bundesrepublik Deutschland wurden im Jahr 1999 folgende Emissionen errechnet: $4{,}95 \cdot 10^6$ t CO, $1{,}63 \cdot 10^6$ t NO_x, $0{,}83 \cdot 10^6$ t SO_2, $0{,}62 \cdot 10^6$ t NH_3, $1{,}65 \cdot 10^6$ t flüchtige organische Verbindungen (ohne CH_4) und $0{,}26 \cdot 10^6$ t Staub. Im Jahr 2004 betrug die CO_2-Emission in Deutschland insgesamt 885,9 Millionen Tonnen. Das Treibhauspotenzial (Schädigungswirkung) liegt bei den Gasen CH_4, N_2O und FCKW noch wesentlich höher als bei CO_2. Industrie und Verkehrswesen haben eine besondere Verantwortung gegenüber Gesellschaft und Umwelt bezüglich der Reinhaltung der Luft, des Wassers und des Bodens.

Unter **Emission** (lat. hinausschicken) versteht man die Abgabe von gasförmigen, flüssigen oder festen Schadstoffen aus der Austritts- oder Emissionsquelle in die Luft.

Das **Bundesimmissionsschutzgesetz** (BImSchG) bezeichnet als **Emission** „… die von einer Anlage ausgehenden Luftverunreinigungen, Geräusche, Erschütterungen, Licht, Wärme, Strahlen und ähnliche Erscheinungen". Als **Luftverunreinigungen** werden „… Veränderungen der natürlichen Zusammensetzung der Luft, insbesondere durch Rauch, Ruß, Staub, Gase, Aerosole, Dämpfe und Geruchsstoffe" bezeichnet. Das Gesetz legt somit für die Emissionen einen großen Gültigkeitsbereich fest.

Schadstoffe wirken nach ihrer Ausbreitung an der Einwirkungsstelle als **Immission** (lat. einwirken). Das BImSchG charakterisiert sie als „… auf Mensch, Tiere und Pflanzen, den Boden, das Wasser, die Atmosphäre sowie die Kultur und sonstige Sachgüter einwirkende Luftverunreinigungen, Geräusche, Erschütterungen, Licht, Wärme, Strahlen und ähnliche Umwelterscheinungen". Die Ausbreitung ist abhängig von der Entfernung von der Quelle, Konzentration, Temperatur, Windgeschwindigkeit und -richtung, Wetterlage, Niederschlag, Bodenrelief (Berge, Täler), Bebauung (Wald, Häuser).

Immission ist der Übertritt eines Schadstoffs aus der Luft auf Menschen, Tiere, Pflanzen, den Boden, das Wasser sowie Kultur- und Sachgüter (auf einen Akzeptor einwirkende Luftverunreinigungen).

13.4.2 Umweltrecht Luft – Reinhaltung der Luft

Das **Bundesimmissionsschutzgesetz** (BImSchG) regelt die Verfahrenweise für die Genehmigung von Anlagen, von denen beim Betreiben Schadstoffemissionen ausgehen können. Gleichzeitig formuliert das Gesetz die Emissions- und Immissionsgrenzwerte, die nicht überschritten werden dürfen. Bei ihrer Festlegung ist man von gegenwärtigen Erkenntnissen ausgegangen, wie der Mensch und die Natur vor Schadstoffen geschützt werden können. (Weitere Gesetze und Verordnungen zum Umweltrecht Luft vgl. Anhang.)

Die **Bundesimmissionschutzverordnungen** (BImSchV) erweitern das Gesetz. Sie treffen u. a. spezielle Festlegungen zum **anlagenbezogenen Immissionschutz** (Rauchgasreinigung, Verbrennung von festen und flüssigen Abfällen, von Hausmüll und Sonderabfällen). Für den **produktbezogenen Immissionsschutz** werden Bestimmungen zur Qualität von Rohstoffen, Material, Brenn- und Kraftstoffen sowie für die Entsorgung von Abprodukten aus Verbrennungsanlagen verfügt. Die 22. Bundesimmissionsschutzverordnung legt **Immissionswerte** für Schadstoffe in der Luft fest.

Die Landesregierungen dürfen bei besonderen klimatischen Bedingungen (Smog, Nebel mit höheren Gehalten an Reizstoffen, Wetterinversionen) zeit-

Wirkungen einiger Luftschadstoffe auf Menschen und Pflanzen

Stoff	Atmungsorgane	Blut	Kreislauf	Augen, Mundschleimhaut	Gen-, Fruchtschäden	Krebserregend	Nervensystem	Haut	Leber, Niere	Magen, Darm	Pflanzen
SO_2/SO_3	+			+						+	Nadeln der Nadelbäume
H_2S	+	+					+				
O_3	+			+			+				Zerstörung von Chlorophyll
CO	+	+									
NO_x	+			+							Saurer Regen, Ozonabbau
Cl_2	+							+	+	+	
CKW			+			+	+	+	+		Zerstörung von Chlorophyll, Ozonabbau
Benzol		+				+	+		+		
PAK					+	+			+		
Dioxine						+?	+	+		+	
Asbest	+					+					
Feinstaub	+					+					

Übersicht 13-5

lich begrenzte Verkehrseinschränkungen erlassen. Das ist möglich, wenn z. B. Atmungsorgane stärker gereizt werden, Gefahr von Kreislauf-Problemen besteht oder wenn Grenzwerte deutlich überschritten werden. Dann darf die Abschaltung von emittierenden Anlagen für einen **gebietsbezogenen Immissionsschutz** verfügt werden. Luftreinhaltungspläne verfolgen das Ziel, die Luftgüte zu erhalten bzw. sie zu verbessern.

Die **Technische Anleitung zur Reinhaltung der Luft** (TA Luft) ist eine Verwaltungsvorschrift zum BImSchG. Sie regelt Details, z. B. für die Reinhaltung der Luft, Errichtung und Änderung von Anlagen, Installierung von Messeinrichtungen für Schadstoffimmissionen und fordert von den Unternehmen die Umrüstung von Anlagen nach dem neuesten Stand der Technik.

Die TA Luft gibt Grenzwerte als **Maximale Immissionskonzentrationen MIK** für Schadstoffe und speziell für krebserregende Verbindungen an. Es ist nach Kurzzeit- und Langzeit-Immissionen zu unterscheiden. Als MIK gelten solche Konzentrationen an gasförmigen, flüssigen (dampfförmigen) und festen Verunreinigungen der Luft, unterhalb deren Wert nach heutigem Kenntnisstand keine Schäden bei Menschen, Tieren, Pflanzen und Sachgütern entstehen. Die **Immissionswerte** (IW) werden für die Beurteilung der Luftqualität herangezogen. Für den Jahresmittelwert gelten die Immissionswerte **IW 1** und für 24 Stunden **IW 2** (Übersicht 13-6).

Allgemein soll durch die Festlegung von **Grenzwerten** erreicht werden, dass eine Gefährdung von Lebewesen und Umwelt durch einen Schadstoff ausgeschlossen wird. Sie sind gesetzlich vorgeschrieben und dürfen nicht überschritten werden.

Am Arbeitsplatz gelten die **Maximalen Arbeitsplatzkonzentrationen MAK,** neu bezeichnet nach der Gefahrstoffverordnung als **Arbeitsplatzgrenzwerte (AGW).** Es sind die noch tolerierbaren Höchstkonzentrationen von Schadstoffen als Gas, Dampf oder Schwebstoff in der Luft des Arbeitsplatzes, die auch bei achtstündiger oder wiederholter, ständiger Einwirkung die Gesundheit nicht beeinträchtigen. Die Grenzwerte (Konzentrationen) werden in ppm (parts per million) bzw. in $mg \cdot m^{-3}$ angegeben.

Daneben gibt es weitere Festlegungen zum Arbeitschutz:

Arbeitsplatzrichtwerte (ARW) sind für solche Industriechemikalien vorläufig aufgestellt worden, für die noch keine Grenzwerte am Arbeitsplatz (MAK) gültig sind. Es wird das gleiche Ziel verfolgt wie mit MAK-Werten, für diese Stoffe stehen jedoch noch nicht genügend Daten zur Verfügung.

Biologische Arbeitsstoff-Toleranz-Werte (BAT) werden neu als **Biologische Grenzwerte** (BGW) bezeichnet. Sie stellen Grenzkonzentrationen in biologischen Stoffen dar wie z. B. in Blut und Harn. Sie werden durch die zuständige EU-Kommission festgelegt.

Langzeit- und Kurzzeitwerte für Immissionen in mg/m³

Verbindung	IW 1	IW 2
Feinstaub	0,15	0,30
SO_2	0,14	0,40
NO_2	0,08	0,020
CO	10	30
H_2S	0,005	0,010
HCl	0,10	0,20

Übersicht 13-6

MAK-Werte einiger Schadstoffe

Stoff	MAK in $mg \cdot m^{-3}$
Ammoniak	35
Benzol	32
Blei	0,1
Brom	0,7
Chlor	1,5
Chlorwasserstoff	7
Essigsäure	25
2-Ethylhexanol	270
Formaldehyd	0,6
Kohlenstoffmonoxid	33
Methanol	260
Methylenchlorid	360
Methyl-tert.-Buthylether	180
Natriumhydroxid	2
Ozon	0,2
Schwefeldioxid	5
Schwefelsäure	1
Schwefelwasserstoff	15
Stickoxide	9
Toluol	750
Trichlormethan	50
Xylol	440

Übersicht 13-7

Neben nationalen Vorschriften sind Festlegungen der Europäischen Union zu beachten, z. B. die **OEL-Werte** (**O**ccupational **e**xposure **l**evel).

Vom Bundesgesundheitsamt und der Weltgesundheitsorganisation (WHO) werden für geschlossene Räume wie Klassenräume, Büros, Kindergärten, Gaststätten, Theater, Kinos, das Innere von Kraftfahrzeugen **Maximale Raumluftkonzentrationen (MRK)** vorgeschrieben, z. B. für Formaldehyd, Styrol, Toluol, Xylol, Tetrachlorethen, Trichlorethen, Dichlormethan, Fungicide (z. B. Pentachlorphenol PCP).

13.4.3 Verfahren zur Luftreinigung

a) Absorption

Schadstoffe können durch Absorber aus industrieller Abluft entfernt werden. Für die **physikalische Absorption** von NH_3, SO_2, NO_x u. a. verwendet man häufig Wasser.

Durch **chemische Absorption** (Chemisorption) wird **Schwefeldioxid** der Rauchgase zur **Entschwefelung** an Kalk, Kalkwasser, Kalkstein, Magnesiumoxid und -hydroxid, Natriumsulfit, Dolomit oder Ammoniak gebunden. Das Kalk-Verfahren kann z. B. als Nassverfahren mit Kalkwasser in Kombination mit einer Entstickung durchgeführt werden. Nach der Entstaubung werden die Stickoxide katalytisch reduziert und das SO_2 in Sprühabsorbern (höhere Wirkung) gebunden. Dabei fällt Baugips, sogenannter REA-Gips an. Der Schwefel entstammt aus den Brennstoffen, vor allem aus Braun- und Steinkohle. Überschüsse an Gips, die von der Bauindustrie nicht benötigt werden, sind z. B. in stillgelegten Bergwerken deponierbar.

In Natriumsulfit-Lösung Na_2SO_3 bindet sich SO_2 zu Natriumhydrogensulfit $NaHSO_3$. Daraus lässt sich nach Sättigung SO_2-Reichgas gewinnen (Verflüssigung; Verwendung für die Schwefelsäure-Synthese, Gewinnung von Schwefel im CLAUS-Verfahren).

Eisenoxid sowie Eisenhydroxid bindet **Schwefelwasserstoff** z. B. aus Biogas in Entschwefelungsanlagen zu Eisen-III-sulfid Fe_2S_3.

Stickoxide entstehen je nach Feuerungsart und Temperatur in unterschiedlicher Menge durch Reaktion des Luftstickstoffs mit Sauerstoff. Da er – wie auch SO_2 – sauren Regen erzeugt, muss das Rauchgas davon befreit werden. Die katalytische **Entstickung** erfolgt mit Ammoniak (Katalysator: TiO_2 mit W-, V-, Mo-Verbindungen) oder auch ohne Anwendung von Katalysatoren zu Stickstoff und Wasser.

b) Adsorption

Für die Adsorption dampfförmiger organischer Verbindungen setzt man Adsorberstoffe, vor allem Aktivkohle ein. Durch heißen Dampf oder heiße Inertgase, z. B. Stickstoff, sind die Verbin-

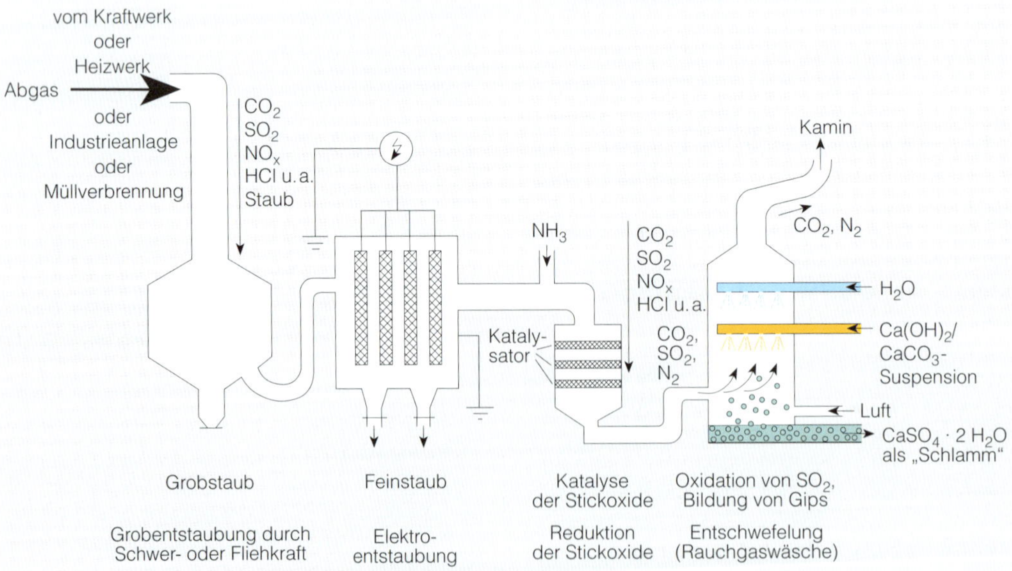

Abb. 13-2 Schema der Rauchgasreinigung

dungen nach Sättigung des Adsorbers angereichert austreibbar (Desorption) und z. B. durch Kondensation oder Druckverflüssigung zu gewinnen.

c) thermischer Abbau
Wenn eine Rückgewinnung von gasförmigen Inhaltsstoffen nicht lohnt (geringe oder stärker wechselnde Anteile), nimmt man eine **katalytische Nachverbrennung** des Rohgases vor. Das ist möglich, wenn keine Katalysatorgifte, insbesondere Schwefelverbindungen, im Abgas vorhanden sind. Die entstehende Oxidationswärme wird in Wärmetauschern für Vorwärmprozesse genutzt.
Bei Belastung des Rohgases mit Katalysatorgiften kommt nur eine **thermische Nachverbrennung** mit Zusatz von Brenngasen infrage. Bei der Verbrennung organischer Stoffe müssen die Verbrennungstemperaturen über 850 °C liegen, um die Bildung halogenierter organischer Verbindungen (z. B. Dioxine) zu vermeiden.

d) bakterieller Abbau
Abluft von Großvieh- und Kläranlagen ist durch **biologische Verfahren** behandelbar. **Biofilter** bestehen aus feuchtem Torf und Kompost, durch die Abluft hindurch geleitet wird. Mithilfe von Bakterien erfolgt der Abbau organischer Verbindungen zu Kohlenstoffdioxid und Wasser. Im **Biowäscher** (Bioreaktoren) wird Abluft mit Wasser und Belebtschlamm der Abwasser-Klärstufe vermischt und im Belebungsbecken der Anlage abgebaut (vgl. Kläranlagen).
(Nachoxidation von Auto-Abgasen vgl. Teil 1, Abschnitt 11.10).

13.4.4 Probennahme und Messung von Luftschadstoffen

Die Überwachung der Zusammensetzung von Industrieabgasen erfolgt durch kontinuierliche Messungen oder in festgelegten Abständen vorzunehmende Einzelmessungen. Die verwendeten Messgeräte bedürfen der amtlichen Zulassung und Kontrolle. Man unterscheidet

- **In-situ-Messungen** (lat. Lage, Stellung; an Ort und Stelle) direkt an der Emissionsstelle (im Abgaskanal, z. B. im Schornstein oder am Auspuff),
- **extraktive Messungen** durch Entnahme von Proben aus dem Emissionsstrom oder durch Probennahme aus der Luft an der Immissionsstelle und separate Analyse,
- bzw. **kontinuierliche** und **diskontinuierliche Messungen.**

Autoabgase werden bei technischen Überprüfungen analysiert.

a) Ermittlung von Staub und Rauch
Als Partikel gelten in der Umweltgesetzgebung alle festen Teilchen mit Durchmessern < 10 µm bzw. < 2,5 µm, am Arbeitsplatz < 5 µm und im Straßenverkehr alle Massen, die bei 325 K unabhängig von ihrer Größe, Größenverteilung und chemischen Zusammensetzung filtriert und gewogen werden können.
Luft an Straßen enthält vor allem mineralische Teilchen, Ruß, Abrieb von Gummireifen und von Straßenbelägen.
Gesamtmassen von Staub und Ruß werden durch **Gravimetrie** bestimmt. Dazu saugt man bestimmte Gasvolumina durch Filter, die vor und nach dem Test in trockenem Zustand gewogen werden (z. B. Luft an einer Straßenkreuzung, bei Fahrzeugen mit Diesel-Motor vor und nach der Testfahrt).
Für das Feststellen der Beschaffenheit und Zusammensetzung von Staub bestehen verschiedene Möglichkeiten. Gröbere Teilchen sedimentieren. Man lässt sie auf Glasplatten absetzen und misst sie mikroskopisch aus. Für die Ermittlung der Teilchengröße und Partikelform werden auch Proben von Filtern entnommen.
Bei Messung von Stadtluft, Luft aus industriellen Ballungsgebieten oder der Luft an viel befahrenen Straßen u. dgl. werden Filterrückstände auf ihre Zusammensetzung, Gesamtmenge, Rußanteile (Feinstaub), Größe der Teilchen, Größenverteilung, Metalle, mineralische Stoffe, adsorbierte organische Verbindungen und krebserregende Stoffe untersucht.

Als weitere Verfahren für die Bestimmung von Stäuben eignen sich z. B. **Mikroskopie** (Größenbestimmung), **Röntgenstrahlbeugung** (mineralische Anteile), **Elektronenstrahl-Mikrosonde** (Elementar-Analyse). Metalle werden mit Säure aus den Filtern ausgewaschen und durch **qualitative Analyse** bestimmt. Organische Verbindungen, die auf Staubteilchen und vor allem auf dem Ruß adsorbiert sind, extrahiert man mit organischen Lösungsmitteln und trennt sie in einem **Säulenchromatografen.** Die Identifizierung erfolgt mittels **Flammenionisationsdetektor, UV-Fotometrie, Fluoreszenz-Spektroskopie** u. a. Verfahren. Es werden vor allem Schadstoffe nachgewiesen, die industrieller Abluft und Autoabgasen entstammen (z. B. Kohlenwasserstoffe aus Benzin und Dieselölen, polycyclische Kohlenwasserstoffe, Methanol, Formaldehyd).

In der Abluft verbrannter Kohle sind Rauch- und Staubpartikel enthalten. Erstere haben eine geringe Größe und können lange in Schwebe bleiben. Beide werden gemeinsam in situ im Schornstein von Kohlekraftwerken durch **Fotometrie** erfasst. Durch die Absorption des Lichts an den Partikeln wird die Intensität eines Lichtstrahls geschwächt.

Aufgabe

Wiederholen Sie in Teil 1, Abschnitt 13.4 das Prinzip der Fotometrie!

Staubkonzentrationen von Industrieabgasen sind in situ auch durch **Lichtstreuung,** die an den Partikeln erfolgt, erfassbar. Dabei muss die Temperatur über dem Taupunkt liegen, (d. h., Wasser ist nicht kondensiert), weil auch Dampftröpfchen das Licht streuen. Das gemessene Streulicht wird mit Referenzwerten verglichen, die mit bekannten Staubgehalten erhalten wurden.

Bei der Abgasuntersuchung von Kraftfahrzeugen mit Dieselmotoren spricht man bei der Feststellung der Rußgehalte von **Trübungsmessung,** die auch fotometrisch als Bestimmung des Absorptionskoeffizienten (k-Wert) durchgeführt wird. Ruß entsteht bei unvollkommener Verbrennung des Dieselöls. Da **Ruß** oberflächenaktiv ist und als **Feinstaub** leicht krebserregende Stoffe adsorbiert, werden Diesel-Motoren mit porenreichen Rußfiltern aus Siliciumcarbid-Keramik SiC oder Sintermetall ausgerüstet. Partikel der Größe > 0,1 μm werden zurückgehalten.

b) Bestimmung von Gasen und Dämpfen

Industrie-Rauchgas wird auf die Gehalte an CO, SO_2, NO_x, HF, HCl u. a. direkt im Rauchgaskanal analysiert. Bei extraktiver Messung leitet man einen Teil des Abgases von einem festgelegten Punkt des Kanals ab. Der apparative Aufwand ist größer als bei In-situ-Verfahren. Es werden Messprinzipien angewendet, die in Übersicht 1-8 aufgeführt sind.

Ein einfacher qualitativer Nachweis von Gasen am Immissionsort ist mithilfe von Gasprüfröhrchen möglich, die spezifisch für ein Gas einen

Wichtige Messmethoden für gasförmige Luftschadstoffe

Messverfahren (Auswahl)	für Emission geeignet	für Immission geeignet	nachweisbare Gase
Kontinuierliche Messung:			
NDIR-Fotometrie	+	+	CO, CO_2, NOx u.a.
IR-Fotometrie	+	(nur CO)	CO, CO_2, SO_2, NO, NH_3, H_2O, CH_4 u. a. nied. KW
UV-Fotometrie	+	+	O_3, NO, NO_2, SO_2, Cl_2, H_2S u. a.
VIS-Fotometrie	+		NO_2, Cl_2
Flammenionisations-Detektor (FID) in Kombination mit GC	+	+	KW, Gesamtkohlenstoff (ionisierbare KW in H_2-Flamme)
Chemoluminiszenz-Detektor (CLD)	+	+	Summe von NO und NO_2
Konduktometrie	+	+	SO_2, H_2S, HCl
Potenziometrie mit ISE	+	+	HF, HCl (in Lösung)
Sauerstoffanalysator (Messung des Paramagnetismus)	+		O_2
Diskontinuierliche Messung:			
Gaschromatografie	+	+	Gase, organische Verbindungen
HPLC	+	+	Organische Verbindungen, gelöste Ionen
Elektrochemische Messung (mit ZrO_2-Festkörperelektrolyt)		+	O_2
Wärmeleitfähigkeit	+		CO, O_2 u. a. Gase

Übersicht 13-8

Indikator auf einem Adsorptionsmittel enthalten. Es wird Luft hindurchgesaugt. Bei Anwesenheit des Gases verfärbt sich der Indikator.

Für die Analyse von Rauchgasen eignen sich verschiedene physikalische Verfahren:

Die **UV-** und **IR-Fotometrie** wird bei Emissions- und Immissionsmessungen eingesetzt. Durch sie können Gase festgestellt werden, die im UV- bzw. im IR-Spektralbereich typische Absorptionsspektren besitzen, z. B. NO, SO_2. Im UV-Bereich wird mit Wellenlängen von 200 bis 300 nm gearbeitet. Beim **NDIR-Verfahren** (nicht disperses infrarotes Licht) misst man in einem engen IR-Wellenlängenbereich. Es wird mit dem Zweistrahlfotometer (nicht disperser Infrarot-Analysator) die Absorption von bestimmten Wellenlängen durch die Schadstoffe gemessen und mit der Absorption in einem Vergleichsgas bekannter Zusammensetzung verglichen.

Durch Absorption im sichtbaren Bereich (VIS) sind NO_2 und Cl_2, durch **Fluoreszenz** und **Flammenfotometrie** SO_2 nachweisbar.

Bei der Messung der **Chemilumineszenz** wird NO zu NO_2 oxidiert. Die freigesetzte Energie wird als Strahlung emittiert und durch Fotovervielfacher (-multipler) gemessen.

Organische Stoffe bestimmt man als Gesamtkohlenstoffgehalt mit dem **Flammenionisationsdetektor** (FID; vgl. Teil 1, Abschnitt 14.6). Die Größe des Detektorsignals entspricht dem C-Gehalt des Gases. Die Detektoren werden mit reinem Stickstoff und reinen Gasen, die nachgewiesen werden sollen, kalibriert, der FID mit Propangas.

Für die Bestimmung einzelner organischer Verbindungen verwendet man die Gas- (GC) und **Hochdruckflüssigkeitschromatografie** (HPLC) mit geeigneten Detektoren.

Aufgabe

Informieren Sie sich in Teil 1, Abschnitt 13.7 und 14.6 über den Aufbau und die Wirkungsweise des FID und weiterer Detektoren!

Die Verbindungen SO_2/SO_3 und HCl können in verdünnter H_2O_2-Lösung absorbiert und mittels **Konduktometrie** nachgewiesen werden. Auch die **Potenziometrie** mit ionensensitiven Elektroden (ISE) ist für das Ermitteln von HF, HCl und O_2 einsetzbar.

Beim Nachweis von Sauerstoff nutzt man seinen Paramagnetismus aus: Durch diese Eigenschaft werden Moleküle aus dem Messgas in ein Magnetfeld hineingezogen, wodurch der Sauerstoffpartialdruck sinkt, während er in einem Vergleichsgas, das keinem Magnetfeld ausgesetzt ist, konstant bleibt. Aus der Abnahme des Drucks im Messgas ergibt sich das Vorhandensein und der Gehalt von Sauerstoff.

Abgase der Kraftfahrzeuge mit Otto-Motor werden bei der gesetzlich vorgeschriebenen Abgasuntersuchung mit sogenannten Viergasmessgeräten auf CO, CO_2, unverbrannte Kohlenwasserstoffe und Sauerstoff geprüft.
Die Grenzwerte für die Emission nach Euro-4-Standard betragen pro Fahrkilometer: 1,0 g CO, 0,10 g KW und 0,08 g NO_x. Sie werden durch funktionsfähige Dreiwege-Katalysatoren und Lambda-Sonden für die Steuerung des Sauerstoffgehalts vor und hinter dem Katalysator reguliert (λ ist das Formelzeichen für das Luft-Brennstoff-Verhältnis; $\lambda = 1$ normale Zusammensetzung).

Die Luftschadstoffe werden als **Gehaltsgrößen** bestimmt, und zwar als **Massenanteil** (g/kg oder kg/kg), in ppm (parts per million; mg/kg) oder in ppb (parts per billion; mg/kg) bzw. als **Massenkonzentration** (Angabe in mg/m^3, mg/l, µg/l oder ng/l). Daneben sind auch **zeitbezogene Größen** (Angaben als Raten in t/a, als Massenstrom in kg/h, g/km oder als Volumenstrom in m^3/h), üblich.

13.5 Wasser

13.5.1 Abwasserbelastungen

Die **Wasserbelastungen,** die von verschiedenen Industriezweigen, der Landwirtschaft, den Kommunen und Haushalten verursacht werden, sind entsprechend der Unterschiedlichkeit der Erzeugnisse und Dienstleistungen nach Menge und Anzahl der Abfallstoffe sehr unterschiedlich. Im Abwasser sind enthalten:

- sedimentierende feste anorganische Substanzen (Sand, Erden, Tone),
- organische Schwebstoffe und Kolloide,
- gelöste anorganische und organische Stoffe z. B. Tausalze, vom Regen aus dem Boden ausgeschwemmte mineralische Verbindungen, Humusstoffe und Pestizide,
- organische Chemikalien, Tenside, aus Speiseresten, gewerblichen Betrieben und der Nahrungsmittelindustrie stammende Kohlenhydrate, Öle, Fette, Eiweiße,
- im Körper nicht abgebaute Arzneimittel oder Wirkstoffe (z. B. der Pille).

Pharmaka werden relativ langsam chemisch verändert und verlassen zumindest z. T. unzersetzt die Kläranlage.
Nicht nur fließende und stehende Gewässer sind belastet. Das Grundwasser wird über den Boden und über die Uferzonen der Flüsse verseucht. Auch über undichte Stellen in Abwasserkanälen können Schadstoffe und Keime in den Boden und in das Grundwasser gelangen. Zu beachten sind außerdem noch Sickerwässer, die aus Bergbauhalden oder undichten Deponien austreten und über den Boden in das Grundwasser eindringen.
Durch Einschwämmen von Luftschadstoffen mit dem Regen, das Ausbringen von Gülle und die Anwendung von Düngesalzen und Pestiziden in der Landwirtschaft, die mit Regenwasser in die tieferen Schichten des Bodens transportiert werden, treten in erheblichem und zunehmendem Umfang Schadstoffe im Trink- und Nutzwasser auf.
In der Landwirtschaft dürfte die Reduzierung des Eintrags von schädigenden Verbindungen in den Boden und in das Grundwasser, aber auch das Binden von Geruchsstoffen eines der am schwierigsten zu behebenden Probleme sein, zumal die organischen Abfälle in großer Menge bei der Großtierhaltung anfallen und wertvollen Dünger darstellen. Abhilfe könnte durch die Gewinnung von Biogas und Kompost erfolgen, wenn diese in großem Umfang realisiert werden würde.

13.5.2 Technologie der Abwasserbehandlung in kommunalen Kläranlagen

Die Abwässer aus Haushalten und Kommunen, aus Handwerksbetrieben und kleineren Produktionsstätten werden in **kommunalen Klärwerken** mechanisch, biologisch und chemisch behandelt. Für Belastungen, wie sie z. B. in der chemischen oder Nahrungsmittelindustrie auftreten, sind diese Anlagen meist nicht spezifisch ausgelegt. Dafür müssen besondere Einrichtungen benutzt werden. So sorgen Ölabscheider in Autowerkstätten und metallurgischen Betrieben sowie Fettabscheider in Schlachtereien und Fleisch verarbeitenden Betrieben für eine Vorreinigung des Abwassers.

In **Kläranlagen/-werken** werden die Stoffe aus dem Abwasser entfernt, wenn sich die Substanzen durch Sedimentation als Schlamm absetzen können oder durch aerobe bzw. anaerobe Prozesse zersetzen lassen. Leicht abbaubar durch direkte Oxidation und vor allem durch die Wirkung von Bakterien sind Kohlenhydrate, Fette, Eiweiße, die den Bakterien zur Aufrechterhaltung ihrer Lebensprozesse, d. h. der Gewinnung von körpereigenen Substanzen und Energie dienen. Stickstoff- und Phosphor-Verbindungen werden ebenfalls durch Bakterien aufgenommen. Einzellige Lebewesen z. B. Trompeten-, Glocken-, Geißel- und Wimpertierchen ernähren sich ihrerseits von Bakterien und sorgen für ein biologisches Gleichgewicht in den Behandlungsbecken. Gelöste Stoffe wie z. B. Salze, nicht oder schwer abbaubare Verbindungen passieren weitgehend die Anlagen oder werden von Schlamm adsorbiert und bei der Schlammbehandlung im Faulturm wenigsten zum Teil weiter zersetzt. Die Aufenthaltsdauer in der Kläranlage reicht für ihre Zerstörung nicht aus.
Pathogene Keime finden unter den Temperaturbedingungen in der Kläranlage keine optimalen Bedingungen. Ihre Anzahl wird stark reduziert.
Ideal ist der Abbau der Schadstoffe des Wassers/Abwassers, wenn die vollständige Umwandlung in anorganische Substanzen, d. h., die „Mineralisierung“ erfolgt. Häufig bleiben jedoch nicht weiter abbaubare organische Reste zurück.
Bei dem oxidativen Abbau wird Sauerstoff verbraucht. Vor allem im Sommer verlaufen die Zersetzungsprozesse intensiver. Gleichzeitig nimmt die Löslichkeit des Sauerstoffs durch die höhere Temperatur im Wasser ab. Auch das Einleiten von warmem Wasser aus Kraftwerken senkt den Sauerstoffgehalt. Schäume, die durch Waschmittel und andere oberflächenaktive Substanzen gebildet werden, verhindern den Gasaustausch mit der Luft, wodurch sich der Sauerstoffgehalt des Wassers durch Diffusion / Belüftung nicht genügend ausgleichen kann.

Aufgabe

Informieren Sie sich nochmals in Teil 1, Abschnitt 4.7 über die einzelnen Anlagenteile und Funktionen einer kommunalen Kläranlage sowie über die Prozesse bei der mechanischen und biologischen Reinigung!

Die Klärwerke bestehen aus Anlagenteilen für die mechanische und biologische Reinigung, die Faulung des Klärschlamms, die Speicherung und Verwertung des Biogases und die Nachbehandlung des Schlamms.

Die Reinigung des Abwassers beruht auf mechanischen, chemischen und biologischen Vorgängen.

a) Die **mechanische Abwasserbehandlung** beginnt in der **Rechenanlage** mit dem Aussieben grober Inhaltsstoffe, die nicht in die Kanalisation abgegeben werden sollten, da sie die Rohrleitungen verstopfen und die nachfolgenden Prozesse stören.

Abb. 13-3 Sandfang

Abb. 13-4 Vorklär-/Absetzbecken im Vordergrund Schlammeindicker

Abb. 13-5 Phosphoreliminierungsbecken

Abb. 13-6 Belebungsbecken

Anschließend fließt das grob gereinigte Abwasser in die Kanäle des **Sandfangs** (Abb. 13-3). Bei niedriger Fließgeschwindigkeit von ca. 0,3 $m \cdot s^{-1}$ scheiden sich mineralische Teilchen (Sand, Straßenstaub) bis zu einer Größe von ca. > 0,1 mm ab.

b) Das Abwasser fließt weiter in das **Vorklär-** oder **Absetzbecken** (Abb. 13-4).
Hier wird die mechanische Reinigung beendet. Organische Schwebstoffe sinken auf den Beckengrund und bilden Schlamm. Stoffe mit einer Dichte < 1 $g \cdot cm^{-3}$ werden von der Oberfläche abgeschöpft. Der Reinigungseffekt beträgt etwa 30 % bei einer Aufenthaltsdauer des Abwassers von 2,5 bis 3 Stunden. Der Schlamm wird nach Eindicken in den Faulturm befördert.

c) Das Abwasser fließt zur **biologischen Reinigung,** dem wichtigsten Teil für den Abbau organischer Stoffe, ab. Es gelangt zunächst in das **Phosphoreliminierungsbecken.** (Abb. 13-5) Bakterien entfernen vor allem Phosphor-Verbindungen durch anaeroben Stoffwechsel. Phosphate können auch zusätzlich mit Calciumverbindungen ausgefällt werden.

d) Die 2. Stufe der biologischen Reinigung erfolgt im **Belebungsbecken** (Abb. 13-6) durch aeroben Abbau. Der dafür benötigte Sauerstoff wird durch Druckluft eingebracht. In stark belüfteten Zonen erfolgt durch Bakterien die Oxidation von Ammoniak zu Nitrat **(Nitrifikation),** in sauerstoffarmen Zonen verbrauchen die Bakterien Sauerstoff des Nitrats zur Oxidation (Veratmung) organischer Kohlenstoff-Verbindungen **(Denitrifikation).** Stickstoff wird freigesetzt (vgl. Teil 1, Abschnitt 4.7). Die Aufenthaltszeit beträgt ca. 6 Stunden. Der Sauerstoffgehalt in Belebtschlammbecken von Kläranlagen liegt optimal bei 1,5 – 2 mg O_2/l. Darunter nimmt die Bakterienaktivität ab, darüber nur gering zu.

e) Im **Nachklärbecken** (Abb. 13-7) setzt sich der **Belebtschlamm** als schwerer abbaubare orga-

Abb. 13-7 Nachklärbecken

nische Substanz ab. Er wird in das Belebungsbecken zurückgepumpt. Die Aufenthaltsdauer für die Sedimentation beträgt ca. 9 Stunden. Das gereinigte Abwasser wird über den Vorfluter in Flüsse geleitet. Der Reinigungsgrad beträgt für leicht abbaubare Stoffe bis 99 % bezogen auf den BSB_5-Wert und ca. 95 % bezogen auf den CSB-Wert (vgl. Abschnitt 13.5.3). Der Schlammüberschuss wird mittels Pumpen zur Schlammbehandlung befördert.

f) Der Schlamm enthält 96 bis 99 % Wasser. In **Rohschlamm-Eindickern** wird durch Schwerkraftwirkung Feuchtigkeit entzogen, bevor der Schlamm in die mit Biogas beheizten **Faultürme** (Abb. 13-8) gepumpt wird. Im Verlauf von 25 bis 30 Tagen findet bei 33 bis 37 °C durch anaerobe Bakterien unter Luftabschluss eine weitere Zersetzung des Klärschlamms zu Biogas (Klärgas) und Faulschlamm statt. Das **Biogas** besteht aus etwa 65 % Methan, 34 % Kohlenstoffdioxid, 1 % Schwefelwasserstoff und anderen Gasen. Es wird in Gasspeichern gesammelt und zur Energiegewinnung für betriebliche Zwecke verwendet (z. B. Beheizung der Gebäude und der Faultürme). Dazu wird es entschwefelt und danach im Blockheizkraftwerk für betriebliche Zwecke verstromt.
Die nahezu quantitative **Entschwefelung** des Biogases wird mit Eisenhydroxid in zwei Stufen unter Mitwirkung von spezifischen Bakterien erreicht:

$$2\,Fe(OH)_3 + 3\,H_2S \rightarrow Fe_2S_3 + 6\,H_2O \qquad \Delta H = -63\ kJ \cdot mol^{-1}$$

$$2\,Fe_2S_3 + 6\,H_2O + 3\,O_2 \rightarrow 4\,Fe(OH)_3 + 6\,S \qquad \Delta H = -603\ kJ \cdot mol^{-1}$$

Abb. 13-8 Faultürme

Das Eisenhydroxid wird in der Entschwefelungsanlage durch Zusatz von 1 – 2 % Luft regeneriert. Der Schwefel lagert sich auf den Hydroxid-Teilchen ab. Deshalb muss die Reinigungsmasse von Zeit zu Zeit ersetzt werden.
Der Faulschlamm wird im **Faulschlamm-Lager** deponiert. Die Zugabe von Kalk erhöht den pH-Wert und unterdrückt eine weitere saure Gärung mit starker Geruchsbelästigung bei der Ausfaulung. Polyacrylate werden als Flockungsmittel zur Entladung, Koagulation und Entwässerung der Schlammteilchen zugesetzt (Erhöhung des Feststoffanteils von ca. 3 % auf etwa 28 %). Der abgelagerte Klärschlamm wird als hochwertiger Humusdünger in der Landwirtschaft verwendet (bei geringer Belastung z. B. mit < 0,1 % Schwermetallen, nicht abgebauten Halogenkohlenwasserstoffen, Dioxinen nur für Ackerflächen zugelassen).

Etwa 56 % des ausgefaulten Schlamms aus kommunalen Anlagen werden in Deutschland zur Düngung verwendet. Die **Klärschlammverordnung** regelt das Ausbringen auf landwirtschaftlich, forstwirtschaftlich und gärtnerisch genutzten Flächen und legt Höchstmengen für die Schwermetalle Pb, Cd, Cr, Cu, Ni, Hg und Zn fest, die enthalten sein dürfen. Stark belastete Klärschlämme werden nach weiterer Entwässerung und mit Zusatz von Brennstoffen zur Energiegewinnung genutzt oder auf Sonderdeponien abgelagert (vgl. Abschnitt 13.7.4).

Solange durch Havarien, Unachtsamkeit und Verantwortungslosigkeit keine Stoffe in die Anlagen gelangen, die für die Mikrolebewesen giftig sind, liegt der Wirkungsgrad für abbaubare Stoffe bei 95 bis 99 %. Stickstoff- und phosphorhaltige Verbindungen werden zu 70 bis 80 % von Bakterien verwertet. Störungen des Abbauprozesses und besonders hohe Schadstoffwirkungen gehen z. B. von Benzin, Altölen, Farben und Lacken, Lösungsmitteln, Konservierungsstoffen, polyaromatischen Kohlenwasserstoffen (PAK), chlorierten Kohlenwasserstoffen, Cyaniden, schwer abbaubaren Tensiden, Pestiziden und Schwermetallsalzen (Cr, Hg, Cd u. a.) aus. Sie können durch natürliche Prozesse nur langsam in unschädliche Stoffe umgewandelt werden. Gefahren entstehen, wenn sie über das Wasser/Grundwasser und den Boden in Nahrungsketten oder das Trinkwasser übertreten. Gelangen diese Substanzen in die Kläranlagen und als gering gereinigtes Abwasser in die Flüsse und stehenden Gewässer, so töten sie direkt oder durch ihre Zersetzungsprodukte lebende Organismen ab. Die organischen Substanzen werden ungenügend abgebaut. Das führt zu einer **Eutrophierung** oder Überdüngung des Wassers, was das Wachstum von Wasserpflanzen fördert.

Geringe Schadstoffmengen im gereinigten Abwasser der Kläranlagen werden durch die **Selbstreinigung der Gewässer** abgebaut. Man versteht darunter die natürliche Regenerierung unter Sauerstoffverbrauch. Besonders in rasch fließenden Bächen und Flüssen sowie an Wehren nimmt das Wasser durch Belüftung Sauerstoff auf. Der Abbau organischer Substanzen findet auch in den Gewässern als direkte Oxidation sowie durch Mikroorganismen statt (Bakterien, Einzeller, Algen). Algen mit pflanzlicher Ernährungsweise verwerten Kohlenstoffdioxid, Ammoniak, Düngesalze, phosphor- und stickstoffhaltige Tenside. Jedoch ist diese „Selbstreinigungskraft" des Wassers begrenzt und darf nicht überschätzt werden.

Obwohl in den letzten Jahrzehnten viele staatliche und betriebliche Maßnahmen eingeleitet worden sind und sich dadurch die Wasserqualität der Flüsse spürbar verbessert hat, werden doch noch Abfallstoffe an fließende Gewässer abgegeben wie z. B. Salzlaugen durch die Kaliindustrie.

13.5.3 Umweltrecht Wasser – Wassergüteklassen – Wassergefährdungsklassen – Einwohnergleichwert

Zum Schutz des Wassers wurde eine Reihe von Gesetzen und Verordnungen erlassen, die sich in verbesserter Wasserqualität der Flüsse und Seen ausgewirkt haben. Das betrifft vor allem das **Wasserhaushaltsgesetz** (WHG) aus dem Jahr 2002/5. Das **Wasserabgabengesetz** (AbwAG) und die **Abwasserverordnung** treffen Festlegungen für das Einleiten von Abwasser in Gewässer. Das **Wasch- und Reinigungsmittelgesetz** (WRMG) und die **Tensidverordnung** enthalten Bestimmungen für die Umweltverträglichkeit von Tensiden. Für den Schutz des Grundwassers ist die **Grundwasserordnung** gültig.

Die **Verwaltungsvorschrift wassergefährdender Stoffe** VwVwS enthält eine Liste wassergefährdender Stoffe, die in die **Wassergefährdungsklassen** 1 bis 3 eingestuft sind.
Wichtige gesetzliche Festlegungen zum Wasserschutz sind mit vollem Titel im Anhang aufgeführt.

Die Wasserqualität wird durch **Wassergüteklassen,** den **BSB_5-Wert** und den **CSB-Wert** charakterisiert. Sie sind entsprechend den Angaben von Übersicht 13-9 festgelegt.

Wassergüteklassen von Oberflächengewässern

Klasse	Qualität des Oberflächenwassers	Merkmale des Wassers	BSB_5 in mg $O_2 \cdot l^{-1}$
I	unbelastet, sehr gering belastet	sehr klar, sehr nährstoffarm, Sauerstoffgehalt > 8 mg $\cdot l^{-1}$, wenig Kleinlebewesen	1
I – II	gering belastet	klar, nährstoffarm, Sauerstoffgehalt ca. 8 mg $\cdot l^{-1}$, wenig Kleinlebewesen	1 – 2
II	mäßig belastet	wenig getrübt, nährstoffreich, mehr Kleinlebewesen, Sauerstoffgehalt ca. 6 mg $\cdot l^{-1}$	2 – 6
II – III	kritisch belastet	durch Algen getrübt, nährstoffreich, örtlich begrenzt Faulschlamm auf dem Gewässerboden, Sauerstoffgehalt ≈ 4 mg $\cdot l^{-1}$, erhöhte Zahl von Kleinlebewesen	5 – 10
III	stark verschmutzt	häufig durch Abwasser und Algen getrübt, sehr nährstoffreich, größere Teile des Bodens mit Faulschlamm, Sauerstoffmangel: ca. 2 mg $\cdot l^{-1}$, Fische gefährdet	10 – 15
III – IV	sehr stark verschmutzt	stark getrübt, sehr nährstoffreich, flächendeckend Faulschlamm, sehr arm an Sauerstoff ca. < 2 mg $\cdot l^{-1}$, sehr hohe Anzahl von Kleinlebewesen	15 – 20
IV	übermäßig verschmutzt	sehr stark getrübt durch Abwasser, sehr nährstoffreich, sehr arm an Sauerstoff ≈ 0 mg $\cdot l^{-1}$, Boden vollkommen mit Faulschlamm bedeckt, massenhaft Bakterien	> 20

Übersicht 13-9

Mit **BSB_5** kennzeichnet man den **biochemischen Sauerstoffbedarf** des Wassers, den Bakterien innerhalb von 5 Tagen bei 20 °C in $mg \cdot l^{-1}$ oder in $g \cdot m^{-3}$ ohne Belichtung u nter Luftabschluss benötigen, um den abbaubaren organischen Anteil mithilfe ihrer Enzyme zu Kohlenstoffdioxid zu oxidieren oder zu anderen Stoffen zu zerlegen. Je höher der BSB_5-Wert ist, desto mehr Sauerstoff wird verbraucht und desto geringer ist die „Reinigungskraft“ der Bakterien im Abwasser, da der Sauerstoffgehalt für einen guten Abbau nicht ausreicht. In der BRD liegt der obere Grenzwert bei 40 mg O_2/l. Reines Flusswasser hat einen BSB_5-Wert von 1–3 mg O_2/l, kommunales Abwasser von 200–350 mg O_2/l und biologisch gereinigtes k ommunales Abwasser von 15–40 mg O_2/l.

Der **CSB-Wert** oder **chemische Sauerstoffbedarf** gibt an, welche Gesamtmenge Sauerstoff notwendig ist, um die im Wasser insgesamt enthaltenen oxidierbaren Stoffe abzubauen. Der CSB-Wert liegt somit höher als der BSB-Wert, weil er für den nahezu vollständigen Abbau organischer Stoffe gemessen wird. Hoher CSB-Wert bedeutet hohe Belastung des Abwassers und niedrige Klärwirkung. Der obere zugelassene Grenzwert beträgt in der BRD 150 mg $O_2 \cdot l^{-1}$ (vgl. CSB-Wert Abschnitt 13.5.2).

Der CSB-Wert liegt bei ungereinigtem Wasser im Durchschnitt bei 300 bis 1000 mg O_2/l und nach der biologischen Reinigung bei 20 bis 100 mg O_2/l. Für kommunales Abwasser beträgt er etwa 600 mg O_2/l. Industrielle Abwässer können CSB-Werte von mehreren Tausend mg O_2/l und Deponiewasser von > 20 000 mg O_2/l aufweisen. Betriebe, deren Abwasser hohe CSB-Werte erreichen, müssen deshalb lt. Verordnung eigene Reinigungsanlagen besitzen.

Der Sauerstoffgehalt der Klärbecken wird durch starke Belüftung erreicht (vgl. Teil 1, Abschnitt 4.7).

Die **Wassergüteklassen** dienen der Charakterisierung der Wasserqualität von Oberflächengewässern (Bäche, Flüsse, Teiche, Seen). Man unterscheidet die Klassen I bis IV und unterteilt zur genaueren Kennzeichnung noch in Zwischenstufen wie Übersicht 13-9 zeigt.

Die **wassergefährdenden Stoffe** sind in vier **Wassergefährdungsklassen** eingeteilt. Einige sind in der Übersicht 13-10 enthalten.
Zum Vergleich von Abwasser der Haushalte mit industriellem und gewerblichem Abwasser wurde der **Einwohnergleichwert** EGW als Vergleichseinheit eingeführt. Dabei legte man die Abwasserbelastung zugrunde, die ein Einwohner pro Tag im Durchschnitt verursacht. Als gesamtes anfallendes Volumen einschließlich der Industrie nimmt man je Einwohner 200 l/Tag, in industriellen Ballungsgebieten bis 350 l/Tag mit einem BSB_5-Wert von 300 mg $O_2 \cdot l^{-1}$ an. Das entspricht je Einwohner einem BSB_5-Wert von 60 g Sauerstoff (bei 200 l/Tag). Diese Belastung ist 1 EGW:

> Die Zahl für die EGW gibt an, wie vielen Menschen mit einer täglichen Abwassermenge von 200 l das Abwasservolumen bei der Produktion eines Erzeugnisses entspricht. 1 EGW = 200 l Abwasser/d bzw. 1 EGW = 60 g BSB_5/d

Damit kann man nun die Wasserbelastung eines Industrie- oder Handwerks-Betriebes mit organischen Stoffen oder die organische Schadstoffmenge bei der Erzeugung eines Produkte auf die Anzahl von Einwohnern umrechnen, die diese Schmutzabgabe verursachen würden.

Wassergefährdungsklassen WGK

WGK	Bezeichnung	Wassergefährdende Verbindungen (Beispiele)
WGK 0	Allgemein nicht wassergefährdend	Calcium-, Kalium-, Magnesiumsulfat, Natrium-, Kaliumchlorid, Ethanol, Glycerin, Aceton
WGK 1	Schwach wassergefährdend	Kaliumnitrat, Natriumfluorid, Natriumhydroxid, Natriumphosphat, Schwefeldioxid, Schwefel-, Phosphorsäure, Methanol
WGK 2	Wassergefährdend	Ammoniak, Schwermetallsalze wie Kupfer(II)-sulfat, Bleiacetat, Schwefelwasserstoff, Dieselöl, Formaldehyd, Toluol, Phenol, Nitrophenol, Nitrobenzol, Tenside
WGK 3	Stark wassergefährdend	Arsen, Cadmium, Chrom, Quecksilber und deren Salze, freies Chlor, mineralisches Öl und Altöl, Cyanide, Halogenkohlenwasserstoffe (z. B. Trichlor- und Tetrachlormethan, Hexachlorcyclohexan HCH, Benzol, Pestizide (z. B. DDT, Lindan, Parathion), polychlorierte Biphenyle, Dioxine und Difurane

Übersicht 13-10

So fallen im Gebrauchswasser organische Abfallmengen in Höhe von 1000 EGW an bei der Erzeugung von jeweils 1–5 t Papier, 2 t Margarine, 3–8 t Fleisch- und Wurstwaren, 2 800 bis 6 000 l Bier oder 14 000 bis 40 000 l Milch. Das Waschen von 1000 kg Wäsche entspricht ca. 650 EGW. Entlässt ein Betrieb pro Tag 150 kg organische Substanz in das Abwasser, so sind das 2 500 EGW (150 000 g : 60 g).

13.5.4 Industrielle Abwässer – Senkung der Abwassermenge

Die Industrie nutzt Wasser als **Rohstoff/Reaktionspartner** (z. B. Bindung von Schwefeltrioxid zu Schwefelsäure oder Hydratisierung von Ethen zu Ethanol), als **Lösungsmittel** zum Lösen, Laugen, Flotieren, Waschen/Spülen und als **Kühlmittel** zur Abführung von Prozesswärme. Entsprechend hoch ist der Wasserbedarf insbesondere in der chemischen Industrie, in Kraftwerken, Hütten-, Stahl- und Walzwerken, Galvanisierbetrieben, Härtereien, der Kaliindustrie, Zellstoff- und Papierfabriken u. a. sowie in der Nahrungsgüterindustrie. In diesen Bereichen fällt somit auch das meiste industrielle Abwasser an, das zu reinigen ist.
Der Trend zu großen Produktionseinheiten (Großschlachtereien, -bäckereien, Wurstfabriken, großen Zellstoffwerken u. dgl.) führt lokal zu hohen Abfallmengen, aber auch zu der Möglichkeit, wirtschaftlich arbeitende Großanlagen für die Abwasserbehandlung und Wertstoffrückgewinnung in dem Betrieb zu installieren.

Primäre Maßnahmen der Senkung der Abwassermengen bestehen in der Verringerung des Wasserverbrauchs. Das ist auch dadurch geboten, dass das Aufkommen an sog. Süßwasser begrenzt ist bzw. lokal in unterschiedlicher Menge zur Verfügung steht. Einsparung von Wasser ist z. B. möglich durch Verlängerung der Standzeiten von Prozessbädern (z. B. in Galvaniken, Härtereien), durch Recyceln von Waschwasser und erneuten Einsatz für Spülprozesse, durch Nutzung von Kondenswasser der Kühlanlagen. Mit betrieblichen Wasserkreisläufen ist eine Mehrfachnutzung innerbetrieblich möglich

Aufgabe

Erarbeiten Sie sich mithilfe des Internets eine Übersicht über Möglichkeiten der Einsparung von Wasser a) im Haushalt, b) in der Industrie!

Auch neue Verfahren können erheblich zur Reduzierung der Wasserbelastung führen, wie beispielsweise die Änderung der Propylenoxid-Synthese zeigt. Nach dem Chlorhydrin-Verfahren wurde das Abwasser mit großen Mengen an $CaCl_2$ bzw. NaCl belastet. Die Salze wurden an die Flüsse abgegeben. Die Anwendung einer Synthese, die von Propionsäure und Wasserstoffperoxid ausgeht, vermeidet diese Belastung vollständig.

Sekundäre Maßnahmen bestehen in der Abwasserbehandlung, die bei geringerer Verunreinigung in kommunalen Kläranlagen, bei stärkerer Belastung in betrieblichen Anlagen durchgeführt wird. Vor allem durch sekundäre Maßnahmen können wertvolle Inhaltsstoffe zurückgewonnen werden, die finanzielle Aufwendungen für die Reinigung kompensieren und gleichzeitig die Umwelt entlasten.

13.5.5 Behandlung industrieller Abwässer

Neben der mechanischen, biologischen und chemischen Behandlung in Kläranlagen steht eine Reihe von speziellen Reinigungsmöglichkeiten zur Verfügung, um Abfallstoffe auszusondern, Sekundärrohstoffe zu gewinnen oder stärker giftige Stoffe zu zerstören. Die einzelnen Maßnahmen sind z. T. auch in Kläranlagen wirksam, werden aber bei größerem Anfall von Schadstoffen oder bei wertvolleren Stoffen auch separat ausgeführt.

a) Aussieben:
Wie in kommunalen Anlagen erfolgt eine Abtrennung von groben Bestandteilen.

b) Sedimentation:
Gröbere Feststoffteilchen mit höherer Dichte als Wasser, die nicht von Sieben ausgesondert werden, lagern sich in Absetzbecken als Schlamm ab. Häufig wird eine Nachklärung durchgeführt.

c) Filtration:
Partikel mit einer Größe von 0,1 µm bis 1 mm werden mithilfe von Filtern ausgesondert. Dafür stehen verschiedene Typen zur Verfügung wie Gewebefilter und Raumfilter, die aus mehreren Filterschichten mit unterschiedlicher Porengröße bestehen. Die Filtration erfolgt unter Wirkung der Schwerkraft, aber auch mittels Druckunterstützung. Auf den Filtern bilden sich „Filterkuchen“, die durch Rückspülung mit Wasser oder Druckluft wieder beseitigt werden, wenn sich der Filter zugesetzt hat. Den Schlamm lässt man ebenfalls in Absetzbecken sedimentieren. Gefiltert wird meist zur Nachklärung nach dem Absetzen grober Teilchen. Durch Filtern erfolgt z. B. die Rückgewinnung von Faserstoffen aus Abwasser in Cellulose-, Papier- und Textilfaserfabriken.
Die **Membrantrennung** unter Druckanwendung wird nur zur Entfernung kleinster Teilchen

< 0,01 µm angewendet. Je nach Porengröße der Membranen sind auch Moleküle und Ionen abscheidbar. Zu diesem Verfahren gehören die **Mikrofiltration** (z. B. für die Trennung von Kunststoffdispersionen von dem Lösungsmittel), die **Ultrafiltration** (Druck bis 1 MPa; z. B. Abtrennung von Sulfitablauge, von Tensiden, von Öl aus Bohremulsionen), die **Nanofiltration** und die **Umkehrosmose** (bis 10 MPa; z. B. Behandlung von Galvanik-Abwasser). Es kommen z. B. Cellulosemembranen, Polymermembranen aus Polyamid, sulfoniertem Polypropylenoxid, die auf mechanisch festen Trägermaterien aufgezogen sind, und Glasfaserfilter zur Anwendung. Mithilfe dieser Verfahren kann man das Lösungsmittel abtrennen und die gelösten Wertstoffe in höherer Konzentration gewinnen.

d) Fällung:

Dabei wird das Löslichkeitsprodukt ausgenutzt. Viele Schwermetalle bilden mit Kalk $Ca(OH)_2$ oder Soda Na_2CO_3 im basischen Bereich schwer lösliche Hydroxide oder Carbonate. Dabei muss die Amphoterie beachtet werden, damit keine Rücklösung als Hydroxikomplexe erfolgt. Gleichzeitig werden evtl. vorhandene gelöste Phosphate, Fluoride, Silikate u. a. als Calciumsalze mit ausgefällt.

Die alkalische Fällung von Schwermetallen als Schwermetallhydroxide ist gleichzeitig mit der **Neutralisation** vorhandener Säuren verbunden. So behandelt man saure Spül- und Abwässer von Galvaniken und Beizereien mit Kalk. Chromat kann zuvor mit Schwefeldioxid reduziert und anschließend als Chrom(III)-hydroxid mit NaOH gefällt werden. Aus den Schlämmen gewinnt man Chrom und andere Metalle zurück. Auch der Einsatz von Ionenaustauschern ist möglich. Bei der Klärung großer Mengen industrieller und gewerblicher Abwässer mit schwefelhaltigen Verbindungen entsteht in den Kläranlagen bei der Gärung des Faulschlamms Schwefelwasserstoff. Er bindet vorhandene Schwermetallionen als schwer lösliche Sulfide. Der anfallende Schlamm ist nach Eindickung und evtl. Trocknung mittels Abwärme als Sondermüll zu entsorgen.

e) Flockung und Adsorption:

Eine weitere Möglichkeit der Reinigung von Schwermetallen und Giften besteht in der Adsorption von Verunreinigungen an ausgeflockte Hydroxide. Aluminium- und Eisen(III)-salze (Sulfate, Chloride) sowie Tonerden bilden im schwach sauren bis basischen Medium kolloide bis großvolumige Partikel aus Hydroxiden und Hydroxokomplexen, die an ihrer Oberfläche z. B. Schwermetall-Ionen adsorbieren. Gleichzeitig scheiden sich dabei Phosphate und Fluoride mit ab. In Flockungs- bzw. Absetzbecken lässt man die Teilchen für weitere Behandlungen sedimentieren. Auch Kalk wird zur Fällung und Flockung verwendet. Dabei fallen auch Härtebildner aus, und es erfolgt eine Bindung „freier Kohlensäure“ (CO_2).

Abwasser von Gaswerken, Kokereien kann man zur Adsorption mit Asche behandeln. Wirkungsvoller ist **Aktiv-Kohle.** Sie bindet u. a. Phenole, andere Aromaten, Geruchsstoffe. Die Verbindungen können nach Anreicherung durch Desorption zurückerhalten werden. Bei Belastung mit Giftstoffen kann die A-Kohle nach Trocknung mittels Abwärme in Kraftwerken thermisch verwertet werden.

Aktiv-Kohle ist auch in anderen Industriezweigen und Handwerksbetrieben einsetzbar, um aus Abluft oder Abwasser Chlor, Chlorverbindungen, Ozon, Lösungsmitteldämpfe, unerwünschte Geruchs-, Geschmacks- oder Farbstoffe zu binden (z. B. Chemische Reinigungen, Farbaufhellung des Rohzuckers, Rückgewinnung der Lösungsmittel in der Gummi-, Lack-, Kunstharzindustrie, Adsorbieren radioaktiver Gase in der Kerntechnik).

Aktiv-Kohle kann zur Adsorption von toxischen Stoffen auch den Belebungsbecken zugegeben werden. Schon 100 g A-Kohle in einem Kubikmeter Abwasser können die Belastung um 90 % senken.

f) Ionenaustausch:

Gering mit Schwermetallen belastetes Abwasser (z. B. aus Galvaniken) wird durch Ionenaustausch gereinigt. Nach Sättigung erhält man bei der Regenerierung angereicherte Lösungen, aus denen die Wertstoffe zurückgewonnen werden können (z. B. Silber in der Fotoindustrie oder Entwickleranstalten).

g) Flotation:

Die Flotation (Schwimmaufbereitung) wendet man an, um sehr kleine Feststoffteilchen aus schwächer belastetem Wasser zu entfernen. Dazu wird Luft in die Suspensionen eingedüst und zu feinen Bläschen zerteilt, die sich an hydrophobe oder hydrophobierte Teilchen anlagern. Günstiger ist, mit Luft übersättigtes Wasser einzuleiten. Es bilden sich bei der Entspannung sehr kleine Luftbläschen – wie beim Öffnen einer Flasche Mineralwasser. Hydrophobe Zusätze unterstützen die Anlagerung und Schaumbildung. Dadurch erhalten die Kolloide und Flocken einen Auftrieb. Sie sammeln sich als Schaum an der Oberfläche und können abgestreift werden. Flotiert werden Verbindungen, die leicht von den

Flotationsmitteln benetzt werden wie z. B. Erzteilchen (Metallsulfide), Metalloxide, bestimmte Salze, Kohlepartikel, Druckfarben. Als Hydrophobierungs- oder Flotationsmittel stehen verschiedene Chemikalien zur Verfügung, z. B. Metallseifen, quartäre Ammonium-Verbindungen mit längeren Alkylketten, Phenole, Alkanole, Polyglykole, Terpenalkohole u. a. Harzseifen trennen mit Kerosinzusatz z. B. Druckerschwärze von Papierfasern.

h) Extraktion:
Durch Extraktion gewinnt man im Phenolsolvan-Verfahren aus Kokereiabwasser mithilfe von Isopropylether Phenol. Gelangen diese Abwasser unbehandelt in Flüsse und Seen, führt Phenol zu Schädigungen tierischer Lebewesen und vor allem zum Fischsterben.

Aufgabe
Ermitteln Sie im Internet weitere Möglichkeiten und Beispiele für die Gewinnung von Wertstoffen aus industriellen Abwässern!

13.5.6 Schlammbehandlung und Schlammverwertung

a) Oxidation, Vergärung:
Die **aerobe biologische Abwasserreinigung** wird z. B. bei Abwässern der Lebensmittelindustrie, die einen hohen organischen Anteil aufweisen, mit starker Belüftung vorgenommen. Im Prinzip erfolgt der Abbau wie bei den kommunalen Anlagen in Belebtbecken. Mikroorganismen zerlegen die organischen Verbindungen z. T. vor allem zu Wasser, Kohlenstoffdioxid und Methan. Übrig bleibt Klärschlamm (Ausfaulung durch **anaerobe Vergärung,** Gewinnung von Biogas, Dünger, Kompost, wenn keine Belastung durch Schwermetalle besteht; vgl. Abschnitt 13.5.2).
Spezielle Abwässer, die reich an organischen Inhaltsstoffen sind, keine giftigen Anteile enthalten und relativ homogen zusammengesetzt sind, können mithilfe von speziellen Bakterien zu Futtermitteln umgewandelt werden. So ist in der Zuckerindustrie Melasse, in der Zellstoffindustrie Sulfitablauge zu Futterhefe vergärbar. Ökonomisch lohnend sind solche Behandlungen in Großbetrieben.

b) Entwässerung, Verbrennung:
Eine Möglichkeit für die Behandlung von Schlämmen, die mit Giftstoffen belastet sind, ist die Entwässerung und die nachfolgende Verbrennung zur Energiegewinnung, Entgiftung von organischen Verbindungen und Volumenreduzierung. Es werden Brennstoffe zugemischt. Das Abpressen von Wasser erfolgt mit verschiedenen Typen von Filterpressen, z. B. Bandfilter- und Kammerfilterpressen oder auch mithilfe von Zentrifugen. Abwärme ist zum Trocknen von Schlamm einsetzbar. Allerdings kann es hierbei zur Emission von Geruchsstoffen kommen. Große Mengen von ausgefaulten, entwässerten bzw. getrockneten Schlämmen (belastete und auch unbelastete) werden zu Paketen verpresst und vor Ort in Heizwerken oder in Müllverbrennungsanlagen verbrannt. Die Aschen und Schlacken werden auf kommunalen Deponien oder bei Belastung mit Schwermetallen auf Sonderdeponien abgelagert. Eine Abgasreinigung ist notwendig. Hierbei kann auch brennbarer Sperr- und Hausmüll mit entsorgt werden.

c) Pyrolyse:
In Pilotprojekten wird die **Pyrolyse** von organischen Schlämmen zu Leichtöl, hochsiedenden Ölen, Teer und Gas aus Methan, Ethan, Ethen und Propan erprobt. Auch hierbei fallen Aschen, Schlacken und zu reinigendes Rauchgas an.

13.5.7 Probennahme und Messen von Abwasserbelastungen

Bei der Entnahme von Wasser-/Abwasserproben aus Oberflächengewässern oder Kläranlagen ist zu beachten, dass die Gehalte der aufzuspürenden Verbindungen wegen Dichteunterschieden, Temperaturschichtungen, Wasserbewegungen durch Strömung und Wind sowie Wassertiefe sehr unterschiedlich ausfallen können. Das gilt vor allem für stehende Gewässer, bei denen sich dichtere Stoffe in tieferen Wasserschichten ansammeln. An Kanaleinläufen, die sich unter der Wasseroberfläche befinden, erfolgt häufig nur langsam eine intensive Durchmischung mit Oberflächenwasser. Proben sind somit an verschiedenen Stellen und aus unterschiedlichen Wassertiefen zu entnehmen und in saubere Gefäße abzufüllen.

Auch die Tageszeit ist von Belang, da die Einleitung von Abwasser in Gewässer oder Kläranlagen zeitlich unterschiedlich ist. Morgens wird man mit mehr Wasch- und Spülwasser rechnen müssen als am Nachmittag. An Werktagen leiten Handwerksbetriebe Abwasser zur Klärung ein, dagegen nicht oder kaum an Sonn- und Feiertagen.

Regenwasser aus einem Wohngebiet oder einem Betriebsgelände wird sehr unterschiedliche Stoffe und Mengen gelöst enthalten.

Die Proben sollten sofort nach der Entnahme untersucht werden und zwischenzeitlich keine Temperaturänderung erfahren. Es könnten Gase durch Erwärmung und lange Aufbewahrung entweichen oder sich Veränderungen insbesondere von Stoffen biologischer Herkunft ergeben. Ebenso können sich Bestandteile auf der Gefäßwand adsorbieren und damit nicht erfasst werden.
Wasserproben sind nach Farbe, Trübung, Geruch, das Trinkwasser auch nach dem Geschmack zu beurteilen. Gemessen werden Sauerstoffgehalt, BSB- und CSB-Wert, pH-Wert, elektrische Leitfähigkeit. Analytisch bestimmt werden Kationen und Anionen sowie organische Verbindungen. Außerdem sind die Wasserproben auf vorhandene Bakterien zu untersuchen.
Für **Schnelltests** am Entnahmeort stehen für einzelne Stoffnachweise spezifische Reagenzien und mit solchen getränkte Teststäbchen zur Verfügung (z. B. Nitrat, Nitrit, Chlorid, Phosphat, Cyanid, Wasserhärte). Farbkarten und Testpapiere geben durch abgestufte Farbintensität des reagierenden Reagenz eine halbquantitative Orientierung.

Für die Messung der Bestandteile des Abwassers (bzw. des Wassers aus Flüssen, Teichen, Seen, des Grundwassers usw.) stehen im Labor verschiedene Untersuchungsverfahren zur Verfügung: die Verfahren der klassischen **chemischen Analytik,** die **pH-Messung,** die **Konduktometrie** und die **Titration,** die **Röntgenfluoreszenz-Analyse,** die **UV-** und **IR-Adsorptionsspektroskopie,** die **Massenspektroskopie,** die **Chromatografie,** die **Fotometrie,** die **Polarografie** u. a.

Untersuchung von Wasser und Abwasser

Verfahren	Anwendung
Fotometrie	Bestimmung von CSB-Wert, Nitrit, Nitrat, Phosphat, Ammonium u. a.
Potenziometrie	pH-Wert
Atomabsorptionsspektroskopie	Nachweis von Schwermetallen
IR-Spektroskopie	Organische Verbindungen
Gravimetrie	Anteil der Trockensubstanz von Schlamm und Glühverlust
Chromatografie	Mineralöle, Überprüfung von Öl- und Leichtflüssigkeitsabscheidern, gelöste organische Verbindungen wie Pestizide

Übersicht 13-11

Kleinlebewesen (Bakterien, tierische und pflanzliche Einzeller) werden mithilfe der **Mikroskopie** untersucht. Bestimmte Arten sind typisch für den Grad der Verschmutzung und die stoffliche Zusammensetzung des Abwassers. Auch die Anzahl von Bakterien und Einzellern gibt z. B. Auskunft über ihre Entwicklungsbedingungen, den Abbaugrad der organischen Substanzen und schädigende Einflüsse auf die Zusammensetzung der Mikrolebewesen. So geben bestimmte Arten der Einzeller z. B. der Pantoffeltierchen an, ob die Abbauprozesse aerob oder unerwünscht in anaerober Richtung verlaufen.

Durch herkömmliche **chemische Analyse** werden gelöste Anionen und Kationen qualitativ und quantitativ bestimmt: Säuren, Basen, Nitrit, Nitrat, Phosphat, Chlorid, Carbonat, Hydrogencarbonat, Sulfat sowie Kationen wie Calcium, Magnesium, Eisen, Kalium, Ammonium und Spurenelemente wie auch Schwermetalle in schädlicher Menge (vor allem Pb, Cd, Cu, Cr u. a.).
Gelöste organische Verbindungen wie Spuren von Kohlenwasserstoffen, halogenierten Kohlenwasserstoffen, Aminen, Harnstoff, Aldehyden, Phenolen, Cyaniden, polycyclischen und polyhalogenierten Verbindungen, Pestiziden u. a. Verbindungen werden chromatogafisch (HPLC) getrennt und fotometrisch bzw. spektroskopisch bestimmt.

Der wichtigste Bestandteil des Wassers für die Erhaltung biologischen Lebens und den Abbau von belastenden Substanzen ist der Sauerstoff. In reinem Wasser sind bei einem Luftdruck von 101,35 kPa und einer Temperatur von 20 °C 8,8 mg O_2/l enthalten. Bei gleichem Druck lösen sich im Liter Wasser bei 10 °C 10,9 mg/l, bei 30 °C aber nur noch 7,5 mg/l Sauerstoff.

Eine Sauerstoff-Kenngröße ist der bereits erwähnte **BSB_5-Wert** (biochemischer Sauerstoffbedarf) für die biologische Selbstreinigung von Wasser. Bei der Messung wird mit Mikroorganismen belastetes Abwasser in einem abgeschlossenen Gefäß mit aufgesetztem Manometer 5 Tage bei 20 °C gelagert. Zuvor wurde überschüssige Luft in das Gefäß gepumpt. Aus dem Druckabfall kann die verbrauchte O_2-Menge errechnet werden.
Es kann auch stattdessen die Abnahme des Volumens im Luftraum über dem Flüssigkeitsspiegel als Maß für den Sauerstoffbedarf beim biochemischen Abbau von Verunreinigungen benutzt werden. Der BSB_5-Wert wird als Sauerstoffbedarf für mikrobiologisch abbaubare organische Stoffe bestimmt, jedoch sind schwer abbaubare Stoffe nicht erfassbar.

Des Weiteren lässt sich der BSB-Wert durch **Amperometrie** mittels ionensensitiver Elektrode bestimmen.

Für das Ermitteln des Sauerstoffgehalts bzw. Sauerstoffbedarfs stehen auch verschiedene nasschemische Verfahren zur Verfügung.
Die Bestimmung des Sauerstoffgehaltes nach WINKLER erfolgt mit Mangan(II)-Chlorid unter Zusatz von Alkali und Iodid durch **Titration.** Das entstehende $Mn(OH)_2$ bindet gelösten Sauerstoff zu schwer löslichem $Mn(OH)_3$:

$$4\,Mn(OH)_2 + O_2 + 2\,H_2O \rightarrow 4\,\mathbf{Mn(OH)_3}$$

Anschließend wird angesäuert. $Mn(OH)_3$ geht in Lösung und oxidiert Iodid zu Iod:

$$2\,Mn(OH)_3 + 2\,I^- + 6\,H^+ \rightarrow 2\,Mn^{2+} + I_2 + 6\,H_2O$$

Das Iod wird durch Titration mit Thiosulfat bestimmt.

$$2\,Na_2S_2O_3 + I_2 \rightarrow 2\,NaI + Na_2S_4O_6$$

Entsprechend der 1. Gleichung sind vier Mol Thiosulfat einem Mol Sauerstoff äquivalent. Störendes Nitrit wird zu Beginn durch Natriumazid NaN_3 beseitigt.

Als weitere Verfahren der Sauerstoffbestimmung eignet sich die **Polarografie.** Außerdem liefert die Messung der Redoxspannung, die sich in einer Wasser-/Abwasser-Probe zwischen Platin-Elektrode und Silber-Silberchlorid-Bezugselektrode einstellt, Aussagen. Die organischen Stoffe werden durch Bakterien unter Sauerstoff-Verbrauch abgebaut. Dadurch erniedrigt sich kontinuierlich die Redoxspannung. Reines und mit Sauerstoff angereichertes Wasser liefert eine Spannung von 330 mV.

Voltammetrie nach CLARK erfolgt mit Gold-Katode, Silber-Anode und KCl-Lösung. Der gelöste Sauerstoff wird mit Wasser zu OH^--Ionen reduziert. Solange ungebundener Sauerstoff vorhanden ist, steigt der Stromfluss.

Der CSB-Wert von Abwasser oder gereinigtem Auslaufwasser wird durch Verbrennen von Proben in reinem Sauerstoff bei ca. 950 °C bestimmt. Man misst das entstehende CO_2 mit einem IR-Gasanalysator.

Der CSB-Wert kann auch mit angesäuerter $KMnO_4$-Lösung bestimmt werden. Nachteilig sind oxidative Nebenreaktionen. Günstiger ist die Oxidation mit Kaliumdichromat-Lösung $K_2Cr_2O_7$, die mit Schwefelsäure und Ag_2SO_4 sowie $HgSO_4$ als Katalysatoren versetzt wird. Die Probe lässt man mit Rückflusskühler etwa 10 Minuten kochen. Das nicht verbrauchte Oxidationsmittel wird mit Ammonium-Eisen-II-Sulfat-Lösung titriert. Aus der Differenz ergibt sich der CSB-Wert (1 Mol Kaliumdichromat entspricht 1,5 Mol O_2).

Bei der Bestimmung des **TOC-Wertes** (totaler organischer Kohlenstoffgehalt) werden zunächst anorganische Carbonate mit Phosphorsäure zersetzt. Dann verbrennt man die Probe und analysiert wie bei der CSB-Bestimmung.

Der **TSB-Wert** (totaler Sauerstoffbedarf) wird für die vollständige Oxidation, d. h. auch der sehr schwer abbaubaren Verbindungen, bestimmt (O_2-Verbrauch bei der Verbrennung bei sehr hohen Temperaturen).

Für die Bestimmung des **AOX-Wertes** wird die Wasserprobe mit Salpetersäure angesäuert und mit Aktiv-Kohle geschüttelt. Die Halogenverbindungen werden adsorbiert. Danach spült man die anorganischen Chlor-Verbindungen mit $NaNO_3$-Lösung aus. Anschließend wird die Kohle mit den adsorbierten organischen Halogenverbindungen im Sauerstoffstrom verbrannt. Sie setzen sich zu Wasser, Kohlenstoffdioxid und Halogenwasserstoff um. Letzterer wird gelöst und mithilfe der **Coulometrie** bestimmt oder man misst im Abgas das entstandene HX mittels IR-Absorptionsspektroskopie.

Der qualitative Nachweis von **Phenolen** ist durch Zugabe von Chlorwasser zur Abwasserprobe möglich. Es ist bei Anwesenheit Geruch nach Phenol feststellbar. Zur quantitativen Bestimmung werden Diazoverbindungen zugesetzt. Es bilden sich rote Diazofarbstoffe, deren Intensität fotometrisch ausgewertet wird.

Aufgabe

Ergänzen Sie mithilfe des Internets und weiterer Literatur die Übersicht durch weitere Verfahren und Anwendungen.

13.6 Boden

13.6.1 Bodenschädigung

Ein unbelasteter Boden mit aktiven Bodenlebewesen (Bodenbakterien, Einzeller, Pilze, Würmer u. a.) besitzt für den Menschen große Bedeutung. Er ist Wasserfilter und Wasserspeicher zugleich. Auf einem unbelasteten Boden gedeihen schadstofffreie Nahrungsmittel für eine gesunde Ernährung. Eingetragenes biologisches, insbesondere pflanzliches Material wird durch Mikroorganismen aerob und anaerob zu Kohlenstoffdioxid, Wasser, zu mineralischen Nährstoffen sowie zu Humusstoffen, die Protonen puffern, abgebaut. Die biologische Aktivität der Bodenorganismen ist vor allem von der Feuchtigkeit, dem Sauerstoffgehalt, der Temperatur und dem Stickstoffgehalt der Biomasse abhängig.

Es besteht ein enger Zusammenhang zwischen der Verseuchung von Wasser/Grundwasser, Luft und Böden. Die Bereiche beeinflussen sich wechselseitig durch Austausch von Schadstoffen, die in ihnen enthalten sind. Über die Luft und den Regen dringen Schadstoffe in die Oberflächengewässer, in den Boden und von hier aus in das Grundwasser ein. In ufernahen Bereichen treten gelöste Substanzen aus Oberflächenwasser in den Boden und in das Grundwasser über. Andererseits können Stoffe aus dem Wasser oder aus dem Boden in die Luft ausgasen.

Berechnungen haben für das Jahr 1999 einen mittleren Eintrag von anorganischen Stoffen in den Boden von ca. 94 $kg \cdot ha^{-1}$ ergeben.

Weitere Gefahren für die Kontaminierung des Bodens und den Übertritt in das Grundwasser gehen von der Ablagerung von Feststoffen auf Lagerplätzen, der Deponierung von Abfällen und Schutt, von undichten Leitungssystemen, Havarien in Betrieben oder den Verkehrswegen aus. Stoffeintrag in den Boden erfolgt auch durch Sickerwasser, Salzstreuung auf Straßen im Winter, Pflanzenschutzmittel in der Landwirtschaft sowie durch anorganische Düngung, Gülle, Stallmist, Klärschlamm, Kompost. Beteiligt sind wie bei der Wasserverseuchung Industrie, Gewerbe, Haushalte, Verkehr und Landwirtschaft.

Nicht unerwähnt bleiben soll die Unsicherheit, die durch Atomkraftwerke besteht (Austritt von radioaktiven Stoffen, wie 1986 in Tschernobyl; Kontaminierung von Böden).

13.6.2 Bodenschadstoffe

Im Prinzip können im Boden alle Schadstoffe, die in den voranstehenden Abschnitten genannt worden sind, auftreten. Bei mäßigem Eintrag zerlegen Bodenbakterien, Pilze, Einzeller, Würmer und andere niedere Lebewesen abbaubare Schadstoffe. Höhere Konzentrationen, stärker giftige Stoffe, Änderungen des pH-Wertes und viele Metallionen schädigen diese Organismen. Das Vermeiden von Überdüngung, das Ausbringen unbelasteter Schlämme und Komposte sowie die maßvolle Anwendung von Pflanzenschutzmitteln belasten weder den Boden noch das Grundwasser in gefährlicher Konzentration.

Bei den Gasen sind **Schwefeldioxid** und **Stickoxide** mengenmäßig am stärksten an der Versäuerung des Bodens beteiligt. Besonders groß ist ihre Wirkung in kalkarmen und humusarmen Böden. Der optimale pH-Wert im Boden beträgt 7 bis 7,5. Säuren lösen z. B. in tonigen Böden Al^{3+}-Ionen, die das Wurzelsystem der Pflanzen und damit die Wasser- und Nährstoffaufnahme schädigen und dadurch das Wachstum hemmen oder gar zum Erliegen bringen. Der Boden kann gegen die zunehmende **Versäuerung** durch Reduzierung der Luftschadstoffe SO_2 und NO_x sowie durch Kalkung geschützt werden.

Auch **Schwermetalle** werden in Abhängigkeit vom pH-Wert gelöst (z. B. Cd^{2+}, Ni^{2+}, Zn^{2+}). Die Pflanzen nehmen sie auf und sie treten in die Futter- und Nahrungsmittel über. Die Gefahr wächst bei geringem Ton- und Humusanteil, die eine Puffer- bzw. Ionenaustauschwirkung besitzen. Andere wichtige Pflanzennährstoffe wie Ca^{2+}, Mg^{2+}, K^+, Nitrat, Phosphat u. a. werden durch Säuren oder Regen in das Grundwasser ausgewaschen. Schwermetalle gelangen auch durch Düngemittel, in denen sie enthalten sein können, in den Boden.

Verschiedene Metallionen sind aber in geringer Konzentration notwendige **Spurenelemente** für die Pflanzen (z. B. Fe, Zn, Cu, Mn, Mo, Ni, V, Sn). Bei höherer Konzentration hemmen viele Schwermetalle das Pflanzenwachstum oder schädigen die Pflanzen irreversibel (z. B. Cd, Pb, Ni, Cu, Hg).

Besonders gefährlich sind für Mikrolebewesen **polycyclische aromatische Kohlenwasserstoffe,** (PAKs), **polychlorierte Biphenyle** (PCBs), **Pentachlorphenol** (PCP), **Dioxine, Dibenzofurane** u. a. Es sind stark giftige, reaktionsträge Substanzen mit geringer Tendenz zur Oxidation und Hydrolyse. Sie neigen zur Anreicherung in Organismen.

Inzwischen verwendete **Pestizide** (Insektizide, Fungizide, Herbizide) sind gegenüber früher zwar weniger persistent, dafür werden sie aber in großen Mengen angewendet (1999: über 35 000 t in Deutschland). Sie können mit dem Wasser von den Nutzpflanzen aufgenommen werden und von hier aus in pflanzliche Nahrungsmittel, in Schlachttiere, in die Milch und schließlich in den menschlichen Organismus gelangen.

Herbizide hemmen z. B. die Eiweißsynthese und führen zum Absterben der Pflanzen (z. B. Glyphosat und Glufonisat, Totalherbizide, Enzymblocker). **Insektizide** schädigen als Kontakt- und Fraßgifte das Nervensystem. In vielen Fällen handelt es sich bei den Pestiziden um Phosphorverbindungen.

In Bereichen von Erdöl und Kohle verarbeitenden Betrieben (Kraftwerke, Gaswerke, Raffinerien, Kokereien, Brikettfabriken) und Tankstellen ist mit der Verseuchung des Bodens mit **Mineralöl** und **teerartigen Produkten** zu rechnen, die schwer abbaubar sind.

In der BRD verbotene Pestizide (Insektizide, Fungizide, Herbizide) Beispiele:

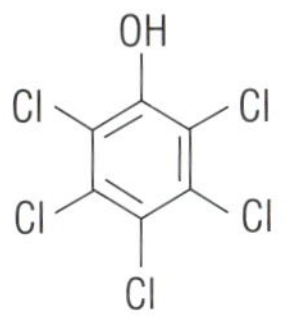	Pentachlorphenol, PCP
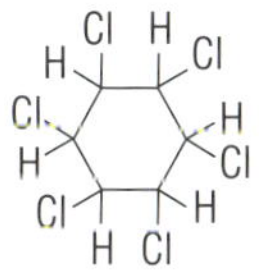	Hexachlorcyclohexan HCH, Lindan
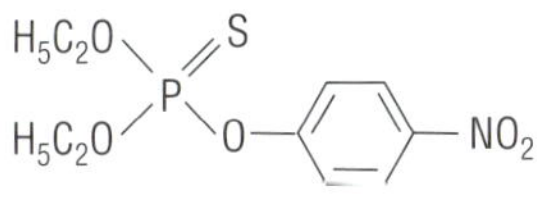	Parathion (Thiophosphorsäureester)
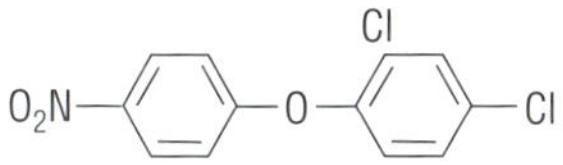	2,4-Dichlorphenyl-4-nitrophenylether, Nitrofen
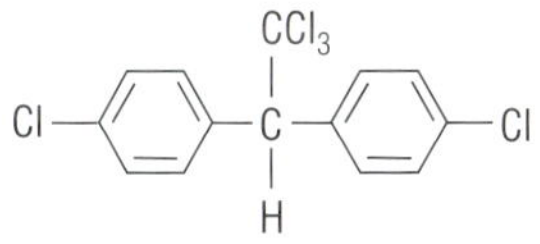	Dichlordiphenyltrichlormethan, DDT

Übersicht 13-12

13.6.3 Maßnahmen des Bodenschutzes und der Bodensanierung

In den Industrieländern sowie in den sich immer stärker wirtschaftlich entwickelnden Industrienationen (z. B. China, Indien) vollzieht sich eine zunehmend umfangreichere und z. T. auch hemmungslose Nutzung des Bodens, obwohl dieser nicht vermehrbar ist. Damit verbunden ist die zunehmende Belastung. Man denke z. B. an die Neugründung von Gewerbegebieten und Industrieanlagen, den Bau von Stauwerken, die Anlage neuer Straßen oder die Erweiterung von Siedlungsflächen. In Entwicklungsländern wie Brasilien oder Indonesien werden großflächig Wälder gerodet, um Ackerland zu gewinnen. Es ist somit eine inzwischen globale Aufgabe des Natur- und Umweltschutzes, nicht nur Anstrengungen für die Reinhaltung von Luft und Wasser zu unternehmen, sondern auch die Aufmerksamkeit auf die Erhaltung gesunder sowie die Regenerierung belasteter Böden zu richten.

Das **Bundesbodenschutzgesetz** (BbodSchG) vom 17. März 1998 fordert für die BRD die Sicherung der Funktionen des Bodens a) zur Abwendung schädlicher Bodenveränderungen, b) als Vorsorge vor schädlichen Immissionen, c) zur Vermeidung von Wasserverunreinigungen durch Böden. Es wird als weiteres Ziel die Wiederherstellung des unbeeinträchtigten Zustands von belasteten Böden durch Sanierung verlangt.

Die Funktionen des Bodens sind sehr vielgestaltig, die wichtigsten sind

- Lebensgrundlage für Menschen, Tiere und Pflanzen sowie Basis menschlicher Kultur,
- Siedlungs- und Verkehrsfläche, Standort für Produktionsstätten,
- Erholungsraum für die Menschen,
- Standort für die landwirtschaftliche und forstwirtschaftliche Produktion, Grundlage der Nahrungsmittelproduktion,
- Lagerstätte der Bodenschätze/Rohstoffe,
- Ablagerung von Restabfällen der menschlichen Zivilisation (Flächen zur Entsorgung),
- Lebensraum für die wichtigen Mikroorganismen des Bodens und die durch sie bewirkten Abbau- und Regenerierungsprozesse,
- Regulierung des Wasserhaushalts, Wärmeaustausch mit der Atmosphäre,
- Filterung, Pufferung von belastenden Stoffen.

Die über viele Jahrzehnte ungeordnete und ungesicherte Ablagerung von Abfällen, die in Industrie, Gewerbe und Haushaltungen angefallen sind, hat zu vielen belasteten Flächen geführt. Ebenso sind viele Industriebrachen oder ehemals militärisch genutzte Flächen verseucht. Geringes Problembewusstsein, Sorglosigkeit und auch Verantwortungslosigkeit vergangener Zeit – und auch in der Gegenwart – müssen heute mit viel Geld bezahlt werden, um Gefahren zu bannen.

Der Schutz des Bodens und seine **Sanierung** sind teuer und aufwendig. Beim **Bodenschutz** steht an vorderster Stelle die Verhinderung des weiteren Eintrags von Schadstoffen in den Boden und aus dem Boden in das Grundwasser sowie der Übertritt gasförmiger Verbindungen in die Luft z. B. durch Abdichtung von Deponien, Einschließung von stark belasteten Arealen durch Dichtwände und Dichtböden.

Aufgabe

Informieren Sie sich im Internet über weitere Möglichkeiten der Bodensanierung/des Bodenschutzes unter Beachtung der Möglichkeiten, die in vorangegangenen Abschnitten mitgeteilt wurden!

Für die **Sanierung** (Dekontamination) stehen verschiedene Möglichkeiten der Bodenbehandlung mit unterschiedlicher Wirksamkeit und Reichweite in den Bodenschichten zur Verfügung. Sie werden vor allem bei stark geschädigten Böden z. B. belasteten Industriebrachen angewendet. Bei Anwendung von **In-Situ-Verfahren** werden die Schadstoffe direkt in den verunreinigten Bodenschichten zerstört. Werden die Schadstoffe durch Strippen, Laugen u. dgl. aus dem Boden entfernt, handelt es sich um **Ex-Situ-Verfahren.** Der Abbau kann im Bodenaushub außerhalb des Bodens mit einer mobilen Anlage vor Ort **(On-Site)** oder an anderer Stelle, z. B. in einer Verbrennungsanlage, erfolgen **(Off-Site),** so dass der behandelte Boden wieder zurücktransportiert werden muss.

Es haben sich einige Verfahren bewährt, die nachfolgend zusammengefasst sind und kurz beschrieben werden.

Bodensanierung
Abbau der Schadstoffe

biologische Verfahren	chemisch-physikalische Verfahren	thermische Verfahren

- Bodenwäsche: Auswaschen/Auslaugen von löslichen Schadstoffen mit Wasser und chemische Behandlung des abgesaugten Waschwassers durch Oxidation, Ozonisierung, Hydrolyse, Fällung, saure oder basische Behandlung u. a. (Abb. 13-9);
- Belüftung des Bodens mit sogenannten Belüftungslanzen zur Versorgung der Bodenbakterien mit Sauerstoff zum Abbau von Mineralölen, Benzin zu CO_2 und Wasser; PAKs, PCBs u.a. beständige Verbindungen können dadurch nicht zerstört werden.
- Absaugen von Grundwasser, das mit Schwermetallen belastet ist und Adsorption der Metallionen in Aktivkohle, die anschließend getrocknet und verbrannt wird; Lagerung der Asche auf Sonderdeponien;
- Absaugen von Grundwasser, das abbaubare organische Substanzen enthält, und Reinigung mithilfe von Bakterien in Bioreaktoren (evtl. das Wasser mit Mineralsalzen versetzen zur Anregung der Bakterienaktivität), Verrieselung des gereinigten Wassers oder Rückführung über angelegte Bohrungen;
- Strippen des abgesaugten Grundwassers mit Luft oder Dampf, um lästige oder giftige Geruchsstoffe bzw. leichtflüchtige Verbindungen auszutreiben; Verbrennung der Abluft oder Adsorption der Geruchsstoffe in Aktivkohle;
- Abdecken des Bodens mit luftdichten Folien und Absaugen von Bodenluft durch Unterdruck über sogenannte Vakuumbrunnen (in den Boden tief versenkte Rohre), z. B. Entfernen von CKW;
- Thermische Reinigung des Bodens durch Pyrolysieren, Verdampfen, Oxidieren organischer Verbindungen als In-Situ-Behandlung sehr stark belasteter Böden mit Luft, die mit Wärmestrahl-

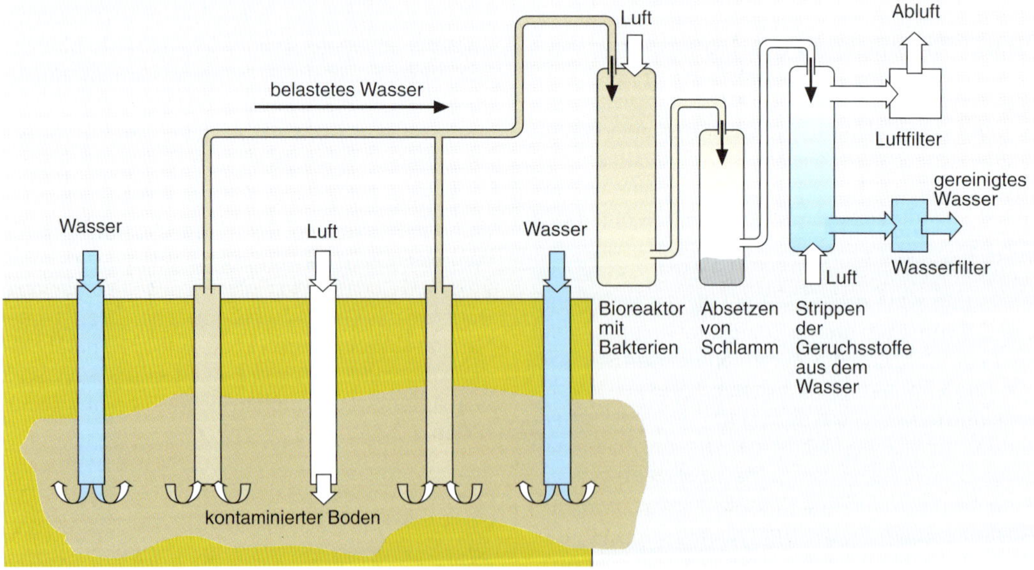

Abb. 13-9 Vereinfachtes Schema einer On-Site-Sanierung von kontaminiertem Boden (Bodenwäsche) bzw. von belastetem Grundwasser

rohren auf über 1000 °C erhitzt wird (Einbringung über mehrere Bohrungen bis in eine Tiefe von einigen Metern; Abluft absaugen und nachverbrennen; Boden wird biologisch inaktiv; Anwendung aus ökonomischen Gründen nur in speziellen Fällen möglich);

- Extraktion von Ölen, chlorierten Kohlenwasserstoffen, Metallen aus grobkörnigen Böden mit Waschlösungen und Flotation zur Entfernung der Öle oder Schwermetalle sowie Nachbehandlung der Waschlösung;
- Abbaggern und Verbrennen sehr stark mit organischen bzw. toxischen Stoffen belasteter Böden in Drehrohröfen mit Behandlung der Abgase;
- Abbaggern der Boden und Lagerung auf Sonderdeponien;
- Beseitigung von Schwermetallen durch Elektroosmose oder Elektrophorese.

Es gibt auch Versuche zur biologischen Reinigung. Spezifische Bakterien, die bestimmte schwer abbaubare Verbindungen zerlegen, sollen gezüchtet werden, um mit ihnen verseuchte Böden zu impfen.

Aufgabe

Lesen Sie in Teil 1, Abschnitt 4.6 und rekapitulieren Sie die Forderungen, die an Deponien gestellt werden!

Die Beispiele sollen nicht vortäuschen, dass damit alle Probleme zu lösen seien. Nicht für alle Schadstoffe stehen bereits tragfähige Konzepte für die Zerstörung zur Verfügung. Gerade Bodenverseuchungen sind sehr vielfältiger Art, und es bestehen mehr offene als bewältigte Fragen. So ist beispielsweise nicht genügend bekannt, welche Schwermetallbelastungen im Boden toleriert werden können oder welche Sekundärfolgen bei der Anwendung einiger Verfahren eintreten können.

13.6.4 Probennahme und Bodenuntersuchung

Die Zusammensetzung des Bodens sowie evtl. vorhandene Schadstoffe können sich in geringen Abständen und Tiefen sehr stark ändern. Die Jahreszeit ist ebenfalls von Einfluss. Beispielsweise schwankt der Stickstoffgehalt wegen der Zersetzung von Pflanzen durch Bodenorganismen in Abhängigkeit von der Temperatur. Durch ein zwischenzeitliches Austrocknen oder durch Erhitzen von Bodenproben ergeben sich Änderungen vor allem in der mikrobiologischen Aktivität und im Stickstoffgehalt.

Es müssen somit immer mehrere Proben an verschiedenen Stellen und aus unterschiedlicher Tiefe entnommen werden, die möglichst sofort auf Schadstoffe zu untersuchen sind.

Bodenorganismen werden in wässrigen Auszügen auf Nährböden gezüchtet und nachfolgend durch **mikroskopische Untersuchungen** bestimmt.

Die **pH-Bestimmung** erfolgt orientierend mit Säure-Basen-Indikatoren. Die exakte Messung wird im Probenbrei **potenziometrisch** mit Glas-Kalomel-Elektrode oder mit Glaselektrode gegen Silber-Silberchlorid-Elektrode vorgenommen. Dazu ist mit einer Gleichgewichtseinstellung von etwa einer Stunde zu rechnen. Der pH-Wert gibt Hinweise auf das Lösen sowie die Mobilität (Beweglichkeit, Vorliegen in gelöster oder unlöslicher Verbindung) von Schwermetallionen und damit deren physiologische Wirksamkeit. Vom pH-Wert ist auch der Ionenaustausch und die Pufferwirkung mit Tonmineralien, Torf und Humusverbindungen abhängig.

Für den Nachweis von Kationen und Anionen stellt man Filtrate her, die durch Aufschwemmen/Extrahieren der Bodenproben gewonnen werden. Sie dienen für die Elementbestimmungen mittels **Atomabsorptions-** oder **Flammenionisationsspektroskopie.** Häufig müssen dafür die Schwermetallionen erst durch Aufschluss-Verfahren (Veraschen, Säureaufschluss, Schmelzaufschluss) in lösliche Form gebracht werden.

Durch Extraktion gewinnt man aus den Bodenproben organische Verbindungen, z. B. solche, die im Abschnitt 1.3.3 als Wasserschadstoffe erwähnt sind. Man wendet für den Nachweis die **Chromatografie,** vor allem die HPLC und andere bereits bei den Wasseruntersuchungen genannte Verfahren an.

13.6.5 Abfall, Müll, Sonderabfall

Die Bezeichnungen Abfall bzw. Müll werden für feste Reste, die im Haushalt, Gewerbe, in der Landwirtschaft und Industrie bei der Produktion oder Konsumtion anfallen, benutzt (Haus-, Siedlungs-, Industrie- und Sondermüll). Umgangssprachlich wird bei Müll an minderwertigere Reste gedacht, obwohl auch aus Hausmüll, Sperrmüll, hausmüllartigen Abfällen des Gewerbes und der Verwaltungen ebenso Wertstoffe gewinnbar sind wie aus Abfällen der Industrie.

Unbehandelt bzw. ungesichert abgelagerter Abfall bzw. Müll kann in erheblicher Weise durch Übertritt schädlicher Stoffe Wasser, Boden und Luft belasten.

Müll/Abfälle sind je nach Herkunft sehr unterschiedlicher Art und Zusammensetzung, und somit sind auch die Maßnahmen und Verfahren zu ihrer Behandlung sehr verschiedenartig.

Zur Abfallbehandlung gehören alle Verfahren, die physikalische, chemische und biologische Vorgänge für die Verwertung, den Abbau und die Entsorgung von festen, flüssigen, gelösten und dispergierten Abfällen ausnutzen. Man unterscheidet dabei Verfahren der thermischen Zerstörung, der Deponierung, Vergärung, Kompostierung, Abwasserklärung und Bodensanierung. Durch den Abfall- bzw. Müllbegriff werden gas- und dampfförmige Abprodukte sowie Aerosole, wie sie in Rauch- und Abgasen vorkommen, nicht erfasst.

Hausmüll und **hausmüllähnliche Abfälle** enthalten biologische Abfälle (Küchen-, Gartenabfälle, Holz), Kehricht, Verpackungen. Auch Glas, Papier, Pappen, Metalle, unbedacht und unverantwortlich „entsorgte“ Materialien und Gegenstände wie Haushaltschemikalien, Schädlingsbekämpfungsmittel, Lacke, Farben, Medikamente, Textilien oder gar technische Geräte befinden sich immer wieder im Müll, obwohl es dafür Sammelbehälter sowie von den Kommunen angebotene Abgabemöglichkeiten gibt.

In Haushalten, Büros, Werkstätten, Krankenhäusern, Betrieben fällt **Sperrmüll** an. Haus- und Sperrmüll sowie hausmüllähnliche Abfälle der Kommunen, des Handels und des Gewerbes bezeichnet man als **Siedlungsmüll.**

Aus dem Baugewerbe, den Kommunen und landwirtschaftlichen Betrieben stammen u. a. Bodenaushub von Brachen, Klärschlämme, mit Metallen belastete Schlämme.

Noch vielfältigerer Art sind entsprechend der Erzeugnisse die **Industrieabfälle,** die aus der Produktion stammen.

Zu **Sondermüll/-abfällen** zählt man u. a. industrielle Klärschlämme, nicht verwertbare produktionsspezifische Abfälle der chemischen Betriebe, Altreifen, Altöl, gebrauchte Speiseöle, Säuren, Laugen, Härtesalze, galvanische Bäder, Akkus, Krankenhausabfälle, seuchengefährliche Abfälle, stark verseuchten Bodenaushub. Ein besonderes und ungelöstes Problem in Deutschland und anderen Ländern ist die Endlagerung von radioaktiven Abfällen.

13.6.6 Umweltrecht Boden und Abfall

Es hat in den vergangenen Jahren viele Bemühungen und Erfolge bei der Müllbehandlung und Verwertung gegeben. Zum Schutz des Bodens und zur Entsorgung von Abfällen sind eine größere Anzahl von Gesetzen und Verordnungen erlassen worden. Grundlage ist das **Bundes-Bodenschutzgesetz** (BBodSchG), das gefährliche Bodenveränderungen verbietet und die Sanierung von Altlasten gesetzlich anordnet. Es wird ergänzt durch die **Bundes-Bodenschutz und Altlastenverordnung** (BbodSchV).

Die **Technische Anleitung Abfall** (TA Abfall) regelt die umweltverträgliche, schadstoffarme Entsorgung. Sie gibt Anleitung für die chemische, physikalische und biologische Behandlung, Verbrennung und Ablagerung von besonders überwachungsbedürftigen Abfällen. Die **TA Siedlungsabfall** legt die Verwertung, Behandlung und sonstige Entsorgung von Siedlungsabfällen fest. Gültig ist für beide Anleitungen die **Deponie-Verordnung.** (Gesetze und Verordnungen sowie weitere gesetzliche Festlegungen vgl. Anhang).

13.7 Abfall- und Kreislaufwirtschaft

13.7.1 Rechtliche Grundlagen für die Verwertung von Abfällen

Das **Kreislaufwirtschafts- und Abfallgesetz** (KrW/AbfG) fordert die Vermeidung bzw. Einschränkung von Abfall, die Minderung des Schadstoffinhalts im Abfall und die Verwertung von Abfällen als Sekundärrohstoffe und Energieträger. Bei der Rückgewinnung von Werkstoffen spricht man auch von **Recycling** (engl., so viel wie „wieder in den Kreislauf führen“, also wieder verwendbar machen; vgl. Abschnitt 13.7.3).

Durch die Rückführung von Wertstoffen in den Produktionsprozess sollen natürliche Ressourcen geschont und nicht nutzbare Reste umweltverträglich beseitigt werden. Das Gesetz verpflichtet außerdem die Produzenten, bei der Herstellung von Erzeugnissen das Entstehen von Abfällen zu minimieren (abfallarme Produktion) und die Produkte so zu gestalten, dass sie langlebig nutzbar und nach physischem Verschleiß oder nach Aussonderung aus anderen Gründen – z. B. weil sie unmodern oder unproduktiv geworden sind – als Wertstoffe in den Stoffkreislauf zurückgeführt werden können.

Eine **Kreislaufwirtschaft** wird vor allem bei Produkten aus Metallen, Glas, Papier/ Pappe realisiert. Bei Kunststoffen ist das grundsätzlich für Thermoplaste möglich (vgl. Abschnitt 13.7.3). Alttextilien sind in gewissem Umfang recycelbar.

Auch ein Zwischenlagern für eine perspektivische Verwendung ist sinnvoll (z. B. Sand, Kies, Ton als Abraum der Braunkohletagebaue, Gummiabfälle).

Nach dem Gesetz können u. a. folgende Gruppen flüssiger und fester Abfälle unterschieden werden:

- kontaminierte oder verschmutzte Stoffe, z. B. Verpackungen und Behälter aus Papier, Glas, Metall und Kunststoff, Reinigungsrückstände,
- nicht weiter verwendbare bzw. unverwendbar gewordene Stoffe oder Produkte, z. B. Katalysatoren, verbrauchte Batterien, kontaminierte Lösungsmittel und Säuren, Härtesalze, kontaminierte und verschmutzte Öle, geordnet gesammelte Chemikalienrückstände aus Laboren,
- Rückstände aus industriellen stoffwandelnden Verfahren, z. B. Schlacken, Destillationsrückstände, Gaswaschschlämme, gebrauchte Filter, Filterrückstände,
- Rückstände aus industriellen stoffformenden Verfahren (Späne von der spanenden Formung von Metallen und Holz),
- Rückstände aus der Förderung und Aufbereitung von Rohstoffen (Erz- und Kalibergbau, Erdölförderung),
- Stoffe, die bei der Sanierung kontaminierter Böden anfallen,
- verschlissene, ausgesonderte Gegenstände aus Industrie, Landwirtschaft, Verwaltungen, Haushalten, Verkaufsstellen usw., z. B. verschrottete Maschinen, Anlagenteile, Autos, Möbel, Elektro-/Elektronikgeräte,
- Bauschutt, Straßenbelag,
- pflanzliche Materialien (Biomüll aus Haushalten, Gaststätten u. dgl., Baumschnitt, Grasschnitt aus Parkanlagen).

Aus diesen Abfällen sind Wertstoffe gewinnbar. Jedoch muss an erster Stelle die Vermeidung von Abfall durch abfallarme Technologien und abfallarme Produktgestaltung stehen, denn Erfassung, Abholung, Sortierung von Abfällen erfordern Arbeit, Energie und Kosten. Erst an zweiter Stelle stehen die Abfallverwertung und die Abfallbeseitigung durch Verbrennen oder Deponieren, wenn eine Nutzung nicht möglich oder unwirtschaftlich ist bzw. wenn größere Gefahren für Mensch und Umwelt von den Abfällen ausgehen.

Die Gesetze schreiben für die **Müllbehandlung** vor, dass Abfälle nicht mehr ungeordnet auf Deponien abgelagert werden dürfen. Die **Müllsortierung** muss durch eine Kombination von mechanischer, biologischer und thermischer Behandlung vorgenommen werden. Die Aufbereitung führt dadurch zu einer **Trennung** des Mülls in **Wertstoffe, kompostierbare Stoffe und Restmüll.** Nur Letzterer darf zur Energiegewinnung und Volumenreduzierung verbrannt werden. Die Verbrennung des Restmülls erfolgt bei hohen Temperaturen unter Zusatz von Brennstoffen in **Restmüllverbrennungsanlagen.**

Die Abfallverwertung wird nach folgenden Hauptprinzipien verwirklicht:

- Die **stoffliche/werkstoffliche Verwertung** erfolgt ohne grundlegende chemische Umwandlung. Die stoffliche Nutzung ist besonders günstig und wirtschaftlich gestaltbar, wenn der Abfall sortenrein anfällt. Eine Sortierung und getrennte Erfassung von Abfällen ist leicht in den Betrieben möglich, weil hier die Herkunft und Zusammensetzung des Abfalls bekannt ist und zielgenau der Aufarbeitung zugeführt werden kann. In Betrieben, die thermoplastische Kunststoffe verarbeiten, sind Abfälle direkt nach Granulierung wieder einsetzbar z. B. für den Spritzguss von Artikeln.
- **Rohstoffliche Verwertung:** Dabei werden durch chemische Umwandlung aus Abfallstoffen Rohstoffe erzeugt, aus denen wieder gleiche oder andere Verbindungen synthetisiert werden.
  So wird z. B. beim Entschwefeln von Gasen/Abgasen Schwefeldioxid mit Schwefelwasserstoff im CLAUS-Verfahren zu Schwefel umgesetzt.
  Kunststoffe können durch Pyrolyse zu Synthese-Gas und Ölen umgewandelt werden.
- **Thermische Verwertung als Brennstoff:** In einer Reihe von Fällen wie z. B. bei dem schon erwähnten Restmüll ist nur eine energetische Nutzung durch Verbrennen ökonomisch sinnvoll. Sie ist auch aus Gründen des Umweltschutzes angeraten, wenn stark schädliche organische Stoffe im Abfall enthalten sind, denn auch diese Verbindungen werden bei entsprechend hohen Verbrennungstemperaturen thermisch zerstört.

Eine Reihe von Maßnahmen hat zu spürbaren Verbesserungen geführt. Hier ordnet sich auch das Pfandsystem des **Dualen Systems Deutschland** DSD ein, das u. a. zu vermehrter Verwendung von Mehrwegverpackungen (und vielerorts zu sauberen Straßen und Anlagen) geführt hat. Das Sortieren und gesonderte Erfassen von Biomüll, Papier, Haushaltsabfällen in Mülltonnen, von Verkaufsverpackungen mit dem **„Grünen Punkt“** im **„Gelben Sack“,** von Sperrmüll und Glas an kommunalen Sammelplätzen. Dadurch werden „sortenreinere Fraktionen“ erhalten. Sie erleichtern ein Recyceln von Wertstoffen zu Sekundärrohstoffen. Ebenso ist die Entsorgung von gebrauchten Haushaltsgeräten in **Wertstoffhöfen** und das Erfassen von Schrott geregelt. In regelmäßig stattfindenden Sondermüllaktionen können Haushaltungen z. B. Lack- und

Farbreste, überlagerte Arzneimittel, Altöle, Chemikalien abgeben.

Trotz der Maßnahmen des Umweltschutzes und der Erfolge bei der Aussonderung von Wertstoffen ist insgesamt keine Verminderung der Müllmenge zu verzeichnen, da durch steigende Produktion und wachsenden Konsum auch größere Abfallmengen entstehen. Auch die von der Werbung gesteuerten Anreize der „Wegwerfgesellschaft“ zum Kauf der neuesten und modernsten Produkte anstelle der weiteren Nutzung langlebiger Erzeugnisse tragen nicht zur Minderung des Abfalls bei.

Bei Einhaltung aller Bestimmungen ist eine umfangreiche Müll-/Abfallbehandlung mit Verwertung von nutzbaren Anteilen bei gleichzeitigem wirkungsvollen Umweltschutz möglich. Jedoch ist immer noch bei Teilen der Bevölkerung und einer Reihe von Betrieben ein zu gering ausgeprägtes Umweltbewusstsein, eine gewisse Sorglosigkeit und mangelnde Verantwortung zu spüren.

13.7.2 Biogas

Die **aerobe Zersetzung** (Fäulnis) von Pflanzenabfällen des Hausmülls findet in belüfteten Kompostieranlagen ohne Biogasgewinnung statt.

Die **anaerobe Zersetzung** (Gärung) pflanzlicher Reste aus Haushalten, Garten (Biotonne), Gewerbe und Landwirtschaft (Gülle, Stallmist, Strohreste, Sägemehl u. a.) auf abgedichteten Deponien oder in Biogasreaktoren liefert Kompost sowie **Biogas.** Es besteht zu etwa 70 % aus Methan und ca. 30 % CO_2 mit geringen Anteilen Stickstoff, Schwefelwasserstoff, evtl. Halogenkohlenwasserstoffen u. a. Nach Reinigung von H_2S und Halogenverbindungen wird das Biogas zur Wärme- und Stromerzeugung verwendet (Einspeisung in das öffentliche Netz).
Der Heizwert beträgt etwa 21 MJ/m^3 (Stadtgas: ca. 19 MJ/m^3, Erdgas 34 – 39 MJ/m^3).

Der Abbau geht über verschiedene Stufen vor sich: In der 1. Phase werden Kohlenhydrate, Fette und Eiweiße durch Bakterien-Enzyme in Zucker, Fettsäuren, Glycerin und Aminosäuren zerlegt. In der 2. Phase entstehen daraus durch weiteren Abbau verschiedene niedere Carbonsäuren (Essig-, Propion-, Butter-, Milchsäure, Fettsäure u. a.) und aus diesen Alkohole, Kohlenstoffdioxid u. a. Verbindungen. Sie werden in weiteren Stufen schließlich zu Methan und Kohlenstoffdioxid abgebaut. Daneben entstehen in geringer Menge Ammoniak und Schwefelwasserstoff. Etwa ein Drittel der organischen Substanz setzt sich um. Die Reste fallen als Kompost an.

Biogas kann überall dort erzeugt werden, wo feste organische Abfälle und Schlämme mit reichlicher organischer Substanz in größerer Menge verfügbar sind, insbesondere bei der Großtierhaltung in landwirtschaftlichen Betrieben. Ein Kilogramm organische Trockensubstanz z. B. aus Gülle liefert 150 bis 200 l Methan. In letzter Zeit sind Projekte bekannt geworden, durch die ganze Dörfer mithilfe der lokal anfallenden Bioabfälle energetisch versorgt werden, indem Biogas zur Heizung und Stromerzeugung verwendet wird. Hierbei bestehen noch große Reserven.

Der Gewinnung von Biogas in Bioreaktoren wird in Zukunft eine noch wesentlich größere Bedeutung zukommen. Hierzu sind verstärkt Investitionen notwendig.

13.7.3 Recycling

Aufgrund gesetzlicher Festlegungen hat in den letzten Jahren die Anzahl der Aufbereitungsanlagen sowie Verbrennungsanlagen zugenommen. Die Verwertungsquote von Abfällen ist im Anstieg begriffen. Das ist besonders nach Einführung von Sammelbehältern und regelmäßiger Abholung bei Metallschrott, Glas, Altpapier, Pappen und Kunststoffen zu spüren.

Recycling umfasst alle Maßnahmen, aus Abfällen durch Sortieren, Trennen und Aufbereiten **Sekundärrohstoffe** zu gewinnen, die wieder in den Produktionsprozess von Gütern oder Anlagen zurückgeführt werden.

Beim Materialeinsatz muss das Prinzip gelten, dem **Primärrecycling** (mehrfache Materialnutzung) den Vorzug vor dem **Sekundärrecycling** (z. B. Verbrennen) zu geben.

Nachfolgend werden einige Beispiele erläutert, die vor allem aus chemischer und werkstofflicher Sicht bedeutungsvoll sind.

Schlämme und **Elektrolyte** aus Galvaniken, Metallbeizereien und Härtereien sind in hohem Grade mit Schwermetall-Ionen belastet. Sie bestehen aus schwer löslichen Oxiden, Hydroxiden, Salzen und mehr oder weniger mit Metallionen angereicherten Lösungen. Besonders die bei der galvanischen Beschichtung verwendeten Metalle wie Chrom, Nickel, Kupfer, Zinn, Zink, Gold und Silber gehören zu den weniger häufigen Elementen, sind teuer und für Menschen, Tiere, Pflanzen und auch für Bodenorganismen giftig. Ihre Rückgewinnung ist somit aus verschiedenen Gründen geboten. Die Ionen können in Abhängigkeit vom pH-Wert mit Schwefelwasserstoff-Wasser, Natrium- oder Ammoniumsulfid stufenweise als Sulfide gefällt und verhüttet werden. Schlämme mit einem oder wenigen Elementen lassen sich auch mit Schwefelsäure oder anderen geeigneten Substanzen lösen. Aus den Lösungen und den gebrauchten Elektrolyten ist die stufenweise elektrolytische Abscheidung der Metalle möglich, wenn Letztere sich in den Abscheidungspotenzialen unterscheiden (z. B. Gold-Silber- oder Kupfer-Nickel-Trennung).

Bauschutt wird zunehmend zu Baumaterial aufbereitet. Betonabbruch ist nach dem Zerkleinern als Zuschlagstoff zu neuen Betonmischungen oder als Schotter beim Straßenbau verwendbar. Dadurch werden Halden entlastet, natürliche Lagerstätten (Kiese, Sande) geschont und Landschaften erhalten.

Die beim Abriss von Gebäuden anfallenden **Ziegel** sind nach dem Zerkleinern als Füllmaterial beim Wegebau z. B. im landwirtschaftlichen Bereich verwendbar.

Unbelastete **Schlacken** können als Zuschlagstoffe zum Beton (Einsparung von Kies, Sand) und ebenfalls beim Wegebau als Füllstoffe verwendet werden. Mit Schwermetallen belastete Reste sind aber auf Sonderdeponien zu lagern, solange keine Verwertungsmöglichkeiten bestehen.

Nicht mit Schwermetallen belastete **Steinkohleflugaschen** sowie gemahlene **Hochofenschlacken** mit sogenannten hydraulischen Eigenschaften (d. h. mit Wasser erhärtend) sind wertvolle Zusatzstoffe zu Portlandzement, der nur sehr energieintensiv herstellbar ist. Die Belastbarkeit von Beton aus diesen Zementen sind für weniger hohe Beanspruchungen ausreichend (z. B. für viele Abdichtungen im Erd- und Tiefbau, Deponieabdichtungen).

Auf den anfallenden **Baugips** (REA-Gips) bei der Rauchgasentschwefelung wurde bereits verwiesen.

Metallschrott ist wertvoller als Erz. Er wird in großem Umfang durch Umschmelzen und Formen zu Halbzeugen oder Gussteilen verwertet. Dabei erzielt man einen hohen Energiegewinn, weil die Reduktion der Metallverbindungen aus ihren Erzen und das Aufschmelzen von mineralischen Erzbestandteilen entfällt. Der Energieaufwand beträgt bei Eisen- bzw. Stahlschrott nur etwa ein Drittel gegenüber der Gewinnung von Stahl aus Eisenerz, bei Aluminium aus Al-Schrott sogar 75 – 80 % im Vergleich zur Gewinnung durch die Schmelzflusselektrolyse von Bauxit. Außerdem sind beim Hochofenprozess sehr große Wassermengen zur Kühlung notwendig.

Stahl-Schrott fällt als Dosenmaterial im Hausmüll, als Abfall in der metallverarbeitenden Industrie, in Form ausgesonderter Maschinen, Autos und Anlagen oder beim Abriss von Betonbauten als Stahlbewehrung an. Besondere Aufmerksamkeit ist in der metallverarbeitenden Industrie auf das getrennte Sammeln von Abfällen der verschiedenen Stahlmarken und Gusseisensorten zu richten, um wieder gleiche Sorten erzeugen zu können (unlegiert, legiert nach Legierungselementen).

Kupfer und andere Nichteisenmetalle sind in Abfällen der Elektroindustrie, elektrischen Geräten und Elektroanlagen enthalten. Die Mikroelektronik hat zur Erweiterung der verwendeten und wertvoll einzuschätzenden Metalle geführt (z. B. Ag, Au, Pt, Pd, Rh, Ga, In). Schrott aus elektronischen Geräten (z. B. Computer, Handys, Unterhaltungselektronik) muss über kommunale Sammelstellen zur Rückgewinnung von Sekundärrohstoffen entsorgt werden.

Glas wird nach Reinigung von Mehrwegflaschen direkt wieder verwendet. Das Erzeugen von Glasprodukten aus Altglas ist sehr energieökonomisch, weil die Glasabfälle nur aufgeschmolzen werden müssen, jedoch die Umwandlung von Soda, Sand und Kalk zu Glas entfällt. Abfallglas (Verpackungen der Lebensmittelindustrie, Glasbruch) wird als Glasschrott neuen Glasschmelzen zugesetzt. und zu neuen Behältnissen und Halbzeugen (z. B. Glasscheiben) geformt.

Unverschmutzte **Altpapiere** und **Pappen** fallen in großen Mengen im Haushalt, in Verwaltungen, Supermärkten und anderen Bereichen an. Altpapier ist ein wertvoller und für die Erzeugung von neuem Papier leicht zu regenerierender Wertstoff. Das Recycling von Altpapier zu Papier spart ebenfalls Energie und Chemikalien, die zum Zelluloseaufschluss des Holzes notwendig sind. Gleichzeitig werden die Gewässer nicht durch das Abwasser der Zellstofffabriken zusätzlich mit Chemikalien belastet. Bei der Aufarbeitung werden Druckfarben durch Flotation aus dem Papier gelöst (vgl. Flotation, Abschnitt 13.5.5).

Verschmutzte Papiere werden bei der Restmüllverbrennung energetisch entsorgt.

Dämpfe von **Lösungsmitteln** können durch Adsorbieren in Adsorptionsmitteln aus der Luft ferngehalten werden. Nach Anreicherung sind die Lösungsmittel durch Erhitzen desorbierbar und werden durch Kondensieren der Dämpfe zurückgewonnen.

Mineralische **Altöle** können wieder zu voll verwendungsfähigen Schmierstoffen aufgearbeitet werden.

Thermoplastische Kunststoffe sind werkstofflich, rohstofflich und energetisch nutzbar.

Zur Verwertung als **Sekundärwerkstoff** werden die geschredderten Abfälle eines Kunststofftyps – z. B. von Polyvinylchlorid – in Extrudern aufgeschmolzen und granuliert. Aus dem erneut aufgeschmolzenen Produkt sind wieder Formteile erzeugbar. Da jedoch bei jeder thermischen Verarbeitung ein gewisser Abbau von Makromolekülen eintritt (Cracken von Bindungen, Verkleinern der Moleküle), ist mit einem Festigkeitsabfall der Formlinge zu rechnen. Für Saatschalen, Blumenkästen, einfache Gartenmöbel u. dgl. reicht aber die Beanspruchbarkeit aus.

Für die Verwendung der Granulate z. B. für Spritzguss-Teile muss vorausgesetzt werden, dass Abfälle nach Kunststofftyp geordnet gesammelt werden. Unterschiedliche Kunststoffe lassen sich zusammen verschmelzen und in Form bringen. Manche Kunststoffe sind auch im festen Zustand mischbar und ergeben als Mischpolymerisate Formteile genügender Festigkeit wie z. B. Polyethylen und Polypropylen. Die meisten Mischungen der übrigen Plaste sind aber im erstarrten Zustand unverträglich. Beim Abkühlen der Formlinge entmischen sich die Moleküle, weil Abstoßungskräfte zwischen den unterschiedlichen Teilchen größer sind als die Anziehungskräfte. Außerdem stören evtl. vorhandene Weichmacher. Das Formteil besitzt geringe mechanische Festigkeit.

Mischungen von Kunststoffabfällen wie z. B. Materialien von Verpackungen, die aus Polyethylen PE, Polypropylen PP, Polyvinylchlorid PVC, Polystyrol PS, Polyethylenglycol-terephthalat PET bestehen können, sind kaum sortierbar, da sich die einzelnen Arten zumindest z. T. nicht oder wenig im Aussehen unterscheiden. Eine Kennzeichnung der Formartikel hinsichtlich des verwendeten Werkstofftyps könnte helfen, reine Fraktionen zu gewinnen.

Nur Polyethylen und Polypropylen sind nach dem Schreddern aus Mischungen von anderen Kunststoffen durch Wasser trennbar. Sie besitzen eine geringere Dichte als Wasser, die übrigen Kunststoffe dagegen eine größere Dichte.

Es besteht auch die Möglichkeit, zerkleinerte polare Kunststoffe von unpolaren – z. B. Polyvinylchlorid von Polyethylen – in elektrostatischen Freifallscheidern zu trennen.

Gebrauchte Duroplaste können nicht wieder als Werkstoff nutzbar gemacht werden, da sie nicht schmelzen. Bei der Werkstoffwahl für ein Produkt sollten deshalb recycelbare Thermoplaste bevorzugt werden, wenn nicht spezifische Eigenschaften der Duroplaste zu fordern sind. Auch durch die Gestaltung und konstruktive Anwendung von Plastteilen kann ein Recycling unterstützt werden (Senkung der Werkstoffmenge z. B. durch vertretbare geringere Wanddicken der Teile und Versteifungen durch Rippen u. dgl.; leichtere Demontage durch formschlüssiges Fügen von Teilen anstelle von Kraftschluss durch Verschweißen, Verkleben).

Durch **Pyrolyse** (thermische Zerlegung unter Luftabschluss zwischen ca. 400 und 700 °C) oder durch **Hydrierung** von Kunststoffen (und Altgummi) ist die Gewinnung von **Rohstoffen** möglich. Auch ölverseuchte Böden können durch Pyrolyse behandelt werden. Es entstehen in etwa gleiche Gewichtsanteile Gas (vor allem Methan, Ethan, Propan) und Öle mit höherem Aromaten-Gehalt. Das Gas und die Abwärme werden für Heizzwecke genutzt. Problematisch ist aber dabei wiederum die Entstehung von HCl-Gas, krebserregenden organischen Chlorverbindungen (Dioxine, Furane) aus PVC-Anteilen der Abfälle, Ruß und anderen Nebenprodukten. Koksartige Schlacken müssen deponiert werden. Dagegen ist aber einzuwenden, dass diese Verarbeitung kostenintensiv und teurer ist als Rohöl.

Polymethylmethacrylat ist durch sauerstofffreies Erhitzen in seine Monomere zerlegbar.

Perspektivisch kann der Schwerpunkt der Verwertung von Kunststoffen jedoch nicht auf der werkstofflichen und rohstofflichen Seite liegen. Zum einen werden so viele Produkte aus weniger festem Material nicht gebraucht. Gegen eine Aufarbeitung zu Verpackungen für Lebensmittel sprechen hygienische Gründe.

Da jedoch die Ausgangsstoffe der Kunststoffe aus Erdöl gewonnen werden und die größte Menge der Erdölimporte ohnehin für die Energiegewinnung verwendet wird, ist ein direktes **Verbrennen** von gebrauchten Plasten (bei hohen Temperaturen) zu diesem Zweck sinnvoll, denn für die Pyrolyse ist Energie zusätzlich aufzuwenden.

Kunststoffabfälle, die als Mischung anfallen, sowie Duroplaste werden bei hohen Temperaturen verbrannt. Sie werden der Müllverbrennung zugeführt und zur Erzeugung von Wärme und Strom genutzt. Sozusagen auf dem Umweg über die energiereichen Kunststoffe wird Erdöl ein zweites Mal genutzt. Das Verbrennen entlastet auch das Müllvolumen.

Allerdings bestehen hierbei die bereits genannten Gefahren durch entstehende Abgase. Gefahren gehen vor allem von Polyvinylchlorid durch entstehendes HCl-Gas aus. Es können bei zu niedrigen Temperaturen polychlorierte Dibenzodioxine und Dibenzofurane entstehen (vgl. Abschnitt 13.3.2).

Nur in Anlagen, die eine Hochtemperaturverbrennung und wirksame Abgasreinigung gewährleisten, können diese Gefahren vermieden werden.

Altgummi, z. B. Altreifen, sind in Anlagen, die mit hohen Temperaturen betrieben werden – z. B. in den Drehrohröfen der Zementwerke – als Heizmaterial verwendbar. Die organischen Anteile werden bei den hohen Temperaturen abgebaut. Gummi hat einen großen Heizwert. Beim Verbrennen entstehen erhebliche Mengen an Ruß. Auch für diese energetische Verwertung ist eine gründliche Abgasreinigung von Ruß und von dem SO_2, das aus dem Schwefelgehalt des Gummis stammt, notwendig.

Angesichts der großen Mengen von Plastwerkstoffen, die als Verpackungsmaterial verwendet werden, und der sich abzeichnenden Erdölverknappung sollten alle Möglichkeiten ausgeschöpft werden, die Menge der eingesetzten Kunststoffe zu reduzieren.

Die Gewinnung von Wertstoffen aus Abfällen leistet auch einen wirkungsvollen Beitrag zur Entlastung der Umwelt durch Senkung des Energie- und Wasserverbrauchs. So erspart die Aufbereitung von einer Tonne Altpapier zu neuem Papier das Abholzen von etwa 12–14 großen Bäumen, die zu Zellulose mit wesentlich größerem Energie- und Wassereinsatz verarbeitet werden, als beim Altpapierrecycling notwendig sind.

Aufgabe

Suchen Sie im Internet nach weiteren Möglichkeiten des Recyclings und ordnen Sie diese den voranstehenden Beispielen zu!

13.7.4 Müllverbrennung

Unsortierter Hausmüll und **Gewerbemüll** haben einen **Heizwert** von etwa 7–10 MJ/kg, nach Aussortieren von Biomüll, Glas, Metallen von ca. 12–19 MJ/kg (zum Vergleich: Rohbraunkohle 8 MJ/kg, Braunkohlenbrikett 20 MJ/kg, Steinkohle 27–32 MJ/kg, Heizöl 40–43 MJ/kg, lufttrockenes Holz und Papier 15 MJ/kg). Durch Kunststoffanteile wie auch durch Anteile von Papier und Holz steigt der Brennwert des Mülls.

Müll ist somit ein Energieträger. Wenn er der Energieerzeugung zugeführt wird, wie es das Gesetz verlangt, werden fossile Energieträger geschont und durch Verbrennen von Papier, Holzabfällen u. dgl. zumindest zum Teil CO_2-Mengen in die Atmosphäre zurückgeführt, die der Atmosphäre entstammen.

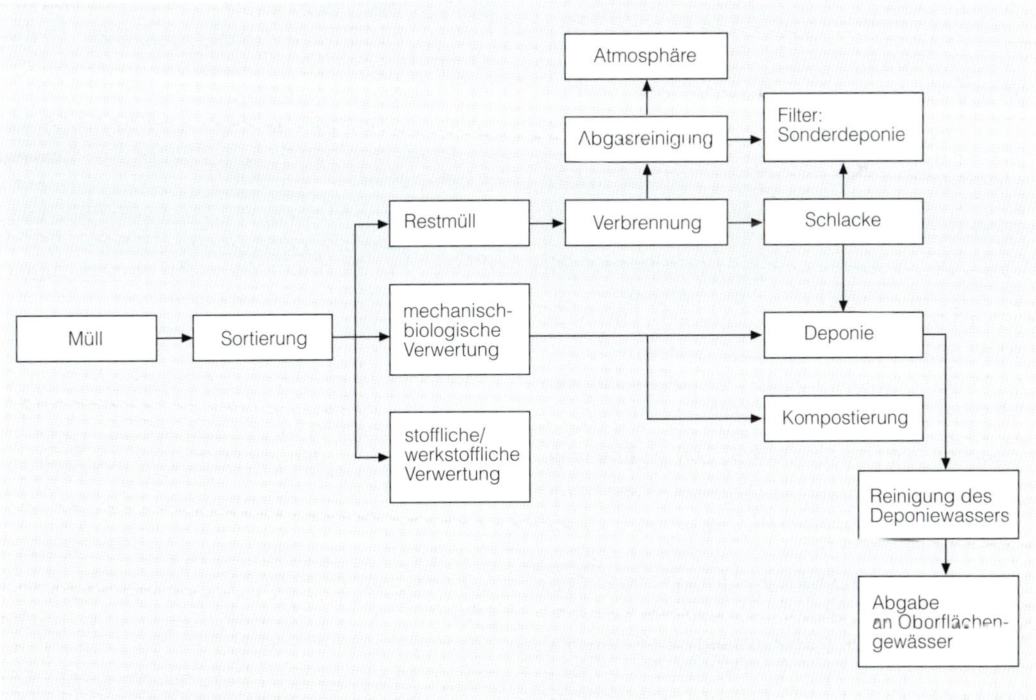

Abb. 13-10 **Vereinfachtes Schema der Müllbehandlungstechnologie**

Es ist gesetzlich vorgeschrieben, dass der in den verschiedenen Bereichen anfallende Müll nicht mehr unsortiert auf Halden deponiert oder verbrannt werden darf, sondern nur der ausgesonderte nicht anderweitig verwertbare Restmüll. Die **Abfall-/ Müllbehandlung** trennt den Müll in

- biologisch verwertbare Anteile (Aussieben mineralischer Teile für die Deponierung, Abtrennen verrottbarer biologischer Bestandteile für die Kompostierung),
- stofflich verwertbare Anteile (Abtrennen von Werkstoffen wie Metall, Glas u. a. für das Recycling),
- Restmüll für die Verbrennung zur Energiegewinnung.

Das umweltverträgliche Verbrennen erfolgt in Müllverbrennungsanlagen oder auch in großen Industrieanlagen, z. B. Drehrohröfen zusammen mit Brennstoffen (Kohle, Heizöl, nicht recycelbare Altöle, Sperrmüll, Verpackungsmaterial, Holzabfälle, Abfälle der Papier- und Zellstoffindustrie wie z. B. Lignin, duroplastische Kunststoffe, Überschuss an werkstofflich nicht verwertbaren Thermoplasten, evtl. Altreifen, auch Klärschlamm). Die Menge an Zusatzbrennstoff hängt von der Zusammensetzung des Mülls (Restmülls) ab, d. h. davon, wie viel brennbare Materialien enthalten sind. Die Zusammensetzung kann erheblich schwanken. Nicht jede Müll-/ Restmüllcharge kann ohne Abstimmung der Menge an Zusatzbrennstoffen auf die Müllbestandteile ökologisch gleichwertig entsorgt werden.

Die **Müllverbrennung** wird von Teilen der Bevölkerung kritisch beurteilt, weil die Wirksamkeit des Schadstoffabbaus bezweifelt und die Neubildung von sehr giftigen Schadstoffen und ihre Abgabe an die Atmosphäre befürchtet wird. Es stehen jedoch heute wirkungsvolle Anlagen und Technologien für die Müllverbrennung zur Verfügung. Sie garantieren sowohl eine thermische Zerstörung im Müll vorhandener umweltschädigender Substanzen als auch die Verhinderung einer Neubildung von Giftstoffen sowie die Einhaltung der Emissionswerte, wenn die gesetzlichen Bestimmungen für den Betrieb der Anlagen exakt eingehalten werden.

- An erster Stelle steht die Verbrennung bei hoher Temperatur > 850 °C (vgl. Abschnitt 13.3.3). Schwelender Abbrand ist sehr gefährlich. Durch PVC-Verpackungen kann HCl-Gas entstehen, und bei zu niedriger Verbrennungstemperatur bilden sich polychlorierte Dioxine, Difurane und andere schädliche Verbindungen. Die optimalen Bildungstemperaturen für die chlorierten organischen Verbindungen liegen bei 300 bis 400 °C. Ihre Entstehung sinkt bis ca. 600 °C. Bis zur völligen Zerstörung der Dioxine und Difurane sind Temperaturen über 850 °C notwendig. Es darf somit nicht an Zusatzbrennstoff gespart werden, um diese Temperaturgrenze sicher zu überschreiten.
- Des Weiteren müssen die Rauchgase in Filteranlagen und Absorbern wirksam gereinigt werden. (Entfernung von HCl-Gas, Entschwefelung, Adsorption von Stickoxiden)
- Mit Schwermetallen belastete Schlacken sind sicher zu deponieren. Studien haben ergeben, dass im aussortierten Restmüll, der verbrannt wird, und damit in den Schlacken höhere Konzentrationen an Hg, Cd, Pb, Zn vorliegen als im unsortierten Müll.
- Das Deponiewasser muss vor der Einleitung in Oberflächengewässer von gelösten Schadstoffen (Schwermetalle) befreit werden.
- Es dürfen auch keine sehr gefährlichen Abfälle mit verbrannt werden. Sie gehören in **Sondermüllverbrennungsanlagen.**
- Aufmerksamkeit und Verantwortungsgefühl der Arbeitnehmer, die an den Sortieranlagen eingesetzt sind, Pflichtbewusstsein der Betriebsleitung gegenüber der Einhaltung gesetzlicher Bestimmungen und die Überwachung der Reinigungsanlagen, um die kritischen Emissionswerte zu unterschreiten, sind zum Schutz der Bevölkerung und der Umwelt dringend geboten.

Die Sortierung des Mülls und die Restmüllverbrennung sind nach folgenden Gesichtspunkten ökologisch zu bewerten:

- Schutz der Umwelt und des Menschen bei Einhaltung gesetzlicher Vorschriften für den Betrieb der Müllverbrennungsanlage,
- Schonung der Energieressourcen (Kohle-, Erdöllagerstätten) durch Substitution von fossilen Brennstoffen,
- teilweise Rückführung von CO_2 in die Atmosphäre
- Schonung der Stoffressourcen (Rohstofflager) durch Gewinnung von Wertstoffen,
- Schonung des Deponievolumens durch Reduzierung des Müllvolumens,
- Nachsorgefreie Deponierung belasteter Schlacken in Sondermülldeponien.
- Die Gewichts- und Volumenminderung ist für den Schlackentransport und die geordnete Ablagerung auf Deponien ein weiterer Effekt.

13.8 Aufgaben zur Wiederholung von Kapitel 13

Aufgaben

1. Was versteht man unter Umwelt und Ökosystemen?
2. Welche Aufgaben besitzen produktionsintegrierter und additiver Umweltschutz?
3. Durch welche Maßnahmen im industriellen Bereich kann die Klimaerwärmung aufgehalten werden?
4. Wie kann im konsumtiven Bereich der Klimaschutz unterstützt werden?
5. Was versteht man unter Schadstoffen bzw. Gefahrstoffen lt. Chemikaliengesetz bzw. Gefahrstoffverordnung?
6. Woraus ergibt sich die Gefährlichkeit von Schadstoffen?
7. Welche Schadwirkungen gehen von anorganischen Gefahrstoffen aus?
8. Welche Schadwirkungen gehen von organischen Gefahrstoffen aus?
9. Wie breiten sich Schadstoffe aus?
10. Wie sind die Begriffe Emission und Immission im Bundesimmissionsschutzgesetz definiert?
11. Durch welche Maßnahmen sowie Verfahren kann die Reinhaltung der Luft gewährleistet werden?
12. Was ist unter MAK, ARW, BAT und MRK zu verstehen?
13. Welche Verfahren eignen sich für die Ermittlung und Messung von Luftschadstoffen?
14. Wie wird das Wasser durch die verschiedenen gesellschaftlichen Bereiche mit Schadstoffen belastet?
15. Welche Möglichkeiten gibt es, die Belastungen des Wassers zu mindern oder zu vermeiden?
16. Erläutern Sie die Wirkung der einzelnen Verfahrensschritte bei der Abwasserbehandlung in kommunalen Kläranlagen!
17. Was versteht man unter Wassergüteklassen, Wassergefährdungsklassen und Einwohnergleichwert?
18. Durch welche Maßnahmen kann stärker belastetes industrielles Abwasser gereinigt werden?
19. Welche Verfahren eignen sich für die Ermittlung und Messung von Wasserschadstoffen?
20. Wie werden folgende Werte ermittelt: BSB_5, CSB, TOC, TSB, AOX?
21. Welche Stoffe schädigen vor allem den Boden?
22. Wie kann der Boden vor Schadstoffen geschützt werden?
23. Welche Möglichkeiten bestehen, belastete Böden zu sanieren?
24. Welche Verfahren eignen sich, Bodenschadstoffe aufzuspüren und zu analysieren?
25. Was beinhaltet das Kreislaufwirtschafts- und Abfallgesetz?
26. Weshalb wird die Erzeugung von Biogas in Zukunft größere Bedeutung erlangen?
27. Welche Bedeutung besitzt das Recycling? Welche Stoffe eignen sich für das Primärrecycling?
28. Was versteht man unter Sekundärrecycling? Was beinhaltet die Forderung nach „umweltverträglicher“ Müllverbrennung?

14 Elektrotechnik / Elektronik

14.1 Grundbegriffe

Leiter

Legt man an einen Kupferdraht eine Spannung an, so erfolgt ein Ladungstransport. Gleiches gilt für Elektrolytlösungen beliebiger Zusammensetzung, beispielsweise Kaliumnitratlösung. Dennoch existieren Unterschiede bei den verschiedenen Formen des Ladungstransportes. Man differenziert deshalb zwischen **Leitern 1. Ordnung** und **Leitern 2. Ordnung.** Bei Leitern 1. Ordnung wird der Ladungstransport durch Elektronen realisiert. Zu dieser Gruppe gehören alle Metalle. Leiter 2. Ordnung hingegen besitzen Ionen als Ladungsträger. Hierzu zählen Elektrolytlösungen, Salzschmelzen und ionisierte Gase.

Alle Stoffe, die nach Anlegen einer Spannung in der Lage sind, Ladungen zu transportieren, bezeichnet man als Leiter.

Aufgabe

Informieren Sie sich zur Wiederholung im Teil 1, Abschnitt 7.5 über das Wesen der Metallbindung und überprüfen Sie Ihre Kenntnisse bezüglich der dort aufgeführten Merkmale über Leiter, Isolatoren und Halbleiter!

Halbleiter

Die Bezeichnungsweise dieser Stoffe lässt bereits auf ihre charakteristischste Eigenschaft schließen. Der Ladungstransport ist gegenüber den echten Leitern deutlich eingeschränkt, erfolgt aber wie bei diesen durch Elektronen. Die Intensität der Leitungseigenschaften ist stark temperaturabhängig. Bei tiefen Temperaturen liegt er praktisch als Nichtleiter vor. Mit steigender Temperatur sinkt der Widerstand, und ein Ladungstransport wird möglich. Ursache hierfür ist die zunehmende kinetische Energie der Teilchen, insbesondere der Elektronen im Halbleiter selbst. Diese können die Atomhülle verlassen und somit Lücken erzeugen. Unter Einfluss einer Spannung setzt dann eine Elektronenwanderung ein (vgl. Bändermodell Teil 1, Abschnitt 7.5).

Neben der Temperatur hat der Einbau von Fremdatomen wesentliche Wirkungen auf das Leitvermögen. Diese Methode der Veränderung der Leitungseigenschaft wird als **Dotierung** bezeichnet. Es wird zwischen zwei Formen der Dotierung unterschieden. Bei Einbau von Atomen, die mehr Valenzelektronen als die Halbleiteratome besitzen, spricht man von einer n-Leitung, im umgekehrten Fall von einer p-Leitung. Allgemein wird dies auch als Störstellenleitung bezeichnet (Abb.14-1).

Eine anschauliche Darstellung der Leitungsvorgänge erlaubt das Bänder-Modell. Als Bänder werden unmittelbar benachbarte Energieniveaus bezeichnet. Hierbei wird zwischen einem Valenzband und einem Leitfähigkeitsband unterschieden. Bei freier Bewegungsmöglichkeit zwischen den Bändern tritt elektrische Leitfähigkeit ein. Voraussetzung dafür sind aber nicht besetzte Zustände in den Orbitalen.

Liegen p- und n-Regionen nebeneinander, kommt es zur Ausbildung einer **Sperrschicht** (Abb. 14-2).

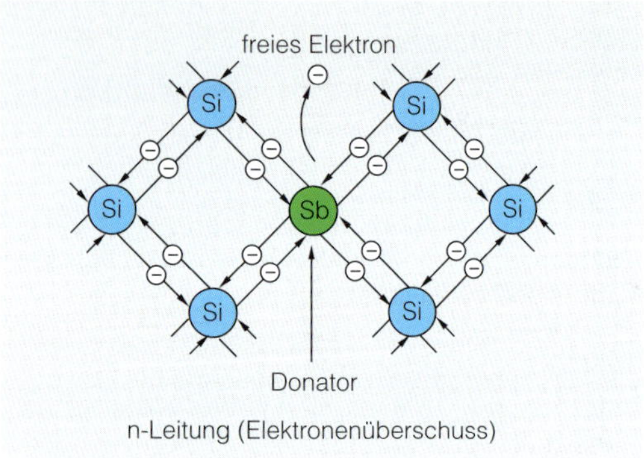

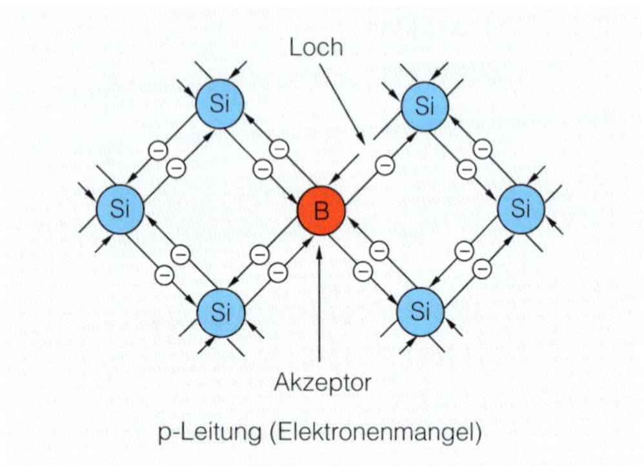

Abb. 14-1 n- und p-Leitung bei Halbleitern

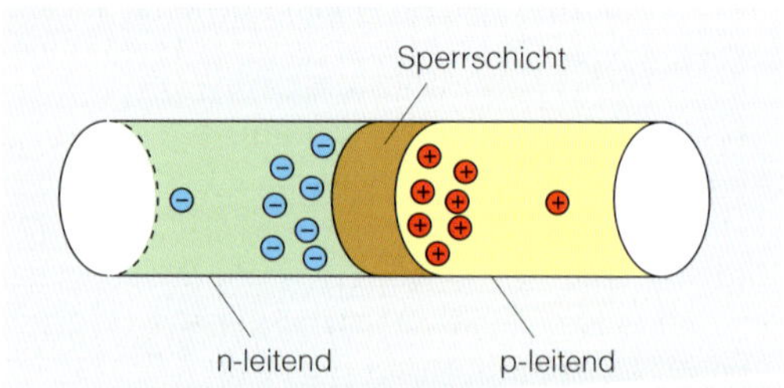

Abb. 14-2 Ausbildung einer Sperrschicht

Zwischen den p- und n-Regionen setzt infolge Elektronentransfer eine Polarisierung (p-Seite – positive Ladung, n-Seite – negative Ladung) ein. Es bildet sich ein Gleichgewichtszustand aus, der durch äußere Einflüsse wie z. B. elektrische Spannung gestört wird.

Üblicherweise werden als typische Halbleitermaterialien die Elemente Silicium und Germanium betrachtet. Daneben gibt es aber eine Vielzahl chemischer Verbindungen, die ebenfalls Halbleitereigenschaften besitzen. Dazu gehören beispielsweise Titandioxid, Siliciumcarbid oder auch Galliumarsenid.

> Halbleiter besitzen gegenüber den Leitern ein eingeschränktes Leitungsvermögen. Durch Dotierung können die Leitungseigenschaften verändert werden. Bei Kombination von p- und n-Leitung kommt es zur Ausbildung von Sperrschichten.

Nichtleiter

Nichtleiter haben einen ausgesprochen großen Widerstand. Somit ist kein Ladungstransport möglich. Ihr spezifischer Widerstand liegt etwa in der Größenordnung von 10^{16} – 10^{17} $\Omega \cdot mm^2 \cdot m^{-1}$. Klassische Nichtleiter sind Glas, Keramik und Kunststoffe. Daher werden sie als **Isolatoren** oder **Dielektrika** verwendet. Die typische Kenngröße eines Dielektrikums ist die Dielektrizitätskonstante (ε). Sie gibt an, um wie viele Größenordnungen der betreffende Stoff besser isoliert als das Vakuum.

Spannung

Der Begriff Spannung gibt an, welche Arbeit oder Energie notwendig ist, um eine bestimmte Ladung entlang eines elektrischen Feldes zu bewegen. Spannungen bauen sich zwischen entgegengesetzt geladenen Polen auf. In der Elektrochemie wird die Spannung auch als **Elektromotorische Kraft (EMK)** zwischen einer negativen und positiven Elektrode bezeichnet. An einem Pol herrscht Elektronenmangel (Pluspol), am anderen Elektronenüberschuss (Minuspol). Die Elektronen bewegen sich daher vom Minus- zum Pluspol. Die technische Stromrichtung ist jedoch aus historischen Gründen vom Plus- zum Minuspol festgelegt. Als Symbol wird der Buchstabe U verwendet. Die Einheit der Spannung ist das **Volt (V),** benannt nach dem italienischen Physiker Alessandro Graf VOLTA (1745–1827), der das erste galvanische Element baute.

> Das Volt ist eine abgeleitete SI-Einheit und bezeichnet die elektrische Spannung zwischen zwei Punkten eines homogenen metallischen Leiters konstanter Temperatur, in dem bei konstanter Stromstärke von 1 Ampere eine Leistung von 1 Watt umgesetzt wird.

Es gilt: $1\ V = 1\ W \cdot A^{-1}$
$= 1\ m^2 \cdot kg \cdot s^{-3} \cdot A^{-1}$

Stromstärke

Die Stromstärke wird mit dem Symbol I bezeichnet und in **Ampere** gemessen. Sie ist eine Basisgröße des SI-Systems. Der Name geht auf den französischen Physiker André Marie AMPÈRE (1775 –1836), der als Begründer der Magnetismustheorie gilt, zurück. Für die Stromstärke gibt es eine offiziell festgelegte Definition. Sie lautet:

> Ein Ampere ist die Stärke eines zeitlich unveränderlichen elektrischen Stromes, der durch zwei im Vakuum im Abstand von einem Meter angeordnete, geradlinige unendlich lange Leiter von vernachlässigbar kleinem, kreisförmigen Querschnitt fließend die Kraft von $2 \cdot 10^{-7}$ Newton hervorruft.

Elektrische Ladung

Die elektrische Ladung wird auch als Elektrizitätsmenge oder Ladungsmenge bezeichnet. Man versteht darunter das Produkt aus Stromstärke und Zeit. Sie wird mit der Einheit **As** angegeben.

$$Q = I \cdot t$$

Es gilt: $1\ C = 1\ A \cdot s$

Die kleinste Ladungsmenge haben die Elementarteilchen Elektron und Proton mit einem Betrag von $1{,}602 \cdot 10^{-19}$ C. Das Coulomb leitet sich von dem Namen des französischen Ingenieurs Charles Augustin COULOMB (1736–1806) ab.

Widerstand

Jeder stromdurchflossene Leiter setzt diesem einen **Widerstand** entgegen. Der Begriff wird gleichermaßen für die elektrische Größe wie auch für das Bauelement verwendet (vgl. 14.4.1). Als Widerstand bezeichnet man den Quotienten aus Spannung und Stromstärke.

$$R = \frac{U}{I}$$

Der Zusammenhang zwischen Spannung und Stromstärke wird als **OHM'sches Gesetz,** benannt nach dem Entdecker Georg Simom OHM (1789–1854), bezeichnet. Es lautet in der Formeldarstellung:

$$U \sim I$$

Spannung und Stromstärke sind also direkt proportional zueinander. Diese Gesetzmäßigkeit gilt allerdings nur bei konstanter Temperatur. Die Einheit des Widerstandes ist das Ohm (Ω).

Es gilt: $1\ \Omega = 1\ V \cdot A^{-1} = 1\ kg \cdot m^2 \cdot A^{-2} \cdot s^{-3}$

Ein Ohm ist gleich dem elektrischen Widerstand zwischen zwei Punkten eines metallischen Leiters konstanter Temperatur, durch den bei der elektrischen Spannung von 1 Volt ein unveränderlicher Strom von 1 Ampere fließt.

Leitwert

Eine in der Elektrochemie oft verwendete Größe ist der sogenannte Leitwert G. Er ist das Reziproke des Widerstandes.

$$G = \frac{1}{R}$$

Die Einheit des Leitwertes ist das **Siemens (S).** Ein Siemens ist ein Ω^{-1}. Das Siemens wurde nach dem deutschen Ingenieur Werner von SIEMENS (1816–1892), benannt. Demgegenüber steht der **Spezifische Widerstand,** eine temperaturabhängie Größe. Er wird mit dem Symbol ϱ bezeichnet. Es gilt folgender Zusammenhang:

$$R = \frac{\varrho \cdot l}{A}$$

(R = Widerstand; ϱ = spezifischer Widerstand; l = Länge des Leiters; A = Querschnitt des Leiters)

Diese Gesetzmäßigkeit trägt die Bezeichnung Widerstandsgesetz. Die Werte für den spezifischen Widerstand einiger Stoffe können der Übersicht 14-1 entnommen werden.

Spezifische elektrische Widerstände bei 20 °C in $\Omega \cdot mm^2 \cdot m^{-1}$

Stoff	Spezifischer Widerstand
Gold	0,02
Silber	0,016
Kupfer	0,0172
Konstantan	0,5
Wolfram	0,055
PVC	10^{14}–10^{15}
Chromnickel	1,1
Glas	10^{17}
Eisen	0,1
Hartgummi	10^{12}–10^{18}
Aluminium	0,028
Paraffin	10^{22}

Übersicht 14-1

14.2 Gesetzmäßigkeiten im Gleichstromkreis

Gleichstrom kann durch verschiedene technische Bauteile, zum Beispiel Gleichrichter, aus Wechselstrom erzeugt werden und fließt immer in dieselbe Richtung. Auch **galvanische Elemente** liefern stets Gleichstrom. Beim Aufbau elektrischer und elektronischer Schaltungen müssen daher wichtige Grundregeln beachtet werden.

Man unterscheidet zunächst zwischen einem unverzweigten und verzweigten Stromkreis (Abb. 14-3). Daraus, und aus der Anzahl der Spannungsquellen, ergeben sich die sogenannten **KIRCHHOFF'schen Gesetze.**

1. KIRCHHOFF'sches Gesetz (Knotensatz)
In einem verzweigten Stromkreis ergibt sich der Gesamtstrom aus der Summe der einzelnen Zweigströme.

$$I_{\text{gesamt}} = I_1 + I_2 + I_n$$

2. KIRCHHOFF'sches Gesetz (Maschensatz)
In einem unverzweigten Stromkreis sind die Summen der inneren und äußeren Spannungsabfälle und der Quellenspannungen gleich.

$$\Sigma U = \Sigma_q$$

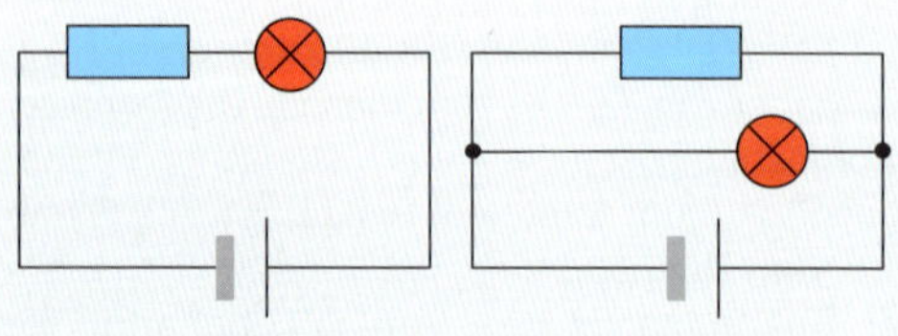

Abb. 14-3 **a) unverzweigter Stromkreis**
b) verzweigter Stromkreis

Der Begriff **Quellenspannung** bezeichnet die Leerlaufspannung bei nicht geschlossenem Stromkreis. Wird der Stromkreis geschlossen, so fällt, bedingt durch den Innenwiderstand der Spannungsquelle, die Spannung geringfügig (Spannungsabfall). Die Differenz aus Quellenspannung und Spannungsabfall wird als Klemmenspannung bezeichnet.

$$U_\mathrm{K} = U_\mathrm{q} - U_\mathrm{i}$$

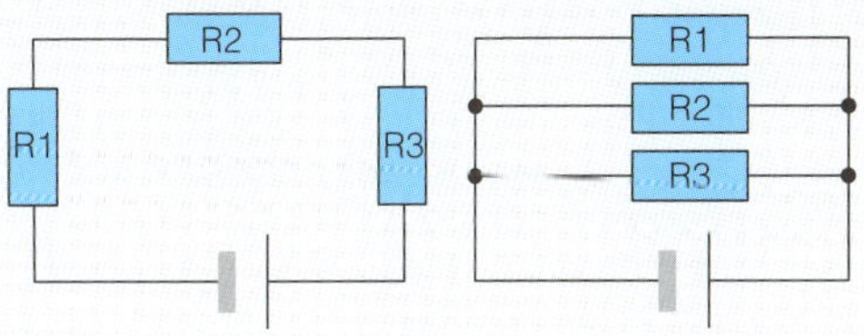

Abb. 14-4 Schaltung von Widerständen
a) Reihenschaltung
b) Parallelschaltung

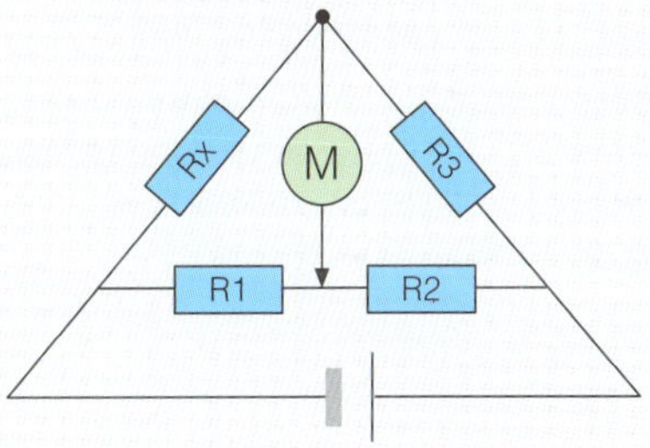

Abb. 14-5 WHEATSTONE'sche Brückenschaltung

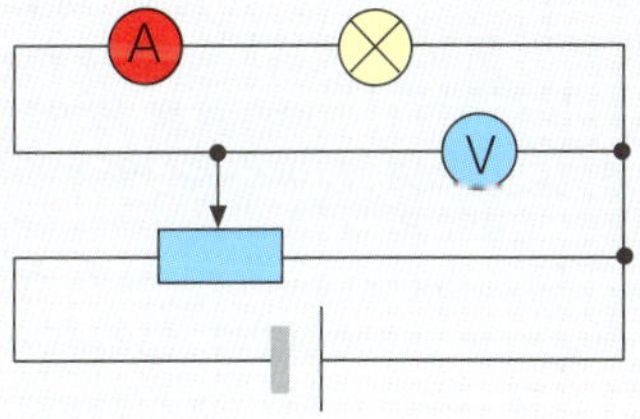

Abb. 14-6 Spannungsteilerschaltung

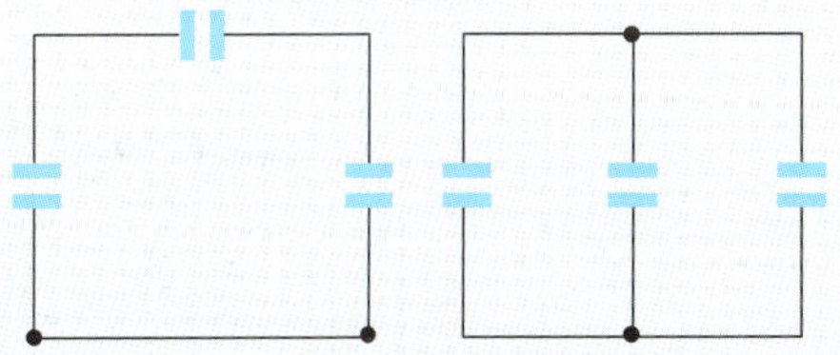

Abb. 14-7 Schaltung von Kondensatoren
a) Reihenschaltung
b) Parallelschaltung

Besondere Bedeutung kommt der Schaltung von Widerständen und Kondensatoren zu. Es wird zwischen Reihen- und Parallelschaltung differenziert (Abb 14-4). Für Widerstände gelten dabei folgende Gesetzmäßigkeiten:

Reihenschaltung
Der Gesamtwiderstand errechnet sich aus der Summe der Einzelwiderstände.

$$R_\mathrm{gesamt} = R_1 + R_2 + R_\mathrm{n}$$

Parallelschaltung
Das Reziproke des Gesamtwiderstandes errechnet sich aus der Summe der Reziproken der Einzelwiderstände.

$$\frac{1}{R_\mathrm{gesamt}} = \frac{1}{R_1} + \frac{1}{R_2} + \frac{1}{R_\mathrm{n}}$$

Werden nur zwei Widerstände parallel geschaltet, vereinfacht sich die Gleichung:

$$R = \frac{R_1 \cdot R_2}{R_1 + R_2}$$

Besondere Formen des Zusammenwirkens von Widerständen sind **WHEATSTONE'sche Brückenschaltung** (Abb. 14-5) und **Spannungsteilerschaltung** (Abb. 14-6).

$$R_\mathrm{x} = R_3 \cdot \frac{R_1}{R_2}$$

Die WHEATSTONE'sche Brückenschaltung ist so gebaut, dass der Messzweig praktisch stromlos ist. Anwendung findet sie als Grundschaltung in Konduktometern zur Bestimmung der Leitfähigkeit. Die Spannungsteilerschaltung ermöglicht, wie der Name bereits ausdrückt, über den regelbaren Widerstand, Teilspannungen abzugreifen.

Kondensatoren verhalten sich im Gleichstromkreis genau umgekehrt. Auch hier unterscheidet man Reihen- und Parallelschaltung (Abb. 14-7).

Hierbei gelten folgende Gesetzmäßigkeiten:

Reihenschaltung
Das Reziproke der Gesamtkapazität ergibt sich als Summe der Reziproken der Einzelkapazitäten.

$$\frac{1}{C_\mathrm{gesamt}} = \frac{1}{C_1} + \frac{1}{C_2} + \frac{1}{C_\mathrm{n}}$$

Parallelschaltung
Die Gesamtkapazität errechnet sich aus der Summe der Einzelkapazitäten.

$$C_\mathrm{gesamt} = C_1 + C_2 + C_\mathrm{n}$$

14.3 Gesetzmäßigkeiten im Wechselstromkreis

Wechselstrom zeichnet sich durch eine periodische Änderung seiner Schwingungsrichtung aus. Grafisch gesehen handelt es sich um eine Sinusfunktion. Er besitzt also eine positive und eine negative Halbwelle. Im Wechselstromkreis unterscheidet man verschiedene Widerstände. Übersicht 14-8 ermöglicht einen genaueren Überblick. Der aus dem Gleichstromkreis bekannte OHM'sche Widerstand heißt hier jedoch Wirkwiderstand. Daneben gibt es den Blindwiderstand. Dieser wird in Abhängigkeit vom Bauteil als **kapazitiver Widerstand** beim Kondensator oder **induktiver Widerstand** bei einer Spule bezeichnet. Beide verursachen eine **Phasenverschiebung** (Abb. 14-8). Darunter versteht man eine Phasendifferenz zwischen Strom und Spannung um $\pi/2$.

Einteilung der Widerstände im Wechselstromkreis

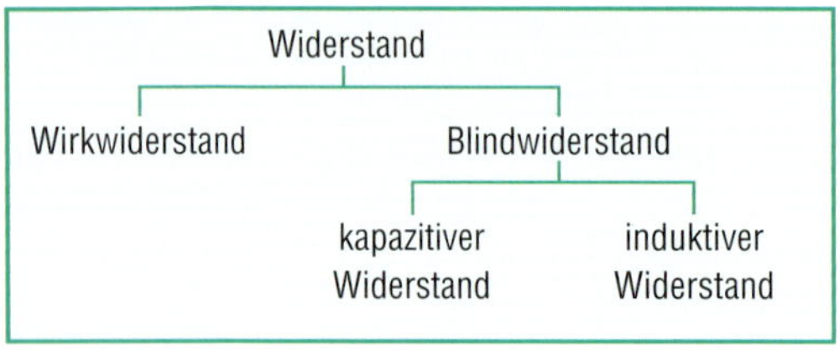

Übersicht 14-2

Im Fall eines ausschließlich kapazitiven Widerstandes eilt der Strom der Spannung voraus, bei einem induktiven Widerstand bestehen genau umgekehrte Verhältnisse. Bei OHM'schen Widerständen tritt keine Phasenverschiebung auf.

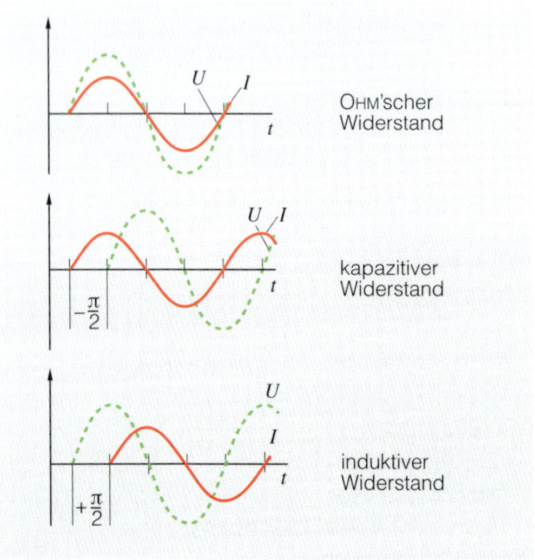

Abb. 14-8 Phasenverschiebung

14.4 Bauelemente in der Elektrotechnik/Elektronik

Eine elektronische Schaltung,wie auch ein Mikroprozessor, besteht aus einer Vielzahl von Bauelementen mit unterschiedlichem Aufbau und ebenso unterschiedlicher Funktion. Die Anforderungen der modernen Industriegesellschaft stellen die Entwickler und Produzenten der Bauteile immer wieder vor neue Herausforderungen. Der Trend geht immer mehr zur weiteren Miniaturisierung bis hin zur Nanotechnologie. Weiterhin spielen ein möglichst geringer Energieverbrauch und ermüdungsarme Materialien eine zentrale Rolle. In den Blickpunkt rücken zusätzlich umweltfreundliche und rohstoffschonende Verfahren zur Herstellung der entsprechenden Produkte. Dennoch sind die Klassiker unter den Bauelementen gegenwärtig nicht grundsätzlich zu verdrängen. Die Neuzeit hat eine nahezu unübersehbare Zahl von Produkten mit teilweise speziellen Verwendungszwecken hervorgebracht. Daher werden in den folgenden Kapiteln die wichtigsten Gruppen in Aufbau und Funktion an ausgewählten Beispielen betrachtet.

Prinzipiell unterscheidet man **aktive** und **passive** Bauelemente. Zur ersteren Gruppe gehören beispielsweise Transistoren, zur letzteren unter anderem Widerstände.

14.4.1 Widerstände

Jeder Stoff setzt dem Elektronenfluss bei Anlegen einer Spannung einen Widerstand entgegen. Dies äußert sich in einem Spannungsabfall und Umwandlung elektrischer Energie in Wärmeenergie. Dem müssen Widerstände in ihrem Aufbau Rechnung tragen. Prinzipiell ist also ein temperaturbeständiges Trägermaterial erforderlich. Am häufigsten wird Keramik verwendet. Die Widerstandswerkstoffe (vgl. Übersicht 14-2) selbst sind sehr unterschiedlich und richten sich nach dem jeweiligen Einsatzgebiet und der Bauform. Diesbezüglich unterscheidet man feste und veränderliche Widerstände. Abb. 14-10 zeigt einige typische Vertreter.

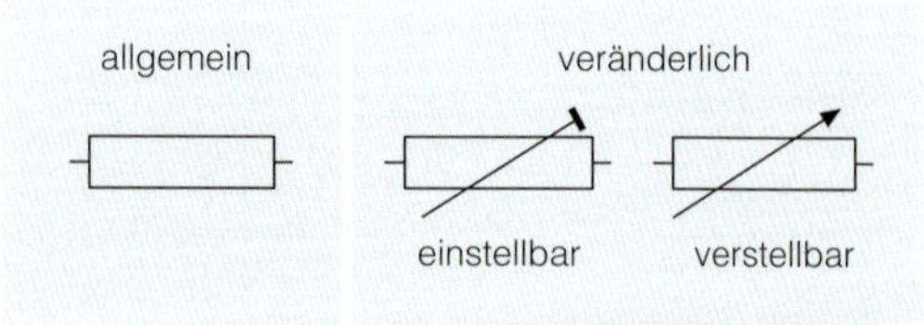

Abb. 14-9 Schaltzeichen (Funktionssymbole) für Widerstände

Das Aufbauprinzip eines Festwiderstandes ist in Abb. 14-11 dargestellt. Veränderliche Baureihen besitzen entsprechende Schleifkontakte, die eine Einstellung beliebiger Werte ermöglichen.

Widerstände werden in festgelegter Art und Weise bezeichnet. Bei größeren Formen sind die Parameter, wie Widerstandswert, Toleranz usw., aufgedruckt. Häufig wird aber ein Farbcode verwendet, der international festgelegt ist (Übersicht 14-4).

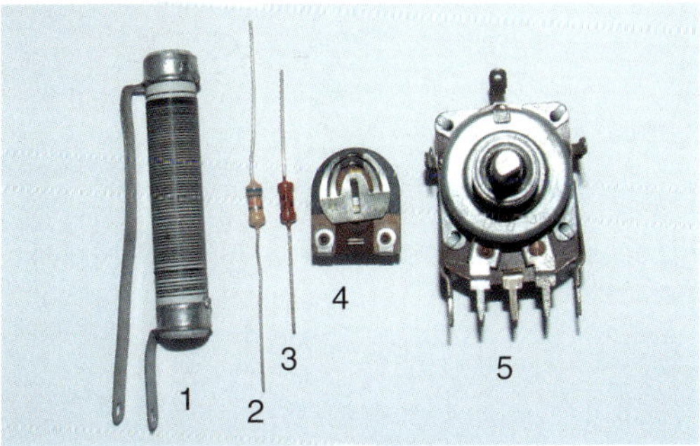

Abb. 14-10 Bauformen von Widerständen
1–3 Festwiderstände
4 Einstellregler
5 Potenziometer

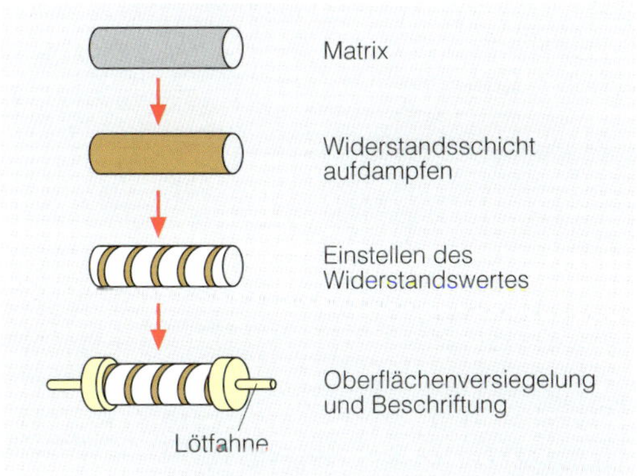

Abb. 14-11 Aufbauprinzip eines Festwiderstandes

Ausgewählte Widerstandsmaterialien

Kohlenstoff in Form von Glanzkohle
Sinterkohlenstoff
Konstantan (Cu-Ni-Legierung)
Chromnickel
Borkohle
Chrom-Aluminium-Eisen-Legierung
Siliciumcarbid

Übersicht 14-3

Farbtabelle für Widerstände

Farbe	1. Ring	2. Ring	3. Ring	4. Ring
ohne	–	–	–	±20 %
silber	–	–	x 0,01	±10 %
gold	–	–	x 0,1	± 5 %
schwarz	–	0	–	–
braun	1	1	x 10^1	± 1 %
rot	2	2	x 10^2	± 2 %
orange	3	3	x 10^3	–
gelb	4	4	x 10^4	–
grün	5	5	x 10^5	–
blau	6	6	x 10^6	–
violett	7	7	x 10^7	–
grau	8	8	x 10^8	–
weiß	9	9	x 10^9	–

Übersicht 14-4

Das System soll am folgenden Beispiel erläutert werden. Ein Widerstand besitzt den

Farcode: 1. Ring gelb = 4
2. Ring grün = 5
3. Ring braun = x 10^1
4. Ring silber = ±10 %

$45 \times 10^1 = 450\ \Omega$
Toleranz = ±10 %, d. h. 405–495 Ω

Der Widerstand beträgt 450 Ω, der Toleranzbereich 405–495 Ω.

Aufgabe
Ermitteln Sie die Widerstandswerte sowie die Toleranz nachfolgend genannter Farbcodes!
a) grün / blau / gelb / gold
b) gelb / rot / braun / rot

14.4.2 Kondensatoren

Der Begriff Kondensator ist stets mit der Speicherung von elektrischen Ladungen verbunden, sofern es sich um den Einsatz im Gleichstromkreis handelt. Bei Wechselstromkreisen kommen Kondensatoren als Blindwiderstände zum Einsatz. Gemäß seiner Verwendung in elektronischen Schaltungen besitzt dieses Bauelement einen charakteristischen Aufbau, der für alle Bauformen Gültigkeit hat. Prinzipiell handelt es sich um zwei, durch ein Dielektrikum voneinander getrennte Platten aus Metall oder mit Metall beschichtete dielektrische Materialien (Abb. 14-12).

Ähnlich wie bei Widerständen werden Kondensatoren nach ihrer Bauform eingeteilt.

Einteilung der Kondensatoren nach ihrer Bauform

- Feste Bauformen
  - ohne Polung
  - mit Polung
- Veränderliche Bauformen
  - einstellbar
  - verstellbar

Übersicht 14-5

Daneben gibt es noch die Möglichkeit der Unterscheidung nach der Art des Dielektrikums und der Leitungsmaterialien bei Festkondensatoren. In Übersicht 14-6 sind dazu einige Beispiele aufgeführt.
Die Abb. 14-13 gibt das typische Aussehen von Festkondensatoren wieder.

Im Folgenden sollen drei Vertreter in Aufbau, Eigenschaften und Verwendung näher vorgestellt werden.

Metallpapierkondensatoren (Abb. 14-14) (MP-Kondensatoren) gehören zu den ungepolten Festkondensatoren. Auf das als Dielektrikum dienende Paraffinpapier wird zumeist eine Zinkschicht aufgedampft. Diese ist ausgesprochen dünn und bewirkt somit eine erhebliche Kapazitätszunahme bei vergleichsweise kleinen Abmessungen. Eine wesentliche Eigenschaft dieses Kondensators besteht darin, dass bei kurzzeitigem Anliegen einer zu hohen Spannung keine Schädigung erfolgt. Infolge

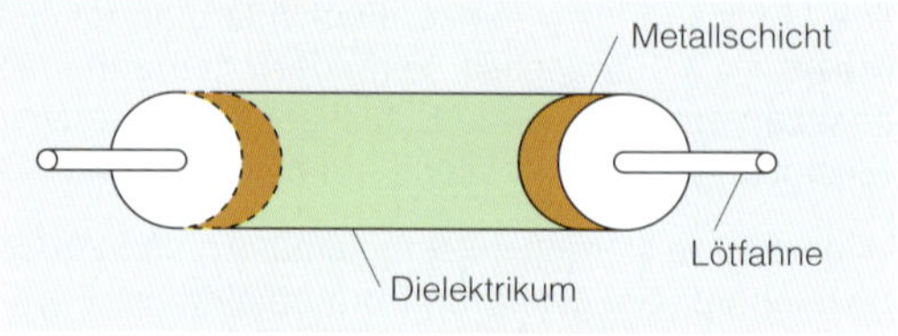

Abb. 14-12 Aufbauprinzip eines Kondensators

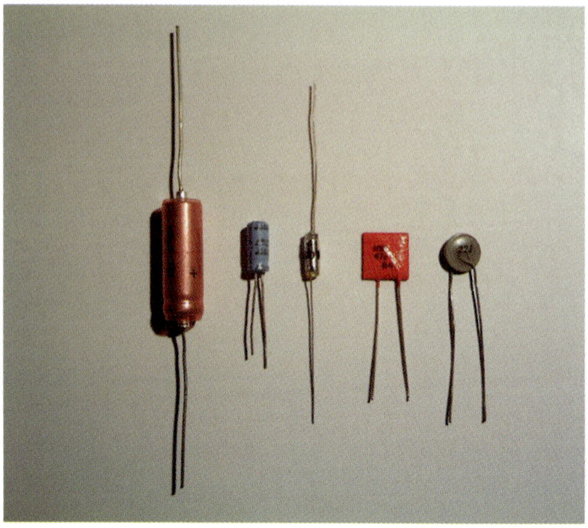

Abb. 14-13 Bauformen von Festkondensatoren

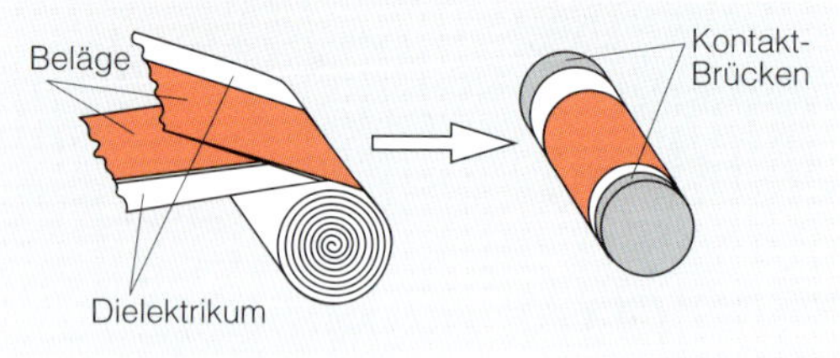

Abb. 14-14 Aufbau des MP-Kondensators

Einteilung nach Art des Dielektrikums und des Leitungsmaterials

Typ	Leitungsmaterial	Dielektrikum	Umhüllung
Keramikkondensatoren	aufgedampfte Metallschicht z. B. Silber	Keramik	Rohr- und Scheiben-kondensatoren
Papierkondensatoren	Metallfolien	Natron-Cellulose oder mit Paraffin getränkte Papiere	gehäuselos in Kunstharz oder in Metallbechern
Metall-Papier-Kondensatoren	aufgedampfte Metallschichten	Paraffinpapier	Gehäuse aus Aluminium
Elektrolytkondensatoren	Aluminiumfolie und Elektrolytlösung	Aluminiumoxid	Aluminiumbecher
Kunststofffoliekondensatoren	Metallfolien	z. B. Polystyrol	Metallbecher oder Keramik
Tantalkondensatoren	Tantal und Elektrolytlösung	Tantalpentoxid und Mangan(IV)-oxid	Sinterkörper

Übersicht 14-6

des Verdampfens des Metallbelages bei elektrischem Durchschlag, wird eine gleichzeitige Isolationswirkung hervorgerufen. Dieser Umstand wird auch als Selbstheilungsprozess bezeichnet. MP-Kondensatoren werden in vielen Bereichen eingesetzt, besonders dann, wenn eine hohe Sicherheit gewährleistet werden soll.

Elektrolytkondensatoren (Abb. 14-15) gehören zu den mit am häufigsten verwendeten Vertretern. Man unterscheidet sowohl gepolte als auch ungepolte Formen. Die neuzeitlichen Herstellungstechnologien haben zudem zu einer erheblichen Miniaturisierung geführt. Angesichts seines Funktionsprinzips und Aufbaus könnte man ihn auch als „elektrochemischen Kondensator“ bezeichnen. Als leitendes Material dient zum einen eine Aluminiumfolie als positiver Pol, die zur Oberflächenvergrößerung angeätzt sein kann. Der Elektrolyt besteht zum Beispiel aus Bor- oder Citronensäure. Über ihn wird die Verbindung zum Aluminiumbecher hergestellt. Das Dielektrikum, eine Oxidschicht, wird auf der Al-Folie direkt erzeugt und ist sehr dünn. Dies hat den Nachteil, dass nur eine geringe Durchschlagfestigkeit erreicht wird. Gepolte Elektrolytkondensatoren können ausschließlich für Gleichspannung eingesetzt werden. Für Anwendungen im Wechselspannungsbereich werden zwei Kondensatoren gegeneinander geschaltet. Der Aluminiumbecher als Gehäuse wird meist noch mit einer Kunststofffolie überzogen, auf der die Kenndaten des Kondensators aufgedruckt sind.

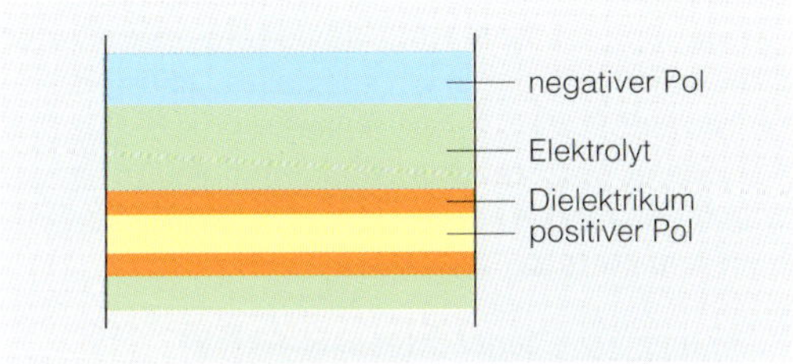

Abb. 14-15 Aufbau eines Elektrolytkondensators

Abb. 14-16 Gedruckte Schaltung mit einer Vielzahl von Elektrolytkondensatoren

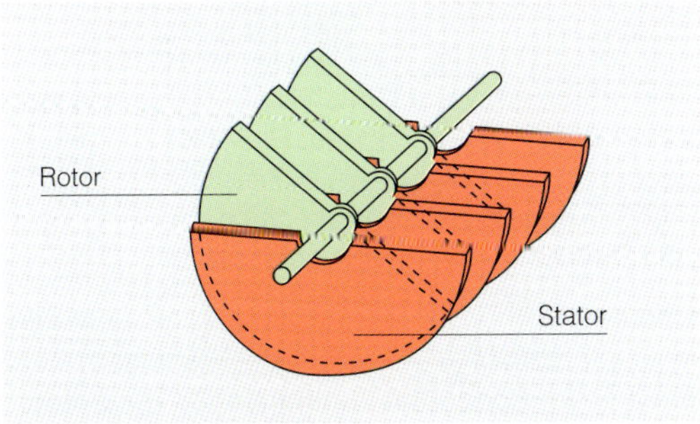

Abb. 14-17 Aufbauprinzip des Drehkondensators

Der Einsatzbereich dieses Typs ist beispielsweise in Netzteilen als Lade- und Siebkondensator oder als Kopplungskondensator in Schaltungen (Abb. 14-16).

Drehkondensatoren (Abb. 14-17) sind Vertreter der veränderlichen Kondensatoren. Die Kondensatorplatten bestehen aus Metall. Man unterscheidet feste (Stator) und drehbar gelagerte (Rotor). Als Dielektrikum dient Luft. Je nach Stellung der Platten zueinander wird die momentane Kapazität des Kondensators bestimmt. Die Gesamtkapazität ergibt sich aus der Anzahl und Größe der Platten. Anwendung finden die Drehkondensatoren zum Beispiel in der Hochfrequenz-Technik.

Alle Kondensatoren besitzen sogenannte **Kenngrößen.** Die wichtigsten sind seine Kapazität, die Spannung und die Ladung. Hinzu kommen die Toleranzen bezüglich der Kapazität, zulässiger Bereich der Betriebstemperatur u. a. Die **Kapazität** ergibt sich aus dem Quotienten von Ladung und Spannung.

$$C = \frac{Q}{U}$$

Die Maßeinheit der Kapazität ist das Farad, benannt nach Michael FARADAY (1791–1867), einem englischen Physiker.

Ein Farad ist die Kapazität eines Kondensators, der durch die Elektrizitätsmenge 1 C auf die Spannung von 1 V aufgeladen wird.

Es gilt: 1 Farad = 1 A · s · V^{-1} oder 1 C · V^{-1}

Bei der praktischen Umsetzung wird allerdings wenig mit dieser Einheit gearbeitet. Man verwendet kleinere Angaben, da meist geringere Kapazitäten als 1 Farad benötigt werden. Es handelt sich dabei um folgende Größenordnungen:

1 Mikrofarad	= 1 µF =	10^{-6} F
1 Nanofarad	= 1 nF =	10^{-9} F
1 Pikofarad	= 1 pF =	10^{-12} F

Die Ladung ist das Produkt aus Stromstärke und Zeit (vgl. Abschnitt 14.1). Die Lade- und Entladeströme haben einen charakteristischen Kurvenverlauf. Mathematisch gesehen handelt es sich um Exponenzialfunktionen. Einen typischen Kurvenverlauf zeigt Abb. 14-18.

Die Spannung kann unmittelbar gemessen werden. Bei voller Aufladung erreicht sie ihren Maximalwert. Ist der Kondensator entladen, beträgt der Wert null. Der zeitliche Verlauf von Ladung und Entladung ist ebenfalls eine Exponenzialfunktion.

Kondensatoren sind vielseitig verwendete passive Bauelemente in der Elektronik. Sie werden entweder nach der Bauform oder der Art des Dielektrikums und Leitungsmaterials eingeteilt. Die wichtigste Kenngröße ist die Kapazität mit der Einheit Farad. Kondensatoren besitzen charakteristische Lade- und Entladekurven.

14.4.3 Halbleiterbauelemente

Kaum eine andere Gruppe elektronischer Bauteile hat in den letzten 50 Jahren eine so vielfältige Entwicklung durchlaufen wie die Halbleiter. Ausführungen und Anwendungszwecke sind nahezu unüberschaubar geworden. Angefangen von einfachen Germaniumbauelementen hat sich das

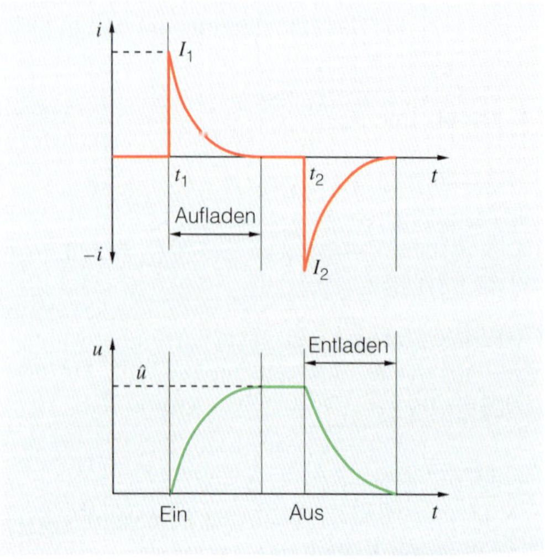

Abb. 14-18 Stromverlauf und Spannung

Silicium als Halbleitermaterial überwiegend durchgesetzt. Eine grundsätzliche Einteilung ist möglich, allerdings werden verschiedene Einteilungskriterien zugrunde gelegt. Die wichtigsten sind Aufbau und Verwendungszweck, Herstellungstechnologie und Halbleiterwerkstoff.

Einteilung nach der Herstellungstechnologie

Mesatechnik	Planartechnik	Epitaxial-Planartechnik

Übersicht 14-7

Hinter den einzelnen Begriffen verbergen sich die technologischen Herstellungsverfahren. So erfolgt bei der Epitaxialtechnik die Kristallzüchtung aus der Dampfphase mit anschließender Rekristallisation auf bereits vorhandene Einkristalle. Die Mesatechnik dagegen arbeitet mit bestehenden dotierten Materialien, die durch ein spezielles Diffusionsverfahren entgegengesetzt dotiert werden. Die Planartechnik wird nur bei Siliciumhalbleitern angewandt und führt zu einer schichtweisen Bildung der dotierten Materialien.

Einteilung nach dem Halbleiterwerkstoff

Germanium	Silicium	Andere Werkstoffe – Bariumtitanat – Selen – Siliciumcarbid – Kupfer(I)-oxid – Cadmiumselenid – Indiumantimonid

Übersicht 14-8

Halbleiterbauelemente gehören zu den aktiven Bauelementen, das bedeutet, dass sie beispielsweise unmittelbar Schaltvorgänge ausführen oder eine bestimmte Stromrichtung ermöglichen.

Halbleiterwiderstände

Halbleiterwiderstände sind als Thermistoren, Varistoren und Fotowiderstände bekannt (Übersicht 14-9).

Thermistoren werden nach Heiß- (NTC) und Kaltleitern (PTC) unterschieden. Die Abkürzungen bedeuten:

NTC = negative thermical coefficient
PTC = positive thermical coefficient

Damit wird das temperaturabhängige Leitfähigkeitsverhalten charakterisiert. Bei Heißleitern steigt das Leitvermögen mit zunehmender Temperatur, ein Kaltleiter verhält sich genau umgekehrt.

Basismaterialien zur Herstellung sind polykristalline Keramiken, z. B. das in Übersicht 14-8 genannte Bariumtitanat. Anwendung finden die Thermistoren in der Strombegrenzung und Stabilisierung.

Das Betriebsverhalten der **Varistoren** ist spannungsabhängig. Mit zunehmender Spannung steigt der Widerstandswert. Derartige Bauteile können zum Überspannungsschutz, aber auch zur Spannungsbegrenzung eingesetzt werden.

Bei **Fotowiderständen** (Abb. 14-19) verringert sich der Widerstandswert mit zunehmender Lichteinwirkung. Dies gilt nicht nur für den Bereich des sichtbaren Spektrums, sondern auch für das Infrarot. Einfallendes Licht setzt Ladungsträger infolge der Bildung von Elektronenlöchern frei. Der Widerstandswert ist eine Funktion der Wellenlänge und Beleuchtungsintensität. Einsatzgebiete sind unter anderem Dämmerungsschalter, Lichtschranken und Lichtsignalanlagen.

Halbleiterdioden

Dioden sind Halbleiterbauelemente mit einem ebenso breiten Einsatzspektrum wie Erscheinungsbild. Im einfachsten Fall ist eine Diode aus einer pn-Kombination aufgebaut. Hinzu kommen Gehäuse und Lötfahnen. Die Arbeitsweise einer Diode ist von der Spannungsrichtung abhängig (Abb. 14-20). Wird der positive Pol an der n-Schicht und der negative an der p-Schicht angelegt, kommt es durch Abwanderung von Elektronen und Löchern aus dem Sperrschichtbereich zur Ausbildung eines hohen Widerstandes und damit zu einem geringen Stromfluss. Im umgekehrten Fall wird die Diode durchlässig. Man könnte diesen Effekt mit dem eines Ventils vergleichen, das heißt, je nach Polarität der angelegten Spannung erfolgt ein Stromfluss oder er wird verhindert.

Abb. 14-19 **Fotowiderstand**

Diese einfachste Variante tritt bei Universaldioden auf. Neben diesen gibt es speziellere Bauformen je nach Anwendungsgebiet (Übersicht 14-10). Beispielsweise ist es möglich, mehrere pn-Übergänge zu kombinieren. Dadurch erhält man bei zusätzlicher Verwendung einer Steuerelektrode sogenannte Thyristoren, mit denen auch große Leistungen geschaltet werden können. Die nach ZENER benannten Z-Dioden dagegen ermöglichen in Schaltungen eine Spannungsstabilisierung. Im Normal-

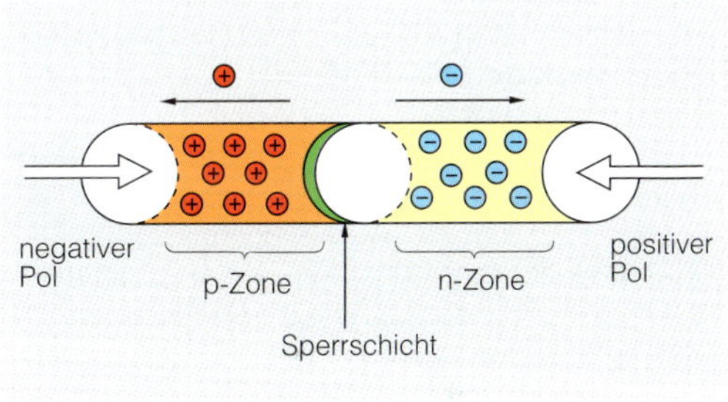

Abb. 14-20 **Arbeitsweise einer Diode**

Halbleiterbauelemente

Halbleiterwiderstände					
Thermistoren: Heißleiter	Thermistoren: Kaltleiter	Varistoren		Fotowiderstände	
Dioden					
Universal-dioden	Zener-dioden	Foto-dioden	Tunnel-dioden	Leuchtdioden: Lumineszens-dioden	Leuchtdioden: Tunneldioden
Gleichrichter					
Thyristoren (steuerbar)			Gleichrichterdioden (nicht steuerbar)		
Transistoren					
bipolar: Spitzentransistoren	bipolar: Flächentransistoren		unipolar: Sperrschichtfeldeffekt-transistor SFET	unipolar: Metalloxidfeldeffekt-transistoren MOSFET	

Übersicht 14-9

fall sind Dioden auf gedruckten Schaltungen oder in anderer spezieller Weise nicht direkt sichtbar eingebaut. Seit Mitte der achtziger Jahre des vergangenen Jahrhunderts haben jedoch die Lumineszensdioden, auch LEDs genannt, unser tägliches Leben erobert. Ihr Vorteil besteht in einem außergewöhnlich geringen Stromverbrauch bei großer Lebensdauer. In der Anfangsphase ihrer Entwicklung wurden sie zunächst als optisches Signal für Geräte im Stand-by-Modus eingesetzt. Das Angebot beschränkte sich auf rote oder grüne Farben. Mit der Erforschung neuer, geeigneter Werkstoffe erweiterte sich das Farbenangebot erheblich. Ein durchaus erwünschter Nebeneffekt war auch die Steigerung der Leuchtkraft. Sie werden als Lichtsignal in Geräten der Unterhaltungselektronik, in CD- oder DVD-Laufwerke, im PC oder auch in Beleuchtungsanlagen eingesetzt. Möglich wird die Emission von Licht durch den Austritt von Photonen infolge der Einführung von zusätzlichen Ladungsträgern. Zu den Materialien, die eine Herstellung von Lumineszensdioden ermöglichen, gehören z. B. Galliumarsenid und Galliumphosphid. Abb. 14-21 zeigt neben häufigen Formen von Dioden auch eine Lumineszensdiode. Die bislang beschriebenen und weitere Auswahl an Halbleiterdioden und deren Anwendungen können der Übersicht 14-10 entnommen werden.

Dioden gehören zu den aktiven Halbleiterbauelementen, wobei im einfachsten Fall eine p- und eine n-Schicht kombiniert sind. Die Wirkungsweise ist mit der eines Ventils vergleichbar, d. h., der Stromfluss wird ermöglicht oder verhindert. Die Einsatzgebiete erstrecken sich von der Gleichrichtung über die Stabilisierung von Spannungen bis zur Nutzung als energiesparende und damit umweltfreundliche Lichtquelle.

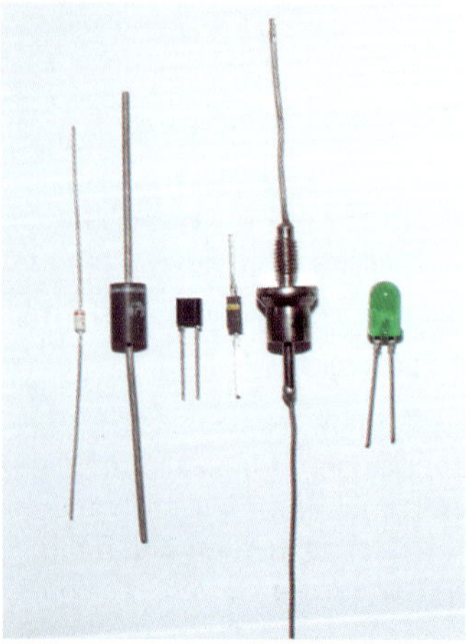

Abb. 14-21
Häufige Bauformen von Dioden

Transistoren

Transistoren gehören wie die Dioden in die Gruppe der aktiven Bauelemente. Der Begriff leitet sich aus dem Englischen (transfer = übertragen, resist = Widerstand leisten) ab. Beim Transistor sind jeweils drei Zonen kombiniert. Somit existieren auch zwei

Dioden und deren Anwendung

Bauform	Anwendung
Gleichrichterdioden	Umwandlung von Wechsel- in Gleichspannung
Thyristoren	Schalten großer Leistungen in Beleuchtungsanlagen, Drehzahlsteuerung, Frequenzwandlung
Universaldioden	Modulation und Demodulation, Gleichrichtung von Hoch- und Niederfrequenz
Zenerdioden	Spannungsbegrenzung und Spannungsstabilisierung
Fotodioden	Umwandlung optischer in elektrische Signale, wie zum Beispiel bei Lichtschranken, Dämmerungsschaltern usw.
Tunneldioden	Aufbau von Oszillatoren, Impulsgeneratoren, einfachen Verstärkern
Lumineszensdioden	optische Signalgeber bei Anzeigeelementen, Beleuchtung
Laserdioden	Signalgeber
Kapazitätsdioden	Abstimmung in Schwingkreisen
Vierschichtdioden	Multivibratoren, Zählerschaltungen, Impulsgeneratoren

Übersicht 14-10

Zonenfolge und Funktionssymbole bei bipolaren Transistoren

npn-Typ	pnp-Typ
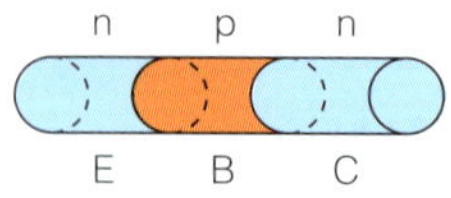	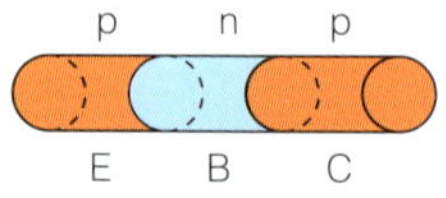
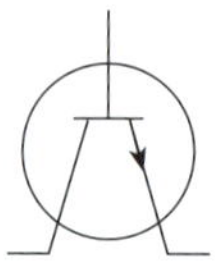	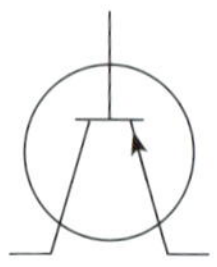

Übersicht 14-11

Sperrschichten. Je nach der Zonenfolge unterscheidet man den pnp-Typ oder npn-Typ. Die drei Zonen werden ähnlich wie bei einer traditionellen Röhrentriode als **Elektroden** bezeichnet. Der Begriff ist an dieser Stelle keineswegs mit der gleichlautenden Bezeichnung für Metall-/Metallionen-Elektroden und anderen im elektrochemischen Sinne zu verwechseln. Die Elektroden werden als Emitter (E), Basis (B) und Kollektor (C) bezeichnet (Übersicht 14-11). Charaktoristisch ist, dass die Basis schwächer dotiert ist.

Die Einteilung der Transistoren erfolgt nach Arbeitsweise und Herstellungstechnologie.

Man unterscheidet bezüglich der Arbeitsweise zwischen **bipolaren** und **unipolaren** Transistoren. Die oben beschriebene Bauform entspricht der eines bipolaren Typs. Im Unterschied dazu enthalten unipolare Transistoren nur einen p- oder n-leitenden Kristall, dies bedeutet, es existieren keine Sperrschichten. Diese Unterschiede kann man auch wie folgt verdeutlichen. Bei Betrachtung eine pnp-Transistors mit der Zonenfolge Emitter-Basis-Collector stellt der np-Übergang die Sperrrichtung, der pn-Übergang dagegen die Durchlassrichtung dar. Nach

Verwendungsmöglichkeiten von Transistoren

Vorverstärkung von Signalen
Leistungs-Endstufen in der Unterhaltungselektronik
Steuerung von Anzeigeelementen
Modulations- und Demodulation
Erzeugung von Schwingungen
Stromversorgung von Geräten

Übersicht 14-12

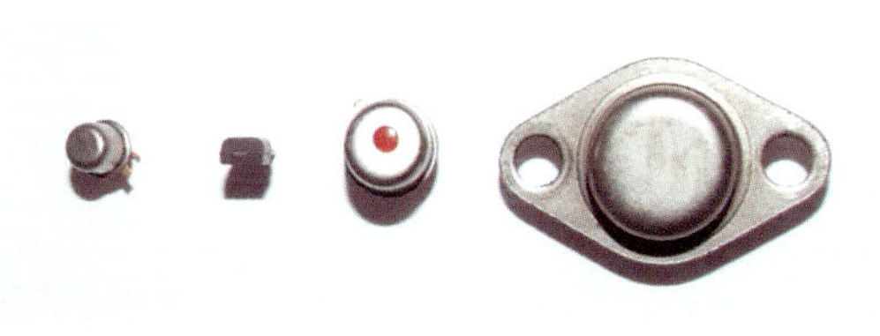

Abb. 14-22 **Bauformen von Transitoren**

Abb. 14-23 **Integrierte Schaltkreise**

dem 1. Kirchhoff'schen Gesetz gilt für die fließenden Ströme:

$$I_E + I_B + I_C = 0$$

Beim Anlegen eines Stromes diffundieren Defektelektronen in die Basis (Emitterstrom). Diese bewegen sich durch die Basis, gelangen in die Kollektorschicht und induzieren den Kollektorstrom. Dieser ist höher als der Sperrstrom des Kollektor-Basis-Überganges, aber niedriger als der Emitterstrom. Die über die Basis eintretenden Elektronen erzeugen den Basisstrom. Somit wird ein hoher bzw. niedriger Widerstand hervorgerufen. Geringfügige Änderungen der Spannung zwischen Emittor und Basis beeinflussen den Emitterstrom mit Auswirkungen auf den Kollektorstrom. Hierdurch kommt es zu einer Leistungsverstärkung. Der Verstärkungsfaktor für eine Basisschaltung errechnet sich beispielsweise aus folgender Beziehung:

$$V_F = \frac{-I_C}{I_E}$$

Die unterschiedlichen Vorzeichen sagen aus, dass Ströme, welche aus dem Transistor hinausfließen, mit einem negativen, Ströme, die hineinfließen, mit einem positiven Vorzeichen gekennzeichnet werden.

Bei unipolaren Transistoren wird der Stromfluss durch ein äußeres elektrisches Feld induziert. Diese verlaufen senkrecht zur Stromrichtung. Infolgedessen spricht man auch vom Feldeffekttransistor. Es wird nochmals zwischen Sperrschicht-Feldeffekttransistoren (SFET) und Metalloxidtransistoren (MOSFET) unterschieden.

Transistoren (Abb. 14-22) werden zwar nach wie vor als Einzelbauelemente eingesetzt, jedoch sind die Herstellungstechnologien so ausgereift, dass eine Vielzahl von ihnen auf kleinstem Raum neben anderen Bauelementen untergebracht werden kann. In diesem Fall spricht man von **Integrierten Schaltkreisen** (Abb. 14-23), kurz auch IC genannt. Der Begriff leitet sich aus dem Englischen von integrated circuit ab. Der Schaltkreis ist als eine in sich geschlossene Baugruppe zu betrachten. Je nach Art der eingearbeiteten Bauteile und Dimensionierung erfüllt er spezifische Funktionen, beispielsweise als Schalter oder auch NF-Verstärker. Das Kürzel NF steht dabei für Niederfrequenz. Schaltkreise werden in einem Kunststoffgehäuse untergebracht, die Anschlüsse seitlich nach außen geführt. Die Anzahl der auf einem bestimmten Raum untergebrachten Bauelemente bezeichnet man als **Integrationsgrad.** Einen sehr hohen

Integrationsgrad besitzen Schaltkreise, die als zentrale Steuereinheit in Computern eingesetzt werden. Diese werden als CPU, von central prozessor unit, bezeichnet. Im deutschen Sprachgebrauch nennt man sie Mikroprozessoren. Wie bei allen Vorgängen wird auch in der aktiven Phase eines Transistors oder ICs Energie umgesetzt. Ein Teil davon wird auch in hier in Form von Wärmeenergie freigesetzt. Dieser Umstand begrenzt die Leistungsfähigkeit. Die Leistung eines Transistors wie eines Schaltkreises kann jedoch durch Verwendung einer Kühlung bis zu einem gewissen Grade gesteigert werden. Dabei gibt es die unterschiedlichsten Möglichkeiten. Häufig sind Kühlfahnen und Kühlsterne. Die Endstufentransistoren von NF-Leistungsverstärkern sind meist an der Rückseite der Geräte auf dem Gehäuseblock aufgeschraubt und unter Umständen direkt sichtbar. Dabei handelt es sich um Leistungstransistoren, wie sie beispielsweise in Verstärkern verwendet werden.

14.5 Grundschaltungen der Elektronik

Der Begriff der Schaltung bezeichnet eine Funktionseinheit mit einer bestimmten Zielrichtung. Dahinter verbirgt sich letztendlich eine charakteristische Kombination von Bauelementen. Dabei entscheiden die Art und Weise deren Verknüpfung sowie die Dimensionierung über den Verwendungszweck. In den nachfolgenden Abschnitten soll an einigen ausgewählten einfachen Beispielen dieser Umstand erläutert werden.

14.5.1 Stromversorgung von Geräten

Stromversorgungsschaltungen liefern die für das Funktionieren eines elektrischen Gerätes erforderlichen Spannungen und Ströme. Deshalb wird diese Baugruppe auch vereinfacht als **Netzteil** bezeichnet. Das Spektrum ist sehr vielseitig und reicht von einfachen Transformatoren, die größere Spannungen in kleinere umwandeln, über die Erzeugung von Gleichspannung aus Wechselspannung bis hin zu Hightech-Varianten, die strom- und spannungsstabilisierend arbeiten. Die meist verwendete Form der Stromversorgung von Geräten besteht in der Umwandlung der Netzspannung von 220–240 V in kleinere Spannungen. Dies erfolgt über den sogenannten Transformator, der aus einer Primär- und einer Sekundärwicklung besteht. Die Verbindung der Wicklungen erfolgt über einen Eisenkern. Es gibt auch eisenlose Transformatoren, bei denen die Wicklungen konzentrisch übereinander liegen. Die Sekundärwicklung befindet sich dann im Inneren. Grundsätzlich besteht die Möglichkeit, sowohl eine einzige als auch mehrere Sekundärspannungen zu erzeugen. Im letzteren Fall besitzt die Sekundärwicklung unterschiedliche Abgriffe. Die Umwandlungen der Spannungen im Transformator folgen den Gesetzen der **elektromagnetischen Induktion.**

Aufgabe

Informieren Sie sich über die elektromagnetische Induktion sowie über Spannungs- und Stromverhältnisse im Transformator!

An der Sekundärspule liegt zwar eine geringere als die Netzspannung an, es handelt sich aber immer noch um eine Wechselspannung. Für die meisten Zwecke wird jedoch Gleichspannung benötigt. Deshalb werden verschiedene Bauteile oder Baugruppen für die Umwandlung von Wechsel- in Gleichspannung nachgeschaltet. Neben klassischen Gleichrichtern arbeiten neuzeitliche Netzteile mit Gleichrichterdioden (Abschnitt 14.4.3). Hierbei unterscheidet man Einweg-, Gegentakt- und Gleichrichterbrückenschaltung (Abb. 14-24 a–c). Das Ergebnis ist die Erzeugung von pulsierender Gleichspannung aus der Wechselspannung. Dies bedeutet die Eliminierung der negativen Halbwelle der sinusförmigen Wechselspannung. Trotz dieser Maßnahmen ist die nun vorliegende pulsierende Gleichspannung zum Betreiben der Geräte nicht

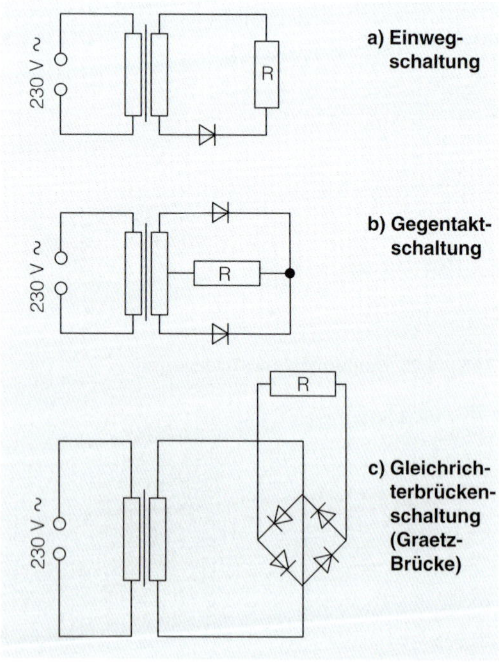

Abb. 14-24

geeignet (Abb. 14-25). Sie kann beispielsweise Brummspannungen hervorrufen oder auch die Funktion von Relais negativ beeinflussen. Daher wird ein weiteres Mittel zur **Glättung** benötigt. Im einfachsten Fall nutzt man dazu einen Kondensator, der parallel zum Verbraucher geschaltet wird. Effektivere Mittel bestehen in der Kombination von einem Widerstand mit einem Kondensator, auch R-C-Glied oder Siebkette genannt. Am Ausgang liegt dann eine Gleichspannung vor.

Viele Schaltungen sind gegenüber natürlichen Schwankungen der Netzspannung und -ströme empfindlich. Daher ist es besonders wichtig, diese auszugleichen. Die Verwendung von Zenerdioden und Transistoren ermöglicht den Aufbau von **strom- und spannungsstabilisierten** Netzteilen. Dies kann entweder durch die Nutzung von Einzelbauteilen oder geeigneten Schaltkreisen, die beides enthalten, realisiert werden. Abb. 14-26 zeigt eine einfache Variante einer solchen Baugruppe mit Einzelbauteilen. Demgegenüber ist in Abb. 14-27 eine industriell gefertigte Netzteilplatine abgebildet.

14.5.2 Verstärkung von Signalen

Als Verstärkung bezeichnet man im Allgemeinen eine durch Zufuhr von Energie induzierte Verstärkung von Signalen. Die wichtigste Kenngröße eines Verstärkers ist der **Verstärkungsfaktor.** Er bezeichnet das Verhältnis der Größe von Ausgangs- und Eingangssignal und kann kleiner, größer oder gleich 1 sein. Zusätzlich wird zwischen Leistungs-, Strom- und Spannungsverstärkung unterschieden. Baugruppen für Verstärkerschaltungen sind sehr vielgestaltig und können dem jeweiligen Verwendungszweck angepasst werden. Die wohl vielseitigste und meist angewandte Variante ist der Transistorverstärker. Besonders in der Elektroakustik ist er nicht wegzudenken. Das eingehende Signal durchläuft bis zum hörbaren Schall aus dem Lautsprecher mehrere Stufen. Die Differenzierung erfolgt in einem oder mehreren **Vorverstärkern** und der **Endstufe (Leistungstufe).** Letztere wird ebenso mit Transistoren, z. B. MOSFET, aufgebaut. Hochwertige Geräte sind jedoch auch in der heutigen Zeit mit Elektronenröhren bestückt. Die in den

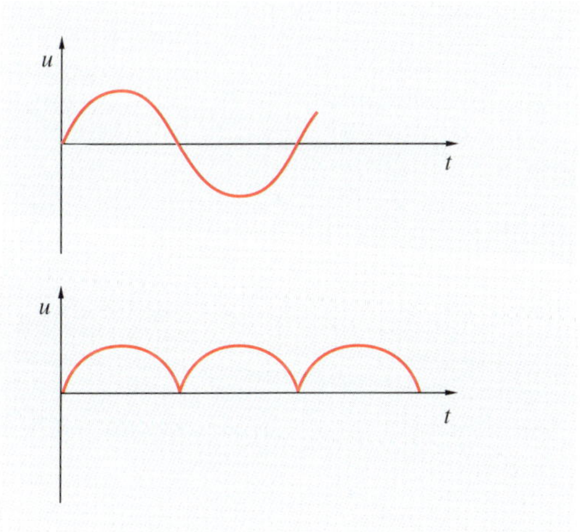

Abb. 14-25 **Wechselspannung/pulsierende Gleichspannung**

Abb. 14-27 **Netzteilplatine mit integrierter Schaltung**

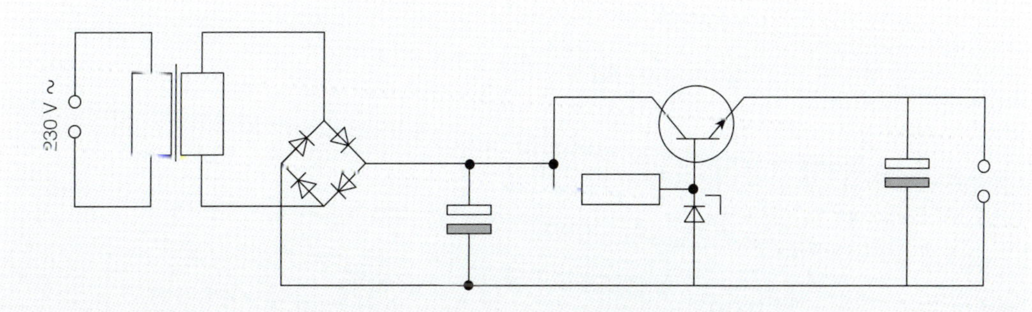

Abb. 14-26 **Schaltung eines einfachen strom- und spannungsstabilisierten Netzteiles**

Abb. 14-28 und 14-29 enthaltenen Schaltpläne stellen einfache Varianten der Signalverstärkung vor. Natürlich haben auch in der Verstärkungstechnik die integrierten Schaltkreise Einzug gehalten.

14.5.3 Filterschaltungen

Zweck von Filterschaltungen ist die Dämpfung oder der ungehinderte Durchlass von Wechselströmen und -spannungen innerhalb eines festgelegten Frequenzbereiches. Die Funktionsteile sind Spulen und Kondensatoren. Nach der Art und Weise ihrer Anordnung innerhalb der Schaltung wird in Hochpass-, Tiefpass- und Bandpassfilter unterschieden (Abb. 14-30).

Die Filtertypen unterscheiden sich durch ihren Frequenzbereich. Hochpassfilter arbeiten in einem Bereich von einer Grenzfrequenz f_G bis f_∞, Tiefpassfilter von $0 - f_G$ und Bandpassfilter von in einem bestimmten Toleranzbereich $f_A - f_B$. Bei Ergänzung durch Zuschalten von Widerständen kann die Bandbreite verändert werden.

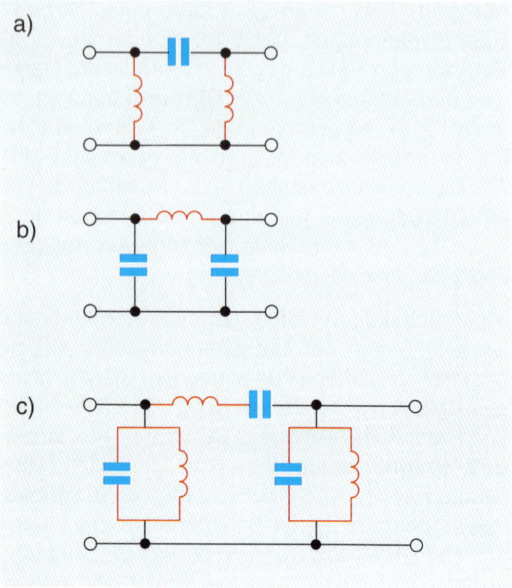

Abb. 14-30 **a) Hochpass**
b) Tiefpass
c) Bandpass

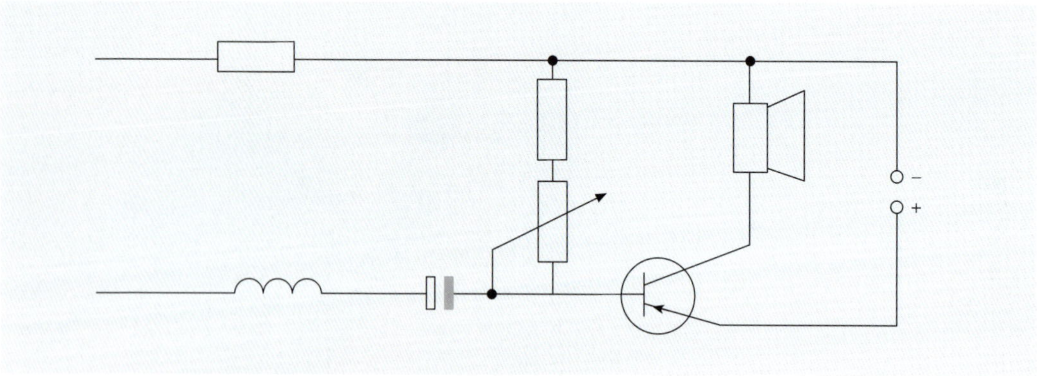

Abb. 14-28 **Einfache Verstärkerschaltung**

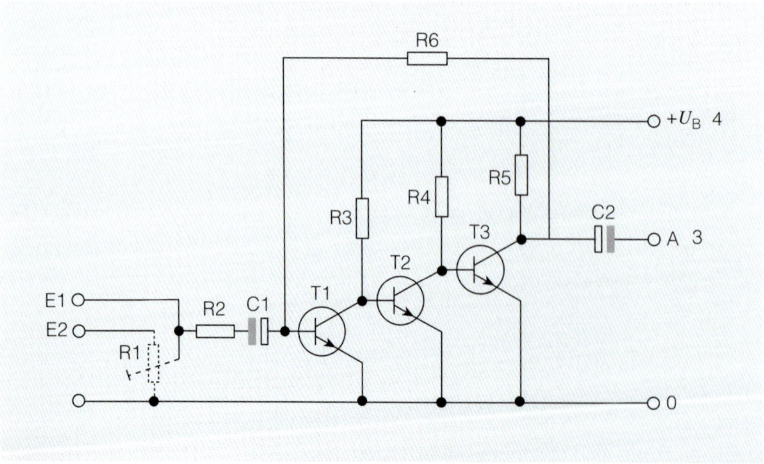

Abb. 14-29
Dreistufiger NF-Vorverstärker

Schaltzeichen (Funktionssymbole)

Bauteil	Symbol
Widerstände	
allgemein	
einstellbar	
verstellbar	
Fotowiderstand	
Kondensatoren	
allgemein	
verstellbar	
Elektrolytkondensator, gepolt	
Elektrolytkondensator, ungepolt	
Transistoren	
npn-Transistor	
pnp-Transistor	
Feldeffekttransistor	

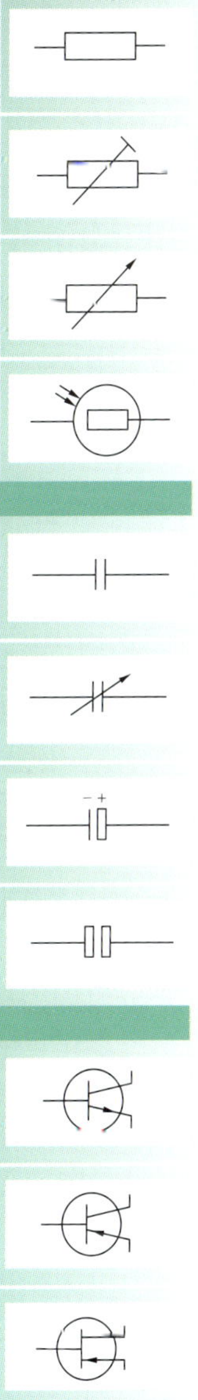

Bauteil	Symbol
Dioden	
Halbleiterdiode, allgemein	
Z-Diode	
Tunneldiode	
Lumineszensdiode	
Fotodiode	
Weitere Bauteile	
Spule	
Spule mit Eisenkern	
Transformator	
Spannungsmessgerät (Voltmeter)	
Strommessgerät (Amperemeter)	
Integrierter Schaltkreis	

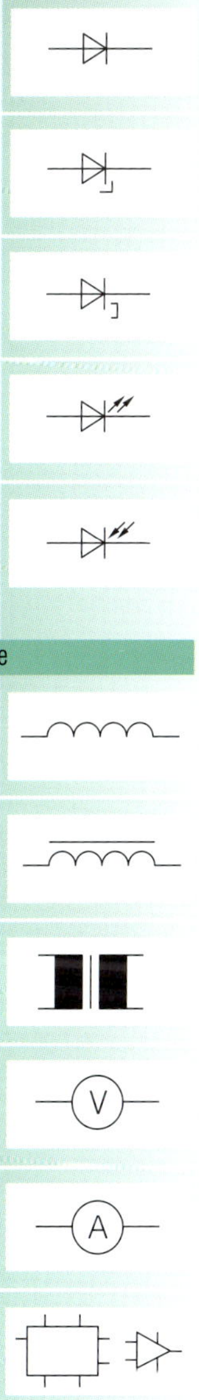

Bauteil	Symbol
Weitere Bauteile	
Spannungsquelle	
galvanische Spannungsquelle	
Thyristor	
Lautsprecher	
Heißleiter	
Kaltleiter	
Glühlampe	
Glimmlampe	
Erde (allgemein)	
Leitungsverzweigung (fest, lösbar)	
Schalter	

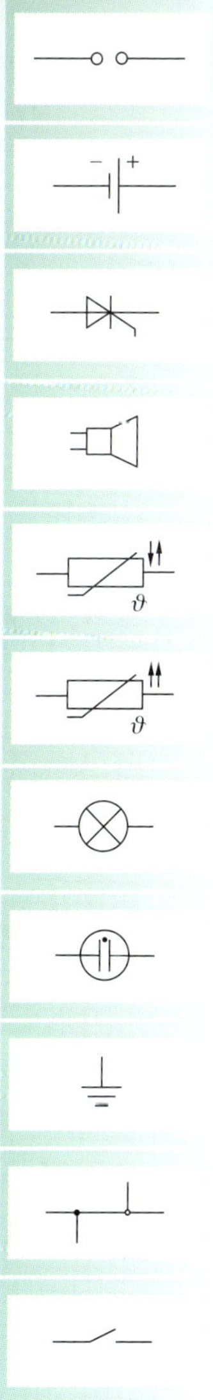

14.6 Aufgaben zur Wiederholung von Kapitel 14

Aufgaben

1. Worin besteht der Unterschied zwischen Leitern 1. Ordnung und Leitern 2. Ordnung?
2. Ordnen Sie folgende Stoffe nach Leitern 1. und 2. Ordnung sowie Nichtleitern!
   a) Platin
   b) Citronensäure
   c) Porzellan
   d) Grafit
3. Welche Besonderheit besitzen Halbleitermaterialien?
4. Berechnen Sie die Leitwerte der angegebenen Elektrolytlösungen unter Verwendung der Strom- und Spannungsangaben
   a) wässrige Kaliumchloridlösung
      $U = 12$ V $I = 0{,}05$ A
   b) Natriumnitratlösung
      $U = 120$ V $I = 2$ A
   c) Ameisensäurelösung
      $U = 2{,}5$ V $I = 0{,}025$ A
5. Berechnen Sie den Widerstand eines Konstantandrahtes mit einem Radius von 0,282 mm und einer Länge von 20 m!
6. Nennen Sie einen Anwendungszweck der WHEATSTONE'schen Brückenschaltung!
7. Was unterscheidet aktive von passiven Bauelementen?
8. Notieren Sie die Schaltzeichen für folgende Bauelemente:
   a) npn-Transistor
   b) Widerstand einstellbar
   c) Elektrolytkondensator
   d) Zenerdiode
9. Unter welcher Bedingung dürfen gepolte Elektrolytkondensatoren eingesetzt werden?
10. Beschreiben Sie die Arbeitsweise eines MP-Kondensators!
11. Rechnen Sie um!
    a) 25 µF = ... F
    b) 220 nF = ... µF
    c) 500 pF = ... nF
12. Worum handelt es sich bei den Kürzeln NTC und PTC?
13. Nennen Sie je zwei Einsatzmöglichkeiten für Thyristoren, Lumineszensdioden und Fotodioden!
14. Welche Bezeichnungen tragen die Anschlüsse eines Transistors?
15. Erklären Sie die Begriffe:
    a) Wechselspannung
    b) pulsierende Gleichspannung
    c) geglättete Gleichspannung
16. Erläutern Sie den Weg von der Netzspannung bis zum Erreichen einer geglätteten Gleichspannung!
17. Weshalb kann eine pulsierende Gleichspannung meist nicht verwendet werden.
18. Informieren Sie sich mithilfe des Internets über den Begriff der Kennlinien eines Transistors!

A Gesetze, Verordnungen, Technische Regeln

- Gesetz über Naturschutz und Landschaftspflege (Bundesnaturschutzgesetz – BNatSchG) vom 25. März 2002
- Gesetz zum Schutz vor gefährlichen Stoffen (Chemikaliengesetz ChemG) vom 20. Juni 2002 (mit Ergänzungen und Änderungen vom 27. Dezember 2000, 6. August 2002, 25. November 2003, 13. Mai 2004, 1. September 2005, 19. Juli 2006)
- Gesetz über die Beförderung gefährlicher Güter (Gefahrgutbeförderungsgesetz GGBefG) vom 29. September 1998, zuletzt geändert am 31. Oktober 2006
- Verordnung zum Schutz vor gefährlichen Stoffen (Gefahrstoffverordnung GefStoffV) vom 23. Dezember 2004 (Anpassung an die EG-Richtlinie 98/24/EG), Änderung am 11. Juli 2006
- Verordnung über Verbote und Beschränkungen des Inverkehrbringens gefährlicher Stoffe, Zubereitungen und Erzeugnis nach Chemikaliengesetz (Chemikalienverbotsverordnung – ChemVerbotsV) vom 13. Juni 2003, Änderung am 11. Juli 2006
- Gesetz zum Schutz vor gefährlichen Umwelteinwirkungen durch Luftverunreinigungen, Geräuschen, Erschütterungen und ähnliche Vorgänge (Bundesimmissionsschutzgesetz – BImSchG) vom 26. September 2002 (mit verschiedenen Ergänzungen bis 25. Juni 2005)
- Verordnung über Immissionsschutzwerte für Schadstoffe in der Luft – 22. BImV vom 11. September 2002
- Technische Regeln für Gefahrstoffe TRGS
  TRGS 102 Technische Richtkonzentrationen (TRK) für gefährliche Stoffe (September 1993, April 1997)
  TRGS 200 Einstufung und Kennzeichnung von Stoffen, Zubereitungen und Erzeugnissen (März 2002, Januar 2003)
  TRGS 220 Sicherheitsdatenblatt für gefährliche Stoffe und Zubereitungen (April 2002, Januar 2003, August 2003)
  TRGS 500 Schutzmaßnahmen beim Umgang mit krebserregenden Stoffen
  TRGS 900 Grenzwerte in der Luft – MAK- und TRK-Werte
  TRGS 905 Verzeichnis krebserregender, erbgutverändernder und fortpflanzungsgefährdender Stoffe (Juli 2005)
- Erste allgemeine Verwaltungsvorschrift zum Bundesimmissionsschutzgesetz –Technische Anleitung zur Reinhaltung der Luft (TA Luft) vom 24. Juli 2004
- Gesetz zu Ordnung des Wasserhaushalts (Wasserhaushaltsgesetz WHG) Neufassung vom 19. August 2002 (geändert am 25.Juni 2005)
- Gesetz über Abgaben für das Einleiten von Abwasser in Gewässer (Abwasserabgabengesetz AbwAG), Neufassung vom 18. Januar 2005
- Verordnung über die Anforderungen an das Einleiten von Abwasser in Gewässer – Abwasserverordnung (AbwV) vom 17. Juni 2004
- Grundwasserverordnung vom 18. März 1997
- Verordnung zur Novellierung der Trinkwasserverordnung (Trinkwasserverordnung – TrinkWV) vom 21. Mai 2001, Anpassung am 25. November 2003
- Gesetz über die Umweltverträglichkeit von Wasch- und Reinigungsmitteln, Wasch- und Reinigungsmittelgesetz (WRMG), Neufassung vom 5. März 1987, zuletzt geändert am 25. November 2003
- Verordnung über die Abbaubarkeit anionischer und nichtionischer grenzflächenaktiver Stoffe in Wasch- und Reinigungsmitteln – Tensidverordnung, vom 30. Januar 1977, zuletzt geändert am 4. Juni 1986
- Verwaltungsvorschrift wassergefährdender Stoffe (VwVwS) vom 17. Mai 1999, zuletzt geändert am 27. Juli 2005
- Klärschlammverordnung (AbfKlärV) vom 1. Juli 1992, zuletzt geändert am 15. April 2002
- Gesetz zum Schutz vor schädlichen Bodenveränderungen und zur Sanierung von Altlasten – Bundesbodenschutzgesetz (BbodSchG) vom 17. März 1998, zuletzt geändert am 9. Dezember 2004
- Bundes-Bodenschutz- und Altlastenverordnung (BbodSchV) vom 12. Juli1999

- Gesetz zur Förderung der Kreislaufwirtschaft und Sicherung der umweltverträglichen Beseitigung von Abfällen – Kreislaufwirtschafts- und Abfallgesetz (KrW/AbfG) vom 27. September 1994, zuletzt geändert am 15. Juli 2006
- Zweite allgemeine Verwaltungsvorschrift zum Abfallgesetz (TA Abfall), Technische Anleitung zur Lagerung, chemisch-physikalischen, biologischen Behandlung, Verbrennung und Ablagerung von besonders überwachungsbedürftigen Abfällen vom 12. März 1991
- Dritte allgemeine Verwaltungsvorschrift zum Abfallgesetz (TA Siedlungsabfall) Technische Anleitung zur Verwertung, Behandlung und sonstigen Entsorgung von Siedlungsabfällen vom 14. Mai 1993
- Verordnung über die umweltverträgliche Ablagerung von Siedlungsabfällen (Abfallablagerungsverordnung – AbfAblV) vom 20. Februar 2001, ergänzt am 24. Juli 2002
- Verordnung über Deponien und Langzeitlager (Deponieverordnung DepV) vom 24. Juli 2002
- Verordnung über Anlagen zur biologischen Behandlung von Abfällen vom 20. Februar 2001
- Verordnung über die Verwertung von Bioabfällen auf landwirtschaftlich, forstwirtschaftlich und gärtnerisch genutzten Böden (Bioabfallverordnung BioAbfV) vom 21. September 1998
- Verordnung über die Verbrennung und die Mitverbrennung von Abfällen – 17. BImSchV vom 14. August 2003
- Altölverordnung (AltölV) vom 16. April 2002
- Abfallverzeichnisverordnung (AVV) vom 10. Dezember 2001

B Gefahrensymbole, Warnzeichen

Gefahrensymbole

Symbol	Bedeutung	Symbol	Bedeutung	Symbol	Bedeutung	Symbol	Bedeutung
	E Explosionsgefährlich		F Leichtentzündlich		Xn Gesundheitsschädlich		Xi Reizend
	O Brandfördern		T+ Sehr giftig		C Ätzend		N Umweltgefährlich
	F+ Hochentzündlich		T Giftig				

Warnzeichen

Zeichen	Bedeutung	Zeichen	Bedeutung	Zeichen	Bedeutung	Zeichen	Bedeutung
	Warnung vor giftigen Stoffen		Warnung vor gesundheitsschädlichen oder reizenden Stoffen		Warnung vor ätzenden Stoffen		Warnung vor feuergefährlichen Stoffen
	Warnung vor brandfördernden Stoffen		Warnung vor eplosionsfördernden Stoffen		Warnung vor Gasflaschen		Warnung vor gefährlicher elektrischer Spannung
	Warnung vor heißer Oberfläche		Warnung vor Laserstrahl		Warnung vor radioaktiven Stoffen		Warnung vor Biogefährdung

Sachwort

P

Q

R

S

T

U

V

W

Bildquellenverzeichnis

Abb. 1-2 Ursprung Internet, behr Labortechnik GmbH, Düsseldorf

Abb. 1-11c aus: E. Hitzel, Bausteine praktischer Analytik, Verlag Handwerk und Technik GmbH

Abb. 1-12 aus E.Hitzel, S.187, s. o.

Abb. 2-5 und 2-7 Eurofins-AUA GmbH; Niederlassung Erfurt

Abb. 3-7 Thermoelectron GmbH

Abb. 5-9 Institut für Wasser- und Umweltanalytik GmbH Luisenthal

Abb. 5-10 Institut für Wasser und Umweltanalytik GmbH Luisenthal

Abb. 8-4 bis 8-10 sowie Symbole in Übersicht 8-2 aus DIN EN ISO 10628

Symbole in Übersichten 8-4, 8-5 und 8-7 aus DIN EN ISO 19227, Teil 1

Abb 10-1 aus: E. Greven/W. Magin, S.261 Werkstoffkunde – Werkstoffprufung, Verlag Handwerk und Technik GmbH

Abb. 10-7 aus: E. Greven/W. Magin, S. 265, s. o.

Abb. 10-8 aus: E. Greven/W. Magin, S. 267, s. o.

Abb. 10-10 Archiv Handwerk und Technik GmbH

Abb. 10-11 Archiv Handwerk und Technik GmbH

Abb. 10-31 aus: E. Greven/W. Magin, S. 310, s. o.

Abb. 14-16 ELV Elektronik, Hauptkatalog S. 565

Abb. 14-28 ELV Elektronik, Hauptkatalog 2003, S. 565, s. o.

Verwendete Zeichen

A, S	Fläche, Querschnitt
A	Bruchdehnung
A_g	Gleichmaßdehnung
A	Absorption
B	Magnetische Induktion
B_0	Magnetische Flussdichte
c	Lichtgeschwindigkeit im Vakuum
C	Kapazität
E	Elastizitätsmodul
EMK	Elektromotorische Kraft
E	Energie eines Strahlungsquants
E	Extinktion
e	Elementarladung, Ladung des Elektrons
F	Kraft
F_N	Normalkraft
F_t	Tangentialkraft
f	Frequenz
f_G	Grenzfrequenz
G	Leitwert
h	PLANK'sches Wirkungsquantum
I	Spinquantenzahl
I	Stromstärke
I_B	Basistrom
I_C	Kollektorstrom
K	Anzahl der Komponenten
K	Kerbschlagarbeit
L, L_0	Länge, Ausgangslänge
M	mittlere Molmasse
M_b	Biegemoment
M	Mutiplizität
MZ	Massenzahl
m	Masse, Teilchenmasse
m_K	Magnetquantenzahl des Atomkerns
N	Anzahl der Atome
P	Packungsdichte
p	Druck
p_N	Druck unter Normbedingungen
Q bzw. V	Volumenstrom, Durchflussmenge
Q	Ladungsmenge
R	Festigkeitskennwerte
R_e	Dehngrenze
$R_{0.01}$	techn. Dehngrenze
$R_{p0.2}$	Streckgrenze
R_m	Zugfestigkeit
R	elektrischer Widerstand
r	Radius
S	Querschnittsfläche
T	Temperatur in K
T_R	Rekristallisationstemperatur
T_E	Erstarrungstemperatur
ΔT_E	Schmelzpunktserniedrigung
t	Zeit
U	Spannung (elektrische)
U_i	Spannungsabfall
U_K	Klemmenspannung
U_Q	Quellenspannung
V	Volumen
V_F	Verstärkungsfaktor
W	Widerstandsmoment
Z	Brucheinschnürung
Z	Schwingungsfreiheitsgrade
δ	chemische Verschiebung
ε	Dehnung
ε_B	Dehnung bei σ_B
ε_M	Dehnung bei σ_M (bei Kunststoffen)
ε_B	Bruchdehnung
ε	Dielektrizitätskonstante
γ	Magnetogyrische Konstante
ϑ	Temperatur in °C
η	dynamische Viskosität
φ	Phase
λ	Wellenlänge
λ	Wellenlänge eines Strahlungsquants im Vakuum
λ	spezif. Koeffizient der Wärmeleitung
$\varkappa$	Leitfähigkeit
ν	Resonanzfrequenz
ϱ	Spezifischer elektrischer Widerstand
ϱ	Dichte
σ	magnetische Abschirmkonstante
σ	Spannung (mechanische)
σ_B	Bruchspannung (bei Kunststoffen)
σ_M	Zugfestigkeit (Kunststoffe)
σ_b	Biegefestigkeit
σ_{dB}	Druckfestigkeit
τ	Schubspannung

Periodensystem der Elemente

		Nebengruppen									Hauptgruppen					
		IVb	Vb	VIb	VIIb	VIIIb			Ib	IIb	IIIa	IVa	Va	VIa	VIIa	VIIIa
																2 **He**
																4,0026
																2
											5 **B**	6 **C**	7 **N**	8 **O**	9 **F**	10 **Ne**
											10,81	12,011	14,01	15,999	18,998	20,179
											2	2	2	2	2	2
											3	4	5	6	7	8
											13 **Al**	14 **Si**	15 **P**	16 **S**	17 **Cl**	18 **Ar**
											26,982	28,086	30,974	32,06	35,453	39,948
											2	2	2	2	2	2
											8	8	8	8	8	8
											3	4	5	6	7	8
		22 **Ti**	23 **V**	24 **Cr**	25 **Mn**	26 **Fe**	27 **Co**	28 **Ni**	29 **Cu**	30 **Zn**	31 **Ga**	32 **Ge**	33 **As**	34 **Se**	35 **Br**	36 **Kr**
		47,90	50,941	51,996	54,938	55,847	58,933	58,70	63,546	65,38	69,72	72,59	74,92	78,96	79,904	83,80
		2	2	2	2	2	2	2	2	2	2	2	2	2	2	2
		8	8	8	8	8	8	8	8	8	8	8	8	8	8	8
		10	11	13	13	14	15	16	18	18	18	18	18	18	18	18
		2	2	1	2	2	2	2	1	2	3	4	5	6	7	8
		40 **Zr**	41 **Nb**	42 **Mo**	43 **Tc***	44 **Ru**	45 **Rh**	46 **Pd**	47 **Ag**	48 **Cd**	49 **In**	50 **Sn**	51 **Sb**	52 **Te**	53 **I**	54 **Xe**
		91,22	92,906	95,94	(97)	101,07	102,91	106,4	107,87	112,41	114,82	118,69	121,75	127,60	126,90	131,30
		2	2	2	2	2	2	2	2	2	2	2	2	2	2	2
		8	8	8	8	8	8	8	8	8	8	8	8	8	8	8
		18	18	18	18	18	18	18	18	18	18	18	18	18	18	18
		10	12	13	13	15	16	18	18	18	18	18	18	18	18	18
		2	1	1	2	1	1		1	2	3	4	5	6	7	8
70 **Yb**	71 **Lu**	72 **Hf**	73 **Ta**	74 **W**	75 **Re**	76 **Os**	77 **Ir**	78 **Pt**	79 **Au**	80 **Hg**	81 **Tl**	82 **Pb**	83 **Bi**	84 **Po***	85 **At***	86 **Rn***
173,04	174,97	178,49	180,95	183,85	186,2	190,2	192,22	195,09	196,97	200,59	204,37	207,2	208,98	(209)	(210)	(222)
2	2	2	2	2	2	2	2	2	2	2	2	2	2	2	2	2
8	8	8	8	8	8	8	8	8	8	8	8	8	8	8	8	8
18	18	18	18	18	18	18	18	18	18	18	18	18	18	18	18	18
32	32	32	32	32	32	32	32	32	32	32	32	32	32	32	32	32
8	9	10	11	12	13	14	15	17	18	18	18	18	18	18	18	18
2	2	2	2	2	2	2	2	1	1	2	3	4	5	6	7	8
102 **No***	103 **Lr***	104 **Rf***	105 **Db***	106 **Sg***	107 **Bh***	108 **Hs***	109 **Mt***	110 **Ds***	111 **Rg***	112[1] **Uub***						
(259)	(260)	(261)	(262)	(263)	(262)	(265)	(266)	(269)	(272)							
2	2	2	2	2	2	2	2	2	2							
8	8	8	8	8	8	8	8	8	8							
18	18	18	18	18	18	18	18	18	18	k. A.						
32	32	32	32	32	32	32	32	32	32							
31	32	32	32	32	32	32	32	32	32							
8	9	10	11	12	13	14	15	17	18							
2	2	2	2	2	2	2	2	1	1							

[1]) Die Namen für die (z. T. noch hypothetischen) Elemente ab Ordnungszahl 112 wurden von der IUPAC, (Internationale Union für Nomenklatur, Symbole, Einheiten) noch nicht festgelegt. Als vorläufige Bezeichnungen wurden Kombinationen aus Zahlworten und der Endung -ium eingeführt. So bedeutet z. B. **U**n-**u**n-**b**iium Uub Element 112, **U**n**u**n**t**riium Uut 113, **U**n**u**n**q**uadium Uuq 114 usw.